水資源マネジメントと水環境

原理・規制・事例研究

Principles, Regulations, and Cases

Neil S. Grigg 著
カリフォルニア大学デーヴィス校 工学部土木・環境工学科教授
浅野 孝 　監訳

東京大学生産技術研究所教授
虫明功臣
京都大学防災研究所教授
池淵周一 　訳
元・水資源開発公団理事
山岸俊之

技報堂出版

Japanese translation rights arranged with
The McGraw-Hill Companies,Inc. through
Japan UNI Agency,Inc.,Tokyo.

Water Resources Management

Principles, Regulations,
and Cases

Neil S. Grigg
Department of Civil Engineering
Colorado State University
Fort Collins, Colorado

McGraw-Hill

New York San Francisco Washington, D.C. Auckland Bogotá
Caracas Lisbon London Madrid Mexico City Milan
Montreal New Delhi San Juan Singapore
Sydney Tokyo Toronto

Library of Congress Cataloging-in-Publication Data

Grigg, Neil S.
    Water resources management : principles, regulations, and cases /
Neil S. Grigg.
       p.   cm.
    Includes index.
    ISBN 0-07-024782-X
    1. Water resources development—Economic aspects. 2. Water-
supply—Management.   I. Title.
HD1691.G75   1996
333.91—dc20   95-51376
                                                                                        CIP

McGraw-Hill
*A Division of The **McGraw·Hill** Companies*

Copyright © 1996 by The McGraw-Hill Companies, Inc. All rights reserved. Printed in the United States of America. Except as permitted under the United States Copyright Act of 1976, no part of this publication may be reproduced or distributed in any form or by any means, or stored in a data base or retrieval system, without the prior written permission of the publisher.

1 2 3 4 5 6 7 8 9 0   DOC/DOC   9 0 1 0 9 8 7 6

ISBN 0-07-024782-X

The sponsoring editor for this book was Larry S. Hager, the editing supervisor was Stephen M. Smith, and the production supervisor was Suzanne W. B. Rapcavage. It was set in Century Schoolbook by Victoria Khavkina of McGraw-Hill's Professional Book Group composition unit.

Printed and bound by R. R. Donnelley & Sons Company.

McGraw-Hill books are available at special quantity discounts to use as premiums and sales promotions, or for use in corporate training programs. For more information, please write to the Director of Special Sales, McGraw-Hill, 11 West 19th Street, New York, NY 10011. Or contact your local bookstore.

This book is printed on acid-free paper.

Information contained in this work has been obtained by The McGraw-Hill Companies, Inc. ("McGraw-Hill") from sources believed to be reliable. However, neither McGraw-Hill nor its authors guarantee the accuracy or completeness of any information published herein and neither McGraw-Hill nor its authors shall be responsible for any errors, omissions, or damages arising out of use of this information. This work is published with the understanding that McGraw-Hill and its authors are supplying information, but are not attempting to render engineering or other professional services. If such services are required, the assistance of an appropriate professional should be sought.

日本語版への序文

米国コロラド州立大学工学部
教授　Neil S. Grigg

　21世紀には，水に関する諸問題は世界全般の持続可能な発展の主要な課題となるでしょう．水問題は地域によって差異があるものの，その原動力と解決策には共通点が見られます．

　日本においても，本書の翻訳にあたってくださった諸先生から近年複雑な水資源の保全と配分に関して，農業，環境，都市，工業，水力発電の分野で議論されていることを私は学びました．また，このような争議を回避するために，日本の国土総合開発計画では流域スケールでの水資源マネジメントの原理が提示されていることも聞いております．したがって，本書「Water Resources Management —Principles, Regulations, and Cases」の日本語版が，水資源の複雑性に対する理解とチャレンジングでしかも難しい条件下における勇気ある政策決定のための，理論的な根拠を提供できることを心より希望するものです．

　本書で論じた原理は，国民に水に関する問題やマネジメントの実際を理解してもらうのに役立ちます．私たちは常に，次の世代のエンジニア，科学者，マネージャーに解決法を求めます．本書が水資源マネジメントについての社会人のための教材としても役立つことを期待しています．

　手間のかかる本書の翻訳作業に応じてくださった，日本の優れた研究者と技術者にお礼を申し上げます．特に米国カリフォルニア大学デーヴィス校の浅野孝教授は，日米間の連絡および翻訳のコーディネイトをしてくださいました．また，

水資源分野で著名な下記の諸氏が翻訳をしてくださいました．東京大学虫明功臣教授，京都大学池淵周一教授，水資源開発公団山岸俊之前理事に厚くお礼申し上げます．私の著書がこれらの優れた学者や技術者の努力によって日本の読者に供されることを大変嬉しく思っております．

翻訳に当たって

東京大学生産技術研究所教授　虫明　功臣
京都大学防災研究所教授　池淵　周一
元・水資源開発公団理事
（現・井上工業株式会社）　山岸　俊之

　原著のタイトルは，'Water Resources Management—Principles, Regulations and Cases' であるが，訳書では '水資源マネジメントと水環境—原理・規制・事例研究' と，'水環境' を付け加えた．これは，環境問題が重要視される中で，本書が新しい水資源マネジメントの枠組み創りに挑戦し模索していることを陽に表したかったからである．
　'水資源' という言葉は，日本では通常，水の利用を指して使われる．しかし，欧米で water resources engineering や water resources management という場合は，単に水資源開発や水供給などの利水だけでなく，洪水防御や洪水被害の軽減などの治水，そして水質管理や自然環境の保全・回復を含む水環境の側面を包含している．したがって，本書においてももちろん，水と人間の関わりと自然環境を育み維持する水の環境機能のすべての側面が扱われている．日本流の区分でいうと，水資源の開発・管理，河川・水域・湿地帯の生態系の保全・回復，上水道，下水道，都市の雨水管理，農業用水，工業用水，地下水管理，河川と流域の治水などそれぞれの分野の問題が広範に対象とされているとともに，水マネジメントの立場から個別的な行政分野と学問分野を包括的に捉える視点が強調されている．
　翻訳に当たってまず，原著のタイトルにもある management をどう訳すかが問題であった．management には，control を含む総括な意味もあれば，control

と対比して使う限定的な場合もある．ここでは，management を包括的な管理，経営，運営，運用などと解釈した．本書の 'water resources management' あるいは 'water management' は，あらゆる利害関係者や市民を対象として，調整，協同あるいは協働を重視する適応型 management であり，管理，経営，運営，運用のすべてのニュアンスを含んでいる．そうしたニュアンスを出すために片仮名で「水資源マネジメント」あるいは「水マネジメント」とすることにした．これと同じ意味で，'water resources manager' は「水資源マネージャー」とした．一方，'floodplain management' や 'water quality management' など，行政主導の色彩の強いと思われる control を含んだ management の訳には「管理」を当てている．

　このほか，米国での用語の意味が漢語を中心とする日本語訳では適切に表現することが難しい場合が多い．重要な用語については，本文中にその定義や内容の解説が加えられているが，全体を通して出てくる基本的な用語の定義と概念が巻末の'付録 A　定義と概念'にあげられているので，本文を読む前にそれをまず参照することをお勧めする．また，最初の第 1 章から出てくる 'water industry' も日本では馴染みのない用語である．これは「水事業」と訳したが，water project の訳語ではないことにくれぐれも注意してほしい．「水事業(water industry)」は，水に関わるあらゆる仕事，すなわち，上水・工水，灌漑・排水，水力発電，船舶航行，洪水調節・雨水処理，下水処理・水質管理，リクレーション，魚類・野生生物等生態系の保全などに関わる業務提供機関，監督官庁，計画立案/調整機関およびそれらを支える各種企業のすべてを含んでいる．これについても，巻末の'付録 B　水事業の関係者(players)'を参照してほしい．それにより，本書が取り扱う対象と内容の広さを窺い知ることができるであろう．

　米国は建国以来の歴史が浅い．しかし，それが米国の活力といわれる所以であろうと思われるが，社会経済の進展とその変化のスピードは他国に比べて異常に速く，常に新たなるものへ挑戦する密度の高い歴史を持っている．水資源政策においても，実にドラスティックな変遷を経ており，Thompson(1999)は，そうした米国の水資源政策の変遷を次の 7 つの時代区分に分けてそれぞれの特徴を記述している．

　（1）　1800～1900 年：資源探査の時代
　（2）　1900～1921 年：連邦政府権限の拡大の時代
　（3）　1921～1933 年：第一次世界大戦後の時代

（4） 1933〜1943年：ニューディール政策の時代
（5） 1943〜1960年：連邦議会の水資源事業統制の時代
（6） 1960〜1980年：環境の時代
（7） 1980〜現在：水資源問題の焦点が変化しつつある時代

　本書の内容の歴史的背景に関する理解を助ける意味で，Thompsonの記述をもとにそれぞれの時代の特徴がまとめられている浅野と吉谷(2000)の論文の一部を以下に引用する．

資源探査の時代

　米国の19世紀は，資源探索の時代であり，議会が連邦政府にどれだけの権限を与えるべきかを模索した時代であったといえる．この時代の水資源に関する第一の課題は，交通輸送網整備の一環としての舟運水路の建設であった．1802年に設立された陸軍工兵隊は，1824年に初めてオハイオおよびミシシッピ川の舟運改善事業を行うが，その活動はしばらく限定的であった．ミシシッピ川の洪水防御にも，連邦政府の権限が不明瞭であったため陸軍工兵隊はミシシッピ川での築堤に限り洪水防御に関与するようになったが，貯水池建設の調査は権限外で認められなかった．

　19世紀の後半には，限定された連邦政府の権限下での開拓により，一部の大企業による資源の独占が進むようになった．鉄道輸送も独占により不当に高い価格が設定され，開拓民は高い輸送費を強いられていた．このような背景から，連邦政府は舟運のための水路建設・改修に投資し，競合することにより輸送価格を引き下げるべきとの認識が形成されるようになった．

連邦政府権限の拡大の時代

　1900年から1921年までは，連邦政府の水資源に対する権限と関与が拡大した時代とみることができる．

　この時代で重要な出来事は，1902年の連邦開拓局設立と1902年の連邦電力委員会の設立である．開拓局は，地方政府あるいは開拓民に代わり西部17州における灌漑用水の開発と発電の任務を負った．寡占化の防止のため，開発された灌漑用水は大規模農家には供給されず，小規模営農家族に供給する事を国策とした．

　1920年に設立された連邦電力委員会は，水力発電ダムの建設と運用の許

可を発行する任務を負う．その設立目的は，発電適地が買い占められ，近代化に重要な電力を民間企業に独占されることを議会が恐れたためである．

この時代には，19世紀までの資源探査一辺倒から変化し，初めて資源保全が議論された．しかし，この保全の意味をめぐり，「賢明な利用(wise use)」か「保全(preservation)」かの大闘争が起こった．これは，サン・フランシスコ市によるヘッチ・ヘッチィ貯水池建設の是非についての論争で激突した．この貯水池は，結局建設されたが，この2つの異なる理念は現在も生き続けている．

第一次世界大戦後の時代

1921〜1933年は第一次世界大戦後の時代で，戦後の経済的に豊かな時代に，陸軍工兵隊と開拓局の役割が急拡大した．

議会は陸軍工兵隊にコロラド川流域を除く全国200以上の河川流域の舟運，洪水防御，灌漑，発電の総合開発計画調査を実行させた．その報告書は「第308レポート」と呼ばれ，その後の河川開発の基礎となった．一方，コロラド川は，事実上，開拓局の管理下に置かれるようになった．

1928年には洪水防御法が制定され，陸軍工兵隊がミシシッピ川下流の洪水防御計画を策定する命を受けた．この時，初めて陸軍工兵隊が支川でのダム建設調査をすることが許された．また，議会はミシシッピ川での洪水防御事業のすべての費用を連邦政府が負担すると宣言した．現在でも，陸軍工兵隊がミシシッピ川の洪水防御を行っているのは，この決定による．

一方，開拓局は，この時代に，コロラド川のフーバーダムとオール・アメリカン水路を建設している．フーバーダムは1928年に建設が始まり4年で完成した．この高さ726 ft(221 m)，440万 yd³($3.4×10^6$ m³)のコンクリートからなる巨大な構造物は，1993年に米国土木学会により「アメリカ7不思議」の一つに指名されたほどの構造物である．

ニューディール政策の時代

1933〜1943年は，ニューディール政策の時代と呼ぶことができる．

1929年に始まった大恐慌に続き，中西部の大平原(グレート・プレーンズ)は大渇水に見舞われ，経済は最悪の状態となった．5 000以上の銀行が倒産し，全国の失業率は25%を超えた．水資源プロジェクトは経済立直し対策として重要視され，フランクリン・ルーズベルト大統領によるニューディ

ールは経済開発に加え，社会改革をも目的とした．1933年に設立されたテネシー・バレー・オーソリティ(TVA)は最も野心的なニューディール政策の総合社会実験で，TVAが地元の人々を雇用しダムを建設するだけでなく，土壌保全，植林等を含めた社会教育や公衆衛生計画もニューディール政策の目的に入っていた．

　経済対策としての国レベルの資源計画を立てるため，大統領府に多くの国家資源計画評議会等が設立され，学者等も動員された．これらにより，この時代に最も多くの多目的プロジェクトと流域計画が行われた．

連邦議会の水資源事業統制の時代

　1943～1960年は，連邦議会が水資源事業を統制管理した時代とみることができる．

　第二次世界大戦により，国家資源計画評議会は中断され，連邦水資源プロジェクトに対するコントロールを失ってしまった．その結果，地元利益団体，下院議員，連邦政府による「鉄の三角形」と呼ばれた連帯によるポーク・バレル・ポリティクスが蔓延するようになり，ダム建設が政治的な理由で促進されるようになった．

　一方，水域の水質汚濁は1900年初頭から問題として認識されていたが，この時代に入り国家的問題との認識に至り，議会は1948年水質汚濁防止法を制定した．これにより連邦政府は，計画調査や下水処理場建設に低利子融資を始めた．しかし，多くの州政府は財政的に何も対策をとれずに水質が悪化する状態が続いたため，連邦政府は水質汚濁問題に対する権限を拡大し，コマンド・アンド・コントロールの直接関与で対応することになった．

環境の時代

　1960～1980年は，環境の時代と呼ぶことができる．

　この時代には，国民の環境運動に呼応して，多くの環境規制法律が施行された．1969年の国家環境政策法(National Environmental Policy Act)，1968年の河川自然景観保全法(Wild and Scenic Rivers Act)，1972年の清浄水法(Clean Water Act，水質汚濁防止法Federal Water Pollution Control Actから改名)，1973年の絶滅危惧種法(Endangered Species Act)といった影響力のある法律が施行されている．これらの法律規制により，水資源開発プロジェクトは実行困難か非常に高価なものになった．さらに，ベトナ

ム戦争等による国家財政の悪化等の要因により，先に述べた「鉄の三角形」は終焉を迎え，連邦政府による新たなダム建設はほぼなくなるに至った．

さらに，1970年には連邦環境保護庁(U. S. Environmental Protection Agency)が設立され，大きな権限が与えられた．1972年清浄水法はすべての水域で「釣りができて水泳ができる(Fishable and Swimmable)」水質達成の国家政策目標を設定し，連邦環境保護庁を通して下水処理場建設費の最大75％までが補助されるよう財政的援助が強化された．

水資源問題の焦点が変化しつつある時代

1980年から現在にかけては，水資源に関する対応がますます複雑になり，焦点が変化している．

変化の一つは，あまりにも行き過ぎた環境規制を見直し，環境規制にも費用便益を採択し始めたことである．絶滅危惧種法はあまりにも強力であるため，私権が脅かされること，経済的な損失が甚大であること等の問題が指摘され，その見直しが検討されている．生態系復元プロジェクトでもその経済性や効率を市民等にフィードバックし，どこまで実行するかが決定されるようになった．

1993年のミシシッピおよびミズーリ川大洪水を契機に，洪水防御の焦点も，従来のエンジニアリング一辺倒の堤防による洪水コントロール，氾濫原管理から，ウェットランド(湿原)の保全，水生生態系復元，新しいコスト・シェアリング，国家ダム安全プログラムへと変化した．陸軍工兵隊といえども，今までにまして非構造物対策を重視しなければならなくなった．開拓局の任務も，従来のダム建設，灌漑から施設管理・水マネジメントへと大きく変化した．米国の水資源プロジェクトは，現在，絶滅危惧種保護を含めた水の新しい配分，持続可能な開発・保全を求めてコンセンサスを模索しているといえよう．"Adaptive management"で事業を推進しなければならないといわれている所以である．

水質浄化のための下水処理場建設の推進は，一段落し，水環境を考慮して水質汚濁，富栄養化防止に加え，新たに微量毒性物質も加えたノンポイントの汚染源対策，節水，水再利用などの実行に焦点が移っている．

Neil S. Grigg教授のこの著書は，まさに'水資源問題の焦点が変化しつつある

時代'に，自然と調和した'持続可能な発展'をキー・コンセプトとして，生態系環境の保全あるいは回復とのバランスをとりながら安定した水供給や洪水被害の軽減をいかに達成するか，を基本テーマに書かれたものである．著者は，水資源に関わるすべての要素－学問分野，水インフラ・システム，計画立案/意思決定プロセス，システム解析/モデル/意思決定支援システム，水と環境に関する法律/規制/行政，財政の計画立案/管理，水事業の構造－を全体的に検討し，多くの事例研究からマネジメントに関わる原理を抽出したうえで，広汎かつ複雑になった水資源マネジメントの新たな総合化を試みている．

本書は，「第1部 水マネジメントの原理」と「第2部 水資源マネジメントに伴う諸問題：事例研究」の2部から構成されている．第1部では，水文学や生態学，水理構造物，システム解析や水文モデルなど水マネジメントに共通な基礎的原理とともに，マネジメントを左右する実務上の原理，すなわち，計画立案と意思決定のプロセス，法律/規制/行政機構，財政および水事業全体の構造が議論されている．そして，第1部最後の第9章では，第2部における事例研究から抽出されるマネジメントの原理を含めて'マネジメントの包括的枠組み'が総括されている．したがって，第9章の理解を深めるためには，第2部の事例研究を読んだ後，再度読み返すことをお勧める．

第2部には，著者の豊富な実務経験に基づく実践的な視点から，多様な事例が取りあげられている．具体的には，水資源開発と環境との対立，洪水防御と氾濫原管理，水施設の計画と運用，貯水池の管理と運用，水質管理，水の行政管理，河川水系と流域マネジメント，各種用水における節水問題，地下水管理，大河川流域の総合的管理の問題，渇水時の水供給管理，水供給の地域統合化，河口域と沿岸域における環境保全を中心とした水マネジメント，水関連機関の組織体系，米国西部の水マネジメント，そして開発途上国の水問題，それぞれについていくつかの事例があげられている．各章で取りあげられた主な事例が巻末'付録D 事例のリスト'に整理されているので参照されたい．事例研究のほとんどは，現在進行中のホットで決着がついていない問題である．そうした個々の事例に対して主観的あるいは願望的な解決策を提示しようとするのではなく，本書の水資源問題における一つのキー・ワードである'複雑さと対立'という脈絡の中で，各事例の複雑さを解きほぐすことと対立の内容や構造を客観的に明らかにすることに主眼が注がれている．そうした事例の吟味からマネジメントの原理を帰納的に導

き出し，新しい水資源マネジメントの包括的枠組みに取り込むことが意図されている．

日本と米国とでは，水文気候条件と土地条件および自然生態系の状況，社会・経済と政治の仕組みや制度，水と土地の開発の歴史，計画立案や意思決定のプロセス等において大きな違いがある．しかし，環境問題の解決とバランスのとれた新たな水マネジメントを模索しているという点では，悩みは同じである．米国では日本よりはるかに先行して様々な社会実験がなされており，本書で述べられている概念やマネジメント原理，例えば，学際的視点，調整された包括的共同計画の立案，市民参加や環境保護団体の意義，協働的リーダーシップ，意思決定支援システムの構成と要件，適応型マネジメント，パートナリング，市場原理に基づくアプローチ，非構造物的アプローチの重視，'対立のないところに統合化はない'，'流域マネジメントには核になる機関が必要' 等々，日本の今後の水マネジメントを考えるうえで大いに参考になる．また，事例に学び，そこから原理を抽出するという本書でとられている方法論そのものも，我々は学ばなければならない．

日本でも，1970年代頃から水行政・河川行政に様々な新しい措置がとられ，現在に繋がっている(虫明，1999)．具体的には，水源地域と下流受益地との連携・交流，渇水時の利水者間の調整，総合治水対策，閉鎖性水域における水質の総量規制，洪水ハザード・マップの公表，発電水利権の更新時における河川維持流量放流の義務付け，築堤事業と市街地再開発事業との連携，近自然型の川づくり，水道水源保全のための水道部局と河川・下水道部局との連携，河川環境の整備と保全を目的に加えた河川法の改正，などである．これらはそれぞれ，時代の要請を捉えた適切な措置であると評価される．しかし，水マネジメントという総合的な視点で捉えた場合，水マネジメント全体を統括する理念が必ずしも明らかでない中で，それぞれの措置は個別的な対症療法としかみられない．言い換えれば，マネジメントの部品は散在するが，それらを繋ぎ全体を構成するマネジメント・システムがないのが日本の現状といえる．

近年，流域の'健全な水循環系'の確保を共通の理念として，水関係6省庁(環境庁，国土庁，厚生省，農林水産省，通商産業省および建設省)の間で連携・強力が図られようとしている(健全な水循環系構築に関する関係省庁連絡会議，1999)．関係省庁連絡会議が合意した健全な水循環系の定義は，「流域を中心とし

た一連の水の流れの過程において，人間社会の営みと環境の保全に果たす水の機能が，適切なバランスの下にともに確保されている状態」というものである．まさに，総合的ないし包括的流域水マネジメントが日本でも始まろうとしている．

今後，こうした流域マネジメントを具体化するに当たって，本書は大いに参考になると確信する．また，日本流の流域マネジメントの枠組みを創るに当たって，これまで我が国でとられてきた種々の措置や事業について，成立の意図や経過を含めて実施事例を客観的に検証・評価し，マネジメント・システムの中に位置付ける作業をすることが不可欠である．本書に接して，読者はそうした意識を啓発されるに違いない．

最後に，原著の翻訳を推薦され，監訳者として翻訳の前提となる言葉の背景や訳語について日本における翻訳者との合宿や米国からの膨大な枚数のファックスとEメールを通じて懇切丁寧なご教示をいただいたカリフォルニア大学デーヴィス校の浅野孝教授に心より御礼申し上げる．また，原著の先行的な素訳に当たられた水資源開発公団の久保田勝氏(当時企画課長)，花田弘幸氏(当時企画部)に感謝するとともに，原著の翻訳出版の企画から約2年の間，索引の整理，校正，メートル単位への変換なども含めて本書の出版に多大なご苦労をお掛けした技報堂出版(株)編集部の小巻慎氏に感謝する．

2000年7月

引用文献

Thompson S. A. : Water Use, Management, and Planning in the United States, Academic Press, pp. 31-70, 1999.
浅野孝・吉谷純一 : 米国の水資源開発とマネジメントの歴史的変遷と今日的課題, アメリカ水資源セミナー講演論文集, 水文・水資源学会, pp. 11-23, 2000.
虫明功臣 : 治水・水資源開発施設の整備から流域水循環系の健全化へ, 社会資本の未来(森地茂・屋井鉄雄編著), 社会資本整備研究会, 日本経済新聞, pp. 49-67, 1999.
健全な水循環系構築に関わる関係省庁連絡会議 : 健全な水循環系構築に向けて(中間とりまとめ), 1999.

原　著　序

Neil S. Grigg

　本書では，水事業に対する包括的枠組みを提示している．この包括的枠組みを構成する「原理」は，水文学やシステム解析のような技術的テーマとともに法律，財務，そして政治学のようなマネジメントに関するテーマを含んでいる．事例研究は，水事業が直面する問題にそれらの原理をいかに適用するかを示している．包括的枠組みは多くの相互依存関係にある要素を持つ，と認識することが重要である．こうした認識は，なぜ単一の学問分野だけでは水資源マネージャーを十分に養成できないかを説明するのに役立つ．

　本書の題材は，水事業に従事するエンジニア，研究者，プランナー，政策アナリスト，法律家，そしてマネージャーの専門能力を開発するように配置されている．本書は，大学の教科課程，社会人教育，あるいは水マネージャー自らの勉強のための教材として使うことができる．しかし，各々の分野だけではすべての答を見出すことはできないので，実施可能な戦略を見出すために協働的に作業を進めなければならない．

　本書で記述している原理と事例研究については，コロラド州立大学における工学系の学部学生と大学院生の教材として使ってみたが，活き活きと議論し，水事業の仕事に強い興味を示した．しかし，ある学生が「環境問題への解決策は技術にではなくマネジメントにあると考えるので，私は水資源マネジメントを勉強したい」と言う時，私は，「貴方は正しい．しかし，水事業のプレイヤーになるためには技術的手段を通して仕事をしなければならない」と答えている．手段は工学

以外の分野にも存在し得るが，通常，ある程度の技術的なバックグラウンドがなければ水に関する調整や仲裁，あるいは意思決定の現場に入りにくい．

　私は，この教材が水文学や衛生工学のような学部の基礎科目に取って代わるべきだと言うつもりはないが，エンジニアやマネージャーがこの教材により水マネジメント分野に対する理解を深めることができると主張したい．本書の題材は，大学院の教科に十分な範囲を含んでいる．第1部の原理の部分は，4年目の学生あるいは修士課程レベルで教科になる題材を十分に備えているし，第2部の事例研究では，大学院の1ないし2教科分の題材を提供している．

　事例研究では，ほとんど私が個人的に経験した問題を取り上げざるをえなかったが，他の人がここでとられたアプローチに刺激されてほかの事例を書くことを期待している．事例研究の方法は有効だが，水資源マネジメントの分野では十分な事例が準備されていない．

　21世紀において水資源マネージャーは，人類にとっての水マネジメントと同時に自然を保護し育成する手段を講じながら，持続可能な発展を追求しなければならない．しかし，この格調高い目標の中には深い対立が覆い隠されており，それらに対処するために水資源マネージャーには技術的習練を超えた力量が要求されることになろう．1992年に開かれたある集会で，私は「技術的問題だけに従事しているエンジニアは，技術的専門知識と政策，計画立案，コミュニケーション，財務および市民参加に関する詳細な知識とを組み合わせる努力をしなければ，水に関わる対立問題の中でリーダーシップをとる立場にはなれないだろう」と述べた．このことは今ではもっとあてはまる．

　事例研究では，水事業における種々の関係者の相互関係について述べる．そうした事例約50件を集めて本書の第2部の主要部分を構成している．事例は必ずしも特定地域の問題だけではなく，節水，異常渇水，河口域管理などのような一般的問題を含んでいる．

　マネージャーは，工学出身であれ法学出身であれ，彼らが従事している水事業なるものを理解していなければならない．そうした理解を容易にするために，本書では，サービス提供者，規制者，プランナーおよび支援組織で構成される4部門モデル(four-sector model)を使って水事業の構造を記述している．

　仕事と役割と原理が水マネジメント分野の中核を形成している．マネジメントの専門家 Peter Drucher(1973)は，「特別な技術，学問分野あるいは機能に焦点

を当てたマネジメントに関する本は数え切れないほどあるが，マネジメントの仕事それ自体がその存在理由であり，その仕事の決定因子であり，また，その権威と正当性の基盤でもある」と述べている．もし，水事業関係者がそれぞれの適切な役割を演じるなら，解決はずっと容易になるであろう．

本書は，基礎的な定量的手法を取り扱っているが，数学に焦点を当てたものではない．多くの教科書が定量的研究について書かれているので，本書の狙いは，原理と応用に焦点を当てながら，調整されたマネジメントのための枠組みを探究することである．

題材は，民間部門と公共部門の両方の水マネジメント従事者に役立つよう配慮されている．地方と州と国の3つのレベルの政府のすべて，ならびに行政と立法と司法という政府の3つの部門すべてについても言及されている．また，報道機関と利害団体の役割についても含まれている．

私が「Water Resources Planning」(Grigg, 1985)を書いてから11年の間に，水資源マネジメントの分野は変わってきた．本書に取り込んだ新たな経験として，コロラド州 Fort Collins 市水道局における次のような業務が含まれている．すなわち，コロラド州の水の政治的駆引きへの関与，Pecos 川のリバー・マスターとしての仕事，最高裁判所の指名，全米レベルの渇水の研究，水関連組織と州間の水資源保護に関するアラバマ州政府への私のコンサルティングの仕事，ネブラスカ州 Platte 川での水利権再認可の紛争に関する私のコンサルティングの仕事，である．事例の多くは米国に関するものであるが，原理は世界的に適用される．本書に反映されている国際的経験には，中国，日本，そしてヴェトナムへの専門視察旅行，および英国，ドイツ，フランスとの共同研究，また，ユネスコ (UNESCO) における数件の水プロジェクトへの関与などが含まれている．さらに，各国からの留学生と私との接触が本書に反映されている．それらの留学生たちは，エジプト，ギリシャ，インドネシア，ロシア，ヨルダン，イラク，サウディアラビア，中国，パキスタン，インド，南アフリカ，ブラジル，オランダ，チャド，エチオピア，ヴェネズエラ，アルゼンチン，ペルー，スペイン，チュニジア，トルコ，シリア，イラン，ナイジェリア，韓国，フィリピン，タイ，そしてスリランカからである．

米国土木学会の水資源計画・マネジメント部会，ならびにこの部会の創設者である Victor A. Koelzer との仕事を通して得るものが多かったことに衷心より感

謝したい．Vicとは数年間にわたり一つの教科を共同で教えたことがある．また，Vicが米国土木学会の名誉会員に選ばれたのを喜んだものであったが，残念なことにその直後1994年10月に他界してしまった．

　最後にコロラド州立大学の同僚に深甚なる謝意を表したい．当大学では水資源に関する質・量ともに膨大な研究・教育プログラムが構築されており，それが水資源マネジメント分野の私の研究の深化に啓発を与え続けている．本書が他の研究者に同様の刺激を与えることができれば私の幸いである

Drucker, Peter F., *Management: Task, Responsibilities, Practices*, Harper & Row, New York, 1973, pp. x, 36.
Grigg, Neil S., *Water Resources Planning*, McGraw-Hill, New York, 1985.

目　次

第1部　水マネジメントの原理　1

第1章　水事業のマネジメント　3
1.1　は じ め に　3
1.2　水資源マネジメントとは何か？　7
1.3　水資源マネジメントに関する基本的概念　8
1.4　持続可能な開発　9
1.5　水資源のマネージャー　13
1.6　用語の定義　16
1.7　水　事　業　17
1.8　水資源マネジメントの目的　18
1.9　水資源マネジメントにおける業務関係者の役割　19
1.10　水資源マネジメントの視点の統合　20
1.11　協働的リーダーシップの必要性　22
1.12　水資源マネジメントのシナリオ　24
1.13　水マネージャーに要求される知識　26
1.14　本書の特別なテーマ　27
1.15　水資源マネジメントの包括的枠組み　29
1.16　質　　　問　30

第2章　水文学と水環境　33
2.1　は じ め に　33
2.2　水 文 環 境　35
2.3　水計算と水収支　46
2.4　流域，地下帯水層，あるいはシステムからの供給量　50
2.5　洪　水　流　53
2.6　土 砂 輸 送　54
2.7　水　　　質　55
2.8　生　態　系　59
2.9　質　　　問　62

第3章　水インフラとシステム　65
3.1　はじめに　65
3.2　水資源構造物と施設のシステム　66
3.3　水資源システムの構成要素　70
3.4　質　問　89

第4章　計画立案と意思決定のプロセス　91
4.1　はじめに　91
4.2　計画立案プロセス　96
4.3　パートナーシップと提携　104
4.4　対立の解決　105
4.5　計画立案と意思決定における市民参加　106
4.6　プロジェクトと実行計画の多目的性に対する評価　109
4.7　調整に基づく計画立案のパラダイム　115
4.8　要約と結論　116
4.9　質　問　118

第5章　システム解析，モデル，および意思決定支援システム　123
5.1　はじめに　123
5.2　概念と定義　124
5.3　水資源システム解析の発展　129
5.4　水問題に適用されるシステム思考と問題解決　131
5.5　意思決定支援システムの応用　136
5.6　事例：水供給システム　147
5.7　事例：専用権主義に基づく貯水池運用　148
5.8　意思決定支援システムの管理　150
5.9　結　論　155
5.10　質　問　156

第6章　水と環境に関する法制，規制および行政　159
6.1　はじめに　159
6.2　水法のマトリックス　159
6.3　水量に関する法律　160
6.4　水質に関する法律　165
6.5　Safe Drinking Water Act　165
6.6　環境に関する制定法　167
6.7　Endangered Species Act　168

6.8　国境問題　*170*
　6.9　国際水法と海洋法　*171*
　6.10　排水と洪水に関する法律　*173*
　6.11　地下水に関する法律　*175*
　6.12　水力発電所の再認可　*176*
　6.13　Water Resources Development Act of 1986　*177*
　6.14　水事業における規制　*177*
　6.15　水　行　政　*180*
　6.16　裁判所の役割　*180*
　6.17　市民の環境保護主義　*181*
　6.18　質　　　問　*182*

第7章　財政計画の立案と管理　*185*

　7.1　は じ め に　*185*
　7.2　財政マネジメントの要素　*186*
　7.3　財政計画，財政分析，および予算編成　*187*
　7.4　財政マネジメントにおける一つのツールとしての予算プロセス　*189*
　7.5　建設予算と運営費予算　*191*
　7.6　財務管理，会計業務および報告書作成　*192*
　7.7　運営費予算に必要な収入　*194*
　7.8　水価格の設定：料金と負担金の決定　*196*
　7.9　建　設　予　算　*200*
　7.10　負債財源融資　*202*
　7.11　システム開発費　*205*
　7.12　補助金と助成金　*207*
　7.13　開　発　銀　行　*207*
　7.14　民　営　化　*209*
　7.15　質　　　問　*213*

第8章　水事業の構造　*217*

　8.1　は じ め に　*217*
　8.2　水事業の枠組み　*218*
　8.3　「水事業」の概念　*220*
　8.4　水事業におけるサービス提供者　*221*
　8.5　水事業における監督者　*232*
　8.6　水の計画担当者と調整者　*233*
　8.7　水事業支援組織　*234*

8.8　水事業における政府および非政府組織　*237*
　8.9　諸外国のモデル　*239*
　8.10　質　　　　問　*242*

第9章　水マネジメントの包括的枠組み　*245*

　9.1　は じ め に　*245*
　9.2　水事業の問題点　*245*
　9.3　水事業における業務執行者とその役割　*247*
　9.4　マネジメント・パラダイムの要件　*249*
　9.5　概念的枠組み　*249*
　9.6　調整された対応行為の実施プロセス：最大の課題　*253*
　9.7　多数の検討課題　*254*
　9.8　制 度 的 問 題　*255*
　9.9　調整された枠組みにおけるマネジメントの実際　*255*
　9.10　モ　デ　ル　*256*
　9.11　事例とモデル属性に関する議論　*258*
　9.12　ま　と　め　*260*
　9.13　質　　　　問　*264*

第2部　水資源マネジメントに伴う諸問題：事例研究　*267*

は　し　が　き　*269*

第10章　水供給と環境：Denver Water's Two Forks Project　*273*

　10.1　は じ め に　*273*
　10.2　問 題 の 背 景　*275*
　10.3　Denver の水供給システム　*276*
　10.4　Two Forks 論争の歩み　*280*
　10.5　Two Forks が後に与えた影響　*283*
　補遺：Two Forks Project　*285*
　10.6　質　　　　問　*294*

第11章　洪水調節，氾濫原管理および雨水管理　*295*

　11.1　は じ め に　*295*
　11.2　米国における洪水問題と洪水対応　*297*
　11.3　洪水の原因とリスク要因　*300*
　11.4　中小河川と大規模河川の洪水の定量化　*302*
　11.5　洪 水 対 策　*304*

11.6　コロラド州の洪水：山地と平野　*307*
11.7　コロラド州における一つの対応：都市域雨水排水・洪水制御管理区　*311*
11.8　米国南東部：Black Warrior 川　*314*
11.9　1993 年の Mississippi 川大洪水　*314*
11.10　バングラデシュ洪水　*316*
11.11　21 世紀に向けて　*318*
11.12　洪水制御，雨水管理および氾濫原管理に関する最終的な考察　*319*
11.13　質　　問　*320*

第12章　水インフラの計画とマネジメント　*323*

12.1　は じ め に　*323*
12.2　計画および開発プロセス　*324*
12.3　設 計 と 建 設　*325*
12.4　運用と保守の段階　*326*
12.5　事例：Ft. Collins 水処理建設マスター・プラン　*327*
12.6　事例：Colorado Big Thompson Project　*332*
12.7　California Water Plan　*334*
12.8　質　　問　*338*

第13章　貯水池の運用とマネジメント　*341*

13.1　は じ め に　*341*
13.2　貯水池の目的　*342*
13.3　貯水池の特徴と構成　*343*
13.4　貯水池の計画　*343*
13.5　貯水池の運用　*344*
13.6　貯水池の維持と回復　*346*
13.7　貯水池をめぐる論争　*346*
13.8　貯水池における水質問題　*347*
13.9　魚類および野生生物の問題　*347*
13.10　事 例 研 究　*348*
13.11　質　　問　*354*

第14章　水質管理と面源負荷コントロール　*357*

14.1　は じ め に　*357*
14.2　点源負荷および面源負荷のコントロール　*358*
14.3　規制に基づくアプローチと市場アプローチ　*359*

14.4　米国における水質管理の展開　*360*
14.5　Clean Water Act　*361*
14.6　システムの機能　*362*
14.7　基　　　準　*364*
14.8　水質のモニタリングとアセスメント　*365*
14.9　処理プラント　*368*
14.10　水質データベース　*370*
14.11　水質モデリング　*370*
14.12　事例：ノースカロライナ州による水質管理　*372*
14.13　Water Quality 2000　*376*
14.14　水質管理に関する結論　*379*
14.15　質　　　問　*381*

第15章　水の管理：配分，制御，譲渡，および協定　*385*

15.1　は じ め に　*385*
15.2　水需給の計算　*386*
15.3　地表水の管理システム　*387*
15.4　地下水の管理　*387*
15.5　河川流域制御のためのシステム　*388*
15.6　水の譲渡とマーケッティング　*389*
15.7　流 域 間 導 水　*393*
15.8　州際河川と国際河川：問題点，調整，および協定　*395*
15.9　Pecos River Compact　*395*
15.10　対立を解決するための調停　*399*
15.11　コロラド州の水マネジメント・システム　*399*
15.12　ノースカロライナ州のシステム　*402*
15.13　Virginia Beach への水供給の事例研究　*404*
15.14　質　　　問　*410*

第16章　流域と河川水系　*413*

16.1　は じ め に　*413*
16.2　過去から未来へ　*415*
16.3　流域マネジメント　*415*
16.4　土地利用の影響　*416*
16.5　流域マネジメントに向けての戦略　*418*
16.6　流域マネジメントの事例研究　*418*
16.7　河 川 水 系　*421*

　　　　　　　　　　　目　　　次　　　　　　　　*xxiii*

　　16.8　湿　地　帯　*426*
　　16.9　質　　　問　*431*

第 17 章　水の節約と有効利用　*433*
　　17.1　は じ め に　*433*
　　17.2　節 約 の 哲 学　*434*
　　17.3　都市用水および工業用水の節約　*435*
　　17.4　農業用水の節約　*437*
　　17.5　事例研究：Ft. Collins の水道メーター　*439*
　　17.6　事例研究：農業用水の節約と効率性　*442*
　　17.7　節水のための価格設定：ある専門委員会の報告　*444*
　　17.8　質　　　問　*447*

第 18 章　地 下 水 管 理　*449*
　　18.1　は じ め に　*449*
　　18.2　地下水問題の自然的側面　*450*
　　18.3　マネジメントにおける法律の役割　*451*
　　18.4　地下水に対する戦略　*452*
　　18.5　事例研究：Ogallala 帯水層　*453*
　　18.6　事例研究：塩水の浸入　*454*
　　18.7　事例研究：米国での地下水戦略　*455*
　　18.8　質　　　問　*456*

第 19 章　河川流域の計画と調整　*459*
　　19.1　は じ め に　*459*
　　19.2　河川流域の物理的な環境　*462*
　　19.3　河川流域に関する制度の設定　*464*
　　19.4　米国における河川流域計画の推移　*467*
　　19.5　河川流域管理の役割　*468*
　　19.6　河川流域における水の行政管理　*469*
　　19.7　事 例 研 究　*470*
　　19.8　河川流域計画とマネジメントについての結論　*486*
　　19.9　質　　　問　*491*

第 20 章　渇水と水供給管理　*495*
　　20.1　は じ め に　*495*
　　20.2　渇水対策のための水供給の重要性　*496*
　　20.3　渇水の理解　*497*

- 20.4 リスクの評価：水供給量の安全性　*503*
- 20.5 渇水時の水管理の役割　*509*
- 20.6 渇水期における水管理施策の向上　*512*
- 20.7 管理戦略　*514*
- 20.8 渇水問題の事例　*514*
- 20.9 質問　*517*

第21章　水マネジメントにおける地域統合化　*521*

- 21.1 はじめに　*521*
- 21.2 地域統合化の理論　*521*
- 21.3 地域統合化の事例　*523*
- 21.4 事例研究への序説　*525*
- 21.5 事例研究：Denver 大都市圏の水供給　*525*
- 21.6 Northern Colorado パイプライン　*529*
- 21.7 南フロリダの水環境　*530*
- 21.8 結論　*538*
- 21.9 質問　*540*

第22章　河口域と沿岸域における水マネジメント　*543*

- 22.1 はじめに　*543*
- 22.2 河口域の性質　*544*
- 22.3 河口域問題の原因　*545*
- 22.4 マネジメントとしての対応と問題点　*547*
- 22.5 事例研究　*549*
- 22.6 結論　*560*
- 22.7 質問　*560*

第23章　水関連機関の組織体系　*563*

- 23.1 はじめに　*563*
- 23.2 国家レベル：米国　*564*
- 23.3 州の水関連機関　*565*
- 23.4 要約と結論　*571*
- 23.5 質問　*573*

第24章　米国西部における水マネジメント　*575*

- 24.1 はじめに　*575*
- 24.2 西部の水問題　*576*
- 24.3 地域を越えた国家的諸問題　*582*

24.4 複雑さと対立　*584*
24.5 政策による処方　*585*
24.6 結　　論　*587*
24.7 質　　問　*588*

第25章　発展途上国における水供給と公衆衛生　*591*
25.1 は じ め に　*591*
25.2 問題の構造　*592*
25.3 習得された教訓　*594*
25.4 事例研究：西半球における水と公衆衛生に対するインフラ　*597*
25.5 結　　論　*603*
25.6 質　　問　*604*

付　　録　*607*

A　定義と概念　*607*
B　水事業の関係者　*611*
C　水に関係する単位の換算表　*617*
D　事例のリスト　*619*

索　　引　*623*

英語索引　*631*

第 1 部　水マネジメントの原理

第1章　水事業のマネジメント

1.1　はじめに

　水資源事業は過去数十年の間に劇的な変化を遂げてきた．現在働いている世代の技術者やマネージャーはプロジェクトをつくることに意を注いできたが，明日を担う技術者やマネージャーはこれまでよりもっと複雑な問題に直面することになろう．1995年に企業経営者や政府首脳は工学教育者たちに「これからの技術者は自分のプロジェクトが社会に与える影響を十二分に理解できなければならないし，理解し合い，しかも問題点を共同で解決し，多様な言語を話し，異種文化とも融合でき，環境への影響を理解でき，対立(コンフリクト；conflict)を解決できる者でなければならない」と述べている(Prism, 1995)．この文章に込められている意味は明解である．すなわち，時代は変化したので，水資源マネージャーは成功を求めようとするならば，実行する業務内容を変えなければならないということである．

　こうした業務行動の転換については，Gilbert White が過去60年間の業務を振り返りながらその著書の中で次のように語っている．彼が就職したのは1934年であるが，その当時の雰囲気は John Wesley Powell のいう19世紀の西部と同じようなもので，「地球は人類の幸福のために開発されるのを待っており，問題は注意深い水先案内人を配置することだという信念」が存在していた．しかしながら1994年に彼が見たものは，すっかり変わってしまった雰囲気であり，いま求められているのは「永続的で，健康で，バランスのとれた生存場所だという

ことであった．それは生けるものすべてが快適に暮らせる安住の地ということであった」．

　水資源をマネジメントするためには純粋なエンジニアリングや，科学，管理，法律などを越えた能力や手法が必要である．21世紀の水マネージャーたちは複雑さと対立に直面することになろう．こうした難問に取り組むためには，システムの相互依存性を解きほぐす必要があるし，さらに協調，調整，コミュニケーションなどの難問に取り組む必要がある．特に一般市民とのコミュニケーションが重要である．

　将来への期待と不安も大きい．米国の水事業は，定義の仕方にもよるが，国内総生産の約2％を占め，しかも他の産業よりも自然環境に大きく関わっている．米国のような国が水事業問題を解決しようとする場合には，技術的，行政的，政治的な領域に幅広く対処できる有能な水事業のマネージャーが必要である．

　このことは，要するに公共の目的を達成するために働くマネージャーに求められる必要条件が大きく変貌しつつあるということであり，すでに他の分野にも見られることである．しかし，水資源の場合には，成長か環境かの意見の対立，水質と健康の関係，財産価値や事業目的に関する意見対立，農業や漁業を維持するための水の確保，水資源に関する様々な感情的問題などがあって，特有の性格を含んでいる．

　数年前までは，水資源マネジメントとはエンジニアリングの仕事，すなわちダム建設，パイプラインの敷設，ポンプの設置，システムの運転などの仕事だと考えられていた．1950年代や1960年代まではそうした時代であった．しかし今は違う．その時代には総合的手法の必要性は口先だけのことであったが，環境保護主義の台頭とともに水マネジメントの領域には複雑さと対立が浮上してきた．

　1975年のEarth Day（地球環境の日）の制定から25年が経過した現在でも，水マネジメントに関しては「調整のとれた包括的なパラダイム」はまだ存在しない．これではとても満足な状況とはいえない．水マネジメントにおいてはエンジニアリングはいうまでもなく，科学，法律，財政，行政，システム解析などを含む総合的な業務手法が不可欠だからである．

　一部の人々が指摘するのとは異なり，水マネジメントは単純に「中央官庁の直接規制（command and control）」による業務ではないし，ましてや全面的に「民間主導」でできるものでもない．水マネジメントには，「直接規制」と「民間主導」の

両方の要素を含んだ総合的な手法が必要である．

　本書の目的は，水事業で働くマネージャーの任務について説明することである．著名な経営学者であるPeter Druckerは「ほとんどのマネジメントの書は能力重視型か，専門知識重視型か，あるいは機能重視型である．しかしマネージャーの任務それ自体がマネージャーの存在理由であり，職務の決定要因であり，またその権威と正統性の根源でもある」と述べている(1973)．任務，役割分担，原理が水事業をマネジメントする専門家の知的な要であり，また，それが本書の主題である．

　では，水事業においてマネジメント業務を遂行しようとする専門家とは誰のことであろうか？　過去においては水事業のエンジニアリングや現場作業を担当する者たちであったが，今後は法律，生物学，あるいは財務などの専門分野に所属する者が増えるだろう．こうした者たちは，履修した学問に関係なく，本書で述べる能力や知識を要求されるようになる．

　本書では全体を通して，「水資源のマネージャー」という言葉と「水事業のマネージャー」という言葉を同じ意味で言い換えて使っている．この2つの言葉はいずれも，水事業特有の問題に対処するために配置されるマネージャーを一つの言葉で表現したものである．「水資源」と「水マネジメント」という言葉には複数の意味が含まれているが，本書ではこの2つの言葉を組み合わせて「水資源マネジメント」という実際の業務について説明しようと考えている．

　筆者はこの2つの言葉を交互に言い換えているが，筆者の認識では「水資源マネジメント」という用語はやや多面的な意味を包含しており，一般には馴染まないと考える．一方，「水事業のマネジメント」という用語はあまり広く使用されてはいないので，水マネジメントの任務を説明する際にはジレンマがあり，その説明に関してはさらに努力する必要がある．

　21世紀の水資源マネージャーは混乱した場面に直面するだろう．技術者やマネージャーが体系的な手法を適用して問題を解決できるような秩序ある状態を追求しようとしても，これは今日の水資源マネジメントにおける複雑さや対立を適切に捉えていない．水資源マネジメントは，技術者が運営システムを設計し，それを制御された環境において実行するという閉じた内密の世界ではない．これは技術的システムを含むが，政府の会合とか，公開の聴聞会，監督官庁へのアピールそして訴訟の世界でもある．この領域で成功するには，参加者は，技術的能

力，コミュニケーション能力，政治的能力に加えて，多くの忍耐力も要求される．

このメッセージ，すなわち技術の領域を越えた能力の必要性は，大学において繰り返し現れてくる．学部生たちは，「教えてもらった技術的能力は評価するが，我々に必要なのはもっと政治的能力やコミュニケーション能力であり，法律や財政に関する知識だ」という．技術的課題が複雑になるという理由だけでも，すべてのことを教えるにはカリキュラムにゆとりがなくなってしまう．したがって，それには総合的な教育が必要になる．本書で採用しているのがまさにこの手法であり，原理の部分では様々な分野の知識を説明し，一方，事例研究の部分ではそうした知識が現実世界でどのように融合されるかを説明している．

「火を使うのが嫌いなら，台所から出ていけ」という話は，水マネージャーに対して，「複雑なことや対立がいやなら，ほかの分野で仕事を探せ」と言い換えられる．水文学，生態学，水事業ネットワーク，複雑に入り組んだ水関連の法律などが，意思決定をますます複雑なものにしている．多様な水関連組織が多様な地域で多様なグループのために仕事をしているのであるから，政治的に複雑になるのは当然である．複雑になれば，それに応じた適応能力が必要になり，そのためには教育，研修，専門知識の開発が必要になる．その一方で，水は政治的境界や所有地の境界を自由に行き来して流れるので，そこから対立が生じ，水の使用や汚染を巡って管轄権間に紛争が発生する．

水資源マネージャーが政治的領域や法的領域に入っていくと，メディアの注目を集める．渇水，洪水，地下水汚染，汚染された飲料水などの問題が発生すると，被害者や被告人の話がつくられる可能性があるので，水資源マネージャーは被告人にされないように注意しなければならない．「水危機」の記事の中では，緊急の問題が官僚の反応の鈍さや財政問題などの管理的問題と一緒にされてしまう．本当の水の危機は，「徐々に忍び寄ってくる危機」であり，ゆっくり近づいてくるが，今すぐに対処する必要がある．対処が遅れると，自然システムは破壊され，市民に安全な飲料水を供給するという目標に支障を来す．

複雑さと対立は現在のほとんどの公共部門に見られる問題である．水資源マネジメントとそれ以外の分野(例えば，交通や教育など)との違いは，水が環境と不可分の関係にあるということである．California's Water Education Foundation(カリフォルニア水教育財団)は，水資源の現場の実態について次のような適切な説明を行っている(1993).

カリフォルニア州では水問題は政治的にも科学的にもきわめて熱い問題になっている．将来当州の市民として貢献することになる学生たちがこの貴重な資源の将来性について的確な判断を下そうとするならば，水に関する科学的知識を学ぶだけでなく，情報の収集と分析に必要な能力も習得しなければならない．さらに，実生活の環境問題について問題解決手段を実行する機会を彼らに与える必要もある．

水問題の複雑さと対立は，John F. Kennedy の次の言葉にも要約されている．「水問題を解決した者は2個のノーベル賞に値する．その一つは科学賞であり，もう一つは平和賞である」．

図-1.1 に示すのは，現在の水資源現場の実態である．実際の現場である河川流域，複雑さを解き明かすコンピュータ，対立の解決を明示する裁判所が描かれている．

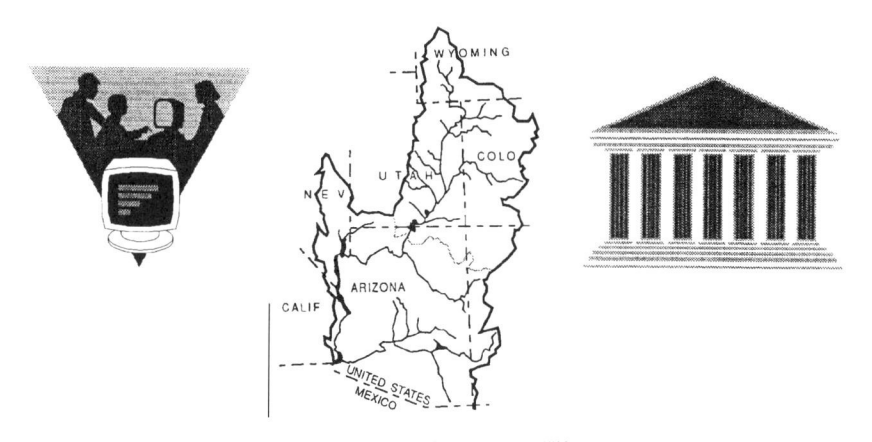

図-1.1 水問題の複雑さと対立関係

1.2 水資源マネジメントとは何か？

水資源マネジメントの領域が拡大するに伴って，そこに一つの構造ができてきた．それを家の建築と比較してみよう．家を建築する場合には，まず方針と計画と仕様が必要である．さらに規則や法律を守る必要があり，資材も必要である．

建築したり，様々な機能を付加したりする職人が必要であり，それには一定レベルの技術も必要であり，購入して住む顧客もあるであろう．また，この家で生活したり仕事をしたりするには様々な機能も必要になる．

水資源マネジメントはこうした家づくりや家のマネジメントに若干似ているが，それよりはるかに複雑である．家に一定の境界があるように，水資源システムにも境界があり，通常は河川流域や都市域の中に包含されている．また，指針となる方策や計画，規則や法律，建設や運営のための資材，チームワーク，能力，顧客や水利用者，水資源システムの機能などがある．

家づくりという単純なケースと水系という複雑なケースとの最大の相違点は，水資源システムには固有の相互依存性が存在することである．水利用者は相互に依存する関係にある．自然の生態系でさえ水システムと密接に絡み合っている．近隣地区や都市を水システムと対応させて家との類似性をみることはできるが，規模には関係なく，水システムをユニークなものにしているのは複雑性と相互依存性にある．

有名な環境保護主義者 John Muir は相互依存性を次のように表現している．「ある物をそれだけ抜き取ろうとすると，宇宙のすべての物につながっていることがわかる」と (Chesapeake Bay Program, 1994)．

1.3　水資源マネジメントに関する基本的概念

指導的地位にある思想家たちの結論によると，持続可能な開発とは経済的目標と環境的目標とをバランスさせるための組織原理でなければならないという．持続可能な開発とは，将来の世代のために資源を維持し，保存すると同時に，自然環境を悪化させてはならないということである．この一般的原理については大多数の者が同意しており，それが専門的事業の実施にあたって強力な指針になっている．

しかしながら，持続可能な開発という原理が広く共有されている価値観であるにもかかわらず，それを実行する際に対立が発生するのは，所有権，仕事，課税，土地利用などが関係しているからであり，また自然と社会の複雑な体系の間の相互依存性を理解することなく意思決定を行うケースがよくあるからである．

持続可能な開発を達成する唯一の現実的な方法は，我々の概念的な考え方や一般的価値観に左右されることなく，水資源マネジメントを実行する際の外部環境を構成するこうした現実に対処していくことである．

世界の150以上の国々で経済発展と環境保護をバランスさせようと努力している水資源マネージャーにとっては，今後は複雑なシステムを説明したり，実行可能な解決策を立案したり，対立を処理したりすることが重要な任務となる．水資源マネージャーがこうした任務を適切に遂行したいと思うならば，専門知識以上のものが必要になる．すなわち，様々な分野の知識を判断力や経験と組み合わせる能力が必要になる．筆者の考えでは，こうした能力を応用するためには，新しいタイプの専門家になる必要がある．例えば，判断力を専門知識と組み合わせて応用できる技術者，あるいはエンジニアリングを法律，政策，財政，管理能力などと組み合わせることのできる公共事業担当マネージャーなどである．

過大な対立や費用を伴うことなく，こうした活動を調整して最善の成果を上げるにはどうすればよいか？　成果を上げるためには，新たにどのような能力が要求されるのか？　組織の簡素化，管理職務の改善，さらに情報への迅速なアクセスなどを可能にする情報革命に普通の市民が効果的に参加できるようにするにはどうすればよいのか？　本書はこうした質問に答えること，また水マネージャーに必要な重要知識を提供することを目的としている．

1.4 持続可能な開発

持続可能な開発に向けての探求が水資源マネジメントにおいて中核となる概念（コンセプト）であり，おそらくそれが水事業を推進するうえで最も強い力になるものと思われる．持続可能な開発に関して一致している定義とは，World Commission on Environment and Development（環境と開発に関する世界委員会）が1986年に公表した定義だと考えてよいだろう．すなわち，持続可能な開発は，「将来のニーズを満たす能力を損なうことなく現在のニーズを満たす」プロセスであるという定義である（Environmental and Energy Study Institute Task Force, 1991）．

持続可能な開発の重要なポイントは，環境資産の評価である（Repetto, 1992）．

GNPなどの標準的な経済指標では環境資本は評価されていない．本来，経済計算では天然資源と労働と資本を対象にすべきであったが，天然資源が計算から外れた．Repettoはコスタリカの3つの経済部門(林業資源，漁業資源，土地資源)について計算し，1970年から1989年までの累積減額が合計41億ドルになったことを明らかにした．これはコスタリカのような小国にとってはきわめて大きな損失である．その原因は，森林伐採，過剰漁獲，土壌の劣化にあった．

この数年間，環境に対する関心が高まる傾向にあり，World Commission on Environment and Development(1983～1986)など，地球規模で活動する研究グループがいくつか誕生した．勧告された政策は，人口や人材，食糧の確保，種と生態系，エネルギー，工業，都市問題に関するものであった．International Conference on Water and the Environment(水と環境に関する国際会議，1986)は水に関する「Dublin Statement(ダブリン声明)」を作成することでUnited Nation Conference on Environment Development(UNCED；環境開発に関する国連会議)のための舞台づくりを行った．

UNCEDから提示されたアジェンダ21では持続可能な開発に関して多数の問題が取り上げられ(UN，1992)，淡水管理に関して次のような6項目の行動方針が提案された．すなわち，総合的な水資源開発とそのマネジメント，水資源評価，水資源・水質・水生生態系の保護，上水道と下水道，水と持続可能な都市開発，持続可能な食糧生産と農村開発のための水，および水資源に対する気候変動の影響，である．

1994年，President's Council on Sustainable Development(持続可能な開発に関する大統領諮問委員会)は，米国が2050年までに持続可能性に向けて行動することを公約し，持続可能な開発の定義を「将来の世代のニーズを満たす能力を奪うことなく現在のニーズを満たす」こととした．Colorado川流域の持続可能な開発に関するあるセミナーを企画したあるグループはこの定義についてさらに次のような説明を追加した(第19章参照)．「持続可能な米国とは，現在の世代も将来の世代も，安全で，健康で，良好な環境において各人それぞれのライフ・スタイルを満喫できる機会を均等に提供する経済構造を備えることである」(President's Council on Sustainable Development, 1994)．

また，Water Quality 2000チームは持続可能性を別の言葉で表現した(第14章参照)．すなわち，「健全な自然システムと調和して暮らす社会」である．

1.4 持続可能な開発

　1992年の大統領選挙のあと，地元コロラド州であるグループが集まって，水に関する提案書を作成し，Clinton政権に提出した．そのタイトルは「America's Waters: A New Era of Sustainablity」(Long's Peak Working Group, 1992)である．このレポートの直接的意図は，持続可能性を達成するために水のマネジメントを変革することである．

　このグループは，このレポートの冒頭で次のように述べている．

　　　健全な水政策とは，人間および生態系に含まれる生物の現在および長期的なニーズに対処できるものでなければならない．我が国におけるこれまでの水使用の実態は，持続可能性という基準から見た場合，こうしたニーズを満たすものではなかった．そうした事例をあげると，Columbia川のサケは絶滅に瀕しているし，San Fransisco湾デルタには過度の負荷が課せられている．Kesterson National Wildlife Refuge (Kesterson国立野生動物保護区)はセレニウムの害を受けているし，Colorado川の水は塩分濃度が上昇している．Ogalalla帯水層は消滅しつつあるし，ルイジアナ州のデルタは浸食されつつある．ニューヨーク州ではDelaware川を利用する上水道施設が危機に瀕しているし，Florida Everglades (フロリダ大沼沢地)は消滅しつつある．現在の水政策による環境維持費用は，現世代にとっても将来の世代にとっても，きわめて重いものになっているのである．

　これは現状の非持続可能性を告発するものである．このグループはこうした問題の根源を次のように説明している．

　　　これまでは水のマネジメントに際しては経済中心の使用形態(農業，水力発電，洪水調節，船舶航行，都市開発など)が支配的な要因であった．それ以外の問題は，例えば健全な財政政策，先住アメリカ人のニーズやその他の民族社会のニーズ，生態系などは，ほとんどの場合，無視されてきた．

　ただ彼らも，次のような開発の肯定的部分を若干は認めた．

　　　河川維持流量の確保，汚染防止，市民ニーズの認識，流域開発や地域の水マネジメント手法の開発，先住アメリカ人の水利権確保に関する総合的な措置などに関する州や連邦の施策．

　新らたな管理に提案するに当たって，彼らは持続可能性を基準にした新しい水

政策の導入を要求した．その中で特に強調されていることは「社会的公正や，経済効率，生態系の保全，部族に対する連邦の信託責任の持続的堅持という方針に基づいて，水質や水生生態系に影響を及ぼす連邦の政策を再検討すること」である．

ここで注目されるのは，彼らが再調整の必要性を認め，次のように要求していることである．

> 「連邦的」な水政策ではなく，真に国民的な水政策を実行するためには，連邦政府は，連邦政府，州政府，部族政府および地方政府を含むあらゆるレベルの政府における有効性を最大限に発揮するように努力の調整を促し，支援し，協力する必要がある．

こうした新しい政策を実行するために，彼らは次の4つの目標を掲げた．すなわち，水利用の効率化と保全，生態系の保全と回復，清浄な水，意思決定への公平な参加，である．さらに，こうした目標を達成するために制度を改革する際には「人々の経済ニーズや政府の財政的制約に配慮する必要がある」と述べている．

こうした目標達成のための勧告内容は，一般に次のように要約される．

① 水利用の効率化と保全：水政策の基本としての水の効率的使用；個々の対策や政策の中の明確な一部分を維持することに連邦が主導的役割を果たすこと；水融通の促進；協力やオープン参加プロセスによる水の効率的使用．

② 生態系の保全と回復：水生生物学的多様性の保護および維持を行う場合や，スケールの大きな河川流域システムに統合する場合の基本的管理単位となる流域の設定（河川，湿地，水際，上流水源地などを含む）；危機管理の代りに事前に防止的対応や統合的対応を行うなどの措置；システムに関する知識を向上させながら積極的な環境復元のために行う適応型マネジメント；コミュニティと生態系との結付きを復元させるための地方レベルでの回復措置．

③ 清浄な水：流域ベースの水質管理；汚染された流出水を処理するための積極的な措置；発生源での汚染防止；水質を水生生態系の保護や回復と結び付けること；水質と水量のマネジメントをリンクさせること；水質目標と結び付けて水資源の総合的計画立案と資金調達を図ること．

④ 意思決定の公平さとそれへの参加：連邦政府は先住アメリカ人との特別な信頼関係を全うすること；意思決定の際には影響を受けるすべての関係グループを参加させること；意思決定機関は一般市民に明確な情報を提供すること；水の配分変更が必要になった場合には既存の持ち分を尊重すること．

⑤　制度の改革：政府を最大限に活用すると同時に，民間による対策を促進するためのインセンティブを強化すること；問題が提起され，影響ありと感じた場合には，最低レベルの決定と措置を組み合わせること；統合型資源マネジメントにおいては一般市民の全面的な参加のもと，需要の抑制，供給の増加，経済的費用および環境的費用をすべて考慮すること；連邦機関は意思決定の効率化，行政の一貫性，連邦の措置に関する一般の認識を促すこと．

いうまでもなく，「持続的開発」という言葉の中にはきわめて多様な意味が含まれている．以下に持続的開発の意味に関する若干の見解を紹介するが，これらは持続的開発に対してある懸賞の候補になった見解から選択したもので，Woodlands Forum (Center for Global Studies, 1993) から発表されたものをそのまま採用したものである．

　　ハイテク革命と経済的リストラクチャリングを採用して，生態学的にやさしい高度な思考でなしとげるような賢明な成長の形態．

　　製品とその副産物およびその生産工程から出てくる何らかの副産物をすべて肯定的な形態のシステムに統合できる方法が見つかるまでは何も生産しないこと．

　　基本原理は，我々がストックによって生きるのではなく，フローによって生きるということである．

　　環境問題を開発プロセスの中にうまく組み込むこと．

　　完璧な世界においては，社会保障などの最終段階のサービスが持続可能なものになると思われる．換言すると，連続的再生が行われる循環パターンができるということである．

　　各世代へ一定レベルの人口や，一連の技術，ある程度の肥沃な土地や化石燃料を引き継いでいくこと．こうしたものがあれば，後世の世代も少なくとも我々と同じ程度の生活をすることが可能になるものと思われる．

1.5　水資源のマネージャー

将来も，水資源マネージャーの中に若干の土木エンジニアが含まれるものと思われるが，水マネジメントはもはや彼らが独占できる分野ではなくなるだろう．

水資源に応用できる工学，生態学，法律，経営学などを学んだ専門家や官僚が土木エンジニアと協力しながら仕事をすることになろう．

水資源マネジメントの実行は専門的職業だろうか？　ある者はそうだというかもしれないが，否定する者もいるだろう．専門的職業とは，先端的分野に関する学習を必要とする職業であり，水資源マネジメントを実行するにはまさにそれが必要である．しかし，水資源マネジメントという知識体系は，工学や，法律，医学などと同じように専門化が進んでいるわけではなく，大学においても独自の学部が存在するわけではない．ただ，独自の事業が存在しているし，特別な制度的構造も存在する．

水資源マネジメントは，それが専門的職業であるかどうかに関係なく，水関連事業においてマネジメントを行う様々な専門家が関与している職業である．こうした専門家は最初はエンジニア，法律家，生物学者，その他のスペシャリストとしてスタートする場合が多いが，水資源システムをマネジメントするという一つの学際的目標に向かって統合されていく．彼らは全体像をつくり上げ，それを独自に機能させなければならないが，それには，調整，市民参加，法律，財政，および技術などの能力が要求される．

次に，筆者のこれまでの経験で知ることのできた水資源マネージャーの例を若干紹介しよう．あるエンジニアは技術的職業から転職し，現在はある都市の水道事業の財政スペシャリストになっている．あるエンジニアはジェネラリストになって，現在はある都市で水道事業をマネジメントしている．ある弁護士は交渉や政策の能力が認められて，ある都市の水道事業部の理事になった．経営管理学修士号を持つあるエンジニアは大規模な灌漑区の理事を務めている．歴史学を専攻したある学生はある州政府の政策部門担当から州水道局の理事に昇進した．経営学を専攻したある学生は州政府に勤務した後，ある州政府の水道事業局の設立に参画し，理事に就任した．ある生物学者は多角経営を行うある大手銀行の水資源政策アナリストになった．陸軍のある職業軍人は大規模な灌漑区の理事になった．技術専攻のある学生は州政府に勤務した後，大規模な水道局の理事になり，その後，水政策を教える教授にもなった．ある弁護士はある大規模な水管理委員会の委員長になった．ある議員は議員の任期中に水のことを学習し，水マネージャーになった．

米国の人口は2億5000万を超えているが，筆者の推定では，そのうちの約10

1.5 水資源のマネージャー

万人が本書でいう水マネージャーとして働いているものと思われる．そのほかにも10万～30万の人々が水マネジメントの仕事に携わっている．彼らは州や，地方，連邦の政府機関に勤めて，監督業務や支援業務に携わっている．その職務は，上水，下水，雨水処理などに関係する施設のマネージャー，連邦や州政府の規制を司る者，計画担当者，支援担当者，および水事業を支えるコンサルタント，政策アナリスト，科学者などである．それ以外に選出されて任命される幹部職員もいる．彼らは水事業の勤務に就くと同時に，計画作成や意思決定プロセスについてもっと多くのことを学ぶ必要があると気づく．

こうした水マネージャーに必要な能力は何か？ 最初の仕事は水供給業務と環境保護である．当然，学習基盤を広げる必要がある．American Society of Civil Engineers(ASCE；米国土木学会)が1994年に発表した声明によると，これからのエンジニアは基本的な技術知識と科学知識を強化したうえで，それをさらに地球レベルの視点の習得や問題解決手法の習得によって補強する必要があるとされている．すなわち，基本的なマネジメント知識ベース(経営，資源，コスト，時間のマネジメント)のほかに，個人的かつ対人関係的資質をしっかり持つこと，倫理観，さらには社会科学/人文科学などが要求される．ASCEの考えでは，学士号は，共同作業遂行能力や，社会的能力，コミュニケーション能力を必要とする学際的な現場または市場を反映するものでなければならないとされている．ASCEによると，大学院生に要求される能力は，社会的能力(対話能力，指導力，社会的ニーズの判断能力，複数の専門家からなるチームをリードしたり，参加したりする能力)；法律制度，社会制度，政治制度，環境システム，持続可能なシステム，ライフ・サイクル・システムなどについて問題を組み立てる能力；批判的思考(総合と分析)，コンピュータ能力の習熟，職業的倫理に対する理解，時間のマネジメント，生涯教育に対する基本的理解などの個人的能力；およびチームワーク，プレゼンテーション手法，地域社会への参加，アイデアの表明，アイデアを普及させるために成果を独創的に発表する方法などを含む柔軟に対応できる能力，である．

こうした能力を裏で支える根幹的テーマは，市民としての能力，チームの一員として公益のために働ける能力そして他人との間に信頼関係を築く能力の開発である．

1.6 用語の定義

用語を定義しておくと，水資源マネージャーの職務の説明や理解に役立つし，また「水資源」や「マネジメント」といった一般的用語を使う場合にも混同を避けることができる．筆者は次のような定義を提示するが，これは簡潔でしかもわかりやすくすることが狙いである．

- 水資源マネジメント：人間の便益目的や環境目的のために自然の水資源システムや人工的水資源システムを制御するために構造物的手段や非構造物的手段を適用すること．
- 水事業のマネジメント：水事業の枠内で水資源マネジメントを実行すること．
- 水事業の構成：水サービス(上水道，下水道，洪水調節，水力発電，リクレーション，船舶航行，環境など)を行う組織，監督官庁，および支援組織．
- 水マネジメントのための構造物的手段：水量や水質をコントロールするために建設される施設．
- 水マネジメントのための非構造物的手段：施設建設を必要としない施策や活動行為．
- 水資源システム：水調節施設と環境要素を組み合わせたもので，これらを同時に機能させると水マネジメントの目的を達成することができる．
- 自然の水資源システム：自然環境に存在する水文学的要素の集合であって，それに含まれるのは，大気，河川流域，流路，湿地，氾濫原，帯水層と地下水脈，湖，河口，海および海洋がある．
- 人工的水資源システム：水量や水質をコントロールするために建設された一連の施設．

人工的水資源システムは，各種の水調節施設によって構成されており，水量や水質の調節を行うほか，上水や汚水の管理施設，土地からの雨水排水や洪水調節施設，河川・貯水池・帯水層などの水の管理操作施設などがある．具体的には，送水システム(水路，運河，送水管など)，分水施設，ダムや貯水施設，処理プラント，ポンプ場，水力発電所，井戸，各種付属施設・装置である．これらについては第3章で説明する．

非構造物的手段としては，価格体系，ゾーニング，動機付け，広報業務，規制

対策，保険などがある．

1.7 水　事　業

本書の重要な目的の一つに広汎な水事業の構造に関する概念の紹介がある．この構造は各種の水事業モデルの中に取り上げられており，第8章でもっと詳しく説明するが，基本的にはサービス提供機関，監督官庁，計画立案機関，支援組織の4者によって構成されている．図-1.2に，これら4者の関係を示す．

「サービス提供機関」とは水のマネジメントないしサービスに直接責任を持つ者である．「監督官庁」の担当業務は，料金，水質，健康問題，サービス・レベルを監督することである．「計画立案機関と調整機関」はサービス提供や監督以外の領域で計画立案や調整の職務を担当する．「支援組織」は様々なサービスや物資を提供するほか，調査，専門的サービス，必需品，情報やデータ，その他について支援を提供する．

こうした組織は，その組織が所属する業務分野やその経済的形態や行政的形態によって分類されるケースが多い．本書で取り上げる水事業部門は，水供給部門，下水処理管理部門，雨水排水・洪水調節機関，灌漑・排水担当機関，維持流量をコントロールするグループ(水力発電，船舶航行，リクレーション，環境など)，監督官庁，支援組織(主にデータ管理，調査，および教育に関係するもの)，計画

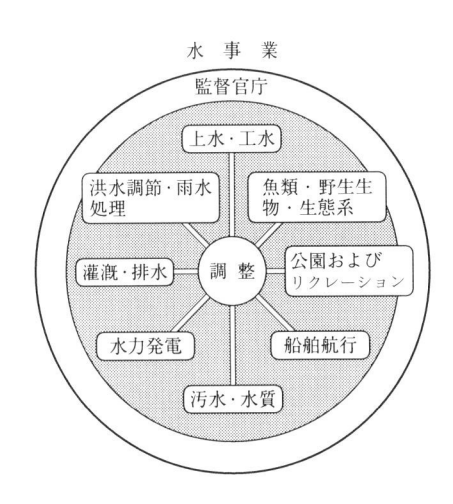

水　事　業
監督官庁
- 上水・工水
- 洪水調節・雨水処理
- 魚類・野生生物・生態系
- 灌漑・排水
- 調整
- 公園およびリクレーション
- 水力発電
- 船舶航行
- 汚水・水質

水事業支援組織
- コンサルタント
- 下請け業者
- 装置
- 法律アドバイス
- 調査
- 出版社
- 事業団体
- データ管理組織
- 銀行と財政
- 教育と研修

図-1.2　水事業の構成組織

立案機関/調整機関である．経済的形態や行政的形態としては地方政府，州政府，連邦政府，あるいは国際的機関，民間組織などがある．

1.8 水資源マネジメントの目的

水資源マネジメントの目的は，人間の生活と自然環境に十分な水を供給することである．水不足や汚染された水では人間は生きていけないし，また水の需要を増加させる要因として，経済，健康，アメニティなどにおける多様な水のニーズがある．農場においても自然においても植物の生命や食物連鎖には水の供給が必要である．野生生物や家畜も飲み水が必要だし，その餌を育てるのも水である．湿潤な地域においても乾燥した地域においても，自然の水システムがその機能を維持するためには水が必要である．

人間や自然の水のニーズをマネジメント的用語で表現するため，我々は水資源マネジメントの「目的(purposes)」という言葉を使う．その意味するところは，上水供給，排水と水質の管理，雨水や洪水の調節，水力発電，河川航路，レクレーション，環境・魚類・野生生物が必要とする水の確保などである．こうした目的はすでに述べた水事業部門の組織とほぼ重なり合う．

こうした目的は，水の利用者である人間，工業，農業，環境全般の4つの分野を対象にしている．したがって，水の供給という場合には，それは生活向け(水道用水)，都市向け(都市用水)，農業向け(灌漑用水)，工業向け(工業用水)，都市と工業向け(都市用水と工業用水＝M＆I用水)という意味であり，また環境向け(環境用水)という意味でもある．

排水処理という場合にも，都市下水，工業廃水，農業排水などのように，同じような分類が使われる．

ただし，雨水や洪水の調節は，過剰な水を処理するという別のタイプの仕事であり，水を供給するのではなく，「安全のための」業務であり，過剰な水を別の場所に移したり，貯えたりする．

こうした目的を達成するためには妥協も必要である．我々の願望は常に「最適」システムではあるが，現実の世界には制約があるので，最もバランスのとれた成果を追求することになる．こうしたバランスの達成が水資源マネジメントの最大

の課題である．

1.9 水資源マネジメントにおける業務関係者(players)の役割

　水事業の発展に伴って，水資源マネジメントという目的を支える各種の関連組織が下位部門として育ってきた．こうした関連機関は重要な役割を果たすので，水マネジメントに影響力を行使する専門家，企業，選出首長，活動家など，各種業務関係者(組織)の役割を明確にしておく必要がある．

　ほとんどの場合，実際にサービスを提供するのは，上水の供給，排水管理や水質管理，雨水や洪水の調節，水力発電用水や環境・魚類・野生生物・リクレーション用水の供給を行う地方政府の行政機関や特定の水管理組合(district)である．こうした業務関係者はほとんどの場合，政府内部で活動するが，最近は民営化の傾向が強くなっているので，今後は民間によるサービス提供が増加する可能性がある．

　サービス提供を行う典型的な業務関係者は，American Water Works Association(AWWA；米国水道協会)，Water Environment Federation(水環境連盟)，National Association of Water Companies(全米水企業協会)など様々な団体に加盟している．詳細なリストは付録Bに記載されている．

　監督官庁の担当業務は，健康，環境，財政，サービスの質などであるが，水事業においては主要監督官庁は，健康と環境に関する法規も担当する．環境担当機関は支援の範疇に属するものと考えられるが，その規制機関としての機能は権限の行使である．U. S. Environmental Protection Agency(U. S. EPA；連邦環境保護庁)と「各州のEPA」は，各州のエンジニアなどの水質監督官と同じように，主要な監督機関の立場にある．

　水事業に必要な調整を担当する計画立案機関/調整機関の数は少ない．その役割に関する説明は後述する．

　支援組織は数が多く，種類も多い．担当業務は，上記のサービス機関が供給しない物資やサービスを供給することである．その内容は，調査，データ，技術的援助や研修，新聞による一般情報，財政援助，装置，専門的サービス，法律面の支援，建設サービスなどで，さらには環境面からの反対などもこれに入る．

水事業において環境団体が影響力を持つのは，献身的努力，集中力，熱意などがあるからである．この団体は，報道機関と同様に，サービス提供機関や監督官庁の行為に対して均衡的力を発揮することもでき，場合によっては水事業において「政府の第4セクター」として機能することもある．

1.10 水資源マネジメントの視点の統合

本書の基本的な考え方は，「統合型水資源マネジメント（integrated water resources management）」が必要だという姿勢である．この言葉の意味するところは，資源に関する意思決定と配分においては，バランスという視点がきわめて重要だということである．マネージャーが直面する問題の中で最も困難な問題は，実行可能な対策に様々な視点を統合することである．したがって，まず最初にこの視点について理解しておく必要がある．

「統合型水資源マネジメント」という言葉はきわめて広範な内容を含み，しかもその意味するところは人によって異なるので，筆者は一つの定義を試みようと思う．最初に「統合化する」という動詞は，ある物の個別の部分をひとまとめにするという意味である．水マネジメントにはひとまとめにすべき部分が多いので，この言葉に含まれる意味もきわめて広くなる．

　　　「統合型水資源マネジメント」とは，関係する政治的グループの考え方
　　　や目標，地理的地域，および水マネジメントの目的をバランスさせると
　　　同時に，自然システムと生態系に供給する水を確保することである．

この定義は適切とはいえないかもしれないが，この定義の狙いは，水マネジメントに関係する次の4つの視点を，陰に隠されているもう一つの視点も含めて，バランスさせようという意図を表現することにある．

「政治的視点」には，水平的問題と垂直的問題がある．水平問題は，同一レベルにある行政機関（一般的には地方政府）の間に発生するものであり，垂直的問題は，例えば州と連邦の間の問題のように，異なるレベルの行政機関の間の関係に関わるものである．政治的統合化が重要なのは，水資源マネジメントの多くが政府機関で実施されているからである．

「地理的視点」とは，規模や計算に関わる基本的区域の問題である．例えば，地

球全体とか，河川流域，地方，水組織，水に関する特定の場所，地域などの問題である．後述するように，河川流域や都市部における調整，すなわち統合化が水事業においては未解決の最も重要な政策課題になっている．

水マネジメントの個別の「目的ないし機能」には，それ自体に，都市上水，排水管理，灌漑，その他のサービスなどの視点が付随している．水事業が発展した結果，個別の目的に対してサービスを提供するようになってきたため，水事業の機能全体を個別部門全体に広がる個々の要素の総合体として把握することが必要になっているように思われる．しかし，個別部門がそれぞれの利益グループに所属しているので，これは容易なことではない．

自然システムと生態系への水の供給を確保することを「水文生態学的視点」という．その事例はいろいろある．例えば，地表水と地下水を連結して利用する方法，河川流域において水，植物，生物学的事項，野生生物事項などを総合的に把握する考え方などがそうである．

統合化の第5の課題は，「学際的視点」である．これは，技術，法律，財政，経済学，政治，社会学，ライフ・サイエンス，数学，そのほか様々な学問分野を統合することである．

筆者は，この視点を統合化にとっての必要条件というよりは，それを支える条件だと考えている．すなわち，この条件が政治的視点，地理的視点，機能的視点，水文生態的視点という4つの統合化の視点を強化すると考えている．

現実の状況の中で，統合的解決策を一つずつ組み合わせていく必要がある．この個々ばらばらな作業は厄介なものであるが，それをもっと深く理解するには，さらに説明が必要である．

例えば，水マネジメントにおける統合化とは，上水機能や下水機能などの個別機能をひとまとめにすること，あるいはある地域において協力する当事者をひとまとめにし，地域全体に波及する統合化を実現することであるということができる．

統合化に不可欠な要素は，協力(cooperation)，すなわち他者と一緒に作業することである．したがって，水マネジメントにおける協力とは，ある地域(州，地方，都市などの特定の地区)などにおいて水をマネジメントするために何らかの形で協力し合い，その結果，水マネジメントの地域統合化(地域的協力または統合化により水をマネジメントすることを意味する，水マネジメントを地域的に

統合化する行為またはプロセス)を達成することである．

　水マネジメントにおいて地域統合化は重要な政策課題である．これは一般的には地域をベースにした統合化ないしは協力を意味する．その事例としては，地域的マネジメント組織の創設，システムの統合，原水の卸売業者として機能する中核システムの創設，設備資金の共同調達，サービス・エリアの調整，緊急対策のための相互協力，マネージャー・オペレータ・研修・購買・データ収集・緊急対策装備・節水の呼びかけの割当て，などである．

　本書で後述するように，水マネジメントを統合化する方法を追求することは高度なマネジメント戦略であり，決して容易なことではないが，部分的な成功でも大きな意義がある．

1.11　協働的リーダーシップ(collaborative leadership)の必要性

　水事業の複雑さや対立に対処するには協働的リーダーシップを発揮できる新しい手法が必要だと筆者は考えている．この複雑さに対処するための処方箋は適性能力であり，それを身に付けるために必要なことは，教育，研修，および専門知識の習得である．対立を処理するためには，協調，調整，話合いを重ねる必要がある．こうした考え方から生まれたのが水資源マネジメントのための「6C」モデルである．すなわち，「複雑性(complexity)を克服するための適性能力(competence)，ならびに利害対立(conflict)を克服するための協調(cooperation)と調整(coordination)と話合い(communication)」である．

　解決の困難さを過小評価してはならない．水関連の問題に押しつぶされる政治体制もあれば，十分に機能する水政策を策定するために悪戦苦闘している政治体制もある．6Cモデルに基づく専門的手法の採用は，合理的で十分に機能するマネジメント・システムを構築するための最良の方法であり，この方法は持続可能な自然システムの構築にも有効である．

　ChrislipとLarson(1994)によると，「我が国の都市や地方のリーダーや市民たちは，共通の公共問題に対処するに当たって前例のない難題に直面している．文化や，場所や環境が異なる場合にも，それらの難題は問題の政治力学の面で驚くほど似通っている」という．この指摘は，水の分野の対立の説明についても有効

1.11 協働的リーダーシップ(collaborative leadership)の必要性

だと思われる．この2人の著者は，急激な変化が発生しているのにリーダーが無力であり，市民たちが怒っている様を描写している．彼らの著書は，複雑な問題に対処する方法，不満と怒りを抱いている市民に対処する方法，市民に阻害要因を排除する気を起こさせる方法の3点を明らかにしている．この分野のある研究者は，この問題を「都市の問題」の一言で表現している．地域社会が問題解決のためにいかに強く結束しているかは，その地域の「社会資本」ないしは「都市インフラ」の一つの尺度といえる．この原理は，都市にあてはまると同様に，河川流域で機能する水社会にもあてはまる．

ChrislipとLarsonは，次のように問いかけている．

> では，協働(collaboration)とは何か？　我々はこの概念をごく普通に使っているが，話合いや協調や調整を越えた概念である．ラテン語の語根であるcomとlaborareの意味からわかるように，協働とは「共に働く」という意味である．共通の目標を目指して働く2つ以上の当事者が，任務と権限と発生した結果に対する責任を共有することにより，相互に利益になる関係を構築することである．協働とは，知識や情報(コミュニケーション)の単なる共有以上のものであり，また個々の当事者が目標(協調や調整)を達成するために相互に助け合うという関係以上のものである．協働の目的は，特定の当事者の管理領域を越える問題に対処するために共有しうるビジョンと共同の戦略をつくり出すことである．

ChrislipとLarsonによると，我々に必要なものは，複雑な公共部門の問題に対処できるような「よりよい市民コミュニティの参画」である．さらに彼らは「協働前提」という考え方を提案し，「適切な市民に適切な情報を与え，彼らを建設的な方法で結束させるなら，彼らは組織や地域社会の共通問題に対処するために確かなビジョンと対策をつくり出すだろう」と述べている．

この概念は，複雑性という大きな問題を抱えている水事業にも直接応用することができる．ChrislipとLarsonは，一つの例としてモンタナ州のClark Fork川のケースを引合いに出している．これには連邦の11の行政機関のほか，地方と州の行政機関もいくつか関与しているが，問題は「ここでは誰が責任者かと聞かれた場合，全員が責任者であり，しかも責任者は誰もいない」ことである．本書の最大の目的は，河川流域において任務を成功させる方法を見出すことである．この場合の問題—責任者は誰もいないこと—は，水資源においてはきわめて重大

な問題である．これを解決することが本書の主要テーマである．

ChrislipとLarsonは，成功させる協働に向けての鍵をいくつか示しているが，そうした鍵が水資源の計画立案と意思決定の重要な原理であることはすでに明らかになっている．その鍵とは，適切なタイミングとニーズを明らかにすること，強力な利害関係者グループ，幅広い関与と信頼性とプロセスの公開性，大物で目に見えるリーダーの公約や関与，「確立された」権限ないし権力による支援または黙認，不信や懐疑の克服，プロセスの強力なリーダーシップ，中途段階での成功，より幅広い関心を持たせること，などである．

筆者が本書の執筆にとりかかった時には，水資源マネジメントに関する6Cモデルをすでに確立していた．その後もこのアイデアについて考察を継続してきたが，現在ではこの問題はもっと奥があると思うようになっている．ChrislipとLarsonは，「協働は話合いや協調や調整を越えた概念であり，特定の当事者のマネジメント領域を越える問題に対処するために共有しうるビジョンと共同の対策をつくり出すためのものである」と述べている．筆者は，水事業が近い将来そうした状態にまで到達するだろうと楽観視してはいないが，努力に値する目標であることは確かだと思っている．

1.12 水資源マネジメントのシナリオ

我々は，水理構造物の設計や，現金流入計算書の分析，法律の解釈などを詳細に行っているが，こうしたマネジメント業務の細部は水資源システムの対策とどうかみ合っているのだろうか？

こうした細部が水資源システムにどう適合するのかを理解するためには，シナリオをつくる必要がある．すなわち，完全な水資源システムが自然環境や政治環境の中でどう機能するのかを解明する必要がある．

本書では，水マネジメント問題をその構成要素から完全に理解することは不可能であり，全体論的に考察する必要があるという一つの仮説をとっている．これは企業問題の場合でも同じであり，ビジネス・スクールで事例研究手法が採用されることがあるのもこうした理由からである．水マネジメントの事例説明に採用される手法が「シナリオ」である．この手法は，事例研究を行うと，水マネージャ

ーは遭遇する主要な問題やその時の選択肢を理解できるようになるので，問題解決にはこうした手法が適切であるという仮説に基づいている．

　シナリオとは，仮定または計画された一連の事象に関する一つのコンセプトであり，その中にはそのシステム自体の機能およびそのシステム環境の反応が必ず包含されていなければならない．これは，水資源システムが外部環境やマネジメント・ゲームに関係しているプレイヤーにどんな影響を与えるのか，また逆にそこからどんな影響を受けるのかを示すための一つの枠組みである．本書で後述するように，筆者はシステム手法による計画立案や意思決定の方法を応用すれば，水資源システムをその外部環境の枠内で分析することができることを立証していく．

① 計画立案と調整：単独の企業体が計画を調整しながら水マネジメントを行うものと仮定する．しかし，このケースはあまり一般的ではない．通常は，水マネジメントは複数の管轄権に及ぶ場合が多く，政治的な連携に配慮する必要がある．本書で取り上げるシナリオの対象となるのは，河川流域の計画と調整，渇水時の水マネジメント，投資・水利用・環境の地域的統合，そのほかに発展途上国の水と衛生の問題，である．

② 組織：どんな管理運営の企てにおいても，常に組織上の問題が発生する．したがって，水事業行政機関（水道局など）の組織に関するシナリオに１章を割いた．

③ 水の運用管理：最も重要な水の運用問題の一つとして貯水池問題に遭遇するので，貯水池の運用にも１章を割いた．それ以外の運用上の決定問題としては，システムを運用するための水圧の選択，利用者への水の配分，水を場所から場所へ動かすこと，発電，処理モードの選択などがある．

④ 規制：水の開発や運用を管理するために規制制度が増えてきた（「激増」という言葉の方が適切である）．水や環境の法律は規制の基礎をなすものであり，その中には水質管理や非点源汚染制御，および河口管理など，いくつかの事例研究が含まれている．上水道に関する規制は，上水道や環境に関する章と節水や効率性に関する章で取り上げる．水質規制は，水の配分，調節，融通，協定に関する章で述べる．環境問題は，河川流域，湿地，河川水辺に関する章で述べる．地下水規制や氾濫原規制は特別な問題であり，独立した章で取り上げる．

⑤ 設備投資：資本設備に含めることができるのは送水システム（水路，運河，送水管，橋），ダム，貯水池，上水浄化処理施設や廃水処理施設，ポンプ場，

発電所，余水吐・バルブ・ゲート，井戸，河川導流システム(分水路，船舶航行水路，堤防，閘門)および付属施設である．これらについては，インフラの計画や管理に関する章で述べる．
⑥ 政策立案シナリオ：資源利用に関する行政的問題を解決するため，法律や政策立案などの特殊な政策問題には特別な注意が必要である．西欧の水マネジメントおよび発展途上国の水と衛生の2つの問題については，独立した章で取り上げる．

1.13 水マネージャーに要求される知識

他の専門家と同様に，水マネージャーが問題処理や意思決定を行う際にも多くの知識が必要である．そうした中で最も重要と思われるものは，次のとおりである．
① 水文生態学：水マネジメント対策に欠かせない基礎的な工学および自然科学は，水文学，水理学，水質学，生態学である．これらに関する基礎知識があれば，水マネージャーは意思決定の際に選択肢や影響を評価することができる．それが欠けていると，政治的手段だけに依存せざるをえなくなる．
② 水マネジメントのためのインフラ―その構造とシステム：水資源システムとは，定義によると，水調節施設や環境要素，あるいはその両者を組み合わせたものである．マネジメント戦略においてはこのシステムの構成要素がどのように連動するのかを考慮しなければならない．そのためには，システム全体について総合的視点から意思決定と規制を行う必要がある．
③ 計画立案と意思決定：論理的段階の次にくるのは通常は具体的な計画づくりであるが，その実行に必要な認可と資源を入手するのが困難な場合がよくある．その結果，水マネージャーにとっては計画立案と意思決定が困難な作業になる．これは前項のシナリオの場合と同じである．計画立案と意思決定のプロセスでは次の問題を処理することになる．すなわち，水マネジメントの目標が決まっている場合，それを達成する最善の方法は何か，また承認や支援を得ることができるか？　最善のプランを見出すことは，財政的問題，制度的問題，経済的問題，法律的問題，エンジニアリング的問題が「テクニカル」であるとい

う意味で技術的である．承認を得る場合には，一般市民，政治家，監督官庁の業務手続きが必要である．こうした手順を理解するのに最も良い方法は，政治的環境の内側で機能する技術的プロセスとして見ることである．

④ 組織的理論：計画立案や意思決定の問題は，組織の内情と組織間の力関係の両方に影響を及ぼすので，水マネージャーはこの2点はもちろん，組織問題も理解しておく必要がある．

⑤ システム解析と意思決定支援システム：技術的な計画立案を達成するには，数量的手法を使って水資源システムを解析する必要がある．この手法を採用すれば，「意思決定支援システム(Decision Support Systems；DSS)」の利用が可能になる．このDSSは，一般的には，意思決定を行うマネージャーに適切なアドバイスを提供するために必要なデータベースとモデルとコミュニケーション・システムからなっている．

⑥ 水と環境に関する法律：水マネージャーは，水と環境に関する法律についても多くの知識を持つ必要がある．価値や権利に関する対立が増えているが，それを解決する手法が法律制度である．

⑦ 財務マネジメント：水に関するプロジェクトや対策を実行する際に重要な手段の一つとなるのが財務問題であり，水資源に関する計画立案やマネジメントの領域では最も重要なテーマである．財務関係の仕事としては，計画立案，プログラム作成，予算案作成，会計業務，コスト管理，収入管理などがある．

⑧ 水資源マネジメントの原理：水資源マネジメントの仕事やシナリオについて検討した後に取り上げる問題は，効率的マネジメントに必要ないくつかの原理である．そのうちの一部(例えば，水の効用をマネジメントする場合の企業原理など)は，かつては実際に間違いを犯した後でなければ習得できないものであった．

1.14 本書の特別なテーマ

読者が本書を読んでいくと，特別なテーマがいくつか現れてくるのに気付くはずだ．こうした問題は，水資源マネジメントの分野に大きな影響を与えている様々な理論や原理の骨格部分の理解に役立つと筆者は考えている．それは次のよ

うなものである．

① 多くの州，地域，地方に適用可能なマネジメント・システム：政策の策定や見直しに広く応用できるマネジメント・システムの構成要素は，水事業の構造，役割の定義，財政，法律，意思決定，調整などの概念である．これは，政治体制や発展状況に関係なく，すべての国に適用することができる．

② 水事業の構造に関する説明：水利用者や環境の幅広いニーズを満たすために，サービスの提供，規制，調整，および水事業の支援を一つに結合していく方法を，水事業モデルを使って説明する．

③ 水資源マネジメントにおける持続可能な開発―インフラと環境：持続可能な開発について説明する．対立することの多い人間と自然システムの双方のニーズを満たすために水資源マネジメント手法を導入することが本書の基本的テーマである．

④ 水事業における対立の根源の解明：本書では，水資源マネジメントに関する対立がなぜ激しいのか，その理由を明らかにし，さらにそれらの対立が持続可能な開発の導入や，民主的な意思決定プロセス，水マネジメントの公共部門と民間部門との関係でどのようなものであるかについても述べる．

⑤ 水資源に関する意思決定プロセスの模範例：エンジニアたちが問題解決の合理的なモデルについて学習しているものの，本書ではその対立の多い水事業においてはそうしたモデルが必要であるが，十分ではない理由について説明した後，水資源マネジメントの行政的問題や科学的問題に対処するためのプロセスモデルを提案する．

⑥ 複雑性に対処するにはDSSの役割が重要であることの確認：DSSをそのデータの構成要素や，モデル，解析，コミュニケーション/対話機能などと組み合わせると，水に関する意思決定の複雑性に対する対応策が得られることを立証する．

⑦ 統合型水資源マネジメントに関する説明：「統合型マネジメント」などの水資源マネジメントに関する専門用語について説明し，それを構成要素に分解することにより単純化する．

⑧ 調整という，重要であるが過小評価されている仕事：調整というマネジメント概念は過小評価され，間違って解釈されているので，水事業のマネジメントを正常に機能させるために欠かせない仕事であることを明らかにする．

⑨ 政策テーマの見直しと過去の政策の失敗の説明：本書では過去50年間の主な政策の失敗について述べ，調査委員会の現在の成果や勧告について論評する．
⑩ 水資源財政(価格決定を含む)の総括：水事業に適用されている財政政策について紹介する．
⑪ 法律と水行政を統合する考え方：環境法はきわめて複雑かつ多面的になっている．それについて論評すると同時に，state engineer(州技監)の役割や，水質規制，水マスターの職務などを水行政の主要なテーマと結び付けて考える．
⑫ 水事業における公共部門と民間部門の問題点の公表：過去10年間に，水事業の公共部門と民間部門の効率についてはいくつかの重要な教訓が明らかにされている．それについて論評し，水事業における役割分担の範囲を理解するための基礎材料にする．
⑬ 原理を統合化するための事例研究：本書では実際の事例研究を多数採用して，水質や河川流域マネジメントなど横断的な重要問題を紹介すると同時に，水マネジメントの原理の研究に役立つ資料としても提供している．
⑭ 水マネジメントにおける市民の参画と科学に関する独自の視点：本書で述べる水マネジメントの複雑性と対立は，市民の参画と科学が水マネジメントの改善の重要な鍵を握っていることを示している．この記述は，学校や大学の幅広いレベルで，市民の参画や科学的理解の必要性を説明するために応用できる．

1.15 水資源マネジメントの包括的枠組み

筆者は本書の執筆中に，水資源マネジメントの包括的枠組みの必要性を何度も思い知らされた．包括的枠組みの必要性については第9章でもう少し詳しく説明するが，以下にその主な特徴を箇条書きにすると同時に，図-1.3 にも示しておく．
・規制を受けている水事業組織の内部での水行政機関の間の調整作業(Wagner, 1995)
・流域に焦点を当てて問題を解決する
・「企業原理」を含む地方の任務を最大限に拡大すること(第7章参照)

規制の対象となる環境

水行政機関

- 調整
- 河川流域中心の対応
- 地方の任務
- 自発的協力
- 市場のメカニズム
- 能力開発
- リスク管理

水行政機関　　水行政機関　　水行政機関

意思決定支援

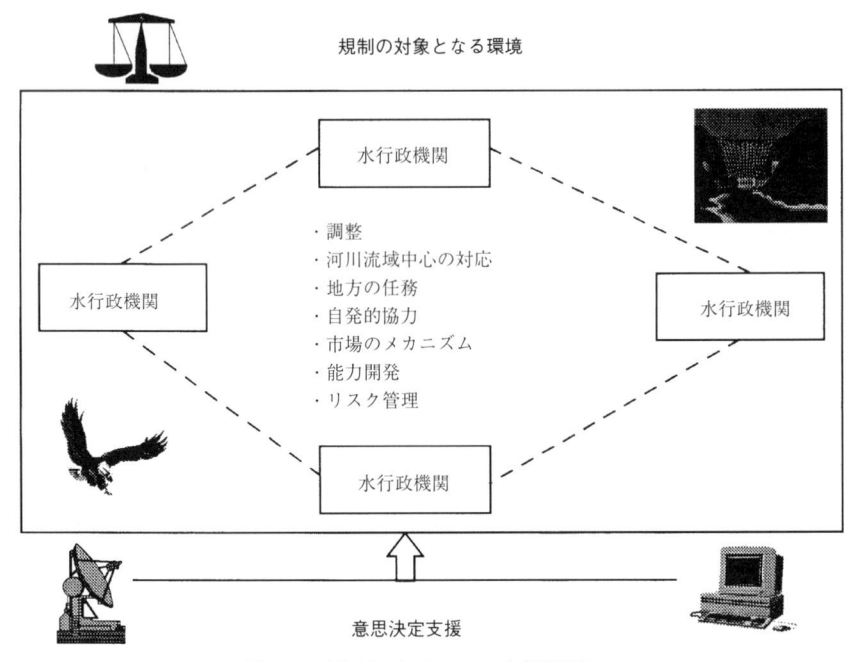

図-1.3　水資源マネジメントの包括的枠組み

- 「直接規制」手法以外の自発的かつ協力的な活動(第8章参照)
- 水サービスと資源の配分や価格決定の際に市場メカニズムを最大限に利用する
- 地方の任務遂行を促すための能力開発の強調
- 水開発と運用操作の際のリスク・マネジメント

　データ，分析およびコミュニケーション・システムにより包括的枠組みを支援する必要があることを示すため，意思決定支援システムについて説明する(第5章参照).

1.16　質　問

1. 水マネジメントにおける「統合化」の概念について説明し，行政的統合化，機能的統合化，水文学的統合化の例を示せ．「調整された包括的共同計画立案(comprehensive, coordinated joint planning)」を統合化に結び付ける方法

を説明せよ．

2. 水科学者のGilbert Whiteは彼の著書「Strategies of American Water Management（アメリカの水マネジメント戦略）」において水マネジメントに関して「複数の目的と複数の手法」というフレーズを使っている．水資源マネジメントの「目的」とはサービスの目的ないしはサービスの種類のことであり，「手法」は構造的または非構造的目標または手段を実現する方法のことである．水資源マネジメントの主な目的を示せ．社会にとって最も重要な目的はどれか，その理由は？　水資源マネジメントの主な手法を示せ．現在米国で最も重要な手法はどれか？　その理由は？

3. 米国は水「危機」の状態にあるといわれてきた．自分で考えつく水問題のうち，国民が最も心配している問題はどれか？　それは「危機」といえると思うか？

4. 水資源マネジメントは，「構造的あるいは非構造的手段を使って自然の水システムや人工的水システムを制御すること」と定義した．それ以外の定義を提案することができるか？

5. 米国の水事業の現状をどう評価するか？　また現状改善のためには政策をどう変更すべきだと思うか？

6. 「持続可能な開発」をあなたならどう定義するか？　水事業はそれにどのような影響を与えるだろうか？　ほかの産業がその産業自体の性格によって水事業と同じように持続可能な開発に影響を及ぼすことがあるか？　それはどの産業か？

7. 「協働的リーダーシップ」を唱える者は単なる夢想家であるか？　またこのリーダーシップは水事業に適用できるか？　その方法は？

8. 自分の経験に基づき，次のタイプにあてはまる水マネジメント・シナリオを描くことができるか？　1)計画立案と調整，2)組織，3)水の運用管理，4)規制，5)設備投資，6)政策立案．

9. 水マネージャーはエンジニアであった方がよいか？　その理由は，また反対の理由は？

10. 第9章で水マネジメントの「包括的枠組み」について説明するが，本章でも取り上げたその特徴のうちのいくつかを下に述べる．あなたはそれに同意するか？　その理由は，また反対の理由は？

a 規制下にある水事業組織の中の水行政機関間の調整
b 問題解決は河川流域に絞って行うという考え方
c 「企業原理」を含めて地方の任務を最大限に拡大するという考え方
d 「直接規制」手法よりは自発的かつ協力的活動
e 給水と水資源の配分や価格の決定に際しては市場メカニズムを最大限に導入するという考え方
f 地方の任務を奨励するため能力開発を強化するという考え方
g 水開発と運用に対するリスク論に基づいたマネジメント

文　献

American Society of Civil Engineers, 1994 Civil Engineering Workshop Committee, 1994 Civil Engineering Workshop Report, Re-Engineering Civil Engineering Education: Goals for the 21st Century, New York, September 22-25, 1994.

Center for Global Studies, Towards Understanding Sustainability, *Woodlands Forum,* Vol. 10, No. 1, 1993.

Chesapeake Bay Program, *A Work in Progress: A Retrospective on the First Decade of the Chesapeake Bay Restoration,* Annapolis, MD, 1994.

Chrislip, David D., and Carl E. Larson, *Collaborative Leadership: How Citizens and Civic Leaders Can Make a Difference,* Jossey-Bass, San Francisco, 1994.

Drucker, Peter F., *Management: Task, Responsibilities, Practices,* Harper & Row, New York, 1973, pp. x, 36.

Environmental and Energy Study Institute Task Force, *Partnership for Sustainable Development, A New U.S. Agenda for International Development and Environmental Security,* Washington, DC, May 1991.

International Conference on Water and the Environment, Development Issues for the 21st Century, Dublin, Ireland, January 26-31, 1986.

Long's Peak Working Group, *America's Waters: A New Era of Sustainability,* Natural Resources Law Center, University of Colorado, Boulder, December 1992.

President's Council on Sustainable Development, brochure for Workshop on Challenges to Natural Resource Management and Protection of the Colorado River Basin, University of Nevada, Las Vegas, December 12, 1994.

Prism (American Society for Engineering Education, Washington, DC), Educating Tomorrow's Engineers, May/June 1995.

Repetto, Robert, Accounting for Environmental Assets, *Scientific American,* June 1992.

United Nations, Agenda 21 of U.N. Conference on Environment and Development, New York, 1992.

Wagner, Edward O., Integrated Water Resources Planning Approaches the 21st Century, presented at the 22nd Annual Conference of the Water Resources Planning and Management Division, American Society of Civil Engineers, Cambridge, MA, May 8, 1995.

Water Education Foundation, Materials and Publications (brochure), Sacramento, CA, 1993.

White, Gilbert F., Reflections on Changing Perceptions of the Earth, *Annual Review Energy and the Environment,* Vol. 19, 1994, pp. 1-13.

第2章　水文学と水環境

2.1　は じ め に

　水に関わる対立が増えるにつれて，意思決定の科学的根拠として水に関わる各種の計算が一層重要なものになってくる．水マネージャーは，水文学や生態学の原理に関して幅広い知識を持つことを要求されるだけでなく，基本的な水計算の方法や水に関する科学や工学の実際的な知識も理解していなければならない．こうした基本的な知識があれば，オプションの評価や，利害関係者との交渉，コンサルタントの報告書の評価，一般市民や学校向けの教育プログラムの作成に役立つものである．

　本章の目的は，マネジメント業務に役立つ水科学や生態学の基本的な概念を説明することにある．水のシステムに関して実際的な水文学や生態学の正しい概念を理解していなければ，意思決定プロセスは混乱してしまう．水文学や生態学に関する理解やデータが不十分な場合にはそうしたことがしばしば生じるし，常にそうした傾向はある程度は生じるものである．自然システムの持続可能性に関する正確な概念は特に重要である．ほとんどの「自然な」システムはすでに様々な修正を加えられており，現在の生態系は現在の条件に順応したものである．マネージャーがこうしたシステムを理解していないと，合理的な解決策というよりむしろ行政的ないし法律的阻害要因を生じさせる可能性がある．

　水文学は，学際的分野としては地球科学と工学の両方に関係している．ここで重視されるのは物理学的水文学および水文量の量的側面であるが，化学や統計学

の領域も含まれているし，さらに生態系を支えているという意味では生物学とも関係している．National Research Council(NRC；米国調査研究評議会)は水文学を独立した一つの分野として明確に線を引くことを狙って，水文学という科学の問題と可能性を概説した1冊の本を発行した(Committee on Opportunities on Hydrologic Sciences, 1991)．我々は水文学そのものを超越してさらに進んでいけば，水文生態学ないし生物学的水文学(biological hydrology)と呼ばれる新しい統合的科学に到達することができる．これは水文的変化の生態系への影響を説明することを目的とするものである．

　水文学に含まれる重要なテーマとしては，水循環，統計的手法，河川流域の特性，降水量，地下水，洪水分析，水路や貯水池を介しての水の追跡計算，水賦存量，蒸発，浸食と堆積，モデリングなどがある(例えば，McCuen, 1989)．

　水マネージャーに要求される基本的な「能力」は，基本的なパラメータを計算する能力や，水の節約や配分など重要度に基づいて問題を評価する能力である．いずれの場合にも，科学的に明確になっていない問題に直面した際に，問題を解決して前向きな計画を前進させようとする場合の定量分析の限界に関する知識が必要である．裁判所の判例に見られる行動の多くは，水文学的推定において正しい者は誰かを判断することである．

　水文学が最も役に立つのは，水を算定するという特色，すなわち水収支量の計算である場合が多い．これは，例えば欧米社会では水利権のエンジニアリングの基本になっていて，水に関する法律を執行する場合や水の譲渡に関する意思決定を行う場合に必要となり，第15章で取り上げる．これと密接に関連しているのが水供給の研究(第10章)の必要性であり，また給水に必要な供給量の計算を処理できる能力(第20章)である．洪水調節には様々なタイプの水文学が必要である．例えば，極値や豪雨を扱う水文学がそれである．水システムにおいて最も重要な貯留施設は貯水池であるが，それを管理するには，水文学，水理学および貯留，放流計画に関する様々な能力が必要である．第13章では，こうした業務についてある程度詳しく説明する．実際に，水施設や，河川，河口，地下水システムなどを分析する場合には水理学的な計算能力が必要である．地下水システムについては，それ以外にも水文地質学に関する能力が必要である．こうした問題については第18章で取り上げる．

　水質分析では，水文学や水理学のほかに，水に関する化学的知識，物理学的知

識，生物学的知識も必要である．本章と第14章では，要求される基本的知識について説明する．流送土砂も河川の形態や水質に影響を及ぼすなど，密接に関連する要因である．

最後に一言，生態学は水科学の要(かなめ)である．例えば，自然システムが安定しているならば，生態学的システムは健全である．本章では生態学の問題についても若干説明するが，この問題の水のマネジメントに関する部分については第16, 22章でもう少し詳しく説明する．

2.2 水文循環

水文学を理解するため，まず**図-2.1**に示すような水文循環について説明する．水文循環は，大気，地表水ネットワーク，地下水ネットワークの3つの基本的要

大気中の水分：1 500億 m^3/d

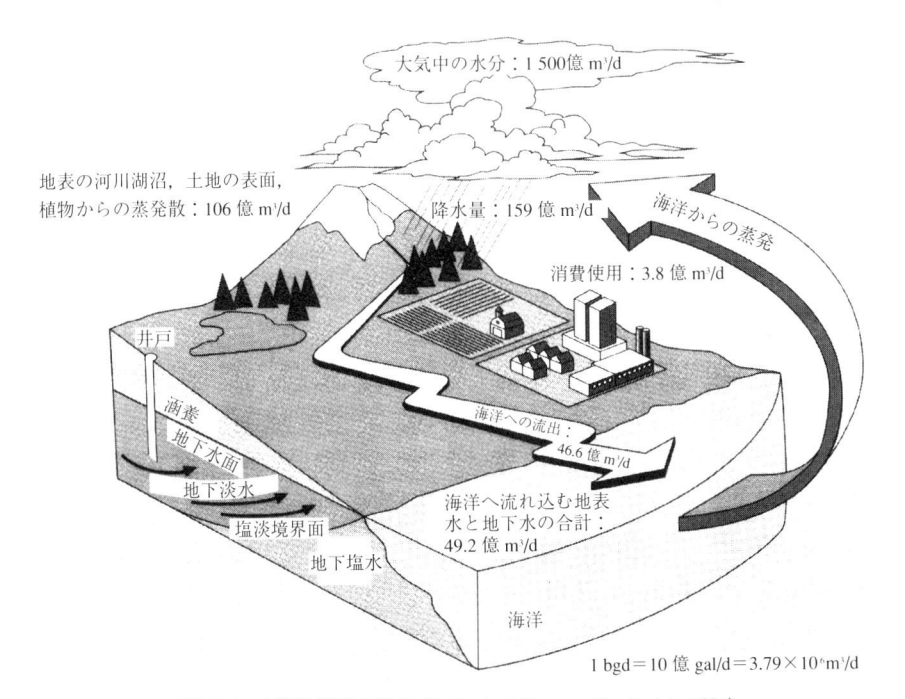

地表の河川湖沼，土地の表面，植物からの蒸発散：106億 m^3/d

降水量：159億 m^3/d

海洋からの蒸発

消費使用：3.8億 m^3/d

井戸

涵養

地下水面

地下淡水

塩淡境界面

地下塩水

海洋への流出：46.6億 m^3/d

海洋へ流れ込む地表水と地下水の合計：49.2億 m^3/d

海洋

1 bgd = 10億 gal/d = $3.79 \times 10^6 m^3/d$

図-2.1 水循環(出典：U.S. Geological Survey. Frederick, 1995)

素によって構成されている．水の量は，流れている量と貯留されている量によって測定する．また，水の質は変動しており，これも測定する必要がある．

この循環をシステムの観点から図示すれば，図-2.2のようになる．このような構造図は数学的シミュレーション・モデルの出発点となる(第5章参照)．この図はごく概括的なもので，水資源システムについてはもっと詳細な図が必要である．

水文循環と並行して栄養物やミネラルの循環も存在する．それを示すのが図-2.3である．その中で最も重要な循環栄養物は炭素とリンと窒素である．ミネラルの循環においては，流送土砂がきわめて長い時間をかけて山から海まで移動する．

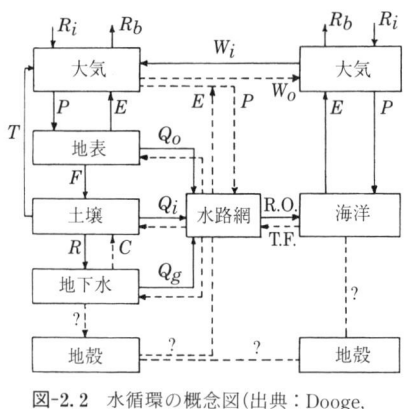

図-2.2 水循環の概念図(出典：Dooge, 1973)

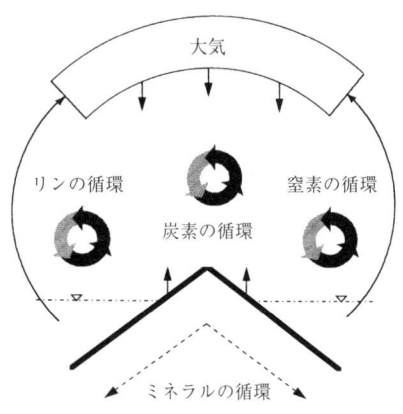

図-2.3 水文学—栄養物—ミネラルの循環

2.2.1 大気中の水

水文循環においては，大気中の水は水のストックとフローの一部を構成している．Nace(1964)の推定によると，地球の水の賦存量のうち，約1万2900 km³は大気中にあり，これは合計23万700 km³の地表水の5.6%に相当する．ようするに，大気中に存在する水は地球の総水量の0.0009%にすぎない．ここで総水量とは海洋全体の水や氷河の水をすべて含んだものである．

大気中の水のパターンの違いがあるため地域によって異なる水文学的地域差ができている．例えば，ジョージア州は雨が多いが，ネバダ州では雨が非常に少な

い．サウジアラビアは乾燥型であるために河川はほとんどないが，バングラデシュは洪水に悩まされる．

大気中の水の解析では，気象(meteorology)，天候(weather)，気候(climate)という言葉がよく使われる．「気象学」とは，大気中の天候や天候状態に関する科学を意味する言葉である．「天候」とは，温度，降水量，風速，気圧，湿度など，測定可能な変数で示すことのできる大気の状態を指す言葉である．「気候」とは，ある地域で支配的な気象学的状況を表現する言葉である．

大気に含まれる3つの要素，すなわち水分を除いた乾燥した空気，水蒸気，および不純物について考えてみよう．水を含まない空気を構成するのは，窒素，酸素，アルゴン，二酸化炭素，および微量ガス類である．このうち，窒素と酸素が99％以上を占めている．二酸化炭素の含有率が若干変化する以外は，大気の組成は一定であり，完全な混合状態を保っている．二酸化炭素は炭素循環によって生成し，生態系に重要な意味を持つ．この問題については後で取り上げる．水蒸気の量は気温によって変化し，気温が低い時よりも高い時の方が多く存在する．大気の総重量は約 5.6×10^{15} t(トン)である．そのうちの水蒸気の量は 1.5×10^{14} t(トン)で，大気全体の2.7％を占めている．大気の重量は，地表全体の深さ33 ft(10 m)の水深に匹敵する(すなわち，1気圧)．降水は様々な天候条件によって発生する．世界の平均降水量は赤道の 60 in(1 500 mm)以上から南極の 5 in(127 mm)以下までの変動幅があり，南極は降水量の点では砂漠と同じである．もちろん，変動幅は非常に大きく，南緯40～60度と北緯40～60度の地域では平均降水量が多い(Petterssen, 1962)．

気候は時代によって変化する．ある場所の平均的な気候状況が，例えば過去50年間比較的安定していたという理由だけで，今後も同じ気候状態が継続することにはならない．報道記事の取上げ方においても，気候の変化が多くの注目を集めるようになってきた．例えば，1991年に，U. S. Environmental Protection Agency(U. S. EPA；連邦環境保護庁)は気候の変化と水資源マネジメントに関する最初の全国会議を開催した．この会議の目的声明書は次のように述べている．すなわち「過去の気候では十分であった安全性のゆとりも，気候が変化すると十分とはいえなくなる．世界の気候に関して確かなことは次の2点だけである．一つは世界の気候が予測できなくなっていること，もう一つは世界の気候が常に変動していることである」と．この会議の問題は次の言葉に要約されている．

現在の水マネジメントは渇水，洪水，および不規則な変動パターンに基づいて行われているが，気候の変化により新たな不確定要素が加わってくる．一部の人々はこれを来るべき生態学的かつ経済学的な脅威に向けての駆引きと呼んでいる．我々は対応能力のある水計画者やマネージャーとして次のことを理解しておかなければならない．すなわち，気候の変化は水のマネジメントにとってどんな意味を持つのか，この脅威が現実のものになった場合にどう決断すべきか，リスク要因としてはどんなものがあるのか，こうした要因はいつ，どこで発生する可能性があるのか，こうした新しい不確定要素はどんな問題や機会をもたらすのか？(U. S. EPA, 1991)．

　もちろん，地球の気候変化については議論の分かれるところである．変化すると考える者もいれば，そう思わない者もいる．問題の核心は，二酸化炭素と微量ガスの増加が温室効果や地球の温暖化，海面の上昇，天候パターンの変化，オゾン層の減少などを引き起こすことにある．こうした効果についても依然として議論が分かれており，1990年代の研究課題である．ある学派は地球の温度が4℃上昇すると警告を発している一方，別の学者は温度上昇はもっと少なく，しかも温度上昇は作物の収穫を増やす点で利益をもたらすと考えている．

　大気中の水分について，水の収支という側面と豪雨の側面から簡単に説明する．

2.2.2　大気中の水収支：月間降水量と蒸発量

　米国ではNational Weather Service(国家気象局)から気候データが公表されている．表-2.1に示すのは，ニューメキシコ州中東部のSumner湖における5年間の月間降水量と蒸発量の記録である．ここで注目してほしいのは，降水量と蒸発量ともに季節によって大幅に変動していることである．また，蒸発量が毎月降水量を上回っていることは乾燥地帯の特徴である．この表のデータのプロット(図-2.4)から気候変動のランダム性と同時に月間変動が読み取れる．

2.2.3　豪雨の強度

　降雨の強さを示すデータとしては，異なる時間間隔に対する降雨量と降雨強度

2.2 水文循環

表-2.1 ニューメキシコ州のSumner湖の月別降水量と蒸発量(1 mm＝0.0394 in)

	1月	2月	3月	4月	5月	6月	7月	8月	9月	10月	11月	12月	合計
					降 水 量(mm)								
1988	4.1	1.8	2.0	25.7	41.9	49.5	144.8	50.8	73.2	4.6	0.5	6.1	405.0
1989	8.1	15.0	3.6	6.6	9.7	24.1	18.3	105.2	15.2	6.1	0.0	9.1	221.0
1990	13.5	23.9	30.0	35.8	29.5	1.3	61.5	134.4	36.1	16.3	10.9	7.4	400.6
1991	9.1	0.0	0.0	0.0	51.1	6.9	155.4	118.1	105.7	5.3	36.1	47.2	534.9
1992	7.9	6.9	7.4	19.1	75.7	68.1	8.9	84.3	12.7	2.0	1.8	20.1	314.9
平均	8.5	9.5	8.6	17.4	41.6	30.0	77.8	98.6	48.6	6.9	9.9	18.0	375.2
					パン蒸発量(mm)								
1988	62.0	95.0	212.3	274.1	312.2	317.8	305.3	244.3	223.0	177.0	179.8	112.0	2527.5
1989	121.4	139.7	209.3	285.2	362.0	335.0	375.9	273.6	231.4	210.3	195.8	90.9	2830.5
1990	109.0	128.5	155.7	235.2	381.8	474.5	334.0	269.5	203.7	205.2	131.6	93.5	2722.2
1991	59.2	133.6	238.5	348.7	416.3	394.0	289.1	257.6	208.8	198.4	88.9	55.4	2688.5
1992	53.8	107.2	215.6	227.3	247.9	301.8	353.2	301.0	273.3	216.4	117.3	64.0	2478.9
平均	81.1	120.8	206.3	274.1	344.0	364.6	331.5	269.2	228.0	201.5	142.7	83.2	2649.5

[出典：National Weather Serviceの気象記録]

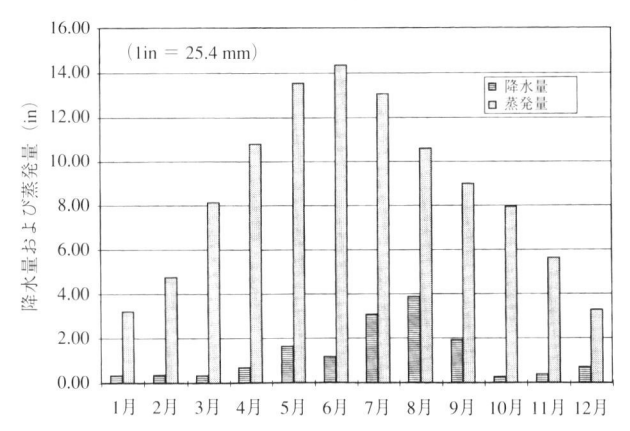

図-2.4 ニューメキシコ州のSumner湖の降雨量と蒸発量(出典：National Weather Service, Washington DC.)

とがある．雨が降っている時の降雨量のグラフはハイエトグラフ(hyetograph)と呼ばれている．**表-2.2**は，アラバマ州BirminghamのWeather Forecasting Office(National Weather Serviceの1支部)の雨量計で1983年12月2～3日に記録された顕著な降雨を示したものである．12月2日の午後8時から12月3日の午後9時台が終わるまでの26時間の合計降雨量は9.28 in(236 mm)に達した．

表-2.2 アラバマ州の Birmingham の Weather Forecasting Office の雨量計の 1983 年 12 月 2～3 日の雨量 (1 mm = 0.0394 in)

日付	計測終了時間	降雨量 (mm)	日合計降水量 (mm)	日付	計測終了時間	降雨量 (mm)	日合計降水量 (mm)
12/2/83	20:00	0.5			9:00	1.3	
	21:00	7.4			10:00	0.3	
	22:00	22.6			11:00	0.3	
	23:00	31.0			12:00		
	24:00	23.1	84.6		13:00		
12/3/83	1:00	24.1			14:00	0.3	
	2:00	13.7			15:00		
	3:00	31.8			16:00		
	4:00	25.9			17:00		
	5:00	13.0			18:00	9.9	
	6:00	5.8			19:00	7.1	
	7:00	6.1			20:00	4.1	
	8:00	6.6			21:00	1.0	151.1

［出典：National Weather Service の気象記録］

この場合には，河川の氾濫が発生したため（Holt Reservoir の事例研究，第 11 章），継続時間が長い豪雨が大きな関心事になった．今後，都市洪水について研究する場合には，短期間の強雨を重視する必要がある．表-2.2 で 1 時間当りの降雨強度を見ると，午前 2 時から 3 時の間に最大の降雨強度が発生している．図-2.5 と 2.6 にグラフと地図上に豪雨の時空間分布を示す．最大雨量 11.5 in（292 mm）は Birmingham の雨量計のすぐ西側で発生していることに注目してほしい．

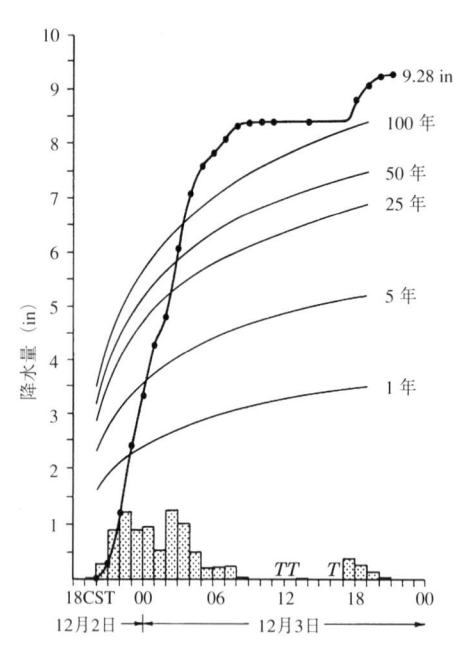

図-2.5 アラバマ州の Birmingham の Weather Forecasting Office の 1983 年 12 月 2, 3 日の 1 時間当りの雨量と累積雨量（出典：National Weather Service, Washington DC.）(1 in = 25.4 mm)

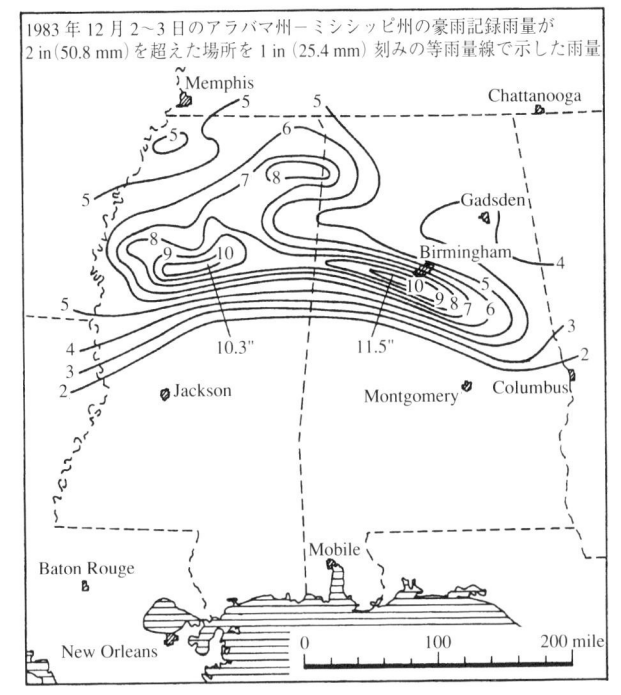

図-2.6 アラバマ州のBirminghamのWeather Forecasting Office の 1983 年 12 月 2,3 日の雨量等量線図(出典:National Weather Service, Washington DC.) (1 mile=1.6 km)

2.2.4 管路流を含む地表水

地表水ネットワークは,地下水とは異なり,流域,支流と本流,および水辺-沿岸系の関連部分を含んでいる.水文学の大部分は雨や融雪によって発生する地表水の時間当り流量や総流量の予測を扱っている.山岳地帯では,総水量のうち積雪が大きな部分を占めており,我々は自然の水貯留の恩恵を受けている.図-2.7 はアラスカ州の Bradley 湖近くの積雪状況であるが,積雪が水を産み出す力を理解できるであろう.

水理学は地表水のネットワークに適用される主要な科学分野である.基本的な流体力学を応用して自然システムや人工システムを通る水の流れを解析する.水理学の対象となる全分野について知りたい場合には,応用水理学の適切なテキス

トを参考にされたい．

　時には地表水が一時的に地下の管路に分流されることがある．水の輸送には管路，導水チャンネル，トンネルが使用される．管路の流れに関する水理学は，開水路の流れに比べるとかなり単純であるが，流れの測定，管路内の水の流れに対する抵抗の測定，管路網における流れ，遷移状態での流れなど，様々な複雑な要因が付随する．

　管路内の流れの測定に使用する測定装置には様々なタイプがある．水処理プラントや工業プラントにおいては，流量を正確に測定するためにオリフィス・メーターやベンチュリ管メーターを使用するが，これは絞り機構を使って圧力を変化させ，流量をその圧力変化の関数としてとらえて測定する装置である．家庭用上水道に接続するメーターは累積水量を測定するものであり，水の使用量をいつでも読み取れるものでなければならない．

　流水の抵抗に打ち勝って水を管路の中に押し流すために必要なエネルギーは，ポンプによるか，タンクや貯水池からの水頭によるか，あるいは，高い位置から流れる水の力によって供給される．管路内の流水抵抗は，管路の内壁の粗度による抵抗と，沈殿した化学物質やミネラルあるいは障害物によって発生する狭窄化によって発生する．管路が新しい場合には，その粗度は実験室での測定に基づく標準表から推測することができるが，管路が古くなってくると，粗度はその発生箇所を測定しなければ推測することはできない．こうした測定方法は，例え

図-2.7　アラスカ州 Bradley 湖近くの積雪状況
（出典：Bechtel Corporation）

2.2 水文循環

ば埋設された管路については実施できないケースがよくある．こうした場合は，管路の状態を判断するのは困難である．管路網についてこうした難問に直面した時には，アナリストがコンピュータのシミュレーション・モデルを使って対処することになる．一部のモデルは，パソコン上で実行できるところまで改良が進んでいる．

開水路の流量測定は，水深と流量の間の相関関係から断面積の変化を測ることによってできる．開水路の流量測定方法としてよく知られている装置にパーシャル・フリュームがある．これはコロラド州立大学で開発されたものである（第3章参照）．

開水路の水理解析において解かなければならない基本的な問題は，流量を所与のものと仮定した場合の水深と流速を知ることである．水深と流速を計算する時は，ほとんどの場合，Manning公式と呼ばれる簡単な公式が使われる．これは，流速を水深および水路の断面積，粗度，勾配との関係を式で表したものである．この公式から得られるのは近似値だけであるが，形状，断面積，勾配が変化する長い水路の場合は，「背水計算」を行うか，あるいは「漸変流」として解析する必要がある．背水計算を行うツールは，エネルギー則を応用して，様々な位置の水深と流速をその下流または上流の条件と関係付けるコンピュータ・プログラムである．そうしたプログラムはいくつか存在するが，アメリカではCorps of Engineers（陸軍工兵隊）のHydrologic Engineering Center（HEC；水文工学センター）が開発したプログラムが最もポピュラーになっている．このモデルはHEC-2と呼ばれ，数年かけて改良が行われ，現在では企業や行政機関の間で広く採用されている．

開水路の複雑な状況においては「非定常流」の流れを解析することになる．この場合には洪水波が水路を流下していくか，あるいは別の要因によって水深と流速が変化する．こうした分析を行うコンピュータ・プログラムは様々なものがあるが，それらを常時使用することは考えられず，専門家が必要である．

河川や河口が専門家に特殊な問題を課すのは，そこには不規則な場所や水路があり，条件が急速に変化するからである．河川の場合に厄介な問題は沖積河道の水深計算である．そこでは河床が絶えず変化するので，河床の粗度が一定しないのである．こうした問題と同時に，流送土砂の移動速度や浸食深さの計算問題もある．専門家たちはこうした数量を推定することができるが，その推定値の多く

は必ずしも信頼性が高いものではない．

　水理学においてもう一つ複雑な問題は河口における流速の変化である．この流速は水路の横断方向にも水深方向にも異なる．そのため，水理学的モデリングに依拠している水質モデルは近似的なものにならざるをえない．河口の水理学モデルを応用する場合には専門家に委ねる必要があり，その成果を利用する場合には細心の注意が必要である(第 22 章参照)．

2.2.5 地下水の水文学

　地下水システムは水文システムの重要な構成要素である．地下水システムのマネジメントについては第 18 章で説明する．

　図-2.8 に示すように，地下水は地表水と同じように，水文循環の中で動的な部分を構成している．大きな違いは，地下水の方が移動速度が遅いことと，異なる化学的環境や生物学的環境の中にあることである．一部に「化石水」と呼ばれる地下水があり，それは数千年の間，場合によっては数百万年もの間，地下に貯蔵されているものである．また，支流帯水層中の地下水は地表水とほとんど同じ速さで流れている場合がある．

　図-2.8 には自噴井やポンプ井のある帯水層のタイプも示す．また，図-2.9 に

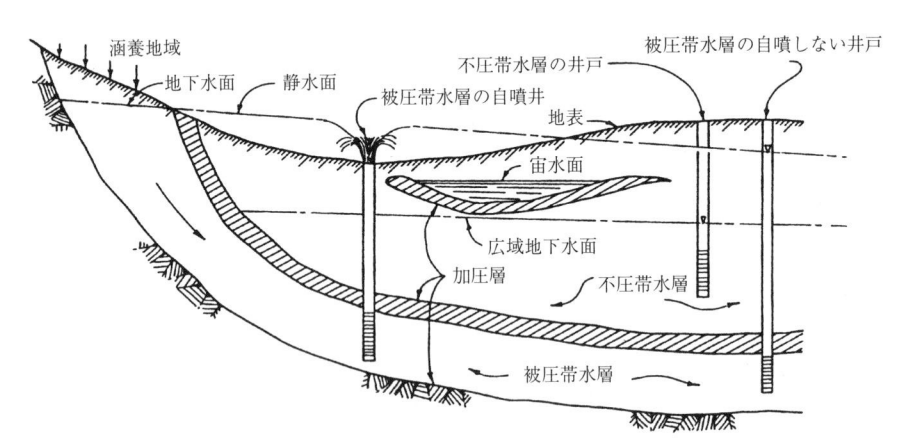

図-2.8　各種帯水層と井戸(出典：Ground Water Manual, U. S. Bureau of Reclamation, U. S. Depart. of the Interior, Washington DC. 1977, p. 8)

は一般的な井戸の構造を示す．取水する井戸のほかに，涵養井戸，すなわち帯水層に水を戻すための井戸もある．涵養は最近登場してきた水マネジメント手法であり，注意深く調査研究するに値する方法である(第18章参照)．

水文学のテキストには地下水の流れに関する説明があり，大学でも少数ではあるが，地下水に関する特別集中プログラムがある．例えば，コロラド州立大学では大学院生向けに地下水エンジニアリングに関する専攻課目を教えている．こうした講義では，地下水エンジニアと水文地質学者の間で密接な協力が行われている．

地下水の水文学に関するあるテキストの中で，Heath(1989)は，地下水は紀元前数百年頃から湧水から汲み取ったり，井戸を使って利用されていたと述べている．地下水の水文学の領域に関する定義が行われており(英語の「地下水(ground-water)」という言葉が一つの綴りの単語か，それとも2つの単語かということについては，今でも論争が続いている)，「これは目に見えないものを対象にしている」と述べられているが，その理由は，自然状態の地下水を見ることのできる場所が鍾乳洞や地下の大きな空洞などに限られているからである．

HeathとTrainerが述べている基本的な概念は，岩石や帯水層の水理学的特性値である透水係数や貯留係数および地下水の水質である．岩石や帯水層の多様な特徴が地下水の複雑さの原因になっている．透水係数や貯留係数のお陰で，我々は流れと貯留の理論を応用してなんとか地下水を汲み出すことができる．近年は，帯水層に長期間貯留されていた水の中から様々な汚染物質が発見されたことから，地下水の水質も重要な問題になってきた．

地下水の流れを推測する計算は最初は単純な方程式を使って始め，複雑な数学モデルへと進んでいく．もっと複雑なモデルになると，ディジタル手法やアナログ手法を利用して不均一な形状や大きさを持つ帯水層における水の流れや水量を説明する．こうした特徴を決定するために必要はデータの収集は困難である．

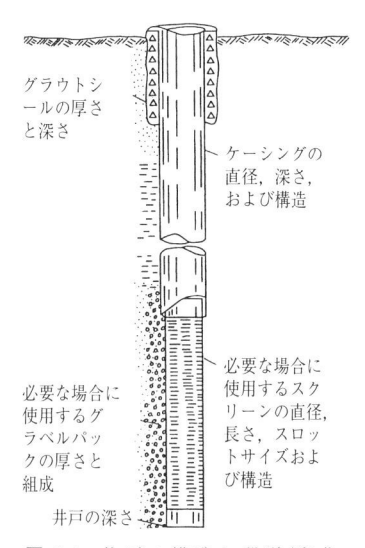

図-2.9 井戸の構造と設計(出典：Heath, 1989, p.56)

2.3 水計算(water accounting)と水収支(water budgets)

　実際の水文学では，水計算，すなわちどの程度の量の水が，いつ，どこに現れるかを扱うことが多い．水のストックについて説明する場合にはバランス・シートを使い，また時間的な水のフローについて説明する場合には水収支を使う．

　水収支には様々な地理的スケール，すなわち地球規模の水収支，国家の水収支，あるいは地域や州，河川流域(river basins)，都市部，集水域(catchment)，貯水池，河道区間(stream reaches)などが含まれる．この地理的規模は，水収支の使用目的に左右され，通常は意思決定が行われるエリア(例えば，河川流域)に対応している．第19章で述べるように，水に関する重要なマネジメント問題の中の一つは，河川流域(水計算の基本単位)と行政的集計区域の基本単位(都市，郡，州など)との不一致からくる．

　水収支の計算を必要とする量とは水システムのフローとストックを測定するための水量であり，これに含まれるのは，地表水，地下水，大気へのインプットと大気からのアウトプット，取水，還元，貯水池への流入量，放流量と水位，河川流域からの流出量である．

　水収支においては，ある期間(収入明細書の場合と同じように)とある時点(バランス・シートの場合と同じように)におけるすべての貸方と借方を計算しなければならない．財務収支の場合と同じように，水収支でも，1箇月とか，1シーズンとか，あるいは1年といったある水計算期間中に必要となる需要量に対して供給できる水量を配分する際に使用できる計画に必要情報が提供される．

　ある集水域のある期間の水収支は次式で示すことができる．

　　　　　流入量－流出量＝貯留量の変化

流入量に含まれるのは，降水量，導水量，および周辺の地下水盆からの流入水である．流出量に含まれるのは，河川流出量，水使用量，蒸発散による損失，および地下水路経由で流域から流出する漏出量による損失である．分水される水，すなわち取水される水は消費される場合と還元される場合とがある．還元される場合には，別の地点で元の流れに戻される場合，地下水システムに戻される場合，別の流域に戻される場合，などがある．

　水収支は，時間の増加分を加えると，次のような水文学でおなじみの貯留式に

なる.

$$I - O = dS/dT$$

ここで，I と O は時間当り流量であり，dS/dT は時間による貯留量の変化率である．この方程式は洪水追跡(routing)，すなわち洪水時の水量と水位の時間による変化の推定にも応用される．

2.3.1 全米および地球規模の水収支

国の水収支については，米国の例を引用することができる．初めての全国的水資源調査により，平均降水量を 30 in(762 mm)として，米国の水資源は年間 4 兆 2 000 億 gal/d(158 億 9 868 万 m³/d)になることが明らかにされた(**図-2.10**)．そのうちの約 70%は蒸発と発散によって消費され，残り〔約 9 in(228.6 mm)〕が 1 兆 2 000 億 gal/d(45 億 4 248 万 m³/d)の表流水になる(U. S. Water Resources Council, 1968, 1978)．

地球規模の水収支については，多くの水文学者が調査してきた．その一つでは，地球の水資源は**表-2.3**のように分類されている．これを見てわかるように，ほとんどの水は海洋，氷冠，および氷河に含まれている．我々が一般的に扱える水の量(水文循環による年間水量)は全体から見るとわずかな部分である．世界の水収支を計算するのは大変な作業であり，計算するグループによって計算結果が

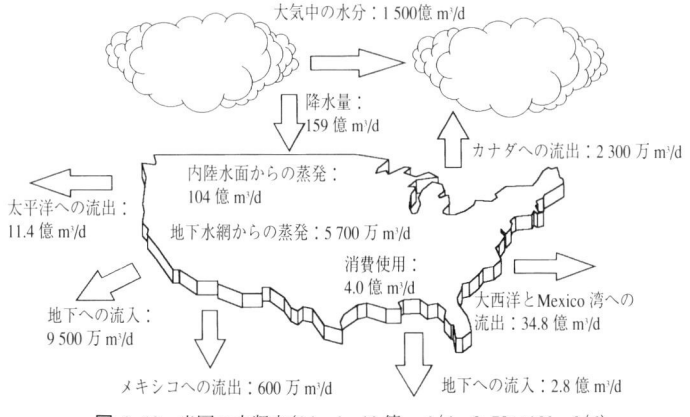

図-2.10 米国の水収支(1 bgd＝10 億 gal/d＝3.79×10⁶ m³/d)

表-2.3 世界の水賦存量〔Nace, 1964より〕

水量	km³	構成比(%)
地表水		
淡水湖	125 100	0.009
かん水湖	104 300	0.008
河川	1 300	0
地下水		
浅層*	4 171 400	0.307
深層	4 171 400	0.307
土壌水分ほか	66 700	0.005
氷冠・氷河	29 199 700	2.147
大気(海面近く)	12 900	0
海洋	1 322 330 600	97.217
合計	1 360 183 400	100.000

＊ 深さ1/2 mile(0.8 km)より浅い部分

違ってくる．Gleick(1993)は6種類の推定結果を出しているが，合計数値に大きな差はない．

2.3.2 流　　　量

流量は，河川の流量，管路内の流量，ポンプ井戸の揚水量，消費水量，処理プラントの中を流れる流量など，様々な目的に使われる．流量を表す方法も様々である．例えば，100 ft³/s というわずかな水の流れは，2.83 m³/s, 64.63 mgd, 4万4 884 gal/min などと言い換えることができる(付録C参照)．

流量の事例　人口15万の都市の年間平均取水量は167 gal/人・d(gpcd)である．gpcdで表したこの流量を別の単位で表現してみよう．1 mgd(100万gal/d)は便利な単位であり，人口15万の都市の場合には25.05 mgdとなる．1 ft³/s (cfs)も便利であるが，mgdの方がよく使われるようである．ただ，この単位は実際は流量を示す単位である．m³/sは小さな数値となる．一方，L/s(lps)やgal/min(gpm)はこの場合には大きすぎて使いにくい．しかし，どの単位も場合に応じてそれぞれの使い道がある．メートル法では，100万m³/y(MCM)が使いやすい単位である．

167 gpcd＝167×150 000÷10⁶＝25.05 mgd

単位	流量
mgd	25.05
ft³/s (cfs, cusec)	38.76
m³/s (cumec)	1.10
L/s (lps)	1 097.49
gal/min (gpm)	17 395.7
MCM/d	94 823.8

2.3.3 貯　留　量

貯留量は水収支においては基本的な管理の対象となる量である．水は貯水池の地表水や地下水システムの形態で貯留することができる．生態系のバランスにとっては，水をいつ貯留し，放流するかが重要なポイントとなる．貯水池においては，放流する水がどこから来たものかが水質の計算にとって重要な要素となる．

2.3 水計算(water accounting)と水収支(water budgets)

水マネジメントの計算においては,浸透や蒸発によって貯留量がどの程度失われるかが重要である.

次に示すのは,数種類の単位を使って行った貯留計算の例である.

貯留計算の例　ルイジアナ州 Shreveport の Cross 湖の水深測量図によると,標高 162.0 ft(49.4 m)では 56 億 gal(2 120 万 m^3),また標高 170.0 ft(51.8 m)では 246 億 gal(9 310 万 m^3)であった.この貯留量を別の単位に換算する.水深測量図には貯留量のほかに貯水表面積も記載されている.米国では一般的に acre(=0.4047 ha)と mile^2(=2.59 km^2)が使用されるが,他の国では ha を使うことが多い.この湖の表面積をこの2つの水深で計算してみる.

付録 C の換算表を見てほしい.都市の上水道では 10 億 gal という単位を採用しているケースが時折ある.都市の上水道では ft^3 の単位では数値が大きくなりすぎて不便であるが,個人が使用する水の量を表す場合には 1 000 gal(そして ft^3)が使用される.

100 万 m^3 と acre・ft も水の貯留量,水の使用量,河川の取水量ではよく使われる単位である.km^3 と mile^3 が使われるのは,大陸規模の場合,すなわち大量の水を表現する場合だけである.例えば,エジプトとスーダンの間の協定文書の中では Nile 川の年間流量は約 90 km^3 と表現されている.この数字はエジプトでは「ミリアード」すなわち 10 億 m^3 とも表現されている.米国人が気をつけなければならない点は,英国や一部の国では「ビリオン」(10億)という単位を使用せず,その代わりに「サウザンド・ミリオン」,すなわち「ミリアード」(10億)で表現することである.またスペイン語圏では「サウザンド・ミリオン」(mil millones)が使われ,またスペイン語で「1 ミリオン・ミリオン」(1 million millions)という場合は,米国英語でいう 1 兆(trillion)のことである.

水深(ft)	162.0	170.0
貯留量(BG)	5.60	24.60
貯留量(ft^3)	7.486 E+8	3.289 E+9
貯留量(m^3)	2.120 E+7	9.312 E+7
貯留量(Mm^3)	21.20	93.12
貯留量(AF)	17 186	75 495
貯留量(TAF)	17.19	75.49
貯留量(MAF)	0.0172	0.0755
貯留量(km^3)	0.02120	0.09312
貯留量(mi^3)	0.00509	0.02234
表面積(mi^2)	7.7	12.6
表面積(acre)	4 928	8 064
表面積(ha)	1 994	3 263

2.4 流域(watershed),地下帯水層, あるいはシステムからの供給量(yield)

　流域,水資源システム,あるいは地下水源からの水の供給量を予測することは,水資源マネジメント(すなわち,供給計画の作成,施設の運用,渇水時の水配分)のすべての問題において重要な仕事となる.安定取水可能量(safe yield)については第20章を参照されたい.

　供給計画の作成に必要なことは,すべての供給水源を組み合わせた供給量とその信頼性を同時に把握しておくことである.上水道機関は常に慎重な姿勢を保つ必要があり,過剰な供給を行うような大きな危険を冒してはならない.リスク回避の必要性を極端に追求する場合や,共通の供給水源からの給水または取水を分かち合うのに協力する動機が欠けている場合には,河川や地下帯水層の過剰開発が行われたり,水マネジメントに関する対立が多くなったりする.こうした制度的問題については第20,21章で取り上げる.

　水供給の尺度である供給量は,ある周期的期間(通常は1年間)に地表水または地下水から供給されることが期待される水と定義することができる.例えば,特定の流域の年間平均供給量は5万 acre・ft(6.1675×10^7 m³)の水というように表現することができる.この供給量という言葉は適切に使えば,ある期間の観測記録に基づく統計の形で上水道の信頼性を表現することができる.

　リスクは,統計値を供給量に割当てて測定される.この目的に関しては「安定取水可能量」という用語を採用するケースが増えている.「安定取水可能量」という概念は地表水システムと地下水システムとでは違っている.地表水システムの場合には,「安定取水可能量」とは,特定の期間に取水可能な予想最低量を意味する.ある流域の1年間の「安定取水可能量」が例えば3万 acre・ft(3.7005×10^7 m³)であっても,年間平均取水量が5万 acre・ft になる可能性がある.この「安定取水可能量」が過去40年間の記録に基づいて決定されたものであれば,この流域の40年に1回の「安定取水可能量」は3万 acre・ft だということができる.すなわち,ある特定の年に取水量が3万 acre・ft 以下になる確率は,40分の1,すなわち0.025だということである.リスクのマネジメントの立場からみると,年間需要が3万 acre・ft であれば,ある特定の年に不足が生ずる確率は40分の1と

2.4 流域(watershed)，地下帯水層，あるいはシステムからの供給量(yield)

いうことになる．年間平均供給量とは毎年平均的に期待される量のことである．もちろん，ある特定の年の実際の量はそれより多いこともあれば，少ないこともある．しかし，数年間通してみると，年間平均値が現れるということである．

地下水の場合には，取水量は帯水層の涵養に左右される．ある特定の地下水システムの年間供給量が例えば1万 acre·ft(1.2335×10^7 m³)だとした場合，これは，年間1万 acre·ft の水を取り出している限り，帯水層の地下水位は低下しないということである．したがって，地下水の供給量は地表水の供給量とは異なる概念だということになる．それは，供給量をまかなうために取り出す水に影響されるからである．地下水を取り出さなければ，帯水層は新たな水を蓄えることはなく，その水は湧水となって流れていくか，あるいは別の帯水層に流れていく．

複数の水源と貯水池から構成される複合的な給水システムの安定取水可能量を分析するのはもっと複雑になる．この場合の取水可能量を推定するためには，供給量の統計値を決めるのに入力と運用方針が変化するという仮定のもとで，このシステムの運用シミュレーションを行う必要がある．

a. 上水道の供給量の例 1日の平均消費量が 150 gpcd(0.58 m³/人·d)の人口10万の都市を例にとる．1日平均需要量は 15 mgd(46.1 acre·ft/d=5.7×10^4 m³/d))，すなわち 16.1×10^3 acre·ft(TAF)(20.7 MCM)/y である．地表の水源から年間平均 20 TAF 供給されると，貯えに回せる水が残る．しかし，50年に1回は供給量が 12 TAF に低下するので，この時は不足する．水供給の信頼性を確保するためには，図-2.11 に示すように，確率分布を使って供給量の統計値を分析しなければならない．50年に1回の割合で水の供給量が 12 TAF にまで低下するという現象は，曲線上では 12 TAF の値の左側に 2%の領域(1/50)で現れるということになる．

b. Colorado 川の水流の例
第19章では，紛争のいくつかの側面とその結果 Colorado 川の水の配分を決めるために結ばれた協定について説明する．Leopold (1959)は U. S. Geological Survey (米国地質調査所)のサーキュラーにアリゾナ州 Lees Ferry におけ

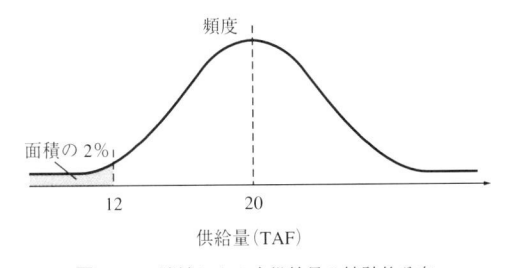

図-2.11 流域からの水供給量の統計的分布

るColorado川の再現された年間流量の61年分の記録を紹介した(**表-2.4**参照).その目的は,流量記録の統計的分析結果を明らかにし,この河川水系の供給量について我々が見解を持つ機会を与えることであった.Leopoldは,統計の計算結果を利用して水文データの平均値,分散,持続性について推論することがいかに簡単なものであるかを教えてくれた.彼の発表はコロラド州対カリフォルニア州ほかのケースの訴訟に使用されたが,この訴訟はColorado川協定を引き出すことになった.

Leopoldが発表した61年分の流量時系列は,河川全体の水の利用可能量,すなわち「自然流量(virgin flow)」を算出するために再現したものであった.この流量

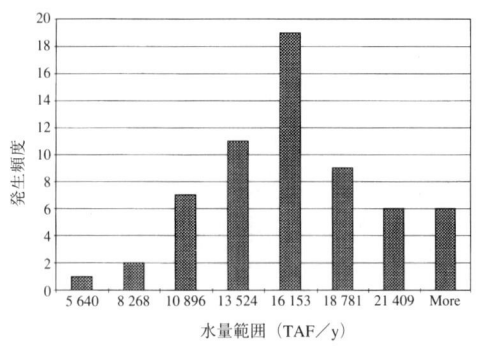

図-2.12 Colorado川の水量の統計的分布
(出典:Leopold, 1959)

表-2.4 アリゾナ州Lee's FerryにおけるColorado川の再現された年間流量(1 acre・ft = 1 233.49 m³)

年	流量 (10^3 acre・ft)	年	流量 (10^3 acre・ft)	年	流量 (10^3 acre・ft)	年	流量 (10^3 acre・ft)
1896	10 089	1912	20 520	1928	17 279	1944	15 154
1897	18 009	1913	14 473	1929	21 428	1945	13 410
1898	13 815	1914	21 222	1930	14 885	1946	10 426
1899	15 874	1915	14 027	1931	7 769	1947	15 473
1900	13 228	1916	19 201	1932	17 243	1948	15 613
1901	13 582	1917	24 037	1933	11 356	1949	16 376
1902	9 393	1918	15 364	1934	5 640	1950	12 894
1903	14 807	1919	12 462	1935	11 549	1951	11 647
1904	15 645	1920	21 951	1936	13 800	1952	20 290
1905	16 027	1921	23 015	1937	13 740	1953	10 670
1906	19 121	1922	18 305	1938	17 545	1954	7 900
1907	23 402	1923	18 269	1939	11 075	1955	9 150
1908	12 856	1924	14 201	1940	8 601	1956	10 720
1909	23 275	1925	18 033	1941	18 148		
1910	14 248	1926	15 853	1942	19 125		
1911	16 028	1927	18 616	1943	13 103		
						平均	15 180
						標準偏差	4 217

[出典:Leopold, 1959]

再現により，自然流量から取られる取水量や分水量の計算が可能になる．こうした水量を最も適切な統計分布にあてはめると，この場合には**図-2.12, 2.13**に示すような正規分布，すなわち「ベル型曲線」の形状になる．

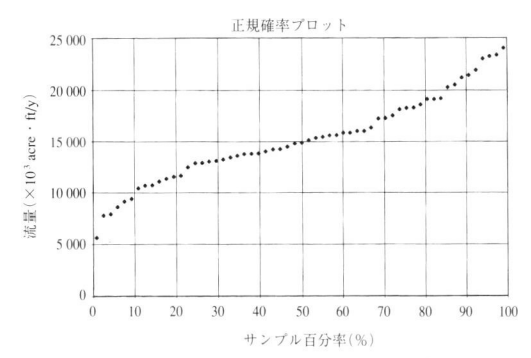

図-2.13 Colorado 川の水量の累積分布
(出典：Leopold, 1959)

2.5 洪 水 流

洪水(第11章)と渇水(第20章)は極端な水文事象であるが，人間の生活と生態系の両方に影響を及ぼす．水マネージャーにとって洪水の最大の問題はリスクである．洪水解析の順序は，①洪水時に予想される洪水流出はどの程度か？ ②水深や流速はどの程度と予想されるか？ ③どの程度の被害が予想されるか？ である．このように洪水解析には最初に水文学的な解析が必要であり，その次に水理学的解析が行われ，最後に氾濫地域における浸水深と被害との関係の解析が行われる．

期待される洪水流量は，基本的には統計的概念である．田舎，都会，農地，森林，湿地など，様々な種類の流域の土地利用から流出する洪水流出量の解析には様々な手法が使われ，また支流流域によっても洪水流量の規模とその時刻は変化する．

洪水のリスクは，超過確率と洪水頻度という関係する2つの概念によって説明される．所与の年に所与の規模 Q の洪水と同等の洪水またはそれを上回る洪水が発生する確率を P とする．例えば，その確率が0.01であれば，ある年に Q と同等の洪水またはそれを上回る洪水が最低1回は発生する確率は1%である．この頻度に基づき，この洪水は100年に1回の洪水，すなわち再現期間 T が100年の洪水といわれている．これを計算する場合には，$T=1/P$ という公式を使う．

ある複数年の期間内の洪水の確率を計算するには，別の考え方が必要になる．

もし，100年に1回の洪水の非超過確率 $P=0.01$ であれば，2年の間に最低1回発生する洪水の確率は $P+P=0.02$ となる．しかし，こうはならない．なぜなら，それが正しいなら，この洪水が100年に最低1回は発生する確率は1.0，言い換えると確実に発生するということになるはずだからである．確率の法則では，これはありえないことである．この問題を理解するためには問題の不足部分を考察してみる必要がある．その洪水が2年続けて発生する確率は簡単に計算することができる．すなわち，P(1でも2でもない)＝P(1ではない)×P(2ではない)，すなわち2つの独立した事象の確率の積である．どのような連続年についても計算は簡単である．すなわち，P(100年間に発生しない確率)＝$(1-P)^{100}$，したがって，P(100年間に最低1回発生する確率)＝$1-(1-P)^{100}$ となる．ここから次の公式が導き出される．すなわち，

$$J=1-(1-P)^n$$

ここで，J は超過確率 P の洪水が n 年間に1回発生するリスクである．

2.6　土　砂　輸　送

　土砂の移動は，一方では水質に関係する問題であり，もう一方では河川と地表水のネットワークに関する力学の問題でもある．土砂の移動を示す概念である鉱物循環は，土砂の生成と移動のプロセス，堆積と浸食のプロセス，および流送プロセスを明らかにする．この循環は，その運び手である水資源の場合と非常によく似ている．しかし，土砂の移動は，水流よりもずっと複雑である．

　土砂の移動に関する詳細な説明は，本節の範囲を越えているが，若干の概念について簡単に説明しておく．詳細については，Simons と Senturk (1992) のテキストを参照されたい．

　土砂堆積物が浸食を受けると，河川や水路を塞いだり，様々な問題を発生させるので，河川流域の管理に際しては土砂堆積物の浸食は大きな問題となる．流域対策や最善の管理方策は浸食を阻止することにある．これについて第 **14**，**16** 章を参照されたい．

　土砂は水路の中を移動するので，自然システムの水流に影響を与える．ある程度の量が流れるのは正常であり，河岸や生態系に栄養を与えるのに役立つが，流

送量が多すぎると漁業資源を損ない，洪水を発生させ，取水口を塞ぎ，さらに様々な困った問題を引き起こす．河川の流送土砂とは，河床に沿って移動するもの（掃流砂），乱流によって巻き上げられて流れるもの（浮遊砂），およびたえず浮遊していて水流を濁らせている微細な粒子（ウォッシュ・ロード）によって構成される．

貯水池は土砂を捕える捕捉器の役割を果たすが，捕捉量が多すぎると，貯水池はすぐに土砂堆積物で埋まってしまい，本来の貯水能力が低下する．世界最大級の貯水池の多くは20世紀に建設されたものであり，数十年後には土砂堆積物で埋まってしまう．こうなると問題は深刻である．貯水池の問題については第13章で取り上げる．

土砂は水質にも影響を与える．ある種の汚染物質や栄養物は土砂に付着して長期間離れないことがある．化学物質が土砂の粒子に付着して一緒に移動することもある．水質については本章でより詳細に説明する．

浸食や堆積により生物の生息地が破壊されたり，逆につくられたりすることがあるので，土砂は生態系と深い関係を持っている．例えば，Platte川では（第19章），土砂が多くなりすぎると（しかもこの土砂を流し去るほどの水量がないと），魚類の生息地が破壊され，また水路も細くなり，カナダヅルの生息地もなくなってしまう．逆に，土砂が少なすぎると，水路が浸食されて，ある種の生息地はなくなってしまう．このバランスは微妙である．

土砂の生態系や地質的特徴に対する全体的な影響が意味していることは，持続可能な水マネジメントを行うためには，河川水系において責任ある流域管理対策と土砂管理対策が必要だということである．

2.7　水　　　質

「水質」に関係するパラメータは非常に多く，その全容を包括した単一の指標を示すインデックスは存在しない．むしろ，水質は，化学的パラメータ，生物学的パラメータおよび物理学的パラメータを含む総合的な変数であるため，記述的分析と定量的分析の両方が必要である．

水質管理の問題は第14章で取り上げる．本章では，水文学と生態学に関係する範囲において，水質に関する主要な要素について説明する．水は水文循環の中

を移動するので，水質は自然の影響と人工の影響とを受ける．自然の影響は主に化学物質と栄養物の循環および物理的外力からくる．人工の影響に含まれるのは，様々な物質の水系への放出と，人間の介在による自然の流れの変化である．水質という言葉は様々に説明されているが，Clean Water Act（水質汚濁防止法，一般に清浄水法と呼ばれる）で採用されている水質という用語は，「合衆国の水の化学的，物理学的および生物学的健全性」を維持することを求めている．したがって，水質は，化学的，生物学的，そして物理学的特徴において説明するのが有用である．

2.7.1 水の化学

制御できる水の化学的パラメータは，酸素含有量，無機化学物質，有機化学物質および放射性核種である．

水の溶存酸素量は，自然水の水生生物維持能力と酸素消費型の排水の程度を反映する．自然水の溶存酸素量は水中の温度と酸素消費型排水の量に関係がある．水は下流に流れていくと，自然作用によって自浄される．このように，排水が存在しない場合には，水は一定レベルの酸素含有量を維持しようとするが，その量は水温と水の状況に左右される．溶存酸素量が約 5 mg/L 以上になると，温水漁業が可能になり，冷水漁業では約 7 mg/L 以上の溶存酸素含有量が必要である．溶存酸素の飽和値は温度によって変化し，70°F(21°C) の大気圧においては約 9.0 mg/L となり，0°C では 14.0 mg/L 以上に増加し，30°C では 8.0 mg/L 以下に減少する．

溶存酸素は，河川に放出できる廃棄物の量を決定する際の指標変数として利用することができる．河川が例えば冷水漁業用に指定されている場合には，酸素供給量が過少でない状態で消化されうる廃棄物量だけが許容される．このレベルは河川の基準として設定されており，水質シミュレーションでこの許容排水量を判断する．

飲料水に混入することを特に規制されている無機化学物質は，ヒ素，カドミウム，クロム，鉛，水銀，セレン，銀である．これらの無機化学物質はほとんどが金属であり，ヒトに有害であり，魚に対して毒性を持っている．鉛と水銀の2つの重金属は人体に毒性を示すことは近年広く発表されている．また，様々な魚種

に対する各種化学物質の致死濃度を判定するため広く研究が行われてきた．

全溶解固形物の一部として表現される塩分を含んだ混合物は，飲料水においても河川の水においても規制の対象になっている．食塩と塩分はいずれも灌漑用水の水質にも大きな影響を及ぼす．

水に含まれる有機化学物質はきわめて有毒である．例えば，エンドリン，トキサフェン，その他の農薬などの塩素系炭化水素がある．また，工業廃棄物にも様々な種類の有機化学物質が含まれているが，これらは製造工程のほか，様々な操作過程において生成される．

放射性核種は Safe Drinking Water Act (安全飲料水法)によって規制されている．その中に含まれるのは，トリチウムなどのよく知られている物質，あるいは各種アイソトープである．これらは原子力発電所，研究機関，医薬研究所，そのほかの活動行為から水の中に混入する可能性がある．

2.7.2 水の物理学的特性

味，匂い，色，温度，浮遊物質，土砂などの水質は，本質的には物理的なものと考えられている．その中の一部は Safe Drinking Water Act において規制されている．例えば色，匂い，pH は飲料水の二次基準の中に含まれており，味と懸濁物質は水を家庭用に確保する場合に重視すべき水質と定められている(Hammer and MacKichon, 1981)．

土砂輸送はその移動メカニズムによって鉱物源から分離され，水循環を経て最終的には海の中の沈積場所に落ち着く．土砂の移動は水質にとっても，また漁業などの自然利用としての流水管理においても重要な問題である．ある人が筆者に，土砂は「結局は汚染物質だ」と話したことがある．

土砂は自然の中で風化作用によってつくられ，水と風の作用によって河川に運ばれた後，海に向かって旅を始める．土砂はその過程で砂蓮をつくり，水流の抵抗や水深や流速を大きくしたり小さくしたりし，様々な汚染物質と一緒になって貯留され，さらに摩耗される力を受ける．こうした土砂の科学は土砂堆積学(sedimentology)と呼ばれ，地質学に属する一部門を形成している．太古の水路の土砂堆積物は石油やガスのある場所を示すきっかけになるので，石油地質学者にとっては興味深い対象となり，また太古の地質史の手がかりを探す場合にも注

目される．

　土砂堆積物の構造を研究する際には，土砂の特性，移動のメカニズム，河床の形態，河道の安定性などの研究がよく行われる．土砂は最初は山岳地帯で大きなサイズでもって始まり，徐々に小さくなって，海岸地帯で見られるような平均粒径はほぼ 0.2 mm 以下の砂粒になる．土砂は普通は比重約 2.65 の石英であるが，ほかの鉱物が含まれている場合もある．また，様々な粘土，シルト，その他の土壌粒子なども土砂堆積物の一部を構成している．

2.7.3　水の生物学

　水質において最も注目しなければならない生物的構成要素は，発病の可能性を持つもの，大腸菌やバクテリア，あるいはジアルジア(原虫感染症)，レジオネラ(在郷軍人病)，巻貝を中間宿主とするシストソミアシス(寄生虫感染症)などの生物である．こうした各種の微生物病原体は，バクテリア，ウイルス，原生動物，寄生虫の範疇に含まれる(Krenkel and Novotney, 1980)．

　水に対する自然の主要な生物化学的影響は，炭素とリンと窒素の循環に反映される．炭素循環は光合成のメカニズムによって大気中の二酸化炭素から炭素分子を取り出して植物に取り込むことから始まる．その結果，グルコースが生成され，炭素分子は植物組織に移動する．

　リン循環は，生態の中の土壌―植物―水との関係であって，大気とは関係しない．植物には無機リン酸(PO_4^{-3})が必要であり，次にこれが結合して有機リン酸となり，食物連鎖の中を通過する．無機リン酸は岩石や鉱物から取り出すことができる．生物がこのリン酸を利用すると，それは廃棄物となって土壌や水に戻っていく．リン酸は，消費された場所に正しく戻されない場合には，水に流れ込み，水循環の中を下っていくことがある．窒素循環は大気相と鉱物相の両方に関係する．大気には 78% の窒素が含まれているが，植物は大気から窒素を直接摂取することができないので，アンモニウム(NH_4^+)または硝酸塩(NO_3^-)から摂取しなければならない．肥料は，土壌―水のシステムに窒素を送り込む人工的供給源である．また，マメ科の植物に付く一部のバクテリアは，窒素を「固定する」．すなわち，大気中の窒素をアンモニウムに変化させる．次にこの植物がこのアンモニウム形態を有機窒素に変えると，この有機窒素が食物連鎖の中を移動

し始める．一般的に生物は窒素をアンモニウム形態で排出し，次にそれが植物に吸収されて利用されるか，あるいは水に放出され，水中では水草に吸収される．一部の窒素は大気中でも固定化され，雨と一緒に降ってくる．これによって水中に存在する窒素の量が増えて，富栄養化を大きくすることがある．

2.7.4 汚　染　源

汚染物質と水質変化の発生源は，点源と非点源(あるいは面源)，および点源でも非点源でもない自然源である．点源とは，1本の管路とか水路から廃水が出てくるので確認することが可能な場合の汚染源をいう．非点源は分散源ともいい，陸上に分散している汚染物質が雨水とともに河川に流れ込む場合の汚染源をいう．事例としては，都市部，農地や森林を含む田園地帯などの土地利用形態，近接する地下水源からの浸透，公道・空港・そのほかの土地利用形態からの流出がある．自然源に含まれるのは，堆積物，火山灰，湧水から排出される塩分，自然プロセスから発生するそのほかの源からの流出物である．

2.7.5 水質の監視とモデリング

水質を判定して，管理対策が十分に機能していることを確認するためには監視対策が必要である．システムを理解し，管理のための意思決定に必要な情報を提供するためには数学モデルが必要である．こうした監視とモデリングについては第14章で説明する．

2.8 生　態　系

今日のように環境問題に対する意識が高まってくると，生態系の概念を無視できる水マネージャーはまずいないだろう．生態系の概念は，水文循環系に新たな生物学的要素を加えてきたが，エンジニアリング教育においては最近まで生態系の概念は無視されてきた．

生態学は，生物とその環境との関係を生物学やそのほかの科学を応用して説明

する学問である．生態系とは，共通の環境の中で相互に関係しながら生きている複数の種の植物，動物，微生物によって構成される一つの集団である．したがって「生態系」という言葉は広い意味を含む言葉であり，様々な地理的スケールにおいて使用されるようになってきた．

　水マネージャーは陸上と水中の両方のタイプの生態系を扱う．水マネジメントは主に水中の環境を扱うが，多くの意思決定には陸地と水域との変わり目になる場所(例えば，河川流域，湿地，水辺など)の陸上的特性が関係してくる(第16章参照)．水の生態系に含まれるのは，河川，湖沼，帯水層，河口，海洋である．

　生態系に関する重要な概念として，食物連鎖(食物において生物群が他の生物群に依存していること)，および生態的群集(この群集間で食物や他の生息場所に関わる資源を求めて自然の競争が存在する)がある．生息場所は種が生活する場所であり，その狭い場所は専用の住処であり，いつもここで餌を取り，餌を与え，巣をつくり，繁殖したりする．生態系においては競争が重要な要因であり，種の間で生存競争が行われる．生態系内の条件はいい時もあれば悪い時もある．それは環境条件や生息場所の条件のストレスに左右される．ストレスのレベルを利用すると，ストレスの領域や許容限度を確認することができる．

　こうした原理は現在の水マネジメント問題の中ですべて見ることができる．Bovee(1992)は，ある種の生物の環境は生息場所，食物供給の場，そして他の種との競争の場であると説明した．現在，生態系の概念は，生物の食物連鎖と生息場所と食物の基礎をつくっている生物内競争者を含むものに拡大されている．また生態学の体系には，小規模のものから地球規模のものまである．すなわち，ローカルな場所の個別の種を扱う集団生態学(population ecology)から，魚類といった同類の種を扱う群集生態学(community ecology)，魚類，鳥類と関連植物などの多様な種を扱う生態系生態学(ecosystem ecology)，もっとレベルの高いシステムを扱う地球生態学(global ecology)まである．

　生態系の持続可能性は，持続可能な開発を達成するためのカギである．Woodmansee(1992)は持続可能な開発の定義を行うに当たって，まずWorld Commission on Environment and Developmentの単純な定義に取り組んだ．その定義は「開発は将来の世代のニーズを満たす能力を損なうことなく現在のニーズを満たすものでなければならない」というものであった．次にWoodmanseeは，持続可能性についてもっと詳細に規定しようと考え，生態系の持続可能性を，物理学

的/生物学的特性，気候/水，エネルギー，経済的な実現の可能性，文化的な実現の可能性，および組織的・政治的な実現の可能性，の6つの要因を組み合わせたものにすることを提案した．

筆者は後述する事例研究において，生態学の原理が持続可能な水マネジメントにどのような示唆を与えるかについて説明するが，その中には維持流量の管理（第16章）と水質問題（第14章）も含まれている．

2.8.1 人間と健全な自然システムの調和

健全な水生生態系に必要なことは，人間が「健全な自然システムと調和している」ことである．これは Water Quality 2000（第14章参照）のモットーであると同時に，持続可能な開発を意味するもう一つの表現でもある．

特定の場所に人間が多数入ってくる以前と同じように，生態系の適応はある存在する状態から始まる．例えば，筆者が住んでいる Rocky 山脈のふもとの丘陵地一帯でも，こうした状況は1840年頃以前の開拓のパターンに見られる．当時は山と山麓の丘の生態系では人手の加わらない水マネジメントが基本になっていた．平原の降水量は年間わずか 10～15 in（250～380 mm）で，その生態系はきわめて乾燥したものであった．原住民の人口が生態系に与える影響は小さく，彼らが生態系と調和して暮らしていたことは明らかである．ヨーロッパ系米国人が多数住み着いてからは，この生態系は一変してしまった．山岳部の河川はダムでせき止められ，水路は変わり，灌漑システムが建設され，以前は何もなかった場所に湿地ができ，平原の川は以前は春にだけ水が流れていたが，今では年中水が流れるようになっている．

こうした生態系の適応は多くの場所で繰り返されてきた．水利用が促進される場所ではどこでも自然生態系は新しい状況に適応し，生物界も変わっていくだろう．人手が入れば均衡点が変化し，新しい生物界が展開する（U.S. EPA, 1991）．

2.8.2 河川，流域，湿地，河口および海洋における水生生態学

水生・陸生生態学については2つの生態学的評価単位が関係している．すなわち，流域と河川区域である（第16章参照）．

河川は一つの水文生態学的環境であり，この環境には土地利用管理と水資源マネジメントのすべての問題が統合化され，集積されている．河川環境の中では，食物連鎖は微生物から始まる．微生物は流出や沈殿物から提供される有機物を餌にする．この場合，魚やマクロ無脊椎動物が繁殖するように微生物が適正なタイプで，かつ健全なものになるよう，バランスが適正でなければならない．大きい魚は小さい魚を餌にし，水辺の鳥や動物はどの魚も餌にする．

　流域は，高地帯と低地帯の2つに分かれる．高地帯では，環境は標高，勾配，土壌のタイプ，および生息する生物によって変化する．例えば，Rocky山脈では，流域が1万2000～1万4000 ft (3600～4200 m) の標高にまで及び，そこから急斜面が5000～6000 ft (1500～1800 m) の標高まで落ちていることが珍しくない．フロリダ州などの平らな地域では，最大高度は300 ft (90 m) 以下で，もっと低い所では海面と同じ標高も見られる．高地帯では，鳥や動物は水循環や草類に依存すると同時に相互依存関係にあるが，鳥や動物が川辺の水生生態系に依存している．低地帯とはタイプが違っている．野生生物は，どの種類も河川と水生生態系に依存している．

　湿地は，魚，鳥，その他の野生生物など多様な種の隠れる場所や飼育場所になり，地下水の供給を確保し，ろ過と自然のプロセスにより地表水を浄化し，浸食を制御し，貯留機能と緩衝機能によって洪水調節を行い，さらにリクレーション，教育，科学研究，景観の場を提供する．湿地は，生態系にとって重要な自然要素になっているのである．

　河口と海洋の環境も重要な生態系で，これについては第22章で議論する．

2.9　質　　　問

1. 水循環について自分なりの考えをまとめてみよ．それを他人に説明できるか？
2. 基本的な栄養物循環について説明せよ．それがどう機能するか説明できるか？
3. 流送土砂はどのようにしてつくられるか，またそれが川を流れていくと，どのようなことが起こるか？　流送土砂と水の汚染の関係を説明できるか？

4. 河川区域に関して，水収支の公式を書け．また使用した項について説明せよ．
5. ある一つの供給水源のベル型曲線を描け．グラフの平均値と標準偏差の位置に印を記入せよ．
6. 灌漑に利用できる河川の年間平均水量が 950 cfd で，作物に年間合計 750 mm の水を与える必要がある場合，灌漑できる面積は何 ha か？ 年間地表水をすべて灌漑に利用できるように貯留し，放流できるものと仮定する(若干の換算係数を示す．$1 \text{ m}^3/\text{s} = 35.3 \text{ cfs}$，$1 \text{ acre} = 0.405 \text{ ha}$，$1 \text{ ha} = 1$ 万 m^2，$1 \text{ in} = 25.4 \text{ mm}$)．
7. 水汚染の物理学的側面，化学的側面，そして生物学的側面について説明せよ．
8. 水生生態学と陸生生態学との関係は何か？
9. 次の質問を使って，水資源計画立案に関する単位と換算の練習をせよ．
    a 都市の人口＝25万，平均消費量＝175 gpcd. 年間消費量を AF, mgd, MCM で示すといくらになるか？
    b 5×100万 gal の貯水槽で都市給水を行っている．AF, MCM で表示するといくらになるか？
    c 1万 acre の土地に灌漑を行っている．この面積は ha で表すといくらになるか？ 年間 700 mm の水を利用すると，MCM, AF で表示した場合の消費量はいくらになるか？
    d 年間平均 $Q = 2000 \text{ ft}^3/\text{s}$，ヘッド＝200 ft. メートル単位と公式 $P = QH$ を使って年間の kWh を求めよ．
    e ft^3/s で示した次の月間水量から acre·ft/h と年間合計を求めよ．
    112, 187, 375, 500, 650, 575, 387, 305, 261, 185, 150, 112.
    f 井戸の年間平均揚水量は 500 gal/min である．ft^3/s, acre·ft/y ではいくらか？
    g $Q = 1000 \text{ ft}^3/\text{s}$ である．m^3/s ではいくらになるか？
    h ある河川の支流面積は 100 mile² である．有効雨水流出量は 20 mm である．100万 m³/y と acre·ft で示した場合の洪水流出量はいくらか？
    i 湖からの蒸発量は，年間 750 mm のパン蒸発量のうち 70%である．

この湖の年間蒸発量を acre・ft で示すといくらになるか？

j 次の数字はその場所の年間平均流出量を ft³/s で示したものである．これを km³/y に換算せよ．コロラド＝23 000，アラバマ＝31 600，ミシシッピ＝620 000，ナイル＝420 000，アマゾン＝7 200 000．

文　献

Bovee, Ken, Problems in River Management, Concepts in Ecology, unpublished, March 11, 1992.
Committee on Opportunities in Hydrologic Sciences, Water Science and Technology Board, *Opportunities in the Hydrologic Sciences,* National Academy Press, Washington, DC, 1991.
Dooge, James C. I., *Linear Theory of Hydrologic Systems,* Agricultural Research Service Technical Bulletin 1468, U.S. Department of Agriculture, Washington, D.C., 1973.
Frederick, Kenneth D., America's Water Supply: Status and Prospects for the Future, *Consequences,* Saginaw Valley State University, Vol. 1, No. 1, 1995.
Gleick, Peter H., ed., *Water in Crisis, A Guide to the World's Fresh Water Resources,* Oxford University Press, New York, 1993.
Hammer, Mark J., and Kenneth A. MacKichon, *Hydrology and Quality of Water Resources,* John Wiley, New York, 1981.
Heath, Ralph C., *Basic Ground-Water Hydrology,* U.S. Geological Survey Water Supply Paper 2220, U.S. GPO, Washington, DC, 1989.
Krenkel, Peter A., and Vladmir Novotney, *Water Quality Management,* Academic Press, New York, 1980.
Leopold, Luna B., Probability Analysis Applied to a Water Supply Problem, U.S. Geol. Survey Circular, USGS, Washington, DC, 1959.
McCuen, Richard H., *Hydrologic Analysis and Design,* Prentice-Hall, Englewood Cliffs, NJ, 1989.
Nace, R. L., Water of the World, *Natural History,* Vol. 73, No. 1, January 1964.
Petterssen, Sverre, Meteorology, in Ven T. Chow, ed., *Applied Hydrology,* McGraw-Hill, New York, 1962.
Simons, Daryl B., and Fuat Senturk, *Sediment Transport Technology: Water and Sediment Dynamics,* Water Resources Publications, Littleton, CO, 1992.
U.S. EPA, First International Conference on Climate Change and Water Resources Management, Albuquerque, NM, November 1991.
U.S. Water Resources Council, *National Water Assessment,* Washington, DC, 1968, 1978.
Woodmansee, Robert G., Ecosystem Sustainability, unpublished working paper, Colorado State University, 1992.

郵 便 は が き

1 0 2 - 0 0 7 5

東京都千代田区三番町8-7
第25興和ビル

技報堂出版株式会社
営業部　行

切手を
おはり
下さい

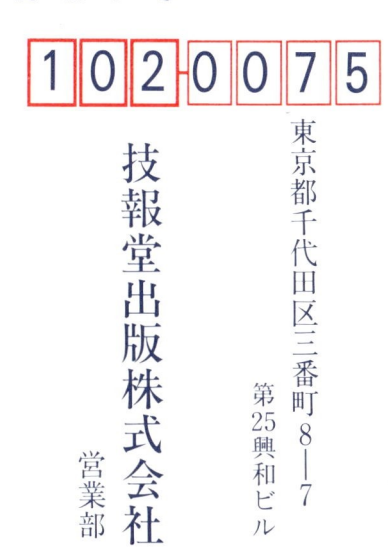

お名前

（　　　歳）

ご住所　〒

ご職業　　1.会社員(技術系・事務系)　　2.会社役員
3.公務員(技術系・事務系)　　4.学生(大院・大・高・中・専門)
5.教職者(大・高・中・他)　　6.研究職　　7.自由業　　8.自営業
9.その他（　　　　　　　　　　　）

愛読者カード

水資源マネジメントと水環境
― 原理・規制・事例研究 ―

このたびは小社の出版物をお買い上げいただきましてありがとうございました。今後の企画・宣伝の参考に致しますので、ご記入のうえご投函いただきたく、お願い申し上げます。
(恐縮ですが50円切手をおはり下さい。折返し、小社総合図書目録をお送り致します)

a. 購読新聞　　　朝日新聞　　サンケイ新聞　　中日新聞　　東京新聞
　　　　　　　　日刊工業新聞　　日経産業新聞　　日本経済新聞
　　　　　　　　毎日新聞　　読売新聞　　その他（　　　　　　　　　　）

b. 購読雑誌

c. ご購入の動機は何ですか？

d. 本書の出版を何でお知りになりましたか？
　1. 書店の店頭（書店名　　　　　　　　　　　　　　　　　　　　　）
　2. 広告（新聞・雑誌名　　　　　　　　　　　　　　　　　　　　　）
　3. 書評・紹介記事（新聞・雑誌名　　　　　　　　　　　　　　　　）
　4. 人にすすめられて
　5. 小社よりの案内
　6. その他（　　　　　　　　　　　　　　　　　　　　　　　　　　）

e. 本書についての感想をおきかせ下さい。

f. 小社の出版物へのご意見、今後の出版希望をおきかせ下さい。

第3章 水のインフラとシステム

3.1 はじめに

　本書全体を通してはっきり述べているように，自然システムに対する影響は，非構造的水マネジメント・システムの方が構造的システムより少ない．しかしながら，水資源マネジメントにおいては，水を集め，処理，送水，貯留を行う人工的構造物やインフラとシステムに多額の投資が必要である．こうした構造物やシステムは，水の経済的，社会的使用を行うための基礎をなすものであり，その多くは水質の改善にも役立つ．

　本章では，構造的構成要素とシステムについて述べ，その機能について説明し，それらに関連する問題を明らかにする．本章の目標は，構成要素のタイプと機能について説明し，水システムにおいてそれら要素の適用に関する解析が可能になるようにすることである．本章では構造物とその構成要素の解析と設計について詳細な情報は提供しない．そうした情報はエンジニアリングに関するテキストやハンドブックで簡単に手に入れることができる．計画立案，設計，プロジェクト・マネジメントなどの問題については関連する第12章で説明する．

　本章では，水資源に関連する構造物とその構成要素についてシステム全体との関連で説明し，続いて個別の構造物とシステムの構成要素について説明する．これに含まれるのは，送水システム(水路，運河，管路，橋を含む)，分水構造物，ダム，貯水池，閘門，上水道用および下水道用の処理プラント，ポンプ場，水力発電所，余水吐，バルブ，ゲート，帯水層，井戸である．**表-3.1**は，こうした

表-3.1 水資源マネジメントの一般的構造

目的	送水	貯留	処理	ポンプまたは発電	流量制御
上水供給	送水ポンプ	タンク	上水処理プラント	システムポンプ	バルブ
下水処理	下水パイプ	調整池	下水処理プラント	汚泥ポンプ	ゲート
雨水処理	排水パイプ	滞留池	雨水処理プラント	洪水ポンプ	取水口
発電	水圧管	貯水池	―	タービン	ゲート
航行	閘門	湖	―	―	バルブ
環境	河川	自然貯水	湿地	―	―

構造物と構成要素を目的別と機能別に分類して一つの組織表にまとめたものである．

3.2 水資源構造物と施設のシステム

水利用間には様々な相互依存関係が存在するので，水資源マネジメントはシステム的観点から考察しなければならない．水資源システムとは，定義によると，水調節施設と環境構成要素とを組み合わせたもの，あるいは水調節施設だけを組み合わせたもの，または環境構成要素だけを組み合わせたものであり，システム全体に関する意思決定や制御に当たっては統合的視点が必要である．このことは言うはやすいが，行うのは困難である．我々も水資源システムの管理に関する包括的すなわち「全体論的」観点には到達していないが，最近の情報技術により徐々にそこに近づいている．第5章では，水マネジメントの目的に適用できるシステム分析の手法について説明する．

図-3.1は，複合された多目的水資源システムの概念図である．ここには水源となる一本の大きな川の流域と各種の水利用施設が組み込まれている．流域の最上部から最下流までの各部分について機能の面から考察してみよう．

まず，流域がこの水資源システムの中核をなしており，2つの集水域からなっている．左側の大きい集水域には雪融け水が貯水池に流れ込んでおり，右側の小さい方からは細い支流が流れている．こうした流域を流域マネジメント(watershed management)によって保全することがきわめて重要である．第16章を参照されたい．

図-3.1 水資源システム(出典：President's Water Resources Policy Commission, 1950)

数種類のダムや貯水池も見える．大きい貯水池は多目的貯水池で，アーチ式ダムと水力発電所が付属している．発電所には送電線が接続している．その下に取水ダムがあり，ここで川から灌漑用水を取り，高架導水路で送られる．右手の上方にビーバーダムがあり，その下流に調整池がある．この川の本流にも調整用の

貯水池があり，船を通すために閘門が付いている．

送水施設も数種類見られる．水路が数本あり，町を洪水から守る堤防もある．大型のダムから数本の放流設備が出ており，ここから町の上水プラントに送水される．このプラントの一部であるパイプラインも数本見えるほか，図の左側には灌漑用スプリンクラーも見える．

処理プラントもいくつか見える．この自治体の上水処理プラント，都市や工業の廃水処理プラント，もっと下流のコミュニティ処理プラントである．

閘門を利用すると取水ダムあたりまで船の航行が可能であり，この町へ商品を運び込んだり，この地から農作物を運び出すのに利用できそうである．

この町の廃水処理プラント(調整池に水を供給する)の下流と，図の下の方の農場にポンプ場が見える．

水量調節のためにバルブ，ゲート，余水吐もいくつかあるが，小さすぎて見えない．ダムの所にある余水吐は見える．

この町には上水道と下水道の施設があるが，ほとんどは地下にあって見えない．

システムのうち見える部分はほとんどが地表水に関係するものである．右手に農業用の井戸がある．流域が海岸に近づくと，塩水の侵入を防ぐバリアーを建設する場合がある．

図-3.2 は，灌漑システムをもう少し詳しく説明した図である．この図から地表水や地下水の供給方法，および給水や再利用のシステムを理解することができる．水路システムからの浸透は，灌漑システムが地下水面に水を浸透させていることを物語っている．

図-3.1 からは，複合された水資源システムがサブシステムに分かれていること，そして相互に関係するこのサブシステムをいかにひとまとめにするとこのシステム全体が形成されるかを理解できる．サブシステムの中には，都市の上水道システム，下水道システムと水質管理システム，雨水と洪水の調節システム，灌漑と排水システム，貯水池と航行システム，人工システムに付加された自然の水流システムなどが含まれている．

システムの図をもう一つの図-3.3 に示す(Federal Energy Regulatory Commission, 1994；Shen et al., 1985)．この図は Platte 川の一部で，第 19 章の事例研究の対象になっている．ここに図示されているのは，ダムと貯水池，発電

3.2 水資源構造物と施設のシステム

図-3.2 河川流域の灌漑施設配置図（出典：Buyalski, 1991）

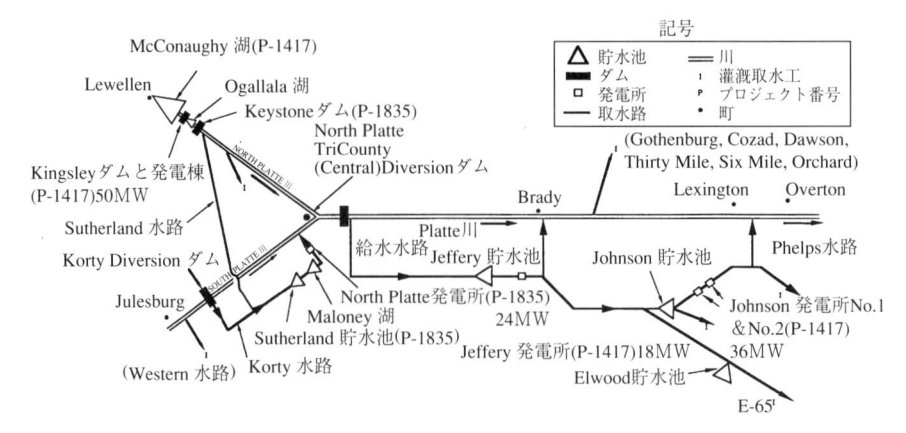

図-3.3 Platte川の諸施設配置図（出典：Shen et al., 1985）

所，水路，取水施設，自然の河川システム，地表水―地下水システムなど，システムの構成要素である水理構造物である．

3.3 水資源システムの構成要素

3.3.1 組織的枠組みとしての流域

水資源マネジメントにおいて最も重要な原理の一つは，システムの計画を立案したり，システムを組織化するための枠組みとして流域（watershed）ないしは河川流域（river basin）を使うことである．そこで，最初にシステムの構成要素について説明をしておく．個々の流域は，一つの水理構造物ではないが，それはより大きい流域システムの一構成要素になりうる．流域の詳細については第16章で述べる．

3.3.2 ダムと貯水池

ダムは特別な水理構造物で，基本的には水流にとっては障害物であり，水を蓄える貯水池をつくり出す．ダムには，水供給設備，緊急余水吐，放流設備，排水

設備など，様々な構成要素が付属している．

貯水池は水を蓄える一種の湖であり，自然にできる場合とダムを築いて人工的につくる場合がある．貯水池のマネジメントには特別な注意が必要であるが，それについては第13章で説明する．

第13章で述べるように，ダムと貯水池については反対意見もあるが，これまで河川流域管理の主要なツールになってきた．

ダムと貯水池は，水資源マネジメントでは中心的役割を果たすので，本書においても全体を通して重要な位置を占めている．図-3.4 に示すのはアラバマ州 Wetumpka 近くの Coosa 川にある Jordan ダムと貯水池である．このダムは Alabama Power Company(アラバマ電力会社)が所有する施設の一部であり，図に見えているのは発電棟とゲート付き余水吐である．このダムはアメリカの電力民営化時代初期の 1928 年に建設されたものである．

図-3.5 はベネズエラの Caroni 川にある巨大な Guri ダムで，世界最大級の水力発電所である．この施設は CVG-Electrication del Caroni C. A.(EDELCA)が

図-3.4　Jordan ダムの景観(出典：Alabama Power Company)

図-3.5　Guri ダム（出典：Victor A. Koelzer）

所有しており，ダムの建設計画は Harza Engineering Company が担当し，工事の主要部分は本書の謝辞にも出てくる Victor A. Koelzer の監督下で行われた．このプロジェクトの最終段階では，Guri ダムは水深が 270 m になり，有効貯水量は 8600 億 m³/y〔8 万 6 000 MCM（69.7 MAF）〕，最大発電能力は 1 万 60 MW になる（Palacios and Chen, 1979）．

　Jordan ダムも Guri ダムも気候の温暖な地域にあるが，図-3.6 に紹介する Bradley ダムはアラスカ州にある．図-2.7 に紹介した積雪が，この Bradley ダム流域に水を送り込んでいる．

3.3.3　分水構造物

　分水構造物は，流れの方向やパターンを変えるために流れに設置される装置である．その種類としては，取水堰，船舶水路，導流堤，魚道などがある．
　河川からの分水は，米国西部で早くから行われた灌漑方法である．こうした地

図-3.6 アラスカ州の Bradley ダム（出典：Bechtel Corporation）

表水の分水は図-3.1 にも見られ，分水ダムや高架導水路がそれである．かつては，農家は時には川のはるか上流まで昇っていって分水し，その水を平坦な水路を使って数 mile も下流に流したが，場合によってはその距離が 50 mile（80 km）を超えることもあった．この方法の事例としては Denver の High Line Canal がある．この場合の送水距離は，South Platte 川から同市までの 50 mile 強である．

魚道は特殊な分水路であり，その目的は移動する魚に上流へ遡上できる道をつくってやることである．図-3.1 の下の方の調整用貯水池に魚道が見える．

3.3.4 送水システム

送水システムに付属する構造物や構成要素に含まれるのは，自然に存在する開水路や運河，パイプライン，導水管のネットワークや下水道，堤防である．

開水路には自然のものと人工のものがある．川は自然に存在する開水路の一例である．川はそのままにしておけば，複雑な流れをつくり，複雑な生態系を維持する．実際の川はただの水路とはかなり違う．川を構成するのは，本流，支流，

氾濫原，河岸エコロジカル・ゾーン(生態が川に依存している地帯)，河川の下を水が移動している沖積層などである．また，川にはそこに生活する生物を維持するある程度の量と質の河川維持流量が必要である．

運河，あるいはライニングを施した排水路は人工的水路の一例である．人工的水路は水をある場所から別の場所へ効率的に運ぶことができるが，自然の河川にとって障害になるので，望ましくないと考えられることもある．灌漑用や洪水調節用のライニングを施した運河は目障りだと考える人もいるが，節水が目的であれば，有益なものだと考えてもよいであろう．図-3.7 は落下式流入口，すなわち開水路とトンネルとの接点にある中継施設である．ここに掲載した施設は Colorado Big Thompson Project の一部であり，第 12 章で説明する．図-3.8 はライニングを施した水路 California Aqueduct System(カリフォルニア州導水路)の一部であり，第 12 章で説明する．

開水路の解析はエンジニアがよく遭遇する問題である．シルトで塞がれること

図-3.7　Colorado Big Thompson Project の取水施設

図-3.8　California Aqueudust の東側支川(出典：California Department of Water Resources)

がなく，また越流もなく送水できる運河の設計がその一例である．もう一つの例は，河川水路で洪水がどの程度の高さまで上昇するかを解析することである(第11章)．さらにもう一つ，水路の水理学的形態を計算して，魚の生息場所が安全であるかどうかを判断する問題もある(第16章)．

　管路，あるいは閉じた管渠の種類としては，トンネル，送水パイプライン，加圧パイプ・ネットワーク，下水道ネットワークなどがある．トンネルには加圧して使用するものと開水路と同じように使用するものがある．送水パイプラインは，通常は1本のパイプを使ってある場所から別の場所へ水を送る．時には非常に長い距離になることもある．網の目型の都市上水道に見られるような加圧パイプ・ネットワークは，ネットワーク内のある場所から別の場所へ水を輸送する．下水道ネットワークは小規模な下水管を下流端で一つの大きな下水管に集め，遮集管渠と放流管渠に接続されている．図-3.9に，中間サイズのパイプラインの敷設状況の概要図を示す．

図-3.9　パイプラインの敷設状況(出典：Certain Teed Corporation)

パイプラインは広域のネットワークやシステムの一部を形成する場合がよくある．図-3.10 に示すのは，Zweckverband Bodensee Wasserversorgung (Bodensee Regional Water Supply Cooperative) と呼ばれる，ドイツの地域上水道団体によって運営されている上水道システムである．その主要な水源は Bodensee (Constance 湖) で，処理された水は北へほぼ Main 川の近くまで送られる．図-3.11 には水処理施設の配置を示す．

橋(図-3.12)も，河床を道路や，鉄道，その他の川を横切る構造物から分離さ

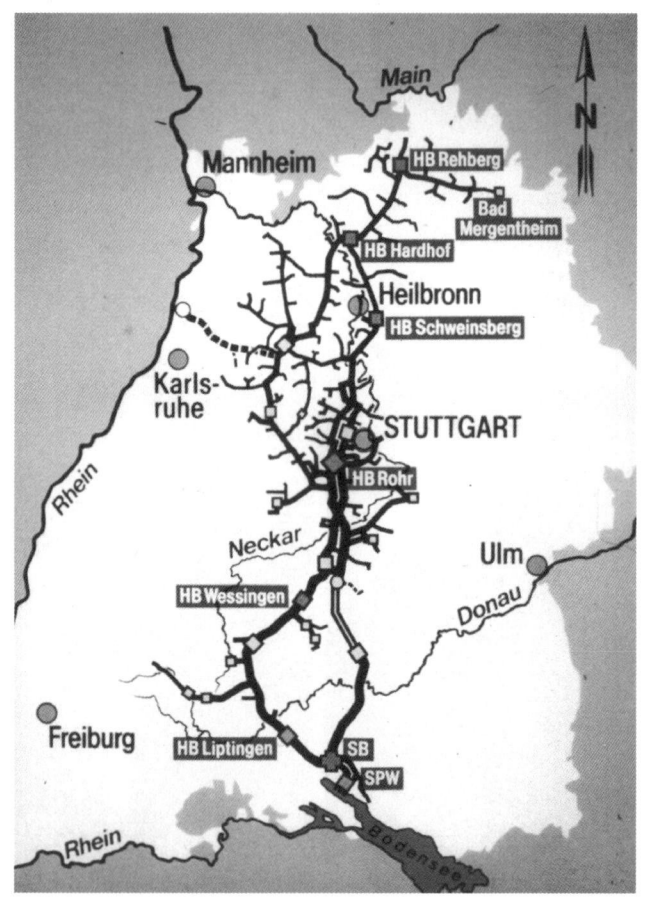

図-3.10 ドイツ Bodensee 地方の広域給水システム(出典：Zweckverband Bodensee Wasserversorgung)

せる手段になるという意味では送水システムの一部である．橋はパイプや管渠などと同じように河川の流れに影響を与える．すなわち，流れを妨げ，抵抗や背水を発生させる．橋は維持・管理が必要で，費用のかかる構造物である．

Betriebsschema der Aufbereitungsanlagen
Sipplinger Berg

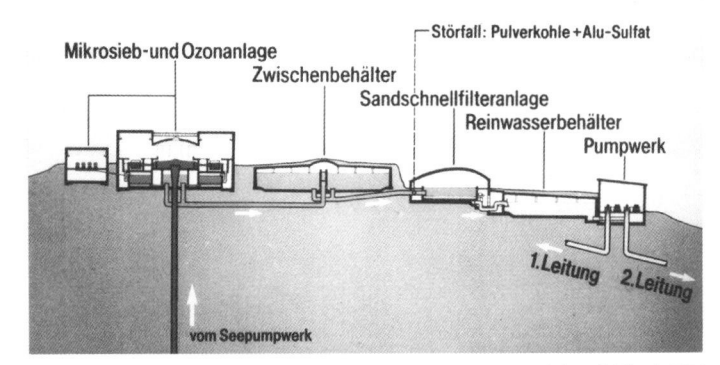

Mikrosieb-und Ozonanlage
Zwischenbehälter
Störfall: Pulverkohle + Alu-Sulfat
Sandschnellfilteranlage
Reinwasserbehälter
Pumpwerk
1. Leitung
2. Leitung
vom Seepumpwerk

図-3.11　Bodensee Regional Water Supply Cooperative の水処理装置の配置図
　　　　（出典：Zweckverband Bodensee Wasserversorgung）

図-3.12　South Platte 川にかかる橋（出典：David W. Hendricks）

カルバートも，小さな川と，その上の道路，その他の盛土との間の地盤を分離するという点では橋と同じような機能を持っている．カルバートは，都市の排水路や道路の費用の中では大きな比率を占めている．

堤防も，陸地を洪水から守る水路の築堤をなしているという点で送水システムの一部である．1993年に発生したMississippi River Floodは，堤防の決壊によるものである(第11章)．

3.3.5 閘門

閘門は，船舶を川の上流または下流へ航行させるための設備である．閘門を計画する時の設計についてはPetersen(1986)が詳しく説明している．また，図-3.1の下の方に閘門が見える．

閘門は，基本的には進む方向に応じて船を上げ下げする小さな湖の役割を果たす．上流へ進む場合には船を閘門の中に入れてから閉じ，上流から閘門の中に水を入れて，その水位を上流プールの水位と同じにしてから，船を上流へ進める．下流へ進む場合には，これとは逆の操作を行う．船が上流プールの水位と同じ所に入り，次にそのプールの水を排出して下流プールの水位と同じにする．いずれの場合にも，水が放出されるので，魚や水を下流に流す道ともなる．

閘門を使用する際には大量の水が放流される．Linsleyら(1992)によると，米国の閘門で最高水位があるのは，Columbia川のJohn Day Lockの113 ft(34.4 m)である．Mississippi川やTennessee川の水系にある閘門のほとんどは，幅が110 ft(34 m)，長さは600 ft(180 m)である．もちろん，これより大きいものも小さいものもある．仮に水位が50 ft(15 m)で，幅が100 ft(30 m)，長さが500 ft(150 m)の閘門で，1時間に1回水の出し入れをすると，その操作に必要な流量は平均694 ft^3/s(19.6 m^3/s)である．

3.3.6 水力発電所

水力発電所は，水の流下により電気エネルギーを発生させる施設である．水力発電所の基本的な構成要素を図-3.13に示す．貯水池からの水は導水管を通って発電棟に入る．ここにはタービン駆動式発電機がある．高圧でタービンの中を通

3.3 水資源システムの構成要素

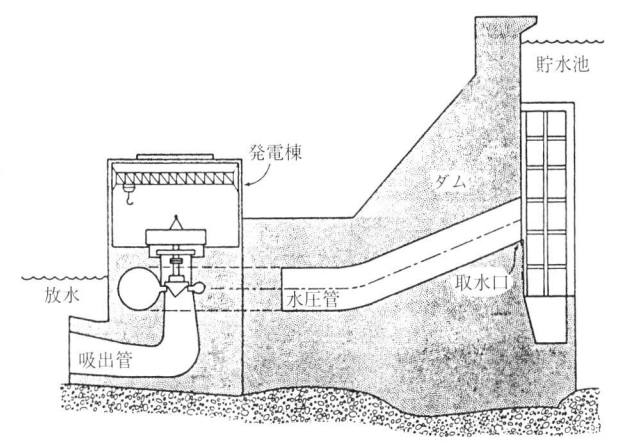

図-3.13 水力発電所の構成要素(出典：U.S. Army Corps of Engineers, EM 1110-2-1701, 1985)

過する水が発電機の羽根を回転させて電力を起こす．次にこの水はドラフト・チューブを通ってダム下流の水の中に放出される．水力発電所はピーク電力需要をまかなうのに有効である．ほぼ一定の負荷で運転される従来型の火力発電所と組み合わせて使用すると，水力発電は直ちに送電系に電力を付加するよう作動させることができる．

水資源システムの分析や計画立案の際に水力発電にとって鍵となるのは，発電量である．これは基本的には流量と落差との関係によって決まる．

$$P = \frac{\eta \gamma Q H}{550}$$

ここで，η：タービン効率

γ：水の比重〔通常は 62.4 lb/ft³(1 040 kg/m³)〕

Q：流量〔ft³/s(m³/s)〕

H：水の落差〔ft(m)〕

これで馬力表示の電力が計算される．kW に換算する場合は，0.746 を掛ける．ここで注意しなければならないのは，効率が低下すると，所定の流量と落差の組合せによる発電量も減少することである．

kW で表す電力とともに，利用可能な落差と流量を考え，発生電力時間を決め，それから kWh，これが電力エネルギーの標準単位であるが，それを計算すると，総発生電力量を決めることができる．

水力発電所には基本的に，①流込式，②調整池式，③貯水池式，④再調整池式（揚水式）の4つのタイプがあり，貯水量と機能に違いがある．流込式発電所は発電のために水を貯めることはなく，河川の自然流量に依存して発電する．調整池式発電所は1日のピーク負荷の変動に対処できるだけの水を貯水する発電所で，その貯水量は若干変動する．貯水池式発電所は，季節変動に対処できるだけ十分な水を貯めておいて発電に使用する発電所である．再調整池式（揚水式）発電所の貯水池には，ピーク発電によって生じる大きな変動電力を平準化するだけ十分な貯水能力がある．

揚水式発電所の貯水施設は，電気エネルギーを水の形で貯蔵する特殊な施設である．この発電所では，ポンプで貯水池に水を蓄えておき，電力が必要になった時にその水を放出する．図-3.14は，サウスカロライナ州のOconee郡にあるDuke Power's Bad Creekの揚水式発電所である．この発電所では海抜1 110 ft（338 m）の下部貯水池の水を海抜2 310 ft（704 m）の上部貯水池に上げており，その発電能力は106万5 000 kWである．

米国の工業化時代の初期には，小さな町や工場のある場所では水力発電所が有利であった．現在でも小型の水力発電所を使って発電が行われており，大規模な電力施設を利用できない村や小さい町で利用されている．図-3.15は，Tennessee Valley AuthorityのNolichuckyダムにある小規模な発電所であるが，ここは廃坑からの流出水によって生じた大量の土砂堆積のために操業を停止した．

図-3.16に示すのはダム内部の水力発電施設で，この例はアラスカ州にあるBradleyダムである．

図-3.14 Bad 川の揚水式貯水施設（出典：Duke Power Corporation）

図-3.15 TVA の Nolichucky ダム(出典：Tennessee Valley Authority)

3.3.7 ポンプ場

ポンプ場は，水にエネルギーを加え，水の位置を上げたり，圧力を加えたりする設備である．ポンプにはいくつかの種類があり，主に採用されるのは遠心ポンプとタービン・ポンプであり，用途は様々である．一般的に，遠心ポンプはシステムに圧力ヘッドを加えるのに適しており，タービン・ポンプは大量の水を比較的低いヘッドで送り出すのに適している．ポンプの流量と揚程との関係は発電タービンの場合と類似した形で，次の公式で示すことができる．

$$P = \frac{\gamma Q H}{550 \eta}$$

図-3.16 Bradley ダムの水力発電設備の建設
(出典：Bechtel Corporation)

この式の記号の意味は前述の式と同じであるが，効率(η)の位置が変化している．これは，効率が下がると，所定の流量と揚程を揚水するのに必要なパワーが大きくなることを示している．

図-3.17 に大型のポンプ場の例として，Colorado Big Thompson Project の一部をなしている Farr Pump Plant を図示する．これについては第12章で述べる．

図-3.17 Colorado Big Thompson Project の Farr Pump Plant（出典：NCWCD）

3.3.8 バルブ，ゲート，余水吐

バルブ，ゲート，余水吐は，送水システムやダムの調節装置である．

バルブはあらゆるパイプラインやパイプネットワークに設置されており，通常は圧力を調節したり，流れを完全に止める時に使用される．もっとも一般的なバルブは家庭の水道の蛇口である．それを大きくしたゲート・バルブは都市の上水道のごく普通の調節装置として使用されている．それ以外にも，減圧，速やかな送水停止，精密な流量調整など様々な用途に様々なタイプのバルブが使用されている．例えば，ニードル・バルブやバタフライ・バルブなどがそれである．

ゲートはパイプにも水路にも使用されるが，普通は圧力が高い場合には使用しない．一般的なタイプはスライド・ゲートであり，これは平らな板でできており，スライドさせてパイプの開口部を塞ぐ．ダムの頂部にはスライド・ゲートの大きいものが付いている．

余水吐は，緊急時にダムを保護する越流装置として使用される．タイプは様々であり，一般的には常用余水吐と緊急余水吐に分類されている．余水吐を越えて流れる水は，下流の浸食を避けるために，通常はエネルギー調整池に入るようになっている．図-3.4，3.5に余水吐が見える．

3.3.9 量水装置

開水路や暗渠には様々なタイプの量水装置が設置されている．水量を測定する時や水道料金を決定する時には量水装置が不可欠である．家庭用の水道管などの細いパイプにはプロペラ式の安いメーターを採用するのが普通である．米国ではこの種のメーターが数百万個は使用されており，これを検針して毎月の水道料金を決めている．第17章では，こうしたメーターを巡って行われた論争について説明する．

もっと太いパイプラインになると，使用される量水器の種類が多くなるが，普通に使用されるのはオリフィス・メーターと電磁流量計である．

開水路の場合には，流量の測定はさらに難しくなる．1915年頃，コロラド州立大学でパーシャル・フリュームが開発され，灌漑水路の流量測定にはこの装置が世界中で使用されるようになっている．それ以外にも同じ目的のために様々なタイプの流量測定用堰が使用されている．図-3.18は，パーシャル・フリュームの開発者Ralph Parshallが行っている初期の頃のフィールド試験の状況である．

現在直面している困難な問題の一つは，開水路を流れる下水の流量の測定である．下水にはゴミが含まれているし，水深も変動するので，低コストで信頼性の高い量水装置を設置するのは容易ではない．

図-3.18　量水装置を試験するRalph Parshall (出典：Photographic Archives, Colorado State University)

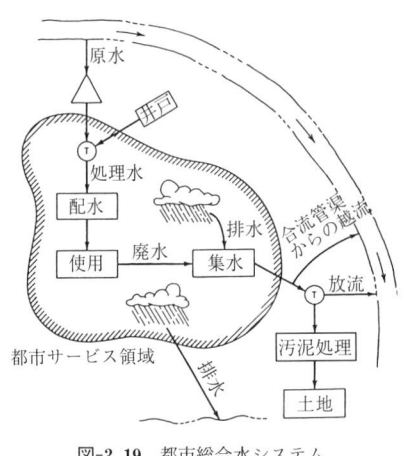

3.3.10 都市総合水システム

「都市総合水システム」という概念は，McPherson(1970)が提唱したものである．都市の上水道，下水道，雨水処理などのシステムの接続形態を**図-3.19**に示す．こうしたシステムを実際に組み合わせるのが水マネージャーである．例えば，雨水を使用して上水道の水資源を涵養することができるが，こうすれば公益事業体の組織と財政を組み合わせることも可能になる．しかし，ほとんどの場合，水供給系，廃水系，雨水処理系は個別のシステムになっている．

3.3.11 都市の水供給システム

都市の水供給システムの機能は，家庭，商業，工業などの顧客のために水の確保，処理および給水を行うことであり，このシステムは**図-3.20**に示すように，水源，処理施設，給水システム，利用者設備の4つの部門によって構成されている．

水源は，地表水の場合と地下水の場合がある．地表水の水源は河川または湖で

図-3.19 都市総合水システム

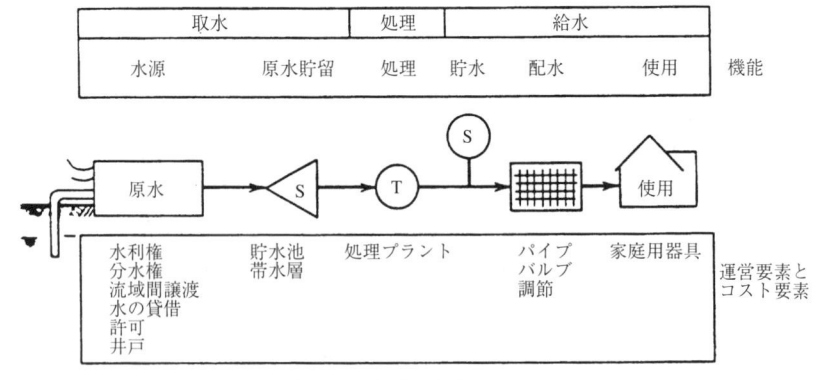

図-3.20 都市上水道システム

ある．河川を利用する場合には，取水が必要であり，その際，維持流量を保全するルールが適用される．

処理施設は，塩素処理に毛の生えた程度の簡単なものから，高度処理を行う大規模なシステムまで様々である．大都市ではほとんどの場合，大規模なシステムを設置しているが，New York市は例外で，長年にわたってCatskill Mountainsから引いた地表水をろ過しないでそのまま給水している．田園地帯や小規模または中規模の都市では地下水に簡単な塩素処理をしただけで給水しているケースが多い．

給水システムは水供給システムの中では「目に見えない投資」が多額に必要になる部門であり，システムへの投資のうち約3分の2はこの部門に投入され，メンテナンス業務の中でも大きな比率を占めている．この部門には，パイプ，バルブ，ポンプ，貯水槽，その他各種の関連構造物などが付属する．

利用者設備は，上水道システムの中の私的所有に属する部分であるが，飲料水の水質に影響を与える部分でもある．

3.3.12 都市の廃水システム

廃水システムは，都市水供給システムが終わった所から始まる．まず，集水システムが家庭，工業，商業，公共で使用した後に排出される水を収集する．図-3.21に廃水管理システムの主要な構成要素を示す．

廃水システムを説明するために様々な用語が使用されている．「wastewater」と「sewage」は同義語（廃水あるいは下水）である．「sewerage（下水道施設）」は，下水を取り扱うパイプ，ポンプ場，各種施設を指す言葉である．「sanitary sewage（汚水）」は通常の下水で，都市下水のことである．これは英国では「foul sewage（悪臭のある下水）」と呼ばれることもある．「combined sewers（合流式下水道）」には汚水と雨水排水の両方が流れる．これは，ドイツではmixed wastewaterとも呼ばれる．「separate sewers（分流式下水道）」には通常は汚水だけが流れるが，例外的に浸透水や雨水浸入水も入ってくる．「lift station（揚水場）」は，自然流下の水路がない場合に使用されるポンプ場である．「force main（強制本管）」は加圧するタイプの下水道で，「pressure sewer（圧力式管渠）」とも呼ばれる．「main（本管）」，すなわち「trunk sewer（幹線管渠）」は下水道システムの中の

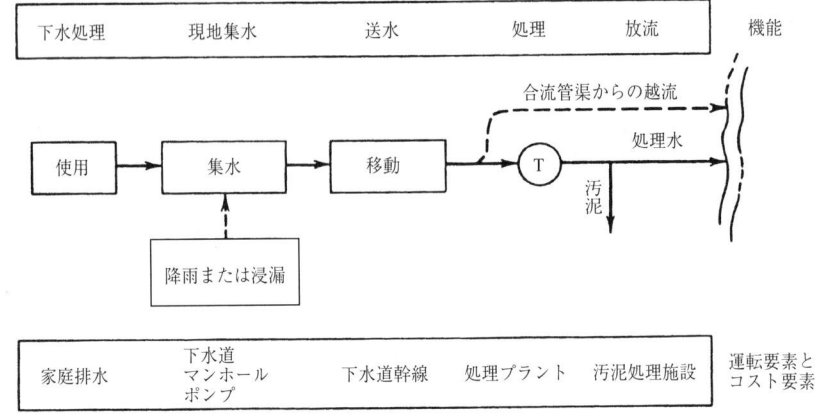

図-3.21 都市下水道管理システム

主要な管渠の一つであり，ここに側方管渠(lateral sewer)が集まってくる．「interceptor sewer(遮集管渠)」は下水本管の途中に設置され，ここに入った下水を処理プラントに送り出す．「outfall sewer(放流管渠)」は下水を放流地点まで運ぶものである．処理プラントには，処理の度合いによって一次，二次，三次などがあるが，それ以外にも「advanced wastewater treatment(AWT；高度処理)」という用語もある．

処理プラントは20世紀になってから下水管理システムに採用されるようになった施設である．このプラントでは汚泥処理が重要な部分になっている．通常は誰も汚泥を引き取ろうとしないが，最近は処理済みの汚泥を農業に利用する動きが出てきた．ただ汚泥は割高であり，取扱いが面倒であり，しかも環境にとっては有害な場合もある．

3.3.13 処理プラント

水を処理するプラントには，すでに述べたように大きく分けて基本的に2つのタイプがある．一つは原水を家庭用や工業用に処理するもの(上水処理プラント)であり，もう一つは下水を河川などに放流する前に処理するプラント(下水処理プラント)である．この両方の処理プラントの一般的な配置図は第14章で紹介する．

この2つのプラントは実際には複雑な処理を行うシステムであるが，最近は新

たな規制が加わっているので，一層複雑になり，しかも費用もかさむようになっている．上水処理プラントは Safe Drinking Water Act に合致するものでなければならず，また下水処理プラントは Clean Water Act に合致するものでなければならない(第 8, 14 章参照)．上水処理プラントは，原水の性状によって様々な構成要素を必要とし，また下水処理プラントの場合には生下水の汚染度や組成物，および下水を受け入れる水域の処理能力によって構成要素を決める必要がある．

3.3.14 都市の雨水処理システム

都市雨水処理システムの構成を図-3.22 に示す．このシステムは 2 つの個別システムに分けて考えることができる．一つは雨水排水を処理する「マイナー」システム，もう一つは緊急増水に対処するための「メジャー」システムである．

マイナー雨水排水システムは「イニシャル」システムとか，「コンビニエンス」システムと呼ばれることもある．「マイナー」システムを構成するのは，雨樋，細い溝，カルバートや雨水排水管，滞留池，小型水路などである．

メジャーシステムには街路や都市の河川が組み込まれるが，放水路や洪水緩衝地域も含めるべきである．このシステムは計画されてできることは少なく，自然

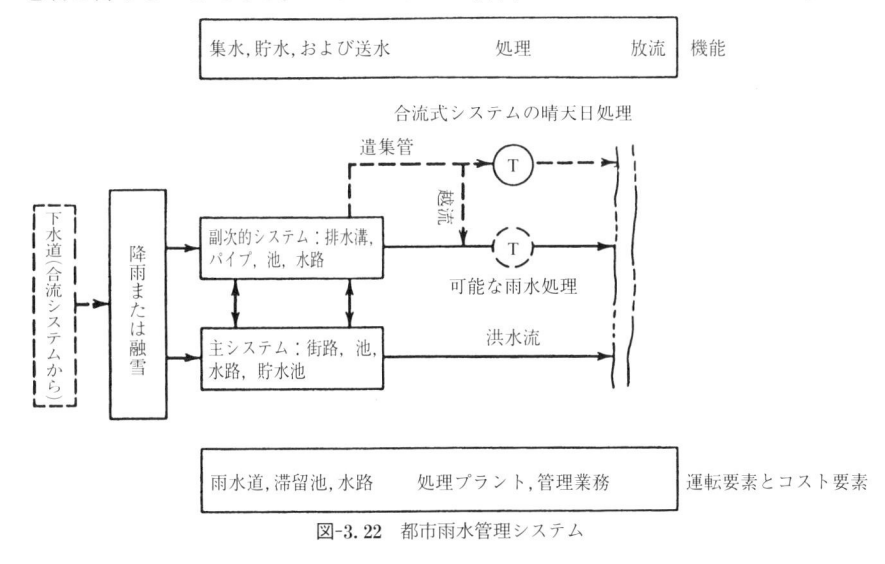

図-3.22 都市雨水管理システム

発生的にできることが多い．雨の降る地域では通常，供水流の経験から洪水を流下させる用意ができる．しかし一部の地域では，氾濫原で人々が活動している時に洪水が発生して，大きな被害や，人命や財産の損失，社会的な機能障害が発生するようなこともある(第11章)．「メジャー」システムはダムの緊急用余水吐に似ている．このシステムを計画する際には物理的施設と氾濫原のマネジメントの両方を考慮しなければならない．氾濫原に建築物や構造物を設置しないでおくと，雨水の流路として利用することができる．

合流式下水道は，雨水処理システムと汚水管渠システムを組み合わせ，それに調節装置と各種処理施設を加えたものである．

「マイナー」システムと「メジャー」システムの上に，水質サブシステムが付加される．水質問題は地表の汚染物質を洗い流した時に発生するほか，合流式下水道の越流や，管渠の内側の汚染物質の剥離によって発生する(第14章)．

3.3.15 井　　　戸

地下水システムの基本的な調節要素が井戸である(地下水の詳細については，第18章参照)．井戸の目的は多様である．井戸は，帯水層を流れる水を水流から分水する地点と考えることもできる．また涵養地点としても利用されるが，一般的には取水井戸である場合が圧倒的に多い．

図-2.8に被圧帯水層と不圧帯水層の2つの基本的な帯水層にある井戸を図示した．被圧帯水層には2本の井戸があり，1本は水が自然に溢れ出るいわゆる自噴井で，もう1本は自然に溢れ出ないのでポンプで汲み上げる必要がある．不圧帯水層にも井戸が1本あるが，これは地下水面からポンプで汲み上げる必要がある．

涵養域は，水が帯水層に滲み込む場所に示されている．水が滲み込む所では，そこは最初は不圧帯水層であるが，加圧層がある所では被圧帯水層になる．

図-2.9に井戸の基本的構成要素を示す．一つは掘削孔の壁面を支えるケーシング・パイプ，もう一つは取水する帯水層箇所と接触する集水スクリーンである．さらに，自噴しない井戸の場合には，井戸から水を汲み上げるエネルギーを供給するポンプとモータが必要である．

3.4 質問

1. 水力発電所と河川の落差および流量との関係を示す式を書け．この式で低落差水力発電所の可能性をどう説明するか？
2. 橋は，通常は導水施設というよりは道路の一部と考えられている．橋は水流や水理力の影響をどう受けているのか，また洪水時の背水に対する影響はどうか？
3. 低い土地では，堤防が洪水防御システムの重要な部分になっている．その維持責任は誰にあるのか？
4. 閘門の絵を描いて，その機能を説明せよ？
5. 揚水式貯水システムの絵を描いて，その機能を説明せよ？
6. 水資源システムの自動化には制御の決定に使える正確な量水器が必要である．下水流量の測定が困難だとして，どうすれば自動制御システムの実施が可能になるか？
7. 第3章では，「都市総合水システム」について説明した．この問題においてシステム統合の組織的障害は何か？　第21章も参照せよ．
8. 都市上水道の配水システムの構成要素のうち，最も多くの資本を必要とするのはどれか？　そのメンテナンスに必要なものは何か？
9. 雨水の放出は許可制にすべきだという意見に同意するか？　その理由は，また反対する理由は？　第6, 14章も参照せよ．
10. どんな環境であれば下水を帯水層に涵養できるか？　下水の帯水層への放流や涵養に対する制限はどうあるべきか？

文献

Buyalski, C. P., et al., *Canal Systems Automation Manual,* U.S. Bureau of Reclamation, Denver, 1991.

Federal Energy Regulatory Commission, Kingsley Dam and North Platte/Keystone Diversion Dam Projects, Nebraska, Revised Draft Environmental Impact Statement, April 1994.

Linsley, Ray K., Joseph B. Franzini, David L. Freyberg, and George Tchobanoglous, *Water-Resources Engineering,* McGraw-Hill, New York, 1992.

McPherson, M. B., *Prospects for Metropolitan Water Management,* ASCE Urban Water

Resources Research Program, ASCE, New York, 1970.

Palacios, Pedro, and Henry H. Chen, Planning, Symposium on the Guri Hydroelectric Complex, Proceedings of the American Power Conference, 1979.

Petersen, Margaret, *River Engineering,* Prentice-Hall, Englewood Cliffs, NJ, 1986.

President's Water Resources Policy Commission, *A Water Policy for the American People,* 1950.

Shen, Hsieh Wen, Kim Loi Hiew, and E. Loubser, The Potential Flow Release Rules for Kingsley Dam in Meeting Crane Habitat Requirements—Platte River, Nebraska, Colorado Water Resources Research Institute, Ft. Collins, 1985.

U.S. Army Corps of Engineers, *Hydropower,* EM 1110-2-1701, Washington, DC, December 31, 1985.

第4章　計画立案と意思決定のプロセス

4.1　はじめに

　ある業界のリーダーが水資源マネージャーの苦労話を聞いた後,「以前はプロジェクトが重視されたが, 今はプロセスの方が重視されるようになっている」と述べたことがある. 本章はまさにそのプロセスのことを取り上げる. すなわち, 計画立案と意思決定のプロセスである. これは, 計画立案のプロセスと水プロジェクトやマネジメント行為の承認を得るプロセスとを組み合わせたものである. これには, 小規模な水システムの改良の計画立案や実行から高度な行政的問題を含む州間の複雑な紛争の解決まで, すべてのことが関係してくる. また, 通常の単純な意思決定プロセスと, 複雑で政治的で, しかもおそらくは非合理的な結果を伴う状況とが同時に付随することもある. 経験が最良の教師ではあるが, 水マネージャーや水エンジニアが本章の原理と第2部の事例を通じて, こうしたプロセスの複雑さを理解できることを願っている.

4.1.1　投　　資

　表-3.1に, 水マネジメント・システムに要求される典型的な投資対象を掲載しておいた. こうした資本の改善を計画する際には, エンジニアリング業務のほか, 許認可担当官庁や行政官庁, 財政担当官庁の認可が必要である. 多くの場合, 投資プロジェクトは, 認可と資金調達が保証される時, それを実行するすべ

ての権限を持つ単一の行政機関によって企画される．しかし，共同行為が優遇されるケースが多くなってきたので，計画立案プロセスの一部に調整の仕事が組み込まれるようになっている．時には，特定のプロジェクトを引き受けるためだけに，新規に行政機関が設けられることもある．本書の事例はほとんどが米国のものであるが，諸外国のプロジェクトでも同じタイプのプロセスが見られる．ただし，業務実行者(プレーヤー)は異なる．こうしたプロセスの性格上，行政制度が重要な要因となる．国際的開発銀行が関与する際には，それが大きな影響力を持つ．

4.1.2 マネジメント行為

計画立案と意思決定のプロセスに関係する一連の要素として，規制，調整，再配分，価格決定，資金計画，土地利用規制，行政政策，地域協力，協定，市民教育，緊急対策などの非構造的マネジメント対策がある(**表-4.1**)．これらについては，許認可と資金調達は必要な場合と不要な場合があるが，関係者が一体になり，調整によって全員が利益を得られるような方法を考え出すことが鍵となる．調整が重視されるので，行政組織が重要な役割を果たすことになり，国による違いがより明確になってくる．

表-4.1 マネジメント行為とシナリオ

行　動	要　件
水質管理	規制と調整の組合せ
表流水の配分	分配法と調整の組合せ
飲料水規制	取締り規則を伴う健康問題
地下水規制	複雑な規制と土地利用
貯水の再配分	調整を要する法的問題
氾濫原管理	非構造的対策を伴う土地利用
財務計画と対策	投資と料金の連関
環境を巡る地域対立	必要な調整と政治的対策
地域投資とプロジェクト	共同による節水と資金節約の機会
地域の水使用制御	調整と合意
偶発的渇水への対処	土地利用と政治の結付きの強さ
魚類と野生生物の回復	共同行動を要する公益問題
流域マネジメント	土地利用問題

4.1.3 計画立案と意思決定のシナリオ

計画立案者が使用する「専門」用語はきわめて多く，戦略計画，長期計画，行動計画，継続計画，政策計画，方針計画，基本計画，臨時計画，部門計画，予算計画，資金計画，地域包括計画，エンジニアリング計画，実行計画，施設計画などがある(Grigg, 1985)．このように専門用語が多い理由の一つは，計画立案が創造的な行為だからであり，また計画立案に関与する革新的な人々がこうした専門用語を創作するからでもある．こうした用語の多様性は，実際には短期・長期の様々な投資計画やマネジメント行動計画が組み合わされることを意味している．

基本的には，計画立案は，誰が責任を持つか，対象範囲は何か，計画立案はどの段階にあるか，によって分類される．例えば，U. S. National Water Commission(米国水委員会)の水資源計画立案に関する報告書(1972)は，管轄権，対象範囲，計画立案段階に基づいてシナリオを分類した．この管轄権は，連邦政府，複州にまたがる地域，州政府，州内の地域，地方に関したもので，筆者は組織とその組織内の各レベルでの管轄権を加えるべきだと考えている．そうすると管轄権は異なる8つのレベルになる．対象範囲としては，多部門計画，部門計画，個別業務計画があり，また計画立案段階としては，方針計画，全体計画，一般的評価計画および実行計画がある．計画立案段階は，このほかに時間軸(政策，戦略，短期あるいは長期)によって説明することもできる．

こうした計画立案シナリオは，設備投資(**表-3.1**)と設備投資以外のマネジメント行為(**表-4.1**)の両方に適用される．

4.1.4 米国における水資源計画立案の展開

これまでは実行可能な計画立案プロセスの追求は困難であった(Holmes, 1979)．水は経済や環境のほとんどの部門に影響を及ぼすので，計画立案を「包括的(comprehensive)」にすることが目標になっている．それに関係する目的も関与する業務実行者も多様であることが明らかになるにつれて，目標はさらに意欲的なもの，すなわち，「包括的で調整された共同計画の立案(comprehensive, coordinated, joint planning ; CCJP)」となった．

初期の時代には，「水資源計画立案」という用語は，ほとんどの場合，水力発電

や灌漑などの経済的目標を満たす施設計画の立案という意味であった．したがって，目標は単純な目的(電力，航行，灌漑，洪水調節など)に絞られていたので，環境面のニーズよりも経済的開発の方が重視された．国が発展するに伴って，水が多くの産業や，地理的地域，公益的立場などに関係することが明らかになり，また多様な目的による開発の可能性も明らかになってきた．Flood Control Act of 1917(1917年の洪水制御法)においては「河川流域の包括的調査」が要求され，その中には水力発電の可能性も含まれていたが，国の主要な洪水防御機関であるCorps of Engineers(陸軍工兵隊)は，多目的な計画の立案という考え方に拒絶反応を示した(Holmes, 1972)．

National Industrial Recovery Act of 1933(1933年の国家工業更生法)においては，すべての水資源利用者のことを考えて公共事業に関する「包括的」公共事業プログラムが要求されたが，Holmes(1972)によると，その対象になったのは，水の調節・利用・清浄化，土壌と沿岸の浸食の防止，水力の開発，送電，河川と港湾の改良，洪水調節などであった．

第二次世界大戦後，論争が起こり，さらに1950年代には国の水政策の調査が行われた後，上院Select Committee on Water Resources(水資源特別委員会)が指名され，1961年にはこの委員会は連邦に対して，州と協力して，大規模な河川流域の開発とマネジメントに関する包括計画を作成するよう要求した．Select Committeeは，1962年に初めて通過したWater Resources Planning Act(水資源計画法)の成立に主導的役割を果たしたが，この法律は「包括的計画立案」という用語の確立にも役立った．この法律の方針の説明の中で「連邦政府，州政府，地方政府，および民間企業の包括的な調整に基づいて米国の水およびそれに関連する土地資源の保全，開発，および利用を促すことが議会の方針」であると述べている．

4.1.5 Water Resources Planning Act

Water Resources Planning Act(水資源計画法)は，州の計画立案プログラム，National Water Resources Council(大統領府水資源委員会)の創設，および河川(レベルB)調査を促進し，その結果，1960年代から1970年代にかけてこの法律に基づいて様々な対策が実施された．

この法律を実施するに当たって，Water Resources Council は各種計画を A，B，C の 3 つのレベルに分けて承認した．例えば，計画の全体的構成の立案はレベル A であり，河川流域計画はレベル B であり，レベル C の計画は実行段階のものである．理論的には，レベル C の計画はレベル A とレベル B に矛盾しないものでなければならず，この点についてはプロセスにおいて調整が行われる．

1965 年から 1980 年までは水資源計画の立案が活発に行われた時期である．この時期には，水資源行政に活動家を取り込む New Deal 的発想が試されたが，失敗に終わったと訴える．1981 年になると，Water Resources Planning Act の概念は Reagan 大統領の政策によりほとんど機能停止状態となった．さらに，行政改革と環境問題を対象にした Carter 大統領の「打切りリスト(hit list)」に編入され活動が停止してしまった．行政改革や環境保護はかなり支持されたが，Carter 政権は激しいインフレなど，いくつかの問題を抱えて消えていった．現在，計画立案と決定を巡る環境は，以前にもまして困難な状況にある．最近では，減税，規制緩和，民営化，それにそのほか民間の発案・請求などが重視されるようになっている．

4.1.6　今日の包括的計画立案

第 9 章では，「包括的枠組み(comprehensive framework)」がどのようにして一つの概念としての「包括的計画立案(comprehensive planning)」に置き換わったと考えられるのか，その点について述べる．この問題は，プロセスを調整し，調和させることである．現在では提案とは，すでに合理的に完成された「包括的計画立案プロセス」に基づいて立案するということではなく，むしろ，技術的ハードル，資金的ハードル，法律的ハードル，環境的ハードル，および行政的ハードルなど，実現性に関わる各種の障害を越えることでなければならず，司法による判定を受けることが必要になるケースがよくある．

環境に関与するグループは，自分たちの目標を達成するために国の法律や裁判所を利用する．そのような場合，時には州が調整のための討議の場を用意していることがあるし，また国や州の法律が意思決定の方針を決定していたり，また州間の問題が関係していることもよくある．

魚類や野生生物，種の保護などが重視されるにつれ，「包括的計画立案」の内容

に変化が生じてきた結果, プロセス全体が「包括的計画立案」という用語を定義した人物が当初考えていたプロセスよりも複雑になっている. 米国ではこのプロセスは, 直接参加型民主政治というやっかいな場で実行されるため, たとえ問題が一つだけであっても, 一人の人物や一つの組織では, このプロセスを完全に統制することはできない状態になっている.

4.1.7 ASCEの水資源計画・マネジメント部会

American Society of Civil Engineers (ASCE；米国土木学会)は, 水資源計画が複雑になるにつれて, 政策や計画立案をもっと重視する必要があると認識するようになり (Committee on Water Resources Planning, 1962), 1973年にWater Resources Planning and Management Division (水資源計画・マネジメント部会)を設置した. この部会は1993年に20周年を祝ってSeattleで記念大会を開催した.

4.2 計画立案プロセス

計画立案プロセスは, 定義のはっきりした組織的作業である. 1972年, U. S. National Water Commission's Panel on Water Resources Planning (水資源計画立案に関する米国水委員会パネル)は, この定義を次のように発表した. すなわち「計画立案は次のような分析手順に基づく創造的プロセスである. ①複数の可能な目標を設定する, ②それら目標の達成に必要な行動方針の代替案を策定し, かつ体系的に分析するために必要な情報を収集する, ③行動代替案に関する情報とその分析結果を信頼しうる方法で公開する, ④行動代替案を実行する詳細な手順を策定する, および⑤意思決定者が遂行すべき目標と行動方針の組合せを決定するのに役立つように行動方針を勧告する, というものである.

これは計画立案の伝統的な考え方を含んだ優れた定義であり, 問題の確認, 目標の設定, 計画の立案, その実行など, 基本的な手順が盛り込まれている. ここで注意すべき点は, 計画立案者と意思決定者が別々になっていること, そして意思決定者が一般市民を代表すると仮定されていることである. したがって, これ

は「代議政治」のモデルといえるかもしれない．これとは別の定義として，「計画，対策，あるいは戦略を策定するために必要な手順，および提案された対策を実行するために必要な認可，権限，および資金を取得するために必要なすべての行政プロセス」も考えられる．

　一般的に，計画立案プロセスにおいては次のような問題が取り上げられる．すなわち，水マネジメントの目標が決まっている場合，それを実行する最善の方法は何か，そしてそれに対する認可および支持を得ることができるか，である．最善の計画を見出すことは，資金，制度，経済，法律，エンジニアリングの各側面すべてが「テクニカル」な問題だという意味において技術的である．認可を得るには，一般市民，政治家，および規制プロセスに対処する必要がある．

　計画立案に当たっては，その社会の目標，目的および選好を前提にして最善の選択肢を見つけ出す必要がある．Committee on Social and Environmental Objectives of ASCE(米国土木学会の社会と環境の目的に関する委員会)のWater Resources Planning and Management Division(1984)は，これらの用語を次のように説明している．すなわち，目標(goal)は，一般的な目的(general aim)ないし望ましい到達点(desired end)である．目的(objective)は，目標(goal)よりもっと限定された特定の目的(purpose)を表現する言葉である．政策(policy)は，目標や目的より幅広い意図や意思を表現する言葉である．プログラムは，政策の実行に結び付く実施中の行動または計画中の行為を表現する言葉である．最後に，制約(constraint)は，実行してもよいのはここまでだという境界条件である．

　1972年から現在までの間に，計画立案には明らかに大きな変化が2回見られた．一つは，水マネジメントにおいて資本集約的手法の重要性が低下し，計画立案と意思決定が次第にプロジェクトを伴わないマネジメント行為の方向に向かうようになったことである．また，環境と社会に対する影響の分析が重視されるようになってきた．こうした傾向は，計画立案を著しく複雑なものにし，しかもそれに関与する専門家の数も増大させてきた．

　もう一つは，一般市民の参加が非常に大きな問題になってきたことである．これはある程度は世界的な民主化意識の高まりの結果であるが，米国ではそれがさらに代議政治の解体と新しい形態の「直接民主主義」の形成というプロセスにまで進行している．こうした形態においてはメディアの影響力がさらに大きくなる．

　こうした変化はあるものの，伝統的なプロセスはなお力を残している．事実，

National Water Commission(米国水委員会)は，水マネジメント問題においては計画立案も必要であり，しかも市民がそれに参加する必要があることを認めた．マネジメントの問題と市民参加のどちらが重要な役割を果たすか，その程度は様々である．

伝統的なプロセスはプロジェクトの計画立案だけでなく，マネジメントの問題にも適用されるが，マネジメント行為は，投資レベルや環境への影響および市民の認識が低いためにプロジェクトのように関心を引かない側面を持っている．マネジメント行為の中には目に見えない重大な利害関係が隠されていることがよくある．例えば，計画立案に対立が存在する場合に投入される資源，および水利権の変化に伴う財産の潜在的移動がきわめて重要な意義を持つことがある．

水資源は，多くの目的を含むと同時に多様な手段が関係し，様々な利害関係者や業務関係者を含んでいるので，計画立案は協働作業によって行う必要がある．そうしないと，余計な対立が発生する．この協働作業の追求がCCJPという用語の使用をもたらしたのである．

最近のもう一つの傾向として，水資源の政策分析において社会科学者の影響が大きくなってきたが，エンジニアたちの影響は逆に小さくなってきている．Reuss(1992)は，これを社会科学者が不確実性とその影響の分析に集中するのに対して，エンジニアは不確実性までも制御しようとする嗜好を持っているためだ，と説明している．その結果，社会科学者たちが計画立案プロセスに関与できること(またそれが長引くこと)に満足するのに対して，エンジニアたちは計画立案プロセスが長期化し，確実性が低下することにいらだちを感じている．

プロジェクトの投資計画立案では，構造物による手段として最善の計画を実行し，それに資金を提供することが対象とされ，一方，マネジメント行為の計画立案では，問題解決と政策実行に集中することになる．いずれの計画立案にも，多様な目的,多様な管轄権および多様な利害関係団体にわたる利害の対立が関与する．

こうした状況に対処するために，筆者は政治的環境の内部で機能する一つのプロセスモデルを好んで利用する．図-4.1に計画立案と意思決定のための合理的政治的モデルの概念を示す．この図は，市民とすべての業務関係者を包含したある政治的環境の中に合理的なプロセスが実現している状況を示している．

水マネジメントの計画立案においては定量分析手法が有効であるが，高レベルの政策問題に関する最終決定は複雑すぎて，こうした手法では完全に解決するこ

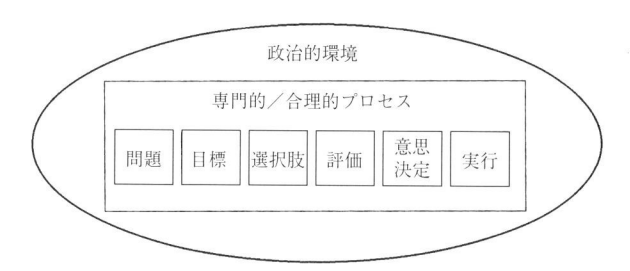

図-4.1 政治的環境における計画立案プロセス

とはできない．

4.2.1 計画立案に関する合理的考え方

マネージャーは，合理的な問題処理方法を好むものである．すなわち，問題を確認し，選択肢を評価し，決定を下すというやり方である．しかし，彼らは政治的プロセスが予測能力のないものであったり，扱いにくいものであったり，理解しにくいものであったりすると，時には失望させられることもある．合理的プロセスというものは，次のような複数のステップによって構成されている．

・問題の理解と確認
・目標の設定
・目標達成の基準および尺度の決定
・代替案の作成
・選択肢の評価，影響の判断
・選択肢の選定
・実行

このプロセスには，従来の工学的機能の大部分とともに，法的業務，経済的業務および財務的業務が包含されている．環境的影響が関係する場合には，環境影響分析も含まれる．また，このプロセスには，プロジェクトやプログラムの最終設計までのステップを含めることができ，そのプロジェクト・コストの最大20%まで使うことができる．Two Forks Project（第10章参照）では，合理的モデルに含まれる諸ステップに対して4 000万ドルの費用が支出された．

技術的プロセスでは計画立案者が持つ各種のツールが特に重要である．そうし

たツールとしては，工学的計画立案と設計に使用する諸ツール，モデリングとシステム分析(第5章参照)，便益費用分析，財務分析，法的判断，環境と社会に対する影響分析を含む経済分析と多目的評価の手法などがある．

4.2.2 計画立案における政治的プロセスの手順

水事業では，発生する問題は全般に複雑すぎて，しかもその構造も一定していないので，一つの合理的な計画立案フォーマットに定式化することができない．水に関わる対立は技術的領域だけでは解決できず，最終的には法的，財政的，政治的領域で解決せざるをえないケースがよくある．投票，法廷闘争，行政当局による規則の策定や意思決定，さらには水利権の購入などが関係してくる．こうした環境の中でうまく対応するために，主に技術的問題だけに取り組んでいるマネージャーは，技術的専門知識を政策，計画立案，コミュニケーション，財務，市民参加などに関する十分な知識と組み合わせることができないなら副次的立場にとどまるべきである．

政治モデルは多くの無形の要素を含んでいる．それらは，業務実行者と利害関係者の識別，妥協的取引と交渉戦略の確認，一般市民の参加，抜本的な解決策と付加的な選択肢を用意すること，個人や団体の選好性を考慮すること，投票行為の分析，そのほかの政治学的概念などである．

水資源マネージャーは様々な複雑な問題に対処しなければならない．例えば，どちらのプロジェクトを支持するのか，水配分に関する対立をいかに解決するか，特定地域あるいは複数の水管理機能にまたがるマネジメント問題について複数の利害関係者にいかに対処するか，などである．今日のような複雑な社会では，多くのマネージャーはこうした問題を解決することができないので，もっと単純な問題だけを扱い，厄介な問題は避けようとする．エンジニアたちが水マネジメントの領域でリーダーシップの一部を失っている理由の一つがここにある．

政治的問題が起こる一因は，水事業において業務実行者が取り組むべき協議事項が多様化していることにある．関連機関職員の協議事項によって政治的問題が発生することもある．水に関するサービス提供者は規制者とは異なる目標を持っている．計画立案や調整を実行する組織は水管理を調和させようと努力するが,時には一部の目標に狂いが生じることもある.公益組織の目標は多様だからである．

選出官僚も指名官僚も働く所は同じ政治的駆引きの場である．行政機関や官僚は，彼らのプログラムに対する外部からの支持を，時にはそれが必要なものであろうとなかろうと，強引に獲得しようと工作する．その目標は，業務や予算を大きくしてイメージを高めようということかもしれない．こうして業務が大きくなると，結果的に職員数が増え，地位も強化され，給与も多くなる．これが官僚の力の本質であり，ここから Parkinson の法則が導き出されたのであるが，この法則は，官僚組織は，その必要性の有無に関係なく人間の権力と威光に対する欲望によって肥大していく，と述べている．

　水質の基準や節水の限度などの基準は，それらがエンジニアや利益団体の関心や意見を反映しているという意味において，政治的なものである．雨水管渠の基準については，都市エンジニアは，メンテナンスと局地的氾濫を少なくできる大型システムを好む傾向があるが，開発業者は，利益が絡むので小さいものや，場合によっては全く設置しない方を好む．こうしたことから，基準は結果的に政治的に決められることが多い．

　公務員は，政治的妥協取引きについて理解する必要がある．彼らの重要な職務の一つは，選択肢に関する情報を選出首長に提供することである．予算をめぐる政治的取引きは，水システムの建設やメンテナンスにとってきわめて重要な問題であるから，マネージャーはそれに十分な注意を払う必要がある．

　省対局の対立においては，大きい方の組織である省の内部に含まれる下位部署の相対的ニーズを考慮する必要がある．例えば，電力料金を値上げした場合，水料金の値上げはしないと公益事業のマネージャーが決定できるようにすることである．

　水は，財産や影響力の源泉となる土地開発や土地利用を支配する手段を与えるので，土地開発者や産業界のリーダーたちは，自分たちに有利な水マネジメント行為を支持する．したがって，勢力を持つ者や企業関係者は，水に関する意思決定に関心を寄せる．こうした場合の政治的結果については，Sanders(1984)がまとめている．

　政治には，ある種の必要な投資やメンテナンスを遅らせようとする傾向がある．特にパイプラインの修理など，ほとんど目につかないものの場合はそうである．連邦議会の議員が地元民のために計画した目につく大規模な水プロジェクトは別である．地域の問題を解決するには，協力を重視する啓蒙的リーダーシップ

が必要である．現在の水問題に必要なものは「強引に達成する」スタイルよりはこうしたリーダーシップである．

合理的モデルにおいては，問題を認識し，目標を設定し，選択肢を識別し，影響と費用と便益を評価するが，政治的モデルには，次のような特徴が加えられる．すなわち，利害関係者の間に協力関係を構築すること，最も重要な意思決定事項の識別，対策の採用，目標・選択肢・戦略・提携関係の変更，および制約のない計画立案プロセスにおいて予想される最善のものよりは現実的に可能なことにより大きく影響される偶発的結果，などである．我々は非合理的な世界に生きているので，上記のプロセスが常に採用されるとはいえないし，不確実性がマネージャーを悩ませることもある．図-4.2にこのプロセスを示す．

マネジメントや政治的取引きのあるプロセスを通じて最初に一つの問題が確認される．次のマネジメント・ステップにおいて，その問題を解決するために関係官庁が関与するかどうかを判断する．そうした関与が存在すれば，目標の確立は可能である．

マネージャーは，利害関係者と意思決定者が誰なのか知りたいので，利害関係者は自分の存在をはっきり示す必要がある．水マネージャーや一般市民の中には，市民参加は正当なプロセスではないと考えて，それに批判的な者もいる．筆者は，1970年代のある計画立案担当マネージャーが退職した時に「私は市民をこれ以上間違った方向へ引っ張っていくことはできない」と語ったことを知っている．

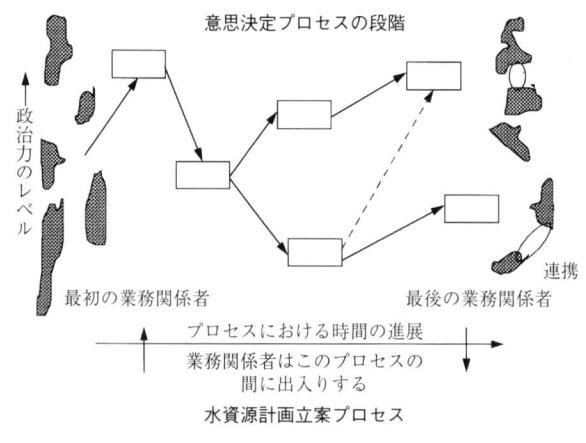

図-4.2 計画立案プロセスの政治的側面

計画立案プロセスを完成させるには膨大な時間がかかる場合がある．このプロセスの進展には時間がかかる．時には数年かかることもある．そのことは**図-4.2**にも示したが，プロセスのステップは，利害関係者のことを考慮しながら進められ，利害関係者の希望を受け入れるために，合理的モデルのどの部分も改良が可能なようにフィードバックを実行できる態勢になっている．

図-4.2は時間とともに展開する一つの問題に適用される問題解決プロセスを示している．このプロセスの要点は，解決すべき問題，利害関係者，提携，目標，戦略，調査プロセス，意思決定事項，そして可能な結果，である．

利害関係者は意思決定プロセスにおいては権力あるいは影響力のレベルに示されるように配置されている．この配置における様々な当事者の位置は時間の経過とともに変化し，このプロセスの力学に別の次元を持ち込む．利害関係者は自らを提携関係または利益集団の位置に置いているので，プロセスの中での影響力と利益は上下に変動する．利害関係者は，様々な水資源問題やプロジェクトが長期に継続する過程において，このプロセス全体の中に入ったり出たりする．我々は必ずしもすべての利害関係者が同等ではないという事実を好まないようである．しかし，それが現実である．

図-4.2の一番右側に想定される結果の組が示されている．この想定される結果には変化しうる特徴が含まれる．例えば，専門的代替案，制度的代替案，代替的目標達成，代替的管理体制，代替的タイミング，代替的区域規模などである．時には，部門間の計画立案問題の場合のように，代替的結果が他の結果と関連していることもある．

意思決定への道筋に沿って多数の重大な意思決定の副次的事項があり，これには一部またはすべての利害関係者が関係する．それらはミーティングであったり，レヴューであったり，また調査の完了，新規開発や予期せぬ事件，態度の変化など，様々である．こうした節目となる決定プロセスの副次的事項の間に決定についての副次的プロセスがある．時にはそれは静かで，動きがないかもしれないが，関与しているグループは重大な事態が進行しつつあることを知っている．例えば，影響力や権力が移動しつつあるとか，知識が構築されつつある場合である．組織が関与している場合，決定への支援が必要とされるのは，意思決定の副次的プロセスにおいてである．意思決定の副次的事項は，代替案の識別などの計画立案プロセスのステップである場合もあるが，そうしたステップは実際にはそ

れ自体が複雑な課題である．

　ここで言及しているプロセスは，完全な情報が欠如している状況で実行されることを認識する必要がある．解決の過程にある水資源問題において，提供者，中立的立場の団体，そして敵対者に何が起こっているのかについては組織的な情報や知識が欠如している．

　一部の利害関係者は，最初から結果に影響力を及ぼす．彼らは，政治的戦略が明確に定められるように，はっきりとした目標を早急に必要としている．彼らは，意思決定に際して「同調しよう」と考える者や，積極的に参加しようとは考えない者よりは有利な立場にある．成果をあげるためには，利害関係者の提携が必要であり，最大限の影響力が探究される．環境保護団体は，水資源開発に反対するという点では彼らの目標が絞られているという評価を受けている．

4.3　パートナーシップと提携

　「パートナーを組んで(パートナリング：partnering)」というやり方がビジネスの世界の訴訟や紛争を避ける方法としてポピュラーになってきた．水マネジメントの世界でも，協働的解決策を生み出す方法としてこの方法を採用することが可能である．事例研究においては，問題解決のための共同事業化や協働の事例をいくつか取り上げている．こうした手法が欠かせない一つの領域として河口の管理がある(第22章参照)．河口におけるパートナリングの事例はCoastal America (沿岸の環境保全プログラム)である．

　Coastal Americaは，全国の海岸線に沿った環境問題に対処するために連邦，州，および地方の行政機関の力と民間の関心とを一体化させるための「行動のための協働的パートナーシップ・プロセス(collaborative partnership process for action)」である(Coastal America, 1993)．Coastal Americaは，既存の法定上の権威に依拠した覚書(Memorandum of Understanding)に基づいて実行される．これはチーム・アプローチという手法を基礎にしており，参加チームはNational Implementation Team(NIT；国家実行チーム)，7つのRegional Implementation Team(RIT；地域実行チーム)，およびPresident's Council on Environmental Quality(環境保全に関する大統領審議会)に属するCoastal America

事務所である.

これ以外にも，Tennessee Valley Authority(TVA；Tennessee 川開発公社)，「River Action Teams(河川行動チーム)」を通じてパートナリングを実行した例がある．この事業は TVA の水質浄化行動計画の一部をなすもので，その意図は「Tennessee 川を 2000 年までに米国で水が最もきれいで商業的価値の高い水系にすること」にある(TVA, 1993)．TVA は，こうした問題で重要なことは「統合担当者の役割(integrator role)」だと考えている．TVA はリーダーである自分たちの役割は，理解に役立つ情報を提供すること，創造的解決方法をつくり出すこと，効果的な連携関係を構築すること，浄化活動の進行状況を追跡すること，だと考えている．

4.4 対立の解決

協力という手法やパートナリングの狙いは，対立を少なくすることと，最良の計画を見つけてそれを受け入れてもらう可能性を大きくすることである．しかしながら，計画立案や意思決定など，政治的局面が対立の原因になることがよくある．こうした対立の処理方法としては，交渉，対立の調停，代替案の討議による解決(alternative dispute resolution；ADR)などがある.

最近は八方丸く納まる方法が必要だという認識が高まってきた．1989 年，ASCE は，水に関連する対立の解決におけるエンジニアの役割に関するシンポジウムを企画した．編集者の Warren Viessman と Ernest Smerdon(1990)は「エンジニアは技術ばかりでなく，社会のことも理解していなければならない」と述べ，さらに「対立マネジメント，重大事件の処理，意思決定プロセス，一般市民や行政機関との協力，政策分析，水資源問題の解決に向けて市民と行政機関との間の対話的手法を強化する手段などの問題にもっと十分に取り組むためには，水資源の計画立案とエンジニアに関連するカリキュラムを提案する必要がある」と述べている.

交渉が合意に至るには良い方法である折衝(ネゴシエーション)は，ADR の手法の一つである．Beyea(1993)によると，それは妥協のプロセスではなく，双方の当事者が求めているものの 80～90%を与える解決を見つける方法である.

対立解決の際の色々な試みは、いつも成功するわけではなく、むしろ例外的なことであるが、中には印象に残るものもある。モンタナ州は州の水計画において協力によって合意を得る方法を考え出した(Moy, 1989)。この計画には、次のような6つの目的が盛り込まれている。すなわち、①管轄の境界を排除し、すべての関係者を関与させること(全員参加)、②発生している問題について当事者の合意を得ること(問題に関する合意)、③合意による解決を追求すること(合意事項の追求)、④競合する水使用をバランスさせること(バランスのとれた使用)、⑤調整を促進すること(調整の強化)、⑥継続的に更新していくこと(柔軟性)、の6点である。その狙いは、州の問題も流域の問題もこのプロセスに基づいて対処することである。1988〜1989年にかけて、このプロセスが実験的に採用されたが、Moyはこの方法で州の水計画は成功するだろうと期待している。

McKinney(1988)は、モンタナ州のこの経験を分析し、協力によって合意を得るプロセスに関する他の文献とも比較した結果、成功するためには、次の7つの条件が必要だという結論にいたった。すなわち、①関係する当事者がすべてこのプロセスに参加すること、②問題点と代替案を共同で確認し、評価すること、③合意を得るために十分な時間をかけること、④意思決定組織の役割と責任を明文化すること、⑤一般市民がこのプロセスを理解し、かつ支持すること、⑥協力によって解決できそうな問題を選び、そうでない問題は避けること、⑦解決策は義務を伴って実施されること、である。

4.5 計画立案と意思決定における市民参加

おそらく、計画立案において最も重要な部分は、計画と行動について合意と一般の支持を得ることであろう。しかしながら、比較的単純な意思決定プロセスを必要とする社会から今日のような「純粋な民主主義」への移行は、水資源に関する意思決定における一般市民の役割に関していえば、決してスムーズに進んできたわけではない。

市民参加が制度化されたのは、貧乏追放計画のためにいわゆる「最大限に可能な参加」が要求されるようになった1960年代のことである。しかし、市民参加(public involvement)という言葉は、大文字で表現される固有名詞を意味しては

いない．この言葉は，効果的民主政治の神髄を含んだ双方向プロセスを意味している．すなわち，互いに尊重し合うことと相互に独立した関係にあることを基礎にした直接的かつ率直なコミュニケーションを意味する(Puget Sound Water Quality Authority, 1986)．

1970年以前には，水資源の意思決定においては「市民参加」はほとんど見られなかった．しかし1970年までに，一般市民は計画立案プロセスの有機的な一部を構成すべきであると認識されていた．1972年，U.S. National Water Commission Consulting Panel on Water Resources Planning(水資源計画立案に関する米国水委員会コンサルティング・パネル)(1972)は「計画立案プロセスにおける市民参加は一般的に望ましいものであると認められる．しかしながら，市民参加(public participation)を実現する有効な手法はまだ確立されていない」と述べている．同パネルは，一般市民は意思決定プロセスの一部を担うべきであると続けて説明したが，完全な参加を最も強く表明しているのは地方政府の代表者たちである．

Priscoliによると，市民参加と対立マネジメント手法は，事実関係，選択肢，解決方法に関する合意を得るうえでエンジニアに役立つという(Priscoli, 1989)．市民参加と対立マネジメントは，公開情報，特別専門委員会や諮問グループ，公開ミーティング，研究会や問題解決ミーティング，協議会，調停会議，協力による問題解決，交渉，仲裁など，幅広い手法の中の一つだとみなされている．こうした様々な手法は，ある決定に関する情報(公開情報)の提供から，その意思決定に関する合意達成(交渉や仲裁)まで関係する．Priscoliは，市民参加と対立マネジメントが，環境と社会の目的を水マネジメントの中に組み込むのに役立つ理由について，次の7つの見解を述べている．すなわち，市民参加と対立マネジメントは，①環境の質とそれ以外の社会的価値との関係を規定する．②社会的価値(平等，自由，社会正義)と社会的構造との関係を明らかにする．③エンジニアリングにおける「人間味」を回復させるのに役立つ．④世界の対立的未来像の対処に役立つ．⑤社会の変化への順応に役立つ．⑥「プロセスが意図を伝える」ことを認識させる．⑦社会的許容の程度を明確にする鍵である．

市民参加については，TVAシステムの放流政策によって明示されている(Ungate, 1992)．1987年9月，TVA委員会は30の貯水池からなるこのシステムの運用方法の調査を許可した．このTVA調査のプロセスは，Federal Energy

Regulatory Commission(FERC；連邦エネルギー規制委員会)の要求する条件には含まれていないため，FERC の監督なしで行われたもので，NEPA の規定に基づいて実行された．この調査プロセスには，FERC のライセンス変更手続きについて意見を持つすべての公的機関と民間の関係者が参加した．TVA は 2 つの補完的手法を採用したが，一つは意思決定分析(直接的計画立案プロセス)であり，もう一つは一般市民やすべての利害関係団体とのコミュニケーションを可能にする NEPA のプロセスである．意思決定分析では，主要問題の解明，代替案の選定，評価，そして「確固たるものにすること(bullet-proofing)」の 4 段階が採用された．NEPA プロセスはこの意思決定分析と並行して進められ，TVA 当局とそのスタッフ，電力供給業者，船舶航行業者，洪水調節に関係する地元の選出官僚，環境保護団体，地元の経済開発担当官僚，州政府や連邦政府の環境・資源・エネルギー担当官庁などの行政機関や利害関係のある団体の関係者など，幅広い参加のもと，広汎な討議が行われた．TVA の水資源プロジェクト・マネージャーである Ungate の結論によると，このプロジェクトの成功の鍵は，意思決定において最も重要なステップ—すなわち，代替案，関連情報の適用と評価に必要な論理の導入，およびすべての当事者の価値に対する配慮—に焦点を当てることであった．その結果，敵対的な意見を戦わせるのではなく，創造的な解決策に集中することができた．

American Water Works Association(AWWA；米国水道協会)は，最近，市民参加の問題を AWWA Journal 特集で全面的に取り上げ(1993.11)，上水道事業者は今日の社会環境や政治環境においてはもはや専門的立場での完璧性だけに固執できる状態ではないと考えていることを明らかにした(Dent, 1993)．経営は，従業員との交流，顧客サービス，情報公開，メディアや地域社会との関係，若者や一般市民の教育，公共問題，市民参加など，長期的な公共問題に関する業務に関わらなければならなくなっている．この著者は，市民参加プロセスに必要なのは，共通の利益を見出すために特定の立場のもとで掘り下げた検討を行うこと，ならびに公共的業務では，問題解決の手法や代替案について討議しながら解決していく手法を取り上げることだと考えている．

AWWA Journal の同じ号で，Diester と Tice(1993)は，一般市民をプロジェクト開発のパートナーにする方法について述べ，カリフォルニア州での再生水利用のための新しい貯水池の立地の事例を紹介している．彼らはそこで，市民参加

を有効なものにするためには行政機関の誠実な関与が必要であること，また市民参加はいったん火が付くと消すことはできないという原理を十分に承知しておく必要がある，と勧告している．彼らの12段階のプロセスでは，意思決定プロセスは市民参加プロセスの中に組み込まれている．言い換えると，市民参加プロセスは意思決定プロセスの組織原理になっている．

一般市民プロセスがいかにうまく処遇されていても，彼らが非合理的なように見えることがある．しかし，民衆は信頼性と誠実性を大事にするので，率直な回答をもらったり，経営陣が自分たちの利益に配慮してくれていると信じている場合は，協力的になる．一般市民に対応する際の指針を示すため，American Public Works Association（米国公共事業協会）(1984)はコミュニケーションや市民参加について役に立つアイデアを盛り込んだ一般向けの簡単なガイドブックを発行している．

4.6 プロジェクトと実行計画の多目的性に対する評価

水資源プロジェクトやマネジメント対策には，多様な目的，多くの意味，複数の組織が関係する．こうした理由から，最良の行動方針を見つけることは，曲芸的行為と多少似ている．民間企業における意思決定，すなわち費用と利益にだけ着目した決定という単純なケースに比べると，水についての行動の意思決定基準はより複雑である．

これまでエコノミストたちは多目的評価の理論や手法によって対応してきた．この方法は，政府の事業がすべての社会問題に対応しているかについて試験するには良い方法である．しかし，残念ながら，各人は必ずしも最良の共同行動に同意するとは限らないので，対立マネジメントが必要となる．

4.6.1 多目的プロジェクトの評価

最も単純な方法は，代替的行為によってもたらされる便益を示すマトリックスをつくることである．このマトリックスでは，代替的行為が個々の目的に関係付けられ，またそれらが各集団に与える影響がわかるようになっている．一つの意

思決定支援マトリックスには，行為，目的，集団，評価基準，および便益の5種の情報が含まれる．図-4.3に示す意思決定マトリックスは，ある実際のプロジェクトの評価スキームである．ここでは，異なるプロジェクトがそれぞれ特定の目標達成にどの程度貢献するかに基づいて，そのプロジェクトを比較する例を取り上げている．

	プロジェクトA		プロジェクトB		プロジェクトC	
	+	−	+	−	+	−
目標 I						
グループ A						
グループ B						
目標 II						
グループ A						
グループ B						
目標 III						
グループ A						
グループ B						
目標 IV						
グループ A						
グループ B						

図-4.3　目標達成マトリックス

経済学者たちが多目的評価に注目するようになったのは1930年代のことである．便益-費用分析のルーツはFlood Control Act of 1936(1936年の洪水防御法)にある．第二次世界大戦は水資源の計画立案の進展を中断させたが，Inter-Agencies Committee on Water Resources(水資源省庁間委員会)は1950年までにプロジェクト評価のガイドラインを公表した．この評価のための小冊子(グリーンブック)では，7つの連邦機関—すなわち，Agriculture(農業)，Army(陸軍)，Commerce(商務)，Health(厚生)，Education and Welfare(教育と福祉)，Interior(内務)，Labor(労働)，およびFederal Power Commission(連邦電力委員会)—の評価手順の比較が行われた．さらに，便益と費用の計算方法，財貨の価格決定方法などの標準化の問題が詳細に述べられたほか，組織化が十分に進んでいない分野には標準化を導入すべきである，と全般的な要求が行われた．また，このマニュアルには費用の配分も取り上げられた．

　その後の30年間に，プロジェクト評価の改善と標準化が行われた．特に注目すべき点は，Water Resources Planning Act(水資源計画法)によって要求された「原理と基準(Principles and Standards)」に基づいて経済分析が行われたことである．また1983年までには，経済や環境の調査研究に必要な「原理とガイドラ

イン」がWater Resources Council（水資源委員会）から発行された（1983）．

この「原理とガイドライン」は内務省長官および大統領の承認を得たものであるが，計画立案プロセスの説明から始まっている．このプロセスは，問題と機会の確認，在庫・予測・分析，選択可能な計画の作成，選択可能な計画の比較，勧告された計画の選択，によって構成されている．

この「原理とガイドライン」では，次の4つの評価について説明するよう規定されている．すなわち，①国家的経済開発，②環境保全，③地域的経済開発，④そのほかの社会的影響，である．この4つの評価の狙いは，国家経済に対する影響のほか，量的に測定することのできない生態学的・文化的・景観的価値に対する影響，国家的経済開発効果や所得移動，そして雇用効果が地域へ及ぼす影響，および都市や地域社会への影響，生命，健康，安全性に対する影響を明らかにすることにある．これは，実に広範な評価基準であり，単純な便益-費用分析をはるかに越えている．

この「原理とガイドライン」においては，プロジェクトの効果を示す詳細な基準が設定されている．それは，意思決定情報を表示するための目標達成マトリックス・フォーマットをつくる必要があるからである．

費用配分手順は，共同費用と分離可能費用を基準にして設定されている．分離可能費用は，あるプロジェクトの目的が計画から外された場合に発生する費用の減少部分である．共同費用は，分離可能費用がすべて控除された後に残る費用である．この共同費用は，プロジェクトの便益，すなわちプロジェクトの効用に比例してすべてのプロジェクト目的に対して配分される．

費用効果分析と増分費用分析は，意思決定者を最良のプロジェクトないし計画に導くための特別なツールである．これは，アナリストが環境の改善・回復計画を評価する際に利用できるようにと，U. S. Army Corps of Engineers（陸軍工兵隊）で開発されたと，Orth（1994）は説明している．費用効果分析を採用すれば，ある与えられた環境的アウトプットを最低費用で獲得する方法を判断することが可能になり，また増分費用分析によって，一つの環境的アウトプットを付加するために必要な追加費用を調べることができる．環境的アウトプットを測定する際に採用される「生息区域単位」はU. S. Fish and Wildlife Service（連邦魚類・野生生物局）（1980）の手順から導き出されるもので，特定のタイプの資源がある区域，種の生息数，植物や樹木の生産性，あるいは生態学的多様性などの項目が盛り込

まれている．

「原理とガイドライン」に含まれる目標達成マトリックスとディスプレイ以外の手法としては，クロス-インパクト・マトリックスや，多目的トレード-オフ分析のための様々な手法がある．

4.6.2 計画立案におけるツールとしての経済学

水資源の計画立案においては，経済学は主要なツールである．経済学は，商品の生産，配分，消費を扱う．その意味では，経済学は水の開発，配分，消費に適用できるし，プロジェクトの効用，公平な水の配分方法，節水など消費に関わる問題をカバーすることができる．

2つの基本的問題，すなわち計画の経済効率の問題と水の開発・配分・消費に関わる公平性の問題，これらは繰り返し浮上してくる．経済効率は国民所得との関連で測定される．ということは，特定の水マネジメント計画から製品，サービス，賃金，および伝統的な経済成長尺度などの形で一定量の所得生産が生まれることを意味する．公平性は様々な集団や地域への所得の配分に関わる問題である．経済効率分析も公平性分析も多目的評価において採用される．経済効率は国民経済の発展によって測定され，公平性は環境分析，地域開発および社会福祉において問題として取り上げられる．また，個々の集団への便益の配分を分析する際にも取り上げられる．

4.6.3 経済学の応用

経済学は，水対策の社会的便益と費用を数量化するのに役に立つ．システム解析や経営管理学において広く採用されている生産関数は一種の経済関数であり，通常は正味便益で示される．もう一つ経済学が役立つ分野は，経済開発の研究である．経済的基準と財政的基準の間には大きな違いがある．経済学は公益(国民全体と国民個人の便益)を取り扱うが，通常，この便益は，たまにしか必要とならない洪水調節の便益のように個人の利益には直接結び付かない．しかし，財政問題は直接国民に影響を及ぼすもので，誰が支払うのかを問題にする．

水に関する意思決定は，本質的に政治的な性格を帯びているので，常に純粋な

分析に基づいて行われるとは限らない．便益-費用分析が採用された連邦プロジェクトでさえ，純粋に経済学に基づいて選択されたものではない．地元選挙区の方が経済学的分析より強い影響力を及ぼすのが常である．

プロジェクトの比較に便益-費用手法が採用されていたので，経済学の影響力は現在よりもプロジェクト建設時代の方が大きかったように思われる．現在では，財政，法律，政治などの問題の方が重視されるようになっており，経済学の影響力は若干後退しているが，それでもなお重要性を保っている．

4.6.4 便益-費用分析

経済学において多目的評価を行う際に最もよく利用されるツールは便益-費用分析(benefit-cost analysis；BCA)である．BCAが利用されるようになったのは，この50年ほどの間のことである．この手法が考え出されたのは，Flood Control Act of 1936において必要になったからである．この法律では，プロジェクトを認可するのは，誰が負担するのかには関係なく便益が費用を上回った場合であると規定された．これは，経済的に困難な時代に公共投資のメカニズムを導入して国民に便益を与えようとしたNew Deal的考え方によるものであった．その核心においては，BCAは，水プロジェクトないし水対策に関係する各種の便益と費用を比較する一つの方法である．しかし，便益は，それがプロジェクトの目的と一致する場合にのみ有意義なものになる．

国家的経済開発の目的を分析する際にはBCAが適用されるので，「原理とガイドライン」にBCAの使用が明記されている．しかもこれは，国家的経済開発の便益を地域に配分する方法とも関連があるため，地域的経済開発の目的とも関係する．ただし，環境保全と他の社会的影響には適用されない．実際は，環境保護主義者は，環境の便益を数量化するのはきわめて難しいのでBCAを好まないという事情がある．

BCAでは，基本的には便益と費用をそれぞれ合計してから，比較する必要がある．「原理とガイドライン」では，次に述べるプロジェクトの目的に合わせて便益と費用を計算する方法が説明されている．すなわち，①都市・工業用水の供給，②農業，③都市の洪水被害，④水力発電，⑤内陸水運，⑥喫水の深い船の航行，⑦リクレーション，⑧漁業，⑨そのほかの直接的便益，例えば製品やサービスに

おいてプロジェクトの目的から生ずる便益の増加，および⑩雇用効果）である．

4.6.5　統合的資源計画立案

電力業界や一部の水道事業者による成功例に基づいて，American Water Works Research Foundation(AWWARF；米国水道協会研究基金)は「統合的資源計画立案(integrated resource planning；IRP)」を水道事業の計画立案に適用する方法に関する調査に研究費を援助した．本書の執筆段階においては，ガイダンス・マニュアルを作成中であり，1996年にはAWWARFから発行される予定になっている(American Water Works Research Foundation, 1995)．AWWARFによると，水道事業者たちは，IRPは変数が常に変化する連続的プロセスであり，IRPの成功には一般参加が決定的影響を持ち，したがって水事業を成功させるためにはIRPを受入れなければならない，と述べているという．IRPプログラムには次のような数個の構成要素が含まれている．
- 全体的な目標と目的を設定し，進捗過程を示す尺度を確定すること
- すべての利害関係者とその利害を確認し，彼らをプロセス全体に関与させること
- 問題点，計画立案における重要課題およびプロセスにおいて対処すべき可能性のある対立点を決定すること
- リスクと不安定要因を確認し，対処すること
- IRPを実行すること
- プロセスの有効性を評価し，適切な調整を加えること

上記のことから，IRPとは，本章で議論した各種の手法を組織的に集合したものだと考えられ，AWWARFのガイダンス・マニュアルを入手して，その適用方法を詳細に検討する必要がある．

統合的，あるいは包括的な計画立案は，現在米国で発展しつつある手法である．Wagner(1995)は，ASCEのWater Resources Planning and Management Division(水資源計画・マネジメント部会)における基調演説の中で，この手法の特徴を次のように述べている．
- 広範な利害関係者の関与
- 地元の利害関係者により設定される測定可能な目標

- 包括的で，すべてを含む計画範囲
- 優先順位とスケジュールを伴うリスク評価
- 新たな事態に適応できる規定を持った行動計画

さらに Wagner は，適応型マネジメントについて「ある種の『行動の緊急性』が存在しないと，プロセスが堕落して，発展のない計画立案の繰返しに陥る可能性がある」と警告している．彼は Jamaica 湾で適用された適応型マネジメントの方法を紹介しているが，この計画の見積費用は当初 20 億ドルであったが，適応型の手法の導入により約 10 億ドルを確実に節減することができた．

4.7 調整に基づく計画立案のパラダイム

水事業における計画立案と意思決定には，協力と強調を重視した新しいパラダイムが必要である(Grigg, 1993)．この考え方については第 9 章で詳しく述べるが，複数の管轄権にまたがり，関係者が多くなる状況(ほとんどの水対策において見られる)においては特にこのことがあてはまる．新たなパラダイムは，そうした政治的環境の中で進められる合理的計画立案プロセスにおいて調整を促進させる可能性を持っている．

計画立案が成功した事例はいくつもあるが，事例研究の章では未解決の対立を数事例取り上げている．こうした失敗の中にはより良い調整が役立ったであろうものもあるし，今後役立つ事例もある．こうした事例は，水マネジメントのパートナーの一方または他方が基本的な責任を履行しなかった場合に起こるように思われる．しかし，水供給組織と監督官庁の役割の谷間に取り残された問題を調整するのは誰の責任であろうか？　その答は誰にもわからないということである．したがって，何かがうまくいかない場合には，結果的に訴訟になったり，新しい法律をつくることになるケースがよくあり，それが社会の負担する費用を増加させたり，規制を増やしたりする．

水事業関連部局，監督官庁，計画立案者/調整者，支援組織などのインセンティブの構造について考えてみよう．この場合，狭い範囲の任務しか担当しない監督官庁は除外できるので，横断的な問題を確認し，その解決に取り組むインセンティブがあるのは計画立案者/調整者だけとなる．米国の水事業においては，こ

のように十分なインセンティブが欠けていることが基本的な問題であり，そのために水事業の計画立案と調整の必要性が大きくなる．

十分なインセンティブと調整が欠けている場合の費用を2つの事例によって説明する．Chesapeake 湾の事例は複数の管轄権にまたがる大きな問題であり，調整を伴う共同行動が必要であった(第22章参照)．1983年の政府間協定の調印式において，Jacques Costeau は参列者に，集約的行動を妨げる強い政治的インセンティブがあるので，推進力や管轄領域にまたがる協力が持続しても，今後も実際的な困難は続くだろうと警告した(Chinchill, 1988)．

Two Forks の事例は，都市圏にある河川流域においては集約的な行動形式を見つけることが困難なことを示す事例である．水マネジメントに関して権威の一人である Abel Wolman は，河川流域について「河川流域が本質的に非経済的または非社会的な単位であるので，流域的アプローチに批判的な人もいる．上記のような観点でみると，流域は人為的な行動範囲で，社会的な必然性は薄いというわけである．一方，エンジニアや計画担当者にとっては，流域は水文学的な連続性を提供するので，便利な概念である．」と述べている(Wolman, 1980)．

この2人の水マネジメントの賢者，Jacques Costeau と Abel Wolman は，調整による協力的，集約的行動と同じ問題を見てきた．そうした行動は是が非でも必要なものであるが，きわめて困難なものでもある．第9章は水マネジメントにおけるそうしたジレンマをより強く反映している．

4.8 要約と結論

水資源マネジメントは重要な「計画立案と意思決定プロセス」である．このプロセスに関しては単純なものから複雑なものまで多くのシナリオが存在する．

資本投下についてもマネジメント行動についても計画をつくらなければならない．それに取り組む場合，このプロセスはある政治的環境の中で一つの専門的プロセスを含んでいると考えるよう勧める．

米国は長年にわたって包括的な水資源計画立案のパラダイムを追求してきた．現在，連邦政府の役割は計画立案者/投資家から規制者へと変化してきており，新しいプロジェクトを実行することはきわめて困難になっている．米国では，計

4.8 要約と結論

画立案は直接参加型民主主義によって行われ，もはや単独の行政機関が完全なコントロールを行使することはない．

　水に関わる政治的環境，そして水問題の解決に必要な全面的権限を持つ行政機関がほとんど存在しないという現実が，調整強化の必要性をはっきりと示している．主要な課題は水マネジメントを統合化することである(第1章参照)．その一例がオランダである．この国ではKuijpera(1988)が「オランダの水マネジメントにおいては，統合化された水マネジメントが今後の最大の課題である．しかし，まだ実際的概念にはなっておらず，抽象的概念にすぎない」と指摘している．水の社会的システムと技術的システムを統合することはきわめて大変な仕事である．

　こうした状況ではあるが，特にモデルやデータベースなどの技術を備えた役に立つ計画立案プロセスの存在がわかっている．パートナーシップや連携による協働は，対策に対する支持を築くための一般参加と同じように大いに有用である．対立の裁定は調整や合意達成の重要なツールになる．

　多目的評価，「原理と基準」の利用，経済学の応用も分析段階で役に立つ．便益-費用分析は一部の応用問題に対しては有用なツールである．応用研究プロジェクトは計画立案を支援する一つの手段になりうる．そのプロジェクトには，中央の調査チームと共同作業を行う水マネージャー・グループが参加する可能性もある．

　公共の利益における問題を解決するためには新しい計画立案アルゴリズムが必要である．この概念については第9章でもっと詳細に説明するが，筆者は15の要素を持つモデルの枠組みを示しておいた．その中核的要素は，行動にとって調整される枠組みが存在するということである．3つのプロセス要素は，その枠組みが包括的，協働的であり，しかも利害関係者の関与を含むという条件を必要とする．2つの制御要素は，国家政策の枠組みの中で地方に支配力があることを必要としている．行動を促すための3つのプロセスの必要条件には，確認可能なプロセスを持っていること，行動の方向付け，および柔軟な適応ができるという性質，が含まれる．それ以外にも次の6つの必要条件がある．すなわち，持続可能な開発を促すこと，統合型であること，適切なマネジメントの実施を促すこと，科学を基準にしていること，リスクを基準にしていること，および能力開発型であること，である(Grigg, 1996)．

　水資源計画立案は，多数の利益団体に影響を及ぼし，技術的課題であると同時

に利益を均衡させる問題でもある．技術的課題では複雑性を取り扱い，利益の均衡化では対立を取り扱う．マネジメント計画が慎重に立案されており，技術的分析は完璧であり，かつ一般市民が関与している場合でも，強力な政治的力が計画に同意しないために完全に論理的な計画が失敗することもある．複数の管轄権にまたがる問題におけるブレーン・ストーミングやテーマの形成とともに問題設定の初期の段階から一般市民を関与させることが，成功裡に解決策を促進するのに効果がある．

4.9 質　　問

1. 計画立案「プロセス」において重要なステップの一つは，身近な問題を解決するために責任ある関与があることを確かめることである．計画に労力や資金を投入する前になぜそうした関与がそれほど重要なのか説明せよ．
2. Water Resources Planning Act（水資源計画法）の基本的な規定をあげよ．それらはどのように作用しているか？　この法律を通過させた政策決定者の目標と比較して考えよ．この経験からどんな教訓を引き出すことができるか？
3. レベルA，レベルB，およびレベルCの計画立案の意味を説明し，その事例を示せ．
4. 外国へ行って「環境保護主義の台頭」について，米国の水資源マネジメントと関連させて説明する場合のことを想像し，あなたならどう説明するか？水対立における優位性は水開発者の側にあるか，それとも環境保護主義者の側にあるか？　水プロジェクトを阻止する場合に環境保護主義者が使う手法または法律を3つ提示し，水マネージャーがプロジェクトを望ましい方向に進めるためにそれらの手法または法律それぞれにいかに対応するかについて説明せよ．
5. 環境影響説明書（environment impact statement；EIS）が水資源開発の計画立案プロセスとどう関係するかについて説明せよ．
6. 中国の三峡ダムプロジェクトはきわめて大きな意義を持っている．その環境への影響，社会的な影響，および国際金融機関がこのプロジェクトに対す

る資金提供について検討する際にたどった意思決定プロセスについて論ぜよ．
7. 次の6つのフィージビリティ・テスト―経済的，財務的，行政的，環境的，社会的，技術的―それぞれについて簡潔に定義せよ．
8. 水資源プロジェクトにおける有形便益と無形便益の違いを説明せよ．
9. 経済分析におけるインフレ率と割引率の違いは何か？
10. Water Resources Planning Act によって決定された水資源の計画立案のための「原理と基準」において，費用と便益の分析に必要な4つの「分析項目」とは何だったか？
11. 財務的フィージビリティと経済的フィージビリティの違いは何か？
12. このテキストにはコロラド州の水マネジメントに関する様々な事例が採用されている．コロラド州は州としての水計画を持つべきだと思うか？ また，現在はなぜ持っていないのか？ 州の水マネジメントとは何か，またその中に包含すべきものは何か？ 水資源に関する計画立案における州政府の役割は全体的にはどうあるべきか？ 州の水計画を作成するのはどの機関にすべきか？ 州の水計画を作成する場合はどんなプロセスを採用すべきか？
13. 米国は水の計画立案とプロジェクト評価のために「原理と基準」を作成するに至ったが，プロジェクト評価に対して便益-費用分析がなぜ全体的に適切でないのか，その理由を説明せよ．

文献

American Public Works Association, *Better Communication: The Key to Public Works Progress,* APWA, Chicago, 1984.

American Society of Civil Engineers, Water Resources Planning and Management Division, Committee on Social and Environmental Objectives, *Social and Environmental Objectives in Water Resources Planning and Management,* ASCE, New York, 1984.

American Water Works Research Foundation, Project Update, Drinking Water Research, January/February 1995.

Beyea, Jan, Beyond the Politics of Blame, *EPRI Journal,* July/August 1993.

Chinchill, J., Chesapeake Bay Restoration Program: Is an Integrated Approach Possible?, in William R. Walker ed., *Water Policy Issues Related to the Chesapeake Bay,* Virginia Water Resources Center, Blacksburg, VA, 1988.

Coastal America, *Building Alliances to Restore Coastal Environments,* Washington, DC, January 1993.

Committee on Water Resources Planning, Basic Considerations in Water Resources

Planning, *Journal of the Hydraulics Division, American Society of Civil Engineers*, HY 5, September 1962.

Diester, Ann D., and Catherine A. Tice, Making the Public a Partner in Project Development, *Journal of the American Water Works Association*, November 1993.

Dent, Joan, Public Affairs Programs: The Critical Link to the Public, *Journal of the American Water Works Association*, November 1993.

Grigg, Neil S., *Water Resources Planning*, McGraw-Hill, New York, 1985.

Grigg, N., New Paradigm for Coordination in Water Industry, *American Society of Civil Engineers Journal of Water Resources Planning and Management*, Vol. 119, No. 5, September/October 1993, pp. 572–587.

Grigg, Neil S., *A Coordinated Framework for Large Scale Water Management Actions*, American Society of Civil Engineers, New York, in press, 1996.

Holmes, Beatrice Hort, *A History of Federal Water Resources Programs, 1800–1960*, U.S. Department of Agriculture, Economic Research Service, Washington, DC, June 1972.

Holmes, Beatrice Hort, *History of Federal Water Resources Programs and Policies, 1961–1970*, U.S. Department of Agriculture, Economics, Statistics and Cooperatives Service, Miscellaneous Publication No. 1379, U.S. Government Printing Office, Washington DC, September 1979.

Inter-Agency Committee on Water Resources, Subcommittee on Evaluation Standards, Proposed Practices for Economic Analysis of River Basin Projects, Washington, DC, May 1950, revision, May 1958.

Kuijpera, C. B. F., Towards Integrated Water Management in the Netherlands, International Workshop on Water Awareness, Skokloster, Stockholm Region, Sweden, June 27, 1988.

McKinney, Matthew J., Water Resources Planning: A Collaborative, Consensus-Building Approach, *Society and Natural Resources*, Vol. I, No. 4, 1988.

Moy, Richard M., *Montana's Water Plan: An Incremental Approach*, Department of Natural Resources and Conservation, Helena, MT, 1989.

Orth, Kenneth D., Cost Effectiveness Analysis for Environmental Planning: Nine Easy Steps, IWR Report 94-PS-2, U.S. Army Corps of Engineers, Institute for Water Resources, Washington, DC, October 1994.

Priscoli, Jerome Delli, Public Involvement, Conflict Management: Means to EQ and Social Objectives, *Journal of Water Resources Planning and Management, ASCE*, Vol. 115, No. 1, January 1989, pp. 31–41.

Puget Sound Water Quality Authority, *Public Involvement in Water Quality Policy Making*, Seattle, WA, June 1986.

Reuss, Martin, Coping with Uncertainty: Social Scientists, Engineers, and Federal Water Resources Planning, *Natural Resources Journal*, Winter 1992.

Sanders, Heywood T., Politics and Urban Public Facilities, in Royce Hanson, ed., *Perspectives on Urban Infrastructure*, National Academy Press, Washington, DC, 1984.

Tennessee Valley Authority, Announcement of TVA River Action Teams, Communication Plan, Board of Directors, January 20, 1993.

Ungate, Christopher D., Equal Consideration at TVA: Changing System Operations to Meet Societal Needs, *Hydro Review*, July 1992.

U.S. National Water Commission, Consulting Panel on Water Resources Planning, *Water Resources Planning*, Washington, DC, 1972.

Viessman, Warren, Jr., Water Management: Challenge and Opportunity, *Journal of the Water Resources Planning and Management Division, ASCE*, Vol. 116, No. 2, March/April 1990, pp. 155–169.

Viessman, Warren, Jr., and Ernest T. Smerdon, eds., *Managing Water-Related Conflicts: The Engineer's Role*, American Society of Civil Engineers, New York, 1990.

Wagner, Edward O., Integrated Water Resources Planning Approaches the 21st Century, Keynote Address at the 22nd Annual Conference of the Water Resources Planning and Management Division, Cambridge, MA, May 8, 1995.

Water Resources Council, *Economic and Environmental Principles and Guidelines for Water and Related Land Resources Implementation Studies,* Washington, DC, March 10, 1983.

Wolman, A., Some Reflections on River Basin Management, Proceedings, International Association for Water Pollution Research Specialized Conference on New Developments in River Basin Management, Cincinnati, OH, 1980.

第5章 システム解析，モデルおよび意思決定支援システム

5.1 はじめに

　一人の人間が構造的側面，環境的側面および社会的側面を含む複雑な水資源システム全体を完全に理解することは不可能であるが，システム手法の利用によってかなりのことを学ぶことができる．本章では，水資源対策に関する最良の計画を見つけ，その影響を評価し，それに基づいて行政の認可と資金援助を取得できるようにするために，モデルと意思決定支援システムを応用した定量分析を計画立案や意思決定に利用する方法について概説する．

　かつて，コンピュータとモデルがこの分野に初めて登場してきた時，その利用価値に対する期待はやや過大にすぎた．期待したほどの仕事ができなかったので，エンジニアやマネージャーたちはコンピュータをなかなか受け入れなかった．しかし現在では，このツールを利用してできることが多くなり，コンピュータ利用は急速に普及し，しかも誰の机にもコンピュータが置いてあるようになった．実際に，今後コンピュータ利用がさらに高まるにつれて，「システムズ・アプローチ」の利用価値はさらに大きくなるものと思われる．システムズ・アプローチにおいてはモデルやデータがますます重視されるようになるだけでなく，「システム思考」に対する評価も高くなるものと思われる．

　本章では，システムに関わる手法の概念的説明を行うと同時に，マネジメントの目的に利用する方法についても説明する．この分野に関する詳細な専門情報については，MaysとTung(1992)のテキストなど，他の参考書を参考にされたい．

5.2 概念と定義

コンピュータ・モデリング，システム解析，データベース管理および意思決定支援システムの分野では多くの専門用語が使用されているので，ここでも最初は水資源マネジメントに関係する場合の基本的概念の定義から始める．

最初は水資源システムの概念である．これについてはすでに第1章で，水マネジメントの目的を達成するために同時並行的に機能する水調節施設と環境要素を組み合わせたものと定義した．本書でもいくつかの例を取り上げているが，その一つとして Jordan Valley の水の配分システムの概要を図-5.1 に示す．

水資源システムには社会的要素も含まれていることを思い出してほしい．人と灌漑システムの相互関係を図-5.2 に示す．

次に取り上げる概念はシステム解析である．これについては多くの定義が存在するが，ここで採用する定義は次のとおりである．

> 水資源のシステム解析：水資源システムの構成要素が相互にあるいは外部環境と作用し合う状況を明らかにするため，コンピュータを応用したモデルおよびデータベースを使ってこのシステムを総合的に解析すること．

この定義はあるシステム全体の解析に焦点を当てた場合の定義であることに注意してほしい．ほかの定義では，この見解をプロジェクトの計画立案やマネジメント手順と結び付けているが，筆者自身はプロジェクトの計画立案やマネジメント手順はシステム解析の一部であるとは考えていない．いずれにせよ，これ以外にも次のような3つの定義が存在する．

① ある行為の意図的目的とそれを最も効率的に達成する方法とを決定するための数学的手法による行為の研究(Webster's II, 1984)．
② プロジェクトの計画立案，工学的設計およびマネジメントに関する問題を処理する際に使用できる調整済みの一連の手順(Ossenbruggen, 1984)．
③ 意思決定者が，自らの妥当な目的を体系的に調査し，可能であればそれを達成するための選択的方針ないし戦略に付随する費用と効率とリスクを比較検討して，さらに調査した選択肢がなお不十分なものであることがわかった場合には別の選択肢をつくり出すことにより，一連の対策を選択できるよう支援する

5.2 概念と定義

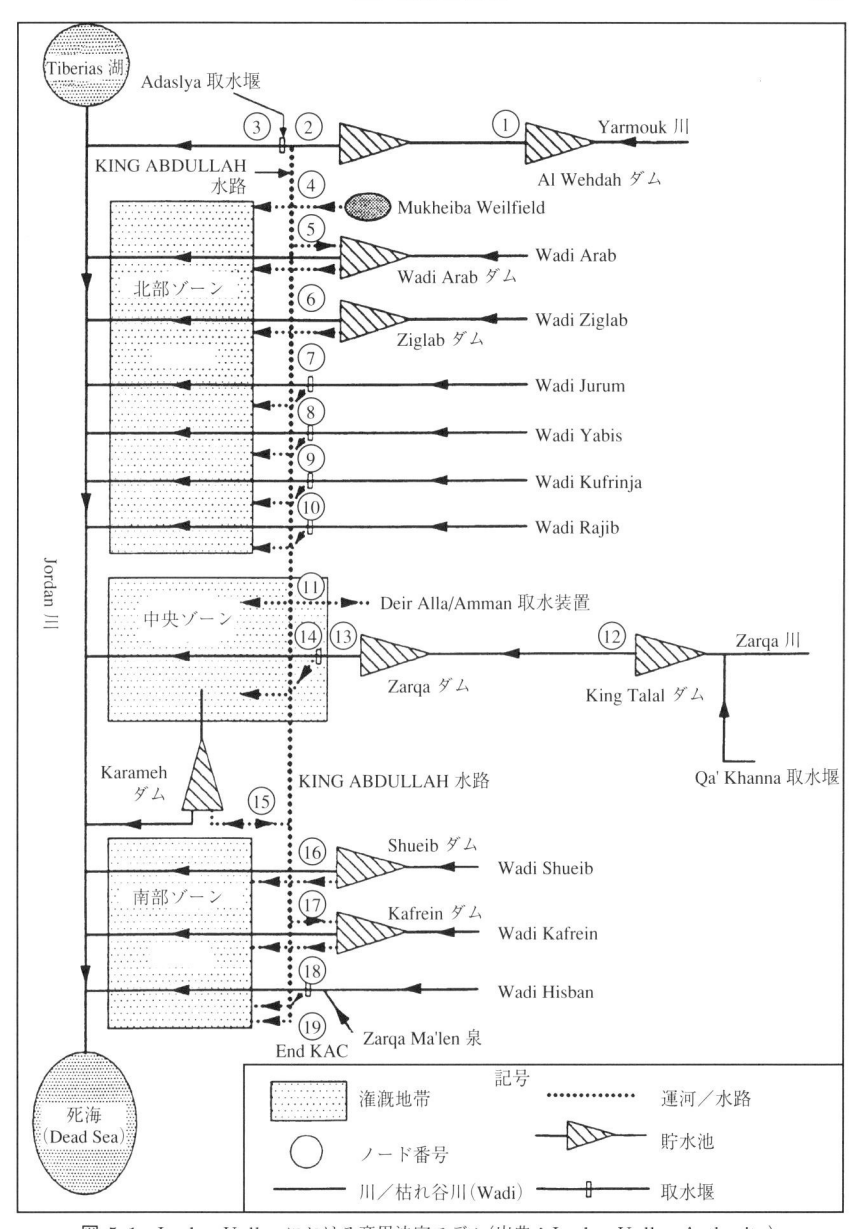

図-5.1 Jordan Valley における意思決定モデル（出典：Jordan Valley Authority）

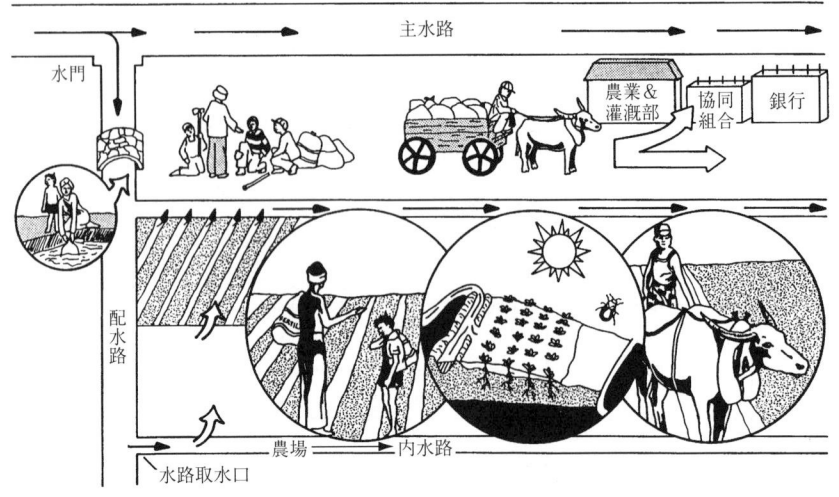

図-5.2 灌漑システムの運用(出典：Lowdermilk and Clyma, 1983)

ための研究(Rudwick, 1984).
関連する専門用語としては次のようなものがある.
・水資源マネジメントへのシステムズ・アプローチ：マネジメント戦略を識別し，評価するために，水資源「システム」を概念化し，システム解析ツール〔データベース，モデル，地理情報システム(GIS)〕を使用する体系的手法.
・水資源システム：水マネジメントの目的を達成するために同時並行的に機能する水調節施設と環境要素を組み合わせたもの.
・社会・技術システム：技術システム(水資源システム)と社会政治的環境を組み合わせたもの.
・システム工学：本質的には工学的内容で構成されているが，法律，倫理，経済学，資源，政治的・社会的圧力および物理学やライフ・サイエンスやその他の自然科学を支配する法則などの制約がある中で，多数の実行可能な選択肢の中から，意思決定者の全目的を最もよく達成させることのできる特定の組合せの行動を選択する「技術と科学」(Hall and Dracup, 1970).
・意思決定支援システム(decision support systems; DSS)：意思決定者にマネジメント情報を提供するために，通常はコンピュータを使って，データベース，モデルおよびコミュニケーション/対話システムを利用するマネジメント

5.2 概念と定義

への助言システム．

意思決定支援システム(DSS)という用語は，マネジメント情報システム(management information systems ; MIS)など以前使用されていた用語に替わるものとして発展普及してきた．この種の用語は，主にデータベース群，コンピュータ・シミュレーションと最適化モデル，グラフィカル・インタフェース，マッピングと地理情報システム(geographical information system ; GIS)，および各種の解析手法や表現技術の特徴を明らかに描き出している．こうした用語はマネジメントにおける分析ツールの使用方法を説明するには便利な手段であり，「意思決定支援」のために利用される．

UNESCO(United Nations Educational, Scientific, and Cultural Organization ; ユネスコ)の International Hydrologic Programme(国際水文計画)は，システム解析の国際的手法を比較するため，「Process of Water Resources Project Planning(水資源プロジェクト計画立案プロセス)」(UNESCO, 1986)と題する報告書を作成した．そこでは5つの段階について説明が行われている．すなわち，①計画着手と予備的計画の立案，②データ収集と処理，③プロジェクト選択肢の作成とスクリーニング，④最終調査結果のまとめ，⑤設計，である．ここでは，③と④の間で対立の解決が提案され，④の初めに政治的に前進—中止が提案される．プロジェクトにゴーサインが出た場合には，④で影響分析，リスク・アセスメント，費用-便益分析および実行モデルの開発を含むモデリングが行われる．④に移行してから，プロジェクトに投資するかどうかを判断するため，別途に政治的プロセスが追加される．③でもモデリングが行われるが，これは選択肢のスクリーニングを行うためである．この時の作業グループには，米国，東ドイツ，西ドイツ，オーストラリア，ポーランド，ギリシャ，デンマークのメンバー，イスラエルからはオブザーバーが参加した．筆者の個人的な意見としては，このメンバーはこの概念の中にあまりにも多くのものを詰め込みすぎたように思われる．

誰にもわかるように，ここで使われている用語には重複と「専門家仲間の用語」が混在している．それらをわかりやすくまとめてみよう．システム・ツールを使用するのは，条件が明らかになって，コントロールできる状態になり，しかも意思決定が「構造化された」特定レベルになってからである．また，構造化があまり進んでおらず，政治的問題を解決しなければならない一般的レベルでシステム・

ツールを使用することもあり，政策レベルで使用することもよくある．このレベルでは，政治的意思決定プロセスで使用できる情報や知識はそのツールから得られるが，それは決して最終的な回答ではない．

Rudwick(1973)は，特定レベルと一般的レベルとの分岐を次のように説明している．

> 広汎な作業対象範囲の一端に数学的に指向するアナリストがいて，高度に構造化された問題に一組の最適化手法を適用しようとする．この対象範囲のもう一方の端にいるアナリストがいて，彼らの出発点は意思決定者の非構造的な問題である．彼らの主要な目的は，その問題に適した構造を構築することであり，その中には意思決定者の真の目標を明らかにすることも含まれている．

筆者の意見では，用語の意味を明らかにする方法は，「システム解析」という用語を「システムの解析」という意味の使用に絞ることだと思う．したがって，システムとは相互に作用する構成要素という意味に定義されている場合には，システム解析とは，これらの構成要素が相互にどう作用し，その結果どうなったかの解析である．「計画立案プロセス」とか，「問題解決プロセス」あるいは「意思決定プロセス」などの用語は，より広範囲な意思決定プロセスとして使用することができる．こうした用語はアカデミックなニュアンスが少ないので理解しやすく，また意思決定プロセスの政治的ニュアンスをも含んでいる．

システム解析には数学的モデリングが伴うが，それ以上の要素も付随する．例えば，システムの境界を定義するのは，一つの独立した問題でありうる．ViessmanとWelty(1985)は，1章を割いて，「水資源システムの全体性，すなわち，構成要素が相互にどう作用するのか，またどうすれば定められた目的に合わせてこうした構成要素を組み合わせて効率的システムにすることができるかに関する問題」について説明している．

RogersとFiering(1986)は，幅広い定義を採用しており，「システム解析」を構成するのはオペレーションズ・リサーチ，サイバネティクス，経営・管理学およびシステム解析だと述べている．彼らは，シミュレーション・モデルの採用はシステム解析とは考えず，単に通常のコンピュータによる計算にすぎないと考えている．彼らにとって，システム解析というからには，なんらかの計算アルゴリズムに基づいて選択肢を選ぶ必要があり，また水文学的インプットを確率的に変

化させなければならないとしている．

Djordjevic(1993)は，水資源マネジメントにサイバネティクスを導入する概念を考え出した．彼は「サイバネティクス」という用語を，システム計画立案，運用，調節に関する本質的に新しい手法の意味に使っている．これは，情報を意思決定の資源として利用することに絞るという手法である．多くの「システム」用語の場合と同じように，「サイバネティクスは，電子的システムや機械的システムや生物学的システムにおける制御プロセスの理論的研究，特にそれらのシステムのデータの流れの数学的解析である」といった辞書の定義にあるような使用方法を必ずしも理解する必要はない(Webster's II, 1984).

サイバネティクスの応用に関するDjordjevicの思考方法は「システム思考」の概念と非常によく似ている．彼は，システムズ・アプローチはシステム思考を通じて一般化されると考えているが，このシステム思考はその環境との相互作用の過程でシステムを解析するものである．彼は，サイバネティクスとは明確に定義された目標を持つ問題を処理する方法だと考えている(「機械論者」グループの間ではこうした思考方法はさらに多くなる)．さらに彼は，情報や数学的モデリングは意思決定の資源だという考え方もしている．サイバネティクスの研究分野の体系には，システム定義に関する数学的基礎知識や，確率論的手法，最適化手法，水資源など特別な応用分野が含まれている．

5.3 水資源システム解析の発展

計画立案手法はかなり以前からあったが，システム解析が発展してきたのは1950年代以降のことである．この手法はコンピュータが利用できるようになってから可能になった．実際には，計画立案プロセスの基礎は政治学であり，システム解析の基礎は数学であるということができる．

水資源システムの初期の研究はHarvard大学で行われた．MaassとHufschmidt(1959)の論文「In Search of New Methods for River Basin Planning」ではHarvardのLittauer行政大学院で3年計画の研究プログラムがスタートしたのは1956年だと述べている．この研究活動の目的は，「はるかに大きな利益ないしは便益を生み出す」ために，「多ユニット・多目的の水資源システムの計画立案と

設計(広い意味での設計)の方法論を改善すること」と,「彼ら(計画立案者やエンジニア)が現在の手法で比較できるよりはるかに多くの選択肢を比較できるようにすること」にあった.

筆者がシステム解析に初めて出会ったのは,Warren Hall がコロラド州立大学に招かれて来て,水資源システムの解析について講演した時である.それは1968年のことで,当時筆者らは,彼と John Dracup の共著「Water Resources Systems Engineering」の草稿を使っていた(Hall and Dracup, 1970).この2人は,システム解析だけを採用する場合よりもっと幅広く問題を体系化するために,水資源システム工学という概念を使っていた.

Hall と Dracup は,Harvard, Cornell, Berkeley, Stanford, Illinois 大学のグループやその他数人の個人がいずれも同じ結論に達していることを自認していた.単一の選択肢の計画だけを分析して,それを立法者に提出し,yes か no かの決定を下してもらうという水資源における従来の手法はもはや最良の公益をもたらすものではなくなっていた.彼らの目標は,各種の水マネジメント選択肢を開発する時に役立つようオペレーションズ・リサーチやシステム解析などの近代的な手法を改良することであった.その当時,最大の課題は最善の水開発計画を見つけることであったが,数年後にはシステム解析が開発され,需要削減などの管理問題の評価にも同じように使えるようになってきた.

Hall と Dracup は,システム解析の手法は,補助的な利用にとどまると認識していた.すなわち,この手法は水資源の意思決定プロセスに置き替わるものではないという認識であった.Hall が 1950 年代に一つのフィロソフィーとして考え出し,1960 年代後半に著書に記したこの見解は,今日でも正しいように思われる.事実,この見解は,本書の構成にも若干の影響を及ぼしており,システム解析を一つのマネジメント手法として使用する方法を紹介するために1章を割き,意思決定プロセスの説明には別の1章を割いている.本書の残りの部分は,問題解決のその他の側面,法律や財政などの問題に当てられている.

Hall は,水資源システムの複雑さについて鋭い洞察力を示した.彼の著書がそれを示しており,筆者らが交わした様々な会話の中にも,理論と実際を組み合わせたこの洞察力が明確に現れた.したがって,筆者にとって彼の著書で最も興味深い部分は,実世界の問題の解決を取り上げている章であった.それ以外の部分ではシステム解析の手法について説明し,さらに目的関数,投資タイミング,

水の供給，大規模システム，地下水，水質の事例を紹介している．

HallとHarvardグループの研究以後の40年間に，水資源システム解析の手法については非常に多くの研究が発表されている．その中から2点だけ選ぶとすると，水資源システム解析の手法全般を対象にChaturvedi(1987)とMaysとTung(1992)が発表した優秀で完璧なテキストをあげたい．Chaturvediは自分の研究のルーツはHarvardグループにあるとしており，またMaysはイリノイ州のVen T. Chowのグループに所属する学生であった．両者ともシステム解析の研究では出発点に恵まれていた．

これまでのところ，システム解析の成果は目標に到達していない．そのことはRogersとFiering(1986)が明らかにしている．しかし，定量解析は依然として水資源マネジメントの基礎に違いはない．システム解析と実際の水資源政策とをバランスさせる必要がある．システム解析の将来性は，コンピュータ利用の面でも「システム思考」の面でも，有望である．

5.4 水問題に適用されるシステム思考と問題解決

5.4.1 システム思考

「システム思考」は，システム解析と密接に関係する概念である．この概念についてはいくつかの異なる見解があり，問題を全体的に見る方法としては便利である．筆者にとっては，「システム思考」とはシステム全体を同時に考察することを意味しているように思われ，これは水資源マネジメントのアプローチに欠かせない方法であることは明らかである．実に，これはシステム解析とは何かということであるが，異なるアプローチを伴う．

1990年代の前半に「システム思考」に関する1冊のビジネス書がベストセラーになったことがある(Senge, 1990)．Sengeの手法で重視されているのは，「学習する組織」であるが，その基礎をなしているのは，「学習する」組織は，「その最高の志を達成するための能力を常に向上させる」という彼の理論である．彼は学習する組織を特徴づける5つの「要素となる技術」を選び出している．それらは，①システム思考，②個人的熟達度(能力)，③頭脳モデル，④共有価値の構築，⑤チ

ーム学習,である.この5項目は水資源マネジメントのいくつかの異なる部分と関連するが,筆者はここではシステム思考を重点的に取り上げる.Sengeにとっては,システム思考は,他の4項目とも関連がある「5番目の教科」である.

Sengeの考えでは,「現在,システム思考はこれまで以上に必要性が大きくなっているが,その理由は我々が複雑性に押しつぶされそうになっていることにある」.Sengeによると,システム思考とは「一種の概念的枠組みで,過去50年間に開発されてきた知識とツールの集合体である.これを利用すれば,すべてのパターンがより明白になり,それが実際にはどう変化するかを知るのに役立つ」のである.彼の考えでは,これは「全体を知るための一つの教科であり,物事ではなく相関関係を,静止した『スナップショット』ではなく変化のパターンを理解するための手法である」.こうした能力は,水資源マネジメントの「包括的枠組み」には絶対に欠かせないものである(第9章を参照).

システム思考に関するSengeの考え方は,MITのJay Forresterによって開発された「システムズ・ダイナミックス」のモデル化手法を適用することによって定量的に応用することができる.これは,物質と情報の両方の流れを含む複雑なプロセスをシミュレートする興味深い方法の組合せになっている.

5.4.2 システム思考と問題解決

個々の問題には,それが置かれた状況には関係なく,特定の特性がある.すなわち,問題は何か? 個々のグループはそれをどのようにして見るのか? それを解決するための選択肢にはどんなものがあるか? その選択肢は意思決定基準に基づいてどうつくられるのか? 個々の意思決定は各グループに対してどんな影響を与えるのか? 解決のタイミングはいつにすべきか? 解決策はどのように実行すべきか?

「システム思考」や「問題解決」をもっと高度な形態のシステム解析にいかに引き上げるか,について説明するため,システム解析では一流の学者であるRussel Ackoff(1978)の「問題解決の手腕(art of problem solving)」に関する研究について述べる.AckoffはPennsylvania大学の教授で,オペレーションズ・リサーチについて著名な著書を著している.

Ackoffは,問題解決者と呼ばれるのを好んだ.彼は,問題を解決することは

5.4 水問題に適用されるシステム思考と問題解決

大人になってからずっと彼の主要な仕事であったと述べている。彼はこの課題に関する経験を3段階に分けて考えた。初期にはフィロソフィーをベースにしたアプローチ(論理的かつ合理的な思考)に取り組んだ。中期には科学的アプローチ(システム解析)に取り組んだ。そして後期には手腕(創造性)を重点的に取り上げた。こうした経験の結果，Ackoff は，手腕(art)のみが真に「美しく」興奮させるような解決策を生み出せると考えるようになっている。いうまでもなく，筆者らが創造的な問題解決の際に求めるのがこれである。

　Ackoff は，「問題」には5つの要素があると想定している。すなわち，①問題に直面する人物(意思決定者)，②制御可能な変数，③制御不可能な変数，④制約，⑤予想される結果，である。制御不可能な変数は，問題の環境を構成する。結果の値は，制御可能な変数と制御不可能な変数との特殊な関係を示す。Ackoff は，科学と哲学と芸術を包含しながら，問題解決のため多くの興味深い側面を提示し続けている。明らかに，彼の問題解決手法は想定しうる最も幅広い枠組みでの「システム解析」である。筆者は，優れたマネジメントの基本的特性に関する Ackoff のリスト―すなわち，能力(competence)，意思疎通性(communicativeness)，関心(concern)，勇気(courage)，創造性(creativity)，どれにも頭に C が付いている―が好きである。

　システム思考は，水資源システムの構造的問題と非構造的問題の違いを説明する時に役立つ。低レベルの運用に関する水問題(構造的問題，合理性の問題，機械論的問題)ともっと高いレベルの水政策の問題(非構造的問題，政治的問題，制度的問題)との違いも説明できる。システム思考をこの高レベルの政策問題や体系的な問題に適用することが一つの挑戦的課題である(Cunningham and Farquharson, 1989)。

　制度的な問題は，組織が変化に適応しようとする時に生じてくるものである。そうした組織はまるで，生長し，かつ自らを維持し，緊張と圧力に対して均衡を保とうとし，さらに生き残ろうと努力する生物のように行動する。これは合理的な考え方というよりは，水の意思決定における政治的な考え方に近い。この場合，この組織は一組のしっかり定義された目標を追い求めているものと想定され，水事業のプレーヤー(業務関係者)は生き残りに努力しているが，このクローズド・システムの外にいる者は内側にいる者とは異なる課題を抱えているので，対立発生の可能性がある。

システム思考においては,組織の職務は,適応的/規制的,調整的,生産的,かつ維持的職務である.適応的/規制的職務は,組織の環境と監督者を扱う仕事である.調整的職務は,生産に対する入力を指図したり,調整したりする仕事を含んでいる.生産的職務は組織の生産物を扱う仕事であり,維持的職務は組織を修復し生き残りを助けるものである.これらは水システムを管理する仕事にも通じるが,それを実行するのは水事業全体であり,個人的業務関係者ではない.したがって,有効な調整を実施しなければ紛争や問題が発生する.

　社会的システムには,参加者の価値,信条および利益が関係する.システムに関わる問題は,価値と価値が衝突した時のように,システムの一部が他の部分の均衡を破壊した時に発生する.その一例が,科学的マネジメント(時間や行動の研究)と労働者の人間的扱いの要求との対立である.水資源においては,水の供給者と環境保護主義者との間に対立があるし,また経済的目的のために河谷から導水するという行為とその河谷で灌漑農業を行うという社会的目的との間にも衝突が発生する.

　システム問題の解決に際しては,サブシステムとその環境との関係を理解する必要がある.我々が追求しているのは,問題を分解することではなく,問題を解消すること,すなわち,サブシステムとその環境との間の対立を解くことである.これは,現実的関係において八方丸く収まる水資源計画を見つけ出すことを意味する.

　システム問題を分類すると,機械論的(mechanistic)問題と全体論的(system)問題がある.機械論的な問題は,他の問題の干渉を受けることのない比較的閉鎖的なシステムに見られる.全体論的な問題は,閉鎖的なシステムの外の問題と関係があり,状況の複雑さから発生するので,この場合に必要なのは全体論的問題解決手法であって,機械論的手法ではない(Cunningham and Farquharson, 1989).

　機械論的な問題解決は,問題の分解を追求することであり,これは問題が十分に構造的である場合や閉鎖的システムである場合には可能である.機械論的な問題解決では,分解されたシステムの構成要素を個々に分離し,それを1個ずつ組み替える.全体論的な問題解決で追求するのは,様々な関係と一般的状況を理解し,その後でそれらの関係を組み替えることである.

　機械論的問題解決は,科学の法則や手順に重点を置き,一方,全体論的問題解決では,様々な関係が重視される.機械論的状況では,問題は解決者によって定

義されるが，全体論的アプローチでは，問題は定義されるのではなく，力関係の場と構成要素のダイナミックスから展開する．全体論的問題解決では，解は，技術的システムと社会的システムの両方に対応し，さらには戦略的問題と戦術的問題の両方に対応したものとなる．

CunninghamとFarquharsonは，ある病院の環境にシステム手法を適用する場合の事例を取り上げている．彼らが述べているステップは次のとおりである．主要な意思決定者を集合する；個々のサブシステムの決定的な要件を確定する；「混乱状態」(すなわち，事実，問題の全体図，前提)を系統的に表現する；相互に働いている力関係を調べる；すなわち力関係の場を分析して，役に立つ力と障害になっている力を分離する；マイナス要因を抑制しプラス要因を強化する行動計画をつくる；最後に合意に基づいて行動計画を選択する．これは水計画立案/水システム・プロセスに非常によく似ている．

5.4.3　システム思考と水問題

水資源計画立案の合理的モデルと政治的モデルを組み合わせる場合には，システム全体(このシステムが水システムと社会的システムの中で機能する)を点検する必要がある．そうしておけば，「システム的視点」を使う場合に役立つ．

水システムは「ソシオテクニカル(社会的側面と技術的側面を持つ)」なシステムである．その特徴についてはシステム思考の原理を説明している経営・管理学者によって研究が行われてきた．彼らは，合理的モデルに固有の生産指向的考え方ではなく，組織についての社会的理論を採用している．ソシオテクニカル・システムとは社会と強いつながりを持つ技術的システムのことであり，機械論的である場合(電話などの工学的システム)もあれば，全体論的である場合(電話と社会に対するその影響)もある．社会思想家は，単純なコンセプト(動作している電話)を批判し，大きな絵(電話は人々を互いに遠ざけ，互いに顔を合わせさせることはないので，社会は孤立していると感じる)を見る．これは重要な哲学的問題である．事実，National Academy of Engineering(国家工学アカデミー)はこの問題に関するシンポジウムを開いた(Sladovich, 1991)．水システムは，他の工学的システムとこのようなソシオテクニカルな諸問題を共有している．

社会的理論はすべての組織に適用されるが，水資源の意思決定は組織の相互依

存のためにより複雑になる．水の意思決定がより複雑になる理由は，組織においては，生産，保守，適応，マネジメントなどに関与する業務実行者がある単独の権威によって調整されるが，水システムにおいてはそうはいかないことにある．

　水資源問題は病院の事例よりも複雑ではあるが，我々はシステム思考によってそれを学ぶことができる．複雑さを緩和する方法は，複雑なシステムの相互作用について研究することである．水システムは，組織を含んだ社会・技術的かつ実体的なマネジメント・システムであり，それは，生産，維持，適応，マネジメントなどのニーズを満たす成果をあげるために行動する個人，集団，および実体的システムの活動により構成されている．水システムは社会・技術的であるから，参加者の価値と信条と利益からなる社会的システムが水マネジメントの適用される政治的環境の本質であることがわかる．

　「意思決定者の目的を達成する」という水資源マネジメントの一般的目標の前提になっているのは，我々が意思決定者もその目的を知っているということである．しかし，政治的モデルでは，いつもそうだとは限らない．最終的な分析では，一般参加やパートナー方式や代替案の討議による解決手法によって水資源に対応する場合，最も期待できるのはシステム思考だと思われる．一般参加の場合には，業務関係者を確認し，彼らに情報を提供して意思決定プロセスに参加させ，解決の技術的側面と社会的側面との統合を追求する．パートナリングは，協力体制をつくり出す一つの方法である．代替案の討議による解決手法を採用すれば，社会的サブシステムの課題と八方丸く収まる計画は何かを識別することができる．これらはこれまでの章のテーマであった．

5.5　意思決定支援システムの応用

　システムズ・アプローチは，実際には意思決定支援システム（DSS）という大きな枠組みの中で利用される．すでに述べたように，DSSには，モデル，データおよび通信システムが含まれており，通信システムとしては，グラフィカル・インタフェースや場合によってはマッピングや地理情報システム（GIS）などのグラフィカルな支援手段がある．これらを図式化すると，図-5.3のようになる．

　DSSの使用は直接的であるべきである．水資源問題を解決しなければならな

5.5 意思決定支援システムの応用

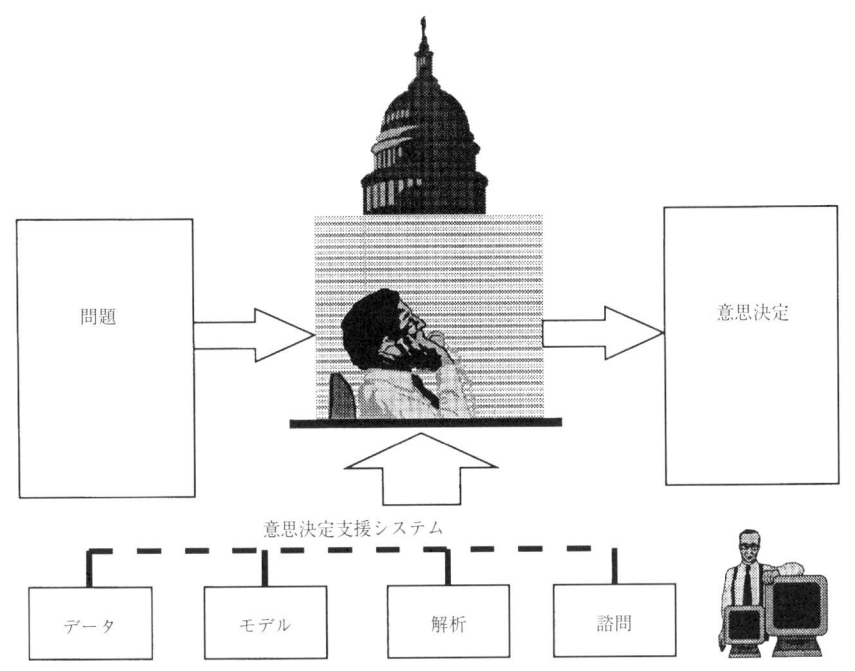

図-5.3 意思決定支援システム

い，意思決定者を参加させなければならない，実態を示すデータを収集しなければならない，解析を実行して選択肢や結果を決定しなければならない，さらにはマネジメント・オプションについて意思決定をしなければならない．こうした解析では数学的モデルを採用してもよいし，しなくてもよい．

　実際には，物事はそれほどスムースには動かない．意思決定者は，特定の状況について調査するよう要求する．モデル作成者は，有効なシミュレーションを実行しようと試みるが，役に立つ成果をあげられる場合もあれば，そうでない場合もある．最終的分析では，意思決定者，すなわちモデル作成者の監督者は，成果の質を評価しなければならない．

　ほとんどの問題には，状態変数，決定変数，インプット，アウトプットなど，システム解析の基本的なパラメータが付随する．
・状態変数：これはあるシステムのある時点における状態の特徴を決定するものである．例えば，ある時点における貯水池の貯水量がこれに当たる．
・決定変数：これは制御可能な変数である．例えば，ある時点における貯水池か

らの放流量がそうである．
- インプット：あるシステムへのインプットとは，外部から与えられたインプットのことであり，例えば，流入ハイドログラフである．また，使用可能なインフラ，エネルギー，資金，労働，アイデアなどもインプットといえる．
- アウトプット：アウトプットは，意思決定の結果であり，例えば，放流ハイドログラフである．都市ならびに工業(M & I)用水，灌漑用水，下水管理の結果，水質パラメータ，雨水管理と洪水調節の結果，エネルギー生産，運輸，自然系環境改善などもその例である．

水資源問題では，こうしたパラメータについても，ほかのパラメータについても，意思決定情報が必要である．それはシナリオごとに異なるが，その種類はそれほど多くない．この意思決定情報は，前節で述べた問題要素(すなわち問題の性格，個々のグループの見解，問題解決のための選択肢，意思決定基準に適合した選択肢のつくり方，可能な意思決定が個々のグループへ及ぼす影響，解決策のタイミング，解決策の実行方法)に見合うものである．こうした問題点は第1章で述べたようなシナリオ(サービスの提供，計画立案と調整，組織的，水の運用管理，規制，投資，ないし政策展開)では，それぞれに異なる動きを示す．これを明らかにするために，運用問題と投資というごく普通の2つの事例を取り上げてみよう．どちらの問題でも，モデルとデータに基づく意思決定支援システム(DSS)を利用するのが適切である．運用に関する意思決定のケースでは，DSS作業の多くが貯水池の運用方法に向けられる．投資のケースでは，財政投資収益率に重点が置かれる．

5.5.1 システムの構成

HallとDracup(1970)は，システムとは，「規則的かつ相互依存的に作用し合う一連の項目」であると述べている．彼らの概念は，作用し合う主要な項目からなるシステムを分離し，システム環境とそれら項目との関係をインプットとアウトプットによって定義するというものである．この場合，最初のステップは境界を定義すること，すなわちシステムの構成を決定することである．

社会・技術的なシステムは，社会的要素が加わるので，純粋に物理的なシステムの場合よりも構成要素が複雑で多くなるが，技術的なシステムと社会・技術的

5.5 意思決定支援システムの応用

システムとを違った次元として考慮すると，システムを簡略化することができる．

技術的システムの場合には，システム解析により様々な需給条件(インプット)下にある物理的システムの振舞い(状態変数)に関するシミュレーションが行われ，所定の信頼性レベルのアウトプットが得られる．アウトプットには特定の値札と投資収益率(決定変数)が付随している．変数には制御可能なものと制御できないものとがあり，制約条件も存在する．

図-5.4 に示すのは技術的システムの概念で，相互作用する構成要素のほか，技術的システムの周辺には外部環境も描かれている．この図はきわめて概念的なものであるが，システムの様々な側面を示している．例えば，このシステムの中にある要素の一つは図-5.1 にあった Jordan Valley の水システムに対応し得るのであり，それ以外の要素は農業・都市・工業などの開発サブシステムに該当し，外部影響は隣国との相互関係に相当している．システムのまわりにこうした外部環境が存在すると，社会・技術的な視点から物事を見るようになってくる．その視点に含まれているのが，業務実行者の価値，信条，目標，課題および利益である．こうした問題は第 4 章で取り上げている．

次に DSS の構成要素に着目し，意思決定を支援するのにこれらの構成要素がいかに作用し合っているかを見ることにする．

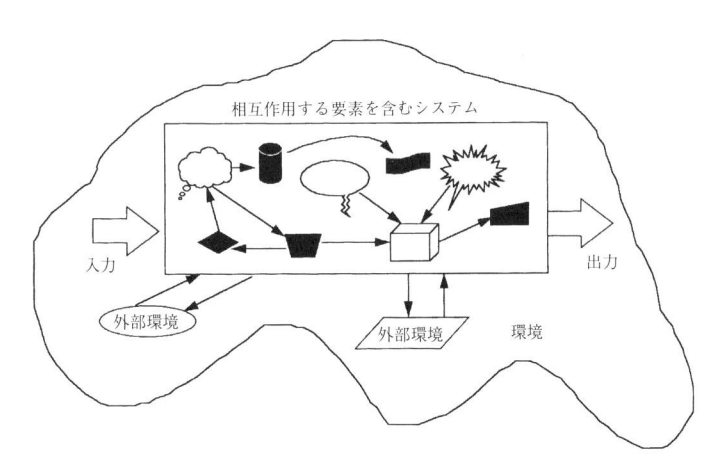

図-5.4　相互作用する要素を含むシステム

5.5.2 データ・システム

モデルを実行したり,意思決定を行ったりする場合に必要なインプット,需要,システムの状態,情報項目に関しては水資源関連データが必要である.水資源データには,水文変数,システムの特性と状態,その他様々な種類のものが含まれる.水量,水質,気候情報データも必要であり,データは入手できる状態にあり,しかも信頼性のあるものでなければならない.

単純なレベルでの意思決定支援システムには,若干の水文データと水理データおよび若干のシステム特性を含んだモデルが採用される.このモデルは,異なる水文的条件の下でシステムがいかに作動するかを予測できるものでなければならない.理想的にいえば,このモデルには外部の情報源からどんなデータでも入力でき,しかもそのデータがこのモデルに固定されてしまわないようになっていることが望ましい.そうなっていれば,このモデルは汎用性を持ち,データが変化した時に何が起こるかを予測することができる.

実際には,モデルというものは単純なものから複雑なものに変化するものであり,常に信頼できる解答を出してくるとは限らないが,そこにあるデータそのものは誰でも見て評価することができる.したがって,システムへの疑問に対して,モデルよりデータの方が良い解答を出してくれると考える人が多い.こうした理由から,モデリングや意思決定支援システムを利用する場合に「データを中心とする」アプローチが合意を得られる傾向が強くなっている(Woodring, 1994).

Woodring(1994)は,データを重視したDSSを構築する方法を示している.彼は,データベース管理システム(Data Base Management System;DBMS)がDSSの中心的要素であることを明らかにしている.Woodringによると,DBMSとは「相互作用すべての論理的かつ物理的構造を明らかにするために全体的に稼働し,データ・セットの中でデータ操作が制約される,コンピュータ処理の体系化された集合」とされている.Woodringは,システム工学の概念を応用して,構造的方法論,データ・フロー・ダイアグラムおよび構成要素関係ダイアグラムがデータ中心のDSSの基礎的要素である,と説明した.

モデリングにおけるデータ中心的アプローチとデータ管理は進歩しつつある.U.S. Armys Corps of Engineers(ACE)のHydrologic Engineering Center (HEC)は,HEC系モデル用にデータ記憶システム(もう一つのDSS)を開発し

ている.このシステムでは,HEC プログラム同士の間でデータの効率的な組織化や転送が可能である.

データベース管理は,水資源マネジメントの重要な一翼を担っている.改良型のデータベース管理パッケージが登場してきたので,データの組織化が盛んになってきた.構造化検索言語(Structured Query Language ; SQL)として知られる一連の ANSI コマンドによりデータの標準化が進んできたし,また,ユーザーが異なる形式のデータ間の関係を記述できる新しいリレーショナル・データベース・プログラムは,水資源分野のデータベース管理に新たな機能を与えつつある.

5.5.3 モ デ ル

水資源のシステム解析におけるモデルの基本的な目的は,物理的システムの挙動のシミュレーションを行うことである.そのモデルは種類が多く,一般化して述べるのは困難である.Wurbs(1994)は,様々な種類の水モデルについて説明しているが,その中には次のようなタイプが含まれている.すなわち,汎用ソフトウエア,需要予測と需給バランス,水の配分システムのモデル,地下水モデル,流域流出モデル,流路水理モデル,河川と貯水池の水質モデル,貯水池/河川水系モデル,である.

河川流域の計画立案の場合には,初期のモデルは主に水文的なものであった.現在,数多くの実用的水文モデルが存在している(水文モデリングについては第2章参照).例えば,Stanford Watershed モデルや,U. S. Geological Survey による類似の流域モデル開発の研究は,1960 年代に開始された.こうしたモデルによって,浸透,流出水,地下水流,遮断,蒸発散,貯留など,水文過程のシステムとしての効果をシミュレートし,複雑な流域の水収支を計算する.

水理モデルは,開水路や管渠網の水の動きを扱うものである.HEC-2 などの開水路モデルは,氾濫原や洪水保険の研究に有効であることが数年かけて立証されている.開水路モデルでは,一般的に,河道内,氾濫原上および橋梁付近それぞれの水面形状を計算することができる.環境問題の分析では,土砂輸送を含む河川水系モデルへのニーズが大きくなっている.より高度な水理モデルでは,二次元ないし三次元の非定常流のシミュレーションが行われる.非定常流モデルが必要になるのは,例えば,ダム決壊シナリオのシミュレーションを行う場合であ

る．HECはDAMBRKと呼ばれるプログラムを使用しているが，これはU.S. National Weather Services（米国気象局）がダム決壊による洪水の発生と伝播のシミュレーションを行うために開発したものである．HECはこれ以外にも，開水路網全体を対象とした非定常流のシミュレーションを行うためにUNETと呼ばれるプログラムを開発している．

水理モデルの範疇に含まれるものとして，水配分システムにおける流水のシミュレーションを行うモデルがある．こうしたモデルは，都市の給水網における水圧管理には欠かせないものである．

洪水予測プログラムは，水文と水理両方の性格を持っている．ACEは，HEC-1と呼ばれるモデルを開発している．貯水池操作モデルも，操作シミュレーションに際して流入ハイドログラフを放流ハイドログラフに変換するので，水文・水理両方の性格を持つものといえる．ACEは，貯水池シミュレーション用に高度なパッケージを開発している（HEC-5）．

地下水モデルでは，異なる帯水層の地下水の流動を明らかにするために特殊なシミュレーションを採用している．地下水の量に加えて，地下水の水質のシミュレーションも行えるモデルもある．

地表水-地下水の水文モデルの一例としてSAMSON（Stream-Aquifer Simulation Model；河川-帯水層シミュレーション・モデル）がある．これはコロラド州立大学のHubert Morel-Seytoux（Colorado Water Resources Research Institute, 1985）により，South Platte川流域の地表水と地下水の相互作用のシミュレーションを行うために1980年代に開発されたものである（第19章参照）．このモデルで採用された水収支の詳細については図-5.5に描かれている．

水質モデルは，水文問題（非点源や浮遊物）や水理問題（輸送モデル）を扱うものである．これについては第14章で説明する．

河川流域シミュレーション・モデルには，MODSIMのようなネットワーク・モデルや，ほかのタイプの論理ないし計算アルゴリズムに基づく水収支のシミュレーションを含む．MODSIMは，コロラド州立大学のJohn Labadieによって開発されたもので，都市の水需給計画に伴う諸作業に広く採用されている．例えば，コロラド州のFt. Collins市ではMODSIMを導入して，第20章で述べるような渇水の研究を行った．図-5.6は，あるローカル・システムに対するモデルの複雑なリンク-ノード設定を示す．これについては第20章でさらに詳細に説明

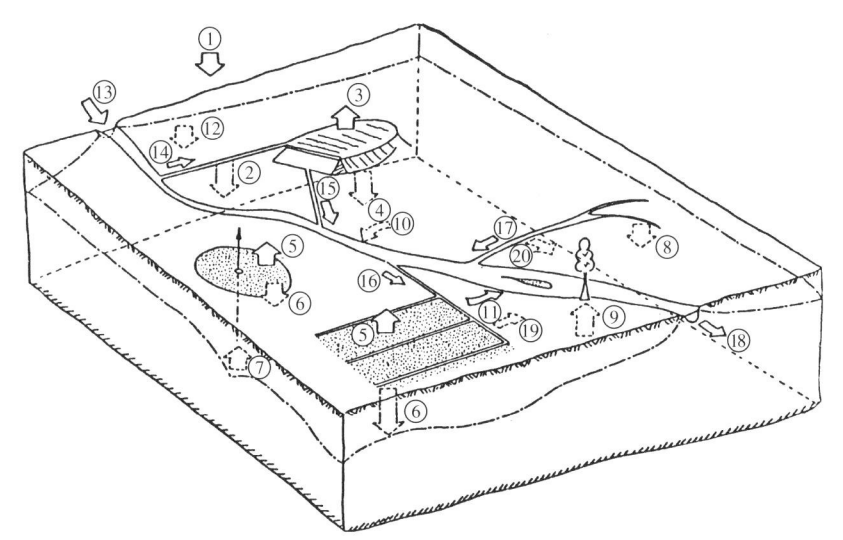

図-5.5　SAMSON モデルのブロック・ダイアグラム(出典：Grigg, 1984; Hubert Morel-Seytoux)

する.

　統合型モデル・パッケージには SWMM(Stormwater Management Model；雨水管理モデル)が組み込まれているが，これは 1970 年代に開発が始まり，その後実用的モデルに成長し，1990 年代半ばの現在でも非常に多く使用されている．このモデルで実行できるシミュレーションは，流入口への流出，下水道中の輸送，流出から水質の変化，システム内の貯留量，放流水域の水質，である．

　投資に関しては，経済-金融モデリングが使用される．金融モデルが特に有用な理由は，異なる金利や回収計画，ほかのマネジメントに関わる可能な決定について代替的シナリオを検討し，感度分析を実行できるからである．金融モデリングの基本的要素については第 7 章で議論する．

　連邦議会下院の Office of Technology Assessment(技術評価室)(1982)はモデルの使用状況について調査し，モデルが国民の水に関する理解能力や管理能力を高め，評価の精度を向上させ，モデルなしでは不可能だった解析を可能にし，将来の意思決定に大きく寄与する可能性がある，と報告した．しかし，モデルは複雑であるため熟練した人材が必要であるほか，予算措置によって支援する必要があると注意している．こうした楽観的見解は Rogers と Fiering(1986)から反論

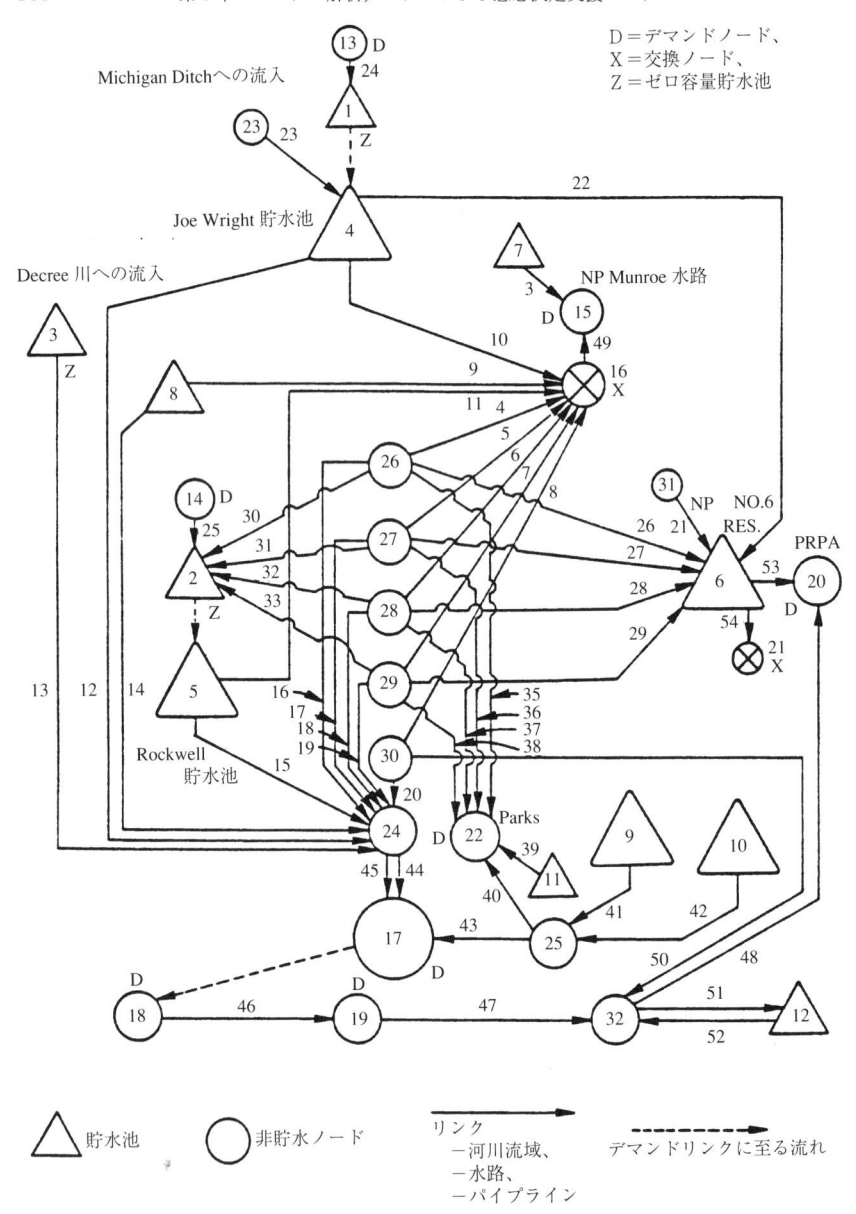

図-5.6 MODSIM におけるリンク-ノードの配置(出典:Grigg, 1984 ; John Labadie)

されたが，筆者も，州政府の職員の立場でOffice of Technology Assessmentの調査アンケートに回答した一人としてモデルは役に立つものの，この報告書はあまりにも好意的すぎると考えた．筆者の見解では，この種の調査で一つ問題なのは，アンケートに記入するのがモデル作成者だということである．

モデルを有効に応用できる分野は多様であり，その利用価値はますます大きくなっている．事実，貯水池の運用シナリオのモデリング，許可の際に行うチェックに必要な河川の水質問題のモデリング，都市配水システムの挙動のモデリングなど，多くの分野で利用されている．

モデルの結果の感度分析もきわめて有益である．本当のことをいえば，モデルはあまり精度が良いものではない．問題点としては，データの不足，水資源システムを特徴付けることの困難さ，モデルの実行における間違いや未熟さ，コンピュータ知識の不足，そして工学そのものの不完全さ，などがあげられる．こうした問題は，感度分析によってある程度カバーできるが，そのためには利用できるデータが少ない場合など，様々な前提においてシステムがどう機能するかをよく調べておく必要がある．

筆者のこれまでの判断では，裁判所でモデルの結果を使って判決するのは正確性の点で若干の疑問があると思う．しかし，将来はもっと利用価値が向上すると確信している．1991年11月21日付けのDenver Postの「Computer Models Squaring Off over Water(水問題で対立する構えのコンピュータ・モデル)」という記事に一つの例が報道されたことがある．この記事は，地下水の汲上げが湿地に悪影響を及ぼす可能性を判断するために地表水－地下水モデルを採用したことを取り上げたものである．しかし，どちらの側も揚水の影響について異なる結果を出すモデルを持っていた．

第2章で，筆者は水計算が流域モデルの基礎になると述べ，その重要性を指摘しておいた．Stockholm環境研究所とTellus研究所(1993)は，流域のほとんどの構成要素を組み込んだWEAP(A Computerized Water Evaluation and Planning System；水評価・計画立案のための計算システム)と呼ばれる水需給量の計算モデルを開発した．WEAPに組み込まれている構成要素は図-5.6に示すとおりである．William Johnson(1993)によると，WEAPは水需給計算の原則に基づいてつくられたものであり(第2章参照)，それは「いかなる地点においても，また様々なユーザーが設定した条件下においても，常に研究対象地域の需給シス

テムの統合された全体像を示すものである．その全体像の中に含まれるのは，水の供給源としては河川，クリーク，貯水池，および地下水，そして需要側としては取水，放流および河川維持流量への要求である」．Johnson は，WEAP モデルをジョージア州の Chattahooche 川上流域に適用した結果を示している(第19章)．

最終的に，我々には大規模で複雑なシステムのモデルが必要である．そうしたモデルがあれば，例えば，河川流域問題への対応能力は向上する．その手法を構成するのは，階層解析と，大規模システムのサブシステムへの分解である．我々は現在各種の複雑なモデルを使用しているが，モデルの基本的な水計算の性格や，多くの応用分野ではスプレッドシート・モデル(spread sheet model)がその単純さや使いやすさから現在も役に立っていることを忘れてはならない．

5.5.4 通信システムと対話

意思決定支援システムの対話部分には，多様な意味を持たせることができる．意思決定者の立場にある者は，問題だと思っていることについて質問したり，回答を聞いたりする．アナリストの場合には，対話とは，データベースとモデルの間でデータをやりとりすることでもある．DSS の通信と対話の部分はきわめて重要であり，DSS システムの開発に費やされる作業の多くは，利用者の計算の便を改善する GUI(graphical user interfaces)に向けられる．

5.5.5 リスク・アセスメント

モデルやデータの重要な利用の一つに，様々なマネジメント代替案のリスクの評価がある．水資源マネジメントにおいてはリスク・アセスメントが重要なツールになるが，その理由は，多くの水文現象には不確定要素が関係し，こうした現象は統計的手法を使って解析しなければならないからである．

水資源におけるリスク・アセスメントは，一般的環境と関連した問題と同種のものである．コロラド州立大学はこうした問題に対処するため「Ecological Risk Assessment and Management(生態リスク評価と管理)」と呼ばれるプログラムをつくった．このプログラムは，U.S. EPA の言葉を引用して,生態学的リスク・

アセスメントを「一つないし複数のストレス因子と接触した結果，望ましくない生態学的影響が発生する可能性がある，あるいは現に発生しているか，その確からしさを評価するプロセス」と定義している．

　生態学的リスク・アセスメント・プロセスが対象とするのは，環境の回復や天然資源のマネジメント・シナリオであり，技術的インプットを規制や政治的配慮と組み合わせて，リスクに基づく最善のマネジメント選択肢を決定することに狙いがある．

　水文モデルを利用すると，水資源の欠乏のリスクがよくわかる．異常な事象が発生する確率は，水文学的統計手法によって判断する．こうした技術の応用例については，洪水を取り上げる第11章や渇水を取り上げる第20章で紹介する．

5.6　事例：水供給システム

　システム解析は，コロラド州 Ft. Collins 市の場合のように上水道システムに応用することができる．このケースでは，給水量の増加とその場合の信頼性の向上に対する選択肢について検討してみよう．Ft. Collins 市は1980年代にこの問題に取り組み，渇水研究を基礎にして給水対策を開発した．

　この種の問題を研究する場合，最初に必要なことは，システム全体，すなわち給水システム，処理システムおよび配水システムの特徴の把握である．ここでは，上水システムだけに限定し，下水サイドの問題は取り上げない．さらに，この解析の対象を処理プラントおよび配水システムより上流の上水道システムに限定する．図-5.6 に Ft. Collins 市の上水道システムの特徴を示すが，この中でモデル化の対象となる基本的な構成要素は，水文インプット，送水用水路と管渠および貯留地点である．

　システム・モデルを有効に利用する方法を知るためには，回答を求められている問題を理解し，さらに計画立案や意思決定プロセスに関与する人物を知る必要がある．この事例では，問題はこのシステムの上水供給量の統計だけに限定する．供給量を解析すれば，渇水年と豊水年に消費者の需要をシステムがどの程度満たすことができるかという信頼性を判断することができる．

　モデルによる研究の手順とその結果出てくる意思決定は次のとおりであった．

1 システムを設計し，シミュレーション・モデルを組み立てる．
2 すべての水利権と水資源の過去のデータを編集する．
3 モデルを校正し，それがシステムのすべての産出水量を正確に予測できることを確かめる．
4 水文学的手法によって流入量の合成系列を発生させる．
5 システムの全体産出水量を統計論的に分析する．
6 システムの産出水量を現在の需要量および予想される将来の需要の伸びと比較する．
7 システムの需要を満たさない確率に応じてリスク要因を整理する．
8 水供給の安全性を向上させる手段について決定のための助言を提示する．

5.7 事例：専用権主義に基づく貯水池運用

コロラド州の State Engineer's Office(州技監室)の John Eckhardt(1991)は，コロラド州立大学で，水法の専用権主義に基づく貯水池の運用における意思決定支援システムの応用に関する学位論文を提出した．この研究では，実用面でのシステム解析の適用が明示されている．

ここで取り上げられた問題は，自然の水と専用権主義という独特の政策によって貯留された水が混在するシステムにおいて，異なる水利権所有者に所属する水を貯留している貯水池をいかに運用するか，さらには，現実世界のあらゆる制約の下で理論的にはどう運用すべきだと考えられるのか，そして実際にはどう運用されているか，という問題である．

Eckhardt は，この問題を分析し，図-5.7 に示すようなリアルタイムの貯水池運用 DSS の枠組みを開発した．ここで注意しなければならない点は，この枠組みには，オペレータ・インタフェース，システム・シミュレーションの装備，および情報管理サブシステムが含まれていることである．これは，こうした対象に必要な DSS の適切な見本であるといえる．本書執筆中の 1995 年時点で，State Engineer's Office は，この図に示されている要素の一部を採用したシステムを作成中である．

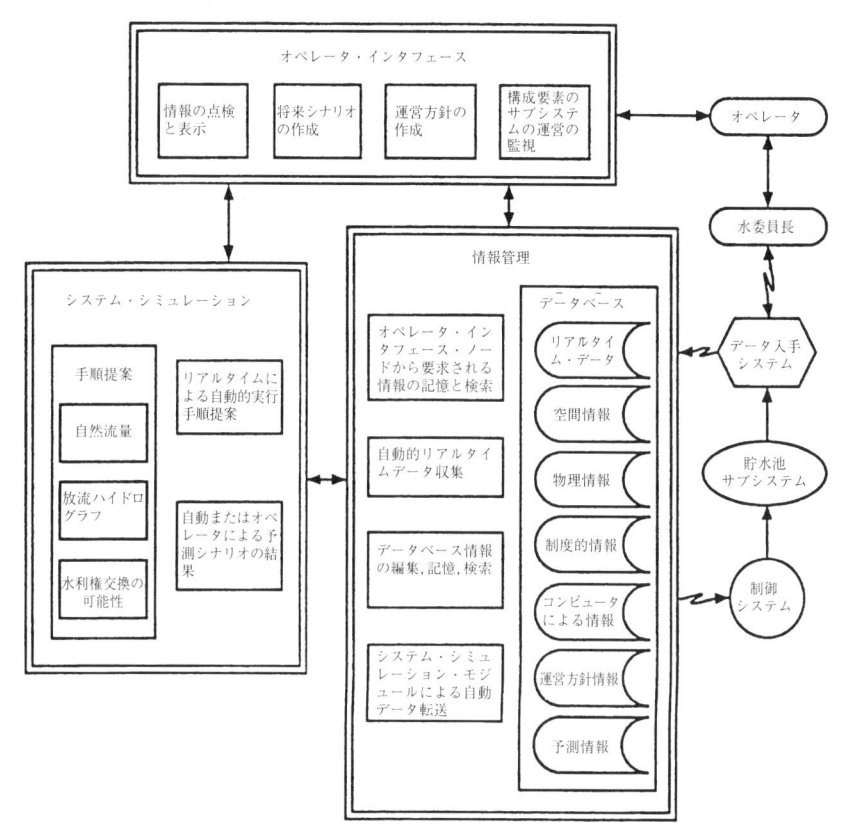

図-5.7 貯水池の意思決定支援システムの構成(出典:Eckhardt, 1991)

5.7.1 Colorado 川意思決定支援システム

　CRDSS(Colorado River Decision Support System；Colorado 川意思決定支援システム,第 19 章参照)は,現在考えられている DSS の好例である.あるフィージビリティ・スタディにより,州間協定政策の分析(第 15 章参照),水開発の決定,水資源行政(第 15 章参照)の 3 件には CRDSS の全面的採用が可能であると確認された.州間協定分析や絶滅危惧種向けの河川維持流量の評価など,今後浮上してくると予想される若干の問題は現在すでに政策レベルにのっている.それ以外の水利権行政の最適化やオンラインでの情報の共有などの問題はもっと

機械論的だと思われる．

CRDSSを構成する5つの要素は，①河川流域全体のモデル，②水利権計画とサブ流域モデル，③水使用モデル，④データベース，⑤コンピュータ・ハードウェアとネットワーキング接続装置，である．

CRDSSの目的は，「手近な問題の理解と解決に役立つダイナミックで，効率的で，しかも効果のある情報基地を提供すること」であった．フィージビリティ報告書は，必要な特性として次の諸点をリストアップしている．

・データおよび情報の明解な処理
・効率的でしかも効果的な情報のビジュアル化
・情報の十分な利用を可能にするデータ解析手法
・定型的な計画評価手法
・政策選択肢の迅速な評価
・システム状態のダイナミックなモデリングと情報の更新

CRDSSのモデルとデータベースは，コロラド州の今後の水計画立案や水利権行政に役立つ要素になるものと予想されるが，そのためには開発されるモデルの長期的メンテナンスを保証できるような効果的でしかも持続可能なマネジメント戦略が必要である．CRDSSはコロラド州の水利権行政システムを現実的に認識したうえで仕事を実行しなければならない．Big Riverモデルは，コロラド州が連邦の部局や他州の政策と対比して自分の政策をチェックできるように，またその逆の政策対比チェックができるように，河川流域全体について等しくシミュレーションを実行できるものでなければならない．

CRDSSについては第19章でさらに詳細に説明する．このシステムは，最新の河川流域管理ツールを開発するために，州政府がいかに地方の水需要者や連邦政府と協力できるかについて，現状での考えを明瞭に示している．次に，CRDSSを利用して，意思決定支援システムの管理に関する若干の問題に絞って検討してみよう．

5.8 意思決定支援システムの管理

人間は時には計算システムにすっかり催眠術をかけられてしまうことがある

5.8 意思決定支援システムの管理

が，その限界がわかってくると，今度は幻滅してしまう．こうしたワナに落ち込まないようにするには，意思決定支援システムが組み込まれているシステムへの投資が生産性を維持できるように，ある種の原理に従う必要があると筆者は思う．そうした原理から外れると，役に立たないのでしばらくすると捨ててしまうようなモデルやデータベースに多額の投資が浪費される恐れがある．こうした原理について明らかにするために，CRDSSの研究から得られたいくつかのヒントについて次に述べる．

CRDSSを構築するため，コロラド州はデータベース，モデル，意思決定支援システムで構成される最新の情報システムに投資した．このシステムは，ほかの資産と同様な取扱いを要する一種の資産ではあるが，実は，技術が連続的に発展していくことと，ユーザーが回転ドアのように次々に変化するという2つの大きな違いがある．こうした特徴を活かすには，CRDSSの開発と管理に特別な手法が必要である．

CRDSSは，データによって機能するようになっているので，基本的なプラットフォームはデータである．このデータは，最終的には地理情報システム・マップやディジタル数値形式で利用される．我々は水使用量や流量観測データなどの取扱いについて多少の考えを持っているが，データ管理の体系化や枠組みは協働的基礎の上に発展するものとなろう．最終的には，データの管理には，単独の管理実体が必要になるであろう．

次に，CRDSSの特徴は，シミュレーション・モデルだということである．まず最初に，Big Riverモデルには，コロラド州が自州の政策を連邦の部局や他州の政策と対比させながらチェックでき，またそれと逆の対比が可能なように，流域全体に対して同等のシミュレーションを提供することが要求される．この場合，Big Riverモデルは，部局の作業に合わせて開発する必要があるが，部局がプログラムを計画している間に暫定的なバージョンを開発してもよい．

次に，WRPM(Water Rights Planning Model；水利権計画モデル)は，Colorado川支流域の水収支をシミュレーションするものである．支流域に含まれるのは，Gunnison, Yampa, Upper Colorado, San Juanと，ほかの支川区域である．貯水池運用計算，水利権と水交換のモデリング，および流路中の流水の追跡などの標準的なモデリングを行う場合，まず最初に必要なのがWRPMである．最も重要なことは，WRPMがColorado川の水利権行政システムを現実的に理解し

たうえでこうした作業を実行できなければならないということである．

CRDSS が発展するとともに，その中の構成要素(データベース，Big River モデル，WRPM)を統合的マネジメント下に入れなければならない．そうしないと，この資産は，分散してしまうことになる．統合的マネジメントを行うためには長期的なマネジメント計画が必要になる．このマネジメント計画は，担当行政機関であるコロラド州の Department of Natural Resources(天然資源局)が策定しなければならない．この計画に関する提案は次のとおりである．

① データベース：いくつかのデータベースの開発が進められているが，それらは全体としては次の3つのタイプに属する．ⅰ SEO(State Engineer's Office)の水利権管理データベースの範囲内で管理されるデータ，ⅱモデルの運用に特有のものであって，しかもそれに必要なデータ，ⅲ政策研究に使用されるが，他のカテゴリーに属さないその他のデータ，である．CRDSS の発展に伴い，SEO のデータは SEO のデータベースの中に収納し，モデル・インプット・データは CRDSS モデルの中に保存し，それ以外のデータは後で必要に応じて検索できるようにレポート形式でディスク上でカタログ化されるべきである．

② Big River モデル：Big River モデルには結局は局内での共同管理手法が必要になる．そうしないと，同一バージョンを維持できなくなる可能性がある．

③ 水利権計画モデル(WRPM)：WRPM は，流域管理計画や水利権行政の技術的体系化の概念として役立つので，このモデルの開発と管理は，コロラド州の水行政機関や計画立案業務にとって実際にきわめて重要なものである．そうした重要性のゆえに，モデル技術の選択，それの支流域への適用，水計画立案や水利権行政への利用に必要なプロトコルの開発には細心の注意を払う必要がある．

モデルの選択や開発に取り組む場合には，モデルのメンテナンス方法，改良方法，配布方法，およびそれを使えるようにユーザーを研修する方法などについて管理体制を確立する必要がある．また，このプログラムでは品質管理が非常に重要な課題となる．

管理の枠組みにおける可変要素を識別し，決定しておく必要がある．暫定的な概念も含めて可変要素に関する初歩的見解を示すと，次のとおりである．

・「全般的管理責任」を，州の個々の行政機関，行政機関間の委員会，独立した評議会とスタッフなどと共有できるようにする．現在，こうした機能は，SEO

とCWCB(Colorado Water Conservation Board；コロラド州水保全評議会)とが合体した権限の下で活動するプロジェクト管理チームが果たしている．しかし，CRDSSが開発された後，このチームがどう機能するのかについては明らかにされていない．この機能には，モデルの使用，改良，管理に関する全般的な政策開発が含まれる筈である．

- 「モデルのメンテナンス」に含まれるのは，コードを維持すること，更新バージョンを配布すること，モデル・バージョンの一貫性のある維持を保証すること，バージョンの妥当性をチェックするモデル監査プロセスを維持すること，および技術的な意味で全体的に責任を持つ立場に立つことである．こうした機能は，総合的管理者の下で維持される場合や，専門的能力のある独立した組織に委託契約により外注される場合がある．
- 「ユーザー支援」に含まれるのは，ユーザーとの対話，研修，モデルの配布と関連業務である．通常，こうした支援はモデルのメンテナンスに付随すべきものと考えられるが，分離される場合もある．

確かに，モデルのメンテナンスやユーザー支援には費用がかかり，専門的知識も必要であるが，この機能が実際にうまく働くと，CRDSSは長期的にうまく機能し，投資から利益が得られることになる．また，CRDSSモデルが今後のコロラド州の水計画立案や水利権行政に欠かせないものであるとすれば，こうした機能の取扱い方について早期に決定することが重要になる．この決定の次には，WRPMに必要な特性に関する決定が続く．

WRPMに影響を及ぼす変数のことを理解するため，将来，WRPMがどのように利用されるかについて短い物語をつくってみよう．この話は，主要な変数や決定について説明するためにつくられたものである．

　2009年9月12日午後3時，Denver CCWA(Consolidated Colorado Water Authority；コロラド州統合水公社)のAngela Hernandezは，CWCBとSEOの水に関する共同意思決定支援システムセンターのモデル・メンテナンスス・ペシャリストのFrank Chenに電話をかけた．
　「Frank，今うちのネットワークで動いているColorado川水利権計画モデル(WRPM)はヴァージョン4.2ですね．新しいサーヴァーは注文したばかりだし，分散グラフィック・プロセッサもアップグレードしたので，そろそろヴァージョン5.0にアップグレードしてもいい頃です

ね．そのソフトを E メールでこっちに送ってくれませんか．それからレベル 1 の研修会議を準備してくれませんか．この会議は電子会議にして，West Slope の支流域ステーションにもこの研修に参加させたいと考えています」．

「確かにそのとおりだね，Angela．CCWA には包括ライセンス協定があって，そのライセンス協定に規定されている均一料金でアップグレードと研修を行うという決まりになっています．E メールは今日の午後に送りますから，それをインターネットでそっちのステーションに送れますね．電子会議は Colorado Telcon 経由で来週の予定にしましょう」．

「Angela，WRPM から最新のハードウェアにより実現されたデータをヴァージョン 5.0 の中に最終的に移動させたばかりだということを忘れないでください．WRPM は今ではすっかり汎用化されて，持続性もあるし，欠陥のないモデル技術になって，どのプラットフォームにも移動でき，しかも最初の開発者の計算バイアスやブラインド・スポットも全部きれいさっぱりとなくなっています．これがどうしてわかったかというと，去年 CCRCCCB または C 2 RC 3 B (Comprehensive Colorado River Collaborative Consensus Coordinating Body；Coloado 川協力合意調整総合団体) に召集されたモデル監査チームが我々のモデルに A＋の評価を付けてくれたからなんだ」．

「それは素晴らしいニュースだわ，Frank．これで 90 年代前半に CRDSS の最初のガイドラインをつくったエンジニアやマネージャーの頭の良さが立証されたわけですね．ウーン，納税者が払ったお金が利益を生んだのね」．

この話の重要なポイントは次の点である．
- 優秀な専門スタッフを擁しているモデル・メンテナンス部署
- モデルやユーザー・アクセスを統制する法的文書
- モデルのメンテナンスと改良に自己資金を投入する方法
- ソフトウエア移転方法
- モデルの共同使用
- 監査と継続的モデル改良のプロセス

これらの機能は，成功するためには 2 つの基本的要素が必要であることを示している．すなわち，モデル管理部署による統制と継続的モデル改良のプロセスである．これを成功させるには，ソース・コードが州に属していなければならないし，体系化も十分でしかも検証することが可能で，モジュールの改良や新しい目的指向フォーマットへの変換も可能で，また，一般に後の担当者が構築する際に適切な基礎になるコードでなければならない．こうしたことを念頭に置いたうえで，次のような必要条件を追加する．

① コードは 100% 州が所有していなければならない(絶対的な条件)．
② コードは十分に体系化されており，ソフトウエアの改良に適応できるものでなければならない．
③ 将来のプログラマが理解できるコードでなければならない．
④ グラフィックス機能の向上とともに，コードは部分的なグラフィック・ディスプレイや，ビジュアル・アウトプットにも適応でき，ユーザーに自信を与えるものでなければならない．

5.9 結論

システム解析は，定量解析の枠内で水資源の複雑さや対立に対処できる方法を提供するものである．明らかにそれは，意思決定者を支援するために，よりコンピュータに依存したモデルとデータ・システムへ向かうであろう．

Rogers と Fiering(1986) は，システム解析が期待されたほどには成果をあげなかったことを指摘しながらも，技術と理解の向上によってそうした障壁が取り除かれると確信している．データベースの欠陥やモデリングの未熟さは，研究によって克服され，団体間の抵抗はその有用性の立証に道を譲ることになるだろう．設計選択の変化に対してシステムの感度が低いという問題が本質的にあり，これは，システム解析が常に必要とされるわけではないことを示している．

先端的な計算技術においては，グラフィカル・インタフェースと人工知能の視点が採用されつつある．モデルはシェル・プログラムの傘の下で組み立てられるようになりつつあり，そこでは様々なシステム要素を呼び出し，それらのインタフェースの点検を行うことができる．

それによってすべての対立が解決されるわけではないが，コンピュータ依存型意思決定情報は，水資源マネジメントで建設的に利用され得る．水資源問題においては，特定の意思決定情報が必要である．それはシナリオによって異なるが，そうしたシナリオの種類はそれほど多くはない．この意思決定情報は，問題の性格，様々なグループの見解，問題を解決するための選択肢，意思決定基準に適合した選択肢のつくり方，可能性のある決定が異なるグループに与える影響，解決のタイミング，解決策の実行方法，などの問題要素に対応するものとなろう．こうした問題は，第1章で取り上げたようなシナリオ(サービスの提供，計画立案と調整，組織化，水運用管理，規制，投資，政策立案など)の中で様々な動きを示す．

運用に関する決定の場合には，DSS作業の多くは貯水池をいかに操作するかに振り向けられる．問題はほとんど体系化されており，主要な問題は水文モデリングである．

投資の場合に重視されるのは，投資額に対する利益率である．特定の価格と投資利益率(意思決定変数)が付随する一定レベルの信頼性(アウトプット)をもたらす様々な需給(インプット)条件の下で物理的システムの挙動(状態変数)のシミュレーションを行うにはシステム解析が必要である．

本書を書いている時点では(1996)，システム解析のツールは，期待されすぎであるが，期待に沿うことも少なかったスタート・アップの時からすでに長い道のりを経過してきて，今は水資源マネジメントにおいてこれまで以上に重要な役割を果たすところまできている．このツールでは政治的な問題を解決することはできないが，複雑さの一部を処理するには役立つものになり得る．

5.10 質問

1. 「システムズ・アプローチ」や「システム解析」に対するあなたの考え方はどんなものか？ それは水資源マネジメントにおいてその潜在的能力まで十分に利用されていると思うか？
2. どんな項目においてマネージャーは，モデルやデータベース管理ツールを理解する必要があるのか？

3. The Fifth Discipline(第5の原理)(1990)の著者,Peter Sengeによると,システム思考とは,「一種の概念的枠組み,すなわち過去50年間に開発されてきた知識と手段の集合体である.これを利用すれば,全体のパターンがより明白になり,それを有効に変える方法を知るのに役立つ」である.水資源マネージャーはこのアプローチをどのように役立たせることができるか?
4. 「社会・技術的システム」とは何か? また,灌漑システムはこの表現にどのように該当しているか?
5. リスク評価をより適切に利用すれば水資源マネージャーに役立つと思うか? その例をいくつかあげることができるか?
6. 意思決定支援システムの構成要素とその使用方法について説明せよ.
7. データ,情報,および知識が水資源マネジメントにおける対立の解決にどう役立つかについて論ぜよ.
8. 次の方程式を利用すると,給水計画立案のための合成データを発生させることができる.

$$Q_i = \bar{Q} + r(Q_{i-1} - \bar{Q}) + t_i s(1-r^2)^{1/2}$$

ここで,Q_i:i月の月間流量
$\bar{Q}$:平均月流量
r:相関係数
Q_{i-1}:$(i-1)$月の流量
t_i:ランダム変数
s:標準偏差

貯水池または給水計画立案におけるこの方程式の利用方法を説明せよ.

文 献

Ackoff, Russell L., *The Art of Problem Solving,* John Wiley, New York, 1978.
Chaturvedi, M. C., *Water Resources Systems Planning and Management,* Tata McGraw-Hill, New Delhi, 1987.
Colorado Water Resources Research Institute, South Platte Team, Voluntary Integrated Water Management: South Platte River Basin, Colorado, CWRRI Report, September 1985.
Cunningham, J. Barton, and John Farquharson, Systems Problem-Solving: Unravelling the "Mess," *Management Decision,* Vol. 27, No. 1, 1989.
Djordjevic, Branislav, *Cybernetics in Water Resources Management,* Water Resources Publications, Littleton, CO, 1993.

Eckhardt, John R., Real-Time Reservoir Operation Decision Support under the Appropriation Doctrine, Ph.D. dissertation, Colorado State University, Spring 1991.

Grigg, N. S., et al., Voluntary Basinwide Water Management: South Platte River Basin, Colorado, Completion Report 133, Colorado Water Resources Research Institute, October 1984.

Hall, Warren A., and John Dracup, *Water Resources Systems Engineering*, McGraw-Hill, New York, 1970.

Johnson, William K., Accounting for Water Supply and Demand: An Application of Computer Program WEAP to the Upper Chattahoochee River Basin, Georgia, U.S. Army Corps of Engineers, HEC-TD-34, Davis, CA, August 1993 (draft).

Lowdermilk, M. K., and Wayne Clyma, *Diagnostic Analysis of Irrigation Systems, Volume I: Concepts and Methodology*, Water Management Synthesis Project, Colorado State University, 1983.

Maass, Arthur, and Maynard M. Hufschmidt, In Search of New Methods for River Basin Planning, *Journal of the Boston Society of Civil Engineers*, Vol. XLVI, No. 2, April 1959.

Mays, Larry W., and Yeou-Koung Tung, *Hydrosystems Engineering and Management*, McGraw-Hill, New York, 1992.

Ossenbruggen, Paul, *Systems Analysis for Civil Engineers*, John Wiley, New York, 1984.

Rogers, Peter P., and Myron B. Fiering, Use of Systems Analysis in Water Management, *Water Resources Research*, Vol. 22, No. 9, pp. 146S–158S, August 1986.

Rudwick, Bernard H., *Systems Analysis for Effective Planning*, John Wiley, New York, 1973.

Senge, Peter M., *The Fifth Discipline: The Art and Practice of the Learning Organization*, Doubleday Currency, New York, 1990.

Sladovich, Hedy E., *Engineering as a Social Enterprise*, National Academy Press, Washington, DC, 1991.

Stockholm Environment Institute and Tellus Institute, A Computerized Water Evaluation and Planning System (WEAP), Boston (from a description by the Hydrologic Engineering Center, Davis, CA, December 1993).

UNESCO, The Process of Water Resources Project Planning, IHP Working Group A.4.3.1., Paris, July 7, 1986 (draft).

U.S. Office of Technology Assessment, *Use of Models for Water Resources Management, Planning and Policy*, OTA, Washington, DC, 1982.

Viessman, Warren, Jr., and Claire Welty, *Water Management: Technology and Institutions*, Harper & Row, New York, 1985.

Webster's II, New Riverside University Dictionary, Riverside Publishing Company, Boston, 1984.

Woodring, Richard Craig, A Data-Centered Paradigm for Enhancing Water Resources Decision Support Systems, Ph.D. dissertation, Colorado State University, Fall 1994.

Wurbs, Ralph A., Computer Models for Water Resources Planning and Management, U.S. Army Corps of Engineers, Institute for Water Resources, IWR Report 94-NDS-7, July 1994.

第6章　水と環境に関する
　　　　　法制，規制および行政

6.1　はじめに

　理想的にいえば，市民参加を交えた協働的意思決定が水マネジメントの手段になるべきであるが，現実には法律と規制が主要な調整手段になっている．水マネージャーが職務を効果的に遂行するためには，法律だけでなく行政手順や規制手順も理解していなければならない．

　数年前までは，水法における最大の課題は，沿岸権主義と専用権主義であった．現在では，水法は，水質や環境まで扱う法律になり，地域的にも西部諸州だけでなく東部諸州もその対象範囲に含まれるようになっている．本章では，水と環境に関する法律と行政の概要について述べ，さらにその概念を規制の領域にまで広げて，こうした法律がマネジメント行動にどう反映されているかについても説明する．本章と深く関連するのは第15章であり，そこでは，許可制，水の譲渡，州間協定など，水に関する行政制度について詳細に説明すると同時に，事例も紹介する．

6.2　水法のマトリックス

　一般的に「水法」という場合には，制定法だけを思い浮かべるのが普通であるが，水法の範疇には，3つのレベルと3つの政府部門が含まれている．これ以外

にも，国際的な領域での活動もあるが，通常それは国境の内側の水管理に影響を及ぼすことはない．次に示すのは，水法が関係する領域のマトリックスである．これ以外にも大統領の行政命令がある．

	基本法	制定法	規則	判例法
連邦	憲法	連邦法	行政部局規則	連邦判例
州	憲法	州法	行政部局規則	州判例
地方	自治体法	市法	行政部局規則	地方判例

6.3 水量に関する法律

州内の水量に関する法律(州内法)は，ほとんどが州内部の問題を扱うものである．州の間には，州間協定や連邦法があり，また対立の解決に当たっては U. S. Supreme Court(連邦最高裁判所)が積極的に関与してきた．

Getches(1990)は，州の水量法の柱となる沿岸権制度，専用権制度およびそれらの混合制度の概要について説明している．東部諸州は主に沿岸権主義に従っている．専用権主義を採用しているのは9州(アラスカ，アリゾナ，コロラド，アイダホ，モンタナ，ネヴァダ，ニューメキシコ，ユタ，ワイオミング)である．混合制度を採用しているのは10州(カリフォルニア，カンザス，ミシシッピ，ネブラスカ，ノースダコタ，オクラホマ，オレゴン，サウスダコタ，テキサス，ワシントン)である．ハワイ州はハワイ王国の歴史的慣行を元にした制度を採用しており，ルイジアナ州はフランスの市民法典に基づく制度を採用している．それ以外の29州は沿岸権主義を採用している．

一見すると，沿岸権主義は主に雨量の多い東部で採用され，半乾燥地帯の西部では主に専用権主義が採用されている．混合制度は場所的には一様でなく，これには，許可制の適用，水利権の代行者や水の割当てによって対立を解決する手法などの付随的な仕組みが含まれている．しかし，さらに奥まで踏み込んでみると，水法体系にはかなり複雑な要素が含まれていることがわかる．

水利用者への水の割当ては，州にとって重要な問題であり，どの州も水利権を統制する行政制度を確立しなければならない．コロラド州やその他の西部諸州では，State Engineer's Office(州技監室)がそれを担当している．東部諸州では，沿岸権制度や混合制度を管理する体制が西部諸州ほど十分に整備されていない

が，進展が見られる．第15章では，水マネジメントについてさらに詳細に説明するほか，東部諸州と西部諸州のアプローチや州間協定などを混じえた事例研究も数例取り上げる．

6.3.1　沿岸権主義

沿岸権主義においては，水に接する土地の所有者は沿岸地(riparian)所有者と呼ばれる．riparianとは「河岸の」とか「河岸に関連する」という意味である．

Getches(1990)によると，沿岸地所有者の権利とは，河川流水に対する権利，他の沿岸地所有者が損害を被ることがない限り水域を合理的に利用する権利，その沿岸地に入る権利，波止場として利用する権利，河岸の浸食を防ぐ権利，水を浄化する権利，航行不可能な湖や川の底に対する権限を要求する権利，である．

別の形の沿岸権主義が英国やフランスにあることから考えると，米国の沿岸権主義の源はヨーロッパにあるのかもしれない．しかし，正確なルーツについてはいくつかの議論がある．米国の沿岸権主義の原形は判例法(common law)であり，これまで制定法や州憲法の中で成文化されたことはないが，裁判所の判決の基礎として採用されてきた．この原形には大幅な修正が加えられており，いくつかのバリエーションが存在する．

純粋な沿岸権主義の一つの側面として自然流水ルールがある．これは，沿岸地所有者に水の量と質を低下させないような河川流水の利用権を認めるものである．こうした考え方は，例えば水車を設置するとか，分水を行ってもその量が少ないといった状況を前提にしているが，水開発に対する圧力が非常に強くなっている今日では現実的なものではなくなっている．したがって，沿岸権主義に代わって合理的利用(reasonable use)主義が適用される時代になっている．

都市または工業が川から取水し，長距離にわたって送水した後，下水処理プラントに戻し，そこから別の排水域に流すというケースを考えてみよう．これは流域間導水ということになり，専門的にいえば，沿岸権の原則に違反することになる．

合理的利用主義の狙いは，沿岸権主義の非現実性に対処することにある．この法理では，沿岸地所有者はほかの土地所有者の合理的利用を妨げない場合に水利用を認められることになる．純粋な沿岸権主義に対するこの種の修正は行政制度にまで発展してきており，それらの制度は基本的には，沿岸権主義と現実的で政

治的に受け入れられやすい水配分と管理の方法とを寄せ集めたものである．

専用権主義は一定の行政手法を提供するが，沿岸権主義はそうではない．しかし，これまでの裁判所の判例は沿岸権主義に基づいている．また，この法理は，水行政の混合制度と手順を生み出してきたという点では，州の制定法体系にも影響を与えてきた．現在，解決すべき論点がなお多く残されている．水不足が発生した場合にはどう対処すればよいのか，維持用水を確保するにはどうすればよいのか，流域間の導水にはどう対処すればよいのかといった問題は，混合制度や合理的利用主義ですべて解決できるわけではない．

6.3.2　許可制による水量の規制

沿岸権主義の非現実性に対処するため，一部の州では許可制を導入している．この制度は沿岸権その他の権利に対して許可条件を追加するものである．Getches(1990)は，17州(アーカンソー，デラウェア，フロリダ，ジョージア，イリノイ，アイオワ，ケンタッキー，メリーランド，マサチューセッツ，ミネソタ，ニューヨーク，ノースカロライナ，ペンシルヴァニア，サウスカロライナ，ウィスコンシン)が許可制を導入しているとしている．

許可法は，その性格上様々な形をとっているが，基本的には許可は水利権に似ている．すなわち，許可によって土地所有者に水利用を認めるからである．しかし，これは財産権ではない．ただの許可である．許可とは，例えば人口5万の都市に取水を許可するというように，都市用に一定量の水を取水することに対して行われる．こうした許可の条件は行政機関と取水者との間の交渉で決めることになる．

水利用者が許可を得た時，この利用者にはどんなことが保障されるのか？　法的にはこれは重要な問題である．ある事業者が許可に基づいて大規模な投資を行う場合，その競争相手がその水の一部の配分を要求した時，この事業者はどんな支配権を持っているのだろうか？　こうした問題やその他様々な問題について，許可に関連して解答が出てくるのが待たれている．

許可機関(通常は州の行政機関)は，利用者間における水の配分に関する法律問題について決定をしなければならない．水利権については競合者が多いのでこれは大変な仕事である．西部では，こうしたプロセスにおいて行政機関が「水の帝王」になるのを避けられるように法律制度の改善が進められてきた．

6.3.3 優先専用権主義

米国の西部では優先専用権主義が採用されている．この法理は，すべての利用者を満足させるだけの十分な水がないために，早期に何らかの配分の制度が必要だという実情に対処するために生まれたものである．

Getches(1990)は，この法理はまず19世紀の西部で鉱夫たちの公有地利用を規定するためにつくられ，その後，私有地の農業利用にまで拡大されてきたものであると説明している．この法理は州憲法に採用され，現在では西部の19州で水配分の基本原理になっているが，そのうちの10州では混合制度として採用している．

厳密にいえば，水は公に帰属するものであるが，この法理では，水が有益な用途に利用されている限りは，優先順位に従って利用する権利が規定されている．伝統的に正統な専用権とは次の3つの要素によって構成される．すなわち，①水を有益な用途に利用するという意図，②実際に導水すること，③用途が有益であることを立証すること，の3点である．

Burger(1989)は，乾燥地帯における水の配分法規の発展についてさらに突っ込んだ考察を行っている．彼は，灌漑は乾燥地帯開発の必須条件であり，都市化や工業化が進む前に必要なものだと考えている．したがって，水法は最初は灌漑に適応させるためにつくられたので，水は土地と密接に結び付いていた．その後，優先順位が導入され，第一に家庭用，次に農業用，その次に都市および工業用という順序になった．Burgerは，ローマ人が西欧文明に多くの法律制度をもたらしているので，西欧の水制度の基礎はローマの水法だと考えている．このように，ローマの水法の原理はヨーロッパや中東の多くの乾燥地帯に普及していった．

ローマ法は物を分類する時には，公的所有権，私的所有権および共同体所有権に基づいて行った．例としては，私的な水利権，空気などの公的な天然資源および放牧など一部の資源に付与される共同体の権利などがある．これらの概念は，現在でも水法や所有権に関する論争を引き起こしている．

水利権に対する保障は，乾燥地帯の水法には欠かせないものであった．その権利が保障されなければ，灌漑に投資する者はいないからである．これは，上記の問題と同様，許可制の州ではなお配慮を要する問題になっている．

優先専用権主義は，水に関して広範な司法制度や行政制度を生み出してきた．

RiceとWhite(1987)は，この法理の基本的概念には，専用権制度(命令制や許可制)，すなわち，有益な利用が基準となるという事実，および水利権は不動産に関係する権利であることが包含されている，と説明している．

　水利権は，割当て制度と裁定によって付与され，また完了されなければならない．したがって，水利権は河川に対する要求を含む原則と規則からなる制度によって管理される．没収や放棄があると水利権が消滅することがある．その場合には，水利権を新しい所有者または利用に譲渡する制度が必要である．コロラド州の水利権管理制度については第13，15章で説明する．また，譲渡については第15章で説明する．

6.3.4 専用権主義における実際的な問題

　専用権主義の行政的適用においては，様々な実務的問題が発生する．不確実な流量追跡，よくわからない還元流，気象の変化，さらには誰もが行政機関の管理下にはないスケジュールで分水したり放流したりする状況の中，水文的変動に応じ増減する流れにおいて個々の水利権所有者の権利を正確に決定しようとする行為を想像されたい．これは明らかに難問である．コロラド州のように様々な開発が行われている場合にはとりわけ難しい問題である．

　コロラド州の水法に基づく行政は，第15章で事例研究として取り上げる．ここでの最大の問題は，コロラド州が専用権主義を採用しているのに，「州の水計画」をつくる必要があるのか，ということである．一方では，水は州が所有する最も重要な資源であるから，州にはそれをマネジメントする計画があるのが当然であるという者がいる．他方，コロラド州には専用権主義と呼ばれる州の水計画があるという者もいる．どちらが正しいのか？　実は，1876年州憲法には専用権主義が盛り込まれており，その中では「水を専用的に利用する権利は否定されないものとする」と述べられている．

　州は水計画を持つべきかという疑問には，次のような様々な問題が付随している．すなわち，地理的対立，価値に基づく対立，制度的対立，公共信託主義と専用権主義との対立，第三者団体の影響，維持流量とリクレーション用水，流域間の導水，専用権主義の科学的複雑さ，州間協定，などの問題である．こうした問題は他の西部諸州にも影響を及ぼしており，その詳細については第24章で説明

する.

コロラド州の State Engineer's Office の管理者である John Eckhardt はコロラド州立大学に「Real-Time Reservoir Operation in Colorado : Background and Problems(コロラド州のリアルタイム貯水池運用：その背景と問題点)」と題する博士論文を提出した(1991).その中で彼は,専用権主義に基づく水需給の計算と報告の問題,河川水量との関連で貯水池の利用可能な水量を推定するには予測と実績を対比する必要があるという問題,および管理制度が不完全なデータや意思決定支援システムに悩まされていても,それぞれ独自の需要とスケジュールを持つ複数の水需要者をその行政制度の中に取り込む必要があるという問題,について説明した.その結果生まれたのが当事者間で高度な解釈を必要とする「紳士協定」制度である.こうした問題の行方には,将来の水利権行政には水質問題が提起されるという懸念が持たれている.

6.4 水質に関する法律

水質管理については第 14 章でもう少し詳しく説明する.米国における水質管理制度の中核をなしているのは Federal Water Pollution Control Act of 1972 (Clean Water Act；連邦水質汚濁防止法)であり,ここから今日のような許可制による水質管理制度ができてきた.この制度は,点源放流者に対する国の許可制度,工業放流者に対する技術を基礎とする同一排水基準制度および連邦資金援助制度によって構成されている.この法律の規定の発展については第 14 章で述べ,水法と環境法の枠組みについて議論できるようにこの法律の概要も紹介している.

6.5 Safe Drinking Water Act

Safe Drinking Water Act(SDWA；安全飲料水法)は,1914 年に始まった U. S. Public Health Service(米国公衆衛生局)の規制措置を継承したもので,これによってすべての公共上水道システムに適用される飲料水の一次基準(健康関連基準)と二次基準(利便性関連基準)が設定されている.一次基準は,健康に有害

な汚染物質を規定し，二次基準は，においや味のような福祉・利便性(welfare)に障害をもたらす恐れのある物質を規定している．

American Water Works Association(AWWA；米国水道協会)は，時折SDWAに関する動向を調査し，報告書にして公表している．その中の3点を要約してここに紹介する(Pontius, 1990, 1992, 1994)．

SDWAは，連邦のほかの主要な規制措置の場合と同様に，U. S. Environment Protection Agency(U. S. EPA；連邦環境保護庁)に規則の制定とこの法律の施行状況の監督を任命している．この法律の基本的施行責任(「primacy」と呼ばれている)は，州政府が引き受けることになっている．公共上水道システムは，その規則を満たす義務がある．これは一種の「直接規制(command and control)」制度である．

U. S. EPAは，1974年法に基づいて「改正一次飲料水規則」を1977年までに採用する予定であったが，この目標は達成されなかった．実際の経過は，1977年までに無機物，有機物，微生物的汚染物質，濁りおよび放射性核種，また，1982年までには腐食物質とナトリウムに対する要求基準を監視することであった．トリハロメタン(trihalomethane；THM)はシステムの規模次第で変更可能なスケジュールに組み込まれた結果，本格的対応手段がとられるには1983年まで待たなければならなかった．二次基準が設定されたのは1979年である．

1986年のSDWA改正は広範に及ぶものであった．その中の主要なものは，83種類の汚染物質に関する最高汚染レベル(maximum contaminant level；MCL)の設定，3年ごとに更新される優先汚染物質リストに対するMCLの設定，地表水のろ過基準の確立，およびすべての公共上水道に殺菌を求めるための基準の確立，である．

1990年までにU. S. EPAが公布した規制は，揮発性有機化学物質，フッ素化合物，地表水の処理，全大腸菌，有機合成および無機化学物質，鉛および銅に対してである．AWWAの1993年の報告までにSDWAに基づく規制は当初の約3倍になっていた．

SDWAが米国の飲料水事業に強力かつ永続的な影響力を及ぼすことは明らかである．この法律はこの業界の規制構造，財務，研究および製品開発を誘導しており，その強力な影響力は水業界全体の調整に重要な役割を果たしている．

6.6 環境に関する制定法

1970年頃から環境関連の制定法が急激な勢いで増えてきた．その状況を図-6.1に示す．この図では，1945年頃より前には環境関連の制定法はほとんど存在しなかったとしているが，ここでは現在の制定法の前身となる法律は見落とされている．例えば，1945年以前にも水質や公衆衛生に関する法律のはしりは存在していた．

最も進歩的な環境関連の制定法は，National Environmental Policy Act (NEPA；国家環境政策法)である．この法律は，環境政策の目標と目的を設定し，環境影響評価(environmental impact statements；EIS)の要求を実施に移した．EISは水計画のコストと成果に大きな影響を及ぼしてきた．その2つの例として，第10章ではTwo Forks ProjectにおけるEIS形成過程を取り上げ，第15章ではVirginia Beachの水供給問題とEISを取り上げる．

Endangered Species Act(絶滅危惧種法)はU.S. Fish and Wildlife Service(魚類・野生生物局)に保護対象種を指定する権限を大幅に与えている．この点については次節でさらに詳細に述べる．

Fish and Wildlife Coordination Act(魚類・野生生物共生法)は，野生生物資源に関する規定を定め，野生生物保護が水資源開発計画のほかの問題と同等の配慮を受けるよう，またそうした問題との間で調整を行うよう要求している．

Wild and Scenic Rivers Act (河川自然景観保全法)は，特に優れた景観価値，リクレーション価値，地質学的価値，魚や野生生物の価値，歴史的価値，文化的価値，あるいはそれらに類似する価値を持つ国内河川を選定して，川が自由に流れる状況を保全するよう規定している．

Coastal Zone Management Act(沿岸地帯管理法)は，沿岸

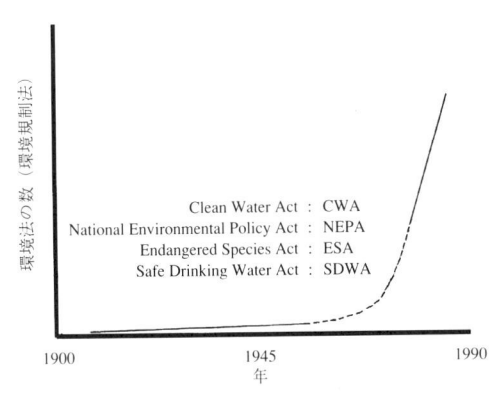

図-6.1 環境法の増加状況

地帯諸州に対して広範な規制権限を与えている.

Resource Conservation and Recovery Act(資源保全・回復法)は地下水の管理手法を規定している.

環境法の領域では,湿地保護も大きな課題になっており,その権限のほとんどは Clean Water Act の 404 条に基づくものであるが,それ自体の正当な扱いに対する認識も高まっている(第 16 章).

以上のほかにも,Comprehensive Environmental Response, Compensation, and Liability Act(CERCLA;環境対応・補償・義務に関する総合法)すなわちスーパー・ファンド法(費用のかかる公害防止事業のための大型資金),Federal Insecticide, Fungicide, and Rodenticide Act(FIFRA;殺虫剤・殺菌剤・殺鼠剤に関する連邦法),森林局関連の法律,農地関連法,さらに Federal Power Act (連邦電力法)などの制定法がある.

6.7 Endangered Species Act

Endangered Species Act(ESA;絶滅危惧種法)が多くの関心を集めてきたのは,それが U. S. Fish and Wildlife Service にかなり大幅な権限を与えているからである.この部署はある種を絶滅危惧に指定することで基本的には特定のプロジェクトを中止させることができる.U. S. Fish and Wildlife Service は海洋に住む種を除くすべての種について責任を負っており,海洋種は National Marine Fisheries Service(米国海洋漁業局)の担当になっている.これらの行政機関は,ある種が絶滅に近い状態にあるかどうかを判定し,もしそうであるなら,その種を「絶滅危惧種」(絶滅の危機にある種)または「絶滅可能種」(絶滅の恐れのある種)に指定し,それに続いてその種の復活計画を立案しなければならない.ただし閣僚レベルの高官によって構成される「god squad(救世軍)」はこうした指定対象からの除外を指定することができる(Robinson, 1992).

ESA が 1993 年に 20 周年を迎えたところで,様々な議論が噴出してきた.ある意見により,当初この法律は,鯨,ハクトウワシ,ハヤブサ,ペリカン,ウミガメ,マナティなどの種を救うという誰からも歓迎されるキャンペーンに集中していたが,その後は若干問題のあるキャンペーンが見られるようになった(Miller,

1993).1992 年後半に Bush 政権は，1997 年までにさらに 400 の種を保護することで各種環境団体との間で和解するに至り，これで保護対象になった植物と動物の種類は 750 から 1 150 に増加した(Schneider, 1992).

水資源の計画立案や調整に関しては，現在は ESA の 7 条が最も強力な行政権限を持っている．この 7 条は「Endangered Species Act of 1973 の改正法の条項であり，連邦が指定した種や危機的状況にあると指定された生息地を保護する際の行政機関間の調整手順を規定している．7 条(a)(1)は指定種の保護を促進するため連邦機関に権限の行使を要求」しており，さらに 7 条の助言には「指定予定種が関係する場合の助言と協議を含む各種の 7 条プロセス」が付随している(U. S. Fish and Wildlife Service, 1994).

ESA に従って，Fish and Wildlife Service が，ある種が危険な状態にあるという「危機評価」を発した場合には，連邦機関が要求する条件を備えた「復活計画」を作成しなければならない．こうした計画は相当な費用がかかる可能性があるので，水管理機関はできるだけ避けようとする．

最も普通に見ることのできる絶滅危惧種の例はアメリカシロヅルである(第 19 章の Platte 川の事例を参照)．図-6.2 は，一つの事業対象サイト(計画中の Two Forks ダム，第 10 章参照)が絶滅危惧種であるアメリカシロヅルに必須な生息地の範囲とどう関連しているか，を示している．

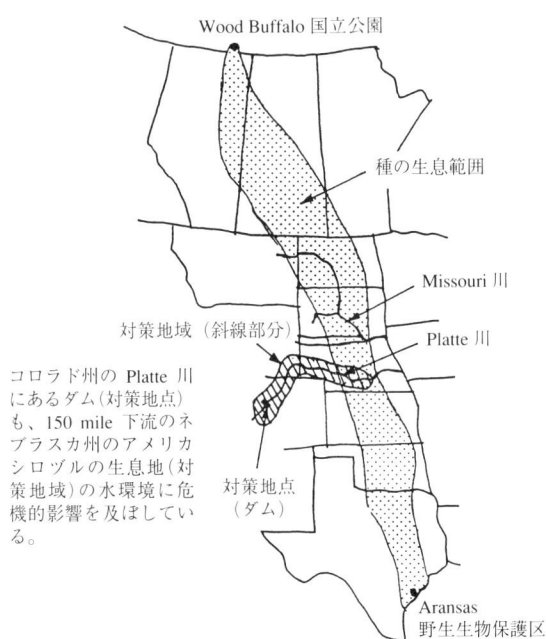

図-6.2　絶滅危惧種対策地域の範囲(出典：U. S. Fish and Wildlife Service, 1994)

6.8 国境問題

水法において多くの対立を発生させる一つの問題に，境界を越えて行われる水の配分がある．いわゆる「国境対立」である．

International Water Resource Association(IWRA；国際水資源学会)は水対立の重大性を考慮して，機関誌「Water International」1冊を使って特集を組み，水，平和，対立マネジメントの問題を取り上げたことがある(Vlachos, 1990)．この号では多くの対立にスポットライトが当てられたが，その中でVlachosは，世界の人口のほぼ40％が複数の国家が共有する河川の流域に住んでいるので，今後水対立が増えるだろうと指摘している．

Utton(1987)は，分割された政治環境にある水，空気，生物などの「移動性」天然資源をどのように扱うか問題であると述べている．例としては，International Boundary Water Commission between the United States and Mexico(米国・メキシコ国境水委員会)，米国の7州とメキシコが関係するColorado川，国際的な地下水マネジメント，五大湖，ニューメキシコ州とテキサス州の間を流れるPecos川，東ドイツとポーランドの間にあるPomeranian湾，トルコ，シリア，イラクを流れるTigris-Euphrates川，Rio Grande川，Nile川，インド・パキスタン対立，などがある．

6.8.1 流域間の導水

流域間導水(第15章参照)の場合には，水は自然の流域とは別の流域に導水される．こうした流域間導水は，少なくとも3つの法理論(沿岸権主義，専用権主義，あるいは州間法律)の枠組みから考えることができる．

沿岸権主義について，Heath(1989)は，流域間導水の問題をノースカロライナ州に適用して考察している．彼は，流域間導水を水法の沿岸権/許可制度の問題として捉え，沿岸地所有者は共通して彼らだけがその所有地を流れる水を利用する権利があると考えていることを確認している．

流域間導水はたえず論争を引き起こしている．米国東部では，流域間導水は，通常は許可制の規則や州政府の権限に従ってその場限りの問題として処理されて

いる．一方，西部では，州法に従ってもっと正式な形で処理されている．

6.8.2 州間協定

州境や国境を越えて流れる水には，水量や水質の問題が発生する．こうした問題はどう解決すればよいのか？ この困難な問題に対する解答は協定を結ぶことにあり，これは米国では州間協定と呼ばれている．州間協定の初期のものは1920年頃まで遡ることができ(第19章のColorado川の事例を参照)，現在でもいくつかの協定が検討されている(同章のACFの事例を参照)．

州間協定は，河川流域の政治的利害関係者の間で交渉を行う方法である．第19章では，河川流域の水マネジメントにおける実際問題は，政治的境界と水文的境界の間に整合性が欠けているためであることを説明する．協定は政治的団体間の相違点を解消する方法である．詳細については第15章で説明する．

6.9 国際水法と海洋法

米国では州間の対立には憲法が適用されるが，国家間の対立解決に使えるそうした手段は存在しない．「国際水法」というものは実際には存在しない．国家はそれぞれに自国の制度を持っており，その発展段階は相互に異なっているからである．筆者は本章で例として米国の水法制度について検討してきたが，諸外国では異なる制度を持っている．例えば，イスラム教国ではコーランに基づく水法という宗教的制度が採用されている．

McCaffrey(1993)は，水に関して現在発生している国際紛争をいくつか取り上げて検討している．例えば，中東では，Jordan川，Tigris-Euphrates川，Peace Pipelineプロジェクト，Nile川がある．アジア大陸ではIndus川とGandes川があり，米国やメキシコやカナダなどの国境の河川，ラテンアメリカではParana川がある．こうした川には水対立に関する長い歴史が刻まれてきた．

McCaffreyによると，国際法は自主的解決と国際社会の意見に大きく依存する分権的制度であり，強制的権限も集中的強制力もなく，国家制度が備えている機能もない．彼は，国際的な水法を機能させるのは，条約と国際慣行の2つの強

制的メカニズムであると述べているが，実際に締結されている条約はきわめて少ない．McCaffrey は国連の情報を引用して，条約数は約 2 000 で，そのうち 1 000 年以上経過しているのは数例だと指摘している．

国際慣行については，「名前のよく知られた学識経験者」の仕事が重要な要素になる．すなわち，学識経験者が対立解決の勧告を行う時に，そうした国際慣行が提示される．また，慣行を公表する国際組織としては，Institute de Droit International (Institute of International Law ; IDI ; 国際法研究所), International Law Association (ILA ; 国際法学会), International Law Commission (ILC ; 国際法委員会)などがある．こうした組織はこれまで水法に関連する合意済みの原則を記載した文書を多数公表している．その具体例としては，1961 Salzburg Resolution on the Use of International Non-Maritime Waters〔1961 年の海以外の水の国際的利用に関する Salzburg 決議(IDI)〕，1979 Athens Resolution on the Pollution of Rivers and Lakes and International Law〔1979 年の河川と湖沼の汚染と国際法に関する Athens 決議(IDI)〕，1966 Helsinki Rules on the Use of Waters of International Rivers〔1966 年の国際河川流域における水質汚染に関する決議(ILA)〕，1982 Montreal Rules on Water Pollution in an International River Basin〔1982 年の国際河川流域における水質汚染に関する Montreal 規則(ILA)〕，および 1991 draft Law of the Non-Navigational Use of International Water Courses〔1991 年の国際水路の航行以外の利用に関する法律案(ILC)〕，がある．

最終的な分析としては，国際紛争は，結局は合意しようという当事者の意思に依存するという点において米国の場合とよく似ている．McCaffrey(1993)の結論は次のとおりである．「水資源の共有とその健全な管理との平和な関係の鍵は，関係する州の間で常に対話を継続することである．それもできるだけ専門的レベルで行うことが望ましい．経験によって明らかなように，こうした対話が最も効果を発揮するのは，流域に接するすべての国の専門家によって構成される委員会のようなある種の共同的機構において行われる場合である．残念ながら，政治的摩擦がこうした組織の形成を妨げるようなことが，よりによってそれが最も必要な時によく起こる」．

6.10 排水と洪水に関する法律

　工学的という意味では，排水と洪水制御の問題は区別される．「洪水制御」は通常は量が多く，河川に関する問題であり，一方，「排水」は水を拡散させることであり，局地的性格の強い問題である．

　排水に関する法律においては，3つの基本的法理がある．すなわち，共通の敵の原則，自然流水の原則および合理的利用の原則，である(Goldfarb, 1988)．共通の敵の原則とは，基本的には自分の財産を守るためであれば，したいことは何をしてもよく，そのために隣人が影響を受けても問題にしないということである．自然流水の原則とは，本質的には反開発，すなわち，自然の流れに影響を及ぼすようなことは何もしてはならないということである．これは非現実的な原則であることは明らかである．

　合理的利用の原則は，現在最も普通の手法になっている．共通の敵の原則または自然流水の原則の先例を持つ州は，折衷案への移行に向けて動き出している．合理的利用のアプローチにおいては，隣人に影響を及ぼすことがあっても，土地に若干の変更を加えることができるが，合理性についてのチェックが行われる．この原則では，開発が行われても，それを受け入れるためにコミュニティは協力する義務があることが認識されている．

　合理的利用の考えに沿ったアプローチとしては，洪水を過去のレベルにとどめるために一時貯留などの調節手段を設ける例がある．ある都市が開発業者に2年確率の雨水を貯留するよう要求したと仮定しよう．それを超える雨は，出水形態を変化させるであろうが，その対策はコミュニティが責任を持つことになる．

　雨水や洪水の調節に対する政府の関与や規制の法的根拠は，市民の健康と福祉を向上させる行政を都市に認めている州憲法や地方自治体法にある．連邦レベルでは，この権限はU. S. Army Corps of Engineers(陸軍工兵隊)などの機関に洪水調節業務に当たらせることを可能にしている各種の制定法にある．

　雨水対策は，水利用問題や土地利用問題に関わることであるが，それに関する権限は必ずしも明確だとはいえない．地方政府の一般的な対策としては，都市の雨水排水基準，宅地造成の規則，雨水の水質規制対策，浸食対策と土地の質に関わる対策，また，水路の回復，グリーンベルトの建設，リクレーション施設，環

境教育など都市域の規制と美化に関する対策, がある.

雨水排水基準は, 雨水の再現期間や雨水システムに要求される業務レベルを指定している都市条例に関係する場合もある. 宅地造成の規則は, 開発業者に基準や要件を課す場合もあり, 歩道の要件, 路頂, 取水口のサイズなどの項目が含まれる. それに関連して, グリーンベルト, 歩道, 池, その他の雨水関連施設などアメニティの要件を定めた開発基準が設定されている場合もある. しかし, 規制項目の中で現在最も重視されているのは雨水の水質である.

1972 Clean Water Act が雨水の調節のための基本的権限を定め, 1970 年代には調査やデータ収集がきわめて活発に行われたが, 規制は実施されなかった. U.S. EPA は 1984 年に雨水排出を調節する手順を明確にするために動き出し, 同年 9 月 26 日にその規則が Federal Register(連邦官報)に公示された. その内容は, 都市の商業地域や工業地帯, すなわち「局長に指定された」地域から来る雨水の排水は許可を申請しなければならないというものであった. さらに 1985 年 3 月 7 日付けの Federal Register は許可申請の期日を 1985 年 12 月 31 日まで延長すると公示した.

許可取得を要求するこの 1980 年代の試みは失敗したが, 1987 年に改正・再承認された Water Quality Act(水質法)は, National Pollutant Discharge Elimination System(国家汚染物質除去制度)に基づいて新たな規制と期日を指令した. Natural Resources Defense Council(天然資源防衛審議会)が数件の訴訟を起こしたので, 1990 年 11 月 16 日, U.S. EPA は, 雨水の分離排出を行う人口 10 万以上の自治体(約 225 の都市と郡), 雨水を排出する企業(約 10 万)および 2 ha(5 acre)以上の土地で工事を行う建設現場に対して, 複雑な 2 段階申請手続きを要求する最終的な雨水排出規則を公表した.

予定では 1991 年 11 月までに, 人口 25 万以上の都市が, 雨水システムのリスト, 違法接続に関する点検結果, サンプリング拡大計画書を付けて, 第 1 部の申請を終えているはずであった. さらに 1993 年 5 月までには, 人口 10 万以上のすべての都市が, 排出企業の個別リスト, サンプリング結果, 雨水管理対策および資金計画書を添付して, 第 2 部の申請を終えているはずであった(Rubin, 1992). 産業施設に対するこうした規則は, 製造業者, 発電所, 空港, 自治体の下水処理プラントに影響を及ぼした.

1994 年, この規則を巡って合理的な説明を求める議論が沸き上がった. この

規則は受け取れる便益の割に負担が多すぎるのではないかということであった．議論の的になったのは潜在的費用であった．その一方で，U.S.EPAは，工業関係の申請にかかる費用が1施設当り約1000ドル，また市は5万〜7万5000ドルと考えているのではないかという声もあった(Beurket, 1990)．しかし市側は，施設の規模から考えると費用はもっと多くなるし，しかも規則遵守のための費用ももっとかかるのに便益がはっきりしないと主張した(Tucker, 1991)．Tuckerは，Urban Drainage and Flood Control District(都市排水・洪水制御地区)に参加するコロラド州のDenver, Aurora, Lakewoodの負担は申請手続きだけで約200万ドルになるだろうと説明した．さらに彼は，カリフォルニア州Sacramentoの場合には，特定の重金属の基準をクリアするためにかかる規則遵守のための費用は約20億ドルと見積もられていると述べている．

　地方政府による洪水調節対策の重点は，氾濫原の管理に向けられるようになっており，構造物建設のプロジェクトの重要性は低下してきた．この点については第11章で取り上げる．地方の土地利用担当官庁はこうした状況に合わせて規定を実施するのが普通である．立法機関はこの数年間に各種の洪水調節問題に関して多くの法案を通過させている．

6.11　地下水に関する法律

　Getches(1990)は，地下水法の複雑さについて説明している．この法律の基礎になっているのは，土地所有の法理や水は社会の共有資源であるという概念である．州により異なるアプローチがとられており，水の所有権はその上にある土地に帰属すると考える州もあれば，土地所有者が地下水を汚染から守れるようにしてやる必要があるとともに，その利用を合理的なレベルに制限する必要があると考える州もある．

　Savage(1986)は，地下水は米国国民の50%以上が使用する飲料水の主要な供給源になっているが，包括的な地下水法が存在しない，と指摘している．しかし，地下水に対する要求条件を盛り込んでいる制定法は主要なものだけで7つあるほか，地下水の汚染防止に関するU.S.EPAのいくつかの規則，現行の権限と重複している法案，46の州で実際に施行中ないしは立案中の地下水対策など

もある．これらの州の対策では現行の権限が重視され，地下水問題に効果的に対処しようとしている．彼女の見解では，これが全国に適用される地下水法が必要とされない理由だとしている．第23章では，Savageが当時取り組んでいた国家的対策の必要性に関する若干の考察を紹介している．

州で採用されている汚染防止対策を見ると，許可制と潜在的汚染源の監視，産業や自治体の処理施設とそのほかの廃棄物発生源の現場に対する要請，農薬や肥料の適正使用や動物の排泄物の適正処理の促進，市民教育，有毒スラッジや危険廃棄物の土地への投棄などの特定の行為の禁止などがある．さらに，いくつかの州では地下水の水質基準を設定したり，飲料水の水質に関連した分類制度，あるいは地下水の水質に影響する工業活動を管理するための用途分類制度を導入している．すべての州が飲料用に供給される地下水のモニタリングを行っており，多くの州ではそれ以外にも潜在的汚染源の近くや汚染されやすい場所で追加モニタリングを行っている．すでにかなりの件数の汚染防止対策が実施されているが，具体的には，用途分類制度による地下水水質の一般的目標の設定，規制権限の拡大，改善された腐敗水系管理と農業管理，地下水取水の許可制導入，自治体への検査権限の委任，市民教育対策，などがある．

Savageは，新しい法律は，既存の法的規制と重複するだけで，州や地方政府を新しい規制で氾濫させると考えている．また，それを実行する財政資金を十分に確保することができないという事態も予想される．

6.12 水力発電所の再認可

連邦に所属しない水力発電プロジェクトの再認可を担当しているのはFederal Energy Regulatory Commission(FERC；連邦エネルギー規制委員会)である．紀元2000年までに，約200のプロジェクトの再認可が予定されており，約150のプロジェクトが当初の認可を申請するものと予想されている(Lamb, 1992)．

この委員会の権限はFederal Power Actに基づくものであるが，この法律では環境問題に対しては同等の検討を行うよう要求している．Electric Consumers Protection Act(電気消費者保護法)も，プロジェクトは水路の総合計画に対して最も良く適応するものでなければならないと要求すると同時に，その認可条件は

「繁殖地や生息地を含めて魚や野生生物を適正に保護し，その被害を和らげ，繁殖に寄与する」ものでなければならないと要求している．

6.13 Water Resources Development Act of 1986

Water Resources Development Act of 1986(1986年水資源開発法)によっていくつかの新しい改革，特にプロジェクトの計画立案と費用共同負担に関する改革が導入された．まず，プロジェクトの計画立案は2段階プロジェクトになった．第1段階は簡潔なもので，全額連邦資金が投入される．第2段階はもっと長いもので，実施に関する勧告が行われ，資金と管理は共同で分担される．次にこの法律は，プロジェクト費用のうち事業主の負担分が増加するが，それは合計費用に占める比率に基づくものであると規定している．最近では，事業主が工事期間中に資金調達を行っているようである．これは，U. S. Army Corps of Engineersと事業主との間でより詳細な協力協定が必要だということを意味している(Vlachos, 1988)．

6.14 水事業における規制

規制の狙いは，民間企業が公益を守ろうとしない場合に，様々な活動を統制して公益を守ることにある．水事業の場合の規制は，健康と安全，水質，魚類と野生生物，水の配分，資金，サービスの質を取り扱う．水事業においては，規制行政機関は重要な役割を帯びている(第8章参照)．

環境規制は，きわめて重要な政治的かつ経済的な問題である．一方では，規制措置は，環境を保護するものであるが，その規制が厳しかったり，独断的であったりすると，反感や政治的反発を招く．その結果，現行の制定法に従って規制を行うというアプローチではなく，もっと効果的なモデルを探そうとする者が出てくる．より広汎なアプローチによる生態系保護が一つの解答になり得るであろう．

図-6.3に示すのは，水担当行政機関と工業排水の放流者が直面する規制のジレンマである．水質の公益性という問題は，ボランティア側(環境保護団体)と選

抜された側(議会や州の上級官僚)の両方からのプレッシャーの中に映し出される．結果は，最終的には許認可，監視，そして規制の強化という形で表れてくる．報道機関も重要な要素であり，また裁判所も圧力をかけてくるが，場合によってはその背後に世論が存在することもある．この図には，米国政府の「4つの」部門がすべて示されている．すなわち，行政部門(行政機関)，立法部門(議会および州の立法機関)，司法部門(裁判所)，および報道機関(非公式な第4の部門で，世論に影響力を持つ)，である．

水マネジメントに規制が必要になるのは，水資源が共有資源であり，しかも相関関係を内包しているからである．ある人が捨てた水は別の人の飲料水に影響を及ぼす．また，水道事業は独占的特権を持っているが，その理由は，それが公益事業体であるか，あるいはその特権が州の行政機関から与えられていることによる．したがって，全く規制を受けない水事業者などありえないのである．

この道理を説明することわざは，「にわとり小屋を守ってくれる狐などいない」ということになろう．これは，政府の「権力分散」主義の一例である．とはいえ，規制担当官庁自身がこの権力分散を守らないことが時折発生する．これは，規則をつくった行政機関がそれを施行するからである．

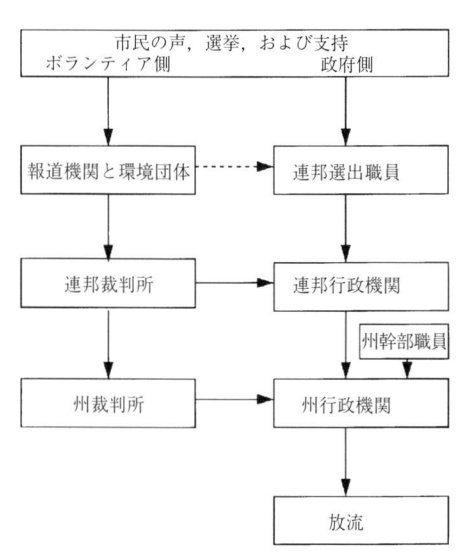

図-6.3 放流事業体の放流に対する規制と政治的抑制措置

利益団体，特に環境保護団体は，規則や法律を使って自分たちの目的を押し通す．規制が適用される領域は，企業対環境の対立が解決される場である．その意味では，規制は水事業の「調整のメカニズム」である．

水事業の個々の部門は，それぞれに自ら規制対策を講じている〔Safe Drinking Water Act, Clean Water Act, floodplain regulation(氾濫原規制), in-stream flow laws(河川維持用水に関する法律)，ダムの安全性，Federal Power Act, National

Environmental Policy Act, その他］。U.S. EPA に勤務する者は，規制者であるが，人によってその業務内容は異なる．さらに，州の EPA や水質行政機関も規制者である。U.S. Army Corps of Engineers にも，権限の委任により Clean Water Act の 404 条を施行する規制部門がある．U.S. Fish and Wildlife Service と Forest Service（森林局）は ESA および国有林の中の連邦の水関連規則の施行によって規制行政を行うようになってきた．

西部では，State Engineer's Office（州技監室）が河川や井戸からの取水を統制するという意味で，規制担当機関である．東部の州もこの分野での統制を強化しつつある．西部では，ダムの安全確保を担当する州の天然資源部門が安全問題の規制を実施している．東部でも同様の機構が開発されてきた．

一部の事業体の水道料金は，州の公益委員会の規制を受けている．現在は電力，ガス，電話などの料金は公表されているので，市民も料金を簡単に比較できる（National Regulatory Research Institute, 1983）．

環境保護団体は，規制において重要な役割を果たしている（Brimelow and Spencer, 1992）．

規制措置においては，厳しく行われる施行のメカニズムを持っていなければならない．法律の施行は，周知のように警察の職務である．このことは，水のマネジメントにおいても非常に重要であるが，規制措置の施行には，司法制度の場合と同じように様々な段階がある．

水の分野の経験はほとんどが Clean Water Act に基づくものであるが，この法律は U.S. EPA に規定を施行する権限を与えている．この権限に含まれるのは，企業などの敷地・建物に入って検査すること，記録を調査すること，モニタリング装置の試験を行うこと，およびサンプルを採取すること，である（Eizenstat and Garrette, 1984）．

これまで米国司法省に法人幹部が起訴されたいくつかの事件がある．Clean Water Act 施行訴訟の判例史の中に合衆国対 Allied Chemical Co. の判例がある．同社は有毒な化学物質によって James 川を汚染したために 1 320 万ドルの罰金を課せられた．この罰金はその後，500 万ドルに軽減され，被害を緩和するための基金に 800 万ドルが献納された．また，もう一つの合衆国対 Quellette の訴訟では，ある都市の下水処理場長が毎月の排出量許可報告書に虚偽を記載した罪で有罪判決を受けた（Eizenstat and Garrette, p. 2〜36）．

周知のように，水事業には総合的な規制政策は存在しない．連邦，州，地方の法律や規則を組み合わせて給水事業者や個々の水利用者に対する行政を行っているというのが，この業界の全体的な姿である．「規制緩和」や「規制改革」を求める声があるのは市民も企業も「規制されること」を嫌っているからだとよくいわれる．しかし，ある程度の規制は，文明社会でともに生活するために支払うべき代価である．

6.15 水 行 政

法律を施行する方法は，ほとんどの場合，州の行政機関が実施する規制プログラムを通じてである．この行政職務は「水行政」と呼ばれるある特別な仕事の組合せで形成されている．そうした多様な仕事のうち水量に関する部分は第15章で，また水質に関する部分は第14章で説明する．こうした仕事を要約するために，筆者は水行政に関して下記のような枠組みを提案する．
・問題点の識別と対応
・法律や規則の定形化
・法律や規則を施行するためのプログラムの作成
・人材の確保，予算の作成，プログラムの実施
・モニタリングと施行プログラム
・罰や判決を求める制度
・法律や規則の見直しや修正を行うための取決め

この枠組みについての若干の例は事例研究で紹介する．水質については，施行に関連するいくつかの問題を第14章で説明し，第22章では河口への規則の適用状況について示し，第15章では水量に関する行政の取組み方について解説する．

6.16 裁判所の役割

残念ながら，政府の第3部門である司法部門は，水資源マネジメントの一構成要素になっている．筆者が「残念ながら」というのは，訴訟が裁判所に持ち込まれ

た場合，そのことは，調整による自発的な手法が効果をあげることができず，制度としての裁判所が必要になったことを意味するからである．もう一つ残念な要素は，専門的技術者や科学者が取り扱う複雑な水問題を裁判所が常に処理できるとは限らないということである．

司法制度は，連邦，州あるいは地方の裁判所の所管である．本書で取り上げた訴訟に関与している裁判所としては次のようなものがある．すなわち，連邦最高裁判所(Pecos 川訴訟を参照，第 15 章)，連邦地方裁判所(ACF 訴訟，第 19 章，および Holt 貯水池洪水訴訟，第 11 章を参照)，州地方裁判所(コロラド州水行政訴訟参照，第 15 章)，ならびに行政法の判例(Albemarle-Pamlico 訴訟参照，第 22 章)である．

水法の主要部分は制定法であるが，その大部分は判例法であり，こうした判例法の下で複雑な状況が裁判にかけられ，様々な判例がつくられてきた．弁護士は判例をしっかり調査して論点を立証し，判例に基づいて弁論を組み立てる．

複雑な問題について決定してもらうために管理手段として訴訟が利用されることがよくある．例えば，ACF 訴訟(第 19 章)においては，アラバマ州は U.S. Army Corps of Engineers を提訴した．その結果，Corps of Engineers だけでなく，3 州についても総合的な調査を始めざるを得なくなった．

6.17　市民の環境保護主義

規制が企業を強く締め付けると，政治問題として激しい議論になる．また，一般市民は政府の関与が少ないことを望むように思われる．しかし，一般市民は清浄な環境も求めている．これが持続可能な開発の「最前線」である．

筆者は，環境に関する法律や規則が昔に戻ることはないので，社会はこうした制約の中で発展の道を探さなければならないと考えている．しかし，時には調整だけでは解決できないこともあるので，行政規則や裁判所の力を借りなければならなくなる．

それ以外にももっと協力的な調整によるアプローチを求める者が多いことを筆者は知っているが，現実の課題はそうしたアプローチをどう機能させるかである．「Civil Environmentalism: Alternatives to Regulation in States and Communities(1994)(市民による環境保護運動：州および地方自治体における規制に代わりうる選択肢)」の著者，DeWitt John はこのジレンマに関して興味深い考え方を発表している．彼は環境規制に関する現在の「直接規制(command and control)」アプローチには次のような3つの特徴があると指摘している．すなわち，州および地方の権限に対する連邦の先取り，分断性および強力な手順要求と意欲的な目標との組合せ，である．この制度においては，連邦政府は，州や地方の政策が失敗した時に使われる「囲いの中のゴリラ」である．この制度に参加した者は，それが規制を受ける者を不愉快にさせてしまうと感じている．John は，「直接規制」に代わる選択肢として，「市民による環境保護運動」と呼ばれるアプローチを提唱している．これはより協働的でしかも統合的な環境政策へのアプローチであり，業務関係者の間により大きな交渉の幅を与えている．

彼は市民による環境保護運動の5つの特徴を次のように提示している．すなわち，①非点源問題の未処理部分，汚染防止ならびに生態系保護を重点的に取り上げること，②非規制ツールの大幅な採用，③行政機関間と政府間の協力，④政治的対決に代わりうる選択肢を探求すること，⑤州や地方のレベルで行われる意思決定への一参加者としての連邦政府の新しい役割，である．

6.18 質　　問

1. 米国の初期の水法は，主に取水規制や水利用を対象とするものであったが，現在の水法はそれより幅広いものになっている．これは何を意味するのか説明せよ．またその例を示せ．
2. 水資源マネジメントにおける「規制プログラム」とは何か？　米国で共通に行われる規制プログラムの例を2つ示せ．
3. 水法の専用権主義，沿岸権主義および許可制度の違いを説明せよ．
4. イスラム教国には独自の水法の法理がある．この法理は宗教とどう関係すると思うか？
5. 米国の2つの州が水配分の問題を解決できない場合，その解決のためにどんな行為や措置を採用することができるか？　また，2つの主権国家の間で同じような問題が発生した場合には，どうすれば解決できるか？

文　献　　　　　　　　　　183

6. 米国西部における取水および水利用の基本的法理は何か？　その法理はどのように機能するのか，簡単に説明せよ．この法理は現在でも完全に機能できるか？　その理由は，またできない理由は何か？
7. 専用権主義と沿岸権主義(許可制)の効率および公平性を比較せよ．さらに，それぞれが「公益」をどう保護するのか，あるいはしないのかについて説明せよ．
8. 水法および水マネジメントにおける「公共信託法理」について説明せよ．また，それが州の水政策にどう影響するのか説明せよ．
9. 次にあげる用語について水法との関連において説明せよ．専用(appropriation)，裁定(adjudication)，沿岸(riparian)，交換計画(exchange plan)，増量(augmentation)．
10. 米国において水資源の計画立案に関係する国家レベルの法律を3つあげよ．

文　献

Beurket, Raymond T., Jr., US EPA Issues Stormwater Regulations, *APWA Reporter*, December 1990.
Brimelow, Peter, and Leslie Spencer, You Can't Get There from Here, *Forbes*, July 6, 1992.
Burger, Alewyn, Water Law, Seminar at Colorado State University, Spring 1989.
Eckhardt, John R., Real-Time Reservoir Operation Decision Support under the Appropriation Doctrine, Ph.D. dissertation, Colorado State University, Spring 1991.
Eizenstat, Stuart E., and David C. Garrett III, Clean Water Act, in L. Lee Harrison, ed., *McGraw-Hill Environmental Auditing Handbook*, McGraw-Hill, New York, 1984.
Getches, David H., *Water Law in a Nutshell*, West Publishing, St. Paul, MN, 1990.
Goldfarb, William, *Water Law*, Lewis Publishers, Chelsea, MI, 1988.
Heath, Milton S., Jr., Interbasin Transfers and Other Diversions: Legal Issues Involved in Diverting Water, *Popular Government*, University of North Carolina, Fall 1989.
John, DeWitt, *Civic Environmentalism: Alternatives to Regulation in States and Communities*, Congressional Quarterly Press, Washington, DC, 1994.
Lamb, Berton L., Accommodating, Balancing, and Bargaining in Hydropower Licensing, *Resource Law Notes*, No. 25, Spring 1992.
McCaffrey, Stephen C., Water, Politics, and International Law, in Peter H. Gleick, ed., *Water in Crisis: A Guide to the World's Fresh Water Resources*, Oxford University Press, New York, 1993.
Miller, Ken, Endangered Species Act Turns 20, *Denver Post*, December 17, 1993.
National Regulatory Research Institute, Commission on Regulation of Small Water Utilities: Some Issues and Solutions, Columbus, Ohio, May 1983.
Pontius, F. W., Complying with the New Drinking Water Regulations, *Journal of the*

American Water Works Association, Vol. 82, No. 2, February 1990, p. 32.

Pontius, F. W., A Current Look at the Federal Drinking Water Regulations, *Journal of the American Water Works Association,* Vol. 84, No. 3, March 1992, p. 36.

Pontius, F. W., *The SDWA Advisor,* American Water Works Association, Denver, 1994.

Rice, Leonard, and Michael D. White, *Engineering Aspects of Water Law,* John Wiley, New York, 1987.

Robinson, Bert, and Scott Thurm, Environmental Act May Not Survive, *Denver Post,* May 10, 1992.

Rubin, Debra K., US Faces a Draining Experience, *ENR,* September 21, 1992, pp. 34–38.

Savage, Roberta J., Groundwater Protection: Working without a Statute, *Journal of the Water Pollution Control Federation,* Vol. 58, No. 5, May 1986, pp. 340–342.

Schneider, Keith, US to Preserve More Species, *Denver Post,* December 16, 1992.

Tucker, L. Scott, Tucker-Talk, *Flood Hazard News,* December 1991.

U.S. Fish and Wildlife Service, *Endangered Species Consultation Handbook, Procedures for Conducting Section 7 Consultations and Conferences,* U.S. Fish and Wildlife Service, Washington, DC, November 1994.

Utton, Albert E., The Emerging Need to Focus on Transboundary Resources, Transboundary Resources Report, International Transboundary Resources Center, CIRT, University of New Mexico, Albuquerque, Spring 1987.

Vlachos, Evan, The Water Resources Development Act of 1986: Thoughts on Water Resources Today, Colorado State University, December 1988.

Vlachos, Evan C., Water, Peace and Conflict Management, *Water International,* December 1990.

第 7 章　財政計画の立案と管理

7.1　はじめに

　水マネジメントにおいては，資金が制約要因になることがよくある．水紛争は，お金の問題がからむものであり，論争と訴訟に明け暮れる米国社会では財政責任に対する必要性は高い．本章の目的は，水マネージャーに必要な財政マネジメント能力の全体像を明らかにすることである．

　水事業に必要なコストは，人口増加や施設の老朽化だけでなく，健康や，安全性，環境規制などによって膨らみつつある．そのために公開審査や政治的審査を受けることになり，もっと知りたいことは何かと質問された水マネージャーが，「政治のこと」や「コミュニケーションのこと」もだが，「財政問題」のことを知りたいと答えても，驚くには当たらない．

　1972 年，National Water Commission（米国水委員会）(1973)では，州および地方の上水と下水を含む水資源総投資額は，1972 年のドル評価で計約 3 400 億ドルになるという結論を下した．そのうち連邦の投資額は，約 880 億ドルで，そのほとんどが水プロジェクトに関するものであった．水プロジェクトの投資の大部分については，地方のコスト負担はほぼゼロまたは皆無であったが，1980 年代になるとこうした状況は一変し，この数字を 1990 年代まで更新し，さらに水質関係の新規投資を追加して合計すると，現在のドルにして 5 000 億ドルから 1 兆ドルの間になるものと推定される．水資源に対する米国の過去の投資については，Reuss と Walker(1983)の資料を参照されたい．

1980年代と1990年代には，地方の投資は連邦の投資より大きくなったが，それは特に環境面からの要求と成長による要求を満たすためと，下水処理補助金の段階的削減によるものであった．投資の対象は，パイプライン，都市の上下水道網，農業地域における流域単位での改善，ダム建設と改良，処理プラント，水力発電施設，システム制御システム〔監視制御およびデータ収集(supervisory control and data acquisition; SCADA)を含む〕などである．

諸外国の水マネージャーが直面する問題も似たようなものであるが，どのマネージャーも自国の文化の範囲内で働く必要がある．財政問題に注意を払い，不良投資を回避し，できる限り利用者料金に依存すべきであるという課題に関心を抱かせたのは世界銀行の調査結果である(Bahl and Linn, 1984)．

インフラに多くの問題が発生するのは，予算不足に原因があり，予算問題の最大の原因は，計画立案やマネジメントの欠陥にある．予算計画を見ると，マネージャーが何をしようと考えているのか，またそれをどうやって達成するのかがわかるものである．予算は，行政機関の実施計画を示す．すなわち，運営費予算は，行政機関の事業運用と保守計画を示し，建設予算は，施設の拡張計画と更新計画を示すものである．

公共事業の管理方法は，傾向的には独立採算を指向している．これは，利用者に便益を提供して受け取った料金で独立採算事業にするという「企業原理」によるものである．水資源マネジメントの一部については，受益者負担による料金制の採用が基本である．サービス提供が独立採算制になると，収入に関する意思決定は，政治的プロセスというよりは，主にマネージャーの管轄下に入ることになる．それでもなお政治的要素は残るし，市民の意向も考慮しなければならない．したがって行政機関と政治的影響力をバランスさせる必要がある．

7.2 財政マネジメントの要素

水マネージャーは，問題が発生した時には，下記のような財政マネジメントの原則を適用しなければならない(Grigg, 1988)．
・財政状況の理解を可能にし，実行可能な計画の立案が可能になるような財政分析と計画立案を行う

- 財政システムや組織的業務の特定部分の計画立案と統制を行うツールとして予算編成を行う
- 財政マネジメントを細部まで統制できるような財政統制機構と報告機構を確立する
- 実施計画に必要な資金を確保できるような収入管理計画を作成する
- 無駄や損失を最低限に抑えられるような費用管理手法を採用する

分析に必要な支援手段は，キャッシュ・フロー分析，収支報告書，貸借対照表などの会計手法である．こうした手法を完全に理解するには，ある程度の会計学の学習が必要であり，会計学の必須部分を理解するのは難しいことではない．

財政のマネジメントは，水管理事務所の内部またはその支援の中で複数の担当部署において行われる．その内容としては，予算編成，会計，監査，査定，購買および財務の機能がある．マネージャーはこれらの部署の担当責任者をよく知って財政マネジメントをまとめられるようにしなければならない．

7.3　財政計画，財政分析，および予算編成

施設と事業計画の両方について財政対策を計画する必要がある．Raftelis (1989)は，上水施設と下水施設の計画立案について次のようなステップを提示している．
① 各種の経済的要因を評価する
② 施設に関する総合的なマスター・プランを作成する
③ 所要資金の調達スケジュールを作成する
④ 代替可能な資金調達方法について検討する
⑤ 1年間に必要な事業管理収入と資本勘定収入を決定する
⑥ 料金と負担金を計算する
⑦ 利用者に対する影響を評価する

次に，もう一つ別の財政分析と計画立案のステップを示す(Government Finance Research Center, 1981)．
- 収入分析
- コスト分析

- 制度分析
- 支払い能力分析
- 副次的影響分析
- 感度分析

　施設のマスター・プランや実行計画にはコスト分析が含まれるが，このコスト分析で検討しなければならないのは，計画立案と経済的要素，設計コストと建設コスト，事業実施コストと保守コスト，および規制対策コストである．こうした財政計画を立案することによって設備資金と事業運用資金の両方に必要な収入に関する計画ができてくる．

　収入分析では，経済的条件と政治的条件の両面から資金源の実現性を判断する．これは利用可能になると予想される資金に関する見通しである．料金と負担金，借入れによる資金調達，助成金，他省との資金譲渡を含む可能と思われるすべての資金源について検討すべきである．

　制度分析とは，制度の事業計画管理能力を評価することである．支払い能力分析は，利用者の事業計画コスト負担能力を判断するという点で密接な関連がある．

　感度分析は，前提の変化によって発生する可能性のある分析結果の変化を調べるものであり，前提と分析の現実性に関する最終チェックである．

　財政計画とその見通しは，計画財務報告書や，損益計算書，現金予算書および貸借対照表によって説明することが可能である(Block and Hirt, 1981)．損益計算書は，一定の時間経過(例えば1年)の間の収入と支出の予定を示すものである．貸借対照表は，当該会計年度の資産と負債の変化を説明するものである．この2つの報告書では減価償却や簿価などの価値を計算する必要があるので，かなり複雑なものになる場合がある．受取勘定や支払勘定は，損益計算書に記入され，負債や支払勘定は，貸借対照表に記入される．公営企業の場合には，費用の回収や自前の資金運用は，現金予算書に記入される．

　フィージビリティ分析は，プロジェクトの計画立案の中で最も重要な部分であり，その中でも財政的フィージビリティが重要である．フィージビリティ分析については第4章で述べた．財政的フィージビリティが支払い能力を判断するのに対し，経済的フィージビリティはあるプロジェクトを建設すべきかどうかを全体的に判断するという点でこの両者は異なる．経済的フィージビリティ分析のツールとしてよく知られている便益-費用分析(benefit-cost analysis; BCA)は，総合

的な経済効率を分析するものであり，コストを誰が負担するのかについて直接に取り上げることはない．要するに BCA は，便益を受けるのは誰で，支払うのは誰かを分析（負担分析）する場合にだけ適用できると考えるのが妥当である．経済的ツールは，財政分析と密接に関係しており，その違いは情報の使い方にある．

地方においては，ほとんどの計画に付随する主要な財政問題は，目的達成に最も適した方法は何か，そのコストはどれくらいか，それを支払うにはどうすればよいか，計画の公的認可を得るにはどうすればよいか，などである．こうした問題は，例えばコロラド州 Ft. Collins 市の下水処理施設の拡張に関する最近のマスター・プランの中で明らかにされた (1990)．

計画立案担当職員は，計画着手に当たっていくつかの基礎調査を実施した．具体的には，サービス・エリアにおける成長予測調査，隣接する下水処理区の計画，拡張選択肢と将来計画の立地に関する調査，水質調査，下水道料金調査，コスト配分調査，資金源調査などである．その結果，次の諸点が明らかになった．①同市では3年後には施設の拡張が必要になること，②人口の増加が続いているのでサービス・エリアを完全に判断することができないこと，③広域下水施設が建設される可能性があること，④施設の拡張については複数の選択肢があること，⑤最適選択肢は，最初に既存施設を拡張し，その後でもっと大規模な広域下水施設を建設すること，⑥建設費は，増設部分については新規利用者に割り当て，高度処理部分については既存利用者に割り当てること，⑦この計画に伴って下水道料金を6年間にわたって年間約6％ずつ引き上げること，⑧最初の改良部分の資金調達の最適オプションは債券発行とするか，あるいは州の Pollution Control Revolving Fund Program（汚濁制御回転基金プログラム）にローンを申請すること，などである．この計画立案プロセスの成果は上々であり，計画の各要素は全体として計画どおりに進められた．

7.4 財政マネジメントにおける一つのツールとしての予算プロセス

予算プロセスは，マネージャーの財政計画立案にとって最も重要なツールである．予算は，計画と運営と監査の接点を提供する．例えば，前記の Ft. Collins 市の下水処理施設の拡張の場合，支出は建設予算と運営費予算の両方に組み入れ

なければならない.

図-7.1に示す典型的な予算プロセスは，規模の大小に関係なく，どの企業にも適用できるものである．例えば，世界で最も複雑な組織といわれる米国連邦政府では，大統領の予算教書提出の前年に予算編成担当事務局で予算作成の準備段階が始まり，この予算案は，予算年度の前年度の2月に提出される．大統領の予算教書が議会に提出された後，立法機関の段階となる．1995年，共和党が支配する議会は大統領予算が「議会に到着した時には鮮度を失っていた」と宣言した．これは米国の予算戦争ではよくある駆引きである．

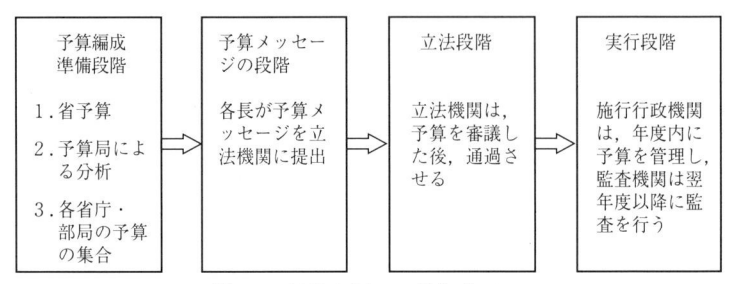

予算編成準備段階	予算メッセージの段階	立法段階	実行段階
1. 省予算 2. 予算局による分析 3. 各省庁・部局の予算の集合	各長が予算メッセージを立法機関に提出	立法機関は，予算を審議した後，通過させる	施行行政機関は，年度内に予算を管理し，監査機関は翌年度以降に監査を行う

図-7.1 予算サイクルの進捗プロセス

小規模な組織の場合には(例えば，水管理区)，予算編成の準備段階はその年の当初の約2箇月であり，役員がその予算を，例えば10月に委員会に提出し，委員会はそれを1月1日までに決議し，その時点で効力を発することになる．

予算は単なる資金割当て手段以上のものであり，ある組織の事業計画と事業配分に従って構成された支出と収入について採択を行った結果できる計画である．予算が承認されると，これが当該年度の正式な事業管理計画となる．こうした予算プロセスが，当該組織または事業計画の予算の交渉，提出，採択，遵守，および監査を行うための計画立案手続きのすべてである．予算書は重要なコミュニケーション手段である．予算編成は，行政機関にとって最も微妙な作業であり，また重要なマネジメント手段でもある．

予算編成には，当該組織の政策と指導に関する様々な意思決定が含まれる．また，予算は，その収入が借入れによるものか，利用者からの料金収入か，あるいはそれ以外の源泉によるものかどうかに関係なく，その使い方が決められる．予算は単なる財務会計責任を超えたものである．これまで「計画立案，事業計画作成，予算編成システム(planning, programming, budgeting systems；PPBS)」や

「ゼロベース予算編成(zero-based budgeting；ZBB)」などの新しい手法が試みられてきたが，実用化が困難なため，常に基本的プロセスを重視する方向に戻っている．

建設予算の編成，すなわち耐用年数が1年以上の資本項目の予算編成手順は，総合計画や設備投資計画や建設予算を通して資本勘定計画の立案や事業計画の作成と関連している．こうした計画立案と建設予算編成との関係はU.S. General Accounting Office(1981)によって説明されたものである．計画の成功にとって最も重要な要素は，計画立案と予算化をいかにうまく結び付けるかにかかっている．

予算政策と政治的やりとりは，他の公的機関に対する場合と同じように，水組織にも影響を与える．Wildavsky(1984)は，予算政策における政治的問題点をいくつか指摘している．すなわち，行政機関の場合には，役割と期待，要求額の決定，支出額の決定，省対局，予算編成部署の役割および勧告額の決定であり，歳出委員会の場合には，役割と見通し，提供額の決定および顧客グループである．

7.5　建設予算と運営費予算

Ft. Collins市(コロラド州)のWater and Wastewater Utility(1988)の文書から引用した図-7.2と7.3は，予算編成と財政マネジメントを運営費予算と建設予算に分けて表したものである．図-7.2は，水利権の購入，処理プラントその他の基盤施設の建設を含む運営システムの拡張が示されている．Ft. Collins市は，「成長は利益になる」という考え方をしているので，こうした項目の支払いは，通常は開発業者または建設業者が負担し，彼らはそのコストを住宅購入者や企業に転嫁する．図-7.3では，それが「システム拡張サイクル」と「運転・維持サイクル」の中でどう動くかを示している．この図により，サービス料金対処理プラント投資料金および負債の影響が異なることがわかる．

建設予算の編成において追加すべきひとつの問題としてここで指摘しなければならないのは，図-7.2のように施設の更新が運転と維持の項目に入っていることである．これはシステム拡張サイクルを運転・維持サイクルから区別するという意味では正しいが，予算編成においては施設の更新は，運転・維持項目というよりは資本項目に属するものである．しかし，これは負債によって支払われる場

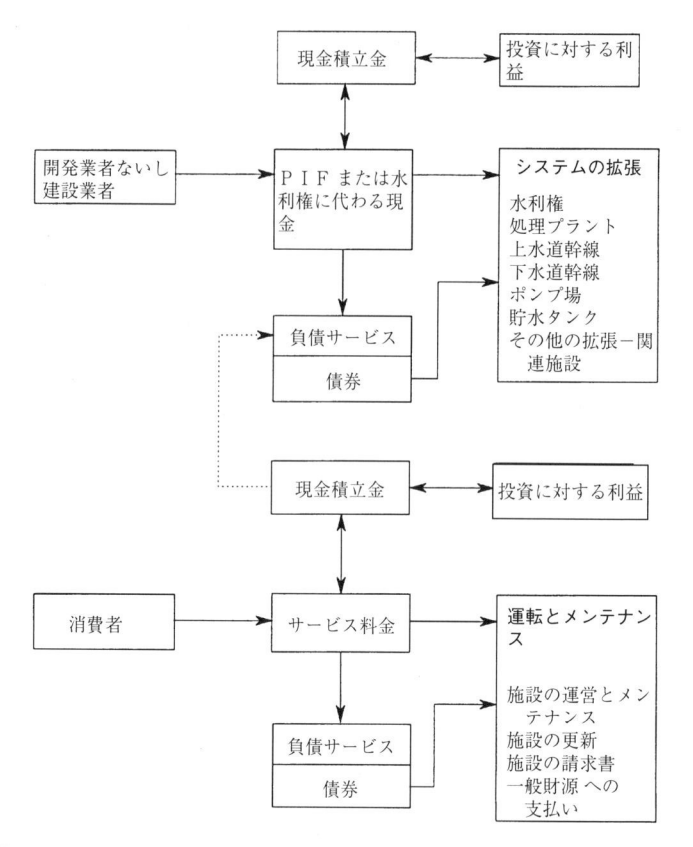

図-7.2 水企業体の資本および運転・維持サイクル(出典：Ft. Collins Water Utility)

合もあり，この負債は開発業者や建設業者からの拠出金によってではなく，サービス料金によって返済される．その意味では**図-7.2**に示すとおりである．

7.6 財務管理，会計業務および報告書作成

　財務管理報告書は，理事会や消費者や監督官庁に必要なマネジメント情報を提供する．会計業務は，経営者の意思決定や報告書作成に必要な情報を提供するが，この中には各種の分析や情報の記録も含まれている．監査は，財務報告書の

7.6 財務管理，会計業務および報告書作成

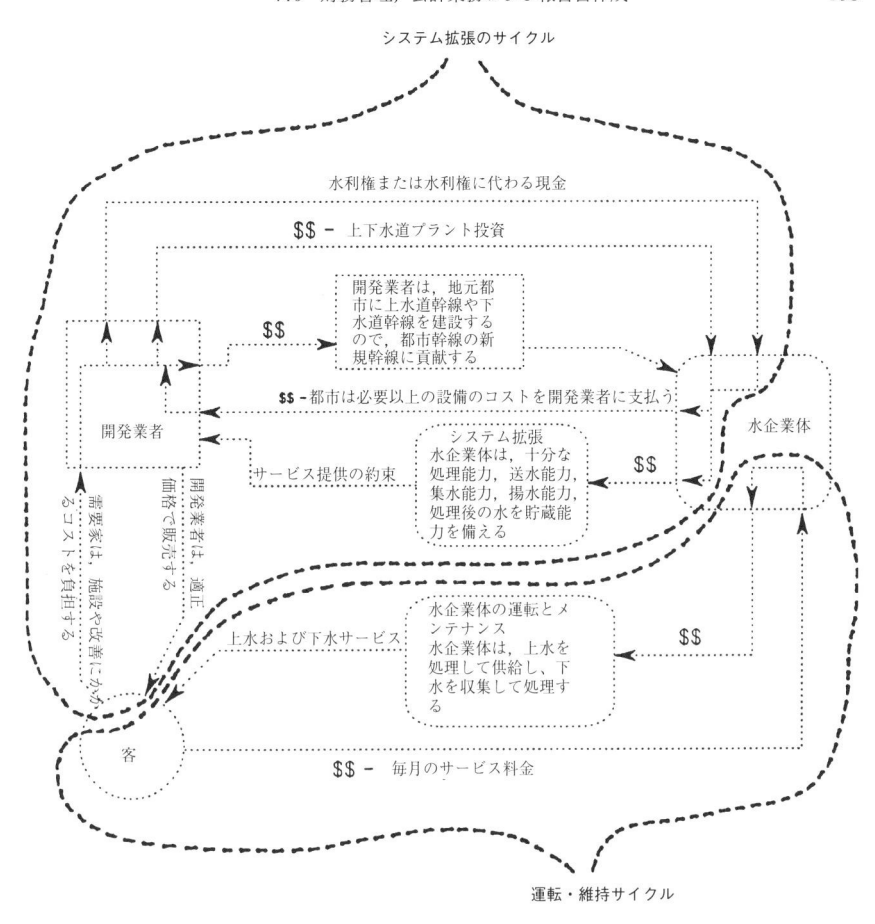

図-7.3 水企業体の資金の流れ（出典：Ft. Collins Water Utility）

信頼性をチェックするものであり，通常は日常的な会計業務を行う会計士以外の会計士によって行われる．

公益事業体や企業の資金には，付加利子会計法を採用すべきである（Gitajn, 1984）．費用や収入は，現金を払ったり，受け取ったりした時ではなく，発生した時に記入する．こうしておけば，財務報告書は常に実際の財務状況を示すことになる．

会計では資金源（funds）をそれぞれの報告書で示す．National Council on Governmental Accounting（大統領政府会計委員会）は，「funds」に8つの意味を

持たせている．すなわち，①一般的な資金，②特別収入による資金，③負債サービスによる資金，④資本プロジェクトによる資金，⑤企業資金，⑥信託およびエージェンシーの資金，⑦政府間サービスによる資金，⑧特別評価資金，である．

水道公益事業体に関しては，American Water Works Association(AWWA；米国水道協会)が，年次報告書には，貸借対照表，所得報告書，留保利益報告書，資金状況変動報告書，5年間の営業報告書を含め，さらに経営者の業績分析報告書を添付すべきであると提案している．

財務監査報告書を使用すれば，財務，経済，実施計画の3つの要素を含めた，もっと幅広い「業績監査」の実施に役立つ．この3つの要素については，U.S. General Accounting Office(連邦会計検査院)が次のように定義している．

- 財務要素とその遵守：ⓐ財務運営が適正に行われているかどうか，またⓑ監査済み企業の財務報告書が正しく提出されているかどうか，しかも，ⓒその企業が適用される法律や規則を遵守していたかどうか，を判断する．
- 経済要素とその効率：その企業実体が資源(人材，財産，空間，その他)を経済的かつ効率的に管理または利用しているかを判断し，また，マネジメント情報システム，行政手順，あるいは組織構造が不十分なために非効率的または非経済的な実体となっている原因を判断する．
- 事業計画の成果：希望した成果または便益が達成されつつあるかどうか，立法機関またはその他の認可機関によって指定された目的が達成されつつあるかどうか，さらにその行政機関が希望した成果をより少ないコストで達成できるような選択肢を検討したかどうか，を判断する．

7.7 運営費予算に必要な収入

事業管理予算は，毎年更新しなければならないので，その財源は，料率制利用者料金など，システムの便益にリンクさせた定期収入によってまかなう必要がある．補助金への依存度は最低限度にとどめるべきであり，サービス提供と請求する料金の対応関係を密にする必要がある．上水道，下水道，雨水などのシステムに必要な財源は，ほとんどすべて利用者料金によってまかなうべきで，一般税からの補助金に依存すべきではない．下水道建設助成計画などの補助金は徐々に減

7.7 運営費予算に必要な収入

少しつつある．時には，資金を国税から出すのが妥当な場合もあるが，事業運営の財源の基本的な部分は料率制利用者料金にする必要がある．

料率制利用者料金を利用すれば，「利用者負担」の原則を実施することが可能になる．利用者料金は，必然的にサービスの経済効率や公平性に結び付く．「効率」とは無駄がないことを意味し，「公平性」とはサービス提供と請求料金の公平なことをいう．利用者料金の評価方法の理論は，効率と公平性に関連するパラメータが多いため複雑になる．例えば，第 **21** 章の Ft. Collins の水道メータ検針のケースと水道料金決定のケースでは料金設定の際の政治的複雑さについて説明する．

利用者料金に対する反対に伴う議論には次のようなものがある．すなわち，①サービス提供によってもたらされる社会的便益は測定することはできないので，請求することもできない，②サービスに対する負担の支払いは，最低限必要なサービスを購入できない人々にとっては所得の再配分をもたらすことになる，③公共施設や公共サービスは経済開発を促し，その結果得られる税収はこうしたサービスの支払いの一部に充てることができる（この考え方は「税の増収による資金調達」を正当化するために実際に使われる議論である），④税収を特定のサービスに充当すること（一種の利用者料金）は優先順位が変化した場合に公共サービスの予算づくりとマネジメントの弾力性を低下させる，⑤利用者料金だけによる特定サービスの管理を別扱いにする手法は，各種公共サービスの調整を阻害する，などである (Vaughan, 1983)．

補助金は，最低限必要なサービスを提供する場合などに自己資金では負担しきれない時には，必ずしも受取りを避ける必要はない．補助金の 2, 3 の例としては，下水処理場の建設費（建設助成金），灌漑システムへの補助金，例えば，延期した維持管理を「追上げ (catch-up)」させる助成金や「再建 (rehabilitation)」のためのローンなどである．

上水道や下水道業務の改善を目指している発展途上国ではかなり高い利用者料金の設定が望ましい．Pan American Health Organization（世界保健機構ラテンアメリカ支部）は，こうした状況を改善するために 25 年間努力してきた．Morse (1985) は，政府に対する国民の不信感，水はタダだという先入観，水料金が上昇するとインフレに拍車をかける，という考え方が阻害要因になることを指摘し，貸付機関はこうした問題に留意する必要があると結論している．

7.8 水価格の設定：料金と負担金の決定

水の使用に対する価格を決定することは，水政策論争の中でも重要な課題になっている．本節では，この問題のいくつかの側面について検討していく．

最初に取り上げるのは，水料金設定の健全性の議論である．結果的には，水料金設定は法律と同様に，水マネジメントにおける社会的目的を推進するツールとして使うことができることがわかるはずである．こうして，「社会的目的」のあらゆる複雑さを水料金設定の論争の中に持ち込むことができるが，論争は複雑なものになる．

Wall Street Journal(1991)が，水の価格設定や規制政策によって絶滅危惧種を保護することについての論争を社説に取り上げたことがある．同紙は，「裁判官と彼が信頼する生物学者がサケ科の救済のためには，どんな代金を課してもよいものかどうか」，また「一方で，水道事業者はサケを保護すればSeattleの照明を確保するのに必要な年間数MWの電力の数倍の電力を失う結果になると警告しており」，さらに「より多くの市民がそのほかの必要性以上にサケの保護を重視するのであれば，議会は電力会社や農業経営者が受入れる料金より高い限界すれすれの料金で水を購入するために財政資金を使ってもいいのではないか」と述べた．さらに「特に，非常に多くの関係者の職業や身上がかかっている場合，自然の資源に自由市場の経済原理をあてはめることは容易なことではない．しかし，数百万の人々が持つ多数の要求を裁定できるメカニズムがほかにあるとは思えない．こうしたプロセスを調停できる価格設定システムが存在しなければ，人間は勝手気ままに行動する可能性がある」と述べている．

優れた水経済学者であるCharles W. Howe(1993)は，「Water Pricing: An Overview」という論説の中に議論の場を設けて，次のように述べている．「適正な水料金の決定は複雑な作業であるが，適正な料金とは『上水道システムから取水する単位当りの水に対して，次の(または限界的な)単位当りの水をつくりだすために支払われる金額』でなければならない」．彼がこうした定義を選択した理由は，「合理的利用者が家庭用，工業用，灌漑用など異なる用途にどの程度の量の水を供給するかを決定する際に限界的便益と比較する」のはコストだからである．彼の結論は，「異なる給水地点と利用サイクルにおいて水の価格が適正に設定

されれば，利用者を水供給コストに直面させたり，供給増が必要になった時には水供給側にきっかけを与えたり，健全な水環境へのアプローチを具体化しやすくなるなど，多くの貴重な効果を発揮する」というものである．

料金や利用者負担金の設定方法は，水サービス業務によって異なる．料率制利用者料金を設定するのに優れたモデルを持つ上水道事業体に多くの関心が寄せられてきた．下水道料金の設定方法はまだ十分に確立されておらず，連邦交付金と関連づけられ，U.S. EPAが定めた要件に従って決められてきた．3つの業界団体の共同委員会の1973年報告書は，固定資産税と利用者料金を区別するよう勧告している(APWA, 1973)．雨水システムでは，雨水公共施設という概念を導入するようになっており，利用者料金は，敷地の規模や流出係数などのパラメータに基づいて決定されている．この料金は固定資産の価値と関係するので，なお若干は固定資産税的ニュアンスを含んでいる．雨水システム利用者料金は今後もなお解決を必要とする課題である．灌漑利用者に対する料金設定の方法は，一部の灌漑用水は政府の補助金を利用したプロジェクトによって供給されているので，複雑である．この問題については第21章で取り上げる．

Vaughan(1983)は，利用者料金の一般的な問題を分析した後，5つの利用原則を発表している．すなわち，①料金はサービスの受益者に課すべきである，②価格，すなわち料金はサービス提供の限界コストまたは増分コストに設定すべきであって，平均コストに設定すべきではない，③需要を調整するため，ピーク負荷料金を設定すべきである，④限界コストに基づく料金設定を採用する場合は，低所得層も十分に利用できるように特別規定を設けるべきである，⑤利用者料金はインフレや経済成長に連動させるべきである，というものである．これは全体としては良くできている原則であるが，特定のケースについてはそれに合わせて適用するようにしなければならない．

水の料金に関するもう一人の著者であるJohn Boland(1993)は，都市上水道に適用する水価格の設定目的について次のように述べている．

・経済効率：供給区域の水需要を満たすための合計コストを最も少なくできるような水利用のパターンとレベルを促すこと
・公正性：水利用者や一般市民から公正だと認めてもらうこと
・公平性：同じものを同じように扱うこと，すなわち，同じコストがかかった水を購入する者はすべて同一料金を支払うということ

- 収入効率：保守，現金払いの資本支出，未払金を含むすべてのコストを料金でまかなうこと
- 正味収入安定性：需要や自然条件の変動の影響を緩和すること
- 単純性と理解可能性：不要な複雑さを避け，水利用者や意思決定者に理解できるようにすること
- 資源保全性：乏しい資源の節約を推進すること

　Bolandは，以上のほかにも，料金制を実施する場合には，料金の急激な変動を避けて，事業の実施が容易になるようにし，また，起債に良好な条件を与えるようにすべきである，と述べている．

　上水事業の分野においては，一般的な料率設定手順は，AWWA の実施マニュアルに記載されている(1983)．AWWA によると，料率設定プロセスを構成するのは，必要な収入の決定，需要家の階層別のサービス・コストの決定，料率構造そのものの設計である．AWWA の実施マニュアルには，商品の要求度による方法(commodity-demand method)と基本料金プラス超過料金システム法(base-extra capacity method)の 2 つのタイプの基本的な手法が紹介されている．この 2 つの方法の違いは，基本的にはコストの分類方法の違いによるものである．

　AWWA のこの手法は，Vaughan の原則に基づくものである．水道事業者は「需要家の階層に基づいてサービス・コスト」を決定することによりサービス受益者に料金を課すことができる．理想的にいえば，この方法の採用により，サービス提供の限界コストのレベルに設定した料金を実現し，さらにピーク負荷を満たすことによる追加コストを実質的に考慮できることが望ましい．これ以外の 2 つの原則(低所得層へのサービス提供とインフレや成長に連動させること)を実行するためには，こうした直接的プロセスの外での意思決定が必要かもしれない．

　「サービス・コスト」に基づく料率制料金設定手法は，事業マネージャーの観点から見た場合や公営企業にとっては有効な手法である．これに付随する主要な問題は，すべての「社会コスト」を「サービス・コスト」に盛り込むことは不可能だということである．例えば，ある都市で，住民に 1 000 gal(3.8 m³)当り 3 ドルで給水できるが，そうすると環境用水がなくなってしまう場合，この料金制度では「環境費用」のことはどう考えればよいのか？　その答は複雑であり，第 6 章で取り上げた「公共信託法理」の議論にも関係するが，実際問題としては，この都市は「サービス・コスト」を無視して，環境保護のためにもっと高い料金を請求すると

決定するだけでよいのかもしれない．

1993年と1994年に，Ft. Collins市は上水道と下水道の階層別需要家に費用を割り当てる「サービス・コスト」制度の検討を実施した．全体としては，上水道についてはAWWAのマニュアルに従い，下水道については各種工業や階層別需要家から出てくる下水のコストの影響を費用配分に考慮している．この検討の結果，次の5つの問題が確認され，議論の的となった．

① 水道事業体の料率の決定範囲を拡大して，サービス・コストと需要管理政策まで含めることにするかどうか
② 住民の下水料率を改定して，それを年間平均水消費量ではなく冬期の水消費量とリンクさせるかどうか
③ 非住宅(商業ビル，工場など)の需要家に対しては，過剰使用に罰を与える「一定水使用超過量に対する超過課金システム」を導入するかどうか
④ 市域外の需要家に対する現行の50％の追加料金を撤廃するかどうか
⑤ サービス・コスト料率の調整を段階的に導入していくかどうか

本書を執筆している段階では，こうした改正点のほとんどが実施されていたが，企業の「過剰な水使用」に対する料金など，比較的議論の多かった若干の問題については，スタッフに法案を返してさらに検討を実施している．なお多くの論点が残されているが，このケースでは傾向としては明らかに，妥当な料率決定の原理に向けて動いている．

「サービス・コスト」は，様々な当事者がプロジェクトないしはサービスからどの程度の便益を受けているかに比例して，コストを公正に査定する方法である．水プロジェクトの規模が大きくなると，一般コスト(すなわち共通コスト)と特定の受益者に付随すると確認できるコストとに分かれる．これは分離可能コストと呼ばれる．このコストを確認した後，多目的水資源プロジェクトについて分離可能コスト—残余便益法と呼ばれる手法が開発された．この手法は，コスト配分にも時折採用される．多目的水資源プロジェクトでは，例えば用水開発，洪水調節および水力発電の3つの目的が考えられる．水力による電力は，政府によって発電され，民間の電力会社に卸売される．したがって，水力発電の分離可能コストは，利用者料金によって資金提供を受けることになる．洪水調節の分離可能コストは，連邦政府や州政府と交渉した後，この両者から共同で資金提供を受ける．用水開発の分離可能コストは，長期契約に基づく地元政府への水販売によって資金

提供を受ける．

費用配分のもう一つの例として，排水と洪水の調節プロジェクトが考えられる．土地開発業者は，その土地の改良によって便益を得るが，住民全体にも若干の便益が発生する．したがって，都市は，開発業者に費用を割り当てる一方で，一般的公益に対しては税収で支払うこともありうる．

水価格の設定と費用の割当ては，複雑な問題である．交渉の必要もなく簡単な方策で解決できればいうことはないのだが，関与する関係者や政策問題があまりにも多すぎる．

7.9 建設予算

建設に必要な資金の調達は，控えめに見ても運転資金の調達と同じ程度に難問である．一般的にこの問題は，例えば前述の下水処理プラントの拡張など，施設の建設，更新，近代化，あるいは改良に必要な資金を調達する方法である．

こうした建設資金の調達問題を，新車の購入とのアナロジーで考えてみよう．貯金して資金を貯めてから車を買う方法と，お金を借りて車を買う方法とがある．前者の場合には車を使う前にお金を払っていることになるが，後者の場合は車を使いながらお金を払うことになる．最初のケースでは，貯金から得られるはずの利息をあきらめ，貯金とその利息を車のために支払っていることになる．後者のケースでは，ローンと金利を支払うことになる．

水施設の資金調達もほぼ同じであるが，違う点は，将来の住民が受け取る水プロジェクトの便益の対価を現在の利用者に請求するのは一般的には許されない方法だということである．車の場合には，貯蓄者と使用者は同一人物になりうるが，水事業の場合には別々である．こうした理由から，また水事業の資金調達では一般に，調達規模が大きい場合は負債財源融資が利用されるのが普通である．通常は収入担保債が採用されるが，それ以外にもいくつかの方法が可能である．

あるプロジェクトにおいて借入れや債券によって資金調達を行う基本的な理由は，将来の受益者がそれを返済するという想定からである．もし，現在の利用者が基金(減債基金；sinking fund)に資本を提供し，蓄積されたその資本でプロジェクトが建設されれば，将来の利用者は過去の利用者から便益を受けることにな

るが，これは基本的には法に合わないやり方である．これに対する唯一の改善措置は，将来の利用者から得た収入を以前の利用者への返済に使うかどうかである．しかし，この場合には最初の利用者は「強制貯蓄計画」に匹敵する過大な料金を課されることになる．

公共部門においては借入れはどのように行うのがよいか？　その規則や手続きはどんなものか？　「建設予算の編成」は，民間部門の資金調達分析における公共部門からの借入れに匹敵する問題である (Young, 1993)．

民間部門においては，建設予算の作成問題は，「X 資本の利用が可能であると仮定した場合，それを投資する最適の方法は何か．あるいは，資本の借入れが可能だと仮定した場合，最適計画は何か」である．借入れの場合には，リスクが大きくなる．

公共部門において，これに対応する問題は，もっと単純である．資本を必要とするプロジェクトを仮定した場合，この計画に最適な資金調達は何か，資本の最適な借入れ方法は何か，という問題である．建設プロジェクトに関する決定は，政治的に決定される社会的目的(健康，就業機会，社会福祉，安全性，環境，保存)に基づいてすでに公的市場で行われている．事実，どの目的を追求すべきかという政治的決定が，民間部門の利益追求のための決定に取って代わっている．

調査検討段階でどのような金利を採用するかは，公共部門の意思決定において重要課題である．水処理マスター・プランの資金調達など，現地で行われる調査検討においては，資本コストを導入する必要がある．

投資のタイミングを考える場合には，インフレへの対応が重要な課題となる．この問題は，次のように考えるべきである．需要が増加しつつあるために設備の増強が必要だと仮定した場合，いつ投資を行うべきか，またその時の金利はどうなるのか？　この問題を解決するには，需要の増加率，建設費の変動，資本コストとインフレ率との関係などを測る変数を明らかにし，利用者にとって実質コストが最も少なくなる最適化問題を定式化する必要がある．おわかりと思うが，これはかなり複雑な数学問題であり，しかも，例えば将来のインフレなどのデータは常に明らかとはいえないのである．

資本面の改善を繰り返し行うには，現行収入で資金をまかなう方法が考えられる．この場合，収入は必要な時に使える積立金勘定に入れておく．現行収入は資本を生み出すには簡単でしかも効率的な方法であるが，緊急事態が発生すると簡

単に変わってしまう.
　負債財源融資は債券市場からの調達またはローンによる調達である．水施設はほとんどの場合公共部門に属するので，免税債券を採用することができる．インフレや金利の変動を考えると，負債財源融資が有利な場合がある．金利が低ければ，負債を導入して建設しても引き合う．金利が高い場合には，現行収入の方が有利になる可能性があるので，借入れは後で条件がもっと有利になった時にオプションとして採用する．返済期間が施設の耐用年数と同じである場合には，負債財源融資は「使用しながら返済する方法」となる．この施設の更新が必要になった時には返済は完全に終わっているはずである．
　最近の資金調達では，一般政府保証債〔GO(general-obligation)債〕から離れて，収入担保借入れを採用する傾向にある．GO債から離れる傾向が出てきた理由は，債券の場合には地域によっては有権者の承認が必要になること，および「利用者返済」の原則が普及してきたことにある．
　収入担保債は，返済目的に指定された収入で返済するのであるから，返済計画においてはすべての市民が必要なサービスを公正に利用できるように保証しなければならない．また料金が高すぎたり，負担が適正でない場合は，経済発展に悪影響を招く恐れがある.

7.10　負債財源融資

　負債による資金調達は，債券でもローンでも可能であるが，ほとんどの場合に債券が利用される．債券による調達は，基本的にはGO債の場合や収入担保債の場合，あるいはそれらを組み合わせた場合がある．それでも資金調達が困難な場合には，時には「創造的債券金融」に目が向けられることもある．ここで採用されるのは，ディープ・ディスカウントないしゼロクーポン債，変動金利債，プット・オプション債，ワラント付き債券，ミニ債券，ミニ手形である．しかし，「創造的債券金融」とは関係なく，資金調達の手段として，収入担保負債に対する関心が高まっており，GO債から離れていく傾向にある．
　Vaughan(1983)の報告では，収入担保債は，GO債のほぼ3倍だとされている．これは，事業経営重視の傾向と一致しているように思われる．しかしインフ

ラについては,その倍率が示す以上に GO 債が重要だと思われる.というのは,収入担保債は,家屋担保貸付け,工業開発,準民間投資ほどに多く採用され,インフラ関係の金融は,主に GO 債にまかされるからである(Valente, 1986). GO 債は,債券を発行する組織の完全な信頼性と信用に裏付けられている.こうした債券は,通常は財源の一部を使って完済されるが,その保証はその組織の課税能力にある.もちろん,こうした組織は課税能力を持っているのが当然である. GO 債の発行は,関係するプロジェクトが地域社会全体に便益(庁舎ビル,公立学校,道路や橋,経済開発計画など)を与える場合に行うのが賢明である.

GO 債から離れる傾向には様々な理由がある.一つの理由は,債券の場合には地域によっては有権者の承認が必要なことで,場合によっては3分の2の賛成が必要である.これだけの承認を得るのは困難であり,しかも不経済でもある.もう一つの理由は,返済責任をプロジェクトの受益者にまかせようとする傾向,すなわち「利用者返済」の原則にある.

興味深いことに,米国北東部では地元政府に GO 債を採用させる傾向が強いように,しかも大都市圏の方がその周辺の小規模な自治体よりもその傾向が強いように思われる.一方,西部では,北東部よりも有権者の承認で決めるという伝統が優勢であり, GO 債の採用は少ない(Valente, 1986).

収入担保債が採用されるのは,独立採算のとれるプロジェクトの収入のうち,その担保債の返済に指定された部分を使用して債券を完済できる場合である.収入担保債を発行できる組織は GO 債を発行できる組織より多いが,収入担保債は一般的にリスクが大きいと考えられており,それに応じて金利も高くなる.水,電力,ビル,固形廃棄物処理,駐車場,空港,その他の公共公益施設など,料金を支払って使用するインフラ・サービスは収入担保債金融の対象として有望である.

収入担保債は,指定された収入で返済されるので,利用者のサービス料金に生じると同じ問題を考慮する必要がある.最初に,公平性の問題である.返済計画においては,すべての市民が所得水準に関係なく必要なサービスを公平に利用できるよう保証する必要性があることを考慮すべきである.次は経済開発の問題である.料金が高すぎたり,あるいは分担が適正でない場合には,事業体の競争力に悪影響をもたらす恐れがある.

マネージャーの負債財源の仕事は,いつ,どの程度の資金が必要かを判断し,最も有利な融資を探し出すことである.そのためには,もちろん専門家のアドバ

イスが必要である．現在では，多くの会社がこうしたアドバイスの提供を巡って競争している．負債の返済には資金が必要であるが，この資金は収入から割り当てられ，通常は運営費予算の中から支出される．これで債券の回収が可能になる．債券発行の準備は複雑な業務であり，費用もかかる．これが債券市場による場合の欠点である．

債券発行のプロセスでは，債券発行契約に関与する様々な当事者の役割が明らかにされる．債券は，行政機関が水利用者などのサービス利用者にサービスを提供するプロジェクトの資金を調達するために販売される．債券発行は，発行者によって行われ，発行者は，受託会社を通じて債券を債券保有者に販売する．収入は後日，利用者から発行者へ，さらに最終的には債券保有者に還流する．この基本的な流れには，もちろん様々なバリエーションがある．インフラの金融分野では投資銀行が活発に活動する．投資銀行は，各種の公開イベントを企画して，債券発行の権限を与えられた自治体の幹部職員その他を集める．こうしたイベントは，次のような団体の集会でよく行われる．すなわち，Government Finance Officer's Association, National Association of State Treasurers, Airport Operator's Council, International City Manager's Association, International Bridge, Tunnel and Turnpike Association およびその他のインフラの業界団体である．

Touche Ross & Company(1985)は，インフラに関わる金融のニーズと計画に関する調査を実施したことがある．同社は5 000枚のアンケートを発送して19％の回答を受け取った．この調査結果の結論によると，施設の資金調達方法としてはGO債と連邦助成金が最も好ましいとされ，それに次ぐのが収入担保債と特別負担金である．民営化，増税による財源確保，インフラストラクチャー銀行，あるいはその他の金融手段を支持する者は30％以下であった．この回答には地域差も見られ，東部ではGO債や連邦助成金に対する支持が多く，西部ではGO債よりも収入担保債の支持が多い．回答者は増税を支持しなかったが，増税は避けられないかもしれないと見ているようであった．また，回答者は民営化やインフラストラクチャー銀行の導入を支持しなかったものの，Touche Ross & Companyは将来はその導入が増えるものと予想している．

負債財源融資は，建設予算の編成や意思決定と直接結び付く問題であり，あらゆる組織(連邦政府のような組織でも)の財政マネジメントにおいて最も重要な問

題である．この問題を取り上げる場合には，投資，インフレ，金利，為替レートなど，他の要因も含めて考える必要があり，特にプロジェクト資金を母国通貨以外の通貨で調達している場合はその必要がある．

もちろん，世の中には「タダのランチ」などあるはずがなく，しかも負債財源の導入には限度がある．ある理由によりすでに指摘した法的限度額が適用されており，課税評価額の約10％が通常の限度である．1980年代には「ウップス(whoops)債」の支払い不能がしばしば大見出しになったが，この「ウップス」とは，Washington Public Power Supply System(WPPSS)のことで，1983年に同社の25億ドルの地方債は支払い不能に陥った．この資金は，原子力発電所の資金に使用されていた．これほどの巨額の支払い不能が発生したため，監督者や一般市民から債券発行プロセスについて多くの疑問が投げかけられた．支払い不能に関する著書を書いた Leigland(1986) も次のような疑問を表明した．

- この債券はなぜ「合衆国債券」になったのか？
- この債券は原子力施設の資金を調達するものなのに，なぜ「水力発電所の保証付き」と称するのか？
- 引受け人の責任はどうなっているのか？
- この債券の格付けが高いのはなぜか？
- WPPSS が施設を建設するよう圧力をかけられたのはなぜか？
- スタッフが悩んでいたのであれば，問題が発生する前になぜそれがわからなかったのか？

こうした疑問や WPPSS の支払い不能は，負債財源融資への依存の限界を示すと同時に，高額の負債証券の発行者と購入者の双方に警告を発するものになっている．

7.11 システム開発費

設備資金の調達戦略全体の中でシステム開発費の占める比重が徐々に大きくなってきた．その理由は，システム開発費においてはシステムの特定部分に向けられるコストが明確に区分され，またシステム料金を課す方法もシステム開発費によって決められるからである．事実，こうした開発費制度が導入されているおか

げで，新規利用者は公平な負担金を支払うことにより既存システムに「加入する」ことが可能になる．簡単な例として，新規開発にも十分に対応できる能力を持つ上水道システムをすでに建設している自治体の場合を考えてみよう．新規開発が開始される時に，開発に必要な公平なコストが計算され，それはシステムのうちの新規開発に帰属する部分に支払うべきシステム開発費として請求される．もちろんこの開発費は，開発された不動産の購入者に土地価格を高くする方法で転嫁されるか，あるいはこの開発費を自分で支払うよう購入者に要求されたりする．いずれにしてもインフラ費用は最終的には不動産所有者に転嫁される．

　Ft. Collins市が事業運営費として利用者料金を課すために採用している方法について検討するため，いくつかの例をあげているが，その中には交通施設料金や排水施設料金が含まれている．同市はさらに，新規開発の際に利用者料金を課すのを正当化するため「成長は自ら弁済する」という原理を採用している．こうした利用者料金やシステム開発費は，主に設備資金の支出に向けられているが，用途別の料金の種類は次のとおりである．

・水プラント投資料金
・水利権取得料金
・下水プラント投資料金
・雨水排水料金
・道路拡張料金
・オフサイト道路改良費
・電力オフサイトおよびオンサイト料金
・公園料

　$7\,200\,\text{ft}^2$ ($670\,\text{m}^2$) の住宅用地にある7万5000ドルの家屋に対するこれらの料金は，1982年には合計7 025ドルであったが，これがこの地域のほぼ平均的な数字であった．こうした料金はDenver都市圏ではもう少し高く，1960年代後半に合併したばかりの郊外都市であるコロラド州Lakewoodでは9 694ドルと登録されている．成長に必要な資金調達としてこうした料金を導入することはアメリカ西部では普通のことであり，ほかの地方でも徐々に受入れられつつある．住宅購入者や住宅建設業者にとっては，提示される料金の大きさは明らかに重大な関心事である．

　一種の利用者料金であるシステム開発費が値上げされだすと，それに対する反

対が浮上してくるのは確かなようである．新規開発に課される特殊なタイプのシステム開発費である「インパクト料金」は開発業者の反発を招いている．

7.12 補助金と助成金

補助金(grant)は，これまでインフラ・システムの支払い財源全体の中で重要な役割を果たしてきたが，様々な理由からその評判は低下している．最大の理由は，連邦政府の財政難と，補助金を受け取る団体のアカウンタビリティーの欠如である．補助金は，本質的にはそれを受け取る組織に対する贈与であり，「利用者負担」の原則を普及させる効果はあまりない．米国で補助金の人気が高まったのは Johnson 政権の時代からで，1980 年頃には終わりを告げた．

米国では，例えば，Clean Water Act(水質汚濁防止法)が通過した後の 10 年間に連邦下水道建設交付金プログラムによって約 400 億ドルが処理施設に融資された．当時は下水道事業では「利用者負担」の原則を受入れる傾向はきわめて弱かったので，政府はこうした融資が必要だと考えていた．

現在では補助金プログラムは縮小されつつあり，それに代わって事業意識と自己金融が重視されるようになってきたように思われる．また，連邦政府は多くの責任をすでに州政府や地方政府に委譲している．地方のインフラの資金調達においてはなお補助金が重要な財源になっているが，その金額は以前ほど大きいものではない．

水システムの資金調達に関しては，「助成金(subsidy)」という用語は，政府から交付される財政援助を意味し，基本的には補助金と同じである．

7.13 開発銀行

水プログラムの資金調達においては，開発銀行も主要な資金源だといえよう．「開発銀行」とは基本的には，水プロジェクトなどの経済開発プロジェクトを援助するためにローンを実行することを目的に設立された金融機関のことである．例えば 1984 年には，世界銀行から融資された合計 1 550 億ドルの資金のうち，26

億ドルは運輸交通プロジェクト向けであり，6億ドルは上下水道プロジェクト向け，35億ドルはエネルギー・プロジェクト向け，5億ドルは都市開発向けであった．それ以外に35億ドルが農業と農村の開発に向けられたが，その多くはインフラ・システムによる水マネジメント向けであった．

開発銀行は，多くの国においてインフラの開発と融資の主要な財源になっている．多くのエンジニアや計画立案者が世界銀行に協力して働いてきたが，それ以外にも多数の開発銀行が活動している．1985年，ENR誌は国際的に活動している開発銀行のリストを発表したが(ENR, 1985)，そこに掲載された金融機関名は次のとおりである．World Bank, African Development Bank, African Development Fund, Asian Development Bank, Inter-American Development Bank, Bank Ouest-Africaine de Development, Caribbean Development Bank, Central American Bank for Economic Integration, East African Development Bank, Abu Dhabi Fund for Economic Development, Arab Bank for Economic Development in Africa, Arab Fund for Economic and Social Development, Iraq Fund for External Development, Islamic Development Bank, Kuwait Fund for Arab Development, OPEC Fund for International Development, Saudi Fund for Development, European Development Fund, European Investment Bank, Overseas Economic Cooperation Fund, Japan, およびInternational Fund for Agricultural Development．政治状況の変化に伴って開発銀行も変化する．例えば，ソ連の崩壊の後，欧州開発を目的に新しい開発銀行が設立されたし，北米自由貿易協定(North American Free Trade Agreement; NAFTA)が結成された後，米国とメキシコの国境の環境改善のために開発銀行が設立された．

通常，こうした開発銀行が提供するのは通常のローンと助成ローンである．また，金融計画を支援する支払い繰延べ計画を利用することも可能である．通常のローンは，市場金利で返済されるが，助成ローンの返済は，市場金利以下の金利で行われ，例えば長期的な農村開発プロジェクトなどの場合には無利息が適用される場合もある．もちろん，インフレの時には，長期の無利息ローンは，実質的には借入れ者がかなりの額を返済する必要がなくなるので補助金と同じことになる．

開発銀行は，自己金融と助成金を組み合わせる方法で融資を行うので，インフ

ラ問題を解決するには魅力的なシステムとなっている．こうしたシステムは，世界銀行にはっきり現れており，この銀行は International Bank for Reconstruction and Development(IBRD；国際復興開発銀行，世界銀行のフルネーム)という金融窓口と，International Development Association(IDA；国際開発協会)という援助の窓口を使って事業を行っている．米国では，1980年代前半にインフラ・システムの改善方法を研究していた際に，「インフラストラクチャー銀行」のアイデアが何回も浮上してきた．その銀行は，実際には一種の開発銀行といえるものである．

米国ではまだ連邦インフラストラクチャー銀行は実現していないが，その原理のいくつかはなお継続している．この基金は，多年会計ベースで予測可能な資金を提供することができるので，地方政府や州政府は設備資金について現実的な予算を組めるようになる．こうした資金が計画どおりに利用されているかどうかについては，General Accounting Office または別の監査機関が監視することになるが，資金全体の運用状況は何らかの全国的設備資金予算書の中で報告されることになる．

助成金の程度次第では，開発銀行の融資がこげ付くこともありうるので，計画を支援する政府に補充資金を用意させておく必要がある．また，開発銀行が債券市場から追加資金を借入れるのは自由であり，その返済は通常の債券金融の実行によって行う．

世界各地では，地方の開発銀行や，地域の開発銀行，あるいは国の開発銀行が営業している．どのようなローン基金も一種の開発銀行とみなすことができる．開発銀行の中で大手とされるのは，International Bank for Reconstruction and Development(世界銀行)，Inter-American Development Bank，および Asian Development Bank である．1992年には European Development Bank が設立されている．

7.14 民　営　化

民営化とは，公的組織がある事業の全部または一部の財務部門および/または事業部門を民間企業に譲渡することである．Rafteris(1989)は，民営化を「公的

部門へのサービス提供に使用される,施設の設計(もし適切なら),資金調達,建設,所有,および/または運営における民間部門の関与」と定義している.Rafterisによると,近年民営化が多くの注目を集めるようになったのは,コストの上昇,サービス需要の増加,税や料金の限度に関する市民意識の向上,補助金や税に対するインセンティブの消滅などによるものである.

民間企業に期待される潜在的役割は,主にサービスの提供や設計業務などの事業支援である.効果的な規制や調整が行われるならば,少なくとも健全で適正に機能している経済において民間部門が水道事業を行えないとする理由はない.しかし,ほぼどの事業も独占になる可能性がある.したがって,地方の水道事業などの公益事業を民間部門が行う場合には,健康や環境だけでなく営業活動についても規制を行う必要がある.

民営化の背景にある基本的な問題は,必要なサービスを提供するのは政府か,それとも民間部門かという考え方の問題である.もっともわかりやすい例は国有事業の民営化であるが,過去の事例では官営か民営かを巡って産業政策は揺れ動いてきた.例えば第二次世界大戦後,英国の労働党政府は一部の産業の国有化運動を推進したが,1980年代になるとMargaret Thatcher首相の保守政府はそれまでの産業政策を逆転させて産業の民営化を推進した.英国の水道事業は,それ以前はほとんど公営で継続されていたが,それ以外の国では民営化されていた.1990年代になって,ソ連が崩壊し,国家主導型社会主義の信用が全面的に失墜すると,東欧では産業の民営化運動が大規模に推進され,現在もほぼすべての国と国際組織が水道事業を行う適正な選択肢として民営化を進めている.

経済的に最も低いレベルにある国でも,水道事業の民営化の気運が高まっている.世界銀行では,中央政府や大規模な国営企業の影響力を避けてサービスをもっと利用者に近いレベルに委譲する方法は,民間部門の参入と利用者団体の組織化の2つであると考えている.業務を提供する方法としては,販売契約,経営契約,民間所有制,水資源マネジメントへの利用者や地域社会の参加,などがある.世界銀行(1993)によると,こうした方法を採用すれば,水システムに対する責任意識が生まれ,利用者のニーズに対する責任や関心が向上し,政治的介入を制限し,効率が向上し,政府の財政負担が軽減されるなどの効果が出てくる可能性があるという.

米国では水事業の民営化は,1980年代になってから広く注目されるようにな

7.14 民　営　化

り，その事業運営は，全般的に連邦政府の干渉から離れていった(規制は別として)．1960年代には州政府の介入や中央集権化が広く実施されたが，1970年代の末までには民主化と民営化が政策の核となった．これは米国だけのことではなく，外国でも同じような政策が採用された．

　民営化に関する当初の論争は，長所と短所の主張に終始した．民営化が進んでいる理由として Rafteris(1989) が指摘した点は，官僚的形式主義をある程度避けられるので，建設コストが軽減されること，調達とスケジュールが効率化されること，民間企業は性能を保証するのでリスクを軽減できること，民間部門では人材の確保や研修が進んでいるので，運営費が節減できること，加速償却や投資税控除などの優遇税制を受けられること，公債発行限度がないので債券発行規模の点では有利なこと，および民間市場で資本調達を広く行えること，である．

　上記の利点の一部は仮定のものであり，その一部についてはまだまだ結論がでるに至っていない．こうした利点は，現れる場合もあれば現れない場合もある．どんな場合でも，同じく Rafteris(1989) の指摘によると，民営化の欠点は，地元では統制できなくなること，および事態が悪化した場合に契約破棄とか契約変更など長期契約の否定的側面が発生すること，である．

　米国では，すでに長年にわたって民間の水道事業者が経営を行っている．公営の水道事業者の中にも，例えば Denver の場合のように，最初は民間企業としてスタートしたところもある．電力会社と同じように，民間の水道事業者も規制の対象となる公益事業体である．National Association of Water Companies(全米水企業協会)はこうした水道事業者の調整役を果たしており，事業収入が100万ドルを超える86の民間水道事業者の報告書をまとめている．郊外や農村地帯ではもっと小規模な多数の水道事業者がサービスを提供している．最小規模の水道事業者は厳しくなってきた規制に対応しながら苦しい経営を強いられているようであり，規模の大きい都市部の水道事業者による合併または買収の対象になっている．

　大恐慌の時，水事業会社の株式はほかの業種の会社より高い水準を維持し，当時では最も安全な投資先だとみなされていたと報告されたことがある．1983年には，水事業会社の株式は，証券取引所で電力会社を上回る株価収益率を示した．その理由は，金融難の時代に，水事業会社が公共部門から営業権を買い上げられても，安定性と収益に対する免税があるからだと報道された(Blyskal,

1983). そうしたプレミアムが付くなら民間の水事業会社には伝えられたような問題点(低い利益率, 規制論争, 料金引上げに対する反対, 地元の政治など)があるにもかかわらず, 民営化は進むだろう.

ヨーロッパや日本では, 水事業分野における民営化は米国よりも進んでおり, その方法は様々である. 英国では, すでに複数の最大規模クラスの水道局が民営化されている. Thackray(1990)によると, 英国の水道局は, 上水道・下水道・雨水システムのサービスとインフラの修理, 更新, 改善という大きな課題を要求されていたという. その民営化に当たっては, 立法措置がとられ, 1989年の夏までという期限が設定され, 水道局の資産は株主に売却され, 料金構造の見直しが行われ, さらに環境規制に適した新しい経営手法が導入された. 売却代金は中央政府に入り, 株価はリスクと利益を考慮して妥当なレベルに設定された. 民営化による効果は, 水事業における従業員数の大幅な削減ができることと, 株価上昇により短期間である程度株主に利益をあげさせたこと, の2点であった. 民営化推進の段階での大きな問題は, 繰延した保守工事をどのように売渡しの時に資本に組み入れるかが未知であったことである.

フランスでは, 水処理や給水の分野で重要な役割を果たしているのは民間企業である. Drouet(1990)によると, フランスの水事業体制は「中央政府が基本的な規則を定め, そのもとで3万6000の自治体に対して民間の3大企業グループが水事業を行う」という形態になっている. フランスの水事業分野で経営している約50社の民間企業のほとんどは, Compagnie Générale des Eaux, Société Lyonnaise des Eaux, およびSociété d'Aménagement Urbain et Rural (SAUR)の3大企業グループに集約されている.

日本では, 集中化も, 公共部門と民間部門の協力も, 米国より進んでいる. 国土庁長官官房水資源部が全国の水系水資源基本計画を策定し, その計画に基づいてRiver Bureau of the Ministry of Construction(建設省河川局)が広汎な水資源開発を担当し, Water Resources Development Public Corporation(WRDEC; 水資源開発公団)が主要な水開発プロジェクトを進めている. WRDECは, 家庭用水についてはMinistry of Health and Welfare(厚生省)と, 灌漑用水についてはMinistry of Agriculture, Forestry and Fisheries(農林水産省)と, 工業用水についてはMinistry of International Trade and Industry(通商産業省)と, 河川管理についてはMinistry of Construction(建設省)と, それぞれ主管官庁と予算実

施の関係にある．

　1980年代の民営化の議論の多くは，下水処理の導入，水道事業の重要性，環境法成立により近年自治体の責任に対する期待が高まっていることなどに関するものであった．1986年までに，約30の企業が200を超える施設に対して契約による総合的運営保守サービスの提供を申し入れた．

　しかし，民営化に関する報道記事はほとんどが成功物語であるから，注意する必要がある．こうした「成功物語」に反応して著書を書いたある水事業者の役員は，事業下請け業者がこれまでしてきた仕事は期待以下だったと述べている (Wallner, 1986)．

　民間部門の今後の参入の仕方については，別の選択肢もあるはずであるが，民間運営か公共運営かをめぐってはこれからも議論が揺れ動くものと思われる．

7.15　質　　　問

1. 下水道事業体は，下水を集め，処理することで環境における水質を保護している．民間の目的としてはこのうちどれが最も重要か，またどれが公共の目的か，またそれぞれについて誰が費用を負担すべきか？
2. 財政マネジメントにおいては「企業原理」が重要な原理になっている．それについて説明し，さらにそれがマネジメントの効果にどう影響するかを説明せよ．水事業体の資金調達において企業原理の採用が妥当である時とそうでない時について述べよ．この原理は国や政府レベルの負債問題とどう関連するのか？
3. 計画立案，事業計画作成，予算編成システム (PPBS) が政府の業務改善のためにシステム解析と同時に行われた．PPBSとは何か，またそれは水資源計画立案とどう関連するかについて説明せよ．
4. 建設予算の資金調達を行う場合，あなたは料金か負債か，あるいは両方か，どれを採用するか？　その理由を説明せよ．
5. 米国の下水道料金が上昇しているのはどんな理由からか？
6. Water Resources Development Act of 1986 の最大の特徴は何か？　なぜそれほど重要だと考えられているのか？

7. 銀行から10万ドルを年利12%で5年間借り入れ，返済は初年度の末から始める．これが5年間続いてローンの返済が完了する．毎年末の元利支払い額を表にして示せ．
8. 5 000ドルを10年間投資する．金利は年8%であるが，インフレは5%である．10年後に受け取る金額を現在のドルで計算せよ．「実質」金利は何％か？
9. 都市の水道料金を設定する時に「サービスに対するコスト」原則を採用するのを環境保護主義者が好まない理由を説明せよ．
10. 下水道の利用者料金を決めるのは，上水道料金の決定より難しいのはなぜか？ どのように決めるべきか提案があるか？

文 献

American Water Works Association, *Water Rates*, AWWA Manual M1, 3d ed., Denver, 1983.
APWA, ASCE, and WPCF, *Financing and Charges for Wastewater Systems*, Chicago, 1973.
Bahl, Roy W., and Johannes F. Linn, Urban Finances in Developing Countries: Research Findings and Issues, *Research News*, World Bank, Washington, DC, Spring 1984.
Block, Stanley B., and Geoffrey A. Hirt, *Foundations of Financial Management*, Richard D. Irwin, Homewood, IL, 1981.
Blyskal, Jeff, Water Money, *Forbes*, February 14, 1983.
Boland, John J., Pricing Urban Water: Principles and Compromises, *Water Resources Update,* Universities Council on Water Resources, Carbondale, IL, Issue 92, Summer 1993.
City of Ft. Collins, Colorado, Water and Wastewater Utility, Michael B. Smith, Director, Cash Flow Cycle, April 11, 1988.
City of Ft. Collins, Colorado, Wastewater Master Plan Committee, Report to the Ft. Collins City Council on Wastewater Treatment Expansion, May 8, 1990.
Drouet, Dominique, The French Water Industry in a Changing European Context, in Kyle A. Schilling and Eric Porter, eds., *Urban Water Infrastructure*, NATO ASI Series, Vol. 180, Kluwer Academic Publishers, Dordrecht, 1990.
ENR, Funds for Development Growing, May 2, 1985.
Gitajn, Arthur, *Creating and Financing Public Enterprises,* Government Finance Research Center, Washington, DC, 1984.
Government Finance Research Center, Financial Management Assistance Program, *Planning for Clean Water Programs: The Role of Financial Analysis,* U.S. Government Printing Office, Washington, DC, 1981.
Grigg, Neil S., *Infrastructure Engineering and Management,* John Wiley, New York, 1988.
Howe, Charles W., Water Pricing: An Overview, *Water Resources Update,* Universities Council on Water Resources, Carbondale, IL, Issue 92, Summer 1993.

文　　献

Leigland, James, Questions That Need Answers before We Go "Whoops" Again, *The Wall Street Journal*, July 10, 1986.
Morse, Charles, In Quest of Higher Water and Sewage Rates, *Newsletter, U.S. Section, Inter-American Association of Sanitary Engineering*, June 1985.
National Water Commission, *Water Policies for the Future*, U.S. Government Printing Office, Washington, DC, 1973.
Raftelis, George A., *Water and Wastewater Finance and Pricing*, Lewis Publishers, Chelsea, MI, 1989.
Reuss, Martin, and Paul K. Walker, Financing Water Resources Investment: A Brief History, U.S. Army Corps of Engineers, EP 870-1-13, July 1983.
Thackray, John E., Privatization of Water Services in the United Kingdom, in Kyle E. Schilling and Eric Porter, eds., *Urban Water Infrastructure*, NATO ASI Series, Vol. 180, Kluwer Academic Publishers, Dordrecht, 1990.
Touche Ross & Company, *Financing Infrastructure in America*, Chicago 1985.
U.S. General Accounting Office, Comptroller General of the United States, *Standards for Audit of Governmental Organizations, Programs, Activities and Functions*, Washington, DC, 1972.
U.S. General Accounting Office, *Federal Capital Budgeting: A Collection of Haphazard Practices*, Washington, DC, February 26, 1981.
Vaughan, Roger J., *Rebuilding America: Vol. 2, Financing Public Works in the 1980's*, Council of State Planning Agencies, Washington, DC, 1983.
Valente, Maureen F., Local Government Capital Spending: Options and Decisions, *Municipal Yearbook*, International City Management Association, Washington, DC, 1986.
Wall Street Journal, "Lox Horizons," editorial, May 29, 1991.
Wallner, Michael J., Utility Director of Fort Dodge, Iowa, letter to editor, *Waterworld News*, May/June 1986.
Wildavsky, Aaron, *The Politics of the Budgetary Process*, 4th ed., Little, Brown, Boston, 1984.
World Bank, Privatization and User Participation in Water Resources Management (Appendix C), in *Water Resources Management: A World Bank Policy Paper*, Washington, DC, 1993.
Young, Donovan, *Modern Engineering Economy*, John Wiley, New York, 1993.

第8章　水事業の構造

8.1　はじめに

　政策研究を行うと，システムの機能改善や持続可能な発展の達成のためには，水マネジメントの制度的側面や組織的側面が重要な意味を持っていることがわかってくる．水マネージャーに求められる責任，権限，仕事，および行政職務の制度的枠組みは，水事業の構造的枠組みに左右される．水マネージャーは，意思決定をしたり，事業を円滑に進めたり，あるいは関連組織との間で調整を行ったりすることができるように，水事業がどのような仕組みになっているのかを理解していなければならない．

　水事業は，水事業体，監督官庁，企業，利益団体，支援組織などの集合体であり，この集合体が給水を行い，水の環境を保護し，あるいは水マネジメントを中心とする機能を総合的に実行する．この集合体は，複雑で，多面的で，公的企業の要素と民間企業の要素をある程度ずつ兼ね備えている．米国の水事業の一般的な構造を図-1.2に示した．

　本章では，水事業を行う組織の構造について説明し，さらに経営管理とサービス機能，調整の必要性についても説明する．これに関連するのは，第4章，第6章，および第10章である．本章では，組織のモデル，この事業を構成する各種の要素，米国やその他数箇国の事例などについて説明する．組織内容は国によってかなり異なる．これが世界銀行が包括的枠組みを「国別に検証」する理由である（第9章参照）．

8.2 水事業の枠組み

公共から民間にわたる組織の範囲を調べてみるために，次のような3つの簡単な水事業構造の事例を点検してみよう．すなわち，①比較的簡単な経済体制と独裁的政治体制にあって，民主的伝統があまり発達していない国，②もっと複雑な経済体制にあり，民主的伝統が発達しており，しかも公共サービスに対する政府の介入を強化する方向を指向している国，③②と同じような国であるが，公共サービスを民間部門に提供させる手法を積極的に導入している国，の3つである．こうした国の例としては，安定している発展途上国，社会主義政権下のヨーロッパの国，あるいは，例えば1980年代の英国のように，多くの公共サービスが民営化されている②とは別のヨーロッパの国などをあげることができる．

上記の①のケースの水事業は，筆者が「国家統制型(Statist)」と呼んでいるものに近い．図-8.1を見てもらうとわかるように，通常は「水資源省」があって，国営企業やその省の地方事務所がサービスを提供する．こうした極端な例では，水事業は「直接規制(command and control)」的アプローチの中にしっかり握られており，多くの問題を抱えているように思われる．その理由については，大部分は第7章の民営化の説明で取り上げておいた．また，こうした体制が水事業にどんな影響を与えるかを説明している第25章の事例を参照されたい．

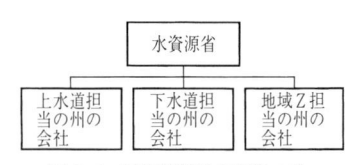

図-8.1 国家統制型水事業モデル

②のケース(図-8.2)ではさらに複雑な構造になっており，公共部門と民間部門が混在する経営が行われる混合型水事業になっている．このモデルに該当するのが米国の水事業であり，本章で取り上げるのもこうしたモデルである．

③のケースでは，大部分のサービスが民間部門によって行われる．図-8.3に示すのは仮想の「統合型民間部門水事業会社(integrated private-sector water company)」であり，この会社が水マネジメントのすべての機能をカバーしている．ある程度このモデルに該当するのが民営化後の英国の水事業である．英国の手法については，本章で後述する．図-8.3で注目すべき点は，監督機関がこの会社から独立していることである．

8.2 水事業の枠組み

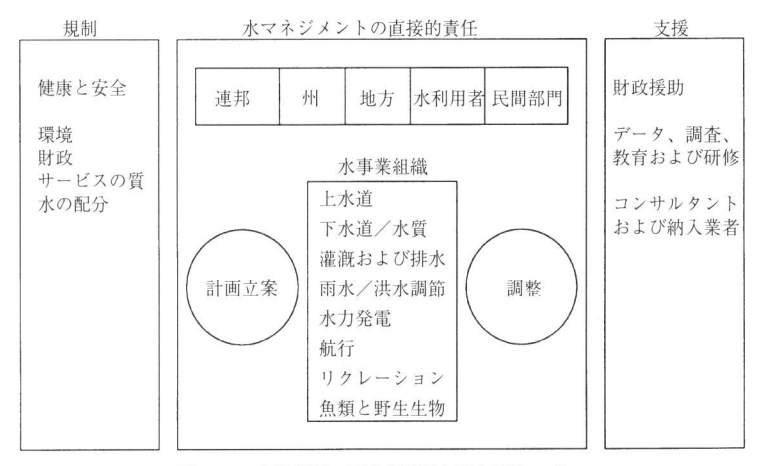

図-8.2 公共部門－民間部門混合型水事業モデル

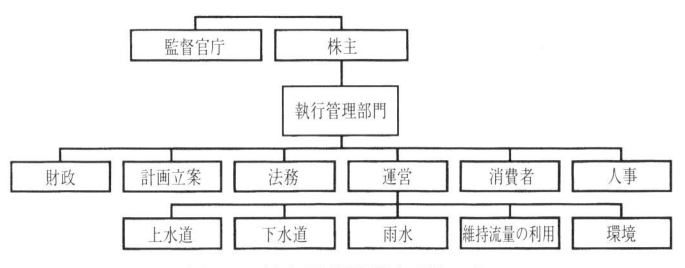

図-8.3 統合型民間部門水事業モデル

　水事業の機能は，事例に関係なく，どれもほぼ同じである．公共事業体であっても民間企業であっても，サービス提供など多くの機能を備えているが，規制などそれ以外の機能を果たせるのは政府しかない．これは，水事業にはサービス提供と規制措置の2つの次元があることを示している．国家統制型モデルと民間部門モデルは，政府か民間部門かというサービス提供の2つの対極的モデルを示している．もう一つの機能である規制では，一方の極に「直接規制」があり，他方の極には「自由放任(laissez faire)」がある．

　サービス提供を公共企業が行う場合でも，企業原理が適用される．第7章で述べたように，これはすべてのコストを回収するという原理である．こうした企業原理が守られず，助成金が提供される場合には，膨張するばかりで国をわずらわ

せる公営企業になるに違いないであろう．

いずれにしても，ほとんどの水道事業は独占事業であるから，サービスが民間企業によって行われる場合には，規制が必要である．規制の法的側面については第6章を参照されたい．

8.3 「水事業」の概念

水資源マネジメントは，重要な機能と活動を含んでいるが，「水事業」の概念についてまだ十分な説明が行われていない．説明がなされている場合でも，ほとんどが上水道事業や下水道事業の経営的側面に関することであり，この事業全体の説明ではない．「水資源事業」に関しては，政府の経済統計が残されることはないので，政策研究をしていると，統計の断片だけが現れてくる．例えば，National Council on Public Works Improvement（公共事業の改善に関する国家評議会）(1988)は公共工事によるインフラを9つの範疇に分類し，そのうちの4つ（上水道，下水道，水資源，危険廃棄物）を選びだして水に関する報告を行っている．

この報告書を書いた者の考え方では，水事業には次の4つのタイプのグループが関与しているという．すなわち，①サービス提供者（水サービスを直接担当する者），②監督者（料金，水質，健康問題，サービスのレベルなどに責任を持つ者），③計画担当者（サービス提供や規制実施以外の計画立案や調整機能に責任を持つ者），④支援組織（データ管理，コンサルティング業務，建設，法的アドバイス，ローンや資金援助，調査，機材と補給，その他の支援を提供する者）である．

図-8.1，8.2，8.3には，この4つのグループが様々な形態で記載されている．図-8.1の「国家統制」モデルでは，政府がすべてを提供する．図-8.3の民間部門モデルでは，監督者を除くすべてが民間部門に含まれるが，権限の範囲次第では，グループ間の調整が必要になることもある．英国のモデルでは，民間企業が河川流域全体の権限を持っているので，調整の必要性は少ない．フランスのモデルでは，河川流域組織が調整機能を果たしている．混合型の米国のモデル(図-8.2)では，4つのグループがそれぞれ個別の機能を担当しており，その間の調整は，市場や政府や非公式組織などが行っている．

この著者の推定では，工業用水と下水道の支出，政府事業支出，潅漑支出，環

境用水管理支出,水力発電支出,航行支出を合計すると,米国の水事業の総額は,国民総生産の約2%になり,米国経済において大きな比率を占めている.

8.4 水事業におけるサービス提供者

　サービス提供者は,水事業において中心的マネジメント機能を担当する行政機関,すなわちライン組織である.こうした行政機関は,水事業の基本的な目的を満たすためにサービスを提供する「前線部隊」である.サービスの種類は一般に,上水道,下水道と水質管理,雨水と洪水調節,維持用水の管理,環境用水の管理,の5つである.

　サービスの「顧客」別提供先は,住民/都市(家庭,公共および都市に対する給水サービスをいう),工業〔家庭用と公共用サービスが組み合わさっている場合,「都市および工業用」(M & I)という用語が使われる〕,農業(灌漑と排水サービスであるが,雨水利用農業の場合には排水サービスだけである),および自然環境(この顧客は軽視されているが,持続可能な開発を達成するためにはもっと重視する必要がある)の4つである.

8.4.1 上水道施設

　都市における水サービスの基本は上水道であり,それ以外にも下水道管理と雨水管理の2つがある.上水道事業体は,家庭や企業向けに水を供給し,政府の規制を受ける.公益事業体とは,「水,電力,電話,輸送手段など,一般市民に欠かせない商品を供給し,政府の規制,特に料金に関する規制を受ける企業」のことである(Scribner-Bantam, 1979).上水道事業体の経営目的は,一定の政治的枠内において低廉な料金を保ち,かつ規制基準を満たしながら,需要家のニーズを満たすことである.

　米国では,上水道事業体はほとんどの場合,市政府の一部門か,民間の水道会社か,または特殊組合である.American Water Works Association(AWWA;米国水道協会)によると,公有企業は,一般的に次の4つの形態のうちのいずれかに属するという.すなわち,市長の統制下にある市の一部門,議会とマネージ

ャーの計画のもとに置かれている市の一部門，水理事会(board)または水委員会(commission)のもとにある市の独立部門，あるいは独立した公益事業組合である．投資家の所有権がこれとは別の形態に関係することがあるが，投資家が所有する水道会社のうち最大規模のものは株式会社である．

U. S. Environment Protection Agency(U. S. EPA；連邦環境保護庁)の Office of Drinking Water(飲料水部)は「自治体水道システム(community water systems；CWS)」と「非自治体水道システム」を区別している．1983年現在，CWSの数は約5万8700で，そのうちの1万1000は地表水を利用し，4万7700は地下水を利用していた．一方，15万8100の非自治体水道システムは定住者と非定住者に水を供給し，U. S. EPAの措置により水質規制を受ける(U. S. Environment Protection Agency, 1984)．

上水道事業体の組織構造は多様であるが，コロラド州 Ft. Collins 市の上水事業および下水事業の構造では，統合型組織の中に主要な機能が配置されている．図-8.4に示すように，給水計画は水資源計画担当マネージャーが立案する．施設の設計と建設はエンジニアリング部が管轄し，処理は水生産マネジャーが担当し，配水は配水・集水マネージャーが担当している．

上水道事業体の役員は，料金決定や，環境問題を含む一般市民に関係のあるそ

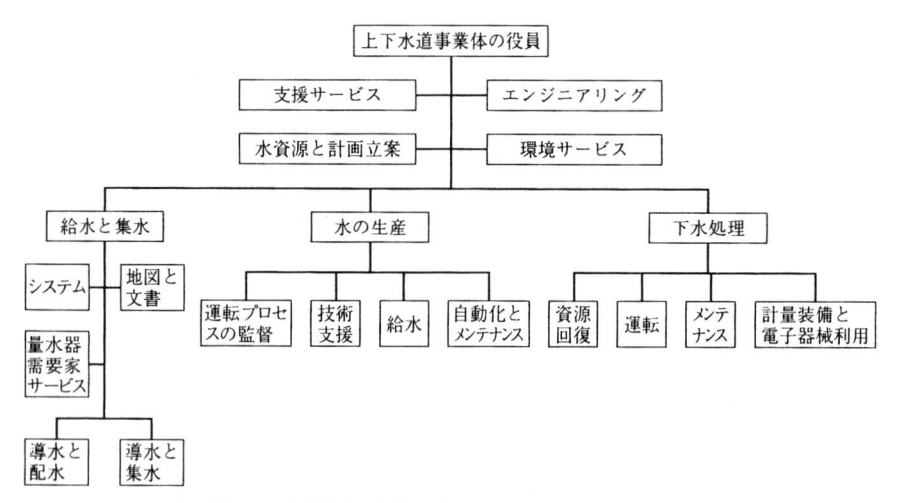

図-8.4　水事業体の組織(出典：City of Ft. Collins, 1991)

の他の問題に関する規制の強化や政治的問題に対処しなければならない．それを乗り切るためには専門知識をマネジメント能力やコミュニケーション能力と組み合わせる必要がある．小規模ないし中規模の上水道事業体では，マネージャーはこうした能力をすべて身につけておかなければならない．大規模な上水道事業体では，重点が専門的問題から社会的問題や政治的問題へシフトしている．

大規模な上水道事業体におけるマネージャーとスペシャリストとコミュニケーターの役割の組合せについては，Denver Water Department の総括マネージャーを12年間務めた Bill Miller の説明を参考にすることができる．Miller には，レポーター，弁護士，広報スペシャリスト，地方政府の理事などの経験がある．こうした経験は，主にマネジメントとコミュニケーションに関係するものであるが，彼は優れた専門スタッフでもある．彼が著書「Miller on Managing」で取り上げているテーマは，現在この業界が直面しているマネジメントに関係する諸問題である．すなわち，雇用関係，規制，法律問題，コミュニケーション，財政，各種委員会との関係，政治問題などである(Miller, 1992)．彼が直面した最も厳しい行政問題の一つは，Two Forks 貯水池のケースを通じて Denver の上水道事業体の方向性を決めるという問題であった．この問題については第18章で取り上げる．

運営結果が最も厳しく監視される分野は，上水道の水質，すなわち安全性の問題である．Safe Drinking Water Act(飲料水安全法)は上水道を規制する基本的手段であるが，第6章で述べたように，水に関する対策費用と一般市民の不安から，蛇口浄水器の増加など，代替的な対策を追求する方向に進んでいる．

利益団体は，上水道のエンジニアリング，健全性，環境，あるいはビジネスに関する問題に関わりを持っている．その最大の団体である AWWA の傘下には，セミ独立組織である AWWA Research Foundation(AWWARF)があり，各種プロジェクトや出版事業で活発に活動している．上水道事業に関係するそれ以外の団体としては，民間の水道会社の団体である National Association of Water Companies(NAWC；全米水企業協会)，American Public Works Association (APWA)，International Water Supply Association(IWSA；国際水供給協会)，American Society of Civil Engineers(ASCE)，Inter-American Association of Sanitary Engineers(AIDIS；米州衛生工学協会)，および American Society of Plumbing Engineers(ASPE；全米配管技術学会)がある．そのほか，

公益事業体のコントラクターも重要な業界団体である．州政府は Association of State Drinking Water Administration（ASDWA；米飲料水行政協会）を通じて業務を実施している．

8.4.2 下水管理事業体

　一般に「下水」という用語に含まれるのは，乾期の廃水（下水），雨期の廃水（合流下水），および雨水（雨水下水）である．上水道事業体に比べると，下水道事業体は，比較的新しいものであり，直面する問題も比較的大きいようである．下水道サービスは，上水道サービスとは対照的である．すなわち，資源，処理，給水の代わりに，集水，処理，処分を行う．

　下水マネジメントによって行われるこのサービスは，一般市民が考えるように，使用済みの水を取り除くことである．しかし，社会的観点からは，給水をきれいに保つことである．したがって，下水マネジメントは，個人と社会の目的の調和をとらねばならない．

　下水マネジメントは，ほとんどの場合，都市部局か特別目的を持った組合区によって行われる．上水道事業には比較的優れた公益事業体が揃っており，AWWAには水事業のデータベースもあるが，一方の下水道事業にはそれに匹敵するようなデータの蓄積はまだ存在しない．下水道事業に関する最も優れたデータベースは，U.S. EPA が半年ごとに発行するニーズ・アセスメントである．

　下水道事業体の規模別分布は，上水道の場合と類似しており，ごく少数の大規模な事業体と多数の小規模な事業体が併存している．大規模な事業体は多額の資金を持ち，高度処理まで実施している．一方，小規模な事業体では複雑な下水処理を課題としている．

　米国には人口が5万人を超える自治体が約1000あるが，そのほとんどが下水施設を持っている．また人口が1万人を超える自治体が約3000あるが，そのほとんども下水施設を持っている．Apogee Research, Inc. は，U.S. EPA の 1986 年のニーズ・アセスメントに基づいて，米国には1万5438の下水処理施設があると推定した．その能力別分布は，次表に示すとおりである（Apogee, 1987）．

　1982 年，U.S. EPA は3万2511の「施設」をリストアップした（U.S. Environment Agency, 1983）．1986 年の報告書では施設数は3万5042であった（Apogee,

8.4 水事業におけるサービス提供者

流量の範囲		下水処理プラント数
10^3 m^3/d	10^6 gal/d	
3.8～ 38	0.01～ 0.10	4 960
41.8～ 380	0.11～ 1.00	7 003
383.8～3 800	1.01～10.0	2 898
3 838 ～	10.1 ～	577
合　　計		15 438

1987). この数字には 1 万 5 438 の下水処理プラントと 1 万 9 604 の集水システムが含まれていた(一部のプラントは, 複数の集水システムから下水を受け取る). 約 2 万という集水システムの数は, おそらく処理プラントの数より正確であろう. とはいえ処理プラントの数もそれほど大きな誤差はないだろう. 下水収集システムの数と自治体水道システムの数との格差は, 下水道システムの方が集中化が進んでいること, 計算の仕方の相違, および自治体水道システムを持つ多数の小規模自治体ではオンサイト処理が採用されていることによるものと思われる.

　最大の下水道事業団体は, Water Environment Federation(WEF；水環境連盟)であり, オペレーター, 下水マネージャー, 設計エンジニア, 行政職員, 金融業者, 装置製造業者の利益を代表している. Association of State and Interstate Water Pollution Control Administrators(ASIWPCA；州および州間水質汚濁制御部局長協会)は, 州の水監督者と州間管理職員を代表している. Association of Metropolitan Sewerage Agencies(AMSA；大都市下水道担当機関協会)は, 最も大規模な下水道機関の一部を代表している. Kansas 市に本部を, また Washington DC. に事務所を持つ American Public Works Association の会員の中には多数の下水マネージャーが含まれている.

　WEF は, 以前は Water Pollution Control Federation(WPCF；水質汚濁制御連盟)と称していたが, WPCF の理事会は 1991 年の第 64 回年次総会で名称の変更を決定した. これは下水マネジメント事業の成長を反映するものであった. 同連盟はこれまでに 4 回名称を変更している. 1928～1950 年は Federation of Sewage Works Association(下水道事業協会連盟), 1950～1960 年は Federation of Sewage and Industrial Wastes Association, 1960～1991 年は Water Pollution Control Federation, そして 1991 年以降は Water Environment Federation である. こうした経緯は米国の下水道事業の発展経過を示していて, 興味深い.

8.4.3 雨水および洪水調節

　ほかの水事業と違って，雨水管理と洪水調節(SWMFC)には「アイデンティティ・クライシス(identity crisis)」がある．これは，上水道のように物を提供するわけではないし，また下水道のように便益を提供するわけでもない．したがって，この機能は目に見えないことが多く，一般市民から支持を得ることが少ない．

　雨水が注目されるようになったのは近年のことであるが，それまで生活環境の質は雨水の影響を受けていた．最近は，非特定汚染源への関心とともに，雨水管理に対する関心が高まってきた．1960年代より以前は「排水」という用語が使用されていたが，その後は「都市排水(urban drainage)」という用語の使用が多くなり，1970年代になると「雨水管理(stormwater management)」という用語が多くなってきた．現在でも一部にはこの用語を排水の意味だけに使用する者もいるが，水質問題という意味に使用する者もいる．

　合流式下水道の雨天時の設計問題は，雨水排水の設計問題と似ている．最大の相違点は，合流式下水道には「越流」の問題が伴うことである．これは，受水域に達する雨水が表流雨水だけでなくあらゆる種類の下水によっても汚染されることを意味している．しかし，時には表流雨水の方が全体の下水より汚染度が高いこともある．

　雨水システムは，少量の雨水を流すと同時に，ある程度の洪水流も制御する．少量の雨水の制御は，一般住民の日常的便益のためであり，一方，洪水流の制御は，大規模な損害を防止するものであるから，この2つの目的は多少異なったものと考えられる．言い換えると，一般住民は少量の雨水の流れよりも洪水に対する関心の方が大きい．

　雨水対策には，浸食防止や堆積防止，雨水の管理や処理による都市表流水の水質制御，都市河川流域の環境美化などの効用もある．1970年にU.S.EPAが製作した雨水の水質に関する映画の「都市が水浸しになった時，汚い水をどう対処するのか？」というキャプションも雨水が街をきれいにする機能を述べている．都市が水浸しになると，清掃作業が必要になり，汚水の処理が水質管理部門の仕事となる．

　雨水の効用を測定するのは困難であるが，雨水対策を開発計画に取り入れることで多目的の水/土地改良計画を実行することができる．雨水対策が，各種団体

を共同計画立案に参加させるという統合的役割を果たせば，開発において「相乗作用」が発揮される可能性もある．

近年，こうした雨水対策に資金を提供する一つの手法として雨水「事業体(utility)」という概念も浮上してきた．雨水マネージャーを悩ませている「見えないものは忘れられる」という問題を克服する一つの試みがこの手法である．これに成功した事業体もあるが，失敗したところもある．

American Society of Civil Engineers(米国土木学会)は過去30年間，その中のUrban Water Resources Research Council(都市水資源調査審議会)を通じて雨水問題に注目してきた．American Public Works Associationも雨水に関する調査に取り組んできた．いくつかの洪水管理行政機関が集まってNational Association of Urban Flood Management Agencies(NAUFMA；全米都市洪水管理機関協会)を組織している．

それ以外に，洪水調節関係団体が特定の問題について統一的な動きを示している例はないが，ごく少数の団体が洪水調節に関心を示している．それは，ダム，水路，保険会社，災害防止に関係する団体である．

洪水調節計画の調整は，是非必要なものである．Schillingら(1987)が関係する26の連邦行政機関をリストアップしたほか，Association of State Floodplain Management(州氾濫源管理協会)やAssociation of State Dam Safety Officials(ダム安全担当官協会)などの団体が調整のためにInter-Agency Committee on Dam Safety(ダム安全省庁間委員会)と協力している．

8.4.4 灌漑と排水業務

灌漑は世界各地の乾燥地帯の農耕を支える農業技術として発展し，それによって乾燥地帯や半乾燥地帯への入植が可能になった．事実，食糧生産を制約する気候の変動を農家は克服することができた(Lea, 1985)．

灌漑と排水は，過去数世紀にわたって食糧生産に大きく貢献してきたが，この農耕技法が現在直面している給水競争をますます激しいものにしているし，この方法に対する世間の風当たりも変化してきた．灌漑と排水は，環境問題を引き起こしてきたが，現在のところまだ未解決であり，大きな関心を招いている．灌漑は，米国では厳しい監視を受けているが，すべての国で十分な食糧供給が行われ

ているわけではないことを思い起こさなければならない．灌漑システムは，諸外国ではまだまだ重要な役割を果たしているのである．

灌漑の基本的な概念は，農作物の生産に必要なすべての水を供給すること，あるいは雨水が不足した場合に補充することである．灌漑は，土壌中の水分を増やし，この水分は植物の成長に利用される．

米国の灌漑農業に関するデータの主要な情報源となるのは，U. S. Department of Agriculture(USDA；農務省)が発行する5年間分の農業統計調査報告書である．灌漑業界の出版物である Irrigation Journal は，州別の灌漑面積に関するデータを発表している．U. S. Goelogical Survey(USGS；米国地質調査所)は5年ごとに米国における水の推定量に関する報告書を発行しており，これが灌漑用水に関するデータの主要な出典になっている．

米国で最初の大規模な灌漑は，1847年頃ユタ州のモルモン教徒が導入したものである．二番目はコロラド州 Greeley の近くの Union Colony で導入された．灌漑はそこから西部中に広がり，1900年代前半までに米国西部全体に普及した．東部では灌漑の普及はもっと遅く，主に Mississippi デルタ地帯の米作とフロリダのカンキツ類と野菜類の栽培に採用された．灌漑は，1980年代までに東部海岸沿いに普及し，多くの作物が補給的な灌漑(主にスプリンクラー灌漑)によって生産されるようになった．

1974年には，米国の栽培農地のうち灌漑面積はわずか12%であったが，収穫金額では全体の26.9%を占めた．この時の灌漑農地の面積は3 660万 acre(1 480万 ha)，粗収入は151億ドルに達し，acre 当り413.13ドル(ha 当り1 020.87ドル)となった．これに対し，非灌漑農地の粗収入は acre 当り153.39ドル(ha 当り379.03ドル)であった．

灌漑に関与する組織は，Bureau of Reclamation(開拓局)，Department of Agriculture, USGS，および特に U. S. EPA など連邦の行政機関である．州政府は規制対策以外にはあまり関与せず，西部では現場の管理責任の多くは現地の灌漑管理組合が担当している．

西部の17州ではどの州でも，州の対策として取り上げられてきたのは，計画立案，専門的援助，調査，教育とデモンストレーション，建設またはコスト分担，ローン，および水行政と規制である．このことは，ほとんどの場合，各州は，州機関による通常の水対策を持っており，土地の無償提供による大学協力範

囲の拡大と農業研究のプログラムを実施していることを意味してきた．灌漑事業においては，州政府による実際の専門的援助や資金援助はきわめて限定的なものである．

現地の水組合には，灌漑配水組合と土地・水保全組合とがある．西部の17州には，水システム配分組織が約8 000，また保全組合が約1 200ある．

灌漑団体は，農業関係団体や水協会と相互に関係している．例えばコロラド州の灌漑用水政策の調整では，4つの州にまたがったFour States Irrigation Council(4州灌漑評議会)が大きな力を持っている．農業経営者団体も関与するが，処理すべき問題が非常に多いので，水政策だけに集中するわけにはいかない．Colorado Water Congress(コロラド州水会議)やCalifornia Association of Water District(CAWD；カリフォルニア州水管理組合協会)などの水関係団体は，水政策の議論に中心的役割を果たす．民間部門もまた，広範な灌漑システムを設置して管理している．

灌漑システムと排水システムは，ここ2，3年，環境保護団体や都市利益団体から非難を受けるようになってきた．非難の対象となっているのは，水の無駄使い，汚染，野生生物や湿地帯や貴重な水域に害を与えることなどであるが，それ以外にも過大な助成金を受け取っていることも非難の的になっている．こうした非難については，Marc Reisner(1986)の「Cadillac Desert」やWorldwatch Institute(Postel, 1989)の「Water for Agriculture: Facing the Limits」など，多くの著書や記事で取り上げられている．例えば後者では，ロシアのAral海の水位低下など，いくつかの環境災害は，灌漑事業によるものだとしている．

環境保護主義者が指摘する問題のうち，いくつかは確かに正当なものである．もちろん事態は「不道徳なやから」というイメージよりはるかに複雑なものである．しかし，この著者の意見では，農業関係団体でさえ，灌漑農業に問題があることを認めているのである．

Agricultural Research Service(農業研究局)の灌漑科学者であるJan van Schilfgaardeは，いくつかの記事の中で，米国の灌漑システムはこのまま継続されてもいいのだろうかと問い続けてきた(van Schilfgaarde, 1990)．灌漑の基本的な問題は，管理問題と灌漑農業に対する社会の態度である．van Schilfgaardeの説明によると，灌漑の問題点は，古代メソポタミア時代の塩害，Indus川流域の英国の灌漑システムによる排水問題，カリフォルニア州のKesterson貯

水池における野生生物に対するセレンの影響も含まれるという．灌漑排水によって運ばれる塩分は，必ず水質を悪化させるので，その処理が必要であり，適切な管理をしなければ土地は水浸しになったり，塩分過多になって使用できなくなるというのが彼の認識である．

van Schilfgaardeが調査した結果によると，現代社会が主に要求していることは，灌漑農業に対する優遇措置の削減と環境保護の強化である．彼は灌漑は持続し，さらに発展していくと考えているが，大幅な改革が必要だとも考えている．こうした改革において灌漑に要求されていることは，排水中の塩分だけでなく，有毒物質の問題，適切な排水施設による塩分問題の回避，新たな総合的水マネジメント対策の開発，政治的補助金問題の処理などに対処することである．

8.4.5 維持用水とその用途管理

都市，工業，あるいは灌漑に使用される表流水は，河川から取水している．しかし，河川の水には，それ以外にも重要な用途がある．航行用，水力発電用，リクレーション用，環境用などである．こうした「維持用水への利用」も水事業の一部であるが，時にはその周辺問題にすぎない場合もある．水政策の調整を成功させるには，こうした用途の役割にも注目しなければならない．

水上交易の物資輸送を支えているのは水上交通である．河川水系でいかなる気象状況においても効率的な物資輸送が可能であるように様々な水上交通産業が航行可能な河川水系の維持に利害を持っている．図-8.5に米国の可航水路網を示す．

水力発電事業は，流水から利用可能エネルギーを取り電気エネルギーに変換して，送電・配電システムを使って消費者に供給している．水力発電を支持する者にとっては，水力発電は「クリーン」なエネルギーの供給手段であるが，環境保護主義者にとっては重大な環境破壊者であり，河川や生物の生息場所を広く破壊している責任者でもある．

U. S. Army Corps of Engineers (ACE；陸軍工兵隊) は，米国の主要な洪水調節担当行政機関であり，洪水調節プロジェクトの主要部分を担当している．そのほか，ダムのオーナーには，洪水の被害を拡大させないようなダム運用を行う責任がある．連邦以外の行政機関では洪水調節を主要な任務としている所は比較的少ないが，多くの行政機関が洪水調節任務の一部を担当している．オハイオ州

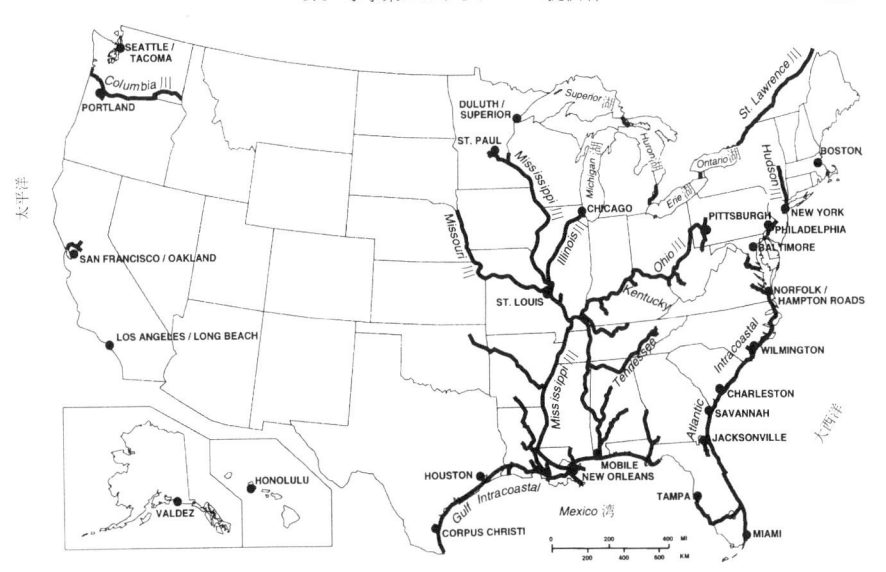

図-8.5 米国の可航水路網(出典：U. S. Army Corps of Engineers)

　Miami Conservancy District(Miami 保全管区)は，洪水調節を主要な任務として設置された地域的な水管理組合の一例である．Denver's Urban Drainage and Flood Control District(Denver 都市排水・洪水制御管理区)は洪水と雨水を担当している．Los Angeles County Flood Control District(Los Angeles 郡洪水制御管理区)も同じような任務を担当している．緊急的な管理を行う行政機関としては，Federal Emergency Management Agency(FEMA；連邦危機管理庁)や州の緊急管理行政機関があって，洪水制御政策の決定，特に緊急時の対応にも関与している．

　維持用水の立場から見れば，水質管理問題とは，望ましい種の魚類や野生生物の繁殖を可能にする河川の流水基準を保持することである．こうした水質管理に協力すべき水事業のサブセクターに含まれるのは，排水放流者(下水道組織，農場，都市，工業など)，監督者，計画立案者/調整者などである．

　魚類や野生生物の生息場所の保護は，水管理目的の一つであるが，その目的を直接担当する行政機関は存在しないのが普通である．しかし，ほかに直接の任務を持つ水マネジメント行政機関が，魚類や野生生物の生息場所のことを考慮する必要があることに徐々に気付くようになってきた．U. S. Fish and Wildlife Service(魚類・野生生物局)などの連邦政府の行政機関は法定権限をこうした生息場所の保護に行使する傾向が強くなってきたが，特に絶滅危惧種や絶滅可能種に重点が置かれている．魚や狩猟対象動物を担当する州の行政機関も担当する水マネジメント組織と共同で生息場所の改善に努力するケースが多くなっている．

リクレーション産業は，河川や，湖，貯水池を利用して，ボート乗り，水泳，イカダ乗り，釣り，水上スキー，ピクニック，観光，その他の各種リクレーションの機会を提供している．リクレーションに対しては，きわめて多くの行政機関や民間業者団体が特に相互調整することもなく支持を与えている．ほとんどの場合，こうした業務に関与しているのは，National Park Service(国立公園局)などの公園管理行政機関や，魚類や野生生物を担当している行政機関である．

8.5 水事業における監督者

水事業における規制の対象は，健康と安全性，水質，魚類や野生生物，水量配分，財政，サービスの質などである．規制の法的側面については第6章で述べた．

水事業に対する規制は，公益の定義は目標があいまいであるが，公益に関係する行為の統制を目的とする原則や規則や法律に基づいて個別に発展してきた．最初の規制は，西部における水の配分制度から始まり，その後飲料水に関する公衆衛生が対象に含まれるようになり，現在では絶滅危惧種などの環境問題にまで発展してきた．財政やサービスの質は，水事業においてはあまり規制されてはいないが，将来は規制の対象になるものと思われる．

規制担当者とは誰か？ 規制担当者とは，健康と安全性，水質，魚類や野生生物，水量配分，財政，サービスの質などの分野において，公益を保護するという使命に基づいて行政機関で働く者である．次にいくつかの例を紹介しよう．

U.S. EPAで働く者は規制担当者であるが，それ以外にも規制担当者はいる．州のEPAや水質担当行政機関も同様に規制担当者である．ACEは，かつてプロジェクトを実行していたので，規制担当者かどうかについては意見が分かれるところである．しかし現在この機関は，規制対策であるClean Water Actの404条の施行権限を委嘱されている．U.S. Fish and Wildlife ServiceとU.S. Forest Service(森林局)は，Endangered Species Act(絶滅危惧種法)と国有林に

関する連邦の水関係の法律の施行により規制任務を担当するようになっている．

西部では，State Engineer's Office（州技監室）が河川や井戸からの取水を管理するという意味において，このオフィスが規制担当機関になっている．東部諸州でもこの分野の活動が強化されており，ダムの安全性を担当している州の天然資源局が安全性に関する問題の一部を監督している．

州の公益サービス委員会は，一部の水事業体の水のサービスコストを規制している．こうした委員会は，水に関しては，民間の水会社だけを規制の対象にする．一般住民は，最もコスト効果の高い上水サービスを受けているのかどうかについてはほとんど知らない．一方，電気，ガス，通信の事業体の料金決定は公表されるので，一般市民はコストを比較することができる．

規制においては環境保護団体が重要な役割を果たしている．こうした団体は，National Environmental Policy Act（NEPA；国家環境政策法），Endangered Species Act などの法律や，連邦政府や州政府および資源関係の行政機関に与えられている各種の権限に強い関心を示している．環境保護団体の数は主要なものだけでも20前後あり，その会員数はおそらく1500万人程度，予算規模は合計6億ドルに達しているものと思われる（Brimelow and Spencer, 1992）．

8.6 水の計画担当者と調整者

水問題を解決するための計画立案や調整の必要性や，様々な役割や責任は，しばしばはっきりしないし，軽視されることが多い．それには明確な理由がある．「もう疲れ切って会議を開く元気がないので，自分たちだけで決めてしまったよ」というセリフは，あなたも聞いたことがあると思う．一言でいえば，こうした態度が計画立案や調整に付随する難しさを説明している．もう一つの理由は，共同で意思決定することの難しさである．

調整を妨げる要因は非常に多く，会議を開いたり，協力したりする必要性だけでなく，実行を担当する行政機関の間の任務の矛盾，政治的問題，データ収集・教育・調査などの任務の競合，経済開発と規制対策との矛盾，官僚の内部対立の中での役割の明確化の必要性，調整に集中させるようなリーダーシップの必要性，問題の複雑さ，財政的関連性，水に対する政治的姿勢，学問分野と利益団体

の間の対立，などがある．こうした様々な阻害要因があるにもかかわらず，計画立案や調整をやってのける者がいるということは驚異的なことである．

水事業の計画立案や調整は，任務の遂行者や監督者だけですべて実施できるわけではない．実際には，水事業の中の様々な支援組織(コンサルタント，弁護士，納入業者，調査担当者，業界団体，データ管理行政機関)が調整のかなりの部分を実行する．

8.7 水事業支援組織

水事業について説明する場合には，その支援組織もその中に含めて考える必要がある．こうした組織には公的なものと民間のものとがあり，その業務内容としては，政策分析，設計，建設，装置，法律関連業務，研究，出版，教育，データ管理などがあり，水事業の業界団体を通じてのネット・ワーキングによって調整を行う場合にこれらが役に立つ．

8.7.1 データ管理

水事業のデータ管理は，きわめて分散的な支援業務であり，組織化や調整は困難である．連邦の最大の水データ担当行政機関は USGS である．USGS の単独で最大の水事業は Federal-State Cooperative Program(連邦-州協同プログラム)であり，同機関の Water Resources Division(水資源部)の活動の 40% 強を占めている．USGS はこの事業を通じて州や地方の 1 000 以上の行政機関と協力しており，これらの行政機関が活動費の 50% を負担している．

8.7.2 コンサルタント

水事業支援組織の中では各種コンサルタントが大きなウエイトを占めている．その中でも最大の組織は，コンサルティングを行うエンジニアたちであるが，それ以外にも経営コンサルタント，地質学者，財政コンサルタント，調査研究者，政策アナリスト，弁護士などがいる．

8.7.3 弁　護　士

　水事業において弁護士が必要になるのは，紛争が法律の場で解決されるケースがよくあるからである．例えば，ある監督者が水マネジメント行政機関に対して環境法に違反しているという理由で何らかの命令を出すと，これが規制に関わる問題を発生させる原因となる．

8.7.4 建　設　業

　米国の建設業の事業規模は，5 000億ドルのオーダーであり，支出の面では水事業など及びもつかないレベルにある．水に関するプロジェクトや事業における建設業の役割と活動は重要であり，特に専門グループとしての公益施設建設の請負業者の役割と活動が大きい．

8.7.5 装置納入業者

　各種の装置やサービスの納入業者は，水事業にとってきわめて重要な存在である．その多くはWater and Wastewater Manufacturer's Equipment Association(WWMEA；上水・廃水器機設備協会)に加入している．

8.7.6 調　査　機　関

　水事業関係の調査としては，行政機関，大学および研究所やシンクタンクなどの民間組織において実施される様々な調査活動がある．水事業関係の新しい調査報告書の多くはこうした公式の調査機関で作成されるが，それ以外にも，支援団体，行政機関，コンサルタント事務所などに多くの調査研究者がいる．

8.7.7 教育および研修機関

　調査の場合と同じように，水事業に関する教育を行う機関は多数存在する．その中には資格を伴う教育と，資格とは関係のない研修や継続した教育を行うもの

とがある．最近は教育の供給と需要に2つの特徴が見られる．すなわち，教材の提供においてはテクノロジーの重要さが増加しつつあり，一方，すべての職務レベルにおいて成果への期待と圧力が増加しつつある．

8.7.8 業 界 団 体

いくつかの主要な業界団体の歴史と役割についてはすでに述べた．こうした団体には多数の機能があるが，その中で特に重要なものは，知識の向上，ネットワーキング，教育および研修である．州政府の水マネージャーを代表する団体としては，ASIWPCA, ICWP, National Governor's Association（全米知事協会），Western States Water Council（西部諸州水評議会），Conference of State Sanitary Engineers（州衛生技術者会議），Council of State Governments（州政府評議会）などがある．

8.7.9 利益団体と環境保護団体

利益団体，その中でも特に環境保護団体は，水事業の分野では影響力を持っている．水は経済の様々な分野に関連しているので，利益団体の活動は当然活発になる．その中には，例えば紙パルプのような特定の産業を代表する，いわゆる業界団体，環境保護団体〔National Wildlife Federation（全米野生生物連盟）やAudubon Societyなどのような特定の問題に集中する団体から，あらゆる面において極端に熱狂的な環境保護団体まで多様である〕，消費者団体，女性投票者連盟のような公益団体などがある．

8.7.10 出 版 社

水資源関係の出版社も重要な役割を果たしている．水関係の出版を専門的に行っている出版社は少ないが，多数の大手出版社は幅広い問題を取り上げている．こうした出版社では，定期刊行物が重要な製品になっているほか，水関係団体の主要な定期刊行物や独立系の定期刊行物を入手することもできる．そのほか，数はごく少ないが，水事業を取り上げる雑誌，ニューズレター，新聞もある．

8.8 水事業における政府および非政府組織

　水事業は機能的側面から見るほかに，業務執行者の観点から見ることもできる．こうした観点から見ると，水事業では3つのレベルの政府(地方政府，州政府，連邦政府)，および営利と非営利の民間部門が業務を執行している．政府において中心的役割を果たしているのは，立法機関，行政機関，司法機関の3部門であり，非政府分野の業務執行者は，産業界，民間の水事業体，支援組織，および環境保護団体である．

8.8.1 地方政府

　水事業に関係する主な地方政府組織としては，市や郡の部局，地方自治体法や州法に基づいて組織された特殊目的の組合や行政機関などがある．U.S. Census of Government によると，1982年には合計8万2290の地方政府があり，そのうち，3041は郡政府，1万9076は市政府，1万6734が町政府であった．特殊組合は合計2万8588組合で，そのうち，天然資源関係が6232，消防関係が4560，住宅および地域社会開発関係が3296であった(U.S. Department of Commerce, 1985)．

8.8.2 州政府

　水マネジメントにおいては州政府が重要な役割を果たしており，その役割は次第に大きくなっている．主な組織としては，州の環境担当行政機関，衛生関係部局，水マネジメント部局などで，通常は天然資源部局の中にある．ほとんどの州の水行政機関は，規制対策を実施している．一部の州の水マネジメント行政機関が管轄する業務の例としては，各種プロジェクトの計画立案，設計，資金調達，建設，運営などがあり，場合によってその中の一部だけを担当している．一部の州レベルの組織は，プロジェクト開発任務と一緒に監督責任も担当しているが，この方法では問題がよく発生するので，職務の分離がしばしば行われる(第10章参照)．州のもとにある特殊組合は，州政府の一部の行政機関と連携しながら業

務を遂行しているが，地域の下部組織と連携する場合もある．

8.8.3 連邦政府

連邦政府には，水マネジメントを主要な業務としている行政機関がいくつかあり，そのほかにももっと限定的な業務を行う行政機関もある．主要な行政機関としては，ACE, Interior Department(内務省)の USGS と Bureau of Reclamation, U. S. EPA, Department of Agriculture's Soil Conservation Service(SCS；土壌保全局)などがある．ACE と Bureau of Reclamation は，比較的大規模な開発を実施してきた．SCS は，小規模なプロジェクトや対策によって農業経営者の水マネジメントに協力している．この SCS は，ほとんどの郡に専門職員を配置して約3 000の土地・水保全組合と共同で業務を実施している．USGS は，データ収集で主要な役割を果たしている行政機関であり，U. S. EPA は，規制中心の行政機関である．水マネジメント問題に関しては，議会における多数の委員会が権限を持っている．司法部門は，州間の水配分の判決(第11, 19章を参照)や制定法の解釈など，法廷による判断を担当している．

8.8.4 業界と民間部門

水関連事業に関与する民間部門の団体としては，水の需要家，コンサルタント，装置製造業者と納入業者，コントラクタ，削井業者，弁護士がおり，そのほかに，大学，シンクタンク，出版社，業界団体，各種の非営利団体などのいわゆる「知識産業」もある．

8.8.5 国際組織

水の政策に関与する国際組織としては，United Nations Development Programme, UNESCO, Food and Agriculture Organization, UN Environment Programme, World Bank, World Health Organization, および World Meteorological Organization など，一連の国連機関がある．国連は，UN Conference on Environment(Stockholm, 1972), World Water Conference(Mar de Plata,

1977)およびUN Conference on Environment and Development(Rio, 1992, UNCED)などの国際会議を通して水政策に大きな影響を及ぼしてきた．U.S. Agency for International Development(米国国際開発庁)や，そのほか様々な二国間援助組織が，水マネジメントに関する活動を行っている．各地の地域開発銀行も大きな影響力を持っているが，そうした銀行としては，Asian Development Bank, Inter-American Development Bank, Arab Development Fund，およびEuropean Development Bankがある．国際的協会も水事業に大きな影響力を持っており，この種の団体としては，例えば，International Water Resources Association(国際水資源学会)やInternational Association for Hydrauric Research(国際水理学会)がある．

8.9 諸外国のモデル

諸外国では水事業の構造や調整をどのように行っているのだろうか？

8.9.1 英国のモデル

1970年代から1980年代にかけて英国は水事業に強い関心を示したので，この国のモデルは世界的に注目を集めた．まず1970年代に，英国は上水道事業を地域別編成に変更し，1980年代にはそれを民営化した．現在，英国はこのマネジメント体制がほぼ適正だと考えているようである．

現在イングランドとウェールズで採用されている水事業の全体的構造は図-8.6に示すとおりで，10の地域水会社と29の法定水会社が給水業務を行っている．環境規制に関しては，これらの会社全体をNational Rivers Authority(国家河川庁)が監督している．それ以外にもH. M. Inspectorate of Pollution(H. M. 汚染監督官)とWater Services(水局)の長官が規制(料金とサービスレベルの規制)を担当している．さらにその上部で政府の4つの省が監督している(Thackray, 1990)．

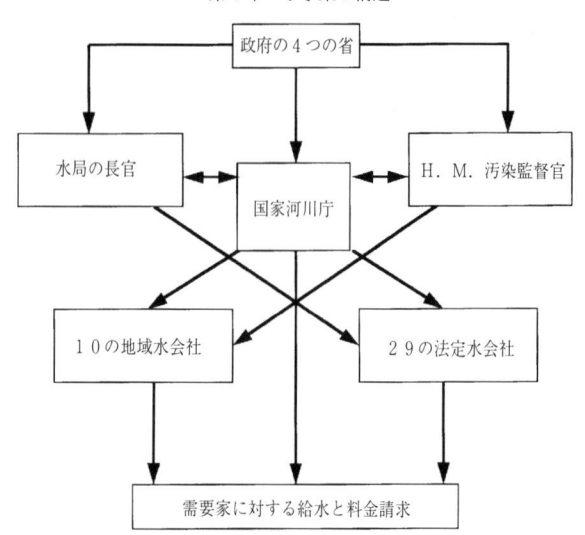

図-8.6 英国の水事業組織(出典：Thackray, 1990)

8.9.2 フランスのモデル

Drouet(1990)によると，フランスのモデルは，中央政府が決める基本的な規則のもとで，3万6 000の地方自治体と3つの大企業とが一体となった構造になっている．フランスでは，事業運営を調整するため全国を6つの河川流域地域に分割している(World Bank, 1993, Ministere de l' Environnement, 1992)．これは水資源を河川流域レベルでマネジメントすることを意味し，統合化の面では大きな前進である．制度的には，6つの河川流域委員会と6つの河川流域財政担当機関(Agences Financières de Bassin)がある．この6つの流域グループは，Seine-Normandie, Loire-Bretagne, Rhin-Meuse, Rhône-Méditerranée Corse, Adour-Garonne, そしてArtois-Picardieである．世界銀行によると，この制度はこれまで25年間効率的に運営されてきたという．河川流域レベルで交渉や意思決定を行う場合には，その中心に河川流域委員会があるので，調整がスムースに行われる．委員会は利益団体や行政機関を代表する60〜110人のメンバーによって構成されている．この委員会は，水質改善のための長期的な基本計画や実行計画を認可する．図-8.7に流域マネジメントの実施方法を図示する．流域委

8.9 諸外国のモデル

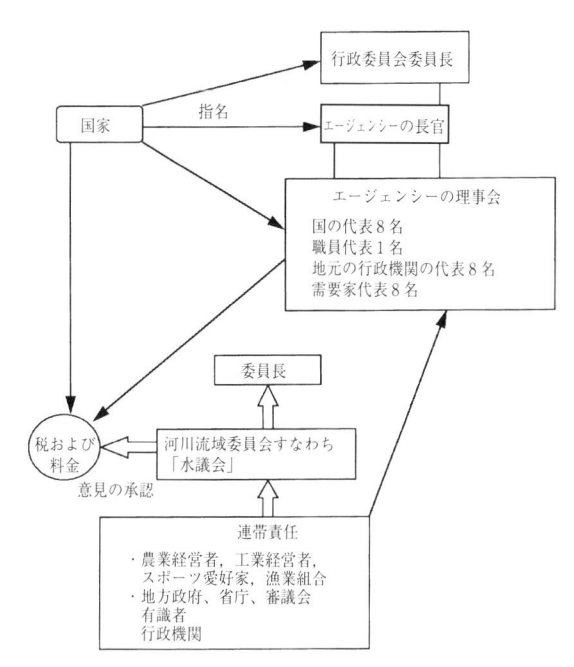

図-8.7 フランスの水事業組織（出典：Ministere de l' Environnement, 1992）

員会，すなわち「水議会」は，料金やプロジェクトの選択に関してかなりの権限を持っている．財務担当機関は，水量と水質に関する目標達成のために実行計画を実施するほか，長期計画，5箇年計画，料金に関する提案を行う．水の利用者は，2種類の料金を支払う．一つは水の使用量に対する料金であり，もう一つは汚染に対する料金である．財務担当機関は，料金の集金を行い，補助金やローンを確保し，データを収集・処理し，研究や調査を行う．この機関はかなりの人材を活用している中心的な水計画立案組織である．

フランスでは，都市の上下水道システムは，様々なレベルの自治体の所有になっている(Whitely, 1994)．フランスは，これらのシステムが長い間，民間会社によって運営させてきたという点できわめてユニークである．現在，こうした水事業サービスは大規模な3つの民間会社に支配されているが，その3社とはBouyguesの一部門であるSociété d' Aménagement Urbain et Rural(SAUR), Société Lyonnaise des Eaux-Dumez, およびSOGEA(Compagnie Générale des Eaux の子会社)である．これら3社は，フランチャイズ契約に基づいて水処理および給水を行っている．

8.9.3 日本のモデル

　日本は規模が小さく中央集権化も進んでいるので，水資源マネジメントは，米国の場合より問題が少ないようである．国家レベルでは，建設省河川局が大規模な洪水や都市洪水の制御に対して広範な対策を策定しているほか，地滑りによる被害の防止，沿岸部の改修，総合的な水資源開発の促進などにも対策を講じている．国土庁水資源部のもとに水資源開発審議会があり，これが「基本問題の調整」を担当している．水資源開発公団(WRDEC)の組織図によると，この調整はいくつかの省庁にまたがって実施される．すなわち，家庭用水については厚生省と，灌漑については農林水産省と，工業用水については通産省と，河川マネジメントについては建設省との間で，それぞれ調整が行われる．日本の河川は，一級，二級，準用河川の3つの等級に明確に分類されており，最も大きい一級河川は国の管轄下にあり，次の規模の二級河川は県の管轄下にあり，最も小規模な準用河川は市町村の管轄下にある．こうした河川の等級制度は，明治時代の1870年頃に導入されたものであり，また河川法が最初に制定されたのは1896年である．

8.10　質　　　問

1. 水事業の調整はなぜ難しい問題なのか？
2. 水マネジメントには，直接的サービスの提供，規制，計画と調整，支援サービスの提供の4つの基本的な任務がある．市の上水道の場合，こうした任務はそれぞれどのレベルの政府が担当するのか説明せよ．
3. 米国の上水道機構には「小規模システム」の問題があるのはなぜか？　発展途上国の同じような問題と比較するとどう違うか？
4. 米国の州知事の視点から見た場合，水資源マネジメントにおける連邦政府と州政府の適切な役割とはどんなものか？
5. 都市給水を行う場合，公営組織と民間組織のどちらの装備が優れている

か？ この両方について，どのような規制が必要か，説明せよ．都市上水道は独占事業であるべきか，また，そうであるなら，公営事業と民間事業のうち，どちらを選択するとどんな影響が現れるか？
6. 英国やフランスの水マネジメント・モデルの方が米国の水マネジメント・モデルより優れていると思うか？ 賛成の場合と反対の場合について説明せよ．
7. 米国の水事業に最適と思われる民営化の形態はどんなものか？ その理由は？

文　献

Apogee Research, Inc., The Nation's Public Works: Report on Wastewater Management, National Council on Public Works Improvement, Washington, DC, 1987.
Brimelow, Peter, and Leslie Spencer, "You Can't Get There from Here," *Forbes*, July 6, 1992.
City of Ft. Collins, Colorado, Water and Wastewater Utility, Water Board Annual Report, 1991.
Drouet, Dominique, The French Water Industry in a Changing European Context, in Kyle E. Schilling and Eric Porter, eds., *Urban Water Infrastructure*, Kluwer Academic Publishers, Dordrecht, 1990.
Lea, Dallas M., Irrigation in the United States, U.S. Department of Agriculture, Economic Research Service, Staff Report No. AGES840815, Washington, DC, April 1985.
Miller, William H., *Miller On Managing*, American Water Works Association, Denver, 1992.
Ministere de l'Environnement, *Water, A Common Heritage: Integrated Development and Management of River Basins, the French Approach*, Paris, 1992.
National Council on Public Works Improvement, Final Report, Washington, DC, 1987.
Postel, Sandra, *Water for Agriculture: Facing the Limits*, Worldwatch Paper 93, Washington, DC, December 1989.
Reisner, Marc, *Cadillac Desert*, Penguin Books, New York, 1986.
Schilling, Kyle, Claudia Copeland, Joseph Dixon, James Smythe, Mary Vincent, and Jan Peterson, The Nation's Public Works: Report on Water Resources, National Council on Public Works Improvement, Washington, DC, May 1987.
Scribner-Bantam English Dictionary, New York, 1979.
Thackray, John E., Privatization of Water Services in the United Kingdom, in Kyle E. Schilling and Eric Porter, eds., *Urban Water Infrastructure*, Kluwer Academic Publishers, Dordrecht, 1990.
U.S. Department of Commerce, *Statistical Abstract of the United States*, 105th ed., 1985.
U.S. Environmental Protection Agency, The 1982 Needs Survey, EPA/43019-83-002, June 15, 1983.
U.S. Environmental Protection Agency, Office of Drinking Water, FY 1983 Status Report, The National Public Water System Program, Washington, DC, 1984.
van Schilfgaarde, Jan, America's Irrigation: Can It Last?, *Civil Engineering*, March 1990.

Whitely, Hugh, The Effectiveness of Regulatory Structure in the Promotion of Water Conservation in Ontario (Canada), the United Kingdom and France, Transatlantic Seminar on Water Management, Paris, July 1994.

World Bank, Water Resources Management: A World Bank Policy Paper, Washington, DC, 1993.

第9章 マネジメントの包括的枠組み

9.1 はじめに

　これまでの章では水事業の運営マネジメントに関する問題，すなわち科学，エンジニアリング，政治，システム，法律，財政，組織などについて説明してきた．本章ではこうした問題をすべて一括して，水事業の運営マネジメントに必要な包括的枠組み(framework)について説明することにする．水事業統合化のための包括的運営マネジメント手法を構成する要素は，問題の設定，政策，シナリオ，プロセス，原理，仕事，ツール，役割，および業務執行者である．特に重視しなければならないのは大規模な水マネジメント対策であるが，運営マネジメントの原理そのものは小規模な場合にも同じように適用される．

9.2 水事業の問題点

　水の問題は世界各国によってそれぞれ異なる．米国で発生している問題は，ほかのいくつかの国ほど重大なものではないが，それでも米国は水政策についていろいろと苦労している．様々な政策研究グループが水問題についていくつかリストを作成しているが，その中の「上位10項目」と思われる問題について筆者なりの考え方を次に紹介する．
① 水政策の改革と調整：総合的な政策問題という大きな課題がリストに残され

たのは，水政策の複雑さと難しさによるものである．この問題に取り組む場合は，Clean Water Act（水質汚濁防止法），Endangered Species Act（絶滅危惧種法），特定プロジェクトなど，特定の問題を取り上げてアプローチされる．
② 水マネジメントの地理的調整：この問題では，流域を中心とした取組み，河川流域委員会，地域的に権威のある機関などが必要になる．
③ 価格の決定と水配分：これには非常に幅広い問題が含まれるが，その中でも特に重要な問題は，水配分の手段としての価格決定と，運営収入と資本をもたらすための価格決定の2つである．
④ 水供給の安全性：給水の量と質の安全性には，安全な飲料水，異常渇水期の水供給，およびそれらに付随する問題が関係する．
⑤ 水質対策：これに関係する問題は，近隣の水の質，非点源汚染源，工業排水，効果的に実施可能な下水処理などである．
⑥ 環境システムと政策：この問題に関係するのは，持続可能な開発や生物多様性の維持，ならびに Everglades 湿地帯や Ogallala 地下水系など，地域にある大規模な帯水層などの問題である．
⑦ 小規模システム：これに関係する問題は，農村地帯の小規模システム経営者が上下水道システムを規制に合わせて運営管理を維持していけるかどうかである．発展途上国の上下水道の問題の多くはこの範疇に含まれるものであり，このことは自分たちの問題を解決する能力が地方にあるかどうかの問題とも密接に関連している．
⑧ 水マネジメントの対立：これは非常に高度な政治的問題であり，この中に含まれるのは，広域の水供給論争，カリフォルニア州の Bay-Delta 地域に見られるような州規模の水供給問題，農業と都市の間の大規模な取引き，河川をめぐる州間対立，論争中の水力発電プロジェクトの再認可，大規模な導水計画案，などである．
⑨ 効率性の問題（公共か民間かの問題を含む）：サービス組織は比較的順調に機能しているが，規制の範囲が広すぎて，「直接規制（command and control）」は対決的になりすぎており，水事業はより優れた調整を必要としている．民営化は効率化に対する一つの解答になりうるが，対決的問題の解決には役立たないだろう．
⑩ 情報サービス：これに関係する問題は，水事業に必要な調査，教育，研修，

データ支援が不足していることである．水事業の個々の部門には複雑な要素や関連性が含まれていたり，民間部門にも機会が与えられていたりするので，この問題は単独の対策では解決できない．

　世界銀行(1993)は，水資源マネジメントに関する政策報告書の中で，給水サービスのレベルが低い発展途上国では，消費者が料金の支払いを拒むので，運営資金が不足し，それがさらにこの上水道事業を悪化させるという悪循環に陥っている，と指摘している．こうした問題は世界中で健康，福祉，安全性に悪影響をもたらし，人口の急激な増加や都市化によって水不足になると，環境問題をも悪化させる．発展途上国でこうした問題について解決の見通しがつかない理由は，水の配分方法の欠陥や無駄使い，制度的弱点，市場原理の欠如，政策の歪み，公的投資の不足，行政機関への過度の依存などにある．

　特定の問題の事例として，Frederiksen(1992)は，人口が100万を超えているインドの諸都市が24時間給水を実施できない状況，北京における井戸水の過剰汲上げが住民の移住あるいは大規模な導水を必要とするような状況を招く可能性があること，中東の水不足およびそれに伴う地域対立が十分に認識されていないこと，などを指摘している．さらにFredriksen(1996)は，最近の政策研究に異議を唱え，発表した論文の中で発展途上国における水の必要性に関して間違った認識があることを指摘している．彼は，不適切に扱われている4つの基本的制約条件，すなわち，ⓐ行動する時間が少ない，ⓑ利用できる対策が限られている，ⓒ様々な用途の間で資金獲得競争が激しい，ⓓ渇水対応能力が低い，について検討している．

9.3　水事業における業務執行者とその役割

　水事業の改善が実現するのは，業界の業務執行者(player)がその役割を十分に果たした時である．これは結局は，業務執行者に適正な役割を担当させるという調整における主要な問題となる．この場合に主役になるのは，選出または指名された上級官僚，公益事業体，開発関係者，環境保護主義者，監督者および支援団体である．

　地方，州，連邦の3つのレベルの政府の選出または指名された上級官僚がすべ

て水の業務に関与するのは，水問題が政府の最重要課題だからである．彼らの主要な役割は，政策の立案，監督，および問題の解決である．彼らは共同で複数の管轄権にまたがる大問題に取り組まなければならない．そうしなければ，問題解決は不可能である．

　水資源の開発に際して最も直接的な関心を示すのは公益事業体と開発業者である．この両者に含まれるのは，上水供給者，下水担当行政機関，灌漑農業経営者，産業関係者，水運航行関係者，電力企業などである．こうした関係者は，水事業の特別な利害関係者として，あるいは水事業擁護者として強い影響を及ぼす．水管理組合や地域の行政機関など，水マネジメントを担当する総合的な行政機関も関与するが，その関与形態は直接的な水の供給者とは異なる．水力発電，航行，洪水調節などの関係者は，維持流量問題に関与するが，水質規制にはほとんど関与しない．工業開発や都市開発の関係者は，開発事業が水に依存するので，水事業に強い関心を示す．農業部門や資源開発部門が水事業に関与するのは，灌漑用水に依存しているからであり，また水質規制機関から規制を受けるからである．

　環境保護主義者(environmentalist)の中には環境保護団体(environmental organization)が含まれるのは当然であるが，それ以外に様々な公益団体も含まれる．こうした団体は，環境検査人としての役割やある程度は法律執行者の役割も果たしており，水事業においては最強の業務執行者の中に数えられる．

　監督者の権限は非常に大きく，重要な役割を果たす．行政機関の監督者のほかに，裏方として機能している裁判所と法的システムがこの範疇に入る．

　支援団体は数も種類も多すぎるので，ここでは紹介しきれない(第8章参照)．データ収集と評価を行う行政機関は支援的業務執行者である．コンサルタント，納入業者，コントラクタなどは，民間では水事業における最大の業務執行者である．また，大学や研究機関が調査や評価に参加することもあり，その成果は職業や学術や業種に基づく協会を通じて表明される．こうした団体は，水事業の機能向上や調整においてかなり重要な役割を果たす．

9.4 マネジメント・パラダイムの要件

　大規模な水問題に特徴的なことは，多数の利害関係者や地理的領域の間に，あるいは水環境とそれに関係する生態系との間にも複雑な連鎖や相互依存関係が存在することである．大規模なシステムに付随する対立に特徴的なことは，数人の著者が指摘しているように，制度的な問題が発生することである〔例えば，Viessman と Welty(1985)を参照〕．この問題を数量化しようと試みるエンジニアたちが指摘するのは，均衡の欠けた目的が複数存在すること，意思決定者が複数存在すること，変数やパラメータや結合したサブシステムが多いこと，入力と出力の関係が複雑なこと，変化が大きいこと，である(Haimes, 1987)．

　問題解決に必要な手法の説明に使われる用語は，包括的，調整済み，統合的，全体的，全体論的，協働的，および体系的である．これまで多くの著者が，水マネジメントの包括的な枠組みに含まれるべきマネジメントの原理と実際について指摘してきた．

　こうした指摘にかかわらず，大規模な水資源問題に対して有効なマネジメント・パラダイムとは，規制措置，投資，市民参加，市民教育，および行動様式の変更を組み合わせたものでなければならない．これが，Gilbert White(1969)がその著書「Strategies for American Water Management」の中で「複合的手段(multiple means)」と述べているものである．

9.5 概念的枠組み

　水資源マネージャーは，おそらくビジネスや経営管理の分野で使用される専門用語から派生してきたものだと思われるが，新しい用語の攻撃を受けている．新しい用語で語られるのは，目標，プロセスや手順，枠組みづくり，フィロソフィ，リーダーシップのスタイル，などである．こうした新しい用語を一体化すれば，強力な概念グループを形成することになり，それを中心として，大規模な水資源システムのマネジメントの改善が可能になる．本節では，こうした新しい用語の一部について検討する．

「統合型水マネジメント(integrated water management)」はよく知られている概念的枠組みであるが，この用語は多様な概念を含んでいるので，説明しにくい言葉である．Mitchell(1990)は，統合化に関する全国的な事例研究を1冊の本にまとめて編集している．統合化については特に定義はしていないが，その手がかりを示している．それによると，この概念は「水文循環の諸要素を横断する問題であり，水と土地と環境の境界を超越した問題であり，また水を地域の経済開発や環境マネジメントに関連する幅広い政策課題と結び付ける問題でもある」ととらえられている．また「概念のレベルでは，相互依存関係や関連性などの特徴を持つ問題を定義し，それに取り組む必要があるという点ではしばしば合意が見られる．(中略)こうした問題は抽象的問題(metaproblems)とか，筋の悪い問題とか，あるいは混乱状態と表現されることもよくある」と述べられている．Mitchellの分類体系は，統合型水マネジメントには少なくとも3つのタイプの解釈が可能だとしている．一つは水の構成要素(筆者はこれを目的と機能と呼んでいる)の統合であり，次は水と土地および環境との統合(生態学的ならびにセクター間の統合)であり，もう一つは社会開発と経済開発の統合(セクター間の統合)である．

一部に「包括的水マネジメント(comprehensive water management)」を統合化(integration)と同じ意味に使っている場合もあるが(Wagner, 1995)，実際にはこの2つには大きな違いがある．「統合化」は関連性を意味するが，一方「包括的」とは幅広く包含しているという意味である．そのほか「全体的水マネジメント(total water management)」(American Water Works Association, 1993)と「全体論的水マネジメント(holistic water management)」(Kirpich, 1993)という2つの用語がある．「全体的水マネジメント」は「住民と環境に最大限の善を提供できるように，また社会のすべての分野がこのプロセスに発言できるように水供給事業が水資源マネジメントを実施しようと努力すること」と説明されており，「全体論的水マネジメント」については「灌漑分野において，行政機関の間の調整，水使用者と水管理担当者に必要な作業基準，伝統的知識の導入，直接的結果に対する地元の関与，トップダウンとボトムアップとの調整，水と農業政策の結合などを強調するアプローチ」と説明されている．

さらに，「持続可能な開発」を統合化のための枠組みと考えるものもいるが，これは全体としての目標であり，すぐに普及した新しい用語である．

世界銀行(1993)の「包括的枠組み」は発展途上国に適用することを目的とする一つの政策的枠組みであり,「水は,多様な用途を持ち,生態系や社会経済体系と相互関連を持つ唯一の資源と考える,水資源のための分析的枠組み」を意味する.

「統合型資源計画立案(integrated resource planning；IRP)」は,電気事業において発展した概念で,水事業向けにつくり替えられたものである(AWWARF).この概念は「全体的目標と目的を定め,途中の進捗状況を確認する方法を設けること,利害関係者とその利害を確認し,彼らをプロセス全体に参加させること,プロセスにおいて対処すべき問題点,計画に決定的な影響を与える問題,予想される対立を見定めること,リスクと不安定要因を確認すること,IRPを実行すること,およびプロセスの効果を評価し,適切な調整を行うこと」を含んでいる.

また,実際のプロセスとしては,National Environmental Policy Act (NEPA；国家環境政策法)ないし環境影響評価(environmental impact statement；EIS)プロセス,Endangered Species Act(ESA；絶滅危惧種法)に基づく回復計画プロセス,およびNational Estuary Program(全米河口プログラム)に基づくU. S. Environmental Protection Agency(U. S. EPA；連邦環境保護庁)のマネジメント計画プロセスがある.この3つはいずれも監督者U. S. EPAから出てきたものであるが,それぞれに異なっている.EISプロセスにおいては,提案された対策についてあらゆる角度から検討し,完全な評価報告書を作成しなければならない.その次に,連邦の行政機関は提案された対策を認可するかどうかを決定する.回復計画プロセスはESAの7条から派生したものである(U. S. Fish and Wildlife Service, 1994).本条は,「1973年ESA改正法の条項であり,連邦が指定した種と危機的状況にある生息場所を保存するための行政機関間の調整手続きを規定」している.7条の諮問とは「提案された種と関係がある場合に専門家会議および協議会を含む様々な7条プロセス」である.U. S. ESAに基づき,U. S. Fish and Wildlife Service(魚類・野生生物局)が「ある種が危機にさらされている」という「危機見解」を表明すると,「回復計画」が必要となり,連邦の行政機関が要求する対策が導入される.

U. S. EPAのマネジメント計画の立案プロセスには別の性格も含まれている.U. S. EPAがこの条件を採用したのはNational Estuary Program(U. S. EPA, 1988)に基づいている.これは,「河口環境の質を回復または維持しながら,しかも対立関係にある用途とバランスを取るために協働して問題解決にあたるアプロ

ーチ」に基づくものである．このプロセスは，目的に忠実で論理的な計画立案プロセスと政治的に現実的なプロセスとの組合せを追求するものであり，次の4つの局面によって構成される．すなわち，①マネジメントの枠組みの構築，②特徴の把握と問題の定義，③包括的保全管理計画の作成，および④実施，である．全体のプロセスに含まれるのは，知事の任命，U. S. EPA長官による「マネジメント会議」の招集，河口の特徴の把握，包括的保全管理計画(Comprehensive Conservation and Management Plan; CCMP)，実施計画，および継続的モニタリング，である．これをU. S. EPAは，次のように簡単に要約している．「このプログラムは2つのテーマによって構成されている．すなわち，問題の確認と解決，そして協働して意思決定を行うための連続的発展段階である」と．

ほかの分野で適用されている一般的概念も水マネジメントの分野に入ってきており，例えば「システム思考」，「市民環境保護主義」，「協働的リーダーシップ」などがそうである．こうした概念から原理やプロセスについて有効な枠組みやアイデアを得ることができるが，水マネージャーに対する特定の指針が得られるわけではない．システム思考(Senge, 1990)というビジネス・ツールは効果的な枠組みであるが，その要素は，各種オペレーションに適用されるシステム解析以外の分野で水資源問題にそれほど広く適用されたことはない．John(1994)の「市民環境保護主義」は，政治的対決に代わる選択肢を追求する手法であり，非点源問題とか汚染防止，あるいは生態系保護などの問題に関して州や地方のレベルで行われる意思決定への一参加者として連邦政府に対して新しい役割を果たすものとなる．これにより，非規制的ツールや行政機関同士の協力や政府間の協力が拡大される可能性がある．ChrislipとLarson(1994)の「協働的リーダーシップ」は，不満や怒りを抱く市民の関心を引き，市民に障害を除去しようという意思を持たせながら，複雑な問題に解決の見通しを与える．地域社会が結集していかにうまくその問題解決に向かうかが「社会資本」や「市民インフラ」の尺度になる．ChrislipとLarsonはモンタナ州のClark Fork川の例を引用しているが，この場合には，この地方や州の行政機関のほか，11の連邦の行政機関が関与している．ここでの問題は責任者がいないことであり，水マネジメントにおいてはきわめて深刻な問題である．ChrislipとLarsonが指摘するように，「協働(collaboration)はコミュニケーションや，協力(cooperation)，調整以上のものであり，ある特定の関係者の理解を超えた問題に対処するための共有ビジョンや共同戦略を生み出す

ことができるものである」．

　最後に取り上げる「全体的な品質管理」の分野とそれに関連した「マネジメントの原理と実際」などの概念も有望である．「品質管理全体」は一見したところ大規模な問題には適用できないように思われるかもしれないが，その一部はマネジメントの実際と結び付けることによって適用が可能となろう．例えば，ISO 9000プロセスが水にとって最善のマネジメント実施手段になりうるかどうかは，探究するに値するものと思われる．ISO (国際標準化機構)は「世界90箇国の国家標準化団体の世界的連合体」であり，その目的は商品とサービスの国際交換を促すことと，知識・科学・技術・経済の協力を促進することである．「ISO 9000の概念は，マネジメントの実際の一般的特徴を有効に標準化し，生産者と利用者の双方に役立てることである」(Voehl and Ashton, 1994)．

　これは全く概念の混合そのものであるが，問題はそれを水資源マネジメントにどう適用するかである．

9.6　調整された対応行為の実施プロセス：最大の課題

　関連する仕事は多いが，最大の課題は大規模なシステムに対していろいろな調整が行われたマネジメントの対応行為をうまく実行することである．河川流域マネジメントを取り上げる第19章で述べるように，水マネジメント問題に関する2人の優れた専門家，Jacques Costeau と Abel Wolman は，この問題には調整されており，協力的で，集約的な対応行為が必要だと述べている．これは是が非でも必要であると同時に，きわめて困難なものでもある．

　この課題の具体的な中身は，実行すべきこと(分析，計画立案，意思決定)を判断すること，利害関係者を巻き込んで彼らに関与(交渉と紛争解決)させること，そして個人的対応行為と団体の対応行為(実施とモニタリング)を実行することである．このプロセスは複雑であるが，それでも問題の確認，選択肢の検討，意思決定，および実施という基本的モデルは適用される．この複雑さを生み出す原因は，利害関係者が多様な協議事項を持っていることと，水マネージャーが制度的制約に直面することにある．

　概念的枠組みの中でプロセスモデルを提供するのは，統合型資源計画立案，環

境影響評価プロセス，National Estuary Program に基づくマネジメント計画立案プロセス，および ESA に基づく回復計画である．統合型資源計画立案は，いまだ供給型プロジェクト中心に考えられており，環境影響評価と回復計画には対決的性格が組み込まれているので，マネジメント計画立案のモデルとして最も優れているのは U. S. EPA のプロセスだと思われる．

もちろん，調整された対応行為は多くの現場で見られる課題である．その一つのアプローチが「パートナリング(パートナーを組んで実施する)」であり，これはビジネス社会においては訴訟や論争を回避する方法としてよく知られている．水マネジメントにおいて，このアプローチは協働的解決を促す方法として利用することができる．こうしたアプローチが欠かせない領域の一つが河口管理にある．河口管理における「パートナリング」の一例が Coastal America である．Coastal America は，「対応行為のための協働的パートナーシップ形成プロセス」の典型例であり，連邦と州と地方の行政機関が民間の関係者と団結して，米国の海岸線の環境問題に対処している(Coastal America, 1993)．

Tennessee Valley Authority(TVA)は「river action teams(河川対策チーム)」と呼ばれる組織を通じてパートナリングの実験に着手している．その発端は TVA の水質浄化対策の一部としてであり，狙いは Tennessee 川を「紀元 2000 年までに米国で最もきれいで，最も生産的な商業的価値の高い河川水系」にすることである(Tennessee Valley Authority, 1993)．TVA は，こうした問題では「統括者の役割(integrator role)」がきわめて重要だと考えている．

9.7 多数の検討課題

多種多様な業務関係者，地域，検討事項，および目的を包含していることは，包括的水マネジメントの挑戦的課題である．昔から「重大なことをしなければならない時は，時間の無駄だから他人には相談するな」ということわざがある．これと正反対なのが包括的水マネジメントであり，協働は不可欠である．

9.8 制度的問題

制度的問題の中にこそ，水問題の独自性が現れてくる．それぞれの場所，それぞれの問題のタイプが個々の制度的問題の特徴を決定する．制度的問題についてはまだ十分に理解されていないので，エンジニアたちはこの問題についてもっと教育を受ける必要がある．

9.9 調整された枠組みにおけるマネジメントの実際

品質管理全般を勉強しているエンジニアはすでに「基準指標(benchmark)」マネジメントの方法を明らかにし，質の良い組織の特性を列挙している．マネジメントの実際とは，「標準」の概念をマネジメント分野に導入しようとする試みのことである．マネジメントの実際は一般によく知られているので，個人レベルでも，チーム・レベルでも，あるいは組織レベルでも利用可能である．これはマネジメントの全体的枠組みの中に適合するが，枠組みそのものではない．幅広いマネジメントの実際は，この枠組みの属性に関する指針を提供してくれるが，枠組みにはもっと詳細な実務が組み込まれている．

過去数年間にわたって，筆者は望ましい水マネジメントについて「学んだ教訓」と原理に関する筆者たちの意見をレヴューしてきた．そうした意見の例をいくつかあげると，Wagner(1995)のWater and Sanitation for Health Projectの出版物の「学んだ教訓」(U.S. Agency for International Development, 1990)，世界銀行のIsmail Serageldin(1995)が1994年にCairoのVIII World Congress on Water Resourcesで行った基調演説，Dan Okun教授(1977)の水質に関する勧告，American Public Works Association(1991)のマネジメントの実際のプロジェクト，渇水期の水マネージャーの意見(Grigg and Vlachos, 1993)，などがある．こうした意見はきわめて多様な出典や問題領域から出てきたものであるが，提示された原理はいくつかのパターンに収まり，次のようなグループに分類することができる．すなわち，包括的アプローチ，河川流域の視点，調整メカニズムと利害関係者の関与，自発的で，協力的で，地域的な対応行為，市民の関与，

対立や紛争，地元の責任とアカウンタビリティ，組織的マネジメントと役割の設定，節約のアプローチと環境倫理，研修と教育と能力開発，市場の視点と価格の設定とインセンティブ，リスク管理，意思決定支援，財政，規制，などである．これ以外にも，効果的な監督などの優れたマネジメントの実際だけでなく，ごく普通の決まりきった原理や一般的概念がどんな場合にでも適用される．

こうしたグループそれぞれにも，様々な特定の原理が含まれている．本章の当初の草稿ではそのうちの一部だけでも詳しく取り上げようとしたが，そのリストはあまりにも長大すぎた．しかし，2, 3の例だけでも役に立つかもしれない．例えば，企業原理(財政や地元の説明責任に内在する)は自立している組織にとっては基本的な必要条件であり，水事業において広く認識されている．能力開発も異論のない原理であり，これは下水処理プラントのオペレータに要求される完全な能力から，自らの手で問題に対処しなければならない片田舎の処理担当者の能力まできわめて広い範囲にあてはまる．

調整された枠組みの目的という観点からは，実務例(学んだ教訓)のいくつかが大規模な問題に適合すること，また，もっと多くの実務例が単独の組織に適合するということを認識するのが有益である．次節では，大規模な状況に適合する例を紹介する．

9.10 モデル

マネジメントの実際と原理に関する広汎なグループのうち，大規模な問題に適用される包括的アプローチに欠かせないのはおそらく次の15の属性と思われる．これらは5つのグループに大別することができる．すなわち，調整された枠組みに必要なもの，包括の原理に関するもの，統制に必要な条件を構成するもの，プロセス原理を設定するもの，枠組みの必要条件を含むもの，である．
① 調整された枠組みの原理：この原理の要件は，問題解決に必要な各種の調整が行われた枠組みの概念，活動を調整するための組織構造，プログラムの名称，業務関係者が確認の際に必要な事項を明確に説明することである．
② 持続可能な開発：これはプロセスの最も重要な目標である．
③ プロセスに基づく原理：この原理は，その枠組みが確認可能であり反復して

行える，恣意的でない意思決定と実施のプロセスを内包しているということである．

④ 包括性：これは多様な事項を包含するという原理であり，計画とマネジメントが概念において幅広いものであることと，利害関係者，水マネジメントの目的，地理的地域および関係する計画担当部門が含まれていることとを必要とする．

⑤ 統合性：これは結合の原理であり，計画とマネジメントが包括的であるだけでなく，その部分部分が全体を最適化するように，しかもその部分部分の局部最適化は回避されるように一体化されることが要求される．ある種の総合化する力が必要であり，単に実務担当者を協力させるだけにとどまらない．

⑥ 協働性：これは自発的な協働の必要性であり，実務担当者が互いに協力するようなインセンティブをその中に含んでいる．

⑦ 利害関係者の参加：利害関係者の参加原理はある程度は包括性の原理の中にも含まれているが，これはきわめて重要な原理であるから，それ自体に一つの独立したカテゴリーを与えている．

⑧ 対応行為志向性：この原理は，計画とマネジメントの実施によって実際に成果が得られることを保証する．

⑨ 適応性：この原理は，計画とマネジメントのプロセスがダイナミックで，目標とニーズと対応行為の定期的な再評価を可能にし，静的計画にはならないことを保証する．

⑩ 効果的マネジメントの実施：この原理では，全体的な仕事の質の管理という意味で効果的なマネジメント実施を確認し，実行することが要求される．

⑪ 科学への依拠：この原理は，対処すべき障害を科学的手段によって判別し，明確に定義することを要求している．

⑫ リスクに基づく原理：この原理は，不確定要素とリスクを意思決定に組み込み，リスク，コスト，および不確定要素を減じる手段に対して適切な見通しを下しながら意思決定を行うことを保証している．

⑬ 国家政策の枠組み：この原理は，地方政府の職員を指導できるような目標と基準を確認し，かつ設定することを連邦政府に要求するものである．

⑭ 地方の管理：この原理は，権限と意思決定をできるだけ低いレベルに委譲し，最大限のインセンティブによって現実に発生している問題を確認し，コス

ト効果のある解決策を実施できるようにすることを要求するものである．
⑮ 能力の開発：地方の行政機関には，意思決定の能力，実施の能力，およびマネジメントの能力が必要である．計画とマネジメントの枠組みにおいては，有能な水マネージャーや公務員を養成するために，様々なタイプの能力開発が求められる．

9.11 事例とモデル属性に関する議論

関連する論文の中で，筆者はモデルを明らかにするために6件の簡単な事例を紹介した．そのうちの5件は本書で取り上げ，6番目の件は書き加えられた(Wagner, 1995)．このモデルのすべての属性が各事例の中で取り上げられているわけではないが，どの属性もこの6件の中のどこかで取り上げられている．取り上げた事例は状況の範囲を示しており，東部沿岸の水質問題が2件，西部沿岸の水問題と水利権に関するものが1件，東部の大規模な導水に関するものが1件，西部の絶滅危惧種の回復に関するものが1件，6番目は西部山岳部の地域上水道プロジェクトに関するものである．

① 枠組みの原理：それぞれどの事例においても，一つの枠組みが可能性と対応行為に限度を設けるように進化した．Jamaica湾の場合には(Wagner, 1995)，それは湾の計画であった．Albemarle-Pamlicoの場合には(第22章)，それは最初は知事の計画であったが，後には国の河口調査となった．Bay-Delta問題はあまりにも規模が大きいため単一の枠組みはないと思われたが，知事の監視委員会(Oversight Council)が一つの枠組みを用意している．Virginia Beachの場合には(第15章)，それは上水道の必要性であり，市が実現に向けて動いている．Platte川の場合は(第15章)，それは絶滅危惧種の問題であり，Two Forksの場合は(第10章)，上水道用貯水池計画であった．

② 持続可能な開発：持続可能な開発は，いうまでもなく，すべてのケースにおいて基本的な問題である．

③ プロセスに基づく原理：どの事例にも一つないし複数のプロセスがある．例えば，Virginia Beachの場合には，最初は州間委員会の交渉プロセスだけであったが，その後，404条プロセス，さらに和解プロセスやその他のプロセス

も加わった．これらを概念化する一つの方法は，枠組みを種々のプロセスの傘と考えることである．

④ 包括性：個々の事例に多数の問題が関係しているという以外に，事例がどのように包括的なのかについて言及するのは困難である．

⑤ 統合性：残念ながら，各事例における総合化は熱い対立の中で達成されるようであり，自発的に連携しようとするグループの例はほとんど見られない．唯一の例外として Two Forks の地域的統合化があったが，認可を拒否されたために消滅してしまった．Virginia Beach の問題が州間協定で解決できれば，これが成功例になるが，解決は困難なようである．

⑥ 協働性：事例では自発的協働はほとんど見られない．様々な試みがなされたが，それを上回る力が働いてばらばらに吹き飛ばされてしまった．事例としては Two Forks のパートナーや，バージニア州とノースカロライナ州が最初交渉しようとした試みがある．

⑦ 利害関係者の参加：どの事例でも，たとえ対立的状態になっていても，利害関係者は強く関与しようとする．例えば，Bay-Delta プロセスでは，カリフォルニア州全体からの市民，連邦の行政機関，州の行政機関，地方の行政機関，水利用者など，多方面から利害関係者が参加している．

⑧ 対応行為志向性：Wagner の Jamaica 湾計画は対応行為を重視した好例である．ノースカロライナ州の Hunt 知事は 1979 年に行動計画が必要だと強調した．政治家は，市民が行動を求めている時に「調査」を要求することはできないことを本能的に知っている．

⑨ 適応性：ここでも，Wagner の Jamaica 湾計画が適応性原理の例としてあげることができる．他の例では明確に見ることができない理由は，多数の政策決定者が関与しているためである．

⑩ 効果的マネジメントの実施：事例をすべて見れば，効果的マネジメント実施の必要性ないしその採用状況を理解することができる．例えば，Albemarle-Pamlico の事例では，農業排水の「最適マネジメントの実施」の採用が当初から強調されていた．Two Forks では，節水ともっと小規模で影響の少ないプロジェクトを求める一部の者からの要求が絶えることなく継続している．

⑪ 科学への依拠：対立が激しい時には，意思決定の基礎として科学が採用されない場合がある．その例外は，Jamaica 湾計画と Albemarle-Pamlico であ

る．これらの事例ではコンピュータを応用した河口モデルが素晴らしい役割を果たした．Platte川のケースでも，双方とも，相反する推論を示しながら，様々なモデルや生態学的議論，その他の証拠を採用した．

⑫ リスクに基づく原理：リスク評価の説明に役立つのがJamaica湾計画である．もう一つTwo Forksでも，水供給の安全性問題に直面して評価が行われている．Platte川では，種の回復のために水を供給する計画の一部が水文学的リスクの問題になっている．

⑬ 国家政策の枠組み：どの事例も国家政策の枠組みの中で展開しているとみることができる．Jamaica湾とAlbemarle-Pamlicoを動かしているのは，主にClean Water Actである．Virginia Beachは，404条プロセスをFederal Energy Regulatory Commission(FERC)によって連邦裁判所で終結をみた．Platte川も，FERCプロセスによって進められたが，Endangered Species Actに関わる論点もこのプロセスを動かしている．Two Forksは404条に関わる問題になったし，Bay-Deltaには連邦の行政機関の介入という強い要因がある．

⑭ 地方の管理：Jamaica湾は地方の管理を明確に示しているが，これ以外のケースでこの原理を実際に表したものはない．Two Forksのケースでは，拒否権の発動について評論家が，ワシントンの官僚が意思決定するのは妥当ではないと述べた．しかし，それが現実である．地方管理の原理と国家の政策的枠組みの目的との間には元来対立が潜んでいるものである．

⑮ 能力の開発：ここで取り上げた事例では，能力開発の目的があまりにもはっきり見えない．我々に見える能力開発の事例はおそらく，市民教育と地方の環境的価値の確立ならびに対立の結果として地方のリーダーシップ能力が改善されたこと，である．

9.12 ま と め

米国の大規模な水問題は，非常に複雑な関連性と相互依存関係を特徴とし，分析も解決も難しく，深刻な問題になっている．これを解決するためのマネジメント行動のパラダイムはどうあるべきだろうか？ 既存のマネジメントや問題解決手法の概念が，この問題に応用できる強力なツールを提供してくれる．最大の課

9.12 ま と め

題は，何をすべきかを判断すること，利害関係者を参加させ約束させること，そして個人と団体に行動させること，である．インセンティブや人間性はそうした共同行為に反対の作用を示すが，包括的水マネジメントにおいては協働が不可欠である．

水問題の特殊性は制度的問題に現れる．個々の地域性や問題の特殊性が様々な制度的問題を特徴付けている．それにもかかわらず，包括的で統合的な枠組みは，どの問題にも適用されるし，大規模な問題に見られる構造の複雑さや焦点の無さから発生する混乱を打破するために必要とされる．

モデルの枠組みは15の要素から構成されている．まず最初に，基本的な要素は，対応行為のための調整された枠組みが存在するということである．次の3つのプロセス要素は，枠組みが包括的であること，協働的であること，および利害関係者の関与を取り込んでいること，である．次に，管理に関わる要素には，国レベルと地方レベルの2つがあり，国家政策の枠組みの中で地方の管理を行わなければならない．対応行為の実行を促進するためには，確認が可能なプロセスであること，対応行為の実施を重視すること，および適応性があること，の3つのプロセス要素が必要である．それ以外にも，枠組みが持続的発展を促すものであること，統合的であること，適切なマネジメントの実施を促すものであること，科学に基づくものであること，リスクに基づくものであること，および能力を開発できるものであることという，6つのプロセス要素が必要である．

これまでの事例(Grigg, 1995)は，マネジメントの枠組みには，実際の状況の中で要請されるマネジメント行為に対してインセンティブと，連続性と，調整された構造とを備える必要があることを示している．持続的開発は，すべてに通じる基本的な原理であり，国家の環境政策目標の枠組みの中に組み込まれていなければならない．

大規模な問題には多数の意思決定プロセスが関係するが，このプロセスはマネジメントの枠組みの傘のもとで行われるものである．したがって「プロセス」という言葉はそれほど広いものではないし，また「枠組み(framework)」という言葉は全体を包含するアプローチを示す言葉として好んで使われる．

問題が包括的になるのは，意図によるものではなく，必要性からである．また，問題には利害関係者が強い関与を示すが，これも意図によるというよりは必要性からである．残念ながら，統合化は対立が激化した時にのみ達成され，自発

的に連携が行われることはないようである．事例では自発的協働はほとんど見られず，そうした試みはあったが，より強い勢力に吹き飛ばされてしまった．これが地域統合化をきわめて難しいものにしている大きな理由である．

統合者の役割はきわめて重要である．しかし，誰がその役を引受けるのか？ 水を担当する行政機関，監督者，計画担当者や調整者，さらには支援組織にインセンティブがあるかどうか考えてほしい．大規模で横断的な問題について多面的な解決策に収束させるようなインセンティブを持っているのは誰だろうか？ 民主主義社会においては，こうした問題に直面した時に，一般市民は「慈悲深い独裁者」が必要だという結論を出すこともあるが，この慈悲深い独裁者は統合と調整をうまく機能させる者でなければならない．「直接規制(command and control)」という規制モデルも，「目に見えない手(invisible hand)」という市場モデルも大規模な問題を解決できるとは思われない．

政治家は，単なる「調査研究」ではなく，「行動重視型の対応」が必要だと直観的に判断するものである．Wagner(1995)の Jamaica 湾計画は適応性の原理をはっきりと示している．それ以外の事例でもこの原理が示されているが，継続中で結論が出てない．

どの事例でも，効果的なマネジメントの実施が必要なことは明らかである．

対立が激化してくると，科学が意思決定の基礎として採用されることが少なくなることがある．意図的というよりは必要性から，また水文学的解析などすでに確立されている手法を採用した結果として，リスク評価が諸事例に取り入れられている．

個々の事例は，国家政策の枠組みのもとで繰り広げられたが，地方の管理原理と国家政策の枠組みの目的との間にはもともと対立が含まれている．能力開発の目的は事例ではあまりはっきり見えてこないが，その例として，市民教育，および地方の価値やリーダーシップ能力の開発がある．能力開発という概念は，米国よりも発展途上国の問題を学習する時により多く現れてくるように思われる．しかし，忘れてならないことは，市民問題を処理したり解決したりする場合や，専門的システムを理解したり管理したりする場合には，能力が必要になるということである．

次の5つの原理，すなわち調整，包括，調和，統合ないしは連携，科学と政治の必要性が特に重要である．研究から得られる重要な教訓は，枠組みが参加者に

9.12 まとめ

よって十分に理解されなければならないということである．これらの原理を機能させるためには，個人や制度や資金による長期的支援が必要である．それがなければ，それらの原理が無駄になったり，固定的な計画で終わってしまうだろう．科学と一体化した市民の関与が必要である．

　教育者は様々なジレンマに遭遇する．我々は大規模システムのマネジメントを教えるために行動すべきか？　それを教えるのは，大学でか，大学院でか，それとも就職してからか？　我々は米国に適用できるマネジメント行為を重視すべきか？　それとも，発展途上国で緊急に必要としている開発プロジェクトを強調すべきか？　もちろん，答はその両方を教えるべきであるということになるが，この2つは相互に排他的なものではない．マネジメント行為にはマネジメント原理が含まれ，それらの原理はプロジェクトの設計に組み込まれていなければならない．

　エンジニアたちがこのような複雑な問題やプロセスを学習するためには，事例研究のアプローチが必要である．これは学校で採用すべきであるが，理工学士レベルでは難しい．マネジメント行為にはマネジメント原理が含まれ，その原理は事例と一緒にプロジェクト設計の教育に組み込まなければならない．

　包括的とか，マネジメント計画とか枠組みといった言葉はおそらくエンジニアたちには目新しいものではないはずである．ただ，こうした言葉の意味は広範であり，一般的であるために，この先もあいまいなままであろう．新しい観点としては，大規模システムの水マネジメントを包括的で，調整された，統合的なプロセスであると認識することである．しかも，抽象的にではなく，できるだけ具体的に認識することである．

　給水事業者と規制者が自分たちの責任範囲に加えて，より大きな貢献のためにもっと幅広く「市民としての役割」や「政治家としての役割」まで担うならば，水事業の調整はもっと改善されるものと思われる．これは，もちろん，地方においても，流域においても，しかも非政府部門からの支援と一体となって実行すべきである．また，市民がリーダーシップを取って反対勢力を集合し，様々な問題を解決するという機会も少なくないはずである．

　政府による解決からの転換を説いたのは経営学の思考家 Peter Drucker (1994) である．彼の結論として，組織はあらゆる種類の社会問題に必要な統合的手段であるが，組織はそれが意図する社会的機能（例えば給水事業など）を果たすだけで

なく，社会的責任（例えば水部門において協力を促進すること）も果たさなければならないと述べている．こうした社会部門的組織の最大の貢献は，彼によると「市民活動」を生み出すことであるが，これは水事業においては絶対的に必要な要素である．

調整や協力や統合を強化する仕組みを探すことは，地域特有の永続的な課題である．ある場合には，地方の枠をはみ出した利害がからむ時，連邦政府が関与することになろう．自発的フォーラムがうまく機能するのであれば，それが望ましい場合もあるだろう．科学協会や専門家協会などの非政府グループを含む多様な権限組織がマネジメントに関する集会を招集することも可能である．そうした集会や専門論文による報告も，統合化を促すことができる．

水事業では逆風が吹くことは避けられないが，ここに述べたような包括的枠組みに向かって進むことにより，大きな進歩が可能になる．筆者自身は，この業界が問題を解決するだけでなく，水資源のすべての面のマネジメントを改善できるものと楽観している．発展途上国については，世界銀行は楽観的ではないように思われる．

水マネジメントの分野の2人の優れた人物，Jacques Costeau と Abel Wolman は，この問題には，調整され，協力的で，集約的な対策が必要だと述べている．それは絶対に必要であるが，きわめて難しいことでもある．こうした対策を実施することは今後もそれほど簡単になるとは思われないが，是が非でも必要なことである．

9.13 質　　問

1. 本書では約50件の事例を取り上げている．そのうちの一つを取り上げて次の点を議論せよ．地方，州，国のレベルにおける政策決定者から見た場合，何が問題か？　また，状況を改善するためには，計画立案やマネジメントからどんな教訓を応用することができるか？　状況の改善を担当する者に対して，あなたからアドバイスがあるとすれば，それは何か？
2. 法的状況：北朝鮮は Han 川に kumgangsan ダムの建設を計画し，韓国に流れ込む前に水の流れを変えようとした．国内および国際的な水法に関する

あなたの知識に基づいて，この問題の法的側面について論ぜよ．
3. 政治状況：流域間導水の一つの事例として，カリフォルニア州における北部から南部への導水がある．もう一つの例として，コロラド州ではある地域から他の地域への水の移転によって問題が発生している．あなたがコロラド州の水資源マネージャーだとして，州知事があなたに流域間導水の政治状況について説明を求めたとする．この説明の要点を書きなさい．
4. 財政状況：仮にあなたが大規模な水組織のマネージャーだとする．あなたは新しい水供給プロジェクトの財政計画が必要になって，あるコンサルタントにこの計画の作成を依頼することになった．このプロジェクトの財政的実行可能性に関してあなたが知らなければならないことをすべて盛り込んだ最終報告書をこのコンサルタントがあなたに提出できるように，コンサルタント宛に指示を書きなさい．
5. 環境状況：フロリダ州南部の環境は，類似する他の地域と同じように，きわめて破壊されやすい状況にある．この地域の人口増に合わせて適切でバランスのとれた水供給を実施しようとする場合に発生する環境問題について説明せよ．またその環境問題を緩和させるのに必要な水マネジメント手法について説明せよ．

文　献

American Public Works Association, *Public Works Management Practices,* Kansas City, MO, August 1991.
American Waterworks Association, Principles of Total Water Management Outlined, *AWWA Mainstream,* November 1994.
Chrislip, David D., and Carl E. Larson, *Collaborative Leadership: How Citizens and Civic Leaders Can Make a Difference,* Jossey-Bass, San Francisco, 1994.
Coastal America, *Building Alliances to Restore Coastal Environments,* Washington, DC, January 1993.
Drucker, Peter F., The Age of Social Transformation, *Atlantic Monthly,* Vol. 274, No. 5, November 1994, pp. 53–80.
Frederiksen, Harald D., Water Resources Institutions: Some Principles and Practices, *World Bank Technical Paper No. 191,* Washington, DC, 1992.
Frederiksen, Harald D., Water Crisis in the Developing World: Misconceptions about Solutions, Resources Institutions, *Journal of Water Resources Planning and Management* (American Society of Civil Engineers), January/February 1996.
Grigg, Neil S., and Evan C. Vlachos, Drought and Water-Supply Management: Roles and Responsibilities, *Journal of Water Resources Planning and Management* (American Society of Civil Engineers), September/October, 1993.

Haimes, Yacov, J. Kindler, and E. J. Plate, eds., *The Process of Water Resources Project Planning: A Systems Approach*, UNESCO, Paris, 1987.

John, DeWitt, *Civic Environmentalism: Alternatives to Regulation in States and Communities*, Congressional Quarterly Press, Washington, DC, 1994.

Kirpich, Phillip Z., Holistic Approach to Irrigation Management in Developing Countries, *Journal of Irrigation and Drainage, American Society of Civil Engineers*, March/April 1993.

Mitchell, Bruce, ed., *Integrated Water Management: International Experiences and Perspectives*, Belhaven Press, London, 1990, p. xiii.

Okun, Daniel A., Principles for Water Quality Management, *Journal of the Environmental Engineering Division, American Society of Civil Engineers*, December 1977.

Senge, Peter M., *The Fifth Discipline: The Art and Practice of the Learning Organization*, Doubleday Currency, New York, 1990.

Serageldin, Ismail, Water Resources Management: A New Policy for a Sustainable Future, *Water International*, vol. 20, pp. 15–21, 1995.

Tennessee Valley Authority, Announcement of TVA River Action Teams, Communication Plan, Board of Directors, January 20, 1993.

U.S. Agency for International Development, Water and Sanitation for Health Project, *Lessons Learned from the WASH Project*, Washington, DC, 1990.

Viessman, Warren, Jr., and Claire Welty, *Water Management: Technology and Institutions*, Harper & Row, New York, 1985, pp. 51–53.

Voehl, Frank, Peter Jackson, and David Ashton, *ISO 9000: An Implementation Guide for Small to Medium Sized Businesses*, St Lucie Press, Delray Beach, FL, 1994.

Wagner, Edward O., Integrated Water Resources Planning Approaches the 21st Century, Presented at the 22nd Annual Conference of the Water Resources Planning and Management Division, American Society of Civil Engineers, Cambridge, MA, May 8, 1995.

White, Gilbert F., *Strategies of American Water Management*, University of Michigan Press, Ann Arbor, 1969.

World Bank, *Water Resources Management: A World Bank Policy Paper*, Washington, DC, 1993.

第2部　水資源マネジメントに伴う諸問題：事例研究

はしがき

　水資源マネジメントの諸要素，関係者そして状況がそこに集中するので，事例は，水資源マネジメントの「問題集中領域(problemsheds)」である．事例は，ちょうど流域が水文学的および地質学的諸条件を統合した環境を反映しているように，水資源マネジメントに関する統合的な状況を反映している．事例研究は，複雑なマネジメントの問題について学び，経験と知見を生かしながら意思決定プロセスを必要とする様々な状況に対処するために効果的な手段を提供する．

　事例は，問題集中領域として，水資源マネジメントの研究に新しい原理をつけ加えるものでもある．**第1部**では一連の「核となる」要素(水文学，システム，計画，財政，法律，組織)を扱ってきたが，応用分野では，渇水における水資源マネジメント，河川流域計画，洪水調節および水供給などの様々な原理が新たに取り入れられることになる．

　事例研究の章では，本書で取り上げられている原理，すなわち核となる原理と応用分野から得られる原理の両方を扱う横断的分野が示される．事例を扱うことには大きく分けて2つの目標がある．一つは，横断的分野における最新の実施水準を示すことで，もう一つは，水資源マネジメントに関する現実的な問題とプロセスを総括することである．それらは問題の分野の一部始終を説明するのではなく，読者を問題の分野に導く役割を果たすものである．

　事例研究の章では約50の状況が扱われているが，それでも全体を網羅するにはほど遠い数である．各事業部門別に水資源マネージャーが担う役割ごとに一つの事例を盛り込むことを検討したが，結局それは不必要であると判断した．例えば，水供給のマネジメントを扱った事例はあるが，排水企業のマネジメントを扱

った事例は示されていない．しかし，水質に関する章には，廃水処理事業の基本的な特徴が数多く取り扱われている．水事業の様々な分野にまたがる事例を示した付録Dには，このことがはっきりと示されている．

実務を教える者たちの間では，事例研究が広く活用されている．LeendersとErskine(1973)は，事例は「行政的判断や行政的問題の描写であり，意思決定当事者の観点から描かれることが多い」と述べている．John F. Kennedy School of Government(1992)は，事例研究を活用して公共政策と行政における意思決定プロセスの実態を把握し，それと同時に，米国および諸外国における公共部門の運営の本質に関する先端的な研究を展開している．学生は，対話的な学習法を取り入れた事例研究の教育を通して，参加している政府役人の目を通して見える様々な問題を経験することになる．事例は2つのタイプに大別される．すなわち，能動的な働きかけを促すタイプ(あなたならどうする？)と回顧的なタイプ(一部始終を説明する)である(Kennedy and Scott, 1985)．優れた事例とは，教育的側面を有し，対立が起っていて判断を強制するとともに，一般性を持っていてしかも簡明なものである(Robyn, 1986)．

Kennedy Schoolが用意している約1 000の事例のうち，水資源に直接関わるものはわずか数件にすぎない．そしてそれらには，Tocks Island Dam，Managing the EPA〔EPA(連邦環境保護庁)をマネジメントすること〕およびFederal/State Relations(連邦と州の関係)：1972 Federal Water Permit Program(1972年の連邦水許可プログラム)，Groundwater Regulation in Arizona(アリゾナ州における地下水規制)，Massachusetts Water Resources Authority(マサチューセッツ水資源管理局)およびMillonzi Commission: Preference for New York Hydro Power(ニューヨーク水力発電の選択)，Replacement of Locks and Dam 26(閘門とダムの更新26)，Tuolumne川の保全，および排水戦争，が含まれている．学生は，これらの事例研究を通して，ダムの承認過程，Clean Water Act(水質汚濁防止法)の施行状況，環境管理機関の体制と運営，地下水規制措置，水供給政策と水供給計画の展開，水力発電に関する料率問題，天然河川と景観をめぐる問題，廃水処理施設をめぐる対立，そして閘門とダムの問題，に対して理解を深めることができる．これらのトピックは，行政学を専攻する学生と水資源マネジメントを専攻する学生の双方の興味を満たすものである．水資源の教育における事例についてはGrigg(1995)を参照してほしい．

は し が き

1970年頃にコロラド州立大学が，大学院生を対象に水資源システムと学際的問題の解決法に関する教育のために Water Resources Planning and Management (WRPM；水資源計画・マネジメント)プログラムを設けている．このプログラムの初級コースは，プロジェクト計画の原理を教えるための Water Resources Planning(水資源計画)である．この学科では，1980年代の半ば頃までに，広範囲にわたる問題解決と意思決定ならびに持続可能な開発の原理に基づくプロジェクト計画に重点が置かれるようになった．このコースでは発足以来，実際のプロジェクトと実務経験からの例を重視していたが，1980年代の後半までには，一定の形式に則って事例が扱われるようになった．このコースの目的の一つは，市民やほかの政府機関の立案プロセスへの参画(市民参加)および論争や対立の解決(対立解決)を含めて，水資源マネジメントに関わる様々な当事者間の協調的な問題解決(協力)について説明することである．これらの技能それぞれを発揮するうえで，意思決定支援システムが重要な役割を果たすと認識されている．

以降の各章では，約50の事例が取り上げられている．また，これまでの章では様々な例や事例の一部が示されているが，それらは水資源マネージャーが遭遇する状況の全体をとらえているわけではない．しかし，関係者の観点から，水資源マネジメントの諸原理がどのように応用されているのかを手短かにとらえる上で有効である．

原理やマネジメント要素が異なるために，事例を分類するのは困難である．各章では，第8章に示されている水事業の構造の序列に従って，サービス提供とマネジメント機能，規制と行政と環境保護，計画立案と調整，組織と政策が記述される．さらに興味深い横断的問題が取り上げられるが，それらを以下に列記する．

・水供給事業：新たな原水供給，水の計量管理や需要管理など，今日の規制体制において給水企業が直面している特有な問題．
・雨水と洪水関連事業：雨水管理事業体や洪水制御機関．雨水管理事業の組織化や都市部における様々な洪水調節手段の評価などが含まれる．
・インフラとしての水：設備投資としての水施設やシステム，プロジェクトの立案，資金計画および維持管理システムなどが含まれる．
・地域的な環境問題：湖沼水位の制御，または過去に生じた環境破壊や環境汚染の改善および自然システムの回復などの問題．これらの問題には通常，大規模

な自然システムにおける水量と水質計画が伴い,マネジメントと調整のための戦略が求められる.
- 地域的な水量問題:河川流域や大都市圏など地理的区域において水利用のバランスを保つための調整や規制を必要とする水量問題.このような問題には通常,開発,水に関する法律および生態系の問題が伴い,その解決には,多数の政治的管轄権における調整作業が必要とされる.
- 投資の地域統合化:水インフラに対する投資の地域への委譲.給水施設や廃水処理施設などに対する投資戦略を地域的に調整すること,および地域的協力という政治的難題に対処することを含む.
- 異常渇水のための水資源マネジメント:異常渇水に備え,また異常渇水に対処するための水資源マネジメント手段.課題としては,不測の事態に備えた計画,調整,および異常渇水への対応策などがあげられる.
- 水計画・管理組織:この分野では,水関連機関をどのように組織化すべきか,という問題に取り組む.特にアセスメントと政策設定の調整など,水事業の特異性に関わる側面が重視される.
- 地下水の調整:地下水システムの規制は,諸政策の調整を必要とする複雑な課題である.
- 財政問題:財政問題へは政策面から取り組まれる.例として,都市用水や農業用水の価格設定の戦略があげられる.

文 献

Grigg, Neil S., Teaching Water Resources Management: Use of Case Studies, *Journal of Engineering Education and Practice*, American Society of Civil Engineers, January 1995.

John F. Kennedy School of Government, *The Kennedy School Case Catalog*, 3d ed., Harvard University, Cambridge, MA, 1992, p. i.

Kennedy, David M., and Ester Scott, Preparing Cases in Public Policy, John F. Kennedy School of Government, Harvard University, Cambridge, MA, 1985.

Leenders, Michiel R., and James A. Erskine, *Case Research: The Case Writing Process*, School of Business Administration, University of Western Ontario, London, Ontario, 1973, p. 11.

Robyn, Dorothy, What Makes a Good Case? John F. Kennedy School of Government, Harvard University, Cambridge, MA, 1986.

第10章 水供給と環境：Denver Water's Two Forks Project

10.1 は じ め に

　Two Forks Project は，水供給事業体と環境保護者間の対立を扱う画期的な事例研究である．このプロジェクトは，将来の米国社会において，厳しい環境問題に対処しながら発展のために新たな水供給源を確保することがいかに困難な課題であるかを示すものである．またこの事例研究は，こうした挑戦が米国の先導的な水供給事業体の一つ Denver Water Department(DWD；Denver 市水道局)によってどのように取り組まれたかを示す実例である．

　Frederiksen が第9章で述べているように，他の国々もこの難題に直面することになるであろう．環境保護の問題も一つの要因であるが，Frederiksen によれば，供給するには十分な水がないことだけが問題の地域もある．Two Forks の事例は，ある地域においてこのような対立がどのように展開されてきたかについてその実例を示しているが，他の地域においても当事者を巻き込み，同じようなプロセスを伴った対立が展開されることになるであろう．

　一言で説明すれば，数十年間にわたって Denver が進めていた大規模給水計画が U.S. Environmental Protection Agency(U.S. EPA；連邦環境保護庁)によって差し止められ，4 000万ドルの費用をかけて環境調査を行ったにもかかわらず，この計画が座礁に乗り上げてしまったのである．

　Two Forks の事例では，激しい対立が展開され，複雑な問題が提起されている．この対立は数年間続けられ，問題を解決するために4 000万ドル以上もの費

用を伴う調査が実施されたにもかかわらず，このプロジェクトはまだ認可されていない．

Two Forks Project のような給水事業計画に関する問題は，水を扱う様々な部門の相互依存性をはっきり示している．ある事業体が新たな給水源を確保しようとすると，ほかの部門の権利を侵害したり，多くの場合は環境論争に発展することになる．地域的な協力関係が必要になり，第4章で述べた調整の原理が，他者の権利と環境問題を考慮するプロセスとして浮び上がる．しかし，この事例研究が示すように，調整と地域統合に向けて前向きに努力したとしても，すぐに実を結ぶわけではない．言い換えれば，新しい給水事業プロジェクトを具体化することは，対立に満ちた政治的戦いである．

この事例研究の主たる教訓は，新たな給水源の確保は非常に複雑な問題が伴うため，プロジェクトを成功に導こうとするならば，慎重に計画を立て，地元のニーズや環境を十分に尊重しなければならないということである．

おそらくほかの事例研究と同様にこの事例研究も，今日の公共部門のマネージャーに課せられた多大な要求事項を示している．水事業体のマネージャーは，給水プロジェクトに伴う対立に対処すると同時に，内部組織の問題にも対処しなければならない．

Denver の Colorado 大学教授 Lynn Johnson は Two Forks のシミュレーション・ゲームを開発し，学生たちがパソコンを使ってこのゲームを使って水資源マネジメントの実態を学んでいる．Boulder の Colorado 大学では，リンカーンという架空の州での貯水池の開発をめぐる対立を描いた Chautauqua 湖物語イベントを開発した Center for the American West（米国西部センター）の学際的チームに筆者自身も参加した．1991年のイベントは第3回 American West Symposium（米国西部シンポジウム）で，「Western Rivers from Grand Wash to Coyote Flats : Conflict and Community（Grand Wash から Coyote Flats に至る西部の河川：対立と地域社会）」という題名が付けられていた．このイベントに登場する歴史的人物としては，Colorado 川流域の開拓者として有名な John Wesley Powell，著名な環境論者であった John Muir，Los Angeles 導水路の開拓エンジニアとして活躍した William Mulholland，そしてフロンティア作家の Mary Hallock Foote をはじめとする何人かの著名人が含まれていた．筆者は，ヒアリングで証言する水文学者の役を演じた．

10.2 問題の背景

　Denver の上流に Two Forks ダムを建設する案は，1980 年代の米国における水をめぐる最も激しい対立の一つであった．この対立は，Denver が郊外の水関連機関のグループと結束して給水事業の共同プロジェクトを計画したことに端を発する．最初は地域的な協力を取り付け，交渉も順調に進められていたが，環境保護団体がこのプロジェクトに反対し，結局彼らは Bush 政権に Clean Water Act 404 条に基づく拒否権を発動させることに成功した．このダムの建設計画を提案するまでに，何年間にもわたる交渉，対立を和らげるための知事の円卓会議の招集，そして多大な個人的政治折衝が必要であった．

　Two Forks の事例には興味深い点がいくつかある．その一つとして，Rocky 山脈の Front Range 沿いの都市化進行地域の水供給計画は，急激な都市化と水供給力の不足と水をめぐる深い対立の結末として国家レベルの問題になるであろう．

　もう一つの関心事は，水供給を結束させて一つの地域的な企業に統合するための大都市域における協調体制の問題である．主要な提案として節水が視野に入ってきたので，DWD は新たなプロジェクトを建設する前に節水政策をとらざるを得なくなった．環境保護団体は環境への影響が少ない代替的水源案が検討されていないと強く主張した．そのほかの関心事として，プロジェクトの計画に伴う資金の問題，州政府をはじめとする関係者の役割，市民の間でのコンセンサスの欠如，4 000 万ドルの環境影響調査，環境保護団体が繰り広げた全国的な政治課題，Clean Water Act 404 条に則って給水プロジェクト計画を拒絶した国家の関わり，そして事後処理，があげられる．

　この事例は，今日における給水事業計画と調整プロセスの実に様々な要素をはっきりと描き出している．それは，そのほかの数多くの事例に関係しているといえる．すなわち，CBT (Colorado Big Thompson) Project (第 12 章)，導水 (第 15 章)，節水 (conservation) (第 17 章)，Platte 川流域マネジメント (第 19 章)，地域的水資源マネジメント (第 21 章)，コロラド州政府の水資源マネジメント (第 23 章)，そして西部の水資源マネジメント (第 24 章)，である．これら相互に関連した問題を具体的に説明するために，まず Denver 水供給計画の経緯から始め

よう.

10.3 Denver の水供給システム

Denver の発展と繁栄は，大昔から現在に至るまで，適正な水の供給状態に左右されてきたといえる．その傾向は Denver のどの地域にもあてはまるが，特に水の乏しい地域において顕著であった．

ここで筆者は，水の供給によって Denver の発展が支えられてきたとはいっていない．このことは別問題である．用水の確保は地域発展の必要条件であるが，十分条件ではない．水資源の利用に対する規制と Two Forks Project のような給水事業プロジェクトに対する反対運動は，発展の抑止力となる．開発推進派と開発反対派の対立は，水をめぐる全国的な対立の重要な要素であり，東部でも西部でも同様である．

19世紀に，コロラド州の開拓者たちは農業用水や工業用水や都市用水を確保するために，水資源を開発する必要があると認識した．用水を確保するために彼らが営んできた活動は歴史を飾ることにもなった(テレビドラマ化された James Michener の有名な小説「Centennial」はその例である)．Gorden Milliken(1989) は，Denver における給水事業の歩みを見事に物語った本を書きあげている．給水システムの発達を知ることによって，Front Range の給水事業の歩みを理解することができる．Front Range 一帯ではどの地域も同じペースで水資源の開発が進められてきたが，Denver がリーダーであった．

Denver における給水事業の始まりは，鉱業町として発足した1859年に遡る(Cox, 1967)．1859年から1872年までは，市民は主に井戸水や河川水を個々に利用していた．1859年2月に Auraria and Cherry Creek Water Company が設立されたが，具体的な事業計画はいっこうに進展しなかった．

1872年になってから，Denver City Water Company が水の供給を開始した．1872年から1878年までは South Platte 川の水源地からの水を供給していたが，1878年には新しい水源が必要になっていた．South Platte 川に人造湖を設ける目的で Denver City Irrigation and Water Company が設立されたが，1882年にそれが Denver City Water Company と合併して Denver Water Company が誕

10.3 Denverの水供給システム

生した．1886年から1890年にかけて，給水事業を営む民間企業がいくつか設立され，それぞれが互いに競い合っていた．1890年にはこれらがDenver Water Companyと合併して，Denver City Water Works Companyが設立されたが，それが後にAmerican Water Works Company of New Jerseyとなった．この会社は1892年に財産管理を受け，1894年には，Denver Water Companyの元役員D. H. MoffatとW. S. Cheesmanが設立したCitizen's Water Companyに買収された．

1894年10月にDenver Union Water Company(DUWC)が設立され，規約に従って競合していた企業すべての資産を受け継いで，Denverにおける給水事業の独占権を獲得した．DUWCはまた，20年間の販売権を取得した．

DUWCは1905年にCheesmanダムを建設したが，これは今日でもDenverの給水システムの重要な位置を占めている．1907年には，DenverがDUWCを買収しようとしたが，仲裁裁判において買収価格に対する同意が得られなかった．Denverは1910年に，独自の給水事業を発足させる決断を下したが，DUWCが地方裁判所に提訴したためにその計画は阻止されることになった．この対立は連邦最高裁判所に送られた．さらに対立が続いた後の1916年に，DenverはDUWCの資産を買収する権利を得，1918年には投票によって資産買収に伴う規約が承認された．さらにこの投票によって，権利許可(charter)の改訂が承認され，Denver Water Departmentの運営機関であるDenver Board of Water Commissioners(Denver水資源委員会)が設立された．

このような過程を経て，1920年までにDenverの給水事業が民営事業から公共事業へと移行していったのである．米国では，水供給施設のほとんどが公共的に所有されているが，どこの場合も違う道をたどったかもしれないし，Denverの施設もインディアナ州のIndianapolisの場合と同じように民営に落ちついていたかもしれない．第8章では水事業の組織形態について言及されており，公営の給水事業と民営の給水事業の各側面が比較されている．

次の40年間で，Denverの給水システムに大きな発展が認められた．1921年から1923年にかけて，Colorado川の支流でWest Slope(西部斜面)を流れるBlue川，Frazer川，Williams Fork川の水について申請がなされた．1936年には，Moffatトンネルが完成した．これによって，West Slopeを流れる河川水をDenverに引き寄せるという夢が現実のものとなった．

その当時，Denver はまさに広域水供給システムを創設する機会を持ったが，それも郊外の反対にあって実らなかった．Denver Water Board(DWB；Denver 水委員会)が Englewood に供給される水の料金を引き上げた 1948 年，その時をきっかけに，郊外に次々と給水事業所が設立されるようになった．Denver 郊外の Englewood はこれに反発し，Denver が値上げを中止し，DWB を Public Utilities Commission(公益事業委員会)の管轄下に置くよう告訴した．しかし，Englewood はこの裁判に敗れたため，独自の給水事業所を設立することを決めた．その後それに続いて，Aurora, Boulder, Golden, Morrison, Northglenn, Westminster, Thornton が独自の給水事業所を持つことになった．Arvada は Denver から原水を買ってそれを処理している．Aurora が独自の給水事業所を設けるようになったのは，Denver が「Blue Line(水供給の境界線)」を引き，それを境に水道料金に 50% の差をつけ，さらに料金の値上げに限度を設けず，1 年ごとにしか水の供給を保障しないことを決めた 1950 年代初期に遡る．都市部と郊外がなぜもっと協力的な関係が築かれなかったのかという疑問は，Denver ばかりでなく国中の地域で，都市部と郊外の関係があまりよくないことを見れば理解できる．

1950 年代の渇水は Denver とその郊外の給水システムを試すものであった．Denver は，1960 年代の初めには，25 万 4 000 acre・ft(3 億 1 300 万 m³)の容量を持つ Dillon 貯水池を完成していた．また 1960 年代には Blue Line が廃止され，Denver は併合計画に踏み切った．Aurora と Colorado Springs は 1960 年代に Homestake Project に乗り出したが，その頃は環境保護運動が急速に盛り上がる寸前であった．

1970 年までに州議会は Poundstone 改定案を通過させ，それによって Denver の積極的併合計画は中止に追い込まれた．Denver は 1973 年に，Foothills 処理プラントによって処理能力を著しく高める案を打ち出した．この案は環境保護団体の反対運動をあおり，法的側面や政治的側面から激しい論争が展開されたが，結局ある政治的妥協案に従うことよって決着した．その妥協案とは，DWD が，厳格な節水措置と維持流量の放流および市民諮問委員会の任命に同意することであった．

Foothills に反対するグループ(開発反対派)の中には，Foothills は，Denver をさらなる開発推進拠点とするための大規模な水供給システムの一部として利用

10.3 Denver の水供給システム　　279

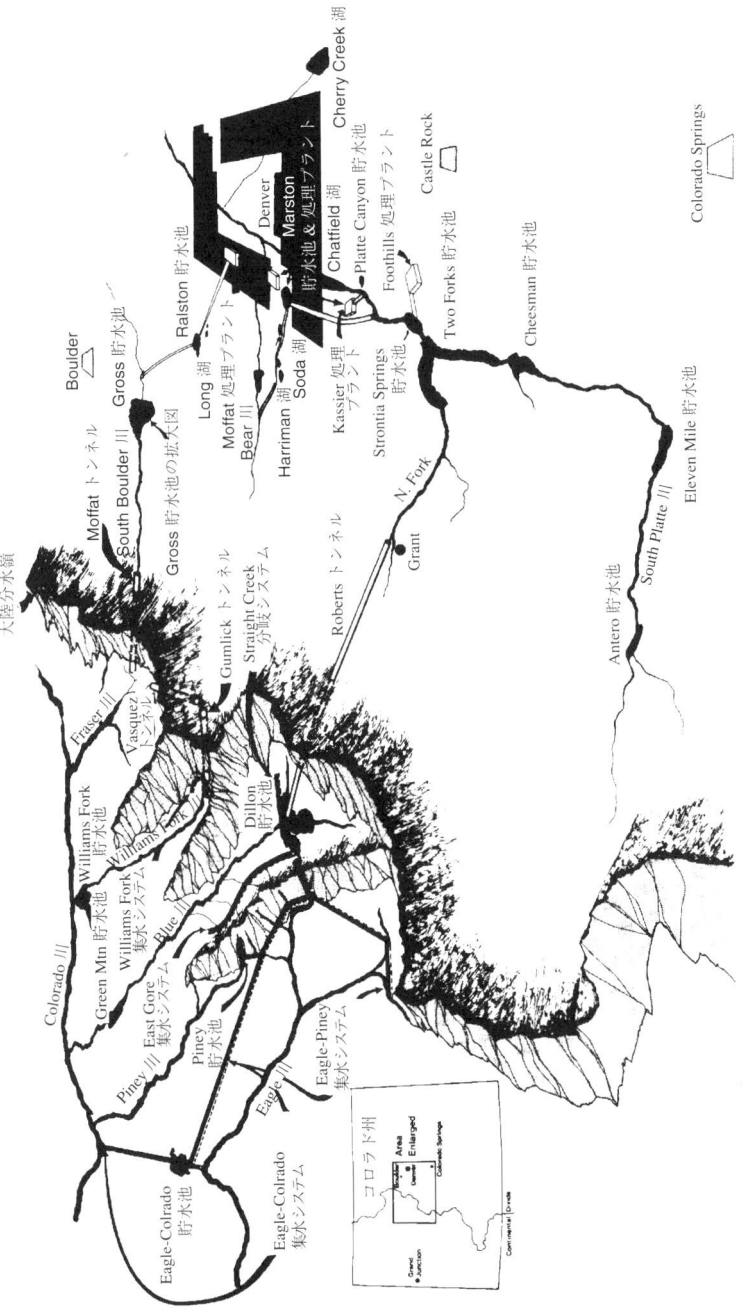

図-10.1　Denver の水供給システム (出典：Denver Water Department)

されることになるという懸念を抱く者もいた．そしてこの懸念は，Two Forks 論争に持ち込まれることになった．

図-10.1 は Denver の水供給システムを地図で示したものである．Two Forks も含めて本文に記載されているプロジェクトの位置はすべてその地図に示されている．

10.4 Two Forks 論争の歩み

1980 年代から当時の DWD は，Two Forks を魅力的なダムサイトと考え，既に調査を開始していた．Denver は 1931 年にこの地区に対して水利権を求める申請を行った．しかし，1982 年になってようやく約 40 の郊外の自治体と水組合が集まって Metropolitan Water Providers(都市用水供給連盟)を発足させ，Denver を Two Forks Project に加えた．1986 年には，DWB が Two Forks ダムの建設許可を求める申請を行った．申請に対する認可プロセスは主に Clean Water Act 404 条に則って進められる(Clean Water Act の詳細については第 14 章を参照されたい)．

U.S. Army Corps of Engineers(ACE；陸軍工兵隊)はすでに，水供給システム全体を対象とした環境影響評価(environmental impact statement；EIS)の準備作業にとりかかっていた．そして 1988 年には EIS を発表している．

EIS を作成する過程において，数多くの技術的な問題が取り上げられ，それらについて活発な議論が交わされた．その内容は，米国における今日の水資源計画とマネジメントが，技術的局面と政治的局面の関わりの中でどのように展開されているのかを示すものである．

計画担当者たちは，水が非常に少ない場合から非常に多い場合まで様々なシナリオのもとに，需要の伸びを推定した．推定される不足量は時とともに増大する．また，人口予想の精度に関する議論を節水の議論に加えると，需要予測における不確実性の度合いが大きくなる．

図-10.2 は，システムの供給力増強の段階的推移を推定したものである．このシナリオでは，EIS に取り上げられているいくつかのプロジェクトの中の一つである Two Forks によって，10 万 acre・ft(1.2 億 m^3)の貯水量が新たに確保され

10.4 Two Forks 論争の歩み

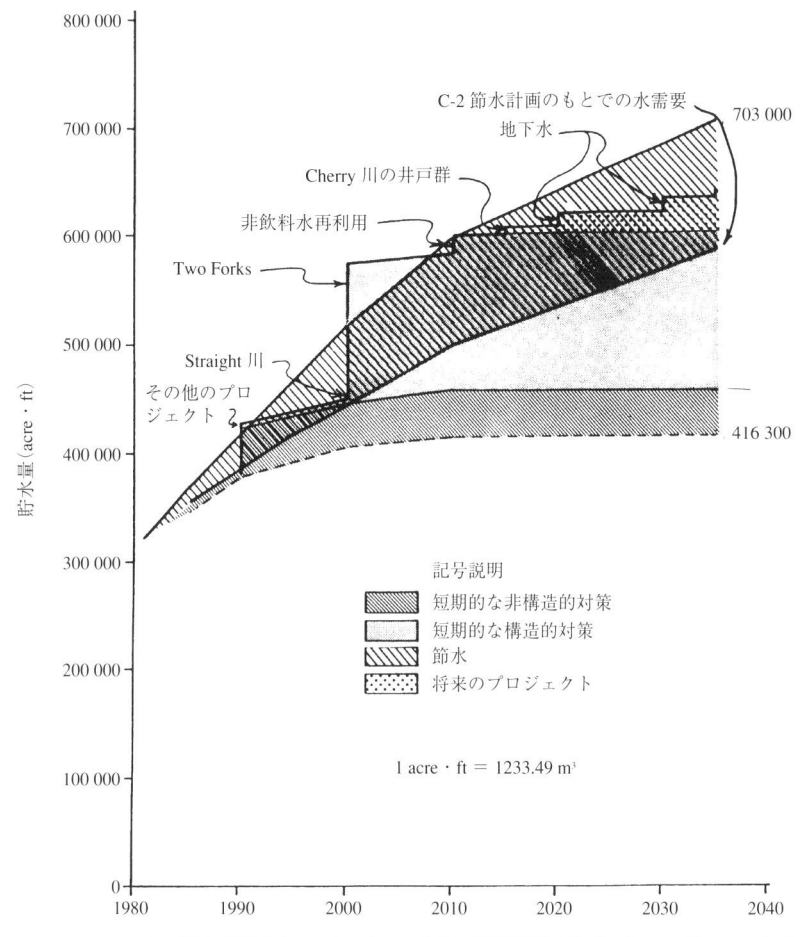

図-10.2 Denver の水に関する環境アセスメント：シナリオ分析(出典：U. S. Army Corps of Engineers, Omaha District)

ることになる．

　長い調査期間を経た1988年6月には，コロラド州知事の Roy Romer が ACE に対して，25年間の有効期限付きでダムの建設を認可するように求めた．そして1989年1月には，ACE もダムの建設を認可する意向を発表した．しかし，1989年3月に，U. S. EPA 長官である William Reilly がその認可を差し止める意向を発表し，その翌年には正式に却下されることになった．

Two Forks の事例の推移と内容は，Western Governors' Association（西部州知事連盟）報告書(1991)に詳しくまとめられている．この報告書は，両サイドの立場から問題をとらえ，一連の複雑な出来事を正確に描写しているものとして，章末につけ加えられている．Western Governors' Association 報告書は下記の問題点に的を絞って論議を展開している．

・従来の水資源開発業界と環境保護団体との間の対立
・Clean Water Act 404 条に即した合理的かつ実用可能な代替手段の存在
・ダム建設の役割を担う都市用水供給者，それに対する認可の是非を判断する連邦規制機関および各種対応行為を調整する円卓会議を含めた意思決定フォーラム．

　筆者は，それらに下記の問題点をつけ加えたいと思う．

・このようなプロセスで税金を保全するために政府がなすべきことは何か？
・4 000 万ドルの EIS への出資を，財政的災難とみるか？
・Denver が節水政策をとらざるを得なかったのはなぜか？　Denver は Foothills に伴う責任を果たしたか？
・環境に対する影響が小さい代替手段を十分に検討していないとする主張は妥当なものであったか？
・Two Forks の資金計画は合理的なものであったか？
・プロセスにおいて各関係者はどのような役割を果たしていたか？
・Two Forks の必要性に関する市民のコンセンサスがあったかなかったか？　もしなかったなら，それが素因になったと考えられるか？
・環境保護者の全国的な活動計画はどのようなものであったか？　認可を無効とした拒否権の行使は，環境保護団体と U.S. EPA の役人との人間的なつながりに依存するものであったか？
・Clean Water Act 404 条を適用してプロジェクトに対する拒否権を行使する国家の役割とは何か？
・Two Forks が後にどのような影響を与えたか？　また，水供給プロジェクトにどのような影響を与えているか？

10.5 Two Forks が後に与えた影響

　Two Forks 論争は全国的な広がりを持つもので，単なる地域的な小ぜり合いではない．筆者は類似の事例を2つ知っているが，ほかにも同じような事例があるものと確信している．

　前節で確認した問題点は，複雑な多くの疑問を集約したものである．筆者はそれらすべてに対して答えることはできないが，Two Forks が後にコロラドに与えたいくつかの影響を考察することは可能である．

　最も顕著なのは，DWD がすべての郊外地域に対する基幹的な水供給者としての立場を果たすことができないと通告し，Two Forks Project に対する差止めを覆すための訴訟に加わらなかったことである(Farbes, 1992 ; Obmascik, 1991)．これは，Denver が広域的な水開発の努力をするリーダーとしての役割を放棄したことを意味し，今後は現在でも足りている既存の給水施設によってもっぱら Denver の需要にのみ応えていくことになるであろう．

　いくつかの新たな組織的動きが始まった．Front Range 給水公社と Metropolitan 給水公社が設立された．用水の確保を目的の一つとする都市連合体である「Group of 10」が会合を持つとともに，知事が州規模の活動を統括するいくつかの会議と特別作業委員会を組織した．現時点(1996)では，これらの活動がまだ大きなプロジェクトに結び付いていない．しかし，コロラドは急速に発展を続けており，一致した見解として，新たな水供給が必要になるという認識が持たれている．

　Denver の北に位置する郊外都市の Thornton は，コロラド北部の農場と給水施設を買収する「City-Farm Program」を発表した．現時点においてこのプログラムは法的な壁をほとんど乗り越えているため，まもなく実現されるものと思われる．民間の建設会社も，いくつかの新しいプロジェクト案を提示している．

　過去数年間にわたってコロラド州は給水事業プロジェクトに多額の資金を投入してきたにもかかわらず，全く実現されていないという Roy Romer 知事(1993)の言葉は，この状況に対する州の思いを反映したものといえる．彼は，新しい水資源開発プロジェクトの計画を提案すると必ず行政手続きや法的手続きに多大な時間を要し，多額の費用を投入したあげくに計画が著しく遅延する我慢できない

状況を打破すべきだ，と述べている．さらに，Two Forks に続いて，都市部の Front Range に計画されている水供給プロジェクトもほとんど進行しておらず，方向性や具体性も示されていない，と付け加えている．また彼は，この水戦争は，導水によってもたらされる経済効果と環境に対する影響に焦点を置くものであった，と述べ，州レベルで懸念されるいくつかの問題点をあげている．それらは，公的資金と民間資金の浪費，環境に対する影響，新しい給水手段を得るまでに長期間を要する傾向，そして州のほかの地域での将来計画に対する影響，である．そこで彼は，次のような新しい方向性と代替手段を提示している．すなわち，州が主導する広域的な水資源調整機関の設立，協力的な活動を奨励するためのローン制度や資金援助体制の確立，農業用水利用者との協力，および州機関による情報システムや意思決定支援システムの充実，などである．

　Two Forks の結末を受けて，コロラド州の Front Range ではまだ多くの手段を開発していかなければならない状況にあるのは確かである．このプロジェクトは，水供給事業者が新たな水源を探索することに変化を与えるきっかけとなった．Two Forks の結果とそれに伴う方向性の変化によって，少なくとも西部諸州における将来の給水方式は，旧来の水供給手段を大幅に拡大して，再利用，水銀行，地表水と地下水の連結利用，節水，譲渡と交換，地域協力と融通，そのほかのマネジメント手段などを含めた新しい方法を取り入れなければならなくなるであろう．

　他のケースでも同じ紛争が展開されることになる．EIS プロセスは財政的負担が大きく，各地で敬遠されることになるのは当然である．米国の法体系のもとでは，水資源開発者と環境保護者の紛争を解決する手段として公開討論会があげられる．同じような事例として，Clean Water Act 404 条に則って，Alma 湖と呼ばれるプロジェクトに対する認可が差し止められたケースがある．この場合も，ACE が認可の判断を下したが，U. S. EPA によって差し止められたのである．この差止めの撤回を求める訴訟が起こされたが，目下のところその結論は確認されていない．もっと明かな事例として，バージニア州南東部に貯水池の建設を計画した Ware 川プロジェクトの場合があげられる．ここでは，バージニア州の James City 郡が Clean Water Act 404 条に則った U. S. EPA の認可差止めに対してその撤回を求める訴訟を起こしたが，訴訟裁判所は U. S. EPA の主張を認めた．さらに 1994 年には最高裁判所が上告を拒否したため，訴訟裁判所の判決

が確定した．それによって，環境に対する影響を根拠に水供給プロジェクトを差し止めようとする U.S. EPA の立場が有利になったことは間違いない(American Water Works Association, 1994)．

文　献

American Water Works Association, Supreme Court Refuses to Hear Ware Creek Case, *AWWA Mainstream*, November 1994.

Cox, James L., *Metropolitan Water Supply: The Denver Experience*, Bureau of Governmental Research and Service, University of Colorado, Boulder, 1967.

Farbes, Hubert, Denver Can No Longer Promise to Supply Water to the Entire Metro Area, *Denver Post*, April 25, 1992.

Milliken, J. Gordon, Water Management Issues in the Denver, Colorado, Urban Area, in Mohamed T. El-Ashry and Diana C. Gibbons, eds., *Water and Arid Lands of the Western United States*, Cambridge University Press, Cambridge, 1989.

Obmascik, Mark, 8 Suburban Districts Sue over Two Forks Veto, *Denver Post*, November 23, 1991.

Romer, Roy, The Role for the State of Colorado on Front Range Water Challenges, 1993 Colorado Water Convention, January 4, 1993.

Western Governors' Association, The Two Forks Project, prepared for a 1991 conference, Denver.

補遺：Two Forks Project*

1　特　徴

より環境に優しく実用的な代替手段が存在するという根拠で，自治体が発起し州が支援した貯水プロジェクトを承認する決定が，連邦法の Clean Water Act 404 条が適用されることによって拒否された．

2　背　景

1990 年 11 月 23 日，U.S. EPA は，環境に対して悪影響をもたらす恐れがあ

---

* Two Forks Project の概要を示した本文書は，内容が充実した説明書として筆者に紹介されたものである．これは，Western Governors' Association (600 17th Street, Suite 1705, South Tower, Denver, CO 80202) が 1991 年の会議に向けて作成した資料で，筆者はその許可を得てこの資料をここに掲載した．

るとして,コロラド州 Denver 付近に予定されていた Two Forks ダムおよび貯水池の建設計画を差し止めた.U. S. EPA は,Denver 地区における新しい給水手段としてもっと環境に優しい実用的な手段が存在すると主張した.

U. S. EPA の拒否権の発動は,膨大な時間と費用を費やしたプロセスの頂点で起こった.Denver Water Board と 20 の支援団体は,8 年間にわたって,4 億ドルのプロジェクトに対する市民の支持を取り付けようと努めていた.彼らは,2010 年までに人口が 225 万人に達する都市圏の水需要を満たすためには,このダムの建設が不可欠であると主張した.このダムによって 1 年間に 9 万 acre・ft(1.1 億 m^3)の用水が確保されるが,South Platte 川の Denver 上流域の 28 mile(45 km)に及ぶ範囲が湛水することになる.

(1) 物理的背景

Two Forks ダムと貯水池は,大陸分水嶺両側から取水する計画で,Denver Water Board はその水利権を持っているが,東側の貯水施設が不十分なため活用できないでいた.この水は,Dillon 貯水池から溢れ出る水,Denver Water Board が洪水時に水利権を有する South Platte 川の豊水量,その他様々なその川に関わる水利権を含んでいる.貯水池は,Foothills 浄水処理プラントへの分水施設である Strontia ダムのすぐ上流に計画され,South Platte 川とその北側の支流および Blue 川水系の Roberts トンネルからの流量を調節する目的で計画されたものである.Denver から南西 24 mile(39 km)に位置する貯水池は,Foothills 処理プラントのすぐ上流にあることになる.

(2) 対　　　立

Denver の給水システムは,約 180 万人の人口を抱える都市圏に水を供給している.Denver は,郊外地域の支持を得るために,Denver とともに Metropolitan Water Providers(MWP)に加盟している 42 の自治体と水組合にプロジェクトでの開発水量の一部を売り渡した.MWP は,ダムの用地を確保するのに 500 万ドルを費やし,また米国史上最も多額の費用が投じられたとされるその環境影響調査に 4 000 万ドルを費やした.コロラド州の政治家と市民は,このダムの建設をめぐって賛成派と反対派の 2 派に分かれた.それぞれの見解が以下に要約されている.

a. 賛成派　　Two Forks ダムの建設に対する認可を取り付けようとする Denver の要望は，独特の政治的状況の中で起こってきた．10 年前，Denver が周辺地域を併合しようとする動きを活発化する中で，それに対する懸念から，周辺地域を管轄する郡の許可を得ずに Denver がそれらの地域を併合することができなくなるよう憲法が改正された．そのため，Denver は，水の供給量が豊富であることを唯一の武器とし，大都市の協力によって充実させることができるいくつかの施設（例えば，学校，病院，文化施設など）をめぐっての交渉を続けることになった．しかし，Denver が周辺地域に用水を提供していくために，信頼性の高い将来の都市用水の水源を探していた．その点で，Two Forks ダム建設の認可は必要な安全度の確保になる．水供給を増やしたり，都市圏における水の需要を抑えるという代替案が確かに存在するとしても，Two Forks ダムの建設は必要である，と賛成派は主張した．Denver は節水計画を検討していくことに同意したが，たとえそのような計画が成功したとしても都市圏における将来の水需要を満たすことはできない，と主張していた．さらに賛成派は，Two Forks ダムの建設が実現されなければ，Denver が周辺地域との交渉を進めるに当たっての優位な立場が失われてしまうことを懸念するとともに，South Platte 川に大規模な貯水施設が設けられれば，西側斜面の Blue 川から Roberts トンネルを経て北側の支流に分流される水を最も効果的に貯える方法であると強調していた．

環境に対する影響については，マスの漁獲量が大幅に減ることになるのは明らかであるが，彼らは，Cheesman Canyon で代表される固有の漁獲量を保障するための緩和計画が承認されていることを指摘し，この川で漁獲量が高い理由の一つは，今世紀初めに建設された Cheeseman ダムの運用にあると注釈している．この計画は，失われる河川生物の 90％の復元，South Platte 水系と Blue 川水系への放流を調節することによる河川環境の改善，リクレーションのための河川へのアクセス改善，そして Two Forks 貯水池のリクレーション開発を目的としたものであった．さらに賛成派は，Two Forks Project の恩恵を受ける自治体同士の協力関係が築かれなければ，それぞれの地域の発展を促すために新たな用水をめぐって争うことになると主張し，Front Range 一帯で不経済かつ不統一な水資源の開発と分配が進められ，さらには心配されているとおり，環境に深刻な悪影響が及ぶことになると指摘した．

b. 反対派　　西側斜面地域の関心事は，将来の発展やリクレーション事業に対

するニーズや環境の保全のために使える水があるかどうか，ならびに河川水の下水を希釈する能力が低下しているので新たな下水処理プラントを建設する必要があること，にあった．

Environmental Caucus と呼ばれる環境保護団体もこのプロジェクトに対して活発な反対運動を展開していた．彼らは，このプロジェクトは「South Platte 川に最後に残された自然水の流れ」を奪い取るものであると，主張した．さらに彼らは，アメリカシロヅルなどの絶滅の危機に瀕する生物，湿地帯植物，魚類そして野生生物生息地などに悪影響が及ぶことや Colorado 川の塩分濃度が高くなる危険性，Dillon 貯水池のリクレーション環境が荒廃して訪問者の数が減る可能性，などを懸念していた．また，このプロジェクトを再検討すべき根拠として，一方的に費用が上昇していることをあげていた．もし，プロジェクトからの収入が投票で決められる売上税の増分から得られなければ，その資金は水の売上げで賄われることになる，と彼らは指摘する．そして，歳入源が乏しければ，プロジェクトの費用に見合った歳入を確保するために水の売上げを増やそうとするため，Denver Water Board も都市圏のほかの給水事業者も，顧客に対して節水を積極的に奨励しなくなるだろうというのが彼らの見解であった．また，Denver 地区では，代替手段として他の給水手段を適用できることが指摘された．節水を奨励したり，Windy Gap プロジェクトをはじめとした既存の給水施設から水を購入することに加えて，西側斜面に小規模なダムを建設するなど，小規模な給水施設を建設する可能性も提起された．さらに環境保護団体は，都市の自治体が穀物の栽培に使用されている農業用水を購入し，それを都市用水に代えることも提案した．

3 解決に向けたプロセス

(1) 州

当時のコロラド州知事 Richard Lamm を議長として発足した Governor' Metropolitan Roundtable(知事が主宰する都市圏円卓会議)が 1982 年より開催された．その目的は，利害関係を有する当事者や関係者に対し，Two Forks の問題に重点を置きながら将来にわたって Denver の水需要に応えていく方法を広く検討する場を提供することにあった．この円卓会議は，郊外地域の自治体，西側斜

面の事業体，Denver Water Board の役人，環境保護団体，公益事業体および農業関係者などから代表として選ばれた 30 名のメンバーより構成されていた．このような利害関係者が一堂に会して，水に関する意思決定について論じ合うのはこれが初めてであった．これは意思決定機関ではなく，その助言が州の許可や審査に反映されるものでもない．様々な利害関係者が互いに意見を交換することに意義がある．その後，円卓会議の活気が維持されていたにも関わらず，Denver は EIS の作成に取りかからなければならなくなったため，会議に投じられていたエネルギーがそちらの方に奪われる結果となった．

EIS を作成してから，Clean Water Act 404 条に基づいて Two Forks Project を認可すべきか否かを判断するまでの間に，ACE はコロラド州の Roy Romer 知事に意見を求めた．知事は，このプロジェクトの必要性と環境，中でも特に Cheesman Canyon に対する影響を重視する考えを示した．しかし結局，Two Forks Project は，次の 3 つの点においてコロラド州に貢献するものとして，このプロジェクトの認可を支持する考えを表明するに至った．それら 3 つの点とは，まず第一に，それにより都市圏の給水事業体が共同で当座の給水手段を開発し，それを共有する体制が整えられることである．二番目は，都市圏における給水事業体間の組織的なつながりを強化できること，そして最後は，代替手段が実現できない場合に長期的な給水手段として役立てられること，である．

しかし知事は，25 年間の猶予期間を設けて，その間 Two Forks の建設が本当に不可欠であるか否かを吟味する必要がある，と述べた．彼は次の 4 つのことを求めた．すなわち，州の諸機関で取りまとめられた環境影響緩和計画を早急に実行すること，州法に則り 1990 年 7 月までに都市圏規模の水担当機関を設置すること，Two Forks を利用して水を供給する事業体すべてが節水計画を推進して，2010 年までには 4 万 2 000 acre・ft (5 180 万 m^3) の需要量を削減すること，そして，Two Forks を利用して水を供給することになる事業体すべてが South Platte 川にダムや貯水池が設けられる前に，当座の給水手段を開発してそれを共有する体制を整えること，である．

反対派は，現在，Denver 都市圏の需要に十分応えられる給水量は確保されており，さらに節水と当面の給水手段の開発に向けた周到な計画を実行することによって，今後数年間の水需要に応えられる，と主張していたが，知事もそれが正しいことを認めていた．しかし，当座の給水手段の開発に必要な水を貯えるため

に求められる一種の協力体制を整えるためには，South Platte 川に新たな貯水を保証する「保険政策」を堅持している必要性がある，と強調した．Two Forks は最後の手段として建設されるべきだ，と述べていた．都市圏の長期的な水需要を満たしながら South Platte の Cheesman から Strontia Springs ダムに至るまでの自然の流れを残すという目標を達成するために，知事はコロラド州議会の承認を必要とするある活動計画を提案した．

その活動計画について，知事は，「地元である」コロラドにその決定をもたらすべきだ，と指摘し，さらに，「それは，連邦機関に対して，許可を与えるのはあなたたちの仕事であるが，どの手段を使用するかは私たちが判断する，といっていることになる」とつけ加えた．しかし，賛成派がれっきとした水利権を有していれば，知事も州のいかなる機関も，州内で実施される水源の開発に関する手段や時期や規模に対して承認したり，拒絶したり，または条件を設けたりする権限を持たないことを認識していた．

(2) 連 邦 政 府

ACE は，1989年3月に，知事が求めたほど長い猶予期間を設ける必要はないとしながらも特定の条件付きで，Two Forks ダムの建設を認可する意向を発表した．

それから数日後，新任の U.S. EPA 長官である William Reilly が，U.S. EPA はダムの建設に対する認可を再吟味し，Clean Water Act に違反していないかどうかを調べる意向を発表した．このようにして一連の聴聞会や調査が実施され，結局，U.S. EPA はダムの建設計画を差し止めることになったのである．1988年5月に，Two Forks Project が Clean Water Act 404条に違反していないかどうかを審査してきた3名のスタッフが Regional Administrator(EPA 地方長官)の James Scherer に長々と書いたメモを提出したが，そこには，Two Forks はこの法律に則しておらず，認可を得るに値しないという趣旨が示されていた．U.S. EPA 内部の懸念が表面化したのはまさにその時である．彼らは，いくつかの小規模なダムを建設する案を提示し，「環境を損なわないいくつかの実用的な代替手段が存在する」ことを強調した．さらにこの3名のスタッフによって，ACE の EIS には「合理的な代替手段」が十分に検討されていないという趣旨のメモが提出された．U.S. EPA のスタッフによれば，ACE は Two Forks

の代替手段としてもっぱら地下水の開発に固執しており，それは「共有という概念を無視して，それぞれの給水事業体がその地域に独立した施設を構えているといった偏見に基づく愚かな判断である」と指摘した．それによって Two Forks が最も経済的な手段であるかのように見せかける結果となっているというのが U. S. EPA の主張であった．

　U. S. EPA 側と ACE 側にはもっと根本的な相違があった．U. S. EPA の二番目のメモには，ACE の第一の方針はプロジェクトの環境に対する影響を緩和することであると指摘されていた．それに対して，U. S. EPA の方針は，環境に対する影響を避けることであった．U. S. EPA のスタッフが，Cheesman Canyon の破壊は回復不可能であると主張していたのに対し，ACE は，湿地帯と生息地が計画どおりに回復されるため，影響は，「ほとんど問題のないレベルにまで」抑えられていると考えていた．Scherer は，さらなる緩和策について Denver と交渉したうえで，認可を支持する意向を固めた．しかし，環境保護団体 Environmental Caucus が内部メモを活用して働きかけた結果，認可の問題に Reilly が介入することとなった．

4　主な問題点

　U. S. EPA が Two Forks ダムの建設に対する認可を差し止めるに至った長く複雑なプロセスは，いくつかの問題点を提起するものであった．たいていの人にとってそれは，開発事業者と環境保護団体の水の利用をめぐる対決であり，西部地方では目新しいことではなかった．「High Country News」は，次のような見解を示している．「Two Forks の問題は，西部において今後水資源がどのような方向で利用されていくのかを決定づけることになる．人口密度の高い大都市を優先させる方向で利用されていくのであろうか，それとも人口密度の低い地方の環境を尊重する方向で利用されていくことになるのであろうか．Two Forks ダムが建設されることになると，過去 40 年間の傾向がそのまま引き継がれ，今後も都市化が強化されることになるであろう．もし Two Forks ダムの建設計画が却下されることになれば，一つの時代に終止符が打たれ，西部に対する方向転換の必要性が宣言されることになる」．

　論争の焦点は，Clean Water Act 404 条による認可の問題であった．つまり，

このプロジェクトに代わる合理的かつ実用的な代替手段が存在するか否かに問題の焦点が置かれていたのであった．短期的な展望では，そのような代替手段が存在するという見解でおおよそ一致していたが，長期的な展望については意見が分かれていた．さらに，もっと広い見地からこの問題を検討すべきであると考える者もいた．しかし，このような問題の解決にあたる唯一の討論会であるMetropolitan Water Roundtable（都市圏水円卓会議）は，関係者を集めて話合いの場を設けるもので，都市用水の供給者に助言を与えること以上の権限を有するものではなかった．一方，開発計画案を中止させたり，それらに条件を設ける権限を有する連邦機関は，政治的配慮や代替手段の推進を支援する能力に欠けていた．

5　Two Forks に関する決議

U. S. EPA 副長官の Wilcher は，最終判断の説明の中で工兵隊の EIS に触れながら，次のように述べた．「私たちは，環境に対する影響が小さく実用的な代替手段が存在するという点において，この EIS 分析に同意する．U. S. EPA としては，Clean Water Act に従い，そのような代替手段が存在する限り，水生動物の貴重な生息地や資源を破壊する恐れのあるプロジェクトを認可するわけにはいかない．そこで，それらの代替手段が本当に実現可能であるか否かを判断するために，コストを含めた様々な要因を検討するつもりである」．

6　観察と分析

このような判断が示されたことによって，Two Forks ダムの建設計画がますます窮地に追い込まれることになったのは確かなようだが，それによって提起されてきた様々な問題点をめぐる論争や対立はまだ尽きていない．Denver と周辺都市圏の間にしっかりとした協力関係を築くことが必要であることは誰もが承知している．しかし，それが実際に実現するかどうかは時を経なければわからない問題である．さらに，Two Forks をめぐって，水資源の開発および利用分野における連邦と州の役割に関する根本的な疑問も提起されたが，まだ解決に至っていない．Romer 知事は自分の意志を表明する中で次のように述べている．「私は一連の意思決定プロセスに参加する立場にあったが，申請された特定のプロジェ

補遺：Two Forks Project

クトに対して賛成または反対の立場を示す以上の権限を有するものではなかった．私には，提示された解決策を変更してその結果を確認する権限は与えられていない．したがって，自分なりの解決策を考案するつもりであるが，そのためには議会の支持が必要である」．

知事は，すべての主要な問題点を検討したうえで提言を行った．それに対し，U.S. EPA は Clean Water Act 404 条に基づいて下された判断に従い，実用的な代替手段が存在するという理由からこのプロジェクトの計画を差し止めた．地元プロジェクト賛成派は，U.S. EPA の差止めを連邦による越権行為であると非難する一方，反対派は堂々と，賛成派はコロラド州民の大多数に対してプロジェクトの必要性を納得させることができないと主張しうる立場にあった．

しかし，U.S. EPA の判断は，もっぱら Clean Water Act の文語だけに集中したものであったため，プロジェクトの認可によって都市と周辺部の協力関係が築かれることを期待する知事と事業者の最大の関心事がほとんど無視された結果となっている．さらに，プロジェクト自体の長所にもかかわらず，Two Forks Project は次のような基本的な疑問を提起していると考える者もいる．すなわち，西部において提案されている水プロジェクトに関する広範な問題を正当に検討するに当たり，もっぱら Clean Water Act 404 条に基づいて判断を下すのは妥当であろうか？　という疑問である．

一方，連邦による差止めの判断におおむね満足している環境保護主義者はコロラド州法を非難した．コロラド州法は，環境の価値を守るために，また重要な経済的・社会的問題を考慮するのに不適切である，というのが彼らの主張であった．彼らは，自然の流水に私的所有権を宣言するシステム，また，西部特有の煩わしい法廷制度とみなされる方式によって運用されているシステムに反対している．また，現行の規制を批判して，水利権は「有益な利用(beneficial uses)」だけに与えることができること，そして取水には有益であるという要件が必要であること，を指摘している．

National Wildlife Federation(米国野生生物連盟)を代表して Two Forks の議論に加わってきた Chris Meyer は次のように述べている．「水に関する考え方を従来の概念，すなわち所有権を最優先させる考え方から新しい概念，すなわち所有権を尊重するが，州民の利益と要望を最優先させる共有資源の考え方へと改める必要がある」．さらに Meyer は，このような新しい概念が定着しない限り，

水資源の開発を目的とした大規模なプロジェクトはすべて Two Forks と同じ運命をたどることになると警告し,「連邦政府がその隙間を埋めつづけることになろう」と指摘している.

10.6 質　　　問

1. Two Forks Project の計画段階において,プロジェクト推進派が「周辺住民のニーズと環境とを十分に尊重し,もっと慎重に計画を進めていたら」,事態はどのように変わったであろうか?
2. 都市圏内の協力が Two Forks Project にどのような影響を与えたか? プロジェクト計画に対する差止めが,将来における都市圏の協力関係にどのような影響をもたらすだろうか?
3. Two Forks Project に関わった主な関係者(players)とは? また,彼らはどのような役割を担っていたか?
4. 州知事は,「水資源開発プロジェクトや導水の計画を提案すると必ず行政手続きや法的手続きに多大な時間を要し,多額の費用を投入したあげくに計画が著しく延滞する我慢できない状況を打破すべきだ」と述べたが,彼はこの発言によって何を言おうとしていたのか?
5. 知事が提示した 2 つの方針は,州が主導する広域的な水調整機関の設立と,州立機関による情報および決定支援システムの充実であった.これらは,Two Forks における水資源の損失をどのように埋め合わせるものであるか?
6. 「404 条措置」とは? また,それは新しい貯水池の建設にどのように関わっているか?
7. Two Forks Project は,水資源マネジメントにおける 3 つの側面,すなわち,地域統合化,協力および総合化を含むものであった.これらのコンセプトの定義は? また,このプロジェクトでは,それらの実行に伴う理論的側面と実質的側面がどのように反映されていたか?

第11章 洪水制御，氾濫原管理および雨水管理

11.1 はじめに

　全体的に見て，米国が経験してきた諸々の自然災害の中では，洪水による被害が最も大きいといえる．洪水の発生時期は異なるが，大半の地域が深刻な洪水被害の危険にさらされている．

　水資源マネージャーは，洪水を制御し，その被害を抑える役割を担っている．しかし，水を供給したり水質を管理する役割とは種類が異なり，これは防御の役割である．すなわち，洪水調節そしてその近縁にある雨水管理は，土地利用と水マネジメントが組み合わさった問題となるため，必然的に土地利用に関わる政治的問題を伴うことになる．

　事例研究を扱う本章では，大河川系と都市域の雨水処理の両方における洪水制御と氾濫原管理の原理について述べることにする．ただしここでは，他章で取り上げられているので，流出雨水の水質は扱わない．また，第3章で手短かに取り上げられている都市雨水管理のインフラについても扱わない．

　本章では，まず米国における洪水制御政策と氾濫原管理政策の歴史的歩みを追ってみる．また，Mississippi川洪水のように長期間にわたって徐々に進行するタイプの洪水から突然破壊的な被害をもたらすフラッシュ・フラッド(鉄砲水)のタイプの洪水に至るまで，様々なタイプの洪水について説明する．さらに，組織的対応—Denver's Urban Drainage and Flood Control District(Denver都市排水・洪水制御管理区)—について説明し，貯水池や堤防の建設計画にU.S. Army

Corps of Engineers(ACE；陸軍工兵隊)のような国家機関がなぜ介入しなければならないか，その理由を詳細に検討する．

この事例研究では，洪水解析の定量的なツール，主としてハイドログラフを簡潔に紹介しているが，それらに対する詳細な説明は示さない．それらについてもっと詳細な情報を必要とする場合は，水文学のテキストを参考にされたい．

本章の題名に用いられている用語，すなわち洪水制御，氾濫原管理および雨水管理は，この問題に対する2種類のアプローチを示唆している．つまり，貯水池と送水システムを用いて雨水や洪水をコントロールすること，および氾濫原の土地利用をコントロールすることによる被害の防止である．これら2種類の一般的なアプローチは，それに伴う手段や方法とともに，洪水問題に対する「構造的」アプローチと「非構造的」アプローチに大別される．

技術者たちは，構造的アプローチと非構造的アプローチのどちらが妥当であるかについて議論を展開してきたが，自然環境にとっては非構造的アプローチの方が好ましい．にもかかわらず，適切な構造的アプローチがとられているか否かによって生死を決するような状況もある．例えば，1994〜1995年にオランダで，Rhine川の氾濫による緊急事態が発生した．オランダの場合，利用可能な土地のほとんどは河川や海に沿って設けられた堤防によって守られていたが，この大洪水によってその堤防が破壊の危険にさらされた．幸い洪水は収まり事なきを得たが，もし堤防の一部が破壊されていたら，大災害に発展したであろう．「最初から堤防を設けるべきではない」という指摘は，このような困難な問題を現実的にとらえたものではない．

洪水対策において構造的アプローチと非構造的アプローチのどちらが妥当であるかという議論は，ある意味で，水プロジェクト開発の時代，すなわち1920〜1970年を象徴するものであった．その時代の前半は，洪水制御の手段として貯水池の建設が主流を占めていたが，その後次第に非構造的アプローチが重視されるようになった．事実，1993年に発生したMississippi川大洪水の後に作成されたInteragency Floodplain Management Review Committee(氾濫原管理の調査に関する省庁合同委員会)(1994)の報告書には，次のように述べられている．

> 流出を調節し，生態系を管理してその環境を守り，計画的な土地利用を行いさらに危険なエリアを特定することによって，多くの被害を防ぐことが可能である．危険を防ぐことが困難な場合は，流域での洪水被害

緩和のための体系的なアプローチに統合しうる場合に限り，建物の土台の嵩上げや移設もしくは貯水池や洪水防御施設の建設など，被害を最小限に抑えるためのアプローチを適用する．

　Interagency Committee(省庁合同委員会)の報告書では，協調的アプローチの重要性が強調されている．「当委員会は氾濫原を管理するためのより適切な方法を提案する．それは，すべての政府機関，すべての企業，さらにすべての市民が正しい氾濫原管理アプローチに参画する体制を整えることから始まる」．

11.2　米国における洪水問題と洪水対応

　米国を襲う自然災害の中で最も破壊的被害と経済的損失をもたらしているのは洪水氾濫である(Schilling et al., 1987)．洪水は，大統領が毎年指定する自然災害の85%を占めている．また，米国全土の7%，すなわち約1億6000万 acre (6500万 ha)の土地が氾濫原にある．

　1993年夏のある朝，国民は，Mississippi川大洪水のニュースとともに目を覚ました．これについては後に再度取り上げるが，この洪水によってもたらされた被害や悲劇が，毎晩テレビニュースを通して国民に伝えられた．そして，その反響に応じて洪水政策が打ち出されることになる．ある画期的報告(Interagency Floodplain Management Review Committee, 1994)が発表されたが，その提言内容については後に説明する．

　歴史的に見て，洪水制御プロジェクトにおいて先導的な役割を果たしてきたのは，ACE，Soil Conservation Service(土壌保全局)，Bureau of Reclamation (開拓局)，および Tennessee Valley Authority(Tennessee川流域開発公社)の4つの連邦機関である．その他，Federal Highway Administration(連邦道路局)や Federal Housing Administration(連邦住宅局)などの連邦機関も，管理対象施設が洪水の被害にさらされる危険性があるので，洪水制御プロジェクトに関与するようになった．さらに，Federal Emergency Management Agency(連邦危機管理庁)は，氾濫原の利用規制と洪水対応の分野において重要な役割を担っている．

　Natural Hazards Research and Applications Research Center(自然災害研

究・応用研究センター)が発表した米国における氾濫源管理に関する報告(1992)によれば，洪水対策の歴史は「連邦の構造的対策重視の時代」に遡るとされる．この時代は，堤防管理区や自然保護区，個々の土地所有者など地方の尽力を背景とした国土の開拓と国民の定住によって始まった．南北戦争の頃，議会は連邦機関に河川測量の観測を委任したが，議会が一連のFlood Control Act(洪水制御法，1917，1928，1936，1938)の中で洪水制御事業を承認したのは，1900年以降の数十年間に深刻な洪水を経験した後のことであった．これらの法令では，ダムや堤防の建設および河道改修などの事業に重点が置かれていた．

連邦政府は1960年代までに，220の貯水池，延べ9 000 mile(1.4万km)以上の堤防と洪水防止壁，さらには7 400 mile(1.2万km)の河道改修を含む総額90億ドルの大規模なプロジェクトを完成した．そしてそのプロジェクトはもっぱらACEに委任されていた．

このような大々的なプロジェクトを完成させたにもかかわらず洪水の被害がますます大きくなったため，1960年代には，ゾーニング，洪水予報，洪水保険，移転，分散型オンサイト貯留などのような非構造的対策が次第に重視されるようになった．1960年にはFlood Control ActによってACEに氾濫原の情報を提供する役割が委任され，それに従ってACEは氾濫原の情報を盛り込んだ報告書を地方自治体に提供することになった．

ここで筆者は，水資源と環境管理の分野において多大な貢献をされた有名な地理学者であるDr. Gilbert Whiteの功績を讃えたい．Whiteは，現在もColorado大学の名誉教授として鋭い視点から書かれた貴重な論文を発表しながら，この分野の発展に貢献されている．1940年代にChicago大学で発表された氏自身の博士論文「Human Adjustment to Floods(洪水への人間側の適応)」は，氾濫原の管理に非構造的なアプローチを適用することの必要性について書かれた最も影響力のある論文の一つとして広く知られている．Whiteの功績については第4章でも紹介されている．

ここで再度氾濫原政策の歩みに立ち戻ると，1966年にJohnson政権は，House Document 465「A Unified National Program for Managing Flood Losses(洪水被害に対処するための国の統合的プログラム)」を議会に提出した．これは統合的アプローチの支持を表明したものであり，連邦機関の活動として調査と情報提供を含めた16の項目の勧告がなされた．

それに続いて1976年にはもう一つの法令が出された．それは，「A Unified National Program（国の統合的プログラム）」と題するU.S. Water Resources Council（米国水資源審議会）のレポートである．ここでは様々な問題を提起すると同時に，「現在におけるマネジメント活動の最大の弱点」として調整活動があげられていた．既に読者もご存じのとおり，筆者としては，調整機構の充実に努めることが水資源マネジメントの中心課題であると考えている．

さらにCarter政権下においてもいくつかの法令と政令が出され，それに続いて1979年には，Inter-Agency Floodplain Management Task Force（氾濫原管理省庁合同特別委員会）がUnified National Programに対する改定案を提出した．この特別委員会は，自然の価値の復元や保護を含めた戦略の拡大を求めると同時に，意思決定者が代替的アプローチを検討するうえで役に立つもっと多くの情報を提供する必要性を強調していた．

1986年にはFederal Emergency Management Agencyが特別委員会の役目を引き継いで，1979年に打ち出されたプログラムに対する改定案を提出した．そして，その改訂項目には，連邦の災害軽減戦略，研究の充実および沿岸地帯の洪水の重点，が含まれていた．

Schillingら(1987)は，連邦政府の中で洪水に関する権限が分割されすぎていることが問題であると指摘している．彼らは，26の機関と9つの対策目標を通して政策がどのように分散されているかを，表によって説明している．対策目標としては，洪水保険の研究，氾濫原管理業務，氾濫原情報の提供，技術的業務と計画立案業務，洪水調節手段の建設，洪水への準備，緊急対応と復旧，警報と予報，調査研究，および未開発のままで残すための活動，があげられる．

現在でも中心課題は依然，非構造的アプローチに置かれている．1993年のMississippi川大洪水の後に作成されたInteragency Floodplain Management Review Committeeの報告書については既に触れたが，それに加えて，大統領が発表した1995年度の予算は，構造的プロジェクトの推進をさらに困難にするものであった．明らかに包括的な非構造的アプローチを重視する傾向が強まり，洪水調節のための貯水池は影が薄くなっている．

11.3 洪水の原因とリスク要因

水資源マネジメントの基礎をなす水文学については第2章で論じられているが，ここでは，洪水の原因に直接関わる側面を付け加えておきたい．

洪水は，過剰な雨や雪解けによって生じる．すなわち，帯水層や地表水系に補給するのに必要な量を上回る過剰な水が地面を流れることによって生じるのである．洪水の発生には，水文循環のすべての要素，つまり降水，流出，浸透および水路中の流れが関与する．

比較的大きな河川については，都市域の雨水系に特有の複雑な要因に支配されることはない．図-11.1は，コロラド州 Pueblo 市を流れる Fountain 川を氾濫させ，深刻な大洪水をもたらした1965年の豪雨の概要を示したものである．この洪水については，筆者のテキスト Water Resources Planning (Grigg, 1985) に解説されている．

洪水のリスクを評価するうえでまず最初に検討することは，洪水をもたらす豪雨量やその降雨強度が発生する確率である．それは，特定地域における過去の降雨記録によって判断される．洪水のリスクを推定するための基本的な手段は過去の経験ということになる．

例えば，24時間以内に降雨量が 10 in (254 mm) に達すれば洪水が生じると推定される場合，ある

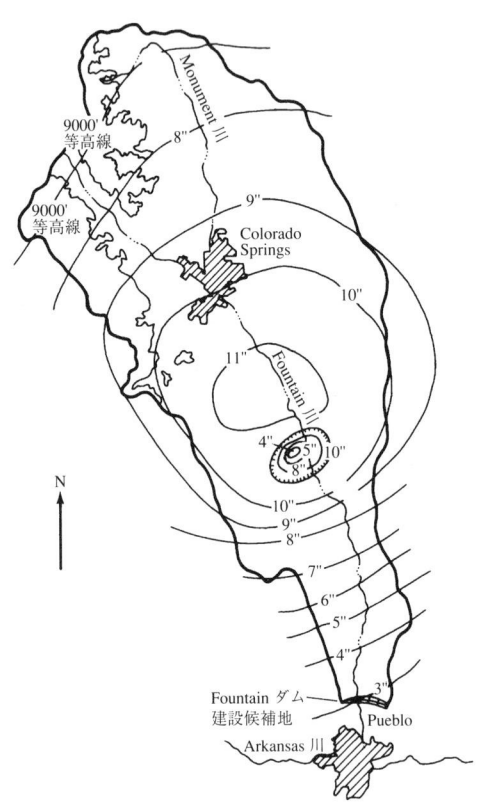

図-11.1 1965年豪雨の等雨量線．コロラド州 Fountain 川 (出典：Grigg, 1985, U.S. Army Corps of Engineers report)

年にそのような降雨量の豪雨が発生する確率を過去のデータから導くことになる．そしてその確率は 1/200，すなわち 0.5% であったとする．言い換えれば，その地域において 10 in は 200 年確率 24 時間降雨量ということになる．この降水規模は，本章で紹介しているいくつかの歴史的な洪水をもたらした豪雨の規模の範囲内にある．

次に，洪水のリスクは流出に左右され，結局，様々な水文学的要因に支配されることになる．大量の雨が降っても流域が乾いていれば，ほとんど流出が起こらない．それとは逆に，雨量が多くなくても流域が湿潤状態であれば，大きな洪水を起こす．流域からの流出が水文学的に予測される．雨のどんな割合が流出成分になるかを予測するのは困難な問題であり，応用水文学の主要な目的の一つとされている．流量が流路の疎通能，すなわち河岸を越流することなく流せる能力を越えた時，氾濫が起こり，氾濫原は水で覆われる．

大洪水は，広範にわたる降雨と流出によって起こる．例えば，後に説明するが，Mississippi 川大洪水の原因となった降雨は時間的にも空間的にもに広範囲にわたるものであった．また，バングラデシュを襲った広範囲な洪水氾濫は，大量の流出と高い人口密度と無防備な土地という特異な条件が重なった結果である．

降雨 − 流出 − 河川流という一連のプロセスが洪水氾濫の主な原因となる．洪水被害の程度は，水深，流速およびその広がり，さらには住民の対応力と土地や建物の耐久力によって決まる．

一般的には，洪水の水深と流速の規模が大きいほど，被害も大きくなる．住宅地帯の被害については，資産の種類別に作成された水深 − 被害曲線によって推定することが可能であるが，商業資産や工業資産については，被害のタイプが多岐にわたるため，わずかのカテゴリーに収めることは不可能である．商業資産と工業資産については，通常，資産種別の調査をしておく必要がある．

図-11.2 は，降雨 − 流出 − 河川氾濫のプロセスと洪水によってもたらされる被害を概念的に示したものである．経済学の手法を用いて被害を推定することができる．そして，その推定結果は，被害 − 頻度曲線で示され，それによって便益 − 費用に関する情報が計算できる (図-11.3)．

流路区間

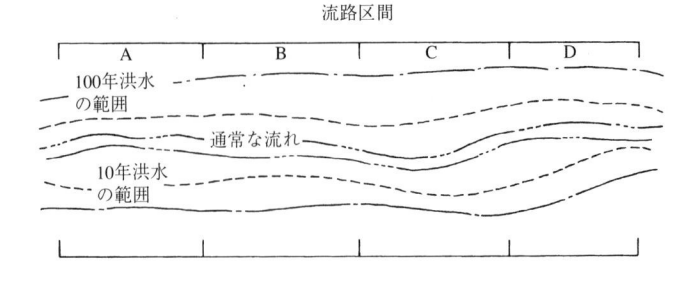

A B C D

100年洪水の範囲

通常な流れ

10年洪水の範囲

計算のプロセス

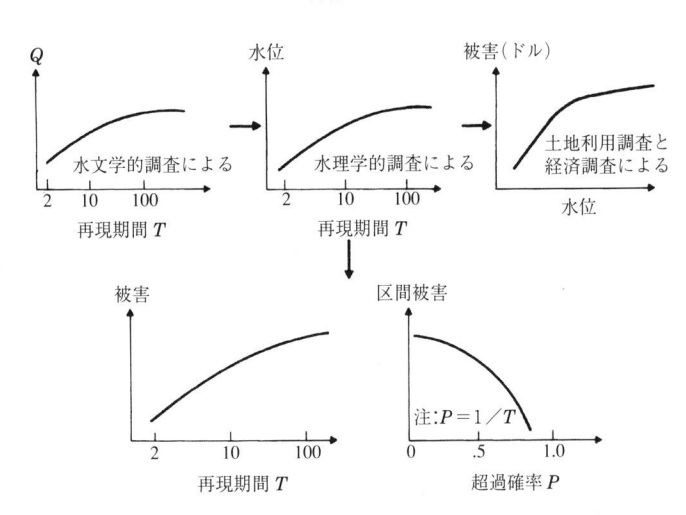

図-11.2　被害－頻度関係の計算(出典：Grigg, 1985)

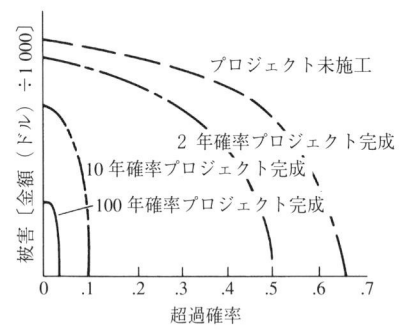

図-11.3　被害－頻度曲線(出典：Grigg, 1985)

11.4　中小河川と大規模河川の洪水の定量化

雨水流出や洪水流出を計算する手法はたくさんあるが，その精度は入力データの精度次第である．それらの手法について論じることは本章の範囲を超えているが，2つの基本的なコンセプトである合理式とハイドログラフを，それらが洪水

11.4 中小河川と大規模河川の洪水の定量化　　　303

定量化の中心的手法でもあるので，簡潔に紹介する．これら2つの方法はそれぞれ，都市排水路などで起こる小規模な氾濫に対する流出計算法および大河川などで起こる大規模な状況に対する計算法とみなしてよい．

11.4.1 中小河川：合理式

　合理式は，小流域の雨水流出計算法として，100年以上にわたって適用されてきた．この手法は一つの簡単な式をベースとしたものである．この手法はさほど精度はよくないが，長年の実績を評価され，都市の雨水施設や道路排水渠など関連する小規模施設の計画と設計に広く使用されている．

　この手法に批判的な立場をとる人のために，筆者はこの手法を推挙しているわけではないといっておきたい．小流域の雨水流出を計算する基本的な原理を示すものとして，この手法を提示しているだけである．

　合理式は以下のとおりである．

$$Q = CiA$$

　　　Q：ピーク流出量
　　　C：流出係数，すなわち降雨のうち流出する割合
　　　i：対象とする確率降雨の洪水到達時間内平均降雨強度
　　　A：流域面積

　この手法は，流出の一要因としての降雨と，その結果としての洪水流出との関係を示すものである．どの洪水推定法においても，これらが含むパラメータを推定する必要がある．これらパラメータの詳細については，水文学または洪水について書かれた専門書を参考にされたい．

　都市域における雨水管理は，過去30年の間にかなり進歩した．現在，重要視されているのは水質の問題であるが，それについては第14章で述べる．都市雨水排水の量的問題の計画は，それ自体非常に高度なプロセスを必要とする．

11.4.2 河川流域：ハイドログラフ

　面積が数千 mile^2 (km^2) に及ぶ河川を含めて，約 200 acre (0.8 km^2) 以上の大規模河川流域に対して，ハイドログラフは基本的な洪水の表現手段である．技術

者や科学者によって，これまでに多種多様なハイドログラフ推定法が考案されてきたが，それらについては水文学の専門書に詳しく記載されている．図-11.4には，ハイドログラフの基本的要素として，洪水波が下流に移動するに従って洪水ピークが減衰するという一般的特徴が示されている．

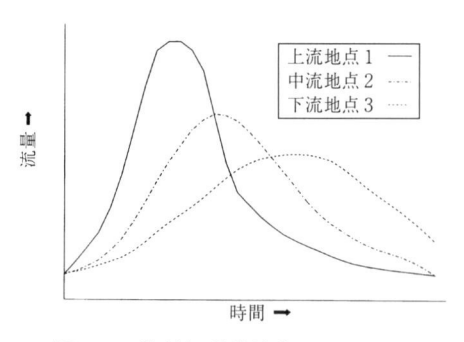

図-11.4 洪水波の移動(出典：National Weather Service, 1994)

洪水の継続期間は場所により数時間から何日にも及ぶまで様々である．ハイドログラフから，洪水が増水してピークに達し，やがて減衰していく一連の過程を把握することができる．

11.5 洪水対策

洪水によってもたらされる被害が大きいだけに，洪水対策が非常に重視されてきた．Natural Hazards Research and Applications Research Center(自然災害研究・応用研究センター)(1992)は氾濫原管理に向けた次の4つの基本戦略を掲げている．
・洪水被害と損失を受けにくくする(氾濫原の土地利用のゾーニングまたは規制)
・洪水を調節する(貯水池による調節)
・市民や地域社会に対する洪水の影響を緩和する(保険や耐水性の向上を含む被害軽減策の適用)
・氾濫原の天然資源と文化遺跡を復元し保護する(氾濫原の価値を認識し，リクレーションなどの有益な活動に利用する)

上記の戦略を具体化するための手段を以下に列記する．

戦略A：洪水被害と損失を受けにくくすること
1. 氾濫原管理のための規制
   a. 洪水危険地帯を対象とした州政府規制
   b. 洪水危険地帯を対象とした地方自治体による規制

11.5 洪水対策

　　（1）ゾーニング
　　（2）宅地開発規制
　　（3）建築条例
　　（4）住宅条例
　　（5）衛生と井戸に関する条例
　　（6）その他の規制手段
　2．開発および再開発政策
　　a．サービスおよび公共事業設備の設計と配置
　　b．土地の権利，取得およびオープン・スペース
　　c．再開発
　　d．立退き
　3．災害時に備えた準備
　4．災害時の救援
　5．耐浸水性
　6．洪水予報と警報体制および非常事態に備えた計画

戦略B：洪水を調節すること
　1．ダムと貯水池
　2．堤防，土手および洪水壁
　3．流路変更
　4．放水路
　5．土地処理対策(land treatment measures)
　6．オンサイト貯留

戦略C：市民や地域社会に対する洪水の影響を緩和すること
　1．情報と教育
　2．洪水保険
　3．課税調節
　4．洪水緊急時対策
　5．洪水後の復旧

戦略D：氾濫原の天然資源と文化遺跡の復元および保護
　1．氾濫原，湿地および沿岸境界の資源利用規制
　　a．連邦による規制

b. 州による規制
c. 地方自治体による規制
（1）ゾーニング
（2）宅地開発規制
（3）建築条例
（4）住宅条例
（5）衛生と井戸に関する条例
（6）その他の規制手段
2．開発および再開発政策
a. サービスおよび公共事業設備の設計と配置
b. 土地の権利，取得およびオープン・スペース
c. 再開発
d. 立退き
3．情報と教育
4．課税調節
5．行政手段

　以上の手段には，ある程度重複が認められる．構造的手段(戦略B)と非構造的手段(戦略A，CおよびD)に分類した方が簡潔であると思われる．

　構造的手段には，伝統的な工学的手段が適用され，それらは今なおいくつかの国で実施されている．洪水制御のための最も一般的な構造的手段は，貯水池と堤防である．

　第13章では，洪水をコントロールするために貯水池内でその容量をどのように確保するかが述べられている．洪水が貯水池の洪水調節容量にすべて収められれば，下流域の被害を防ぐことができ，洪水終了後に，溜まった水を徐々に放流すればよい．しかし，洪水量が洪水調節容量を上回ることもある．そのような場合は，洪水吐から放流する必要がある．洪水の規模が非常に大きい場合は，非常用洪水吐を使用しなければならない．

　堤防は，洪水から財産を防御する目的で設けられた構造物である．広汎な洪水防御システムの主要部分を堤防とそれに付随した洪水防御壁が担っている場合が多い．堤防は保守に多大な労力と費用を要し，また危険性をはらんでいる．後に詳しく記述するが，1993年のMississippi川大洪水では，多くの堤防が崩壊し

た．1994～1995年のRhine川洪水では，堤防の崩壊は免れたが，その危険性に対する懸念が広がった．

米国では，非構造的手段，中でも特に氾濫原の管理に目が向けられるようになった．Inter-Agency Floodplain Management Task Force（氾濫原管理省庁合同特別委員会）が1976年に発表したUnified National Program for Floodplain Management（氾濫原管理のための国の統合的プログラム）には，氾濫原の管理に向けた次の3つの原理が掲げられている．

① 連邦政府は，この国の氾濫原の管理について重大な関心を持っているが，氾濫原の管理に関する根本的な責任は州と地方自治体に委ねられる．
② 氾濫原は，コミュニティ全体，そして地域レベルと国レベルの計画と管理との関係において考えるべきである．
③ 洪水損失の軽減は，単にその目的だけではなく，氾濫原の管理というより幅広い脈絡の中でとらえられなければならない．

これらの原則は，20年以上経過した今でも正当性を持っている．

11.6 コロラド州の洪水：山地と平野

最初の事例研究は，コロラド州の洪水を扱う．一般的にコロラド州は半乾燥気候区にあるとして知られているが，雨量の少ない他の地域と同様，洪水に苦しめられている．乾燥地域でも湿潤地域でも，洪水から免れることはできない．

ここでは3種類の事例を簡単に説明する．一つは山地における大雨によってもたらされたフラッシュ・フラッド（鉄砲水），もう一つは豪雨による一般の洪水，そして最後は融雪洪水である．

11.6.1 フラッシュ・フラッド：1976年のBig Thompsonの災害

コロラド州は他の山岳地帯と同様，急に発生するフラッシュ・フラッドに絶えず注意を払っていなければならない．1976年8月にBig Thompson川が氾濫し，2，3時間のうちに139人の命が奪われた時，コロラド州はフラッシュ・フラッドの恐ろしさを思い知らされたのである(McCain, 1979)．

Big Thompson 川は，山岳地帯を流れる渓流で，その源流はコロラド州 Estes 公園付近の Rocky Mountain 国立公園にある(図-11.5参照)．この河川の流域は起伏と傾斜が激しく，Loveland 上流に広がる Big Thompson Canyon の出口での流域面積は 305 mile^2(790 km^2)である．そしてこの河川が Greeley 付近の Platte 川に流れ込んだ時には，流域面積が 828 mile^2(2 145 km^2)に達する．

　1976年7月31日〜8月1日にかけて発生した豪雨は，異常であったといわざるをえない．つまり，6〜10 in(152〜254 mm)もの降雨が流域の広範囲に降ったのである．図-11.6は2地点における降雨の累加曲線を示し，図-11.7はこの豪雨の物理的構造を示している．ピーク流量は，過去88年間に記録された最大値

図-11.5　Big Thompson 災害の位置図(出典：McCain, 1979)

11.6 コロラド州の洪水：山地と平野

図-11.6 Big Thompson 洪水における累積降雨量(出典：McCain, 1979)

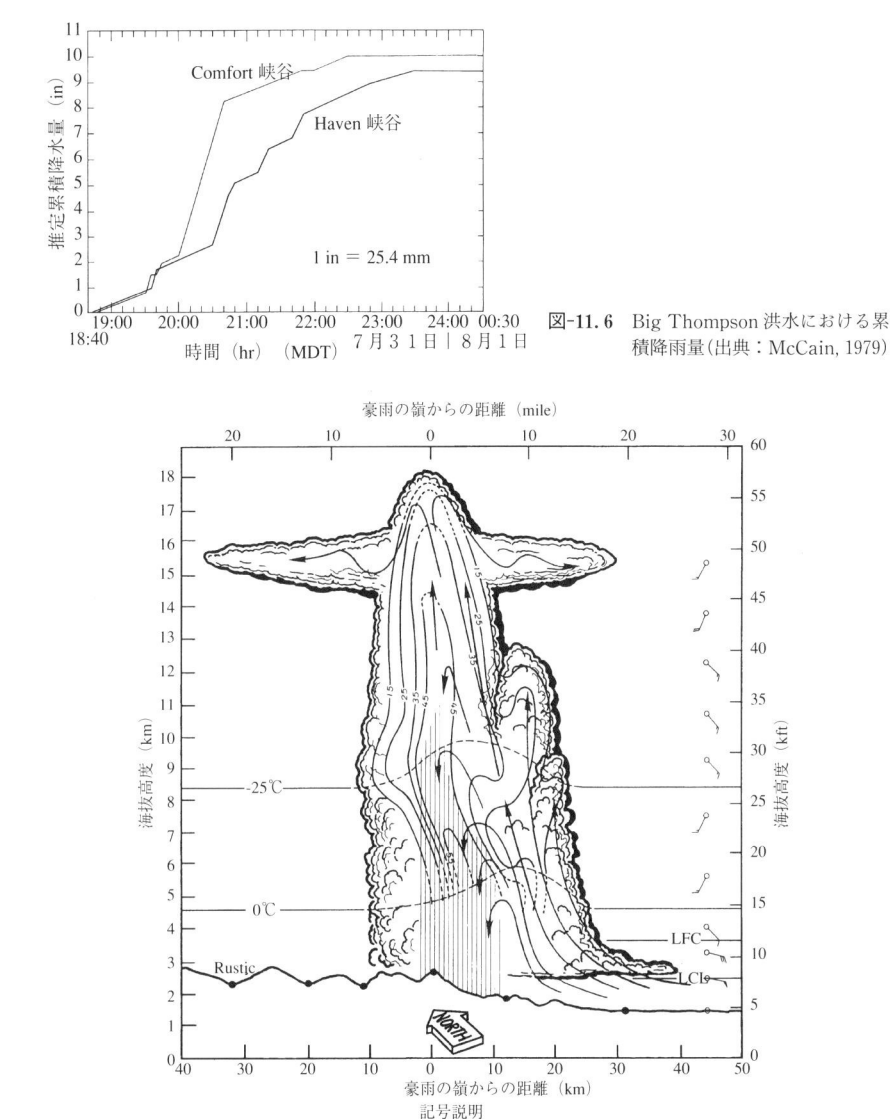

図-11.7 雷雨の物理(出典：McCain, 1979)

記号説明

- ← 大気の流れ
- ||||||||| 降雨域
- —15— コロラド州 Grover で観測されたレーダー反射..点線はおよその位置を表す.10 dBZ インターバル.
- —0°— 等温線（摂氏）.点線は雲の中を表す.
- —LFC— 自由対流高度
- —LCL— 持上げ凝結高度
- 風向と風速—矢は風向を表す（上側が北方向）.矢についている羽枝は風速（knot）を表す. 羽は50 knot，長い羽枝は10 knot，そして短い羽枝は 5 knot を示している.

図-11.8 Big Thompson 洪水によってもたらされた被害の様子

の4倍を超えるものと推定された．洪水流速は，20～25 ft/s(6～7.6 m/s)であった．峡谷のある地点のピーク流量は，100年洪水の3.8倍にも達していた．しかし，山麓地帯の他の河川に生じたこれまでの洪水の中には，Big Thompson のケースと同規模のものもあった．

Rocky山脈の山麓のような地域は，フラッシュ・フラッドの危険にさらされやすい．そのような洪水の発生頻度は低いが，ひとたび発生すると致命的な被害になる可能性が高い．

11.6.2　1965年の大洪水：South Platte 川と Fountain 川

コロラド州を襲った大洪水は，Big Thompson 洪水だけではない．それどころか，過去数十年を振り返ると，大洪水の発生頻度が高くなっているように思われる．例えば，1965年6月に丘陵地帯を襲った大洪水は，Big Thompson 洪水の規模をはるかにしのぐものであった．

1965年の洪水では，大地がすでにいくぶん湿った状態にあった時に3日間にわたって豪雨が降り続いたために，洪水量がピークに達した．South Platte 川のピーク流量は 40 300 ft^3/s(1 140 m^3/s)で，これはそれまでに記録された 22 000

ft³/s (623 m³/s)(1889年以降の記録) の約1.8倍であった. この洪水による死亡者の数は8名で, 資産損失額は約5億800万ドルに達した. また, このような被害を受けたのはほとんどが Denver 地区であった (Matthai, 1969). この洪水を引き起こした豪雨セルは1976年の Big Thompson 洪水の場合と同様広範囲にわたるものであった. 14 in (356 mm) の最大降雨量を伴う豪雨セルが広範囲に広がったが, これはコロラド州 Fountain 川で報告された豪雨の推移と似たものであった (図-11.1参照)(Grigg, 1985).

11.6.3 融雪洪水

融雪洪水は, Rocky山脈で見られるもう一つの洪水の形である. その一例として, コロラド州の Ft. Collins 付近を襲った1983年の Poudre 川洪水があげられる. 融雪洪水は, 大雪が降った後に急に気温が上がることによって起こりやすい. 雪解けと同時に雨が降ると, 洪水の規模がますます大きくなって, 状況が悪化することになる.

11.7　コロラド州における一つの対応:
　　　都市域雨水排水・洪水制御管理区

1965年洪水をきっかけに, 洪水問題に対する地域的な取組みが必要であるとの認識が高まり, コロラド州はついに地域的な洪水制御管理区を組織することになった. ここで, この地域的洪水制御管理区について説明したい. それは, 25年以上にわたる地域的な雨水排水と洪水制御の経験をよく物語っているからである. 出典は Tucker(1994) である.

1969年7月28日に Urban Drainage and Flood Control District (UDFCD; 都市雨水排水・洪水制御管理区) を組織する会合が開かれた. この洪水制御管理区の範囲は, 約30の市町村を含む5つの郡および Denver と Denver 郡で, 人口100万人以上を含む地域であった. 人口は過去25年の間に2倍に膨れ上がっていた. 米国では多くの洪水制御管理区が設けられているが, 複数の郡を包含するものはきわめて少ない. 図-11.9は UDFCD の範囲を示している.

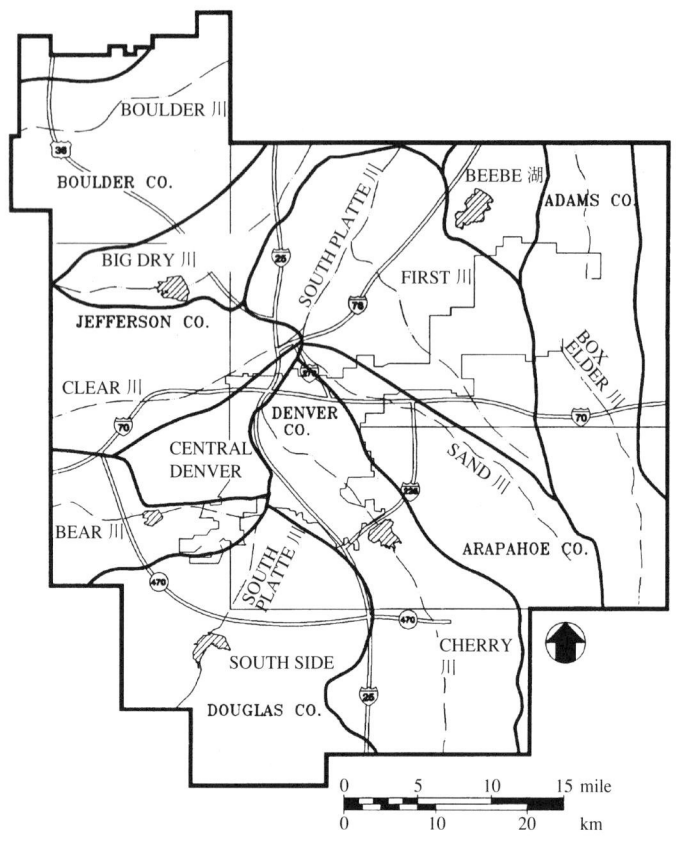

図-11.9 Denver Urban Drainage and Flood Control District(Denver 都市域雨水排水・洪水制御区)(出典：Tucker, 1994)

この洪水制御管理区が取り組んだ最初として，Denver Regional Council of Governments' drainage technical committee(地方自治体雨水排水専門委員会 Denver 支部)の提案を受け入れて，UDFCD の Urban Storm Drainage Advisory Committe(都市域雨水排水諮問委員会)を創設した．さらに，Denver 地域を対象とした一つのモデルとして Urban Storm Drainage Criteria Manual(都市域雨水排水標準マニュアル)を採用した．この洪水制御管理区は 0.1 ミル(ミル=1/10 セント)の課税を行う権限が与えられ，1971 年には 27 万 6 500 ドルの資金を蓄えるに至り，1994 年には，それが 1 930 万ドルに達した．

当初は資金が限られていたため，制御管理区は計画作業に専念し，今では延べ

800 mile (1 300 km) に及ぶ基幹排水路が計画されるに至っている．

　計画作業の初期の段階で，大々的な氾濫原管理対策を打ち出す必要性が認識された．1 000 mile (1 600 km) にも及ぶ氾濫原の実態調査が実施され，地方自治体が氾濫原の土地利用に関する決定を下すうえで有益な情報が提供されている．

　1973 年には洪水制御管理区による賦課金が 0.1 ミルから 0.5 ミルに増やされ，それによって設計と建設に要する資金を確保した．洪水制御管理区の理事会は，同制御区と地方自治体が折半でプロジェクトを推進することを決定した．洪水制御管理区は 1994 年までに 6 720 万ドルを投入しており，地方自治体は少なくともこれと同額の費用を投入したことになる．大まかに計算すると，20 年間で 1 人当り 90 ドルの負担となる．

　その後，保守をめぐる問題が生じた．排水路が完成された後，それが地方自治体に委ねられたが，自治体はその保守管理にあまり力を入れなかったためである．そこで 1979 年に，洪水制御管理区が保守管理のためにさらに 0.4 ミルの課税を行うことが議会によって承認された．この措置はうまく機能した．すなわち施設は自治体に所属しているが，保守管理は UDFCD がほとんど民間会社に外注して実施している．洪水制御管理区の 1995 年度活動プログラムの中で，総額 470 万ドルにのぼる 250 の保守プロジェクトが設定されている．このプログラムはきわめて順調に進められたため，保守管理の賦課金を恒久的なものにすることが議会によって承認された．

　1983 年までに，洪水制御管理区は 4 つの積極的プログラムを設定した．それらは，マスタープランの作成，氾濫原管理，設備投資の改善そして保守管理，である．加えられるべき次のプログラムは South Platte 川の保守管理対策であった．0.1 ミルの賦課金の徴収を行う権限が与えられ，現在では，延べ約 40 mile (64 km) にわたる沿川のプロジェクトの計画立案，設計，施工および保守管理のために年間 100 万ドルのプログラムが組み込まれている．

　1989 年には Denver 新国際空港を包含するために，この洪水制御管理区の範囲が拡大された．様々な領域に加えて現在の総面積は 1 608 mile^2 (4 165 km^2) に達する．

　1970 年代に雨水の水質が問題にされるようになってから，洪水制御管理区も水質問題に取り組まざるをえなくなった．洪水制御管理区は，Denver，Lakewood および Aurora 地方を対象とした National Pollutant Discharge Elimination System(NPDES；国家汚染物質除去制度)の認可申請を行うとともに，必要な技術支援に継続的に関与した．

洪水制御管理区では，わずか18名のスタッフで約1930万ドルもの年間資金を運用している．23年間にわたって洪水制御管理区の専務理事を務めてきたScott Tuckerは，自然河川の保全，都市排水路の多目的利用および水質をことのほか重要視している．洪水制御管理区のビジョンは，排水路を開かれた緑の回廊として活用することであり，ほとんどのプロジェクトはアクセスが容易で親水的水流を備えるようにしている．ライニングされた水路から自然らしい水路に移行することに伴って，侵食対策がより重要な問題となろう．洪水制御管理区は，連邦政府との協力体制を強化することを望んでいるが，「直接規制」によって動きにくくなることを懸念している．

UDFCDの歩みを概観することによって，地方自治体が結集して，州議会の協力を得ながら，雨水管理や洪水制御に対する地域的なアプローチを組織化した時，どのような成果がもたらされるかについて知ることができる．

11.8 米国南東部：Black Warrior 川

湿潤地域では，雨量の少ない地域に比べて洪水の頻度が高く，その規模も大きくなることが多い．Black Warrior 川の大洪水については第13章で述べられている．問題は，洪水時における流れ込み式貯水池の水位管理である．

この洪水では，比較的土地が平らな地域でも，短時間のうちにピーク流量に達することがわかる．Black Warrior 川の事例を考察することによって，洪水被害のシナリオを学ぶことができる．

11.9 1993年の Mississippi 川大洪水

1993年の夏，Mississippi 川上流域がこれまでにない最悪の洪水に見舞われた(Water, 1993)．流域内の10都市における7月の降雨量は，過去30年間の平均降水量をはるかに上回り，その131〜643%にも達し，7つの州，33河川の42の

水位観測所で史上最高水位が記録された．

1993年に発生したMississippi川大洪水の様子はテレビや雑誌で報道され，そのイメージは被災者の記憶に刻み込まれた．あまりにも大規模なために，この場でそのイメージを描くことはできないが，小さな図を使って概要を示すことは可能である．7月16日に，Missouri川の堤防の一部が崩壊し，氾濫水が通常の合流点から20 mile (32 km) も上流でMississippi川に流れ込んだ．両者が合流する事態になった．

図-11.10は，洪水の影響を受けたエリアを全体的に示したものである．1993年4月〜7月の累積降雨量は，45〜300年の再現期間を持つ豪雨を記録したが，特に6月〜7月が著しかった．例えば，Iowaでは，6月〜7月の累積降雨量が18.1 in (460 mm)に達したが，これは260年の再現期間に相当するものである．また，7月11日〜8月10日くらいまでの間，洪水量は過去の記録を凌いでいた．これは確かに記録破りの洪水であったが，洪水氾濫が広がり得る範囲を示したのが特徴といえる．

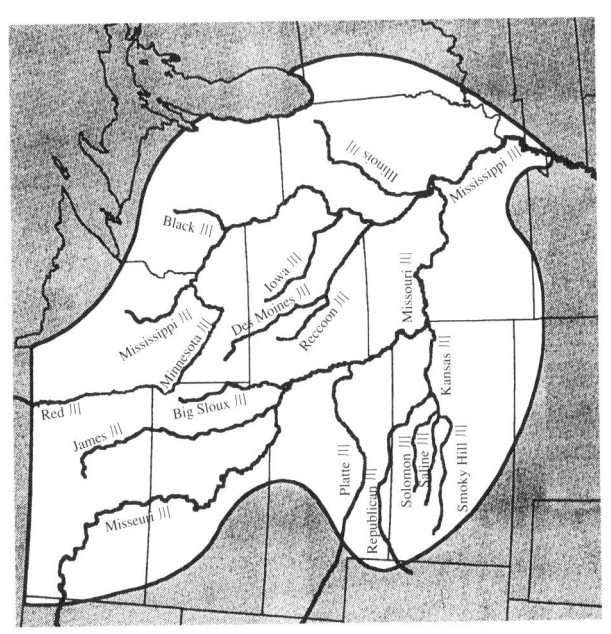

図-11.10　1993年Mississippi川大洪水の影響を受けたエリア
(出典：National Weather Service, 1994)

Interagency Floodplain Management Review Committee は，この洪水とそれに対する対処そしてその被害を振り返って，洪水とそれに対する対応策を検討した結果，このような洪水に対しては非構造的な手段を適用するのが最も賢明な策であると報告している．

11.10　バングラデシュ洪水

非構造的解決策がすべてであるという考え方から離れて，Mississippi 川洪水を客観的にとらえるために，バングラデシュ洪水を取り上げてみたいと思う．この国は，世界でも最大規模の三角州よりなる広大な氾濫原を抱えている．そしてそこでは，Ganges 川，Brahmaputra(Jamuna)川，Padma 川，そして Meghna 川といった河川が合流している．Mississippi 川洪水も大規模なものであったが，バングラデシュ洪水の氾濫水の量はそのレベルをはるかに上回っている．U.S. Agency for International Development（米国国際開発庁）の資料によると，バングラデシュを流れる Brahmaputra 川，Ganges 川，そして Meghna 川の3つの河川を合わせた年間流出量は Mississippi 川の平均年流量の5倍に達するという (Water, 1993)．

バングラデシュの人口は約1億1000万人で，30年間のうちに2倍に達する見込みであり，そして，世界でも最も人口密度の高い国の一つに数えられることになる．国民の80%は農村地帯に住み，60%が自分の土地を所有していない．そして農村地帯の住民のうちのわずか10%が耕地の約半分を独占している．バングラデシュは世界の中で最も貧しい国の一つに数えられ，国民1人当りの平均年収はわずか200ドル程度である．読み書きできる国民の比率は，男性が約30%で女性が約19%にすぎない．子供の60%は栄養失調に苦しみ，幼児死亡率は1000人当り120人にものぼる．Bengal 湾の北に面するこの国は，大型熱帯性暴風雨の通り道にもなっている．春と秋には大規模なサイクロンが定期的にやってくる．1991年には大型のサイクロンによって，13万9000人もの命が奪われ，1000万人が家を失った．災害の規模は一言で言い表すことができないほどである．

1988年に発生した洪水は特に悲惨なものであった．そのピーク時には，国土の3/4，すなわち4万 mile^2(10万 km^2)が洪水氾濫で浸水し，2850万人もの国

民が住む家を失った．公式発表での死亡者数は650人であったが，下痢や汚水による疫病などによってもっと多くの人命が奪われている．多くのインフラが流失し，作物や貯蔵穀物が台無しになった．しかし，国は迅速かつ懸命に対処した．おそらく，首都の Dhaka も洪水に巻き込まれ，社会的上層部に属する多くの人たちがテレビなどではなく，実際にこの悲劇を体験したためであると思われる (Khnondker, 1992)．

河川によって絶えず chars と呼ばれるパンケーキ状の土地が形成され，それが移動している．洪水シーズンには水位がその土地の表面の 1 ft (0.3 m) の所まで上がってくる．それでも，多くの人がこのような土地に住まざるをえない状況にある (Cobb, 1993)．

洪水制御を重視した政策が推し進められているが，問題は一向に解決しないようである．バングラデシュ政府は世界銀行の協力を得て，Flood Action Plan (FAP；洪水対策活動計画) を定めたが，これは大きな論争を招いた．河川を改変することによって，社会と環境の均衡が著しく阻害される恐れがあるためである．FAP は構造的手段を重視しすぎており，それはあまりにも工学的すぎるという批判もある．

FAP は，1987～1988年の大洪水をきっかけに，世界銀行と政府の資本連合によって定められたもので，26 の項目を含み，実行期間は数十年に及ぶ (Wescoat, 1992)．FAP に掲げられている項目の中で中心的な位置を占めるのは堤防の建設であるが，堤防はしばしば崩壊するばかりでなく，氾濫原の洪水による肥沃化を妨げるものでもある．FAP をめぐる主な論点としては，FAP に関する技術的，社会的，政治的問題，そして環境問題と経済的な問題である．

実際，長期的な洪水対策としてバングラデシュが構造的な手段に頼ることは好ましくない．Boston を本拠地とする救援と開発の推進機関 Oxfam America は「洪水避難施設や災害に強い住宅の建設，集落周りでの植林や小規模な堤防の建設などに投資することの方が，場違いな大型工事を実施するよりもはるかに効果的である」という見解を示している (Charney, 1991)．

ここで，バングラデシュにおける洪水問題を最も的確に指摘したものとして，James と Pitman (1992) が書いた一節を以下に紹介したいと思う．

　　現在，構造的手段と非構造的手段をうまく調和させている国はない．
　にもかかわらず多くの人が，世界で最も貧しく最も遅れた国にそれを求

めている．読み書きできる人が非常に少ない国を対象に，情報技術を強化した洪水対策を論じている．十分な食料が供給されていない国民に対して，デリケートな自然環境を保護することを求めている．我々が今取り組まなければならない最大の課題は，発想を転換し，貧困に苦しむ人々の生活を向上させるための現実的な打開策を見出すことである．

11.11 21世紀に向けて

洪水制御は，統合的な河川流域管理戦略の一環としてとらえられなければならず，決して単目的の水マネジメントの目標として扱われてはならない．Interagency Floodplain Management Review Committee (1994) は，新しい指針の必要性を強調していたが，米国における将来の情況に関する展望を提供するものとして同委員会の提言をここに紹介したいと思う．ただし，これは米国に関するもので，他の国では内容が異なることに注意していただきたい．

氾濫原管理における3つの大きな問題
- 国中の人々と財産が洪水の被害を受ける危険性をはらんでいるが，多くの人はそのリスクを認識しておらず，リスクへの財政的負担が公平に振り分けられていない．
- これまでの2世紀の間，Mississippi川上流域一帯で尽大な被害を被っている．
- 連邦，州，部族および地方自治体，それぞれの政府の間で責任分担(役割分担)をもっと明確に定める必要がある．

提言
- 大統領は，Floodplain Management Act (氾濫原管理法) の制定を提案し，責任と役割を明確に示した改訂Executive Order (行政命令) を発布するとともに，Water Resources Council (水資源審議会) を活用すべきである．
- 大統領は，従来の「原理と基準」が改訂され，環境保全と経済的発展を重視した新しい目的が盛り込まれるように取り計らうべきである．
- 政府は，様々な政府機関による協働活動を支援し，協調路線を充実させるべきである．
- 政府は，災害予防活動，復旧活動，災害対応そして軽減活動に伴う費用の分担

を規定すべきである．
- 政府は，氾濫原の環境保全を強化し，また，山地と低地の自然貯留機能を活かす連邦プログラムを有効に活用すべきである．
- 政府は，National Flood Insurance Program（国家洪水保険プログラム）の効率性と有効性の向上に努めるべきである．
- 政府は，氾濫原における住民の被災危険性を軽減するよう努めるべきである．
- 政府は，完成したプロジェクトを定期的に調査し，それらが目標にかなっていることを確認するための体制を整えるべきである．
- 政府は，連邦プログラムに基づき ACE に堤防管理責任を委ねるべきである．
- 連邦政府管轄外の堤防については，州と部族居住区が責任を負うべきである．
- 政府は，1993 年の洪水期間中に氾濫原買収資金を提供して National Flood Insurance Program の費用分配システムを活用することにより達成した成果を踏まえて，そのシステムをさらに充実させる措置をとるべきである．また，一定の助成金を州に与える措置をとるとともに，連邦災害対応の統括責任を Federal Emergency Management Agency に委ね，各連邦機関に対して，危険防止活動を支援するために災害対策以外の資金を活用することを奨励すべきである．
- 政府は，水文，水理および，エコシステムを統合したマネジメントを提供するために，Upper Mississippi River Basin and Missouri River Basin Commissions（Mississippi 川上流域と Missouri 川流域委員会）を発足させるべきである．
- 政府は，U. S. Geological Survey（米国地質調査所）に専門機関を設けたり，地理情報システムなどの科学技術を開発することによって，タイムリーな洪水情報を提供できる体制を整えるべきである．

11.12 洪水制御，雨水管理および氾濫原管理に関する最終的な考察

　本章を読んで，洪水制御，雨水管理そして氾濫原の土地利用規制の問題には，水資源マネジメントの場合とは異なる多くの複雑な側面を伴うことを理解していただけたと思う．洪水関連業務は広域に及ぶので，単一の行政区域だけには委ねられない．そのため，大河川流域の管理責任を負う ACE のような広域的機関や Urban Drainage and Flood Control District of Denver などのような広域的組合

組織が特に重要視されているのである．1993年のMississippi川大洪水，1994〜1995年にオランダを襲ったRhine川洪水，そして長期間に及んで大災害をもたらしているバングラデシュ洪水の事例は，洪水問題を解決する普遍的な手段を見出すことがいかに困難であるかを物語っている．我々ができる最善のことは，可能な限り適正な原理に従うことである．

水質問題の分野では，都市の衛生管理，最善の管理手段，雨水管理および環境に影響を及ぼすその他の公共事業の実施を統合する視点に対してもっと目を向ける必要がある．

11.13 質　　　問

1. あなた自身が，洪水調節ダムを適切に運用しなかったとして告訴された連邦機関を代表して証言を行う専門家であると仮定する．そこで，あなたは被告弁護人と面会し，原告弁護人が投げかけてくる質問を予想しながらリハーサルを行っているとする．このような状況を想定して，以下の質問に対する答えを考えなさい．
   a. 米国においてこのような訴訟を扱うのはいずれの法廷制度か？
   b. その裁判に適用される法律，判例および法理論はどのようなものか？
   c. 証言を行う専門家として，あなた自身の主張を正当化するためにコンピュータ・シミュレーション・モデルを利用するのは妥当であると思うか？もし妥当であるとすると，どのようなコンピュータ・シミュレーション・モデルが有効であるか？
   d. あなた自身の水文計算，水理計算もしくはモデリング計算の信頼度について質問された場合，信頼度に対する分析についてどのように説明すればよいか？
2. 連邦資金の補助金による水プロジェクトがもたらす洪水制御の便益に対して支払うのは誰か？　そしてその理由は？
3. 広域的な洪水制御プログラムに，氾濫原や洪水調整池や通行路などでのレクレーションとの共同利用を図る施設が含まれる場合，あなたならどのような保守計画を立てるか？

4. 堤防は，ある場所に分散して住む人々に貢献する洪水制御施設である．誰が堤防の保守管理に責任を持つべきか？
5. ひとつの洪水波が貯水池に入った場合，貯水池からの流出ハイドログラフと貯水池に流入するハイドログラフは異なる．それはなぜか？ 貯水池からの流出ハイドログラフを算定するのに使える方法にはどのようなものがあるか？
6. 都市部において，誰が雨水管理の業務や対策の費用を支払うべきか？ 雨水管理のための公益事業体を設けることはよい考えであるか？ そして，それをどのように組織すべきか？
7. 構造的洪水制御手段と非構造的手段に対するあなたの見解は？ また，手段の選択にあたっての問題点は何であるか？

文　献

Charney, Joel R., Bangladesh Needs Reform, Not Just Aid, *The Wall Street Journal*, May 22, 1991.
Cobb, Charles E., Jr., Bangladesh: When the Water Comes, *National Geographic*, June 1993.
Grigg, Neil S., *Water Resources Planning*, McGraw-Hill, New York, 1985.
Interagency Floodplain Management Review Committee, *Sharing the Challenge: Floodplain Management into the 21st Century*, Washington, DC, June 1994.
James, L. Douglas, and Keith Pitman, The Flood Action Program: Combining Approaches, *Natural Hazards Observer*, University of Colorado, March 1992.
Khondker, Habibul Haque, Floods and Politics in Bangladesh, *Natural Hazards Observer*, University of Colorado, March 1992.
Matthai, H. F., Floods of June 1965 in South Platte River Basin, Colorado, USGS Water Supply Paper 1850-B, 1969.
McCain, Jerald F, Storm and Flood of July 31–August 1, 1976, in the Big Thompson River and Cache la Poudre River Basins, Larimer and Weld Counties, Colorado, USGS Professional Paper 1115, 1979.
National Weather Service, *Great Mississippi River Flood of 1993*, Washington, DC, 1994.
Natural Hazards Research and Applications Research Center, *Floodplain Management in the United States: An Assessment Report, Vol. 1, Summary*, University of Colorado, Boulder, 1992.
Schilling, Kyle E., Claudia Copeland, Joseph Dixon, James Smythe, Mary Vincent, and Jan Peterson, The Nation's Public Works: Report on Water Resources, National Council on Public Works Improvement, Washington, DC, May 1987.
Tucker, L. Scott, Tucker Talk, in *Flood Hazard News*, Denver, December 1994.
Water, U.S. Agency for International Development, Asia Bureau and Near East Bureau, Winter 1993, Issue 3, prepared by ISPAN Project.
Wescoat, James L., Jr., Five Comments on the Bangladesh Flood Action Plan, *Natural Hazards Observer*, University of Colorado, March 1992.

第12章　水インフラの計画とマネジメント

12.1　はじめに

　「建設された環境」における水システムの各要素は，固定資産であり，計画，設計，施工，運用および保守という工学的職務に対して慎重な配慮が必要である．本章では計画およびマネジメントの職務に対する考察に主点を置き，3つの事例を示して，水インフラに伴う様々な側面とステップを説明する．これらの事例は，プロジェクト開発の動的な情況を示している．

　最初の事例研究として，Ft. Collins Water Treatment Facilities Master Plan (Ft. Collins 水処理施設マスター・プラン)のケースを取り上げる．この事例によって，水処理施設の更新を計画するための近代的なプロセスとともに，資金問題に関する議論や市民参加の必要性について学ぶことができる．また，この事例では重要な意思決定関連情報を確認し提示する独特の方法が示されている．次に取り上げる Colorado Big Thompson Project の事例は，連邦政府が水プロジェクトを積極的に進めていた時代に認可された西部の大型プロジェクトの歴史を示すものである．この事例では，その時代における政治的判断の優位性を学び，市民の支持と組織体制が果たす重要な役割について説明する．最後の事例は，California Water Plan である．ここでは，州がどのようにして広範囲なプロジェクトを計画し開発しうるかということに焦点が置かれる．

12.2 計画および開発プロセス

第4章では，問題解決と計画および開発プロセスにおける一般的なステップを説明した．一つのプロセスには，概念的な計画，予備的な計画，予備的な設計そして最終設計が含まれるが，順を追って詳細になりコストも高くなる．その後に，プロジェクトの実行段階として，書類の作成，契約，建設そして検査が続く．その後プロジュクトは運用者に引き渡され，試運転調整を経て運用と保守管理の段階に移行するが，それらはすべて設計－建設－運用という流れを構成するものである．

水プロジェクトの開発においても，他のインフラ・プロジェクトの場合と同じ用語を当てはめることができる．共通の用語としては，予備調査(reconnaissance)，実行可能性調査(feasibility)，確定プロジェクト(definite project)，そして最終計画(final plan)が適用される．世界銀行の定義では，段階(Phase)は，確認，準備，評価，交渉と承認，実行と監視および最終評価を定めている．

概念の形成と初歩的な計画を扱う「予備調査段階」は，開発目標に合致したプロジェクトを確認する段階である．これは計画を設定するのではなく，詳細な調査に向けて提言するものである．検討すべきプロジェクトが特定された後に，所有者，建設請負業者と二次外注業者，建築技師，エンジニア，測量担当者そして弁護士などのメンバーが関与することになる．

「実行可能性調査段階」は，ある意味で予備的な設計段階に匹敵するが，ここではさらに具体的な調査を実施し，資金面，技術面，環境面そして政治面から実行可能性を検討する．プロジェクトの複雑さにもよるが，書類の作成に比較的多くの費用が投じられる．実状を把握し，サイトを選定し，追加的な実行可能性調査を実施するとともに，資金調達方法を検討しなければならない．

「確定プロジェクト段階」では，諸計画，仕様と運用条件など，プロジェクトの建設と運用に必要なすべての指針が定められる．設計においては，建設に関するすべての側面を隅々まで網羅した内容が設定されなければならない．この段階は多額の費用を要するとともに，コンサルタント・チームや諮問機関などの協力を必要とする場合もある．

国連は1964年に，水プロジェクトの計画に関するいくつかの手引書を作成し

たが，その中の一つの Manual of Standards and Criteria for Planning Water Resources Projects(水資源プロジェクト計画基準マニュアル)には計画の設定に向けた伝統的アプローチが提示されている．つまり，それぞれの段階を予備調査(reconnaissance)，実行可能性調査(feasibility investigation)，確定計画調査(definite plan investigation)として説明している．

このような伝統的計画プロセスは徐々に改善され，環境的側面，社会的側面および経済的側面に関する高度な調査プロセスが取り入れられてきたため，現在のものは従来のものよりもはるかに複雑化しているといえる．National Environmental Policy Act(米国環境政策法)の施行，環境影響評価(environmental impact statement；EIS)，そして Water Resources Council の「原理と基準」は，このようなプロセスの発展を反映するものである．

計画プロセスの発展によって，実行可能性評価の基準が，従来の技術的，法的および経済的側面を考慮したものから，環境および社会的側面をも非常に重視したものへと拡大されることになった．技術的，法的および経済的側面は，理論的かつ定量的に評価することが可能であるが，環境および社会的側面は主観的で，政治的判断に左右される傾向が強い．この点については第4章で取り上げられている．

12.3 設計と建設

確定プロジェクト段階に達したら，プロジェクトの建設と運用に必要なすべての指針(計画，仕様および運用条件)を定める．一般的に，設計と建設は，担当機関の技術スタッフが管理する．このような技術スタッフは，調査および計画から施工管理，さらには記録に至るまでの業務を統括する．これらのステップひとつひとつを正しい順序に従って正しい方向へ導くのが，プロジェクト管理プロセスの役割である．

設計プロセスには，プロジェクトの輪郭と詳細に関する創造的な意思決定が伴う．意思決定を行うにあたっては経験や助言を必要とする場合が多い．設計業務によって，施工を開始するにあたって必要な図面や書類や工程表が整えられることになる．今日では責任と安全が非常に重要視されており，設計にも様々な制約

が加えられている．それと同時に複雑さに対処するべくコンピュータが盛んに使用されている．

建設を開始するにあたっては，多数の手順を踏むステップが含まれる．建設プロセスには，まず契約書類の作成に始まり，入札，審査，契約，編成，施工，検査，そして納入の順に進められていく．これらのステップに関して，コスト管理，施工管理および品質管理のための汎用的なプロセスが，長年にわたって開発されてきた．

施工段階にあっては，法的な側面がきわめて重要である．施工契約に関わる法律文書には，入札広告，入札者への情報，一般および特殊条項，積算および支払いに関する情報，申請書式，指名通知，着手許可通知，注文内容変更情報，契約書式，詳細仕様，契約プランと図面，債券，保険証，その他の証明書である．今日では競争が激化し，建設環境がますます厳しくなっている中で，すべての当事者が訴訟を避けるために努力することが求められる．責任保険の確保に伴う問題によって，設計から施工へのプロセスがますます複雑化している．代替的な紛争解決策(alternative dispute resolution；ADR)や訴訟回避のためのパートナリングなどの手法が非常に重要視されている．

12.4 運用と保守の段階

建設が終了すると，次に運用と管理の段階に移る．実際，運用管理は問題解決と計画の最終段階に相当する．保守は，「運用と保守」すなわち「O＆M」の用語に表されているように，運用と同等に重要である．保守は，様々なレベルに応じて実施されなければならず，そのレベルの設定は，運用予算と設備投資予算の両方に関わる．実際，保守関係の職務は，状態検査，目録の作成，予防保守および修繕保守の4つに大別される．最後の修繕保守は，修繕作業の中でも特に重要なことを強調するために，重大修繕保守と呼ばれることがある．状態検査は，運用と保守との接点にある作業であり，この作業によって運用と保守が一体とならなければならない理由が理解される．状態が悪化すれば運用にも悪影響が出て，具体的な修繕・保守スケジュールを設定しなければならなくなる．

近年，保守活動に関する多種多様なコンセプトを総合的なアプローチに集約

し，一つのシステムを扱う試みとして，保守管理システム(maintenance management system ; MMS)のコンセプトが重視されてきている．これは，保守活動に適用されたシステムズ・アプローチである．実際 MMS は，全体的な保守プロセスを適切に管理するためのプログラムであるといえる．それは，すべての管理業務(計画，組織化，コントロール)を含み，効果的な意思決定支援システムとなっている．MMS には，状態検査，予防保守および重大修繕保守が含まれ，意思決定支援システムは，これらの活動に必要な情報やデータを提供する役割を果たす．

ダムや貯水池などの大規模な水資源管理施設に対しては，特殊な運用ルールが適用される(第13章参照)．都市部における水資源管理施設の運用および保守条件は Grigg(1986)の論文に詳述されている．

水資源管理施設の運用と保守に関する特殊なケースとして灌漑施設のケースがあげられるが，それには複雑な社会制度が関係している．先進国における灌漑施設は，他のインフラ施設と同様に管理され得るが，発展途上国の場合は社会制度を強く反映して，運用と保守の問題がより複雑になっている．灌漑施設に対する管理手法として，Lowdermilk ら(1983)による開発モデルや Skogerboe(1986)による学習的な運用保守プロセスが提案されている．

12.5 事例：Ft. Collins 水処理施設マスター・プラン

最初の事例として，コロラド州 Ft. Collins Water Treatment Facilities Master Plan(Ft. Collins 水処理施設マスター・プラン)の事例を取り上げる．このマスタープランには直接的な要素と政治的な要素が含まれている．政治的な要素は，公共料金の値上げに対する一般市民の理解を得ることと，この都市の開発推進派と開発反対派の論争に対処することに関係している．

Ft. Collins が発展するに従い，市は水処理施設マスター・プランを立てる必要性を認識するに至り，水道事業管理者は専門のコンサルタントを雇った．コンサルタント・エンジニアによれば，市の水処理システムに対する総合的な調査はこれまでにない初めての試みであり，このような計画の根本的な目的は，「過去の努力を結集させ，現在の状態を評価し将来の状態を予測するとともに，市の水

処理施設(water treatment facilities；WTF)を改善してそれを最も効果的に運用するための指針となりうる包括的な計画を組み立てることにある」ということである(Black & Veatch, 1994)．

水資源マネージャーの観点からとらえると，マスター・プランの最大の課題は，計画を構成する最適な要素を選定し最適な手順を設定するための承認を得るうえで，そのマスター・プランをいかに活用すべきかという点にある．水道事業管理者はこの問題の答を求めて，市民に理解され受け入れられる計画を組み立てることに多大な労力を費やしてきた．つまり，計画を構成する各要素をわかりやすいカテゴリーに区分し，費用と便益に照らし合わせて評価する必要があった．しかし，これは便益/費用比を計算するのではなく，市民もしくは市議会が，この改善案の相対的な価値と重要性を正しく評価できることを目的としたものでなければならない．

Ft. Collins 水処理施設の概要が図-12.1 に示されているが，これは(後に詳述する)コロラド州 Big Thompson Project の一環として，Cache La Poudre 川と Horsetooth 貯水池から原水を取水するものである．

このマスター・プランの成果は，供給源，処理プロセスの改善，支援システムおよび代替的要素の4つの改善を要するカテゴリーとして確認された．合計で7 000万ドルの費用を，信頼性の改善，管理規定の改善，能力の改善の各分野に配分し，それによって優先順位を設定することが可能であった．**表-12.1** はこの配分例を示し，意思決定プロセスを正しい方向に導くためには，各目的に対して費用をどのように割り当てればよいかということを示している．

次に，優先順位に従って改善項目を3つの段階(phase)に分割した．**表-12.2** は選択の根拠をはっきりさせるために市の職員が作成した判定マトリックスである．この表は一見非常にシンプルであるが，実際，市の Water Board(水評議会)やその Engineering Subcommittee(技術小委員会)と数回にわたる会合を持ち，さらに市議会と Water Board の計画委員会との間の合同会議を経てつくり上げ

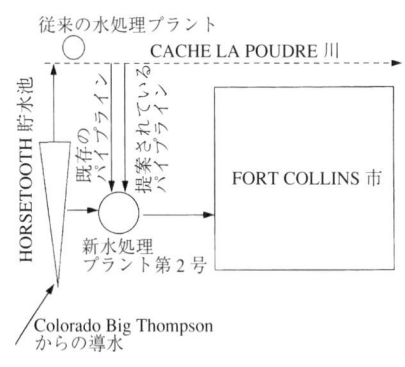

図-12.1 Ft. Collins 水処理施設の概念図

12.5 事例：Ft. Collins 水処理施設マスター・プラン

表-12.1 Ft. Collins 水処理施設マスター・プランの費用内訳

改良点	総経費 (100万ドル)	信頼度 (%)	管理規定 (%)	能力 (%)
供給源				
新 Poudre 川パイプライン	28.4	100	0	0
Horsetooth 貯水池につながる 　第二水路	0.8	95	0	5
処理プロセスの改良				
新しいフィルターの媒体と配管	0.5	66	17	17
第五処理トレイン	8.5	34	51	15
滅菌槽	3.7	13	77	10
補助システム				
薬剤供給・保存施設	4.0	60	40	0

られたものである．この表には，実に多くの情報が盛り込まれている．最上列には，マスター・プランの各要素が取り組むべき数々の課題が並べられているが，そこには健康，安全性，信頼性，経済性，発展性，顧客サービス，効率性，そして環境問題など実に様々な項目が取り上げられている．一般に，これらは，まず健康と規制，安全性に関わる項目から顧客の満足度に関わる諸項目が優先度に従って並べられている．

次に，総合計画に伴う改善項目は判定クラスに分割され，3つの段階に分けられているが，概して最も優先度の高い項目が最初に置かれている．表の最下列にリストされている項目は，代替案として検討されたオプションを示す．これは，市の職員とコンサルタントが様々な手段を検討した結果，最善策であると考えられるものを選定したことを証明すると同時に，意思決定者に対して，どのような代替案が検討されてきたかを示すのに有効である．

さらに，この表の一番右には総経費と施工スケジュールが記されている．**表-12.2** には，改善項目案，優先順位，それらに伴う問題と便益，二次的な影響，総経費，そして検討された代替案に関する情報が盛り込まれている．一つの表に納めるには情報量が多すぎるかもしれないが，これによって，マスター・プランにおいて考慮しなければならない複雑な問題を把握することができる．

表-12.2 水処理マスター・プ

	問題の特定と問題に対処しなければならない理由			
	←―― 第1優先 ――→			←― 第2優先 ―→
改善項目案	既存の塩素処理施設は，従業員や市民の安全性に関する現在の基準に合致していない ・人体に対するリスク ・環境問題 ・建築法	処理水に対する滅菌時間が不十分 ・人体に対するリスク ・将来の規制 ・薬剤の使用	利用者が細菌やウイルスに感染する危険性 ・急性の病気 ・死亡 ・将来の規制	水が円滑に供給されない危険性 ・信頼性 ・制約 ・火災予防 ・経済的損失
第一段階				
新しい塩素処理施設の建設　103万4000ドル	■			
滅菌処理接触槽の建設　284万6000ドル		■		
逆洗水回収施設の建設　150万ドル			■	
フィルター媒体の取替え　94万ドル			■	
電気系統改善設備の導入　44万ドル				
新しいフィルターへのろ材配管と制御システムの導入　50万ドル				
第二段階				
新しい沈殿槽の建設(T 5)　800万〜1 300万ドル				
沈殿プロセスの改善(T 3)　300万〜500万ドル				
薬剤供給・保存施設の建設　400万ドル				
第三段階				
T 1とT 2の予備処理施設への転換　244万ドル				
Roudre川の自然水を引く新しいパイプラインの建設　1 880万ドル				■
Horsetooth貯水池を結ぶ第二水路の建設　80万ドル				■
固形沈殿物処理施設の建設　251万ドル				
改良プラン，水処理システムへのオゾンの添加　1 387万ドル		■		
検討された他のオプション	・既存施設の改造	・貯水槽に調節壁を設ける	・オゾン ・メンブレン ・二酸化塩素	・既存の河川と湖沼に新しいポンプ設備とパイプラインを導入する ・Horsetooth貯水池に第二放水口を設ける ・既存のPoudreパイプラインを改造する

12.5 事例：Ft. Collins 水処理施設マスター・プラン

ラン-推奨される改善項目案

問題の特定と問題に対処しなければならない理由					スケジュールと費用
第2優先		第3優先			
電気系統が不安定 ・安全性の問題 ・故障 ・信頼性	薬剤の供給および保存能力の限界 ・薬剤の保存 ・効率性 ・信頼性	供給水のマンガン濃度が高い ・洗濯物の汚染 ・経済的損失 ・顧客サービス	味および臭いに対する不満 ・顧客サービス ・人体に対するリスク？	環境を考慮した固形廃棄物処理手段の必要性 ・環境問題 ・効率性	
					総経費 　726万ドル レート調節率 　5% 設　計 　1997年 施　工 　1998〜99年
					総経費 　1 500万〜 　2 200万ドル レート調節率 　10〜12% 設　計 　1997年 施　工 　1998〜99年
					総経費 　2 400万〜 　3 800万ドル レート調節率 　12〜20% 設　計 　1999年 施　工 　2000〜02年
	・既存施設の改善	・二酸化塩素 ・オゾン ・Horsetoothに段階的放水口を設ける ・生物学的酸化処理 ・貯水池での処理 ・Poudreパイプライン	・粒状活性炭 ・オゾン ・Horsetoothに段階的放水口を設ける ・Poudreパイプライン	・機械的手段により固形物を乾燥し，農地に運ぶ ・農地に固形物乾燥処理設備を設ける	

12.6　事例：Colorado Big Thompson Project

次の事例の対象として，Rocky 山脈を横断して分水する一連の貯水池や施設よりなる Colarado Big Thompson (CBT) Project のケースを取り上げてみたいと思う．このプロジェクトを説明するために様々な図書や資料が参考にされてきたが，中でも特に，このプロジェクトの一連の歩みをまとめた Dan Tyler (1992) の「The Last Water Hole in the West (西部における最後の水穴)」という本が一番である．この本は面白い読物で，西部地方における水の歴史を真剣に学ぼうとする学生にとっては格好の参考書であるといえる．

この CBT Project は，第 19 章で扱われる Platte 川と Colorado 川の事例にも関与する．これは，Colorado 川から Platte 川への大規模な流域変更を形成するもので，New Orleans から Los Angeles に至る地域一帯の水問題に影響を持っている．CBT Project の運営管理機関である Nothern Colorado Water Conservancy District (NCWCD；北コロラド水保全管理区) による水マネジメントについては，第 21 章でも取り上げられている．

図-12.2 は CBT Project の規模を示している．これは，基本的に，Rocky 山脈の西側斜面の水を集水して東側斜面に分流させるもので，本来は十分な灌漑用水を提供することを目的としていた．

NCWCD の出版物 (1987) によると，このプロジェクトは合計で 101 万 1 490 acre・ft (12 億 4765 万 m³) の貯水能力を有し，年間 23 万 1 301 acre・ft (2 億 8531 万 m³) の水を東側斜面へ分流させ，水利権を有する 2 428 の団体と個人，23 の市町村に水を供給している．これには，12 の貯水池，延べ 34.4 mile (55.4 km) のトンネル，開水路や管路やサイフォンを含めた延べ 95.5 mile (153.7 km) の水路，6 つの水力発電所，3 つの揚水機場が含まれ，その発電能力は 18 万 3 950 kW である．水は，長さが 13.1 mile (21.1 km) で直径が 9.9 ft (3.0 m) の Alva Adams トンネルを最大 550 cfs (15.6 m³/s) の流量で流れる．トンネルから水力発電施設の一部である Flation 貯水池までの落差は 2 800 ft (853 m) である．このプロジェクトは完成までに 19 年間を要している．

このプロジェクトは，Colorado 川水系からの流域変更による導水としては最大規模である．1978 年に Colorado 川の East slope (東側斜面) から West slope

12.6 事例：Colorado Big Thompson Project

（西側斜面）に分流された合計水量は63万5000 acre·ft（7億8300万 m^3）であったが，そのうちの26万4000 acre·ft（3億2600万 m^3）がCBT Projectによるものである．これらはすべてColorado川上流からの分流で，63万5000/1500万，すなわちColorado川水系全流量の4%を占める（第**19**章参照）．

Tylerが書いたThe Last Water Hole in the Westでは，CBT Projectをめぐって生じた闘争や政治問題が年代順に紹介されているが，大きな動きはNew Deal時代に集中している（この時代の計画策定の諸環境に関する詳細については第**4**章を参照のこと）．NCWCD(1987)がまとめた主な動きを以下に紹介する．

- 1884年　第1回予備調査
- 1902年　Reclamation Act（開拓法）
- 1933年　Grand Lake Projectに向けたNorthern Coloradoの組織編成
- 1933年　Tiptonの実行可能性評価報告
- 1935年　Bureau of Reclamation（開拓局）による調査
- 1936年　命名：Colorado Big Thompson Project
- 1937年　Colorado Conservancy District Act（コロラド州保全区法）

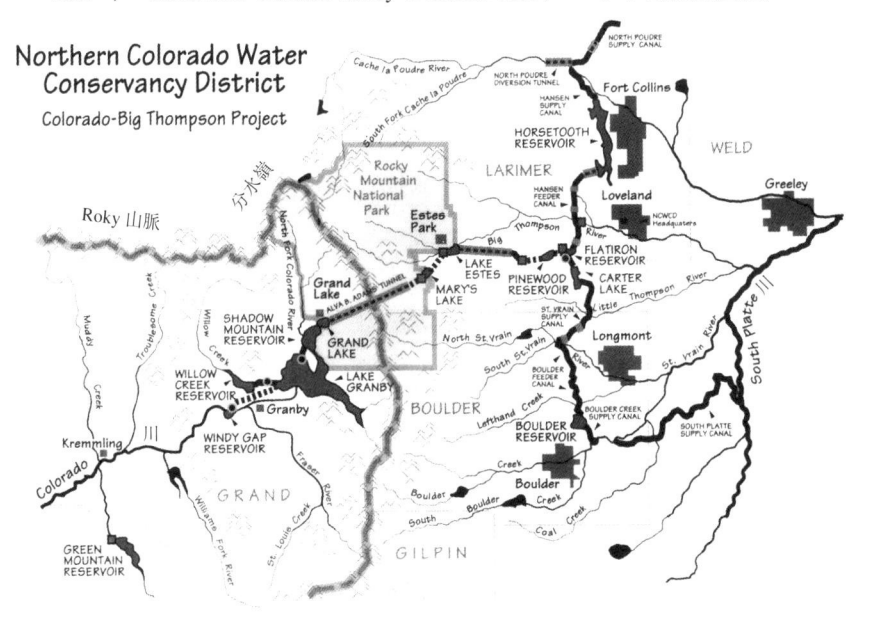

図-12.2　コロラド州 Big Thompson Project（出典：Northern Colorado Water Conservancy District）

1937 年　東側斜面地区と西側斜面地区の同意
1937 年　Adams 上院議員が計画を議会に提出する
1937 年　Roosevelt 大統領が第一回建設費配分計画に署名する
1937 年　第一回 NCWCD 理事会の開催
1938 年　返済コストに関する連邦政府との契約
1938 年　建設開始
1947 年　水供給開始
1951 年　Horsetooth 貯水池からの水供給の開始
1956 年　当初計画プロジェクトの完成
1957 年　保守責任の一部が NCWCD に委任される
1962 年　返済の開始
1986 年　最終的な保守責任が NCWCD に委任される

　CBT の事例はプロジェクトの計画と運営に関する様々な問題を提示している．関係者(players)としては，市民リーダー，開拓局，州の水資源管理機関，知事，連邦議会，大統領，水利用者，利害団体，そしてコンサルタントが含まれている．この事例が今日のものであれば，環境保護団体が大きく関与しているだろう．実際，環境保護団体がこのプロジェクトの現状と将来の活動に監視の目を向け続けているのは確かである．

　予備調査段階，実行可能性確認段階，そして確定プロジェクト段階も踏まれたが，期間は長期にわたり，様々な人が関与してきた．

　このプロジェクトは，地方の水管理区によって効果的に運営・維持されており，所有権と責任の大部分が連邦政府から移譲されている．

12.7　California Water Plan

　California Water Plan(カリフォルニア州水計画)は，連邦政府が関与しない水資源マネジメント・プロジェクトの中で最も重要なものの一つである．このプロジェクトは，本書のトピックに関わるいくつかの問題を例示している．すなわち，水のニーズの確認，大規模な導水計画，地域の統合化，ダム・貯水池・運河など関連施設の建設，および施設の管理をめぐる絶え間ない論争の問題である．

12.7 California Water Plan

　カリフォルニアでは，北の方が水資源に恵まれている一方，人口は南に集中している．1928年には，人口が増えつつある南部の都市に卸売りベースで水を提供することを目的として，Metropolitan Water District of Southern California (MWD；南カリフォルニア都市圏水管理区)が創設された．これは，原水需要を満たすために地域の統合化についての諸活動を行ったが，水そのものを提供するものではなかった．

　27の加盟機関がMWDの理事を選任する．加盟機関には，Los Angelesをはじめとする都市や水管理区，およびSan Diego County Water Authority(San Diego 郡水公社)のような水公社が含まれる．Los Angelesは，20世紀の初めにOwens川の水を移入し始めたが，他の地域はまだ水が不足しており，1920年代と1930年代の成長期における需要を満たすことが困難な状況にあった．1931年には投票によって債券の発行が承認され，MWDはCalifornia River Aqueduct(カリフォルニア川導水路)を建設して，この水路は1941年に開通するに至った(Metropolitan Water District, 1988)．

　しかし，1950年代に南カリフォルニアの人口が加速度的に増え，新たな給水源を確保する必要性が生じた．そして1960年には，State Water ProjectとCalifornia Aqueductとして知られる史上最大の導水路建設計画が州民の投票によって承認された．これによって，Sacramento-San Joaquinデルタから南の方へ水が運ばれることになった(デルタの問題については第22章を参照のこと)．MWDはこのプロジェクトの費用の2/3を負担し，州との間で最終的に年間200万acre・ft(25億m^3)の水を引く契約を交わした．

　図-12.3はCalifornia's State Water Projectの主な施設とカリフォルニア州のその他の主な水資源施設を示したものである．主な給水源は，州の北部と中央部の山岳地帯からの流出によるもので，南部はほとんどが乾燥地帯である．

　1947年正式に承認され1957年に公表されたCalifornia Water Planは，State Water Projectをはじめとするいくつかの水資源開発プロジェクトを次々に実現させることになった(Imperato, 1991)．この計画に関するDepartment of Water Resources(DWR；水資源局)発行の出版物としては，Water Resources of California(1951), Water Utilization and Requirements for California(1955), The California Water Plan(1957), Implementation of the California Water Plan(1966), Water for California: The California Water Plan Outlook for

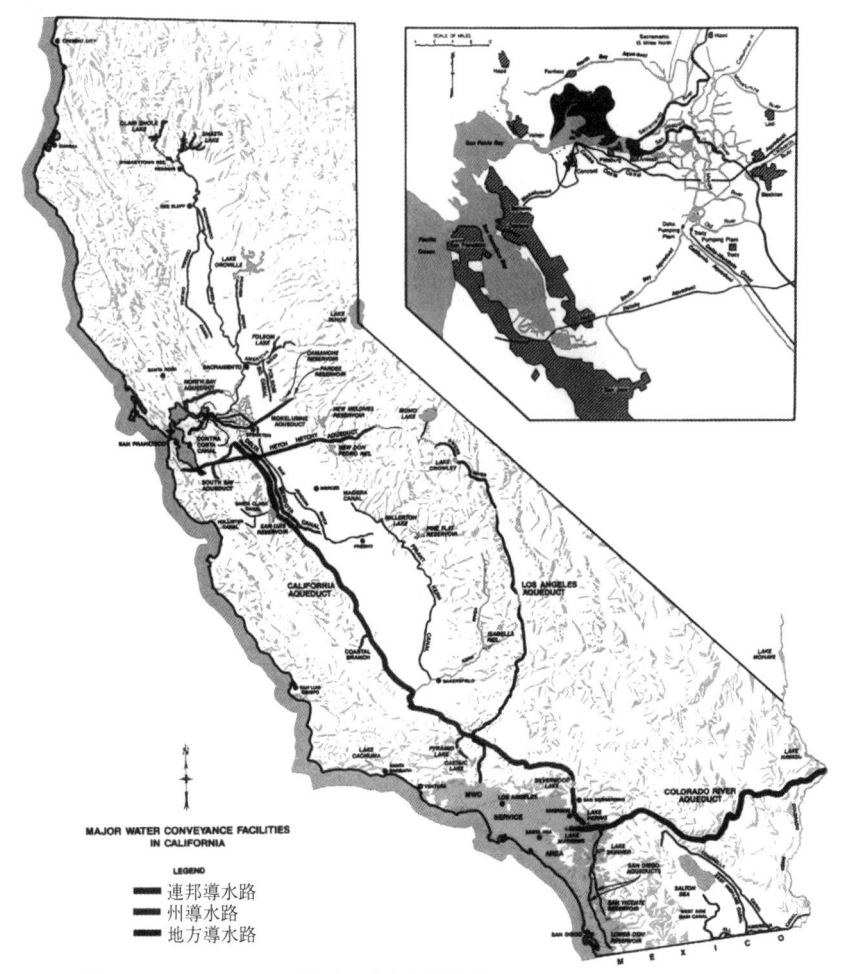

図-12.3 カリフォルニア州の主な導水施設(出典：Metropolitan Water District of Southern California)

1970(1970)，The California Water Plan Outlook for 1974(1974)，The California Water Plan : Projected Use and Available Water Supplies to 2010(1983)，California Water : Looking to the future(1987)などがあげられる．最後の出版物は DWR の公報(160-87)に掲載されたものであるが，そこでは，「長期的な計画に対する DWR の取組みが，施設の拡大から既存給水システムの効果的活用

へと推移する」ことが強調されている(Imperato, 1991).

カリフォルニアでは 1993 年までに,水資源計画をめぐる対立が次第に激化していた(Rosenbaum, 1993). 1993 年は 6 年間にわたる渇水に終止符が打たれた年だが,(2020 年までの)新たな 30 年計画をめぐって DWR は,カリフォルニア州では 2000 年までに 350 万 acre・ft(43 億 m³)の水が不足する事態になることを

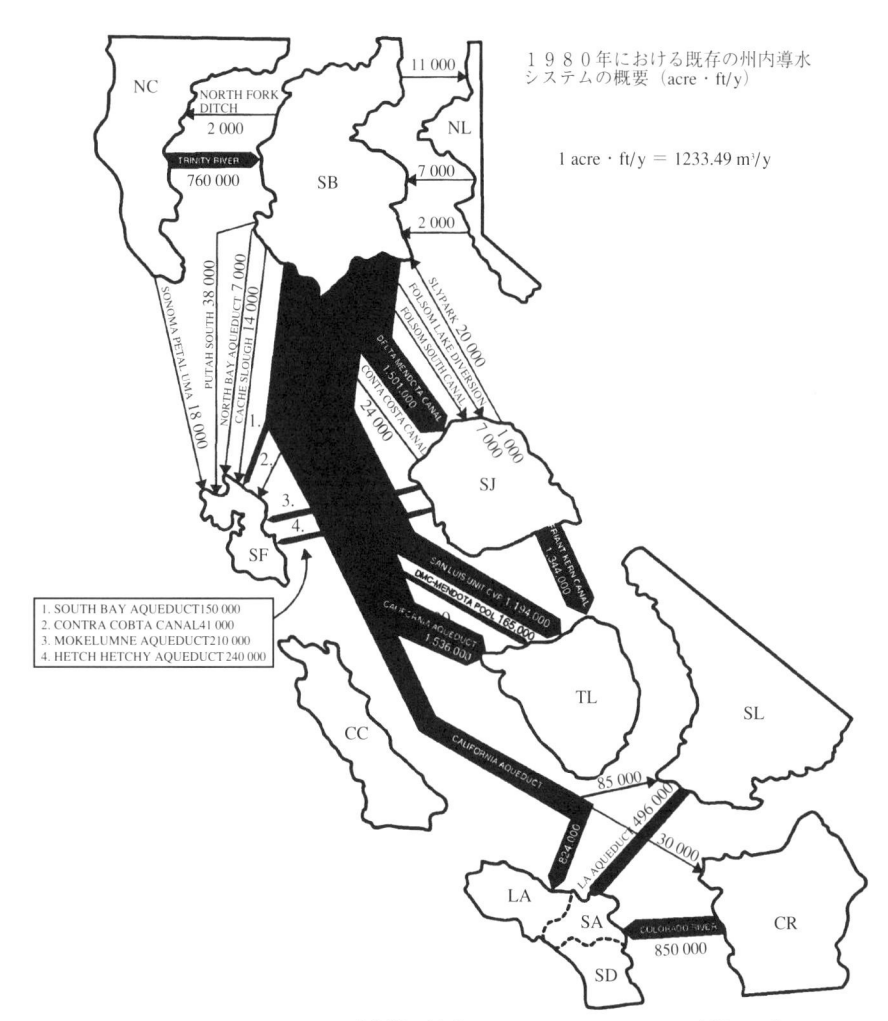

図-12.4 カリフォルニア州における導水状況(出典:California Department of Water Resources, 1983)

警告していた．その理由は，Colorado 川からの配分水量の削減，ならびに河川と湿地帯および Bay-Delta 系の保護に対する環境対策の強化が指摘されている．人口がますます増加し，2020 年までに 4 900 万人に達すると想定されるが，州はこのような状況の中で水不足の事態に直面しなければならないということになる．

カリフォルニアでは農業によって年間 2 660 万 acre・ft（328 億 m^3）の水が消費されている一方，都市部における水の消費量はその約 1/4 である．しかし，人口の 91％は都市に集中している．このような状況が，水をめぐる都市部と農村地帯との間に対立を引き起こしているのである（このような対立の詳細については第 24 章を参照のこと）．

図-12.4 は，カリフォルニアにおける主な導水の概要を描いたものである．それによって，水は主に北から南に運ばれ，南部の都市や農村地帯に供給されていることがはっきりとわかる．

1995 年には約 3 000 万人であったカリフォルニアの人口は，今も増加の一途をたどっており，用水を確保することが今後の大きな課題になるであろう．カリフォルニアの最も新しい大型ダムは，1979 年に完成されたものである．水資源マネージャーたちは，節水プログラムを推したとしても，もっと貯水量が必要であると考えている．今後，対立がますます激化することが予測される．第 24 章には，西部における水マネジメントをめぐって今後展開されると予測される対立の主な側面が取り上げられている．

12.8 質　　　問

1. コロラド州の Big Thompson Project のような初期のプロジェクトは連邦の助成金によって建設されたが，現在このようなプロジェクトが仮に建設されるとすると，どのような資金調達手段を適用すべきであろうか？
2. 需要管理や価格調節などの管理政策を強化したら，より少ない水開発プロジェクトで社会の需要を満たすことができるであろうか？　またこの点において，非構造的手段の積極的活用を推進する政策はどのような意義を有するか？

3. 中国の三峡ダムは現在どのような状況にあるか？　このような「メガプロジェクト(大型プロジェクト)」は適切なものであると考えられるか？　他にどのような代替策が考えられるか？　「メガプロジェクト」としては，これ以外にどのようなものがあげられるか？　また，それらはどのような影響をもたらしているか？
4. 「計画と基準」における4つの検討項目とは？　それらの評価基準は，公共部門のプロジェクトを評価するうえでどのように活用されるであろうか？　また，民間部門のプロジェクトについてはどうか？
5. 保守管理システムの要素としては，どのようなものがあげられるか？　また，それらは，水資源マネジメント・システムに利用されている資本施設にどのように適用されるのであろうか？
6. **表-12.1**は，Ft. Collins 水処理プラントの拡大計画に伴う様々な側面を示している．この表は，一般市民や意思決定者に判断基準を提供する目的で作成されたものである．「原理と基準」の検討項目を示す表も同じような目的を有するはずであるが，**表-12.1**には，なぜ「原理と基準」の検討項目が示されていないのであろうか？
7. 今日だったら，米国にColorado Big Thompson Project が企てられたであろうか？　また，その理由としてはどのようなことが考えられるか？　California Water Plan(カリフォルニア州水計画)についてはどうか？　もしそれらのプロジェクトが建設されていなかったら，現在その恩恵を受けている地域はどのように変わっていたであろうか？

文　献

Black & Veatch, Inc., City of Ft. Collins Water Treatment Facilities Master Plan, Draft, August 1994.

Grigg, Neil S., *Urban Water Infrastructure: Planning, Management, and Operations,* John Wiley, New York, 1986.

Imperato, Pamela R. Lee, In Dry Dock: Refitting the California Water Plan, *Jesse Marvin Unruh Assembly Fellowship Journal,* Vol. II, Sacramento, CA, 1991.

Lowdermilk, M. K., W. Clyma, L. Dunn, M. Haider, W. Laitos, L. Nelson, D. Sunada, C. Podmore, and T. Podmore, *Diagnostic Analysis of Irrigation Systems: Volume I, Concepts and Methodology,* Water Management Synthesis Project, Colorado State University, Ft. Collins, December 1983.

Metropolitan Water District, *Water for Southern California,* Los Angeles, June 1988.

第12章 水インフラの計画とマネジメント

Northern Colorado Water Conservancy District, *Waternews*, Loveland, CO, 1987.
Rosenbaum, David B., California Faces Growing Conflicts, *ENR*, August 2, 1993.
Skogerboe, Gaylord V., *Operations and Maintenance Learning Process*, International Irrigation Center, Utah State University, Logan, UT, 1986.
Tyler, Daniel, *The Last Water Hole in the West*, University of Colorado Press, Boulder, 1992.
United Nations Economic Commission for Asia and the Far East, *Manual of Standards and Criteria for Planning Water Resource Projects*, Water Resources Series No. 26, New York, 1964.

第13章　貯水池の運用とマネジメント

13.1　は じ め に

　貯水池は，水資源管理システムの中でも最も重要な人工的な貯留要素である．その理由は，貯水池の容量と運用スケジュールによって河川の時間当り流量と総流量が決定付けられるためである．貯水池によって，砂漠を耕作地に変え，人口が集中する都市に水を供給することが可能になった．

　貯水池は通常，流水を横切るダムを建設することによって設けられる．河川の水がある時に貯えておかなければ，しばしば必要な時その水を利用できないので，貯水が必要になる．貯水池は，水を貯留し，後にそれを使用できるようにすることによって，その問題を解決している．しかし今日では，環境問題がクローズアップされる中で，貯水池は，しばしば「自然に対する人間の支配である」との反対論のシンボルになったり，自然の生態系に干渉するものとして持続可能な発展を損うと考えられている．

　貯水池というと，大規模なものを思い浮かべるかもしれないが，多くの小規模な貯水池も活用されている．そのような貯水池には，都市の貯水タンク，農業用溜池，調整湖，そして小規模な工業用貯水池やリクレーション用貯水池が含まれる．農村地帯では，このような小規模な貯水池の累積効果を無視することはできない．

　本章では，貯水池の本質と特性(工学的側面と水文学的側面)を扱うと同時に，種々の需要に応えるための貯水池の運用法について述べる．また，ダム湖の水質問題や貯水池における水の年間流出入量など，貯水池のダイナミックスに関する重要な側面についても手短かに考察する．さらに，貯水池の規模の決定，渇水や

洪水時の運用，専用水利権主義をとっている地域における運用，貯水池の複合システムの運用，そして環境的対立の実状などを明らかにするために，いくつかの事例を紹介する．

13.2 貯水池の目的

貯水池は，貯留施設として，洪水制御において変動する流入量を平滑化する役割，あるいは下流域で変化する水需要を満たすために貯えを持つ役割を果たしている．このような広範な役割は，環境の改善と経済効果に関わる8つの目的に分類される．すなわち，洪水制御，航行，水力発電，灌漑，都市用水と工業用水の供給，水質の改善，魚類および野生生物環境の改善，そしてリクレーション環境の充実，である．

- 洪水制御とは，貯水池に確保された空容量を使って洪水を貯留し，洪水が下流域や洪水を受けやすい地域に急速に広がることを防ぐもので，単一の貯水池や一連の貯水池群によってなされる．
- 航行は，実際，下流の流れを調節するために水を補給する問題である．
- 水力発電用の貯水池としては，2つのタイプがあげられる．一つは，ある季節に貯えた水を他の季節のために確保する大規模な貯水池で，もう一つは，流込み式で発電する小規模な貯水池である．
- 灌漑用水を供給するためには，水の豊富な季節に貯えた水を乾季のために確保する必要がある．例えばRocky山脈では，5月の末から6月の初めにかけて雪解け水の量が最大レベルに達するが，灌漑用水の需要が最も多くなるのは9月である．また東南アジアでは場所にもよるが，モンスーンの季節が4箇月間続き，その後の8箇月間は比較的乾燥した季節であるが，その8箇月の間に灌漑用水の補給が必要である．
- 都市用水と工業用水(municipal and industrial；M & I)は，貯水池に貯えられ，利用者の要望や需要に応じて供給される．
- 貯水池下流域の水質は，放流水の量や質の選択によって左右される．
- 魚類および野生生物環境の改善は，貯水池からの放流のもう一つの環境改善目的である．

- リクレーションは，重要な貯水池利用法の一つに数えられる．貯水池を利用したリクレーション活動には，ボート乗りや遊覧，水泳，釣り，いかだ遊び，ハイキング，景色を楽しむことや写真撮影など，自然に親しむ様々な娯楽が含まれる．

13.3 貯水池の特徴と構成

貯水池は一般に，利用目的に応じていくつかの容量に区分されている．図-13.1 に示されているように，これらは基本的に，有効貯水容量，多目的容量，サーチャージ貯水も一部含む洪水調節容量，そして堆積土砂のために確保される死水容量に分かれている．

Johnson(1990)は，U.S. Army Corps of Engineers(ACE；陸軍工兵隊)に対する報告書の中で，貯水池を3つの容量，すなわち専用(exclusive)貯水容量，多目的(multi-purpose)貯水容量，そして無効(inactive)貯水容量に分割している．これらは，それぞれ，図-13.1 の洪水調節容量，有効貯水容量，死水容量に相当する．さらに Johnson は多目的貯水容量を，季節的洪水調節目的と流水保全目的に大別し，後者には，航行，水力発電，リクレーション，都市用水と工業用水および灌漑用水の供給，魚類および野生生物のための環境用水の補給そして水質改善目的が含まれている．

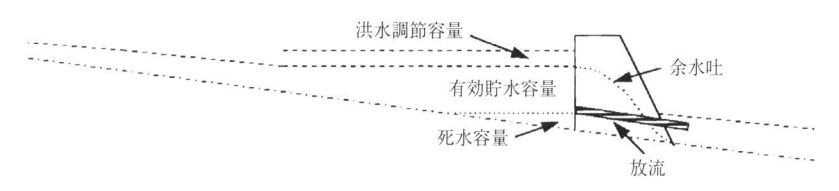

図-13.1 貯水池の容量区分

13.4 貯水池の計画

将来の流入量と需要は統計的な変量と見ることができ，貯水池規模の計画は，統計解析と貯水池操作の解析に基づいてなされる．実用水文学が水文学分野の重要な要素となっている理由はそこにある．

貯水池の規模を決めるプロセスにはリスクがつきまとう．容量が小さすぎると目的に添うことができず，容量が大きすぎると貯水池を満水にできないためである．貯水池のプランナーはこのリスクをしっかりと念頭において，過去のデータを可能な限り豊富に揃えるとともに，過去にその貯水池がその場に建設されていたとしたら，どのように機能していたかということを十分に検討すべきである．これは「仮想(what if)」調査と呼ばれる場合がある．

貯水池の場所と規模が確定したら，エンジニア，地質学者，水文学者，経済学者，そして弁護士をはじめとする様々な分野の専門家の努力を結集し，設計プロセスを経ながら建設プロセスの様々な条件を設定しなければならない．いくつかの検討項目に加えて，ダムの安全性を最大限に重視することが求められる．ダムの崩壊によって下流域の住民に被害が及ぶような事態は絶対に避けなければならない．これまでにダムが崩壊した事例はきわめて少ないが，もしダムが崩壊するようなことがあったら，取返しのつかない大災害に発展する恐れがある．

貯水池の計画には様々なシナリオがある．筆者の水資源マネジメントの授業で取り上げているいくつかのシナリオを紹介したいと思う．一つは，100万gal($3800 m^3$)程度の小規模な都市用水補給用貯水タンクである．これは，ポンプや処理プラントの能力によって決まるほぼ一定の流量を供給することによって高需要期に対応しうることを前提に規模が設定される．もう一つは，河川上に計画された一つの貯水池と，都市用水のための分水路，灌漑用水用の分水路，還元流，および水質の維持や，魚類および野生生物環境のための最小流量を保つための河川維持流量からなるシステムを対象として，基本的な貯水量や流量を設定し，計算を行うことを目標とした多目的貯水池のシナリオである．さらにもう一つのシナリオとして，過去の流入量データや統計的にシミュレートされたデータに基づいて渇水のリスクに対処するよう原水用の貯水池規模を決める問題があげられる．

13.5 貯水池の運用

ダムが完成したら，それを正しく運用していかなければならない．その際，いつ放流し，いつ貯水するかの断を下すオペレータが非常に重要な役割を担うことになる．オペレータはダムの近くに住み，時々ゲートを操作するパート・タイマ

13.5 貯水池の運用

一の場合もあるし，ダムとはほど遠い所に勤務し，コンピュータによる予測に基づいてシステムの操作に判断を下すベテランの技術者である場合もある．

昔は，放流すべき水量や維持すべき貯水池水位に関する簡便なガイドラインをオペレータに提供するルール・カーブ(rule curves)に基づいて操作の判断が下されていた．しかし，予報のための科学やコンピュータの使用が複雑になるにつれて，貯水池の操作も次第に高度化されていった．貯水池制御センターを設置し，そこでオペレータがコンピュータを用いて人工衛星データに基づく気象予報を監視し，将来の水需要をシミュレートして放流に関する判断を下しているケースも珍しくない．また，彼らの判断は，魚類や野生生物を含めた下流域の利用者に向けて放流するための法的要件の制約を受ける場合もある．

基本的に，操作上の判断を下すために必要なのは，時間当りの流入量，流出量および貯水量変化を示す解析手法である．すなわち，数式とグラフの両方で与えられる貯留方程式を検討することが必要になる．貯留方程式は，時間，日，月または年で与えられる時間当りの流入量と流出量と貯水量変化の関係を示す式で，次のように表される．

$Q_i - Q_0 = DS$

ただし，Q_i：流入量，
Q_0：流出量，
DS：貯水量の変化

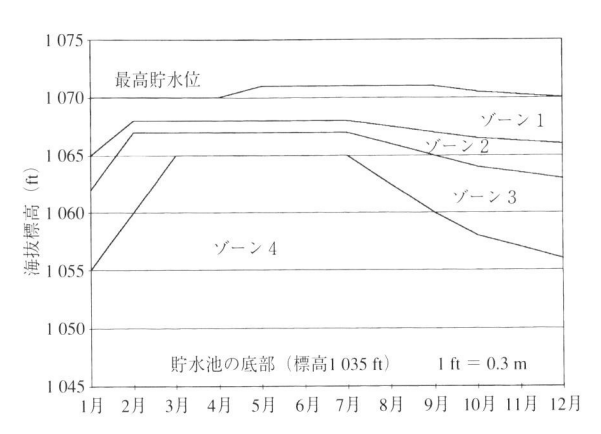

図-13.2 ジョージア州Lanier湖のルール・カーブ(出典：U.S. Army Corps of Engineers, 1989)

操作運用計画を立てるための簡便な手法としてルール・カーブがある．図-13.2は，ジョージア州のLanier湖を対象としたACEの運用計画から抜粋したルール・カーブを示している(第19章を参照)．ルール・カーブには標準的な運用期間(通常は1年)が示される．

13.6 貯水池の維持と回復

貯水池の所有者や管理者は，貯水池に対して常に注意を向けていなければならない．特に注意すべき問題としては，貯水能力を低下させるような過剰な土砂堆積，貯留水の汚染，富栄養化(水生植物の過剰繁殖による水の老化)，貯水湖岸の保護，そしてダムの漏水や沈下などの問題があげられる．中でも土砂堆積は非常に厄介な問題である．それは自然に進行するもので完全にコントロールすることがきわめて難しく，それによって貯水池の貯留能力に致命的な影響が及ぼされる恐れがあるためである．水管理機関の中には，ダムから土砂を排出する装置を採用しようとしているところもある．

13.7 貯水池をめぐる論争

新たに貯水池を設けたり既存の貯水池を改造する計画は，好ましくない副次効果をもたらしうるとして，市民グループなどから反対されることが多い．好ましくない副次効果の一つとして貯水池からの蒸発があげられる．それによって，本来なら魚類や野生生物環境を維持したり，塩分を洗い流すのに利用される水が失われてしまうからである．貯水池の水が蒸発することによって，貯水池付近の微気候が改変される恐れすらある．また，貯水池の水の浸透によって，地下水の局部的なパターンが変わる可能性もある．貯水池の水の重量によって河床が沈下することも考えられる．放流の時間的パターンや水質が変化することによって生態系にも変化が生じる．さらに，貯水池が建設される時，多くの住民が住居を変えなければならない場合もある．本書に示されている事例研究には，Two Forksの件(第10章)のように，貯水池をめぐる論争が取り上げられているものもある．

13.8 貯水池における水質問題

運用上の判断を行ううえでも，また河川水系の水質を管理するうえでも，貯水池の水質が重要な検討の対象になる(第14章を参照)．貯水池は，河川とは異なる水域環境を形成しており，その水質は，水の流れ，温度，光，風やその他様々な気候条件の影響を受けて変化する．貯水池における水の回転率は，溶存酸素などのパラメータを決定付ける重要な要因である．Colorado Big Thompson Project(第12章参照)を構成している貯水池の一つであるHorsetooth貯水池では，マンガンが関係したバクテリアが水温に応じて異なる水位で繁殖する．市の水道事業管理者は，マンガン問題に対処するため取水すべき水の選定に際してこうした温度について考慮しなければならない．

貯水池の水質に関するもう一つの問題として，富栄養化もしくは水の老化があげられる．富栄養化によって，水生植物が異常に繁殖し，魚類の生息環境が著しく変化する恐れがある．これは，水の滞留期間が長い河口においても認められる問題である(第22章参照)．

貯水池の堆砂もまた，水質に関する全体的図式の中で重要な部分となっている．化学汚染物やバイオ汚染物が堆積土砂に取り込まれ，長期間そこに滞留する場合がある．例えばバージニア州では，Norfolkの上流を流れるJames川に，ある化学会社が有機化学物質のケポンを放出してそれが堆積土砂に取り込まれ，魚類の個体数が変化した．それによって50年間も漁業が停止されるだろうと推定されている．

13.9 魚類および野生生物の問題

環境保護者たちは，貯水池に異議を唱えているが，貯水池は，魚類や野生生物を支える重要な役割を果たしているといえる．貯水池の生態系は，河川水系の生態系とは異なるものだが，水域生態系も陸上生態系も貯水池周辺に発達している．貯水池は，釣りを含めたリクレーション活動の拠点としても人気がある．Platte川の事例(第19章)を考察することによって，河川生態系と貯水池の生態系の比

較に対するとらえ方を学ぶことができる．重要な生息地が河川水系によって形成され，貯水池や導水路によって変えられてきた．貯水池の一つである McConaughy 湖は大規模なリクレーション施設として今でも地域一帯に貢献している．

13.10 事例研究

ここでは，貯水池に関連する5つの事例または状況を簡潔に示すことにする．それらは，貯水池規模の決定，渇水時における貯水池の操作，洪水時における貯水池の操作，水法における専用水利権主義に従う水不足地域における貯水池の運用，複合的な貯水池の運用，そして水マネジメントの目的をめぐって対立のある計画または運用の状況，である．どれもそれぞれの水マネジメント問題を説明するのに十分な内容が盛り込まれているが，十分な水文データは示されていない．

13.10.1 貯水池規模の決定

米国では，ダム建設の時代からダム反対へと時代は移ったが，すでに多くの貯水池が計画され建設されてきた．たいていの場合，貯水池規模の計画決定は，科学的で多目的な用途を考慮した規模設定の手順ではなく，慣習的な「貯水量が全くなくなることはない」という基準に従って決められていた．1990年，U.S. Bureau of Reclamation (米国開拓局) は新たな使命を模索し，水プロジェクトの規模の設定基準に関する一連の報告書を作成することによってこの問題に取り組み始めた (U.S. Bureau of Reclamation, 1990)．これらの報告書には，その方法を例示した4つの事例研究が盛り込まれている．以下に，U.S. Bureau of Reclamation の事例研究の概要とともにその方法について概説する．

従来のガイドラインとしては，最も厳しい渇水年においても灌漑用水の不足率を50%にとどめること，年間の灌漑用水需要量に対する10年間の累積不足率を100%にとどめること，そして都市および工業用水を不足させないこと，が掲げられていた．しかし，維持用水量に関する基準は定められていなかった．

4つの開拓局プロジェクトの事例が考察されている．それらは，カリフォルニア州 Santa Barbara の北側を流れる Santa Ynez 川上流の Cachuma 湖，オレゴ

ン州の Portland 市に隣接する Tualatin Project，Ninnescah 川の North Fork に設けられた Cheney ダムを中心とする Cheney Division of Wichita Project（カンザス州），そしてコロラド州の Dolores 川と San Juan 川に位置する Dolores Project である．

U. S. Bureau of Reclamation は，提案する手法をこれらの事例に適用し，「その手法は，貯水池規模の選択に対する限界便益曲線を新たに提案し，経済性に焦点を置きながら多様な基準を考慮した判断を下すことを可能にするものである」と結論付けている．また，従来のガイドラインの有効性は予備調査に限定されると指摘している．彼らは，従来のガイドラインとは対照的な高度なモデル・アプローチを活用して，「変動性が1つの要因である場合，Cachuma 湖のケースのように，水不足によって高価な作物に深刻な被害が及ぶ恐れがある」ということを見出した．調査チームは，キーとなる変数の違いを視野に入れて，U. S. Bureau of Reclamation に対し，貯水池規模の設定に関する詳細な調査にモデル・アプローチを採用するよう提言した．キーとなる変数には，貯水池容量と便益の関係，水不足に対する基準，水の利用分野，そして水文調査期間の選定，が含まれる．

13.10.2 渇水時における貯水池の操作

渇水時における貯水池の運用を考察するための事例として，ジョージア州 Atlanta 上流の Chattahoochee 川に設けられた Sidney Lanier 湖のケースを取り上げる．この流域の全般的なマネジメントについては第20章に示されている．

Lanier 湖は，ジョージア州，アラバマ州，そしてフロリダ州を流れる Apalachicola-Chattahoochee-Flint (ACF) 川の水源地に位置しており，米国東部でも重要なリクレーション施設の一つに数えられている．貯水池の湛水面積は3万8024 acre (1万5388 ha)，すなわち約60 mile² (154 km²) で，総容量は191万7000 acre・ft (23億6500万 m³) である．1040 mile² (2694 km²) の集水面積には，年間降水量の多い地域が含まれている．Lanier 湖は Chattahoochee 川と ACF 水系の中で最も大規模な貯水池で，Apalachicola 湾に至る主流にある一連の貯水池に大きな影響を与えている．この河川が Flint との合流直下にある Jim Woodruff 閘門とダムの地点に達すると，集水面積は1万7230 mile² (4万4625 km²) になる．

渇水時に Lanier 湖の水位操作を行うのは大変な仕事である．水系全体の貯水量の 65% を占める Lanier 湖は，渇水時における重要な渇水補給源となっている(U. S. Army Corps of Engineer, 1989)．

図-13.2 は，Lanier 湖の Water Control Action Zones(水制御目的別ゾーン区分)を示し，洪水調節，航行，水力発電，給水およびリクレーションの正規の目的に即した貯水池運用についての考え方を示している．どのようにして，低水時に，特に水質の問題も考慮しながら上記すべての目的を満たしていくか，それが Lanier 湖で直面している大きな課題である．

1980 年代の渇水期に，河川をめぐる様々な対立が活発になった．リクレーションとしての利用者は，貯水池の水位が下がりすぎることを望まなかったし，航行を目的とする人たちは，航行条件が悪くなることを懸念し，給水事業者は，水質と水量に強い関心を示し，そして，環境保護者たちは，魚類および野生生物に対する懸念を表明した．ACE の報告書には，渇水に関するこのような対立に対処するために講じられた手段が記載されている．この大規模な貯水池に関わる渇水の問題はまだ十分に解決されていないといえる．もっと詳細な内容は第 20 章に記述されている．

13.10.3 洪水時における貯水池の操作

この事例は，洪水時における流込み式貯水池の操作を扱う．これは，アラバマ州 Tuscaloosa 付近を流れる Black Warrior 川を襲った洪水(1983 年)に伴う被害訴訟が地方裁判所に持ち込まれたケースである．

訴訟に関するいくつかの証拠が固められて 1986 年 9 月に裁判が行われ，1987 年 5 月に判決が下された(U. S. District Court, 1987)．この事件を担当したのは，海事法を専門とする Daniel H. Thomas 判事であったが，彼は，「長い司法生活を通して耳にした訴訟事件の中でもこれほど興味深いものは稀である」と述べた．

事件の状況を説明するとこうなる．1983 年 12 月 2～3 日の夜半，荷船を伴った曳船の一団が Black Warrior 川の航路を航行していた．それらは，Birmingham 付近の炭坑から Mobil 港に向けて石炭を運んでいた．問題となる河川は 2 つの河道区間，すなわち Bankhead ダムから Holt ダムに至る区間と Holt ダムから Oliver ダムに至る区間に分けられる(図-13.3 参照)．

13.10 事例研究

　12月3日の午前1時45分頃に曳船が Holt 閘門を離れたが，その時ダムの守衛は水位が急速に上がっていくのに気付いた．その時期になると時々，Holt 湖のマリーナに停泊させているボート所有者から苦情を受けることがあった．曳船がちょうどその下流を航行していたにもかかわらず，彼は素早くゲートを開いた．午前1時40分に始まった Holt 貯水池からの放流量の劇的な増加は，瞬く間に流量を2倍にした．

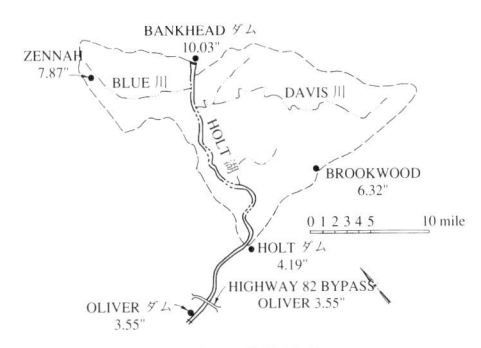

図-13.3　Holt ダムの流域(出典：U. S. Army Corps of Engineers, 1967)

　午前2時30分頃，石炭を積んだ6隻の荷船を伴う曳船が，341.5 mile(549.6 km)地点のハイウェイ82号バイパスの橋脚に衝突した．荷船が，急激な放流量の増加によって生じた洪水波に巻き込まれ，操縦者が曳船をコントロールできなくなって，橋脚に衝突したのであった．

　曳船はダムに衝突した後，壊れてそのまま Oliver 閘門とダムの方へ流されていった．さらに下流域を航行していた他の曳船が遭難通報を受け，荷船を解き放って救援に向かった．その荷船のいくつかが激流にさらわれて流され，Oliver ダムから流れ落ちて沈んだ．Oliver ダムから流れ落ちた荷船は，ダム下流に係留されていた他の荷船に衝突して，今度はそれらが流されることになった．それらの荷船の一つがオイルドックに突き当たり，いくつかの荷船が水中の天然ガスパイプを破壊した．結局，13隻の荷船が沈み，オイルドックが破壊され，ガスパイプが破裂した．さらにその月の終わりに，水底から浮いてきたと目される荷船によって残りのガスパイプが破壊され，ガス爆発が起こった．

　Holt ダムと Bankhead ダムの正規の使用目的は，航行と水力発電である．Holt ダムと Bankhead ダムのプロジェクトマニュアルには，洪水調節の規定は設けていない，と明記されている(U. S. Army Corps of Engineers, 1959.5.25)．

　議論の内容を要約すると，「洪水調節の規定が設けられていないため，このプロジェクトは洪水調節プロジェクトとしての義務を負うものではない」というのが政府側の主張であったのに対し，「それでも ACE は洪水を想定して洪水調節のため容量を準備するとともに，航行中の船に警告を発し，それらに対して洪水

波を放流することを避ける手段を講じる責任がある」というのが原告側弁護団の主張であった．

　裁判所側は，「プロジェクトに洪水調節の規定が設けられていなくても，流込み式のダムや貯水池は，下流域の交通に対する洪水の影響を考慮して運用されなければならない」という見解を示した．しかしこの判断は，「この事件は不可抗力である」とする控訴院の判決によって覆された．この事件と裁判は，洪水調節と貯水池操作の関わりについての重要な教訓を示しているが，司法権の及ばないルールや原理があることも確かなようである．

13.10.4　専用水利権主義に基づく貯水池の運用

　水法の専用水利権主義に見られるように，貯水池の運用に対する制約が厳しくなる場合，意思決定がますます複雑になり，詳細な調査に基づいて意思決定を進めなければならなくなる(Eckhardt, 1991)．この事例では，仮想的ではあるが，現実的な側面を持つコロラド州の状況を考察する．Eckhardtは，様々な組織に属する貯水池と施設を容易に識別できるように，施設をいくつかのサブシステムに分類した．そうすれば，システム間での水交換や譲渡を前もって準備することができ，それらについて合意を得なければならない時や水法廷で裁定が必要な場合に役立つ．このシステムでは，水利権の所有者が基本的な意思決定単位である．

　コロラド州の水利権管理行政の下では，オペレータと水監督官との間の情報交換が不可欠である．事実，マニュアルにある貯水池運用手順は複雑で，多くの調整を必要とする．24時間ごとに多量の情報を共有し，場合によっては操作を修正して，サブシステムの需要(法的受給権)が満たされているかどうか最終的なチェックが行われる．現実的な観点からとらえると，このようなシステムは柔軟性とある程度の協調性を有するものでなければならない．システムの状態に関するすべての側面を確実に把握することは不可能だからである．

　Eckhardtは，現代的なコンピュータベース・モデルや手法で動くシステムを提案した．彼が提案したシステムは，自然流量と貯水池からの放流可能量を連続的にリアルタイムで計算する機能を取り入れ，水利権の所有者が，その時点での水計算に関する信頼性の高い情報に基づき判断を下すことを可能にするものである．これは，まさに複雑なリアルタイム水需給計算手順であるといえる．大規模

なスプレッド・シートに基づくこのシステムの枠組みは，システム・シミュレーション，情報管理，そしてオペレータ・インターフェースから構成されている．

13.10.5 複雑なシステム：Colorado川

どんな貯水池の運用も，複雑な性質を持つ実務であるが，Colorado川のような広大で統合的なシステムの運用に伴う複雑さは，想像を絶するものである．Colorado川水系については第19章で論じられているが，ここでは，河川水の運用上の意思決定について述べたいと思う．

いくつかの基幹貯水池を運用し，それに伴う契約や協定上の様々な条件に対処するとなると，運用に関する判断手順を単純な表やチャートにまとめることなどできるはずがない．実際，Colorado川が流れる7つの州とU.S. Bureau of Reclamationは，「Criteria for the Coordinated Long-Range Operation of Colorado River Reservoirs(Colorado川貯水池群の調整された長期的運用のための基準)」に従っている．これは，1970年6月に公布された規則で，4回にわたって改訂されているが，そのたびに環境問題の占める割合が大きくなり，環境問題が次第に重視されてきた(Gold, 1991)．河川運用を全般的に扱うLaw of the River(河川法)については第19章に記述されている．

毎年，個々の貯水池を対象としたAnnual Operating Plan(AOP；年間運用計画)が定められる．このAOPは，各州と連邦機関，そして環境保護団体，リクレーション団体，水利用者および米国原住民団体それぞれの代表者と協議のうえで設定される．すなわち，AOPの最終草案は，本書に記載されているモデル，つまり利害関係者の意見を調整した後，行政当局(U.S. Bureau of Reclamation)による最終決定，という手順を踏むことになる．

環境問題が重視されるようになり，1980年代の前半から，河川水系の運用に対して多くの調査や監視が向けられるようになった．1982年には，下流域の環境に対するダムの影響を把握する目的で，Glen Canyon Environmental Studies (Glen Canyon環境調査)が開始された．その調整プロセスにはこの問題を追究してきたいくつかの団体が関与した．Goldがあげた団体としては，National Park Service(国立公園局)，Fish and Wildlife Service(魚類・野生生物局)，Bureau of Indian Affairs(インディアン局)，Western Area Power Administration(西部電力管理局), Arizona Game and Fish Department(アリゾナ狩猟・魚類局), Navajo Tribe(ナバホ族), Hopi Tribe(ホピ族), Hualapai Tribe(フアラパイ族), そして Havasupai Tribe(ハバスパイ族), などがある. これは一部のリストにすぎないが, これを見ただけでも, このような複雑な問題について各団体の調整を図ることがいかに困難であるかを知ることができる.

最終的な解析において, 貯水池運用の変更について検討されるのは, 河川のハイドログラフのパターンを自然の状態に近付けることである. これは, 水需要に応えるための放流ピークを抑える目的の貯水池の存在意義を否定することにもなりうる.

13.10.6 貯水池と環境問題

Platte 川水系の2つの事例は, いずれも環境問題をめぐって貯水池の計画と運用問題に対して生じ得る対立を描き出している. 第10章に記載されている Two Forks の事例は, 貯水池の計画とサイトの設定をめぐる対立を示している. ネブラスカ州 North Platte 川の McConaughy 湖の事例は, 貯水池の運用をめぐって生じ得る対立を示している(第19章).

13.11 質　　問

1. 貯水池の目的のそれぞれについて, 貯水池に頼らずにおのおのの目的を達成する方法を考えてみよ. それぞれの目的とは, 洪水制御, 航行の維持, 水力発電, 灌漑用水の確保, 都市および工業用水の確保, 水質の改善, 魚類および野生生物環境の改善, およびリクレーション, である.
2. 土砂堆積を抑え, 貯水池の寿命を維持するための手段としてはどのようなものが考えられるか?
3. 貯水池のルール・カーブとはどのようなものか? 水資源マネジメント・スケジュールについて, 利害を異にするいくつかの団体と交渉を行う場合, それをどのように活用すればよいか?
4. 貯水池で指摘されている好ましくない副次効果をいくつかあげ, それら

が，様々な条件においてどれほど深刻な影響を及ぼす可能性があるか，考えよ．

5. 一般的にいって，河川の生物生息環境に対する貯水池の影響とはどのようなものか？　貯水池は魚種にどのような影響を与えると考えられるか？
6. 米国にある大規模な貯水池の大半は20世紀に設けられたものだが，21世紀にそれらが直面する主な問題としては，どのようなことが考えられるか？
7. あなたが，都市用水の確保，灌漑用水の確保，洪水制御，水力発電，航行の維持，そして魚類および野生生物環境の改善を目的とした貯水池を計画すると仮定する．その場合，上記の目的のおのおのに対する需要をしっかりと把握して計画を組み立てなければならない．そこで，それぞれの目的に対する需要の関数を導く手法を簡潔に示し，米国で共通に適用されている数値の具体例をあげよ．例えば，工業用水については，水を使用する各工業プロセスごとに需要関数が導かれる．これは，製品1t当り x acre·ft (m^3) として表されるのが普通である．

文　献

Eckhardt, John R., Real-Time Reservoir Operation Decision Support under the Appropriation Doctrine, Ph.D. dissertation, Colorado State University, Ft. Collins, Spring 1991.

Gold, Rick L., Environmental Protection and the Operation of the Colorado River System, Bureau of Reclamation Working Paper, July 23, 1991.

Johnson, William, *A Preliminary Assessment of Corps of Engineers' Reservoirs, Their Purposes and Susceptibility to Drought*, Hydrologic Engineering Center, U.S. Army Corps of Engineers, Research Document No. 33, Davis, CA, December 1990.

U.S. Army Corps of Engineers, *Reservoir Regulation*, EM 1110-2-3600, May 25, 1959.

U.S. Army Corps of Engineers, Mobile District, *Post Authorization Change Notification for the Reallocation of Storage from Hydropower to Water Supply at Lake Lanier, Georgia*, October 1989.

U.S. Bureau of Reclamation, Summary Report on Sizing Criteria for Water Projects, SAC24229.AO, Denver, May 1990.

U.S. District Court for the Southern District of Alabama, Southern Division, Warrior & Gulf Navigation Co., et al., vs United States of America, et al., Civil Action Nos. 84-0632 T, 84-0672-T, 84-1341-T, 85-0574-T, and 85-0983-T, 1987.

第14章　水質管理と面源負荷コントロール

14.1　はじめに

　本章では，米国における水質管理アプローチの歩みと問題について論じ，2つの事例を紹介する．一つは，Clean Water Act（水質汚濁防止法）をどのように運用するかについてその具体例を示すものであり，もう一つは，水質政策に関する広範な研究の成果を示すものである．

　米国は，1970年代から今日に至るまで，水質管理に5000億ドル以上の費用を投じてきた（Intergovernmental Task Force on Monitoring Water Quality et al., 1992）．複雑な問題を抱える他の諸分野と同様，水質改善プログラムが次第に発展してきたが，調整的な設計を取り入れることによってプログラム全体が改善されていった．それには，研究と調査，基準，認可規定，監視プログラム，報告，および取締り，が含まれる．このプログラムは，自発性や市場原理に基づくものではなく，規制に基づいている．しかし，このアプローチには限界があるため，将来は「直接規制（command and control）」以外の方式で交渉や調整を行うための準市場的アプローチをはじめとする様々なメカニズムが取り入れられることになるであろう．

14.2 点源負荷および面源負荷のコントロール

多様な点源(point source)と面源(nonpoint source)があって，統合的なコントロールが非常に困難になっているのは確かである．点源も厄介な問題を伴うが，面源汚染は，水質問題の最大の原因であるとみなされている．

Clean Water Act は，面源負荷の問題に対処することを意図して，特にその208条には地域一帯の水質管理状況に対する研究調査についての規定が盛り込まれている．面源と点源を一つの包括的な枠組みの中でとらえようとするのがその根本的な考え方である．しかし残念なことに，面源負荷のコントロールは，技術的にも制度的にも点源負荷のコントロールよりも複雑である．したがって，面源については，これまでにあまり大きな進展は認められていない．しかし，現在導入されつつある「流域としての取組み(watershed approach)」は新たな希望を与えるものとして期待されている(第16章参照)．

点源とは，廃水がパイプから水域に放出される時の個々の点を指す．地下水への放出の場合を除いて，点源は目でとらえることができ，特定して区別し，そしてコントロールすることが可能である．面源は，土地の活用形態によって左右され，流域的取組みの大きなターゲットになっている．ボリュームからいうと，汚染源の中でも農業起源のものが最も大きな割合を占める．それには，流送土砂，動物の排泄物，肥料，殺虫剤，そして除草剤が含まれる．木材の伐採も密接に関係している．工業や交通活動によっても，残留物質，大気汚染物質，そして固形廃棄物などが面源となる．建設活動は，流送土砂を増加し，建設過程で放出される油や潤滑剤，ガソリン，化学物質，その他様々な工業製品が汚染源になる．鉱業も流送土砂を増やし，酸性水の排出という形での化学的汚染を引き起こす．道路からも沈積物と化学物質が出てくる．ごみ投棄場や固形廃棄物収容サイトはどれも漏出や雨水流出，滲出によってこれらの用地から汚染物が流出するため，面源汚染の原因になっている．都市域の雨水流出は，土砂から細菌汚染物質，そして化学物質から重金属まで様々な汚染物を運び，大きな汚染物質負荷源となっている．さらに，河川改修によって帯水層の水が排出されたり，流送土砂が増えたり，その地域の生態系が変化することもある．

管理対策は，次の3つに分けられる(Brooks et al., 1994)．すなわち，規制管

理(ゾーニング，条例，土地所有権と水利権，制御，認可規定，禁止規定および免許制)，経済管理(価格，税金，補助金，罰金および報奨金)，そして直接的な公共投資と公共管理(技術援助，研究，教育，土地管理，構造物の設置およびインフラ整備)，である．面源負荷から流域を守るために展開されてきた管理対策は，一般的に最善の管理手法(best management practices)もしくは BMP と呼ばれる．Novotny と Chesters(1981)は，この BMP を「有害な土地の発生源コントロールと土地利用」，「水域に運ばれる汚染物の回収と汚染物量の削減」，そして「雨水流出水の処理」の3つに分けている．

14.3 規制に基づくアプローチと市場アプローチ

　米国で制度の発展期にあった 1960 年代では，規制をベースとしたアプローチを支持する側と市場をベースとする(経済原理をベースとする)アプローチを支持する側に分かれていた．規制をベースとするアプローチは，規制を定め，水利用者がそれに従うことを義務付けるものである(直接規制)．経済原理をベースとしたアプローチは，課金により自発性を生み出すシステムをつくることである．

　規制に基づくアプローチは，制限速度を設けて，すべての車両にそれを遵守することを義務付けるようなものである．制限を定めて，それに違反した者は反則金を支払わなければならない．制限速度を超えた速度で走行せざるをえないドライバーは，速度超過の代償を支払う．水質についてはすべての排水者が定められた基準に従うことが義務付けられるが，その基準は，制限速度が自動車道路の交通容量を反映しているように，河川が許容し得る容量を反映したものでなければならない．規制に基づくアプローチのもとでは，政府の管理機関が規制を定め，排水者がそれに従わなければならない．管理機関(連邦機関と州機関)は排水者(地方自治体，個人および企業)に命令を出し，規制する．このアプローチには，自由経済の原則に反する面があるように思われるが，慎重な調査期間を経た後だけに採用され，長年にわたって発展していった．

　Grigg と Fleming(1980)は，米国が規制に基づくアプローチを選んだ理由について考察している．それは，基本的に3つの目標を掲げるものであった．その3つの目標とは，水質改善，州の裁量権と分権行政の確立，全国一律の水質基準の

設定,である.三番目の目標は,ある州が緩やかな基準を設定することによって,他の州よりも優位な立場で産業や事業を誘致しようとすることを防ぐことにあった.

経済原理に基づくアプローチは,市場原理を取り入れようとする試みである.それによって経済効率が向上し,刷新が促進されることが期待され,規制に基づくアプローチに比べると,行政手続きも簡単になるといえる.経済の専門家たちは,このアプローチの利点を繰り返し強調してきたし,それなりの優位性があることも認められる.にもかかわらず,政治家や管理機関や企業からあまり強い支持を得ることはできなかった.規制制度の方が実用的で,企業を対象に新たな税金が導入されることもない.

しかし,直接規制アプローチの限界が次第に明白になってきた.「汚染取引(pollution trading)」と準市場的アプローチが徐々に普及してきたことも確かである.U. S. Environmental Protection Agency(U. S. EPA;連邦環境保護庁)が取り組んでいる新しいアプローチ,流域的取組みの存在は,経済原理をベースとしたアプローチの有望性を示唆するものである(第16章参照).Glaze(1994)は,数十年の後には,「直接規制,自己規制,そして汚染税や取引認可,不合理な補助金の廃止などの様々な経済的アプローチ,これらを組み合わせた施策」が実現するであろう,と述べている.

14.4 米国における水質管理の展開

米国では,ほぼ20世紀になってから90年間にわたって水質管理システムが展開されてきた.1900年に入る前,米国では腸チフスやコレラなどの疫病が流行し,当時はまだ水質管理に対する組織的なアプローチはなかった.専門的な公共衛生管理組織が運営され始めたばかりで,水を媒介とした伝染病と死亡率の関係がある程度把握されていたにすぎなかった.

1900年頃からいくつかの対策が講じられるようになった.まず1899年にRivers and Harbors Act(河川・港湾法)により,ACEの許可なしには航行に影響を与えるような廃棄物を河川に放出することが禁じられた.この法令は,廃水の放出に適用されるまでには至らなかったようだが,その後の施策の基礎となる

ものであった．次に1914年には，U.S. Public Health Service(PHS；米国公衆衛生局)が設立された．そして，その一部がFederal Water Pollution Control Administration(FWPCA；連邦水汚染管理局)になり，さらにそれがU.S. EPAに改められた．水に関するPHSの当初の取組みはもっぱら飲料水の安全性に関わるものであった．

1945～1965年の時期に，連邦の水汚染規制関連法とそれに伴う改訂法令が次々に定められていった．1948年の法令は，都市廃水処理施設の建設に対して連邦が一定額の補助金を提供することを規定し，1956年と1961年の法令によって補助金の額が増やされていった．1965年のWater Quality Act(水質法)によって，各州に共通の水質基準を定めることが要請された．またこの法令によってFWPCAが設立され，資金援助の規模がさらに拡大された．1969年にU.S. EPAが設立され，FWPCAがそれに吸収された．1972年にFederal Water Pollution Control Act(連邦水汚染規制法)(別名Clean Water Act；CWA)が制定されたが，それによって現在の水質管理システムが築かれたのである．この法令は，水質管理に関する米国の政策と戦略を支える中心的な存在へと発展していった．

環境に関する法令の中でも水質改善に関わるものは多くはないが，影響力の大きいものの一つとして，1974年に制定されたSafe Drinking Water Act (SDWA；安全飲料水法)との改訂法令があげられる(環境に関する法令については第6章を参照のこと)．

14.5 Clean Water Act

CWAは，様々な性質を有する法律で，今までに何度か改訂されてきた．それによって，すべての点源負荷排出者に対する国家的な認可制度が誕生し，工業排水者に対する技術をベースとした排水基準で構成される一貫したシステムが築かれ，さらに連邦の資金援助の規模が大幅に拡大されることになった．また，ACEが，浚渫と埋立に関する404条の許認可施策を取り仕切る管理機関に指名された．

1972年に制定された法令の特徴としては，その他に，水質改善の目標の表明，

第201条の広域計画プログラム，第208条の水質改善計画，そして実施プログラムがあげられる．Wastewater Treatment Construction Grants Program（排水処理施設建設資金援助プログラム）は，一連のプログラムの中でも最も画期的なものであったといえる．

1977年のCWA改訂法令は，連邦施策の中に新たに重要毒性汚染物質の管理を取り入れ，さらに州が認可制度に対する管理権を発動することを奨励するものであった．

1981年のMunicipal Treatment Construction Grant Amendments（都市処理施設建設資金援助改訂法令）によって連邦による資金援助の規模が縮小され，また，1987年のWater Quality ActによってConstruction Grants Program（建設資金援助プログラム）が段階的に廃止されることになったが，州に対しては回転資金のために初期投資への補助金が提供されることになった．補助金政策とローン政策の相違点が第7章で議論されている．

1981年の法令は，U. S. EPAが雨水流出のコントロールに向けた規則を定め，各州に面源負荷管理プログラムを設定することを要請するものであった．現在では，雨水排水認可施策を段階的に取り入れることが水質問題に関する大きな政策課題の一つになっている．

目下のところ，この法令の再承認が政治的課題として議論の的になっている．本章の結論の部分には，取り組まなければならない課題が示されている．

14.6　システムの機能

全般的な水質管理システムには飲料水の水質管理，河川水と地下水の水質管理，および汚水処理プラントや面源負荷発生域からの流出管理が含まれる．このシステムは時間的にも場所的にも統合化されてきたが，これは水質管理に対する「ゆりかごから墓場まで」的なアプローチを意味している．

水文サイクルの様々な側面を規制する諸法律が異なる機関によって施行されており，縦割りのように思われるが，どの法律も共通の水質評価パラメータを取り入れており，あるプロセスの出口がもう一つのプロセスの入口につながっているといえる．したがって，図-14.1に示されているように，全体的なアプローチと

14.6 システムの機能

しては統合化されている．

循環している水に働きかけて水利用が継続しているという点に着目しよう．この図は3つの都市(A，B，C)に表流水が供給されている様子を示しているが，B市はごみ埋立場からの浸出によって汚染される危険性のある地下水を補助水源としている．そして，このごみ埋立場によって河川の水

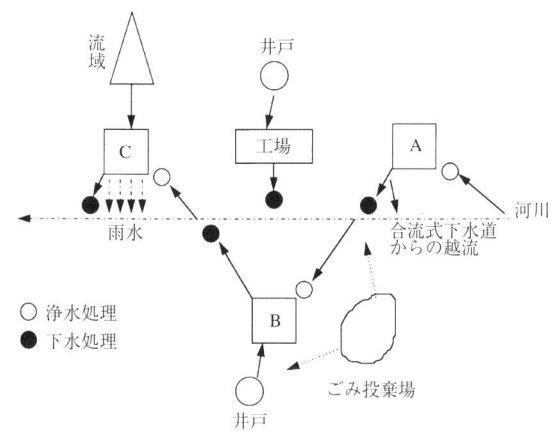

図-14.1 水質管理プロセス

が汚染される危険性もある．C市は保護された上流水源流域を補助水源としている．一方，工場は自己水源を利用し，独自の水処理施設を設けている．A市は合流式下水道の越流(combined sewer overflow；CSO)問題を抱え，C市は雨水排水の量が非常に多いという問題を抱えているが，これらの水質については特に規制が設けられていない．

飲料水は，SDWAによって規制されている．下水処理プラントからの放流水はCWAによって規制され，それによって，河川水の水質基準を設定するためのガイドラインが詳細に規定されている．しかし，面源負荷に対する明確な規制は設けられておらず，地下水に対する管理体制もまだ十分に整っていない．

水質を評価し，それがNational Pollutant Discharge Elimination System (NPDES；国家汚染排出除去制度)の認可規定に合致しているか否かを確認するためには，周囲の水と排出水の両方の水質を監視する必要がある．水質モデルを用いて，汚染負荷の配分の決定がなされている．システムの極限状態を評価するためには，乾季の気象条件が適用される．河川水に加えて，貯水池，湖沼，河口および沿岸域の水質が評価される．しかし，面源負荷の影響を調べるのは困難である．

水質を測定し記述することは難しい．それは物理的，化学的および生物学的次元を有しているためである．第2章には水質のパラメータの説明がなされている．単にこれらのパラメータを基準に照らして評価すればよいというわけではな

い．測定には多大な費用を要するとともに困難が伴い，データ取得法が標準化されていない．

14.7 基　　　準

　水質管理システムは，基準に依存する．これはトップダウン型アプローチである．U. S. EPAは，調査に基づいて特定の汚染物に対する全般的な基準を設定している．U. A. EPAのOffice of Water（水管理室）の一部であるOffice of Science and Technology（科学技術室）が，それらの基準を規定する役割を担っている（U. S. General Accounting Office, 1994）．初期のCWAでも，人体の健康と水生生物を保護するために，水質の基準を設けることが規定されていた．1976年に承認された法令は，U. S. EPAに対して，特定汚染物質に対する基準を設定して，それを1979年までに発表することを要請するものであった．これらは，CWA 307条（a）項指定の毒性汚染物質として後に議会で正式に指定され，U. S. EPAは，最重要汚染物資として126種類の化学物質または化学物質群を選定した．1994年までには，それら126の基準のうち99が公表されたが，それに対する前向きな対応はなかなか示されなかった．U. S. EPAとしては，最も深刻な影響をもたらしうる汚染物質を選定したつもりであったが，選定基準の追加や削除を求める団体もあった．関係者の多くは，基準を設定するためのアプローチに問題があり，個々の汚染物質よりも生息地の破壊や生物多様性の損失といった問題をもっと重視すべきであると感じている（U. S. General Accounting Office, 1994）．

　水質基準に則り，水とその利用形態の特異性を反映し，人間と水生生物の生活を保護する河川水準を設定することが各州に求められている．典型的な河川水の分類体系は，飲料用に適した水を筆頭に，水質の高い順から低い順に分類するものである．各分類クラス別に独自の規制が適用され，場合に応じて改訂されることになる．河川基準は，経済および社会的な関わりが強く，それを改訂するのには非常に困難なプロセスを伴う．CWAに基づいて設定された排水基準は，排出しても差し支えない汚染物質のレベルを規定するものである．これらの基準は，河川水による酸素消費型排水の浄化能力を分析した後に，他の有害な排水の放出を禁止するという視点を加えて設定される．そして，これらの基準は，個々の排

水者に対する要件を規定する認可条件の一部にもなる．

14.8　水質のモニタリングとアセスメント

　水質を評価し，管理プログラムが機能していることを確認するためには，アセスメントの初期段階から排出許可を受け入れた最終段階までモニタリングを続ける必要がある．コロラド州立大学には，モニタリング・プロセスの設計を扱うコースが設けられている(Sanders and Ward, 1993)．

　水質を示す基本的なパラメータは，溶存酸素量，バクテリア量，および化学物質と栄養物質の濃度である．他にも様々なパラメータがあげられるが，中には容易に測定できないものもある．例えば，河口を対象としたモニタリングでは，土地利用データ，淡水の分布，流入と流出，沿岸の広がり，浸食率と浸食頻度，降雨事象の激しさ，栄養物質の濃度，溶存酸素量，リン酸塩量，全窒素量，無機性窒素量，硝酸塩量，アンモニウム量，有機性窒素量，毒性金属量，殺虫剤，有機物量，漁獲量，単位水面積当り漁獲量，養殖エリアの幼魚指数，産卵エリア，植物データ，汚染物質データなどが特性パラメータのリストに含まれる(Davis, 1985)．

　「モニタリング」と「アセスメント」は，異なるプロセスを意味する場合がある．National Academy of Science(米国科学アカデミー)の Water Science and Technology Board(1986)(水科学技術評議会)は次のように定義している．「モニタリングとは，特定の目的(例えば，規制の遵守や施行または管理戦略の確立など)に向けて水質データを繰り返し採取することである．一方，アセスメントとは，モニタリング・データとその他のデータを活用し，周囲の条件，水質問題の識別，汚染物質源とその影響，そして制御プログラムの進捗状況と効果などの観点から，データを評価したり解釈することである」．

　U.S. EPA(1985)は，モニタリング・プログラムのためのガイドラインを発表している．そこでは，モニタリングの3つの基本的な目的として，水質アセスメントの実施，水質をベースとした水制御プログラムの開発，および制御プログラムの順守状況と制御プログラムの効果の評価，があげられている．またデータの活用目的としては，全国的な水質アセスメント，州規模の水質アセスメント，広

域的な検討，制御プログラムの運用と汚染負荷の配分，施設建設のための補助金計画の設定，および水質基準の検証，が指定されている．

周囲の水の水質と水域への汚染物質の放流の両方を監視する必要がある．米国では，様々な政府機関が運営する固定観測所，集中的な調査，および生物学的なモニタリングを併用して，周囲の水に対するモニタリングが進められている．廃水については，たいてい，排出者が排水認可規定の要件に照らしてモニタリングを実施し，それを連邦政府の監督の下で州の管理機関が監視している．面源負荷に対するモニタリングは，ほとんどの場合，特別な調査として実施されているにすぎない．

単一のインデックスによって水質を示すのが便利であるが，そうした一つのインデックスを定めようという試みは，目的すなわち含まれるべきパラメータについて一致が得られないため失敗に終わっている．

Intergovernment Task Force on Monitoring Water Quality (1992)（水質モニタリングに関する省庁合同特別委員会）は，「大規模な投資を行ったにもかかわらず，CWAや水質に関するその他の連邦および州の条例に掲げられている目標の達成においてそうした投資が有効に機能しているかどうか適正に説明することができない」と結論付けている．提言として，全国的な統合戦略を打ち立てること，マルチメディアをもっと重視すること，地理学的側面をベースとした活動を展開すること，生物学的および生態学的情報を活用すること，面源，湿地帯および流送土砂に重点を置くこと，先端技術を活用した自発的かつ協調的な取組みを結集させること，モニタリングのための協調体制を確立すること，恒久的な情報基準を確立することおよび調整審議会を設けること，技術に対するもっと詳細な評価を実施すること，そして計画を実行するための教育訓練プログラムを設定すること，が提示された．

水質アセスメントは困難なものであるが，それによって得られた情報を蓄積することによって傾向や進捗状況を把握することができる(**14.14**参照)．CWA 305条(b)では，各州が2年に1度のアセスメント報告書を提出することを求めている．例えば1992年には，Wisconsin Department of Natural Resources (1992)（ウィスコンシン州天然資源局）がWisconsin Water Quality Assessment Report（ウィスコンシン州水質アセスメント報告書）を議会に提出した．

これまでに水質アセスメント技術によって全国の水質について信頼性の高い評

価が得られなかったため，U.S. Geological Survey（米国地質調査所）は，1986年に National Water Quality Assessment（NAWQA）Program（国家水質アセスメントプログラム）を発足させた(U. S. General Accounting Office, 1993)．問題として以下の諸点が指摘される．すなわち，データが二次的なユーザーとしてのNAWQAの要件に合わないことが多い，共通のデータ基準やデータ定義が不足している，データの信頼性が不確かである，そしてサンプリング手順や分析手順が全く統一されていない，である．しかし，データ管理手法や管理プロセスのさらなる統合化に向け，NAWQA の取組みは続けられている．

水に関する計画や管理プロセスを進める場合には，必ず水資源アセスメントが必要になるが，これは水質アセスメントにとどまるものではない．水資源アセスメントは，Agenda 21 の淡水分野に関する 7 大プログラムテーマの一つとして取り上げられている(Grigg, 1993)．このアセスメントの特徴は，データ収集，管理ならびに評価に関わる活動，および研究開発や計画調査などの情報活動に焦点が置かれていることである．

Agenda 21 の第 18 章では，アセスメントのデータ面が強調されている．その執筆者が，その他の情報活動はすべて統合的な水計画と水マネジメントのもとで扱われると考えていたのであろう．

Agenda 21 の用語定義を適用すると，「アセスメント」と「統合的マネジメント」との間には密接な関係がある．統合的マネジメントとしては，国家活動計画と投資プログラムの設定，水資源目録の作成を含む対策の統合化，データベースや予測プログラムを含めたコンピュータモデルの開発，配分の最適化，需要管理や価格調整や規制策の実行，洪水や渇水のためのリスク管理，教育や価格対策による合理的な水利用の促進，乾燥地域における水資源の活用強化，国際的な科学技術協力の推進，水源に関する新技術の開発，節水の推進，ローカルな用水団体に対する支援，市民参加機会の拡大，すべての階層における協力関係の強化，そして教育と情報普及活動の充実，があげられる．

水資源アセスメントというきわめて複雑なコンセプトは，50 年間にわたって発達してきたものである．そのきっかけとなった試みは，National Resources Planning Board(NRPB；国家資源計画委員会)の New Deal プログラムであった(Clawson, 1981)．その後，1965 年に制定された Water Resources Planning Act（水資源計画法）により，U. S. Water Resources Council(1968)(米国水資源

審議会)の役割の一つとして，水資源アセスメントを実施することが要請された：

  米国の各水資源地域における水需要を満たし，国益を維持するために必要な水が確保されているか否かということを絶えず調査し，それに対する定期的なアセスメントを実施する．

Jamese，Larson および Hoggan(1983)は，「全国的なアセスメントは有効であるが，それらが国家的な水資源マネジメント・プロセスの中心的な位置を占めることは決してない」と結論付けている．

将来においては，モニタリングが数学モデルを補助的に使って実施できるよう設計されることが重要である．モニタリングには多大な費用がかかり，範囲も広がるため，将来は政府独自のプログラムの枠を超えて一般市民のボランティアを参加させることが必要になると思われる．最近では，モニタリング技術も次第に標準化されつつある(Hall and Glysson, 1991)．

14.9 処理プラント

処理プラントとしては，水処理プラント，廃水処理プラント，前処理プラント，工業用水処理プラント，雨水処理プラントなど様々な種類のものがあげられる．第3章では，処理プラントを全体的な水資源システムの一部ととらえてその概要を説明し，第2章では，水質の物理的，化学的および生物学的側面が説明されている．図-14.2, 14.3 は，それぞれ，基本的な水処理プロセスと廃水処理プロセスの例を示している．図-14.2は，飲料水を処理するためのプロセスの例を示したものである．この図では，原水がいくつかの物理的および化学的プロセスを経てその純度が高められ，浄水池から配水システムへと運ばれるまでの過程が描かれている．図-14.3は，標準的な廃水処理プロセスを示したものである．ここでは，廃水がいくつかのプロセスを経て最終的に処理後の放流水と汚泥に分離される過程が描かれている．

14.9 処理プラント

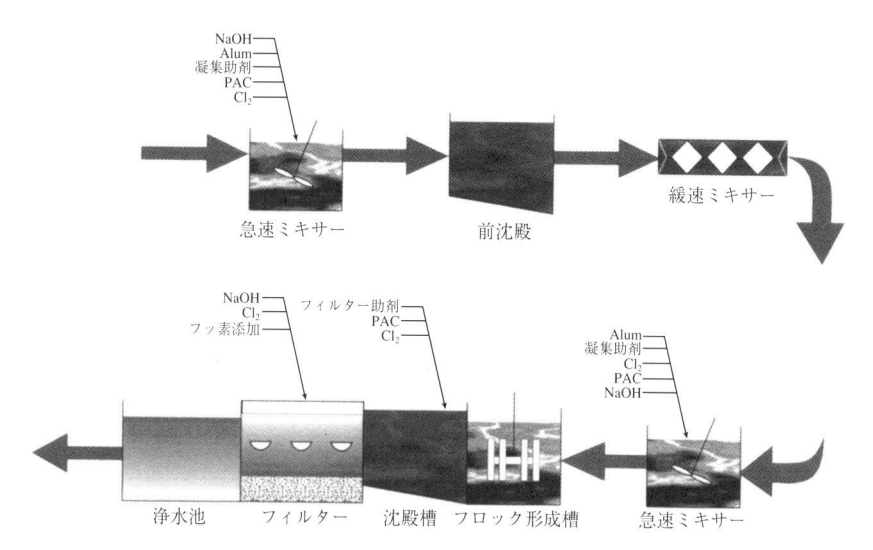

図-14.2 標準的な水処理プロセス (Courtesy Black & Veatch, Inc.)

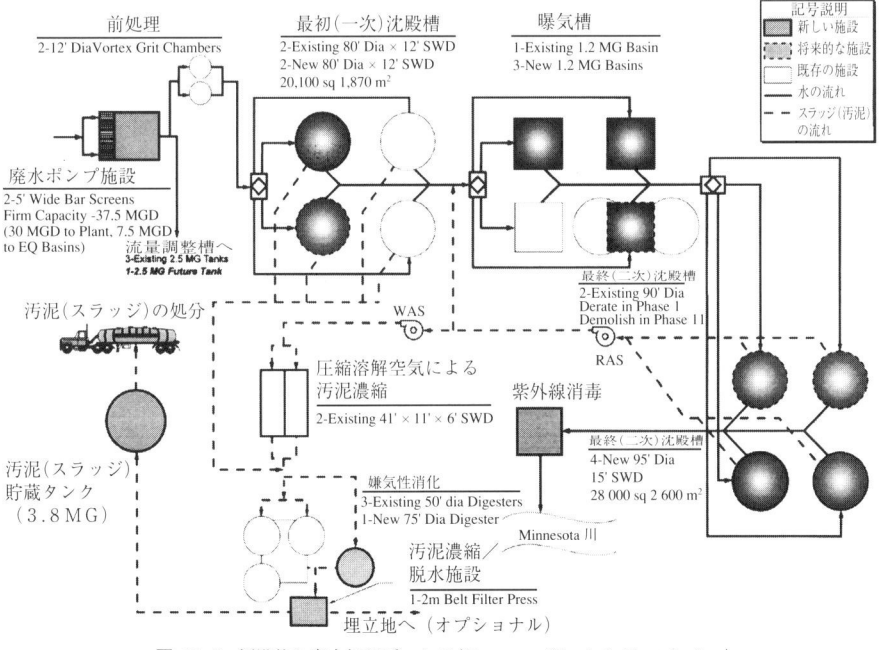

図-14.3 標準的な廃水処理プロセス (Courtesy Black & Veatch, Inc.)

14.10 水質データベース

モニタリングとアセスメントを実施するに際して，水質データがきわめて重要になる．モニタリングは，処理プラントの計画と用地選定，認可そして施工などの管理活動にとって非常に重要な要素である．水質データ管理という複雑な分野には，改善すべき点がたくさん残されている．

Saito(1992)，ならびに Saito, Grigg および Ward(1994)は，水質データ管理の実状を調査し，州のレベルでもっと統一すべきであると指摘している．特にコロラド州について，「データベースの設計に役立てるため関連機関と部局をまたがる合同特別委員会を組織し，水の質と量を扱う統一的なデータベースを開発すべきである」と提言している．

本章(および河川流域に関する第19章)の内容から明らかなように，データベースの設計は非常に複雑なプロセスを伴う．現段階で水質と水量を扱うデータベースを完全に統合することは無理であるが，それぞれの分野ごとにデータベースの統合に着手し，両データベースの関係を検討することは早急に始めるべきである．相関的なデータベース(relational database)の存在価値はそこにある．

14.11 水質モデリング

認可条件を設定して水質を評価するために，水質データに加えて，モデルが用いられる．

なぜモデルを使用するのか？ 基本的な理由が2つある．まず第一に，システムに対する理解を深めるためである．モデルは，私たちが測ることのできない複雑な関係を理解するのに役立つ．もう一つの理由は，もっと差し迫った目的として，マネジメント行為に関わる意思決定のための情報を提供するためである．

モデルは様々なシナリオと様々な要素を伴い，それだけに複雑であるといえる．1970年代の U.S. EPA 報告では，モデルが6つの範疇に分類されていた(Grimsrud et al., 1976)．それらは，定常河川流モデル(簡易河川流モデル)，定常河口域モデル(簡易河口域モデル)，準ダイナミック河川流モデル(QUAL-

II)，ダイナミック河口域・河川流モデル(操作するのがもっと難しい)，ダイナミック湖沼モデル，そして near field models(落口の流れなどの現象に対する詳細な分析に適用)である．

　現在のモデルの中では，おそらく QUAL-II E が最もよく知られている．このモデルは，比較的低価格で，適応性に優れ，さらに日ごとの温度，溶存酸素および水生植物などをシミュレーションできるため，広く活用され，受け入れられている．

　これらのモデルは，現実のシステムをシミュレートすることを目的としているため，まず水理学的な相互関係をシミュレートできなければならない．そのためには，一様でない水路の非定常流をシミュレートする機能が必要とされる．さらに，水理現象よりもはるかに複雑な物質輸送現象をシミュレートする機能が求められる．次に，藻類の連鎖や酸素の移動など，複雑な生物学的変化や化学的変化を扱わなければならない．また，底層とその上の水体の関係を考察しなければならない．そして最後に，生物の食物連鎖を考察することが必要である．

　では，モデルはどの程度役立ってきたのだろうか？　結果はまちまちである．Chesapeake Bay Program では，数百億ドルを費やしていくつかのモデルが開発されたが，非常に複雑であったため，1985 年までには湾規模のマネジメントに使用されるに至っていない．

　水質に関するモデルを扱ってきた U.S. EPA の経験によると，それらの活用がますます盛んになっているということである(Bouchard et al., 1993)．1987 年には，ジョージア州 Athens にある U.S. EPA の Center for Exposure Assessment Modeling(CEAM；曝露アセスメント・モデリング・センター)が設立された．このセンターは，科学技術的な曝露アセスメントに従事し，環境リスクに基づく判断を下すのを支援している．米国では，マネジメントに対してモデルを活用してきた経験から，モデルにはいくつかの原理が備えられていなければならないということが認識されてきた．それらは，標準モデル，モデル構造の開示，解説書，支援サービスおよび訓練，である．標準モデルは，マネジメントの成果の検討評価を単純化させる．プログラムの内容が開示されていれば，モデルの内部機能を調べるとともに，ドキュメンテーションに対する理解を深めるのに役立てられる．

14.12 事例研究:ノースカロライナ州による水質管理

最初の事例研究として,ノースカロライナ州による水質管理を扱う.筆者自身がここで得た経験からいくつかの見通しについて述べる.この事例に関係する諸機関の背景については,第26章に詳述されている.

概要を手短かに説明すると,ノースカロライナ州では1877年頃から水質管理に対する関心が高まり,その年にNorth Carolina Board of Health(ノースカロライナ保健評議会)が設立された(Howells, 1990).1928年にはState Stream Sanitation and Conservation Committee(SSSCC;ノースカロライナ州河川衛生・保全委員会)が結成され,1945年には議会により公式な組織として承認されたが,1951～1952年まで資金が充てられることはなかった.1959年にDepartment of Water Resources(水資源局)が設立され,SSSCCとDepartment of Health(保健局)から分かれたDivision of Water Pollution Control(水汚染管理部)がそれに組み込まれることになった.後に,それがDepartment of Water and Air Resources(水・大気資源局)になり,さらにそれがDepartment of Natural and Economic Resources(1971)(天然資源・経済資源局)と合併してDepartment of Natural Resources and Community Development(1977)(天然資源・地域開発局)になり,そしてそれが,後にDepartment of Environment, Health and Natural Resources(1989)(環境・保健・天然資源局)に改められた.

筆者がその機関に所属していた1979～1982年は,CWAの執行権はDivision of Environmental Management(環境管理部)に委ねられ,Safe Drinking Water Actの執行権は,Department of Health(保健省)に属する独立機関に委ねられており,後者は固形ごみ廃棄物の管理にも携わっていた.そして,主な活動は,都市と工業に関わる認可,モニタリング,そして取締りであった.この組織は,法的活動にもおおいに携わっており,環境法を専門とする数人の弁護士を抱えるOffice of Legal Affairs(法律担当室)を有していた.また,Attorney General's Office(法務長官室)は,法務長官の権限に関わる訴訟事件を支援するために指名された一人の弁護士を抱えていた.

14.12.1　認　　　可

　U.S. EPA は，CWA 404 条に基づき，認可権を州に委任しており，ほとんどの州はその権限を保持している．それは，連邦政府に州の産業を管理されるのを好まないからである．一般にどの州でも，新しい企業または既存の企業は州の環境管理機関に認可申請書を提出する．申請者が認可条件に納得できなければ，訴訟を起こすことができる．U.S. EPA は，州が法律に従っていないと判断した場合，干渉する権限を行使することができる．

　他の州と同じように，ノースカロライナ州にも小規模工場，いわゆる「パパママ (mom-and-pop)」工場が数多く存在している．大規模な工場であっても小規模な工場であっても，認可条件が営業コストの重要な位置を占める．一つの事例として，沿岸地帯の繊維工場が排水認可の更新を申請したケースがある．排水の中には河口域の植物プランクトンの異常繁殖につながるリンが含まれていた（第 16 章の河口管理，Albemarle-Pamlico の事例を参照）．河口域の環境を守るために，工場でリンを除去できることが理想である．しかしこの場合，工場の規模が小さく，近代化しようとすれば企業が破産するくらいの費用が必要であった．それと同時に，その当時はリンと富栄養化の関係が十分に把握されていなかった．そのような場合，どのような認可条件を設定すればよいであろうか？

　筆者らの役割は，認可プロセスに携わっているスタッフや科学者と話し合って，知見をベースとした検討を進めることであった．我々は，河口環境の研究に取り組んできた大学の専門家たちに意見を求めた．筆者らが得た助言をもとに，河口のリン酸濃度の現状に照らし合わせてある基準を設定した．それは工場の所有者にとって厳しいものであったが，不可能なことではないと信じていた．もし，経済的負担が著しく大きければ，Environmental Management Commission（環境管理委員会）に訴えたはずである．筆者の記憶の限りでは，その会社は認可条件に従い，当方も河口を清浄にするという目標を支持できると同時にそのファミリー企業が致命的な損害を受ける事態も避けることができた．

14.12.2　ノースカロライナ州の水質基準のモニタリングと取締り

　モニタリングと取締りは，環境管理の第 2 段階である．モニタリングは，認可

を受けた者(廃水に対するモニタリング)と管理機関(周囲環境に対するモニタリング)の両方によって実施される．そして，認可条件に違反していることが認められる場合に取締りが必要になる．

ノースカロライナの沿岸地帯で起こった事例を紹介する．ある企業が認可条件に違反して，大気中への放出による面源ルートから栄養物質を排出していた疑いがあった．これは，河口環境を著しく荒廃させることにもなりかねない深刻な問題であった．

工場側は正規の排水モニタリング報告書を提出していたが，そこには，「排水には窒素が含まれているが，その濃度は許容範囲内である」と記されていた．しかし地域住民は，「雨水排水を通して不法な放出がなされている疑いがある」ことを報告した．また我々当局者は，大気に放出した栄養物質が降り積り，流域に貯えられ，それが降雨時に河口に運ばれている，と推測していた．さらに，不要な肥料が用地に埋められ，それが地下水流によって河口に運ばれている疑いがあると考えられた．

栄養物質は，様々なルートで運ばれるため，モニタリングも容易ではない．また，潮の影響によって河口の流れが変わるため，表面水を採取することによって栄養物質が放出されていることを証明するのは困難であった．我々は，すべてのルートを対象とした調査，すなわち，面源調査，河川調査，オンサイトのサンプリング，そして排水のサンプリングを試みた．

結局，この企業のプラントが河口への大量の窒素の放出に大きな関わりを持っている疑いが濃くなった．窒素は植物プランクトンの異常繁殖に強く関わる元素であるため，取締り措置を講じることが必要であると判断された．しかし，認可条件への違反に対する取締り措置を講じることは不可能であった．違反の証拠をつかむことができなかったためである．その会社は訴えを起こし，特別委員会によってその主張が認められたため，結局取締り措置の執行は失敗に終った．

14.12.3 取　締　り

最終的な局面においては，取締りの筋道をいかにつくるかという問題がある．取締りスタッフによって「ある都市が廃水認可条件に違反している」と指摘された．市当局は汚泥脱水用遠心分離機を修理しながら使用していたが，たびたび故

障して使用できなくなる時があった．にもかかわらず，装置を修理している間，それに代わる汚泥処理手段を有していなかったため，過度の汚泥がそのまま河川に放出されていた．これは汚泥の問題であって，排水の問題ではなかったため，周辺環境のモニタリングに関する正規の報告の中にこの違反が指摘されることはなかった．しかし，リクレーションで河川を利用しているボート遊覧者たちは，処理施設の下流域の河床に大量の汚泥物が蓄積されていることを管理機関に報告した．調査した結果，それが全くの事実であることが判明した．そこで，取締りスタッフは証拠を固め，ノースカロライナの州法に従って罰金を課すことを提言した．

この事件が起こった 1979 年は，環境問題をめぐる取締り制度が今ほど発達していなかった時期である．この提言を受けた筆者は，数人のスタッフに，民事的な罰金の額についての現状と先例を調べるよう依頼した．結局，このケースに匹敵する先例はほとんどなく，筆者らが先例をつくらなければならなかった．市当局はその額を不服として Environmental Management Commission に訴えたが，却下され，定められた額の罰金を支払うことになった．州機関が市に罰金を課すことは馴じまないとされていたが，筆者は，環境保護政策を堅持するためには，ルールにより厳密な取締りを行う以外にないと信じている．さもなくば，企業の基準と政府の基準のダブル・スタンダードができ，ずさんな管理につながることになる．

14.12.4 事例研究から学ぶこと

CWA などの複雑な管理制度は，表に現れない数多くの裏方仕事に支えられながら運用されている．事例によってその一部を把握することはできるが，スタッフ同士の意見の相違，利害団体の圧力，科学的論争，そして政治的影響力などに内在する対立の全体像を把握することはできない．

米国の制度に特有の基本的な要素は，基準，認可，モデリング，モニタリング，そして取締り，である．これらの要素を追っていくと，調査から法律の執行に至るまでの活動プロセスが次第に明確になっていく．

どのシーンにもプレイヤーが登場する．事例研究によって，認可申請を行う市と企業の役割，施策を実施する州機関の役割，そして州機関とその監督機関であ

るU.S. EPAの関係を知ることができる．またプレイヤーとしては，地域の諸団体，大学教授，そして環境保護論者などの利害団体のメンバーが含まれる．施策を実施するうえで政治が非常に重要な役割を果たすことになる．というのは，結局，環境管理政策を推進するためには，他の公益的施策の場合と同様，環境を最大限に保護するという目的と経済発展を促すという目的の妥協点を見出すなど，多くの利害調整作業が求められるためである．

事例に現れた状況から，水質管理には今日になってもまだ解決されていない諸問題が残っていることがわかる．環境行政の直接規制の側面では，管理機関に強い権限が与えられているが，その権限は訴訟や交渉という手段と調和していなければならない．また，比較的単純な点源との対照で，未解決で重大な面源の効果について知ることができる．最後に，法律の執行に関する効果的な施策が実施されなければ，どのような対策を定めてもあまり意味がないことがわかる．

ノースカロライナの事例は，州によるCWAの典型的な適用例を示している．ここで，将来を扱うもう一つの事例を考察してみたい．それはWater Quality 2000である．

14.13 Water Quality 2000

Water Quality 2000の事例は，複合的な問題，様々な分野の関係者，調整された調査，そして政策に関する提言など，本書が扱う様々なテーマを描き出している．1988年に，80以上の民間企業，公共機関および非営利団体からなるコンソーシアムが，水質管理のための国家的な政策を打ち立てるために，4段階の取組みを開始した (Water Quality 2000, 1992)．

Water Quality 2000のビジョンは，「健全な自然と調和した社会」で，「健全な自然と調和した社会を支えるために，水質の保護と改善に向けて統合的な国家政策を開発し推進する」という目標が掲げられている．

14.13.1 Water Quality 2000のプロセス

Water Quality 2000は，適正な水質管理政策を開発し推進するための必要事

項についてコンセンサスを得ることを目的とした取組みで，様々な組織が資金を出し合って進めている．つまり，政策課題に対処するのに必要な政策設定へ向けての協働的アプローチの例といえる．

　これは，公共機関から民間団体にわたる広範な取組みを結び付ける能力を持った個々の人たちのイニシアティブで発展してきたという経緯を持ち，その事務局はWater Pollution Control Federation（水質汚濁防止管理連盟）〔後のWater Environment Federation（水環境連盟）〕に置かれた．

　一つのプロセスとして，その運営委員会は，「政策を打ち立てるためには広範囲な分野を包括すること，長期的で将来的で全体論的な見方で臨むこと，国家の基本方針について最大限のコンセンサスを得ること，地表水と地下水と大気水に対して均等な目を向けながら水量ではなく水質に重点を置くこと，そして活動に向けては具体的な計画を組み立てること」，を決定した．このプロセスは，河川や河口や海域の生態系を正常な状態に保ち，飲料水をはじめとする水の質を受け入れられるレベルに維持し，さらにリクレーションや魚介類の消費などを通して水質問題が人体の健康に悪影響を与えるような事態を防ぐことを目的としている．したがって，その目標は，統合的な水マネジメントに向けたアプローチを目指す調整された水マネジメント行動と一致している．

14.13.2　全国の水と水生生物生息地の状態

　全国の水と水生生物生息地の状態は，半年ごとに州が提出する報告書に基づいて判断されている．州がこのような報告書を提出することは，Clean Water Act 305条（b）によって求められており，この法令の2つの暫定目標の達成度を評価することを目的としている．Water Quality 2000によると，この報告書によって提供される情報は有益であるが，水域の状態を適切に評価するにはまだ十分であるとはいえない，と指摘されている．

14.13.3　汚　　染　　源

　Water Quality 2000は，水汚染源として9つのカテゴリーをリストアップしている．このリストでは，それぞれの分野が影響力の度合いに基づくのではな

く，アルファベット順に列記されている．というのは，科学的な根拠が明確に提示されるまで，様々な利害団体が影響力の度合いについてそれぞれの意見を主張し合い，収拾がつかなくなるためである．水汚染源の9つのカテゴリーとは，農業，地域の下水系，大気起源の沈積物質，工業排水，土地改変，水生生物の栽培と収穫，交通系，都市の雨水流出，および水開発プロジェクト，である．

14.13.4 水汚染の原因

Water Quality 2000 は，水の汚染源が社会の生活様式，農業形態，生産と消費との関係，人間と物質の輸送システム，将来計画ならびに過去の活動によって異なった生じ方をする，と説明している．

14.13.5 水質の改善に向けた米国の取組み

1972年にCWAが制定されたが，それ以来，米国は，水質の改善に多大な費用を投じてきた．Water Quality 2000 によると，米国が汚染管理に費やしている1人当りの額，および単位生産量当りの額は，英国，日本，ドイツを含めた先進工業国の中でも最も多い部類に属するということである．1970年以来，あらゆるレベルの政府機関と民間企業を合わせて，設備投資に2390億ドル以上の金額が投資され，施設の運用と水汚染管理対策に2340億ドル以上の金額が投資されている(いずれも1986年のドル価)．さらに，この金額の中に含まれていない水汚染管理プロジェクトがたくさんある．

14.13.6 水質改善に対する障害

Water Quality 2000 は，水質改善に対する障害として次の要素をあげている．それらは，水政策への視野が狭いこと，組織間の対立，法令と条例との間の重複，対立およびギャップ，資金や自発性の誘導が不十分であること，人材教育が重視されていないこと，研究開発の限界，そして水質問題に市民の関与が不足していること，である．

14.13.7 水質問題における新たな課題

　Water Quality 2000 は，近い将来きわめて重要になる新たな水質課題として次の 12 項目をあげている．それらは，汚染防止，都市および農村地帯からの雨水流出の制御，毒性成分に対する管理の徹底，水域生態系の保護，多元媒体汚染への対処，地下水の保護，水質問題に対する科学的理解の強化，資源の賢明な活用の促進，優先順位の設定，安全な飲料水の確保，経済発展と開発のマネジメント，水資源の改善に向けた資金の確保，である．

14.14　水質管理に関する結論

　1972 年以来，米国の水の状態は改善されてきたが，まだ多くの問題が残されている．Water Quality 2000 はこのような結論を下した．これには，このような結論を裏付けるデータが十分であるかという問題がある．Association of State and Interstate Water Pollution Control Administrators (ASIWPCA；州および州間水質汚濁制御部局長協会) も同様の結論を導いている (Savage, 1994)．しかし，データ処理とアセスメントに問題があり，それによって分析や判断に悪影響が及ぼされているといえる．したがって，データ管理にもっと重点を置かなければならない．

　1972 年以来，米国は水質管理に 5 000 億ドルもの多大な費用を投じてきたが，そのうちの 850 億ドルが連邦政府による投資である．

　Water Quality 2000 によると，水質汚染の根本的な原因は，人々の生活様式，農業，生産活動，消費活動，人間と物資の輸送，そして将来計画に根ざしているということである．このことは，持続可能な発展に向けて我々がなすべき取組みの広さを示唆している．

　一部を重視する偏った政策ではなく，流域的視点からのアプローチやどっちに転んでも利益を得るような計画 (win-win plans) のような統合された政策が必要である．その他の問題としては，水質管理に関わる組織間の対立，法令と条例の重複，対立およびギャップ，水質改善プロジェクトのための資金や自発性の誘導が不十分であること，人材教育があまり重視されていないこと，目的を達成する

ため研究開発体制が十分に整っていないこと，そしてコミュニケーションが不十分であること，があげられる．

どのようなアプローチを展開するにしても，汚染防止，都市および農村地帯からの雨水流出の管理，毒性成分に対する管理の徹底，水域生態系の保護，多元媒体汚染への対処，地下水の保護，水質問題に対する科学的理解の強化，資源の有効活用，優先順位の設定，安全な飲料水の確保，成長のマネジメント，水資源の改善に向けた資金確保など，目標を達成するまでには多大な努力を要する．

研究機関共通のテーマとしては，新しい国家水資源政策の必要性，発生源での汚染防止，水資源に対する個別的ならびに集約的な責任範囲の設定，そして流域的視点に立った計画と管理，がある．

変革の手段としては，教育や訓練による市民の関与の確保，汚染防止，賢明な資源活用の推進，成長と開発に対するマネジメント，科学知識の強化と技術の改善，そして法令と条例の重複をなくし，法的対立を解決し，法的ギャップを埋めることがあげられる．

ほとんどすべての当事者が，問題を解決するための新しい枠組みが必要であると認識している．そしてそれは資金源を豊富にし，柔軟性を増し，科学技術を向上させ，さらに広範囲な分野を取り込むのに寄与するものでなければならない．また，既存の州と連邦の諸政策を強化し，協働的な取組みに対する自発性を促すとともに，生活様式の変更を促す一般教育の改善を含むものでなければならない．

1990年代になってから，Clear Water Actの再承認と改訂に向けたいくつかの試みが実施されている．その試みはどれも，水質管理の改善に向けた具体的な法的アプローチを示すものである．例えば1995年に，下院はH. R. 961, Clean Water Act Amendments of 1995(1995年CWA改訂法令H. R. 961)を通過させたが，上院はそれに対する決議を行わなかった．この法令は，汚染取引(pollutant trading)と終末処理に対する前処理の問題に対して柔軟性を増し，流域的視点からのアプローチを奨励し，湿地帯を定義し直し，コスト―便益分析とリスクアセスメントの利用を奨励し，そして州の回転資金のための資金源を豊富にすること，に役立っていたであろう．これらはたいてい既存の政策に対する調整手段であるが，様々な議論が向けられている．House Transportation and Infrastructure Committee(下院交通・社会基盤委員会)の大多数のメンバーは，「Setting the Record Straight: A Response to the Myths Regarding the Clean Water Act Amendments of 1995(記録の明確化：1995年CWA改訂法令に関する迷信への対応)」と題する文書を発表する必要があると考えている．この改訂法例は，法律の条項がどのように利害団体間の論争の場になっていくかをはっきり示している．

　結論として，Water Quality 2000の目標と持続可能な発展の目標とは全く同じである．すなわち，「健全な自然と調和した社会」と「健全な自然と調和した社会を支える水質を保全し向上させるために，国家的な統合政策を開発し実行すること」である．

14.15　質　　　問

1. 規制をベースとした水質管理と市場をベースとした水質管理，それぞれの長所と短所を考えてみよ．
2. 廃水処理に対する資金援助の必要性についてどのように考えるか？　また，Construction Grants Program(建設補助計画)に則って米国政府が投じてきた資金は，十分に活用されていると思うか？
3. Clean Water Actが果たしている役割について，その特徴は何か？　もしあなたがこの法律を改定するとすれば，どのように改定するであろうか？
4. 米国における最大の汚染源は何か？　また，主要な汚染源としてどのようなものがあげられるか？
5. NPDESプログラムとはどういうものか？　また，それは水資源のモニタリングとどのように関わっているか？
6. 水資源マネジメントにおけるClean Water Act 404条の措置を説明し，それが新しい貯水池のサイト設定にどのように関わるか説明せよ．
7. Water Quality 2000のビジョンの声明「健全な自然と調和した社会」は，「持続可能な発展」のコンセプトとどのように関わっているか？
8. Water Quality 2000は，「水質を向上させるためには，組織，事業，政府，そして市民の生活様式を根本的に変革することが必要である」と結論付けている．あなたはそれに同意するか？　また，どのような変革が必要であ

第14章 水質管理と面源負荷コントロールるか？

文 献

Bouchard, Dermont C., Robert B. Ambrose, Thomas O. Barnwell, and David W. Disney, *Environmental Software at the U.S. Environmental Protection Agency Center for Exposure Assessment Modeling*, U.S. Environmental Protection Agency, Center for Exposure Assessment Modeling, Athens, GA, 1993.

Brooks, Kenneth N., Peter F. Folliott, Hans M. Gregersen, and K. William Easter, *Policies for Sustainable Development: The Role of Watershed Management*, EPAT/MUCIA Policy Brief No. 6, Arlington, VA, August 1994.

Clawson, Marion, *New Deal Planning, The National Resources Planning Board*, Johns Hopkins Press, Baltimore, 1981.

Davies, Tudor, Management Principles for Estuaries, Environmental Protection Agency, unpublished, 1985.

Glaze, William H., Training the Next Generation of Environmental Professionals: Problems at the Academy, *Update, Universities Council on Water Resources*, Winter 1994.

Grigg, Neil S., Water Resources Assessment, USCID/USCOLD Earth Summit Workshop, Washington, DC, June 28, 1993.

Grigg, Neil S., and George H. Fleming, *Water Quality Management in River Basins: U.S. National Experience*, Progress in Water Technology, Vol. 13, International Association of Water Pollution Research, Pergamon Press, London, 1980.

Grimsrud, G. Paul, E. J. Finnemore, and H. J. Owen, *Evaluation of Water Quality Models: A Management Guide for Planners*, EPA 600/5-76-004, July 1976.

Hall, V. W., and Glysson, G.,D., eds., *Monitoring Water in the 1990's: Meeting New Challenges*, American Society for Testing and Materials, Philadelphia, 1991.

Howells, David H., *Quest for Clean Streams in North Carolina: An Historical Account of Stream Pollution Control in North Carolina*, Water Resources Research Institute, Raleigh, NC, November 1990.

Intergovernmental Task Force on Monitoring Water Quality, Interagency Advisory Committee on Water Data, Water Information Coordination Program, *Ambient Water Quality Monitoring in the United States: First Year Review, Evaluation, and Recommendations*, Washington, DC, December 1992.

James, L. Douglas, Dean T. Larson, and Daniel H. Hoggan, National Water Assessment: Needed or Not, *Water Resources Bulletin*, Vol. 19, No. 4, August 1983.

National Academy of Sciences, Water Science and Technology Board, National Water Quality Monitoring and Assessment, Report of a Colloquium, Washington, DC, May 21-22, 1986.

Novotny, Vladmir, and Gordon Chesters, *Handbook of Nonpoint Pollution*, Van Nostrand Reinhold, New York, 1981.

Saito, Laurel, Water Quality Data Management, Technical Report No. 59, Colorado Water Resources Research Institute, Ft. Collins, July 1992.

Saito, Laurel, Neil S. Grigg, and Robert C. Ward, Water Quality Data Management: A Survey of Current Trends, *Journal of Water Resources Planning and Management, ASCE*, Vol. 120, No. 2, 1994.

Sanders, Thomas G., and Robert C. Ward, How to Design a Water Quality Monitoring System, Colorado State University, unpublished, 1993.

Savage, Roberta H., Clean Water Act Reauthorization: The States' Perspective, in *Update, Universities Council on Water Resources*, Winter 1994.

文　献

U.S. Environmental Protection Agency, *Guidance for State Water Monitoring and Wasteload Allocation Programs*, EPA 440/4-85-031, Washington, DC, October 1985.

U.S. General Accounting Office, *National Water Quality Assessment: Geological Survey Faces Formidable Data Management Challenges*, GAO/IMTEC-93-30, Washington, DC, June 1993.

U.S. General Accounting Office, *Water Pollution: EPA Needs to Set Priorities for Water Quality Criteria Issues*, GAO/RCED-94-117, Washington, DC, June 1994.

Water Quality 2000, *A National Water Agenda for the 21st Century*, Alexandria, VA, November 1992.

Wisconsin Department of Natural Resources, Wisconsin Water Quality Assessment Report to Congress, Madison, April 1992.

第15章 水の管理：
　　　　配分，制御，譲渡，および協定

15.1　はじめに

　水利用をめぐる対立が活発になるに伴って，水の受渡しを規制する現実的制度が必要とされる．このような制度は，法律に基づいて運用されなければならず，実際には「水の管理(water administration)」と呼ばれる．それらはたいてい，取水，認可制度，水需給計画，および州間協定事務を調整するために州政府のプログラムに基づいて運用される．最高裁判所をはじめとする連邦裁判所が水制度を管理するケースもある．西部の州では水管理制度が長期間にわたって運用されているが，降水量の多い一部の州では，このような制度が最近導入され始めたばかりのところもある．

　流域間導水は，異なる流域の間で利害の対立があるので，特別な問題となる．それは，容易に水が得られる方法ではあるが，水源流域から他の河川に水を引くことにより，生態系や人間社会に悪影響が及ぼされると指摘する意見もある．

　本章の事例研究は，水使用量の調整に使われる手段と技術を一括して水の管理について説明する．ここでは，東部と西部の状況を具体的に示しながら手段と問題点を説明し，「農村から都市部への配水」をはじめとする有望な管理技術について論じる．

　人口の増加とともに，水をめぐる競合が激化している．この傾向は，特に半乾燥気候区に属する西部において顕著であるが，湿潤地域でも同様の傾向が認められる．これは，工業化と環境保全への要求とが競合関係を激しいものにしている

ためである．その結果，水量を管理するための効果的かつ公平なシステムが求められている．そこには様々な問題があり，水の配分，制御および導水のための管理システムが徐々に機能しつつある．多くの場合，単なる「放任主義」を決め込むこと—すなわち，成行きにまかせながら，人々が必要とするものを取らせる—は不可能である．対立には，裁判，交渉，複雑な調査，そして多大な費用が伴うものである．

たいていの場合，水の量的管理は法律の問題であるが，マネージャーと技術者が関与する準司法的な行政作業の側面も多く備えている．連邦法や州法そして管理機関の規定から生ずる規制制度が制御システムの大部分を占める．法律は配分機能と統制機能の中心的存在であるが，すべての対立を裁判所で扱うことは不可能であるため，行政制度や対立を解決する仕組みもまた重要な役割を担っているといえる．

水の管理システムの出発点は，水の配分を定めてそれを記録する手順である．次に，使用可能な水量をモニターするシステムが必要であり，それに続いて誰に水を配るかについて日々決定を行う．水管理官(water administrators)は，取水施設の開閉操作を行うとともに，システムを監視しなければならない．事後記録システムは，将来の配分を設定できるように，過去の推移を記録するものである．最後に，対立を解決する仕組みが必要になる．地表水と地下水の配分，異なる流域間の水の移動も含めた地域間の導水の提案，さらにもっと複雑な州と州との間の問題に対して，上記のステップが必要になる．

管理システムは，水を効率的に活用し，水資源マネジメントに関する対立を緩和することを追求している．公平な視点に基づく水の所有権と使用権は法律によって規定されるべきである．渇水時を含め，誰が最も水を必要としているかという問題が提起されることになる．また，主に環境をめぐる論争において，水の需要や必要性に関する見解の相違による対立が展開されることになる．

15.2　水需給の計算

第2章において，水文学が水需給の計算にいかに強く関わっているかということを示した．導水，制御，および管理システムに関する問題を追っていくと，水

需給の計算が重要な課題であることがわかる．こうしたシステムについては，Rice と White による「Engineering Aspects of Water Law（水法の技術的側面）」(1987)に詳述されている．

15.3 地表水の管理システム

河川沿いの人が，各人に定められた水配分量を守り，それだけを取水するという水統制システムが実行されれば便利であろう．しかし，人々はそのように行動をしないため，認可，裁判，モニタリングおよび強制措置を伴う統制システムを運用する必要がある．水を利用する者全員が十分に合法的な目的を持っていたとしても，利用しうる水の量や，水利用者全員の需要が満たされているか否かということを把握することができないため，常に正しい判断が下せるわけではない．そこで，水利用者を「取り締まる(police)」と同時に，利用しうる水の量を把握するために情報を分析することが求められ，さらにそこから水統制システムの必要性が生じてくる．

水が不足している所では，このようなシステムが不可欠である．水がもっと豊富な所では，水不足の事態に陥った時にのみ調整が必要となる．したがって，地域によって様々なシステムが運用されることになる．

西部の州では，「州の技監(state engineers)」が運用すべきシステムを開発した．これら州技監は，水利権制度と河川の流量に従って，水の配分を決めるかなりの権限を有している．

東部の州では，このようなシステムが開発されているわけではないが，最近いくつかの州で，同じような目的を持つ認可システムが運用されている．しかし，大規模な灌漑用水利用者があまりいないため，水の管理形態は西部よりも単純である．とはいっても，最近複雑化する傾向にある．

15.4 地下水の管理

最近まで，地下水管理はほとんど行われなかった．地下水は，地表水とは別に

管理されている場合が多い．井戸を掘る必要があれば，保健局の規則に合致している限り，自由に井戸を掘ることができた．

近年になって各州は，地下水は地表水と区別できないという認識を持つようになり，地下水の汲上げを規制するための法律や条例を制定している．地下水の管理に向けた一般的なアプローチは，地表水の場合とほぼ同じである．すなわち，法律と認可に基づいて，どこで，いつ，どの程度の水の汲上げが可能かということが判断されることになる．

支流を伴う帯水層と支流を伴わない帯水層の両方が対象とされる．支流を伴う帯水層は明らかに河川とつながっているが，支流を伴わない帯水層は地表水とのつながりが明確ではない．しかし，水文地質学的データが不足しているためにそれが十分に把握されていないけれど，帯水層のほとんどがどこかで水理的なつながりを有している．支流を伴う帯水層の井戸については，河川に対する影響に基づいて汲み上げる地下水の量に対する制限が定められることになる．支流を伴わない帯水層の井戸については，涵養量，すなわち安全揚水量まで揚水が可能である．また，涵養量がきわめてわずかかゼロの化石水の場合，その帯水層の存続期間を特定する必要があり，それに基づいて許容揚水量が定められることになる．

15.5 河川流域制御のためのシステム

認可制度または管理制度は，水利用者を同時に対象として扱う．1つの河川流域全体に対して，様々なアプローチを展開することが必要とされる．20世紀を通して，流域規模の制御をするためのシステムが発達してきた．マネジメントシステムが十分に整っていない州では，流域規模で管理する能力を持ち合わせていない．

河川流域制御の構想はまちまちであるが，水利権監督官(water master)，水資源管理官(water commissioner)，導水路監視人(ditch rider)，河川流域エンジニアなどの配置には共通性がある．

15.6 水の譲渡とマーケッティング

15.6.1 一般的問題点

今日,水の譲渡とマーケッティングの問題は「ホットな」トピックになりつつある.Lund と Israel(1995)は,水の譲渡の原理と問題点を見事に要約した論文を発表している.

供給が不足していてその予測が不可能な西部では,水の譲渡の問題がとりわけ重要な意味を持っている.National Research Council(NRC;米国調査研究評議会)は,1992年に,西部における水の譲渡に関する調査結果を発表し,水の譲渡を「取水点の変更,もしくは単純な内部調整から実質的な販売までを含む,使用形態または使用場所の変更」と定義付けている.さらに NRC は,「自発的な水の譲渡は,西部における水需要の変化に対応しうる最も重要なメカニズムであるが,効率性と公平さを保障するためには,広範囲にわたる『第三者』の介入が不可欠である」という結論を示している.

水のマーケッティングとは,単に水の使用権を販売することであるが,それには,永久的な販売と一時的に使用権を賃貸する場合が含まれる.例えば,コロラド州では水のマーケッティングが盛んであるが,これについては本章の後半部分で議論する.

水の譲渡と電気の輸送を比較してみるとおもしろい.電力は,電線によってある場所からある場所へ容易に移すことができる.水の場合は,California Water Project のように長距離にわたって輸送されているケースもあるが,一般的には容易に輸送できない.しかし,自発的な交換システムを通して紙面上で輸送することは可能である.

U. S. Geological Survey(USGS;米国地質調査所)は,1985年の National Water Summary(米国水資源要覧)において,自発的な水の譲渡に関する解説を掲載している(Wahl and Osterhoudt, 1985).USGS は,譲渡のタイプを次のように分類している.すなわち,個別的な交渉による譲渡,渇水に対処するための短期的な水の交換,組織化された水銀行と交換,および確立された水市場,である.事例として,ユタ州の発電事業所が U. S. Bureau of Reclamation(米国開拓

局)から40年間の水を賃貸したケース，ユタ州にあるもう一つの発電事業所が複数の管理区からプールした灌漑用水を購入したケース，ワイオミング州Casperと灌漑用水管理区の取引き，California's Imperial Irrigation District(カリフォルニア州Imperial灌漑用水管理区)とMetropolitan Water District of Southern California(MWD；南カリフォルニア大都市圏用水管理区)との交渉，そして1976～1977年の渇水時にカリフォルニア州で適用された連邦の水銀行システムのケース，などが紹介されている．

近年では限られた供給量をめぐる競合と新しい給水源の開発に対する厳しい規制のため，水の譲渡と再配分がますます重要性を帯びつつある．その結果，既に開発された水譲渡システムに対する関心がますます強くなってきている．

水法の専用権主義に従っている州では，水譲渡と再配分に伴う複雑な法的および政治的問題が長期間にわたって認識されてきたが，より湿潤な州でも，用水をめぐる競合や環境問題および関連の政治問題によって，こうした複雑な問題を急いで取り上げつつある．

「譲渡」と「再配分」は類似した意味を有している．譲渡には，ある人から他の人へ(所有権の譲渡)，ある使用地点から他の地点へ，ある使用形態から他の使用形態へ，ある使用スケジュールから他のスケジュールへ，などがあり得る．そして，そのどれもが複雑な技術的および法的決定を含む可能性を持っている．地域間の譲渡において，特に異なる流域間の譲渡は，「流域間導水」と呼ばれ，同一河川流域内の譲渡に比べるとはるかに複雑である．

「再配分」という用語は，配分と再配分を統制する組織が必要であるという点において，「譲渡」という用語とは異なる．すなわち，再配分とは，所有権を規定した法律制度に反して配分できる権限を意味する．この論拠に従えば，その権限によって水の使用権や貯水スペースの使用権が与えられたとしても，それが再び他の当事者に割り当てられる可能性がある，ということになる．しかし，現実はもっと複雑である．それは，連邦が運用する貯水池の再配分なども含め，再配分の場合は必ずといってよいほど，様々な法的および政治的問題に突き当たるためである．このことについては本章の後半部分で詳しく論じられる．

14.6.2 所有権の譲渡

　第6章で説明したように，水を使用する権利の所有の概念は，水利権制度から生まれたものである．所有権の変更は，専用権制度の中で最もよく見られるが，専用権制度が設けられていない州でも，開発が進んで状況が変化するに従って再配分問題が増加し，所有権変更の概念が定着することになるであろう．

　この概念を具体的に説明するために，図-15.1に示されている単純なケースを考えてみよう．これは，河川のCポイントから水を引いている農場が，Aポイントから水を引いている都市へ水利権を転売するケースを取り上げたものである．この都市は，別の農場が水を引いているBポイントの下流に下水を流している．何らかの調節手段が講じられない限り，Bポイントから水を引いている農場に供給される水の量が以前よりも減少することになる．水利権を転売する前にこの問題を解決しておかなければならない．もちろん，実際に所有権が変更される場合は，このようなケースよりもはるかに複雑であるといえる．場所，時期そして利用形態が全く異なるケースが多いためである．

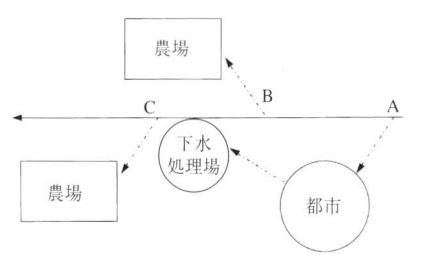

図-15.1　水利権のレイアウト

　所有権変更の具体的な例として，コロラド州Thorntonがコロラド州北部の農民から水利権を購入したケースを取り上げてみよう．Denverの北に位置する衛星都市のThorntonでは，見込まれる人口増加に備えて新たな水の供給源が必要であると判断された．そして様々な案を検討した結果，別の河川の水を利用している農民から灌漑用水を買うことに決定し，コロラド州北部の水と農場を買い取るための手続きを進めることになった．Thorntonは，顧客を特定しない代理機関を介して，300の農場と約6万 acre·ft (7 400万 m³) の水の使用権を購入した．現時点(1994)では，法律的な問題はほぼ解決され，具体化に向けて着々とプロジェクトが進められている．この事例をDenverの地域的な水供給問題が吟味されたTwo Forksの事例(第10章)と対比させて考えてみることが必要である．

　今後は，認可制度の中にも所有権の変更が取り入れられることになるだろう．例えば，降水量に恵まれた州において，ある利用者に対して25年間の水使用権

が認められており，その付近に工場を建設しようとしている企業があると想定しよう．そのような場合，その利用者が納得して一部の水を適正な値段で転売し，企業を立地できたとして，それで何が悪いだろうか？　現実のものとして，そのような状況は既に発生している．しかし，ほとんどの州は，まだ独自の許認可制度の開発や改善に取り組んでいるところなので，このような所有権の変更に伴う法的な手続きや原理は将来の課題である．

15.6.3　取水点の移動，取水スケジュールおよび利用形態の転換

　水が不足している西部では水需給の計算が実施されており，取水スケジュール，水の利用形態，および取水点と環流点に注意が向けられている．すべての水利権所有者を公平に扱うためには，これらのことが十分に把握されていなければならない．

　取水点が変えられたら，下流域で使用できている水が使えなくなる可能性があり，水を「正常に流す義務(carriage duty)」，すなわち河道損失を負担し合う義務に影響が及ぼされる可能性がある．

　水の利用形態は，消費量に影響する．例えば，灌漑用水として利用される場合は，冬季に都市用水として利用される場合よりも多くの水が消費される．水を管理するうえで，消費量の算定が非常に重要な条件になる．

　水の利用スケジュールも非常に重要な要素である．それぞれの利用者が時に応じて水を利用するためである．冬季に比較的大量の水を使用している所(例えば，スキー場での人工雪製造)がスケジュールを変更して，(例えば，水の蒸発が見込まれる新しい釣堀を設けるなど)夏季に大量の水を使用するようになったとしたら，下流域の利用者に影響が及ぼされることになる．

15.6.4　都市と農村間の水の譲渡

　西部では水不足問題を解決する一つの手段として，乾期用に灌漑用水から都市用水に一時的な水の譲渡が行われる．このコンセプトには大きな意味がある．実質的には，農業用水が都市用水の予備とみなされている．このような手段を講じている例はいくつかあるが，一般的に専用権主義を遵守しなければならない場合

には，このような手段を実行することは困難である．

　Clark(1992)はこのテーマを研究し，コロラド州立大学の論文に発表した．その中で彼は，「コロラド州やカリフォルニア州では，一時的な水の譲渡が重要な供給手段になっている」と結論付けている．例えば，カリフォルニアでは，1980年代の渇水がきっかけとなって水の譲渡が盛んになったと指摘されている．Yuba郡では，水資源マネジメント機関が一時的に6回にわたって水の譲渡を進め，57万2000 acre・ft (7億600万 m³) の水が移譲されたが，それは複雑な手続きを伴い，多くの関係者を巻き込むものであった．Clarkは，カリフォルニアにおけるもう一つの例としてArvin EdisonとMWDの譲渡を引用している．この計画では，MWDからArvin Edison Water District (A-EWD；Arvin Edison水管理区) に対し，通常年に地下水貯蔵用として合計で80万 acre・ft (9.9億 m³) を限度に20万 acre・ft (2.5億 m³) までの水が譲渡される．降雨量が少ない年には，MWDが9万3000 acre・ft (1億1500万 m³) の水を2000万ドル〔すなわち，1 acre・ft当り215ドル (1000 m³当り174ドル)〕で譲り受ける．

　コロラド州では，小規模な数多くの利用者が水の譲渡に参加しているため，状況はもっと複雑である．水管理区などの大規模なエリアを対象とする場合は，一時的な水譲渡が比較的円滑に進められるが，コロラドの水に関する司法制度は，個々の利用者間で譲渡を行おうとする場合，経済的負担を大きいものとしている．特別な例として，Colorado Big Thompson (CBT) Projectからもたらされる水を管理するColorado Water Conservancy District (コロラド水資源保護区) があげられる．West Slopeに発するこの水は，流域を越えて導水されたものであり，East Slopeの表流水よりも一般に譲渡しやすい．

　Clarkは，彼自身が「Water Rights Option Agreement (水利権選択協定)」と呼ぶ，いわゆる渇水時の給水計画を通して，コロラドにおける一時的な水の譲渡を推進するためのコンセプトを展開してきた．このコンセプトの有効性はまだ証明されたわけではない．

15.7　流域間導水

　流域間導水は，水を必要とする側にとっては好ましく合理的な案であるが，水

を失う側は強い抵抗を示す．流域間導水では，水をめぐる「感情」がはっきりと表に出る．

　Mississippi川の水をテキサス西部に引くといったような大規模な導水もあるし，河川の水を小さな町に引いて，結局は同じ河川の支流に下水を戻すといったような小規模な導水もある．

　筆者自身，いくつかの州で流域間導水に関わってきたが，それらは常に大きな対立を伴っている．西部では，一般にある場所からある場所に水を移す一つの手段として流域間導水が水法の下で認められている．東部では，通常，認可制度の規則や州または裁判所の権限に従い，特別な基準として扱われる．地方自治体の規則や連邦規則も影響力を持っている．

　本書の事例には，流域間導水に関するいくつかの例が盛り込まれている．Colorado川流域では，Colorado川からMississippi川へ水を移すCBTプロジェクト(第12章)が最大の流域間導水として知られている．この導水は，Rocky山脈からCalifornia湾に至る地域一帯に影響を及ぼしている．Apalachicola-Chattahoochee-Flint(ACF)水系(第19章)は，Atlantaの水需要から生じた流域間導水を含んでいる．流域間導水には共通のメカニズムがある．すなわち，都市がある河川から水を引いて別の河川に下水を送り込むというメカニズムである．ノースカロライナのYadkin川流域の事例(第19章)では，住民が流域間導水に反対し，それを禁ずる法案が議会に提出された．これについては本章でもう少し詳細に論じることにする．Virginia Beach給水計画の事例(本章)では，市がノースカロライナのRoanoke川流域から沿岸都市にパイプで水を引く計画を進めている．これによって，Albemarle海峡に影響が及ぼされることになる(第22章参照)．

　コロラドでは，流域間導水を扱う際に「水源としての流域(basin of origin)」という用語が引用されてきた．水源としての流域とは，水が発生した流域を指すが，「住民や地主が，その水の恩恵を受け続ける権利を持つかどうか」という法律と政治に関わる疑問がある．例えば，コロラドのSan Luis河谷平野の事例では，ある民間企業がその流域から大量の地下水を引く案を提示し，その中で上記の疑問が大きく取り上げられた．水源としての流域の問題については，本章の後の部分で詳しく論じることにする．

15.8 州際河川と国際河川：問題点，調整および協定

河川の流れが州の境界を越えている場合は，「州際的な問題」が生じる．通常，そのような問題に対しては河川流域管理の観点から対処しなければならず，複数の州が関わっている場合は状況がそれだけ複雑になる．第19章には，複数の州にまたがる河川の問題に関する事例が紹介されている．そこには，コロラド州とワイオミング州とネブラスカ州にまたがるPlatte川，ニューヨーク州とペンシルバニア州とデラウェア州およびニュージャージ州にまたがるDelaware川，7州とメキシコにまたがるColorado川，そしてジョージア州とアラバマ州とフロリダ州にまたがるACFが含まれる．

州際河川や国際河川には，水量問題と水質問題の両方が関わってくる．都市と農業の双方にとっては供給が最も切迫した問題であるため，水量が最も認識しやすい問題となる．例えば，1993年の中近東和平会談では，Jordan川の水の配分が最大の課題の一つであった．いくつかの例外を除いて，水質はよりとらえにくい問題である．米国では，州際的な水質問題は連邦の統一的な流水基準に基づいて扱われるべきであると考えられている．しかし，流水基準は，州によって定められているため，問題はなお残されている．国際河川については，例えばRhine川の場合のように，条約が締結されているケースが少しはあるが，ヨーロッパ（東西とも）では，統一的な水質基準の開発を始めたばかりである．

第19章では，州際河川に対する制度的な調整と実施のメカニズムが考察されている．州間協定に関する本章の事例としては，Pecos川流域のケースを扱う．これには，筆者自身もリバー・マスター(river master；河川管理官)として関与してきた．

15.9 Pecos River Compact

図-15.2に示されているように，Pecos川は，ニューメキシコ州の北部と中央部にまたがる山岳地帯に源流を発し，そこから900 mile (1 400 km)流れ，テキサス州Langtry付近でRio Grande川に合流している．Pecos River Compact

(Pecos 川協定)の歴史を学ぶことによって，州間協定に伴う交渉，障害そして管理体制に関する様々な側面を知ることができる．

Pecos 川のニューメキシコ州における流域は2万5000 mile^2(6.5万 km^2)で，テキサス州における流域は約1万9000 mile^2(4.9万 km^2)である．一つの見方として，この河川を3つの流域に大別することができる．Alamogordo ダムの上流域，ダムからニューメキシコ州とテキサス州の境界までの流域，そしてテキサス州に含まれる流域である．この流域の年間平均降水量は約11〜14 in(280〜360 mm)で，地表水と地下水によって広大な地域に灌漑用水が供給されている．1948年には両州合わせて21万 acre(8万5000 ha)の土地が灌漑されたが，ニューメキシコ州がそのうちの75%を占めていた．

この流域における水資源開発の歴史は，Coronado が上流域において1540年に原住民が実施した灌漑を見付けていたようにスペインがアメリカ大陸を征服する以前に遡る．1863年には Ft. Sumner Project が開始され，1900年には Bureau of Reclamation(開拓局)がそれを補修している．1889年からは地表水を利用し，そして1891年からは掘抜き井戸を利用し，さらに1927年以降は浅層の地下水を利用して Roswell 地方に対する灌漑が実施されている．これと同時期に，(1890年代に建設された)McMillan 貯水池と Avalon 貯水池の水を利用して Carlsbad 地方に対する灌漑が開始されている．1937年には，これら2つの貯水池の機能が低下したため，それに代わるものとして Alamogordo 貯水池が建設された．

州の間での水の配分をめぐっての対立は，1914年に Bureau of Reclamation がその報告の中で，州の境に貯水池を建設してテキサス州のシェアを調整する必要性を指摘した時から始まった．1936

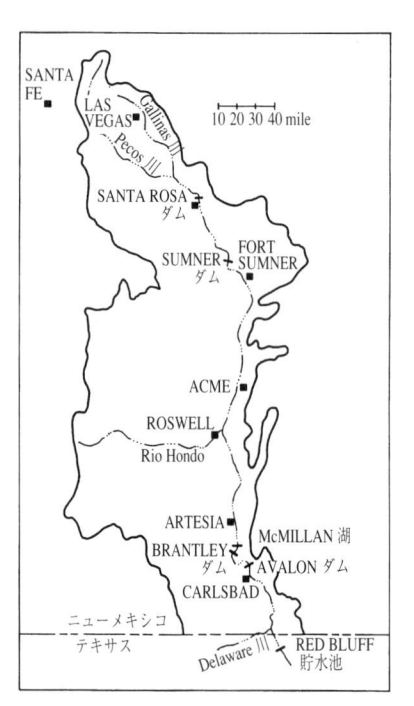

図-15.2　Pecos 川流域(出典：U.S. Geological Survey, 1988)

年には，Public Works Administration（公共事業省）プロジェクトの Red Bluff 貯水池が完成した．対立の詳細は，最高裁判所の文書に記録されている（Breitenstein, 1979）．

1923 年に Compact Commission（協定委員会）が組織された．しかし，ニューメキシコ州の知事が拒否権を発動したことによって，同委員会がまとめた協定案は承認されなかった．1931 年テキサス州議会は訴訟案を承認したが，これは正式に提訴されなかった．National Resources Planning Board（国家資源計画委員会）は，1942 年 10 月に，Pecos River Joint Investigation（Pecos 川合同調査）と呼ばれる調査を完了した．その結果報告には，将来における協定交渉のあるべき姿が明確に提示されている（National Resources Planning Board, 1992）．

Pecos River Compact Commission（Pecos 川協定委員会）は 1942 年に設立され，1943 年 2 月 9 日に第 1 回目の会議が開かれた．協定は，1949 年 2 月 9 日にニューメキシコ州によって批准され，1949 年 3 月 4 日にテキサス州によって批准された．そして，1949 年 6 月 9 日には連邦議会によって批准されている．協定の要となる 2 つの特徴は，Pecos River Commission（Pecos 川委員会）の組織体制と協定の第III条(a)項に規定されたニューメキシコ州の義務に関する記述であった．

第III条(a)項に規定されたニューメキシコ州の義務は，2 人の水利権特別調停官(special masters)と最高裁判所を前にして大規模な訴訟の対象になった．その条項には次のように記載されている．「本条の(f)項に記載の場合を除いて，ニューメキシコ州は，人工的な操作により，ニューメキシコ州とテキサス州の境界域における Pecos 川の流量を 1947 年の条件のもとでテキサス州が利用可能な水量を下回るレベルまで低下させるようなことがあってはならない」．

水利権特別調停官は，1947 年の条件を次のように定義し，最高裁判所はそれを承認した．すなわち，「1947 年の条件とは，ニューメキシコにおいて 1947 年の初期に実施された開発と Fort Sumner 貯水池や Carlsbad 貯水池の拡大に伴う人工的な操作により Pecos 川の水量が減少した状況を指す」．

Compact Commission と交渉グループに対する Engineer Advisory Committee（技術者諮問委員会）は，水を配分する方法として「流入-流出(inflow-outflow)」法を取り入れた．水利権特別調停官の Breitenstein は，この手法を「流入-流出法は，特定の複数の流量観測所で測定される流入量の指標と流域からの流出量との

相関関係を求めることによって成り立っている」(Breitenstein, 1979)と説明している.

Pecos River Commission は，両陣営の勢力が同等に分かれ，多数決によって裁決できなかったために紛争の解決に手こずり，結局，この問題は最高裁判所に持ち込まれた(Texas v. New Mexico, Supreme Court No. 65 Original). 長年にわたって，この問題の解決のための事情聴取や作業が続けられた. 1986年6月に水利権特別調停官 Charles J. Meyers が提出した報告書に基づいて，最高裁判所はこの裁判を2つの部分に分割した(Meyers, 1987). その一つは，過去1950～1983年の間に34万100 acre·ft(4億1950 m³)の水不足がもたらされたとし，その賠償を求めるものであった. これは，ニューメキシコ州に1400万ドルの支払いを命じることによって解決された.

将来における協定の執行に向けて，最高裁判所は1988年3月28日に改訂判決(Amended Decree)を出した. それによって，協定の執行スケジュールとリバー・マスターの義務が定められた. この改訂判決の主な特徴は以下のとおりである.
・水年と水需給計画年の概念
・Pecos River Master's Manual(Pecos川リバー・マスター・マニュアル)の採用
・マニュアルに記載の流入-流出法を用いてリバー・マスターが不足量もしくはニューメキシコ州による過剰利用量を年間ベースで計算すること
・マニュアルの改訂手順
・ニューメキシコ州に対する，不足を補うための計画提示の要請

改訂判決に基づいて，1988年の水需給計画年に第1回目の算定が実施されたが，それは1987年の水年を対象とするものである. 本書の執筆時点，改訂判決が施行されて7年後に，ニューメキシコ州は，州境で引渡し量を補償しなければならないことを回避するために，ある正味の過剰利用量を維持するという明白な政策を採用している. これは，ある意味では，一種の水銀行の機能である. 改訂判決の施行に伴うもう一つの側面として，River Master's Manual を改訂するための検討が加えられてきた. これは，基本的に，区域における水需給計算の方式を変更することである. このような変更案は，激しい対立を生む場合もあるし，簡単な話合いによって決着する場合もある.

15.10 対立を解決するための調停

　水の利用をめぐる対立が法廷に持ち込まれるケースがあまりにも多いことは残念である．しかし，水の利用計画とマネジメントは，対立を減少させるとともに，その解決策を見出すことを目的としている．水の利用をめぐる対立を解決することは，協働的な水計画立案の主目的の一つであると同時に，本書の主題の一つでもある．

　協調的な問題解決に向けた交渉は，進め方によっては非常に有効な手段になりうる．それには，1対1の話合いから公式的な調停プロセスの活用まで，実に様々な方法が考えられる．法律用語では，これらのことを代替的紛争調停策(alternative dispute resolution)もしくは略してADRと呼んでいる．第4章では，ADRに関するいくつかの技法が取り上げられた．

　次に，水の配分と統制に関するいくつかの事例研究を取り上げる．

15.11 コロラド州の水マネジメント・システム

　コロラド州の水マネジメント・システムは，州の水法に則ったものである．その興味深い点は，西部の州の多くが行政的なシステムを採用しているのに対し，コロラド州のシステムは裁判制度を基礎にしている点にある．裁判制度を基礎としたシステムでは，判事が水の譲渡に関する事実を確認して判断を下す．それに対し行政的なシステムでは，州の技監が判断を下すことになる．いずれの場合も判断内容にほとんど差はないが，判断を下す人が異なっている．

　筆者が理解している限りでは，Colorado Water Courts(コロラド州水法廷)の判断は，州の裁判制度に則ったものであるが，裁定はたいてい，水裁判の判事を補佐する「陪審員」の判断による部分が大きい．実際，この裁定は，裁判所の判断として拘束力を有し，法的力を発揮しうるものである．行政的なシステムでは，州の技監の決定が単なる行政的な判断ではなく，法的効力を有するものとして扱われ，また，訴訟の対象にもなるのである．

　コロラド州は，他のほとんどの州に比べて水の譲渡がより盛んな州である．コ

ロラド州は，水を専門とする弁護士と技術者を過剰に抱え，あらゆる水譲渡の研究に携わらせている，とジョークを言う人もいる．

法令が発布されたら，その日常的管理は州の技監に委ねられる．その目的に即して，Department of Natural Resources（天然資源局）の一部門である Division of Water Resources（水資源部）の Office of the State Engineer（州技監室）は，州の河川流域に対応している水系区域におかれた7つの地方事務所を統括している．そのおのおのは，区域の技監により統括され，技監は地域の水利用者とともに導水状況や水についての記録を管理している水資源管理官のグループを監視する役割を担っている．管理官は，実際的には水の配分について現場に即した決定を下している．

表流水の水利権については，決定の日付に基づいて優先順位が決められる．例えば，ある利用者が，「1890年に5 cfs (0.14 m³/s) までの表流水を引く権利」が与えられていたとする．これは，その利用者が，これまでに水を利用していた時期に限って5 ft³/s (0.14 m³/s) までの水量を優先的に引く権利を有することを意味する．しかし，裁判によって承認されない限り，利用者が利用時期，場所，量，または利用スケジュールを変更することはできない．利用者がいつ転換するかについては，州の技監が決定権を有する．

水利用者は，それぞれの優先度に応じて，先行利水者 (senior user) と新規利水者 (junior user) に分けられる．例えば，上流域の水を利用している新規利水者は，下流域における先行利水者の需要を満たすために水の利用を見合わせなければならない場合もある．

コロラド州では「水利権の呼び戻し (calls)」という制度が採用されている．区域の技監が，ある期間に得た権利（例えば，1910年の権利）に見合った水が十分に確保されていないと判断した場合に，水利権の呼び戻しが発令されることになる．その場合，すべての新規利水者は河川からの引水を止めなければならない．どのような場合に水利権の呼び戻しを発令すべきか，これは区域の技監に向けられた基本的難問である．判断を誤れば，水を無駄にしたり，下流域の利用者が権利に見合った量の水を利用できなくなる恐れがある（当然，コロラド州で水が無駄になったら，下流域の州はそれだけ多く利用することができるため，下流域の州にとっては好都合である）．

地下水が表流水のシステムに統合されたのは1969年になってからである．今

では井戸水を汲み上げる場合も，利用者の優先順位が定められている．1969年以前に井戸を掘った利用者，特に1930〜1950年代の新規利水参入の時期にほとんどの井戸が掘られている事実を考慮し，地下水補給拡充プランの規定が法律に盛り込まれることとなった．地下水補給拡充プランは，河川水の利用に対して呼び戻しが発令された場合などに河川水の代わりに地下水を引くことができるように，継続的な井戸の運用を保障するものである．地下水補給拡充プランは複雑なシステムである．それゆえ，もっぱらこの拡大プランを協調的に進めるための特別な組織体としてGroundwater Appropriators of the South Platte(GASP；South Platte地下水利用者連盟)が組織された．

　理論的な観点からは，コロラド州のシステムは比較的しっかりしているといえる．しかし，ニーズが変動し，情報が欠如する中で，具体的に問題を解決することはきわめて困難である．経験豊富な水を専門とする法律家によると，管理システムに対しては3通りのとらえ方があるという．すなわち，機能していると信じるとらえ方，人々が機能していると考えるかどうかというとらえ方，そして，現場レベルで実際に機能しているかどうかというとらえ方，である．このことは，局部的な水利用者の間でリアルタイムで行われている売買，取引，特別な調整策やその他の妥協策が必然的に必要であるということと同時に，理論に従って進められるほど単純なものではないことを意味している．したがって，水資源管理官は，コーディネーターとして，推進者として，そしてマネージャーとしての役割を担うことになる．

　コロラド州のシステムでは，一つの河川流域における利用者すべてを考慮した判断が下される．したがって，このシステムは，流域規模の優先順位を評価するものである．しかしながら，負担の配分や不足量の割当方法が十分に確立されておらず，それがこのシステムの明らかな欠陥であるといえる．

　コロラド州のシステムと水関連法律に伴って様々な問題が提起されているが，中でも重要なものとして流域間導水の問題があげられる．

15.11.1　水源地としての流域

　コロラド州では，流域間導水のことを「水源地としての流域」問題または「水源地としての地域」問題と呼ぶ場合がある．この名称は，コロラド州版の専用権主

義のもとで合法化されている流域間導水に対する申請の扱い方を規定するために導入された法律に端を発していると思われる．

流域間導水は，専用権主義のもとで合法化されているが，それを支える法律は，経済制度や社会制度が今よりもシンプルな時代に発達したものである．そして，このことは，未解決の問題として残されている．「水源地としての流域」に社会や経済が存在しなかった時代は，社会生活を維持するために用水を確保しなければならないということもなかった．しかし今日では，水を所有していない地域社会も含めてすべての地域が水に依存しているので，水が移されると，地域住民の生活や家族零細企業が破壊される恐れもある．

純粋な経済原理に従えば，これは許されるものである．「金のあるところに水が集中して然るべき」だからである．結局，水源地としての流域にある農村の零細事業者が，大都市の水の購買力にかなうはずはない．さらに，生態系を支えるために自然が水を必要としているとしても，自然に水の購買力などあるはずがない．初期の時代における専用権主義は，幾分このような純粋な経済原理を取り入れた「冷酷な」ものであったといえる．

今日では，このような問題に関する適切な判断を導く手段として，「公共の利益」を考慮して判断を下す努力がなされている．しかし，公共の利益を定義付けることは，様々な対立する議論があるので非常に困難である．第24章では，西部の水資源マネジメントに関連付けながら，公共の利益とそれに付随する諸問題が取り上げられている．

本章の前半部分で，水源地としての流域の問題に関するいくつかの事例を紹介した．一つは，Thorntonがコロラド州北部の農民から水を購入して，Poudre川流域からDenverに水を引いているケースである．もう一つは，San Luis Valley地下水系の事例である．これによって閉鎖流域の地下水がDenverに供給されることになる．またもう一つは，コロラド州のWest SlopeからEast Slopeへの導水を含むCBT Projectの事例である．

15.12　ノースカロライナ州のシステム

西部諸州のモデルとは対照的に，東部の州では認可制度や情報システム，ある

いは環境容量に合った利用(capacity-use)システムに基づく管理制度が採用されている．このようなマネジメント・システムは州法に従って築かれたもので，州ごとに異なる．

認可制度では，例えば10万 gal/d(380 m³/d)以上の水を使用する利用者すべてに対して認可を得ることを求めている．10万 gal/d(380 m³/d)，すなわち 0.1 mgd の消費量は，人口が667人〔150 gpcd(0.57 m³/人・d)〕の小規模な町もしくは小規模な工場の消費量に相当する．渇水などによって水が不足した場合は，使用制限によって公平に負担を分担する．このシステムは，水不足による負担を公平に分担するもので，負担を分担せず，優先順位に従って特定の利用者を犠牲にする専用権主義とは異なる．

水利用に関する情報システムは，認可制度の補佐的な役割を果たす．情報システムによって，州は利用者に関するデータを収集し，認可制度に過度の負担がかかった場合，それに対処するための調整策を講じることができる．

ノースカロライナ州をはじめとするいくつかの州では，「環境容量に合った利用」システムが採用されている．これらの州は，例えば North Carolaina's Environmental Management Commission(ノースカロライナ環境管理委員会)などの管理機関によって「環境容量に合った利用」の適用が宣言された場合，水の使用量を制限したり，規制する権限を有する．環境容量に合った利用は，表流水と地下水の両方に適用される．

経験によると，利用者は何とかして環境容量に合った利用の適用を避けようとする傾向がある．規制されるのを好まないからである．このようなマネジメント・システムに対しては批判も多く，実行に踏み切るのは困難である．それでも，東部の州は渇水や水不足の事態に直面し，このようなマネジメント・システムの必要性を認識し始めている．

東部の州も西部の州の場合と同じような問題に直面していたが，それほど深刻ではなかった．例えばノースカロライナ州では，地方自治体が，マスが棲む河川から大々的に水を引くことによって用水を確保する案を提示していた．そこは農村で，河川維持用水を保護する役割を持つ明確な規定はなかった．その唯一の認可権限規定は，Clean Water Act 404条の U.S. Army Corps of Engineers (ACE；陸軍工兵隊)による認可であった．州の管理機関は，404条の認可申請に対するコメントの一つとして，低水時の認可条件を記していたが，それとても単

なる提言にすぎず，流水を保全するための確固たる権限を有するものではなかった．結局，州の管理機関の提言は無視され，認可が与えられた．それによってその地域は，あまり費用をかけずに新たな用水源を確保することができたが，マスが生息する河川に深刻な影響が及ぼされる結果となった．

もう一つの事例として，Yadkin 川からノースカロライナ州の三日月状に広がる郊外地帯の各都市に水を引く計画をめぐる問題があげられる．反対派は，この計画を阻止するために，長年にわたって政治的活動を繰り広げてきた．この事例は，流域間導水に対する反対運動の激しさを物語るものである．

15.13 Virginia Beach への水供給の事例研究

水資源計画について書かれたかなり以前の文献(Grigg, 1985)でも取り上げられた Virginia Beach への水供給(バージニア州)の事例は，現在も決着がついていない．重要かつ興味深いこの事例は，流域間導水や州間導水を含めた水供給計画を左右する数々の問題を提示している．筆者は，1977 年からこの問題を追っており，現時点ではそれに関する 18 年間の情報を有していることになる．初期の段階に関する情報の大部分は，Walker と Bridgemen(1985)の文献から引用されている．

この事例では，これまで 17 年間以上にわたって取り組まれてきた流域間および州間の導水の問題を紹介する．また，環境影響評価報告(environmental impact statement; EIS)に伴う問題，政治的問題，都市圏域の協力体制，および水の保全に関する問題などについても論じる．

1940 年の Virginia Beach は人口がわずか 2 万 2584 人の静かな沿岸都市であったが，第二次世界大戦後に急激に人口が増加した．その増加率は，予想をはるかに上回るもので，1985 年には 32 万 4000 人に達し，さらに 1994 年にはほぼ 41 万人に達している．

Virginia Beach における水の供給体制は不安定で，年による変動が大きい．原水の供給は，Norfolk に頼っており，さらに脱塩処理や井戸水の供給によって用水を確保している状態である．このように，事例研究を開始した当初から，この町には大規模で安定した給水源が確保されていなかった．Virginia Beach

15.13 Virginia Beach への水供給の事例研究

にとって，Norfolk との契約内容はきわめて不利なものであった．1923 年に Virginia Beach は Norfolk との間で，この町に水路を設けそれを通して余剰水の供給を受けるという契約を締結した．Virginia Beach は後に配水システムを買い取り，1993 年にはその使用権を獲得したが，Norfolk の余剰水しか利用することができず，それ以外の水をその町に引く権利は与えられていなかった．1985 年には，Norfolk から 30 mgd(11 万 m³/d)の水が供給されることになったが，実際には約 25 mgd(9.5 万 m³/d)程度しか利用されていなかった．Virginia Beach は，1977 年と 1980～1981 年の渇水に直面し，その町の給水体制がいかにもろいものであるかということを実感した．Norfolk からの供給水はほとんどが貯留調節されていない表流水だったので，期待どおりの水の量が保障されるわけではなかった．そこで，Norfolk は井戸を掘る計画を進めようとしたが，他の自治体はその計画に難色を示した．

井戸を掘る計画については他の自治体の同意を得ることに成功したが，様々な制約条件が加えられたため，Virginia Beach に対する水の保障が大幅に進展したわけでもなく，独立した給水源が確保されたわけでもなかった．このような状態により，Virginia Beach は，独立した独自の給水源を確保するための努力を強化することになったのである．

Virginia Beach は 1981 年に，代替案を盛り込んだ政策方針を発表している(Virginia Beach, 1981)．そこには，流域間導水から脱塩プラントの建設に至るまで，24 のプロジェクトがリストアップされていた．当時は，Appomattox 川から水を引く案が最も妥当であると判断されていた．Virginia Beach は「独自の」プロジェクトを目指していたのであって，協力体制に基づく制度的な代替案を求めていたわけではなかった．Cox と Shabman(1983)はそうした代替案の一部として，需要の削減，広域的な相互連携，地下水の利用，および表流水と地下水の複合利用の戦略を提示している．

一定の分析期間を経て代替案が見直された結果，Genito 湖プロジェクト，Assamoosick 貯水池プロジェクト，Gaston 湖プロジェクト，および市区域内の代替案の 4 つに絞られることになった．Virginia Beach は，Roanoke 川流域の Gaston 湖から流域をまたいで導水する Gaston 湖プロジェクトの計画(**図-15.3**)をうち立てて，1983 年に実行することを決定した．これをきっかけとして，反対勢力と規制メカニズムの双方が繰り広げられていった．

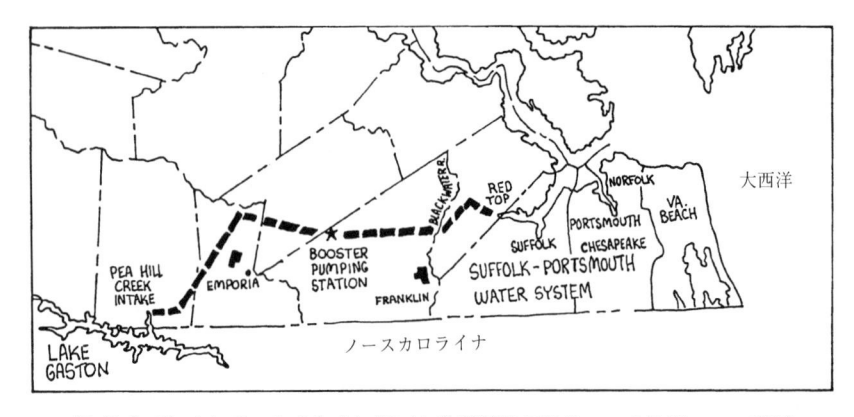

図-15.3 Virginia Beach の水パイプライン計画(出典：Walker and Bridgemen, 1985)

Gaston 湖プロジェクトは，Virginia Power(バージニア電力)が所有する既存の貯水池から，全長が 85 mile (137 km) で径が 60 in (150 cm) のパイプラインによって，Suffolk にある Norfolk の原水処理システムに水を引くものである．これにより，水の使用量が 1990 年代初期に計画されていた 10 mgd (3.8万 m^3/d) から，2030 年までには 57 mgd (21.6万 m^3/d) に増加されることになる．さらにこのラインによって，2030 年までには，Chesapeake に 10 mgd (3.8万 m^3/d) の水が供給され，Frankin と Isle of Wight 郡にそれぞれ 1 mgd ずつ新たに水が供給されることになる．

当初は，原水 60 mgd (22.7万 m^3/d) 当り 1 億 7 600 万ドルのコストが見込まれていた．これに基づいて計算すると，1 年間当り約 6 万 7 300 acre・ft (8 300万 m^3) の原水が供給され，1 acre・ft 当り 2 615 ドル (1 000 m^3 当り 2 120 ドル) の費用を要することになる．

Virginia Beach は，パイプライン建設の認可を得るためにノースカロライナ州の協力を必要としていた．バージニア州とノースカロライナ州の 2 州は，河川水の水質，地下水の汲上げ，および供給水の流域間導水などの州境問題に対する対策案を検討する合同委員会を組織した．この委員会は 1974〜1976 年に会合を重ね，1978 年に再編成された．その後何度も会議が開催され，順調に事が運ばれていたが，1983 年に Helms と Hunt の間で争われた上院議員選挙が大きな障害となった．結局，Secretary of Natural Resources for North Carolina (ノースカロライナ州天然資源局長官) は，ノースカロライナ州がこのプロジェクトに

15.13 Virginia Beachへの水供給の事例研究

反対する意向を表明し,それによって両州の協力体制に終止符が打たれたのである.

Virginia Beachは,1983年7月15日にClean Water Act 404条の認可申請を行った.それと同時に,1958年のWater Supply Act(水供給法)に従って,ACEとの間で,Buggs Island湖における1万200 acre·ft(1 260万 m^3)の貯水権を得るための契約を締結することを決めた.これによって,Gaston湖の水位が常に一定に保たれることになる.これは,ACE所管の貯水池において貯えられた水を発電用水から用水供給へと再転換するものである.

ACEは,1983年12月7日に,National Environmental Policy Act(NEPA)による環境影響評価(environmental assessment ; EA)のもとに,404条およびRivers and Harbors Act(河川・湾岸法)10条に則って,Findings of No Significant Impact(FONSI;環境に対する影響は小さいという評価)を発表し,1984年1月9日に認可することを公表した.それによって,法的および政治的対立が繰り広げられることになった.ノースカロライナ州は,訴訟の手続きを開始した.それに対し,Virginia Beachはそれに対抗するための法的手続きを進めた.また,ノースカロライナ州選出の議員は,このプロジェクトを中止させるための法案を提出した.さらに,バージニア州南部の諸郡も,Roanoke River Basin Association (RRBA;Roanoke川流域連盟)と呼ばれる団体を通じてプロジェクト阻止の運動に加わった.

Virginia Beachの法的戦略は,将来にわたって訴訟が起こされるあらゆる事態を防ぐとともに,「河川の沿岸所有者は,将来にわたって同市が引く水に対する使用権を持たない」とする判決を導くことにあった.将来にわたって訴訟が起こされるようなことがあれば今後の事業の進展に制約が課せられるため,そのような可能性を未然に防ぐことを目的としていた.一方,EISを徹底的に実施すべきだというのがノースカロライナ州の根本的な主張であった.そして,RRBAもノースカロライナ州側に立ってこの訴訟に加わった.

1987年7月7日に下された連邦裁判所の裁定は,この件をACEに差し戻し,ACEに対して,Roanoke川に生息するシマバスに関するこのプロジェクトの影響を再調査することを命じるものであった.さらにACEは,60 mgd(22.7 m^3/d)の水を引く必要性について再評価することも命じられた.1987年にVirginia Beachは,「Gaston湖プロジェクトの計画を進めることには変わりないが,深

408　第15章　水の管理：配分，制御，譲渡，および協定

州の公的な水資源をマネジメントするうえで，供給地域と受給地域が双方の利害を公平に分かち合って，万民の利益に貢献するための合理的な方法があるはずである。

図-15.4　Virginia Beach の水資源をめぐる利害関係者の対立
（出典：Walker and Bridgemen, 1985）

図-15.5　論説風刺，Virginia Beach の水資源をめぐる対立（出典：New and Observer of Raleigh, North Carolina）

井戸の掘削や脱塩処理施設の建設などを含めた短期的な代替プロジェクトについても検討している」ことを表明した．周辺の都市や郡も，地域的な代替プロジェクトとして，それらを取り入れることを要請し始めていた．これによって方程式にパワーファクターが加わることになった．すなわち，水を支配するものは，土地利用と土地の発展をも支配することになる．

ACEは1988年12月21日に再調査の結果を報告し，環境に対する影響においても水の必要性においても，当初の判断(FONSI)が妥当であるという見解を示した．しかし，筆者の記憶によると，ノースカロライナ州は，Federal Regulatory Energy Commission(FREC；連邦エネルギー規制委員会)の再認可の手順に関する問題，およびCoastal Zone Management Act(沿岸地帯管理法)との整合性に関する問題を取り上げていた．

節水を強化するプログラムにより，水の消費量が1人当り78 gpcd (295 L/d)，全体で30 mgd (11.4万 m³/d)のレベルに抑えられてきた．Virginia Beach市当局は今でもGaston湖パイプライン・プロジェクトに対する認可を求め，ノースカロライナ州は法的手段を講じてそれを阻止しようとしている．ノースカロライナ州はCoastal Zone Management Actに訴えて，2つの連邦機関，すなわちFRECとNational Oceanic and Atmospheric Administration(米国海洋大気管理局)がこのプロジェクトを調査することを求めている．ノースカロライナ州は，このプロジェクトによって，州の農民活動に悪影響が及ぼされることやシマバスの個体数が減少すること，そして水力発電量が低下することや湿地帯が荒廃することを懸念している (Virginia Beach, 1994)．

FERCは1994年に，詳細な環境影響評価を実施してから，このプロジェクトの是非を判断する必要があるとの見解を示した．Virginia Beachは，プロジェクトの計画を進めるに当たり，これまで以上に厳しい法的ならびに技術的障害に直面することになった．

Gaston湖プロジェクトに固執するVirginia Beachのケースは，Two Forksのケースと類似した部分もあるが，関係者や問題の内容において相違点がある．図-15.4，15.5が示す2つの漫画は，この問題について，文章では表現することができない感情や態度を如実に物語っているといえる．

15.14 質　　問

1. 米国西部では東部に先立って,州の技監や水管理プログラムの必要性が生じていた.現在は東部でも同じような体制が必要とされているが,その原因は何であるか?
2. 地下水の利用を地表水の場合と同じような方法で管理すべきであるか? さもなければ,地下水の利用をどのように管理すべきか?
3. 水の市場取引きは電力の市場取引きとどう違うか? 水の市場取引きは許容されるべきか?
4. 専用権主義あるいは沿岸権主義を採用している州ではそれぞれ,水の再配分あるいは所有権の移譲をどのように扱うであろうか?
5. 都市と農村間の水の移譲はどのように機能するであろうか? また,それは都市部の水需要に応えるうえで適切なコンセプトであるといえるであろうか?
6. コロラド州において,「水源地としての流域」の保護をめぐる対立はどのような意味を持つか? コロラド州は水源地としての流域の保護を水資源政策に含めるべきか?
7. 水の市場取引きにおける第三者の効果にどのように対処すべきか?

文　献

Breitenstein, Jean S., Report of Special Master on Obligation of New Mexico to Texas under the Pecos River Compact, Supreme Court of the United States, No. 65 Original, filed October 15, 1979.

Breitenstein, Jean S., Report and Recommendation of Special Master, Supreme Court of the United States, No. 65 Original, filed February 27, 1984.

Clark, John R., Temporary Water Transfers for Urban Water Supply during Drought, Ph.D. dissertation, Colorado State University, April 1992.

Cox, William E., and Leonard A. Shabman, Institutional Issues Affecting Water Supply Development: Illustrations from Southeast Virginia, *Water Resources Research Center Bulletin 138,* Blacksburg, VA, March 1983.

Grigg, Neil S., *Water Resources Planning,* McGraw-Hill, New York, 1985.

Lund, Jay R., and Morris Israel, Water Transfers in Water Resource Systems, *Journal of Water Resources Planning and Management,* Vol. 121, No. 2, March/April 1995.

Meyers, Charles J., Report of Special Master, Supreme Court of the United States, No. 65 Original, filed November 1987.

National Research Council, Committee on Western Water Management, Water Science and Technology Board, *Water Transfers in the West: Efficiency, Equity, and the Environment*, National Academy Press, Washington, DC, 1992.
National Resources Planning Board, *Regional Planning: Part X, the Pecos River Joint Investigation in the Pecos River Basin in New Mexico and Texas*, U.S. Government Printing Office, Washington, DC, 1942.
Rice, Leonard, and Michael D. White, *Engineering Aspects of Water Law*, John Wiley, New York, 1987.
Virginia Beach, *Water Position Paper: A Commitment to the Future*, Virginia Beach, VA, September 1981.
Virginia Beach Looks to Cut Deeper into Water Consumption, *Waterweek* (American Water Works Association), January 31, 1994.
Wahl, Richard W., and Frank H. Osterhoudt, *Voluntary Transfers of Water in the West*, National Water Summary, U.S. Geological Survey, Reston, VA, 1985.
Walker, William R., and Phyllis Bridgemen, Anatomy of a Water Problem: Virginia Beach's Experience Suggests Time for a Change, Virginia Water Resources Center, Special Report No. 18, Virginia Polytechnic Institute and State University, Blacksburg, VA, August 1985.

第 16 章　流域と河川水系

16.1　はじめに

　湿地帯，流路，河岸地帯および地下帯水層を含めた流域(watershed)と河川水系(riverine systems)は，人間に対する水の供給に大きく寄与しているだけでなく，生態系にとっても重要な役割を果たしている．このような自然的な水の仕組みを保全することは，持続可能な発展にとってきわめて重要な課題である．本章では，水資源システムにおいて自然的要素を関連付けるのに使われる概念を提示し，これら自然的要素の管理の仕方について説明を加える．また，流域マネジメント，湿地帯および維持流量の問題について特定の事例を取り扱っている．

　自然の水の仕組み全体—水文システムに対する様々な水の径路とこれらの中を流れる水の様態に関する法則—これを統一的に把握するための概念を提供するためには，用語の定義が重要になってくる．Doppelt, Scurlock, Frissell, Karr (1993)は，「河川水系(riverine systems)」という用語を用い，これによって，「支流，派川水路，沼沢，間欠的な流路などを含めた河川網全体」を表すとし，「河岸地帯(riparian area)」という用語で，流水際の植生緩衝地帯，換言すると，「流水と陸生生態系との間の遷移地帯で，……河川—河岸生態系にとって非常に重要な部分である」としている．したがって，生態系は，「河川—河岸生態系」という用語で捉えることができる．この用語が最初に用いられたのは，Doppelt らによると，National Research Council(米国調査研究評議会)の 1992 年のレポート「Restoration of Aquatic Ecosystems(水生生態系の回復)」においてである．

用語による混乱が生じる可能性があるが，筆者は，本章の視点に対しては,「河川水系」という全般的な概念が最も適切であると考えている．したがって,本章のタイトル「流域と河川水系」は，自然水系の枠組みを明らかにし，水マネジメント上の判断に関わる種々の自然物の管理の必要性を強調することを意図している．

どのような管理活動も，流域や河川水系のマネジメントにおける生態学的な保全に努めるものでなければならない．これが，持続可能な水システムを我々が実現できる唯一の方法である．しかし，この「生態系の保全(ecological integrity)」というのは，定義することが困難である．この用語が用いられるようになったのは，水質に関するプログラムの中に生態学的な判断基準を盛り込む試みとして，Clean Water Act(水質汚濁防止法)が改正承認された際のことである．コロラド州立大学の専門委員会は，生態系の保全を「物理的生息環境の諸要素を相互に結びつけている生態系とそれらを創出しかつ維持する地上の諸過程とが，その地域に適応しているすべての生物相を支えかつ継続させる能力を備えている」時に，その存在を認めるものとして定義した(Colorado Water Resources Research Institute, 1995)．

河川水系は，包括的なアプローチの方法,言い換えると，一種の「河川マネジメント全体」計画のようなものを必要としている．これと同様の目標が，Doppeltら(1993, p. xxi)によって「米国の河川水系と生態学的多様性とが直面している危機に対する新たな包括的なアプローチの方法：地域社会と生態系を基盤とした流域再生のための国の戦略的イニシアティブ……調整された連邦のイニシアティブ」と述べられている．

図-16.1 アラスカにおける流域と河岸地帯(出典：U. S. Forest Service, 1993)

図-16.1は，U. S. Forest

Service(米国森林局)の刊行物(1993)の中にある河川水系の概念図を示している．

16.2 過去から未来へ

　様々な対策が生態系の回復と水マネジメントにおける持続性を達成することを目標にして進行している．この結果，流域における水マネジメントが次第に強調されるようになり，U.S. Environmental Protection Agency(U.S. EPA；連邦環境保護庁)は，1991年に湿地，海洋および流域を担当する対策室を開設した．1992年に開かれた最初の流域会議は，多くの市民を引きつけた．会議の開催自体はいいアイデアであるが，問題はそこで話されたことをどうやって実現するかである．「生態系」に対するアプローチの方法が，水資源マネジメントの中に取り入れられれば理想的であるが，これは，政治的な問題のためにこれまで実現されなかった．実際の世の中で，自然システムをマネジメントし調整するのに我々が用いることができる道具は，法律，政治，および行政機構である．

16.3 流域マネジメント

　「流域マネジメント(watershed management)」という用語は，流域を保全かつ維持するために取られるすべての行動を指して用いられる．流域，すなわち，河川上のある地点へ水を排水している区域〔排水域(drainage basin)，集水域(catchment)，規模の大きな河川流域(river basin on a large scale)なども同義〕は，自然がつくり出した水供給の単位である．Brooksら(1994)によると，流域マネジメントは，「流域における土地と水資源の使用を誘導し調整するプロセス」である．
　流域が手つかずで本来の状態にある時には，水質と水量は通常保全されている．例外といえるのは，土砂崩れ，火事，雪崩，火山噴火，旱魃といった自然災害の場合である．流域は，飲料水の重要な水源となっている．理想的な場合，保全されている流域の水は，何の処理を施さなくても飲料水として十分に清浄である．しかし，周知のように，こうした理想的な状態はあまり見かけることがない．保全された流域と地下帯水層系を組み合わせることで，安全な飲料水は手に

入れることができる．土地利用は流域にとって脅威となるが，こうした脅威は，流域における人間活動から直接生じるものと，大気汚染物質の運搬によって間接的にもたらされるものとがある．ほとんどの問題の原因となっている直接的な土地利用活動としては，農作物の栽培，牧草地や放牧地としての使用，森林の伐採，建設事業，鉱業，都市化，道路と運輸，飼育場と畜産，河道の改修，ごみの埋立があげられる．

流域が不適切な土地利用から守られない場合，浸食の激化，洪水流出量の増加，水質悪化などの被害が起きる．流域を脅かす土地利用としては，森林伐採，都市化，リクレーション，車輌，農業，鉱業，家畜の放牧，さらに野生動物の生息地があげられる．流域の悪化を許容すると，そこの水は使用する前に清浄にしなくてはならなくなる．汚染が起こる前に，不適切で有害な土地利用から流域を保全することは重要である．

流域マネジメントは，水資源とこれに関連する土地資源を保護・管理・保全するのに取ることのできるすべての措置を含んでいる．流域の保護のために取られる措置としては，土地利用規制，ゾーニング，監視，回復，および浸食防止対策が考えられる．

一つの政策概要書の中で，Brooksら(1994)は，流域マネジメントについて数項目の要点を次のように指摘している．すなわち，流域マネジメントは，持続可能な土地と水のマネジメントを実現するための手段を提供する；不適切な流域マネジメントは，土地の荒廃と水質悪化をもたらし，世界中で農村地帯の貧困をもたらす主要な原因となっている；不適切な流域マネジメントの主要な原因は，すでにわかっている有益な手段を促進するような政策が施されないことにある；流域の境界線は，政治の境界線とその利害が一致しない；主要な政策的課題は，流域と政治上の境界線とを統合することである；これを行うためには，人々が自分たちの領域の外側で起きる影響に対して責任を持つ政策が必要とされる(外部性の内在化)，をあげている．

16.4 土地利用の影響

不適正な土地利用がもたらす影響は，面源からの汚染(nonpoint source pollution)や洪水流量の増大や変化として現れる．Clean Water Act 施行以来，面源汚染の影響を定量する研究が行われてきた．これらの研究の多くは，同法第208項に端を発している．

　農業を起源とするものがおそらく量的に最大の汚染物質を出していると考えられる．農業が原因となる汚染物質としては，流出土砂，肥料，農薬および除草剤があげられる．肥料は，窒素やリンという形で，河川や湖沼に過度の栄養分を付加することになる．農薬や除草剤の中には有毒な化学物質が含まれていることがあり，野生生物にとって致命的なものになる場合もある．畜産，とりわけ牛の飼育地からの排出水は，大きな面源汚染流出源になる場合がある．森林伐採は，農業活動の一形態であり，これもまた，流出土砂，栄養分，化学物質を河川に流出させる要因となる．

　工業活動は，輸送や製造に伴う残余物，大気汚染物質，固形廃棄物という形で汚染物質を付加している．建設業は，主に流出土砂を増大させるが，不注意な工程管理が行われるなら，オイルやグリース，ガソリン，その他の化学物質，そして様々な工業生産物が建設作業から出てくることになる．

　鉱業は，流出土砂，および鉱山からの酸性排水という形での化学物質による汚染をもたらすことがある．酸性排水は，黄鉄鉱(FeS_2)のような硫黄含有物を通った水を起源とし，主に硫酸である．

　道路や運輸は，浮遊流出物を出すとともに，車輌から漏出するかあるいは燃焼過程から発生する鉛，オイルやグリース，ガソリン，不凍液，塗装物，微粒子，炭素化合物のような化学物質を生み出す．

　すべてのタイプのごみ埋立地や固形廃棄物用地は，漏出，流出，浸出によって面源汚染の問題に寄与することになる．この汚染問題は，きわめて深刻であり，河川や帯水層に有毒な汚染物質の混合物をもたらすこともある．

　都市部からの雨水流出は，流出土砂から細菌汚染，化学物質，重金属に至るまで多くの汚染負荷の源となり得る．都市区域は，工業，農業および輸送施設の混在している場所である．都市部からの流出については，1980年代に多くの研究が行われている．

　河川改修は，一般に局所的な帯水層から排水を起こしたり，流出土砂を増加させたり，流域の生態を変化させたりすることがある．

16.5 流域マネジメントに向けての戦略

顕著な変化が見られるようになったのは，流域が計画立案の一つの単位として使われるようになってからである．しかし，我々は，この変革が首尾良く成功するかどうか今のところわからない．もし首尾良くいけば，これは，(語呂合わせをすると)水資源マネジメントにおける「分岐点(watershed)」になるといっても過言ではない．

今後の重要な課題は，流域についての観点と政治上の観点との調和を取ることであろう．というのは，水資源マネジメントにおいて「流域的視点からのアプローチ(watershed approach)」が強調されてしかるべきであるにもかかわらず，他章で述べているように，政治問題が流域を意思決定の中心として使うことを困難にしているからである．変化が生じたのは，州が水質問題について流域的視点を取り入れるよう要請する立法の成立する可能性も含めて，水質保全の提唱者たちが流域を一単位としたマネジメントに着目したことによる．

また同時に，この水政策提唱者は，水資源マネジメントの意思決定を行う際に流域的視点を導入することを求めてきた．Long's Peak Groupによるレポートは，こうした考え方を取っている一例である(本章の後半と第9章を参照されたい)．

16.6 流域マネジメントの事例研究

ここでは，現在，調査研究と活動が進められている2つの事例を取り上げる．最初の事例は，現在，米国が水質保全のための組織的な原理として流域からのアプローチをどのように考えているかという問題である．二番目は，州や地方自治体が，土地利用規則との関連で給水用集水域の保全をどのように調査研究してきたかという点である．

16.6.1 米国におけるマネジメント単位としての流域

流域マネジメントの最初の事例は，米国では流域による水質管理へ向けての動

16.6 流域マネジメントの事例研究

きである．このアプローチの提唱者は，流域が，統合を生み出し，システムズ・アプローチを可能にする強制力になるとみなしているが，これは，現実には容易なことではないだろう．我々は，この事例を見ることで，こうした努力に焦点を当て，数年前まで遡って，このアプローチによって何らかの進展が見られたかどうかを追跡することができる．

新たな発案権によって，単一の州もしくは複数の州が自発的に「流域マネジメント単位」を指定でき，指定された単位の中で障害のある水域を特定することができる．次いで，U.S. EPA は指定を承認し，州にそれらの単位を管理するよう要請する．州はこれを受けて，流域マネジメント計画を提出し，流域における州の回転資金の使用や債務の長期償還許可の使用のようなインセンティブに法的根拠を認めることができる．また，指定された流域において面源汚染の削減にこれまで以上の注意が払われることになる(ENR, 1993)．

U.S. EPA の Office of Wetlands, Oceans, and Watersheds(湿地・海洋・流域対策室)の室長である Wayland(1993)によると，包括的流域マネジメントは，必然的に次の事項を内包するとしている．すなわち，流域内のすべての資源は相互に関連しているシステムの一部分であり，生態系の健全性に依存していることを認識すること；優先順位を決定し，システムのニーズに応じた解決策を調整すること；パートナーシップを構築し，流域内で連邦，州，種族，地域，管区，地方および民間レベルの対策を統合すること；そして，解決策を実施するに際して，地元の積極的な関与を得ること，である．

ノースカロライナ州の水質管理機関は，水質管理のために流域によるアプローチを既に採用している(Clark, 1993)．州の Divison of Environmental Management(DEM；環境管理部)は，許可の方法の分析，モニタリング，廃水負荷のモデリング，面源汚染の評価および計画立案を目的として，州を 17 の河川流域としてとらえることを決定した．このように分割した意図は，合計最大 1 日当り負荷量(total maximum daily load；TMDL)という概念を用いて，水質基準を保つ範囲内で河川が同化できる廃水の総量を見積ることにある．いったん TMDL の数値が決められると，点源と面源の負荷量を配分することができる．そうすると，次のような革新的な行為，すなわち，汚染物質の取引き，機関同士での汚染物質の取引き，工業団地や誘致計画，排水放流先の統合などが可能となる．

水マネジメントにおける持続可能性を達成するために，Long's Peak Working Group は，分析や行動の基本的単位として，流域を用いることを推奨している(Long's Peak Working Group, 1992)．このグループは，生態系の保全と回復を国家政策目標の優先課題の一つであるとみなしている．彼らの推奨する原理は，以下のとおりである．「流域は，流路内，湿地帯，河岸および関連する高地の資源を含めて，水生生物の多様性を保護しかつ維持する目的で，分析と行動の基本単位とすべきである．しかしながら，流域の回復の優先順位は，より大きな地域や州間あるいは国家間の生態系の構成要素としてこれらの資源の役割や重要性を反映したものでなければならない」．

16.6.2 州政府および地方自治体による水供給集水域の保護

この事例では，地方自治体と州政府が，都市への水供給を守るための流域マネジメントへのアプローチを準備するに際して，どのように共同作業ができるか，について示されている．

Burby ら(1983)は，飲料水の供給を保護するための包括的な枠組みについて提案しており，その中で保護手段の核心として介入措置(intervention program)を組み込んでいる．この介入措置は，水質保全の必要性に基づいて注意深く立案されるものとなろう．その内容としては，次のような規制対策が含まれる．すなわち，ゾーニング，宅地造成規制，浸食対策，流出土砂対策，雨水制御，腐敗槽およびオンサイト廃水処理システムの規制，固形廃棄物管理の規制，廃水放流の規制，貯水池の水面と岸辺の規制，財産権の取得，流域保全の重要性についてのインセンティブや教育についての様々な技術，である(Burby et al., 1983).

American Water Works Research Foundation(AWWARF；米国水道協会研究基金)は，流域の保護が飲料水の水質保全にとって重要な要素であるとみなしている．1993年にこの基金は，流域計画の実施とインパクトに関する研究のための新たな調査プロジェクトを承認した．これは，基金が，土地利用の制御と土地マネジメントの実施が流域での水質管理を行ううえで最も有効な2つの手段と考えたからである．基金が見直しを進めている制御・管理対策としては，現在進展している国の水に関連する政策，Safe Drinking Water Act(安全飲料水法)の地表水処理規則，Clean Water Act とその修正条項，国の湿地帯政策，U.S. Forest Service のガイドライン，Soil Conservation Service(土壌保全局)の流域

保全プログラム，Bureau of Land Management（土地管理局）の放牧政策があげられる．以前実施された AWWARF のプロジェクトでは，いくつかの公益施設についての見直しを行い，地表水の供給に効果的な流域マネジメントについての報告を刊行している．この報告の中で，公益施設の経験が事例研究として簡潔に書かれている．

　上述の手段が各々の州で公式に採用されている政策ではないが，給水用集水域の保護の目的としてこれらの手段を講じている地方自治体や州政府も見られる．特に，ノースカロライナ州および調査対象とされた Raleigh-Durham-Chapel Hill の研究の三角地帯にある地方自治体は，流域の保護にこれまで注目し続けている．土地利用に関する対策について，次々と多くの論争が戦わされてきたが，流域の保護についての一般的な倫理観は健在である．

　流域マネジメントを構成しているいくつかの要素は，ノースカロライナ州をはじめとする諸州で，給水源保護のために採用されており，その中には，以下のような州の規則が含まれる．すなわち，上水用の流域にある浄化槽は，最低限の大きさ，例えば 4 万 ft^2（3 700 m^2）よりも広い敷地に設置される必要があるということ，宅地造成規制，ゾーニング規制，流出土砂対策，流域内の土地の取得，である．こうした手法が，ノースカロライナと他の諸州で採用されている．Burby らは，いくつかの標本地域において，州政府や地方自治体による諸対策とその採用頻度に関する詳細なリストを提供している．

16.7　河川水系

　河川水系は，まさに生命の川である．本節では，河川水系の構成要素を明らかにし，そのマネジメントにあたって直面する問題を簡略に述べることにする．

　河川水系，すなわち河川ネットワーク全体は，その中に，支流，分派川，氾濫原，関連する湿地帯と河岸地帯，および地下帯水層を含んでいる．中でも，氾濫原と関連する湿地帯は，まさに生命と生態系の活動に満ちている．

　ほとんどの河川水系の場合，高地に支流域があって，その水系に表流水や地下水を注ぎ込んでいる．水流の回廊に沿う形で，河岸地帯や帯水層が位置している．また，時には，地質学的につくり出された湿地帯や湖も見られることがある．

自然水系の研究は，地質学，地形学，水生生態学，湖沼学，そしてもちろん土木工学の各分野においてなされる．コロラド州立大学では，異なる分野，すなわち，河川力学，河川地形学および水生生態学の科目をまとめる試みが行われている．単一の分野だけでは，全体像を完全に把握することは不可能である．

流域内で適切な水量と水質を持った水流を維持することが，課題である．水質で問題となるのは水質基準であるが，これについては，すでに第14章で述べてある．維持用水の量については，近年に至るまで看過されてきたが，これは，水質と生態系の健全さの双方に密接な関係がある．

河岸地帯は，水系と生態系との接点である．河岸の回廊は，表流水，地下水および水生生態系を維持する氾濫原湿地帯とからなる帯状の土地である．この河岸回廊を健全な状態に保つことは，自然系の活性化にとっては明らかに非常に重要な要素であるといえる．しかし，河岸地帯全体のマネジメントは，最近になって関心の高まった問題で，これまでは，断片的な形でのアプローチがとられてきたに過ぎない．1960年代には，雨水排水システムの計画に対して「ブルー・グリーン(blue-green)：川(blue)があって岸辺の緑(green)がある」という概念が考え出された．洪水防御計画の担当者は，長い間，氾濫原に自然上の価値やリクレーション上の価値を認識していた．例えば，ノースカロライナ州のRaleighでは，Raleigh Greenway Commission(Raleigh緑道委員会)が，非常に魅力的な自然遊歩道として河川周りの回廊を重用している．DenverのUrban Drainage and Flood Control District(都市排水・洪水制御管理区)によって見出されたように，すべての水路の底部は，湿地帯としての資格を持つ(DeGroot and Tucker, 1985)．この考え方は，今日，メインテナンスと自然区域保護との調和を図りながら，多目的な排水回廊を設計する方法についての新たな考え方へとつながっている．この問題を表現するための用語として，「湿地の底に設置された水路(wetland bottom channel)」がある．

河川水系マネジメントの問題は，広範な水量と水質問題を含んでいるが，その多くは，「維持流量(in-stream flow)」という概念に含まれる．

16.7.1　維持用水のためのスケジューリングに関する事例

維持用水は，乾燥地域，潤湿地域を問わず重要とされる新たな問題であるが，

16.7 河川水系

多くの河川が完全に干上がることのある乾燥地域にとっては,緊急を要する課題である.基本的な問題は,あらゆる使用用途に対して常時適正な量の流量を維持し,かつ自然系にも水の供給を行うことである.技術面で重要になってくるのは,河川内で必要とされる水量をいかに決めるか,である.取っかかりとしてまず,例えば図-16.2にある河川での魚のライフ・サイクルのような水中の健全な環境を想定してみよう.

維持用水の必要量は,個々の使用目的に対する必要流量に河川としての機能を果たすのに必要な流量(carriage needs)を加えたものである.河川としての機能を果たすのに必要な流量というのは,河川の流水は複数の目的を満していることを考慮に入れた考え方である.例えば,魚類と野生生物に x の流量が必要であるとすれば,その同じ x の流量がそれから先にも満たされなければならないので,ある取水点の下流に対しても維持されなければならない.もう一つの例として,取水に必要な流量に対して河道内損失を上乗せした流量をあげることができる.

必要とされる維持用水流量を決める問題は,魚類と野生生物の数を維持するのに何が必要なのかに焦点が当てられてきた.例えば,ある所定の河川区間に対してマスの漁獲高を維持するのに必要とされる流量を推定することはできる.しかしながら,異なる時期において必要とされる流量については正確には知られておらず,ただ推定が行われているだけである.この問題は,専門家の意見を待つしかない.

U.S. Bureau of Reclamation(米国開拓局)は,水プロジェクトや水マネジメントが維持流量に影響を与える可能性のある多くの点について次のように記述している(U.S. Bureau of Reclamation, 1992).

  ダムからの放流は通常,単一の水生生物種あるいは成長過程を保護できるように行われる.維持用水としての放流は,

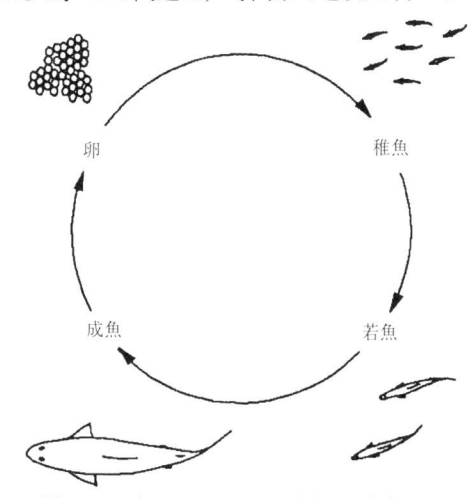

図-16.2 ブラウントラウトのライフ・サイクル
(出典:Waddle, 1992)

春または秋に以下に示すような目的で実施される．すなわち，魚の上下流への移動と産卵場所への接近を容易にすること，魚が魚梯を利用するのに魅力的な水流をつくり出し，魚道を通る手助けにすること，産卵・孵化・成育のための良質な生息環境を提供すること，水質に関するパラメーターを改善すること，緩和措置としてつくられた孵化場に水を補給すること，およびその他の魚類に関連する対応策，である．

必要水量を確定しようとする試みが，コロラド州 Ft. Collins にある U. S. Fish and Wildlife's National Ecology Center（連邦魚類・野生生物局の国立生態研究所）によって行われている．Waddle (1992)は，博士論文の中でこの問題に触れ，貯水池の水マネジメントによって，生物種のための水環境をどのように最適化できるかを提示している．

Waddle は，西部諸州が維持用水を保護するための法律を成立させてきた経緯を示したうえで次のように述べている．「すべての維持用水対策の一般的な目的は，維持用水量の価値を守るために，特定の流量レベル以下で専用的に使用できない水を選定された河川で確保することにある」．連邦レベルでは，維持流量を対象にした法律はないが，州の他の法律を維持流量を保護する目的で利用することができる．すなわち，許可上の制約条件，Endangered Species Act（絶滅危惧種法）やその他の環境関連法である（この種の法律についての詳細な議論は，第6章を参照されたい）．

ほとんどの西部諸州では，河川区間内にある維持用水は，下流域の水利権を満すためであって，これによって生物種に利することがあったにしても，これは意図したことでなく偶然によるものである．こうした傾向は，現在，維持用水に関連する法律の立法化と特定の生物種保護のためのプログラムによって変わりつつある．

維持流量の決定方法は，現在まだ開発中である．Waddle は，方法の範囲とこうした方法を用いて最良の水マネジメントのシナリオをいかに見出すことができるかについて説明している．

維持流量と河岸地帯の問題を明確にするのには，Platte 川の事例（第 19 章参照）を見るとよい．以下に掲げる議論は，U. S. Bureau of Reclamation の維持流量についてのマニュアルから取ったものである．このマニュアルの中で，河川流水帯の問題を説明するのに，Platte 川が用いられている．

16.7 河川水系

　Platte 川は，ネブラスカ州中東部を貫流している川で，渡鳥の主要経路にあたり，渡鳥にとって重要な一時的滞留地となっている．1年の中の異なる時期に，6種類の絶滅の恐れのある種が Platte 川に見られる．アメリカシロヅル，ヒメアジサシ，フエチドリ，ハクトウワシ，エスキモーコシャクシギ，ハヤブサである．

　歴史的にみると，Platte 川は，幅の広い，浅い，網目状の流れであった．1865 年以来，Platte 川の川幅は，79％に減少している．河川区間の中には極端な場合，4 000 ft (1 200 m) から 500 ft (150 m) に減少した区間も見られる．こうした急激な変化は，流量の減少，流送土砂量の減少および河岸への樹木の繁茂とが相まって生じたものである．河川の中には，河川地形が当初の網目状のものから蛇行水路に変化していき，これによって，絶滅危惧種の多くに好まれている開放水域と湿性草地という生息環境を提供できなくなっている所もある．

　この 20 年以上にわたって，Platte 川は，河川水系の水文条件，およびそれが河川地形に及ぼす影響についての広範な科学的調査研究の対象であった．現在，この調査研究は，連邦，州，地方自治体および環境資源関連部局の代表者で運営される Platte River Management Joint Study (Platte 川マネジメント共同研究) によって調整され推進されている．これら調査研究の目標は，Platte 川の河川地形の変化を監視すること，ならびに現行の開発と制度上の制約のもとで生物の生息環境への支援を最大限にする実行計画を作成することである．U.S. Bureau of Reclamation も，こうした研究に積極的に参加しており，現在，流況に関する種々の代替的シナリオの可能性の評価に役立つ水文・水理のモデルを開発しているところである．

　この事例の場合，望ましい河川水路の特性を維持するのは，流況管理と機械的な植生管理との組合せとなることは，ほとんど間違いのないことであろう．Platte River Whooping Crane Trust (Platte 川アメリカシロヅル保護財団) は，Platte 川の Big Bend Reach 沿いの委任地区で進められている植生管理の調査研究において積極的かつ指導的な役割を担っている．これ以外にも，土砂輸送と植生の侵入が水路の形態に及ぼす影響を予測する方法の開発を試みている (U. S. Bureau of Reclamation, 1992）．

　Platte 川沿いの河岸地帯の状態を改善するために，いくつかの問題が追求されている．河岸地帯の状態の中には，水文学や生態学の実際上の側面すべてが含まれる．河川に安定した流量があることが鳥類や関連する野生生物の食用としての魚類を維持していくうえで必要とされる．大量の流量を一度に流すことは，アメリカシロヅルといった種を保護するうえで，若木を取り払い，適切な水路幅を確保するのに必要とされる．水を流すタイミングは，鳥類の巣づくりの時期による．換言すると，水文的な条件は，河岸地帯の生態環境の中に統合されている要素である．河川の存在それ自体に種の保護の問題が関わっている．筆者が本書執筆中の 1995 年に，Denver Post 紙(Obmascik, 1995)は，以下に列挙する希少種魚の保護に対する新たな関心についての報告を掲載している．すなわち，suckermouth minnow, brassy minnow, stoneroller, common shiner, northern redbelly dace, lack chub, stonecat, orange-spotted sunfish, plains minnow, plains top-minnow といった魚である．その原因は，都市下水，肥料，灌漑排水やその他の栄養素源による水質問題である．

16.8　湿　地　帯

　湿地帯，すなわちほとんど潤湿な状態にある自然水系の構成部分は，多くの貴重な機能を持っているが，そのマネジメントは，開発者と農民対環境保護主義者と規制者の戦いになるので，米国にあってはやっかいな問題である．

16.8.1　湿地帯の定義と範囲

　湿地帯とは，以下の定義付けによって表される河川環境の構成部分である．「これらの地域は，十分な頻度と十分な期間にわたり，表流水もしくは地下水によって水浸しになるか飽和状態になっていて，通常の環境のもとでは，水で飽和した土壌での成長に適応できる植生の繁茂を支えている．湿地帯は，一般に沼(swamp)，沼沢(marsh)，湿地(bog)やこれに類する地帯を含む」(U. S. Army Corps of Engineers, 日付不明)．また，湿地帯の中には，「泥沼(slough)，くぼ

16.8 湿地帯

地(pothole),潤湿な草地,河川が越流する所,干潟および自然の池」(U.S. Environmental Protection Agency, 1978)が含まれる.

図-16.3は,U.S. EPAによる湿地帯の描写である.

淡水湿地帯が米国の湿地帯の90%以上を占めている.淡水の沼沢地は,多様な種類の草本によって特徴付けられているが,湿原は,夏に干上がることがたびたびあり,樹木も含めた木本の植物によって特徴付けられている.塩水の湿地帯は,全米の湿地帯の10%以下であるにもかかわらず,その損傷が目に見えて酷くなっているため,淡水湿地帯に比べると多くの注目を集めている.

入植前の米国には,湿地帯は豊富に見られたが,現在,湿地帯の総面積は大きく減少している.湿地帯の排水と埋立てが,1850年代のSwamp Land Act(沼沢地法)の成立とともに,深刻な事態を生むことになった.U.S. Fish and Wildlife Service(米国魚類・野生生物局)のDahl(1990)は,1990年に,米国は植民地時代に48州で2億2100万acre(89.4万 km^2)の湿地帯を持っていたと推定している.1980年代までに我々は実にその湿地帯の53%を失っている.これは換算すると,植民地時代から毎時60 acre(0.24 km^2)以上の湿地帯を失ったことになる.カリフォルニア州が,元の湿地帯の中の最も多くの割合を失っているのに対して(91%),フロリダ州は最も広い面積を失っている〔930万 arce(3万8000 km^2)〕.元の湿地帯面積の70%以上を失っている州は,次の10州である.アーカンソー,カリフォルニア,コネチカット,イリノイ,インディアナ,アイオワ,ケンタッキー,メリーランド,ミズーリおよびオハイオ,である.

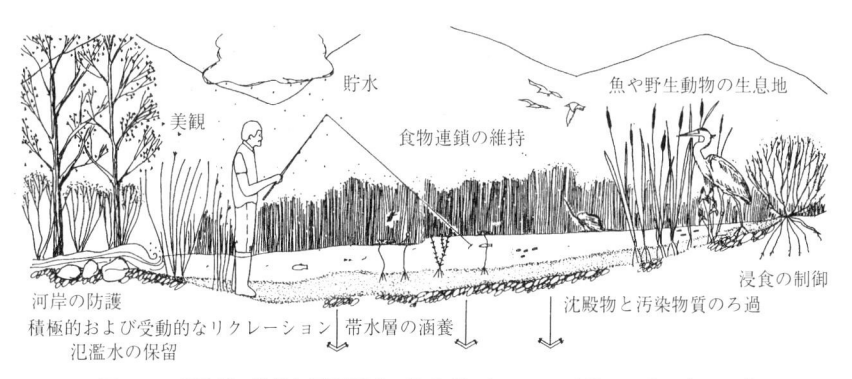

図-16.3 湿地帯の機能と価値(出典:U.S. Environmental Protection Agency)

16.8.2 湿地帯の機能と価値

図-16.3に湿地帯の機能が概観されている．湿地帯は，米国の塩水魚介類の年間魚獲高の半分以上の淡水魚および淡水のゲームフィッシュのほとんどに対して，飼場，産卵場そして成長の場となっている．また，湿地帯は，米国在住鳥類の種の3分の1，渡鳥の種の半数以上，そして絶滅危惧種として連邦政府に登録されている多くの動植物の生息地となっている．湿地帯はまた，泥炭を閉じ込め，泥炭が空気中に放出されることを妨げている．

湿地帯は，立派な経済上の価値と環境上の価値を持っている．それらの中には，魚類，鳥類，その他の野生動物の多様な種に対する生息環境の提供，地下水の涵養，ろ過や自然のプロセスによる表流水の浄化，浸食の制御，洪水制御に対する貯水と緩衝作用，リクレーション，教育，科学研究および景観のための場の提供，が含まれる．

塩水の沼沢地や湿原は，広範な塩水魚や海岸野生動物のための生息環境となっている．フロリダ州の南部を広く覆っているマングローブの沼地は，マングローブが外海の希釈されていない塩分を許容し，その根がつくるシステムが，河口と海洋が相互に影響し合う有機体で構成される生物界にとっての連結区域となっているので，生態学的に非常に重要であるとされている．

湿地帯は，洪水，旱魃，氷による損傷，強風，高波そして火事といった様々な自然の異変に直面する．こうした際に，湿地帯は，ストレスが全くないというわけにはいかないが，生態系にとってこうした異変による損傷への緩衝帯として機能する．例えば，1992年にハリケーンAndrewがフロリダ南部を来襲した時，Evergladesの野生生物群は著しい損傷を被っている．

16.8.3 湿地帯の規制

湿地帯は，長年の間，攻撃の対象とされてきた．規制対策によって保護されるようになったのは，ここ数年来のことである．

1970年代初頭から展開されてきた湿地帯保護対策は，これまで議論の的となっており，対立は年とともにその激しさを増しているように思われる．土地利用の問題として，湿地帯の規制は多くの利害関係を持っており，多くの連邦機関が

16.8 湿地帯

関わることになる．そうした連邦機関としては，U.S. Army Corps of Engineers（ACE；陸軍工兵隊），Fish and Wildlife Service, Soil Conservation Service（土壌保全局），U.S. EPA があげられる．また，20以上の州が，既に湿地帯保護対策を持っている．基本的には U.S. EPA が，一つの規制機関であるが，湿地については，U.S. EPA 以外の機関にあまり馴染みのない役割を割り当てることもある．これは，とりわけ，ACE にあてはまる．というのは，ACE は，主に水開発を任務とする機関であるにもかかわらず，湿地帯について取り扱っている Clean Water Act の404条の執行に責任を負っているからである．

湿地帯を規制するための基本的な規則は，Federal Manual for Identifying and Delineating Jurisdictional Wetlands（司法管轄上の湿地帯の判定と概念規定のための連邦マニュアル，1989）である．これによって，連邦の規制保護の対象とされる湿地帯として場所を認定するための水文特性，植生ならびに土壌の特性が定義されている．

湿地帯についての対立は，その定義を巡って起こる．1991年の政府提案の改訂が実現すると，米国に残っている湿地帯1億300万 acre（41.7 km²）のおおよそ半分が保護対象から外されることになる．これに対する不服の一例として，コロラド州の環境保護主義者たちが，Rockey 山脈のマス生息域の河川の近くにあるヤナギの木からなる湿地帯が保護されなくなることに異議を申し立てている．この湿地帯は，流送土砂をとらえ，魚の食糧源として重要な昆虫類に食物を提供しているからである．

湿地帯を巡るやり取りは，例えば次のような形で進行する．農民が作付けのためにある土地を排水することに決める．あるいは，開発業者がある区画の土地の一部を排水することで，さらに有用な土地にしようと試みる．そして，誰かから告訴状が提出され，ACE が検査に来る．検査官が，農民もしくは開発業者が「404条許可」の申請を行っていないことに気がつく．この状況は，その農民もしくは開発業者にとっては不条理なものと感じられる．というのは，自分の取った行動が，清浄な水とは何の関係もないように考えられるからである．対立が続き，最終的に問題が解決されるが，解決されるまでには多大な困難さを伴うことになる．以上が，持続可能な発展のための戦いの最前線である．

開発業者に対してその業者が望むことを許可する方法の一つとして，影響緩和計画（mitigation plan）を求めることがある．これは，湿地帯の一部が破壊され

ることと引換えに，一定の湿地帯をつくり出すという計画である．多くの開発計画はこうした影響緩和計画を中に含んでおり，要求される影響緩和の程度は，交渉の対象となる事項である．

16.8.4 湿地帯の事例研究

Miamiで開催された1993年のInteramerican Dialogue on Water Management(米大陸水マネジメント対話集会)では，大陸規模での湿地帯問題を描き出すのに，事例として，フロリダ州のEvergladesと南米のPantanalの将来が取り扱われた(Wade et al., 1993)．2つの巨大な湿地帯とこれに関連する生態系が研究対象とされたのは，これらが，破壊されやすく重要な生態系の変化の現状を明示しており，急速に開発が進められていく中で注意深いマネジメントが必要とされるからである．

両区域は，広大で国際的に重要な淡水湿原をその中に含んでいる．Pantanalは，Evergladesの数倍大きく，高度差もより大きく，複数の支流からの流入水を受けている．Evergladesは，薄層流と単一の河川からの流入がある．その生態系は，Kissimmee/Lake Okeechobee/Everglades(KLOE)生態系として知られている．Pantanalはより豊富で多様な野生生物を支えている．Evergladesは，1880年代初頭に部分的な排水を開始した結果，生態系にドラスティックな影響を及ぼすことになった．Pantanalは，まだ，大規模開発による影響を被っていないが，現在計画中のパラグアイ―パラナ水路が完成すると，甚大な影響を受けることが予測される．

調整と政治上の意向という馴染み深い問題が，両地域の生態系に影響を及ぼしていくであろう．KLOE生態系は，現在部分的にはEverglades国立公園によって保護されているが，これ以外の場所では保護されていない．しかし，1993年には，4億6500万ドルの政府―企業間計画が発表された．この計画の費用のほとんどは，財産税という形で砂糖きび栽培業者，州政府およびSouth Florida Water Management District(南フロリダ水管理区)に配分されることになった(Gutfeld, 1993)．ブラジルでは，経済危機と環境規制に対する曖昧な態度が相まって，Pantanalを保護する努力を損なう結果となっている．

EvergladesやPantanalの抱える問題の大きさを考えれば，湿地帯の保護対

策の戦略的な重要性が明らかである．湿地帯を巡る局地的な争いも，Everglades や Pantanal と同様に，より大きなシステムを構成する部分の問題としてとらえることができる．そして，これらを通して，包括的な水問題の中に湿地帯の保護が含められなければならない理由を明確に示すことができる．

16.9 質　　　問

1. 本章では，自然水系を記述するのに，いくつかの専門用語が用いられている．その例としては，河川水系，河岸地帯，河川－河岸生態系があげられる．自然水系において特徴の連鎖を記述するのにより適切な用語を思い当たらないか？
2. 土地利用規制と自然水系維持との間の関連について説明せよ．
3. 氾濫原管理に関する対策の領域が，近年湿地帯および生態系と関連づけて語られることが多くなってきている．この対策領域において，全体的な責任は誰が負うのか？　連邦政府か？　州政府か？　地方自治体か？　これについて説明せよ．
4. 湿地帯の管理と保全は，明らかに複合的な企画である．湿地帯管理に対する相容れない目標と見解を調停するに際して，どういった管理の枠組みを提案するか？　管理の枠組みは，純粋に規制によるものであるべきなのか？　あるいは，自発的意思によるものなのか？　誰が，これを実施するのか？
5. 事業の分野および組織的な枠組みとしての「流域マネジメント(watershed management)」は，「河川流域管理(river basin managment)」とどのように比較されるか？　流域マネジメントを採用しなければならない理由があるとすると，それは何か，また，その際に障害となることは何か？
6. 水供給機関は，その管轄内の自然水系の保護のために，どういった責任を負う必要があるのか？　保護にかかる費用は誰が支払うのか，そして，その料金の徴収方法はどうなるのか？

文 献

Brooks, Kenneth N., Peter F. Folliott, Hans M. Gregersen, and K. William Easter, Policies for Sustainable Development: The Role of Watershed Management, *EPAT/MUCIA Policy Brief No. 6*, Arlington, VA, August 1994.

Burby, Raymond J., Edward J. Kaiser, Todd L. Miller, and David H. Moreau, *Drinking Water Supplies, Protection through Watershed Management*, Ann Arbor Science Publishers, Ann Arbor, MI, 1983.

Clark, Alan R., The Big Picture, *APWA Reporter*, February 1993.

Colorado Water Resources Research Institute, Ecological Integrity, *Colorado Water*, June 1995.

Dahl, T. E., *Wetlands Losses in the United States, 1780's to 1980's*, U.S. Department of the Interior, Fish and Wildlife Service, Washington, DC, 1990.

DeGroot, Bill, and Scott Tucker, Wetland Bottom Channels—An Emerging Issue, *Flood Hazard News*, December 1985.

Doppelt, Bob, Mary Scurlock, Chris Frissell, and James Karr, *Entering the Watershed: A New Approach to Save America's River Ecosystems*, Island Press, Washington, DC, 1993.

ENR, A "Whole" Lot of Planning Going On, September 20, 1993.

Gutfeld, Rose, Agreement is Reached on Framework of $465 Million Plan to Save Everglades, *The Wall Street Journal*, July 14, 1993.

Long's Peak Working Group, *America's Waters: A New Era of Sustainability, Report of the Long's Peak Working Group on National Water Policy*, Natural Resources Law Center, University of Colorado, Boulder, December 1992.

National Research Council, *Restoration of Aquatic Ecosystems*, National Academy Press, Washington, DC, 1992.

Obmascik, Mark, South Platte's Rare Fish in Trouble, *Denver Post*, March 16, 1995.

U.S. Army Corps of Engineers, *Federal Manual for Identifying and Delineating Jurisdictional Wetlands*, Washington, DC, 1989.

U.S. Army Corps of Engineers, *Recognizing Wetlands*, Washington, DC, undated.

U.S. Bureau of Reclamation, *An Implementation Plan for Instream Flows, Reclamation's Strategic Plan*, Denver, December 1992.

U.S. Environmental Protection Agency, *Our Nation's Wetlands: An Interagency Task Force Report, including Executive Order 11990, Protection of Wetlands*, 1978.

U.S. Forest Service, *Forest Service Fish Habitat and Aquatic Ecosystems Research*, September 1993.

Wade, Jeffry S., John C. Tucker, and Richard G. Hamann, Comparative Analysis of the Florida Everglades and the South American Pantanal, Interamerican Dialogue on Water Management, Miami, October 27–30, 1993.

Waddle, Terry Jay, A Method for Instream Flow Water Management, Ph.D. dissertation, Colorado State University, Summer 1992.

Wayland, Robert H., III, Comprehensive Watershed Management: A View from EPA, in *Water Resources*, The Universities Council on Water Resources, No. 93, Autumn 1993.

第17章　水の節約と有効利用

17.1　はじめに

　新たな給水源を見つけ出すことが困難な今日,「1ペニーの節約は1ペニーのもうけ」というBen Franklinの格言は,節水についても確かにあてはまる.実際に次のような乗数効果が見られる.つまり,再利用を含めた水の節約は,処理費用や配管の大きさなどの節減につながる.今日,節水が非常に注目されているのは,不思議なことではない.

　この20年間,節水は,給水源の増強に対応する主要な選択肢の一つとなってきた.同様に,需要管理は,供給の増加に対して並行して取られる管理手段であると考えられている.

　本章の目的は,節水と効率性の改善に関する利点と技術ならびに原理を概説することである.いくつかの政策問題が調べられ,事例は,都市用水と農業用水の節約を実現する際に得られた最新の発見や経験を示している.

　都市用水と工業用水の節約は,比較的わかりやすいが,農業用水の節約とその有効性についての問題は,誤解されていることが多い.本章の主要な目標は,農業用水に関連する効率性の概念について明らかにすることである.

17.2 節約の哲学

持続可能な開発という概念は，節約という倫理観(conservation ethic)を含んでおり，この倫理観は最近の地球ならびに国レベルの環境や水に関する諸会議で注目を集めている．

ほとんどの人が，資源の浪費を止めようという基本的な倫理観には賛同する．我我が惑わされるのは，他者にとって浪費であることが自分にとっては生産的なものであるかもしれない—という各論においてである．各論では，「必要量(requirement)」と「必要性(need)」と「需要(demand)」の違いが問題になる．筆者がこれらの用語を理解している限りでは，必要性とは主観的必要量を表明する言葉であり，これが必ずしも最小限の必要量であるとは限らない．必要量という用語は，農業用水管理の中では，作物が生産的な成長を行うために取らなければならない実際の水量を表すのに使われてきた．需要(demand)とは，人々が自由に選択できる場合に使用する量であろう—すなわち注文(request)のことである．

今世紀初頭「節約(conservation)」とは，水を貯留し，その水を後の生産的な用途のために取っておくことを意味していた．ある研究では，これを「供給サイドの節約」と呼んでいる(Western Governor's Association, 1984)．今日では，水を貯留することは，貯蔵された水が浪費を促がすとみなして，「節約」に反するという人もいる．彼らは，「需要サイドの節約」，すなわち水の使用の節減のみを認めている．

現在，節水とは，基本的に水を浪費から守ること—特定の生産用途に対してできるだけ少ない水を利用すること—を指している．したがって，都市用水の節約は，洗濯，水洗トイレやその他の家庭内の用途でできるだけ少ない水を使用することを意味する．工業用水の節約は，製品の生産に当たってできるだけ少ない水を使用することを意味する．農業用水も，基本的にはできるだけ少量の水を充てることを意味しているが，このカテゴリーは他の用途よりも複雑なため，さらに詳細な検討が必要である．

17.3 都市用水と工業用水の節約

米国では都市用水は，一般に公益企業ならびに民間企業によって提供されている．こうした企業の中には，地方自治体，水管理区(water district)および民間の水会社が含まれる．それらは，規模，所有権および運営形態の点で大きく異なる．家庭用，商業用，工業用および都市域での散水用を含む水の消費は，幾分小規模な自治体における1日1人当り40 gal(単位：gpcd)(151 L)という低い値のものから，西部の自治体に見られるような200 gpcd(760 L/人・d)以上のものまで幅がある．この数字の中には，都市の水道局からの提供を受けている工業用水の一部も含まれているが，米国における工業用水の大部分は，自給でまかなわれている．

Bruvold(1988)は，家庭用水を強調する形で，都市用水の節約の決定要因について分析を行っている．利用者個人の水利用と節水に関する知識，および企業側の使用制限，料金体系，限界収益価格，節水教育など様々なプログラムによる節約の促進の両方を考慮に入れたモデルを仮定している．**図-17.1**には，その決定

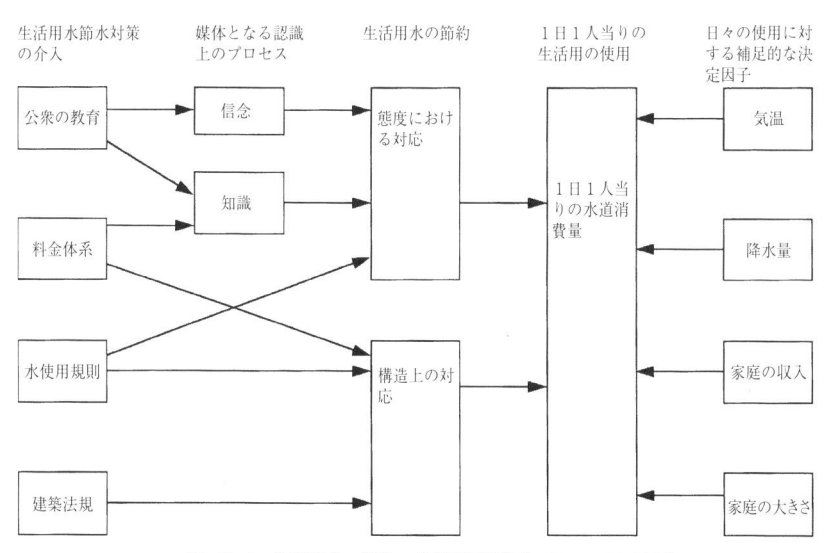

図-17.1 生活用水の節約の決定因子(出典：Bruvold, 1988)

因子が示されている．

渇水期間中のカリフォルニア州のいくつかの企業における経験を評価した後に，Bruvold は，傾斜料金体系と正確な使用量に関する消費者への教育とを組み合わせ，これにコストを連結させる方法が，使用量を抑制するのに効果的である，と結論付けている．

17.3.1 水の使用と価格

米国における水の使用は，かなり変化に富んでいる．実際の使用量データは，American Water Works Association（米国水道協会）の定期的調査から引き出すことができる (Grigg, 1988)．

1984 年 1 億 400 万人の調査人口に対して，全米 1 日 1 人当り平均水使用量（水道企業配水量ベース）は 176 gal (666 L) であった．この使用量のうち，66%が表流水から，25%が地下水から，そして 9%が購入した水源からである．配水量には，地方によって明らかな相違が見られ，北東部の 138 gpcd (522 L/人・d) から，山岳諸州の 199 gpcd (753 L/人・d)，使用量の多いフロリダ州の 286 gpcd (1 082 L/人・d)，と幅を持っている．

米国における原水の平均取水量は，1 日当り 4 億 4 800 万 gal (169 万 6 000 m^3) である．平均小売り配水量は 33.5 mgd (12 万 7 000 m^3/d) で，このうち 56%が家庭用消費者（管径 5/8～3/4 in の接続）に，44%がその他の顧客（配管径 1 in 以上）に送られている．平均ピーク配水量は，1984 年の最高使用日で，61.8 mgd (23 万 4 000 m^3/d) であり，過去 10 年間の最大使用日で 69.8 mgd (26 万 4 000 m^3/d) であった．1984 年の数値は，1 日当りの平均配水量の 1.38 倍である．報告されているピーク時間当りの平均値は，1984 年に 69.8 mgd (26 万 4 000 m^3/d) で最近の 10 年間に対して 85.0 mgd (32 万 2 000 m^3/d) である．報告されている平均最大配水能力は 81.0 mgd (30 万 7 000 m^3/d) で，これは平均日の 1.3 倍である．

異なる地域における無収水量 (unaccouted-for water; UAW) の平均値が下の表に示してある．このデータからもわかるように，米国の古い諸州では無収水量

EPA 地区	1	2	3	4	5	6	7	8	9	10
無収水量 (%)	15.1	14.3	13.7	14.6	13.5	12.7	10.8	9.6	6.4	3.3

が全般的に高い傾向にある．

　無収水量はまた，水道企業の規模に応じて異なる．最も小規模な企業と最も大規模な企業とで損失が最も大きく，約17%であるのに対して，中規模の企業の場合は12～13%の程度である．

　このように，調査対象とされた企業の平均値として，約45 mgd(17万 m³/d)の原水—このうち30 mgd(11万4 000 m³/d)が表流水から，11 mgd(4万2 000 m³/d)が井戸から，4 mgd(1万5 000 m³/d)が購入水源から—を取水している．また，約33.5 mgd(12万7 000 m³/d)を小売り用として消費者に，他の5.7 mgd(2万6 000 m³/d)を卸売り用として配水している．計器計測されない配水が0.5 mgd(2 000 m³/d)である．以上を合計して差し引くと5.3 mgd(2万 m³/d)が残るが，原水のこの12%に相当する部分が無収水のカテゴリーに入れられる．

　回答している企業は，2 066万の顧客について報告している．1 845万の家庭用消費者のうち1 714万(93%)は，水道メーターによって計量されている．計測器計量されていない家庭用消費者のうちの約65万は，New Yorkである．家庭用以外の顧客221万のうち216万(98%)が計測器計量されており，計測器計量されていない顧客は，約5万に過ぎない．平均すると，給水されているすべての水の95.6%が計量されていることになる．全国規模で見てみると，688万個の水道メーターが屋内に，807万個が屋外に設置されており，257万個が遠隔計量が可能である．屋内か屋外かの違いのほとんどは気候によって説明できる．ハワイ州ではすべての水道メーターが屋外に設置されているのに対して，ミネソタ州ではそのほとんどが屋内に設置されている．

　企業の報告によると，家庭用消費者に対する請求金額の平均は，11万3 000 gal(428 m³)の水使用に143ドルである．ということは，平均して1 000 galに1.27ドル(10 m³に3.34ドル)かかるということになる．インフレやコストの上昇に伴って，この数字は，本書執筆時(1994)には高くなっている．

17.4　農業用水の節約

　節水論争の現実の一つとして，農業用水の節水は，都市用水の節水の場合よりもずっと複雑で理解し難いが，農業用水の「浪費」に反対する議論は，流布しやす

い，ということである．

　農業に関与する科学的組織の審議会である Council for Agricultural Science and Technology (CAST；農業科学技術審議会)は，灌漑農業における効率的な水の使い方についての報告を委託し，その報告は 1988 年に刊行されている．この報告では，灌漑の専門家の間でも，農業用水の効率性について意見の相違があることが明らかにされている (Council for Agricultural Science and Technology, 1988)．

　この報告を作成した灌漑に関する審議会の特別作業委員会は，誤解や混乱の恐れがあるために，この研究の中に灌漑の効率性という用語の使用を避けるようにしたと記している．しかし，委員会は，「灌漑の効率性」に関する補遺を付け加え，以下のことをその主要なポイントであるとしている．

　一般に「灌漑の効率性」として知られていることは，農作物の蒸発散 (evapotranspiration；ET) に用いられた水と適用された全水量との関係である．蒸発散は，農作物の蒸散による水分の摂取と土壌表面からの水分の蒸発の双方によって生じる．根圏 (root zone) に入ってきて ET に使用される水量と適用された全水量との割合が，「利用効率 (application efficiency)」もしくは「水利用効率 (water application efficiency)」と呼ばれている．

　灌漑後に根圏に蓄えられていない水は，必ずしも浪費されているわけではない．こうした水は，例えば根圏から余分な塩分を洗出するなど，他の目的に役立っている．

　その他の一連の用語が，根圏貯水可能量に対してそこに実際に貯留されている水量を言い表すために考案されている．「保水効率 (water storage efficiency)」と「要水量効率 (water requirement efficiency)」である．また，他の一連の用語が分配の効率性を表すのに用いられている．

　「導水効率 (conveyance efficiency)」は，取水あるいは揚水された水が灌漑農地に到達する割合を表すために用いられる．

　委員会は，灌漑の有効性は単一の効率を表す用語によって記述できない，と指摘している．必要とされるのは，利用効率や保水効率の高い値と水の一様な分配である．

　委員会はまた，下流域の取水者に用いられる灌漑からの還元流 (return flow) の測定の必要性について確認している．委員長の Marion Jensen は，こうした

効率の概念を表すために「有効灌漑効率(effective irrigation efficiency)」を定義している．

委員会が指摘しているように，「灌漑効率の数値の低さは，必ずしもより経済的な公共目的の水利用に対する損失につながるわけではなく，また，効率性の向上に向けて灌漑の方法を変えることが，必ずしも実質的な節水につながるわけではない」．

KellerとKeller(1995)は，農業用水の効率性について全般的な要約を行ったうえで，従来の概念が水系への還元水をいかに看過していたかを説明している．これが効率性を数量化して説明するための計算を困難にし，また，一般の人々が用水の効率性について理解するのを阻むおそらく唯一の要因となっていると考えられる．還元水の水系への影響をよりよく説明する試みとして，両Kellerとその同僚であるDavid Secklerは，「水の複合効果(water multiplier effect)」という用語を導入している．

CASTの委員会は，結論として以下の3つの見解を引き出している．第一に，農業用水の節約に関する政策上の議論は，節水を構成する内容と節水によって利益を得る者についての合意がないことから，展望のない混乱を招来していることが多い．第二に，農場レベルでの節水は，通常金銭上のインセンティブの結果行われるが，その際，流域あるいは地域における水の再利用の可能性は看過されている．最後に，水の地域的再利用について明らかにしようという公共政策は，実施するのに費用がかかり，それほど効果があがらない可能性がある．

17.5 事例研究：Ft. Collins の水道メーター

水道メーターを巡る問題は，コロラド州Ft. Collinsの水消費者に水道メーターをつけるかどうかについての1980年代の争いに集約されるものであった．水道メーターがなければ，配給水の際に価格設定が不可能になる．

数箇月間にわたって，Ft. Collins市水道委員会は，上水道を拡張する手段として水道メーターを設置することについて討議を重ねてきた．討議が行われたきっかけとなったのは，1987年6月23日に市議会に提出された上水道政策に関する研究であった．この研究の中で，既存の上水道システムを拡大する際に政策上

取りうる選択肢の一つとして，水道メーターの設置があげてあった(Ft. Collins City Council, 1987)．市議会に提出された推奨される選択肢とは，新たに建設されるすべての箇所に水道メーターを設置し，既存の住居に関しては自由意思に基づいて水道メーターを設置するというものであった．市の水道委員会は，1993年8月21日投票を行い，6対3の分裂投票でこの政策を市議会に提出した．第一読会の手続きを通過した後，1987年12月1日に開かれた第二読会において，議会は提案に関して3対3の同票を投じ，議会規則によりこの提案は廃案とされた．これに対して，地元の新聞は，「水道メーターへの市議会の消極的な態度が，市を悩ます」という見出しで，この日の投票に反対の意の社説を展開している(Ft. Collins Coloradoan, 1987)．コロラド州が，水道メーターを含む強制力を持つ節水法案を1991年に可決したため，Ft. Collinsはこの法案に従わざるを得なくなった．しかし，市はどうして自ら進んで水道メーターの設置に乗り出さなかったのであろうか．

水道メーターの設置を支持する論拠は，水量計測による節水が将来的に必要とされる原水を節減するということであった．すなわち，水道メーターは，日ピーク需要を低減し，処理プラント能力に対する要求を減じることになるであろう；水道メーターは，消費者に対して，サービスに対する代価としての料金を支払わせることになるであろう；水道メーターによって，システムの需要管理，システムの損失監視およびシステムにおける効率性の改善を行うことが可能となるであろう；水道メーターによって，消費者が使用量と支払額を自分で決めることができるようになろう，などが期待された．加えて，節約の倫理についての議論を度々引き起こさせることになった．

水道メーターの設置に反対する論拠は，設置にかかる初期費用(費用が嵩むという議論)，水道メーターの読み取りおよび維持にかかる費用(煩雑だという議論)，土地所有者が芝生への散水を犠牲にしてお金を節約した時に劣化する芝生の質の問題(緑の芝生に関する議論)，があげられる．もう一つの議論に，水道メーターの設置が結果として，所得の低い消費者を差別することになるというのがあった．この議論は，通常なら環境問題と低所得者問題に対して一団となって賛成票を投じる議会のリベラル派の中に分裂を生じさせた．また，別の水道メーターに反対する議論に，水の浪費は実際には一種の「備蓄」となっており，水道メーターはいつでも設置することができる，というのがあった．これは換言すると，

17.5 事例研究：Ft. Collins の水道メーター

可能な水源をすべて開発して，次に水道メーターという最後のカードを出せ，いうことである．

Ft. Collins における水道メーターと節水問題に関する調査によると，賛否両派についての論争はずっと以前に遡る．しかし，一般的にいって，水道メーターが真剣に考えられたのは 1980 年代のみである．Ft. Collins では，商業用顧客は，1920 年代から水道メーターの導入を図っていたが，家庭用消費者は，水道メーターでなく敷地の大きさを基本にして料金の算定を行ってきた．Ft. Collins は当時，コロラド州の Front Range 沿いにある主要都市で唯一水道メーター対策を実施していない都市であった．Denver も含めた他の諸都市も，1980 年代までは，それと同じ状態であった（Denver で，最後に水道メーターを設置したのが，1993 年 11 月である）．最初に水道メーターに関連して行動が取られたのは 1977 年で，この時，市議会は水道委員会の推奨に基づいて，将来水道メーターが必要になる場合に限って，新築の家に水道メーターを取り付けるよう要請を開始した．

市のスタッフが，1980 年に水道メーター問題に関する調査書を作成している（Davis, 1988）．調査書によると，既存の 1 万 4 210 軒の家に水道メーターを設置するのに 390 万ドルの費用がかかり，管理・維持費は，水道メーター 1 個につき 1 年で 7.40 ドルかかると推定されている．近隣都市の調査を行った後で，水道設備スタッフは，1987 年に，水道メーターを設置することで年間の水使用量の 20% が節約できると推定している．これを現在の価値で表現すると，1 000 万ドルから 1 200 万ドルに相当する水利権分の節約になる．水道設備スタッフが市議会に持ち出してきた水道メーターに賛成する主要な論拠がこの資本費用の節約であった．

市議会が水道メーターに反対の票を投じたからといって，Ft. Collins が節約に反対していることにはならない．これとは裏腹に，州の立法化に対応する形で水道メーター対策が始動し始めると，節水に対する社会全体の支持を受けて，Ft. Collins とその水道委員会は，以下に掲げる 12 要素からなる「需要管理」政策に着手した．すなわち，漏水探知対策；市の所有する施設での監査と効率の向上；市の全水道栓へ水道メーター取付けを行うとともに，市の顧客に対して 100% の水道費用算定を行う；市民に対する積極的な節水教育；可能な所では，市の景観用の散水を原水にする；市街地と商業区域での景観用散水従事者への適

切な方法についての訓練；スプリンクラー業者に対して効率的な水使用方法についての自発的な認定制度の設置；土地開発指導制度に節水行動の要点を書き加える；市が審査した開発事業を対象にして，散水システムの効率性に対する基準を設定する；可能な所では，市の景観用の散水を中央制御にする，市の景観用の散水の節水に関する指針の作成；選定された節水プロジェクトに対する無利子ローンの開設，である (Clark and Bode, 1993)．

17.6 事例研究：農業用水の節約と効率性

17.6.1 South Platte 川における効率的水利用

灌漑用水の効率的利用について研究されてきた地域の一つとして，コロラド州の South Platte 川流域がある (South Platte Team, 1990)．

流域において最初に河川から取水が行われたのは，コロラド州でゴールドラッシュさなかの 1858 年であった．1859 年までに，流域で最初の 10 件の水利権が確立され，1875 年までには導水路が干上がり始め，河川外での貯水 (off-stream storage) を含めて水資源開発は新たな段階を迎えることになった．1889 年までに約 43 万 acre (1 700 km^2) が灌漑され，1909 年までにはこの数字は 114 万 acre (4 600 km^2) に達し，ほとんど完全に開発された状態に至った．

今日，South Platte 川は，完全に開発された状態にあり，約 5 800 の「法的決定」による水利権 (河川流水に対するもの約 4 500，貯水に対するもの約 1 300) を持っている．河川の自流からの年間平均供給量は，約 140 万 acre・ft (17 億 2 700 万 m^3) で，これに外部から導水された水約 40 万 acre・ft (4 億 9 300 万 m^3) が加えられる．約 370 の貯水池による流域の貯水量は，合計で約 220 万 acre・ft (27 億 1 400 万 m^3) である．1970 年において，表流水からの取水量の合計は，300 万 acre・ft (37 億 m^3) であった．

この川の自流に外部からの導水を加えた合計約 180 万 acre・ft (22 億 2000 万 m^3) の供給量に対して，合計して約 450 万 acre・ft (55 億 5 000 万 m^3) の取水があるということは，この川の「再利用率 (reuse factor)」は，3 倍に近いことになる．この係数は，ある程度までは効率性を測る尺度になる．入力に対する出力の割合

として算定されるこの効率性の尺度は，消費水量を供給水量と関連づけることができるが，この効率が高くなれば，維持流量を保護し，近隣下流域に対する水の割当を確保するという条件が失われる結果になる(第15章のSouth Platte Compactの議論を参照されたい)．また，使用を重ねることで，水質が変化してくる．最終的な分析では，効率性は，水の使用に関わるすべての要素―消費・環境・水質―を考慮に入れたものでなければならない．そして，それはほとんど算定が不可能に近いと思われる．

農業は水を「浪費」すると一般に信じられているので，コロラド州の一部の政治家が「水回収(water salvage)」法の導入を試みてきた．そのアイデアは，水利権所有者が灌漑用水の節約により浪費せずに水を回収した場合，その水を他に売って金銭的な利益を得るとともに，他の利用者に水を供給できる，というものである．表面的には聞こえがよいが，この水の回収にはいくつかの問題点がある．まず，農家が実際の水の消費量が減少しないのに水利用効率を高めたり，利用する水量を減少させて作付け面積を維持することをどういう理由があってするのだろうか？　これは，Paulに支払うためにPeterから奪うのと同じになる．農家が，用水路をライニングして導水の効率を高めたところで，水の消費量を減少させなければ，何が変わるだろうか？　結果は同じである．

法律家は，必要とされているのは回収に関する法案ではない―回収のための法律はすでに存在している―と指摘している．困難なのは，下流の水利権者の利害関係を傷つけるものでないことを示すところにある．水文現象と水利権制度との複雑さが水の回収を首尾良く適用することを妨げている．

本書の執筆時点で，コロラド州において農業用水から他の用途に水を回した実例は，農場あるいは作物が実際に干上がった時のみである．この時ですら，水の使用地点と使用時間を移すのに費用のかかる裁判所の手続きを経なければならなかった．

コロラド州議会は，1989年の議会で農業用水の効率性を取り上げている．Colorado Water Conservation Board(コロラド州節水評議会)は，各流域において水の効率的な利用法について流域レベルの研究を行うのにどんな措置が取られるかについて調査を行った．一つの法案が提案され，それは1989年の水使用の効率性に関する法律であったが，この法案は無期限延期の取扱いとなった．この問題は，引続き表面化している．1992年には，別の法案が同じ目標で提出され

た．この時は，手続きについてさらに詳細に定め，まず州の技監室が節水計画を承認し，次に水使用の変更の場合と同じく節水計画は裁判所を通さなければならないとして提案された．しかし，この法案もまた廃案となっている．

以上見てきたように，農業用水の効率的利用の問題は，簡単な都市用水の節水の問題よりもさらに複雑である．筆者は，今後も農業がその水の過剰な使用によって批判され続けるものと推測するが，問題は灌漑の実施方法というよりは，むしろ環境目標もまた強く求められている水不足地域において，灌漑が水の適切な使用方法であるのかどうかという問題だと考えられる．第24章では，水の使用を巡る農業と都市と環境との間の対立についてさらに詳しい議論が展開される．

17.7　節水のための価格設定：ある専門委員会の報告

水の価格設定は，都市部門と農業部門の両方において，水の効率的利用を促進していくうえで強力な手段となりうる．この問題を研究するために，American Society of Civil Engineers（米国土木学会）の National Water Policy Committee（国の水政策に関する委員会）は，専門委員会に水の価格政策に関する研究を行うよう求めた．委員会は，作業を1989年に開始し，1991年にその報告書を提出している（Task Commitee, 1991）．

歴史を通して，現代の基準でいえば，水の需要量は穏当なものであったが，水使用量の増加はこれまでにない不足をもたらすようになってきた．水不足が広がっていくに従って，水資源を最も生産的で最も価値の高いニーズに割り当てなければならなくなった．「費用を回収する」という考えを実施すると，恣意的な補助金の交付や誤った水配分を招いてしまう．

連邦政府による水価格政策は，これまで米国西部の開発に大きな影響を与えてきたし，将来的には東部諸州においても重要になるであろう．その政策の中には次のようないくつかの注目すべき問題点があげられる．すなわち，長期契約の期間；従来どおり補助金を継続するかどうかの検討；水力発電および灌漑の収入をいかに集め配分するか；リクレーション目的での使用者に対する料金の課し方；影響緩和対策と公共信託；利子率の選定；水源の基本的な割当て方；どのように先住民族の信任条約を守るか；および貯留水の再配分，などの問題である．これ

17.7 節水のための価格設定：ある専門委員会の報告

らの問題を取り扱うことは，同時に連邦当局の役割，所有権および補償といった問題が生じることを意味している．

公共および民間の水設備担当者の価格設定は，農業以外のすべての用途の水供給関係者に関わることである．供給者としては，地方自治体，水管理区および民間の水道会社が含まれる．これらは，その規模，所有権，運営形態の点で大きく異なっている．

水料金は，米国内で大きな相違がある．水事業は，収益1ドル当りに必要とされる資産に関して見ると，米国で最も資本集約的な産業の一つであるといえる．水価格決定の伝統的な方法は，費用の回収である．費用の回収の対象とされるのは，管理運営，減価償却，税金もしくは税金に代わる支払い，資本費用，などである．そして，料金体系のほとんどが，使用量に従って料金が下がるシステム，すなわち節水を妨げるコンセプトを採用している．

水企業体の抱える問題には，料金の設定，投資の回収，更新のための資金づくり，水質改善への支払い，異常渇水時の節水のための価格設定，などがある．考えられる政策としては，フル・コストに基づく価格設定，実際にかかった費用をすべて含んだ正確な価格設定，ライフ・ラインの料金，水道メーターの統一，時間と場所を考慮した価格設定と配水，節水用装置への助成金の交付，利用サイトでの貯水と処理(タンクの設置や蛇口浄水器など)，などがあげられる．

水政策は，農業政策と結びついており，以下に掲げるような幾多の論点が含まれる．すなわち，農業だけは特別であるのかどうか；世界の食糧と繊維需要を満たしている米国の責任あるいは利益とは何なのか；世界的な競争力をつけるのに農業に助成金を出す必要があるのか；農業は国の安全保障と健全さに結び付けられるのかどうか；我々は安価な食糧という政策を持つべきなのかどうか；二重の助成金はあってもよいのか；過剰生産をいかに制御するか；農業と湿地帯の問題をいかに取り扱うか；水や土地の条件が悪く生産力のほとんどない土地をどのように開発するか，などである．

委員会の取った立場とは，農業用水の価格は，長期展望に立って水の供給にかかるコストを回収するように設定されるべきというものであり，この時のコストの中には，資本の償却，送水コストを含めた維持・運営費用，復旧・改修費用，および適切な予備資金の確保が含まれている．予備資金を入れた根拠としては，農業用水の給水では，復旧，更断，緊急時あるいは渇水年用の予備資金を価格に

ほとんど計上していないか，全く計上していないことが多いからである．収益としては，水と電気の販売，洪水防御や排水などの業務に対する料金，リクレーション料金，許可や計画の点検のような業務に対する料金，および税金，がある．支出としては，操作のための料金と費用，洪水防御や排水などの業務にかかる費用，農家への技術供与などにかかる費用，などである．委員会は，価格設定に際しては，地域経済全体の福利を考慮に入れたものでなければならないと認識している．料金は，繰り返し—例えば5年ごとに—見直され，安定化されなければならない．また，一つの農業区域内でもサービスにかかる費用を反映して料金を変えることも考えられる．さらに料金は，節水，水質の保全，水資源の賢明な使用を促進するものでなければならない．賢明な使用の促進としては，階層的な価格設定，地下水揚水の奨励もしくは抑制，その他の水マネジメント上の考慮などが考えられる．

水の地域間導水は，水の過剰な所から必要とされている所に移すことで，水使用の効率性を改善する手段となりうる．委員会は，農業と地方自治体との間での水配分の調整が必要であると認めており，また，公共の利益を優先する立場から，政策によって必要とされる変化を促進するかあるいは抑制しなければならないことを認めている．一方，政府機関によるマネジメントにおいては，勝者と敗者とに対処するに当たって，利得と損失とのバランスを取る必要がある．利得と損失の多くは経済的なものであり，支払う意思が起こるかどうかという立場から評価することができる．水の譲渡を念頭に置いて水マネジメントを見直す際に考慮に入れなければならないのは，水使用者以外の人々に与える経済的な影響，水を失うことになる田園地域に与える社会的な影響，水を得ることになる都市部での水利用の効率性，乾燥地域の発展を促進するかどうかの問題，水使用の時間と場所の変化，および河川・水路系における流水の時間と場所の変化が環境に及ぼす影響，などの問題である．

経済的評価が難しい問題を取り扱う際にも，価格システムを拡大してとらえ，複数の利益獲得者が財政的なプールに金を払い込み，これによって敗者に対する補償を行うとともに，負の影響を緩和する基金とする，といった仕組みをつくり出すことも考えられる．

委員会が確認した特別な問題点として，偏りのない管理機関の設立と容認と資金付け；第三者への影響を軽減するための公平かつ効率的な指針と手続きの確

立；水の譲渡の際に見られる法律上や制度上の障壁の撤廃；水譲渡の取消しのための条件；適切な社会的・経済的な影響への公的資金供与；などがあげられる．

本書の執筆時点で，水の価格設定に関連した問題で，未解決な疑問が多数ある．筆者は，将来，American Society of Civil Engineers の中の委員会がこれらの問題に取り組んでくれるものと期待している．

17.8 質　　問

1. 「必要量（reqirement）」と「必要性（need）」と「需要（demand）」の違いを説明せよ．
2. 20世紀を通じて進化してきた「節水（water conservation）」という用語はどういう意味を持っているか？
3. 米国における1人当りの水使用量の概算はいくらになるか？　もし，各所で厳密な節水が実施されたら，あなたの所見では，この数字はどのくらい減少すると考えられるか？　この数字と工業に使用される水量との関係は，どうなるのか？
4. 農業用水は多くの水を浪費しており，乾燥地域では，農業部門から都市部門へ水を再配分することで都市のニーズを満たすことができると広く報じられている．この結論に対するあなたの所見はどのようなものか？
5. 水の価格設定は，節水を促進するための一つの手段である．水の使用に対して設定される「節水用料金」とはどういったものか？　あなたは，これが有効だと思うか？
6. 「二元給水システム」とは何か，そして，このシステムは節水とどのように関係しているのか？　あなたは，何か実例を知っているか？　第21章を参照せよ．
7. あなたの所見では，水の直接的再利用は，広範囲にわたって実施することが可能か？　その時の賛成意見と反対意見は何か？

文　　献

Bruvold, William H., *Municipal Water Conservation,* California Water Resources Center, Berkeley, September 1988.

Clark, Jim, and Dennis Bode, Water Conservation Annual Report, City of Ft. Collins, January 1993.

Council for Agricultural Science and Technology, Effective Use of Water in Irrigated Agriculture, Report 113, Ames, IA, 1988.

Davis, Laura L., Ft. Collins Water Metering Case Study, Paper for Class CE 544, Water Resources Planning, Colorado State University, April 1988.

Ft. Collins City Council, Agenda Item Summary, No. 29, November 3, 1987.

Ft. Collins Coloradoan, Council Inaction on Water Meters Will Haunt City, editorial, December 6, 1987.

Grigg, Neil S., *Water Utility Operating Data, 1984,* American Water Works Association, Denver, 1988.

Keller, Andrew A., and Jack Keller, Effective Efficiency: A Water Use Efficiency Concept for Allocating Freshwater Resources, *USCID Newsletter,* October 1994–January 1995.

South Platte Team, South Platte River System in Colorado: Hydrology, Development and Management Issues, Working Paper, Colorado Water Resources Research Institute, Ft. Collins, January 1990.

Task Committee on Water Pricing Policy, Final Report, to Executive Committee of the Water Resources Planning & Management Division, American Society of Civil Engineers, September 30, 1991.

Western Governors' Association, Water Conservation and Western Water Resource Management, Denver, May 1984.

第18章　地下水管理

18.1　はじめに

　地下水は，米国の水供給の多くの部分の水源となっており，地下水を汚染から守ることは，主要な政策課題である．しかしながら，地下水に対する計画立案，管理および調整の仕事は，多くの点で，表流水に比べてずっと複雑である．地下水は，量と質の両面から管理されなければならないが，地下水は探知しモニターすることが難しく，表流水と同様の管理には馴染まない．

　地下水の問題は，個々の井戸を管理する簡単なケースから，本章の後で記述するOgallala帯水層のように広大な地域を含む問題まで広がりを持っている．沖積帯水層は，一般に流域の河道線に沿っているので，表流水と一体的に管理することができるが，河川の支流となっていない帯水層の場合，全く異なった径路を辿ることがある．こうした帯水層は，行政的な境界に全く従わない場合があり，マネジメント上特別な問題を伴うことがある．

　本章の目的は，地下水に対する政策と戦略へのアプローチ，地下水管理対策および地下水管理に見られる実際問題など描き出すことである．3つの事例研究が示される．一つは地域的地下水管理，次に塩水浸入制御，そして最後に地下水の政策と戦略の作成に関するものが取り扱われる．

18.2 地下水問題の自然的側面

地下水の貯留と流下径路は，自然水系を構成する重要な要素となっている．地下水水文学の詳細は，ここでの議論の範囲を超えているので，その概説のみを示すことにする．地下水の性質と発生，および，地下水システム内での水の動きについては，図-18.1に示してある(Heath, 1984)．

地下水は，多くの人々の飲料水源であるにもかかわらず，計画を立案する際に当然使用できるものとして軽視されることが多い．U. S. Water Resources Council(米国水資源審議会) (1980) は，この問題について次のように表明している．

> 水供給計画における地下水の役割は，これまでしばしば軽視されてきた．その一因としては，地下水が，利用可能性，化学的な水質および経済性の各側面から適正な評価ができなかったこと，あるいは，表流水資源と組み合わせた供給形態を適切に評価することが困難であったことがあげられる．しかし，近年，地下水に関する解析能力が著しく向上したために，合理的な計画や管理の対象とされるような水源になってきた．

Water Resources Council は，地下水が水資源計画上重要であるとされる5つの属性を列挙している．その属性とは，国中の至る所で広範に分布すること，遠

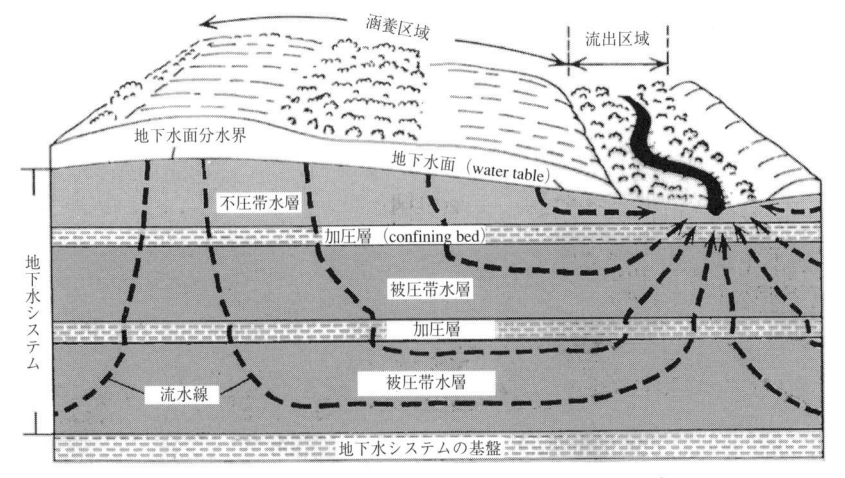

図-18.1 地下水システムでの水の動き(出典：Heath, 1984)

距離にわたって水を伝送する能力を持っていること，一般に巨大な貯水容量を持っていること，化学的ならびに細菌学的水質が並外れて良質であること，および管理対象にできること，である．米国における地下水の取水のほとんどは，灌漑に使用されており，カリフォルニア州や南西部諸州でその割合が大きい．地下水は，世界の他の場所と同様に米国のあらゆる所で飲料水源としてきわめて重要な地位を占めている．

計画立案時に地下水に関連して起こる問題は，いくつかのカテゴリーに分けられる．そのカテゴリーの中には，地下水の評価，地下水供給量の開発，地下水汚染の改善，などが含まれる．本章で取り扱われる事例では，いくつかのシナリオが取り上げられる．筆者は州政府での経験の中で，地下水問題については次のような問題に当たってきた．郡レベルの情報に関する報告書の作成，注入源による危険度の評価，地下水揚水に関する州間協議，大規模な揚水源の規制，およびごみの埋立による汚染の評価，である．これらのカテゴリーに含まれる問題は，地下水供給と地下水汚染の両方に関係している．

18.3　マネジメントにおける法律の役割

表流水の場合，法律が取り扱っているのは，水の配分と取水，水質および様々な環境問題についてである．地下水についての法律でも，これらと同様の問題が提起されるが，地下水の場合，財産権の問題が入ってくる．

Bowman(1990)によると，地下水法はこれまで，水源の枯渇と使用者間の対立を避けたいという願望と必要性を反映して調整されてきた．今日の裁判所の見解では，地下水は，無制限に使用できる私的財産というよりも，管理や規制の対象とされる公共の共有財産であるとされている．地下水を私的財産であるとする見解は，地下水の範囲や移動速度についてまだあまり知られていなかった過去の遺物である．そうした時代では，土地の所有者は，自分の地所の下にある水をその地所の所属物であると考え，地下水が場所を替えて移動することを知らなかったのである．また，Bowmanによると，州議会は現在，地下水管理法令を成立させ，これによって地下水を巡る論争を解決し，裁判所に持ち込まれている多くの係争を回避しようと努めている．これは，地下水のための「マネジメントの法

理(management doctrine)」と呼ばれているもので，地下水法の新たな型になることを意味している．一つの特定の実施例としては，取水規制の対象として地下水管理区域を指定するというのがある．Bowman は，地下水管理区域対策に関する研究を行うために全国規模の調査を実施し，27 州が，地下水の水量問題に取り組む目的で特別な管理区域の設定を認めていることを明らかにした．いくつかの州は地下水の水質に関心を持っている．州によってばらつきが見られ，ある州では，管理責任をその土地の地下水利用者に委ねているが，別の州では，管理責任を州の中央機関に委譲している．州が地域管理を行っているのは，灌漑のウェイトが高いコロラド州，カンザス州，ネブラスカ州およびテキサス州である．

Bowman は，米国における地下水法の歴史を振り返って米国の裁判所と議会は約 100 年間実験を積み重ねてきた，と述べている．初期の手続きでは，地下水を無制限な使用権を有する私的財産とみなしていたが，使用の程度が高くなり，対立が発生するに至って，こうした見方は適切なものでなくなり，地下水を共有するものとする見解が生まれてきた．財産に基づく取得の規則から共有を求める規則へと進展する中で，「マネジメントの法理」のコンセプトが生まれてきた．この法理は，地下水が周辺との相互関係で存在することを認め，地下水を公共の共有資源と考え，個々の帯水層に適切な取水規制を行うといった柔軟な対応を許容するものである．

諸州で用いられている地下水の水量に関する管理の仕組みには，使用許可の要件，水使用のモニタリングと報告，井戸の間隔についての要件，井戸の建設基準，配分の優先順位，異常渇水時の使用規制，などの規定が含まれている．

18.4　地下水に対する戦略

Whipple(1990)は，州の地下水に対する戦略についての原理を打ち出している．Whipple によると，地下水に対する戦略とは，州が予算の限度と法律の規定に則して，どのように地下水を管理するかについて枠組みを示す政策文書である，としている．彼は，ニュージャージー州で展開された水供給と水質の両方を対象にした戦略について報告している．この戦略では，成功を収めるのにきわめて重要な 2 つの方向を打ち出している．つまり，面源地下水汚染の制御に向けて

州としての対策を確立すること，および州の地下水汚染規制に関するプログラム間の整合性のなさを正す戦略を立てることである．

西部諸州では，地下水は灌漑用に多用されている．驚くべきことに，カリフォルニア州やテキサス州では州規模での地下水規制というものが存在していない．Los Angeles にあるカリフォルニア大学の John Dracup 教授の言葉を引用すると，「カリフォルニアのほとんどで，地下水管理といったら，一つのソーダ水の入った缶にたくさんのストローを突っ込んでいる有り様だ」(Brickson, 1991) ということになる．

地下水管理が，これまでカリフォルニアで焦眉の問題とならなかったのは，地下水の枯渇問題が行政の境界線と一致せず，地域内の調整が必要なことが多いからである．また，Brickson によると，通常，地下水問題が危機的状況をもたらすことがなく，地下水についての一般市民の知識も地下水に関する地域特有の科学データもない状態であった．これまでに話題となった管理対策としては，地下水規制による過剰揚水の抑制あるいは禁止，揚水税，地下水のさらなる涵養，などがある．

18.5　事例研究：Ogallala 帯水層

Ogallala 帯水層は，サウスダコタ州からテキサス州に至る 6 州にまたがる帯水層で，主に農作物生産のための灌漑に使用されている．帯水層システムは，South High Plains, Central High Plains, および Northern High Plains の 3 つの部分からなる (U. S. Geological Survey, 1983)．他の広域にわたる帯水層システムの例としては，カリフォルニアの Central Valley, Southeastern Carbonate Aquifer, Atlantic Coastal Plain, Basin and Range Lowlands があげられる．

Ogallala 帯水層からの灌漑用取水の増加は，1930 年代から始まり，1950 年代までには，年間約 700 万 acre・ft (86 億 3 400 万 m^3) の水を使用して，およそ 350 万 acre (1.4 万 km^2) が灌漑された．そして，1980 年までには，その面積 1 500 万 acre (6 万 km^2) に，使用水量は 2 100 万 acre・ft (259 億 m^3) にまで達した．しかし，いくつかの地域では，地下水面は著しい低下傾向にあった．連邦議会は，調

査研究を行うことを承認し，その調査は1978年に着手され，1982年に完了した(Six-State Study, 1982)．

その成果は，6つの代替案からなる管理戦略の作成であった．それらは，戦略の基本方針；調査研究プログラムや教育プログラムやデモンストレーション・プログラムならびに誘導による自発的活動を促す戦略；規制措置を通して教育を需要削減に結び付ける戦略；局所的な水供給を補強する戦略；州内での表流水の受け渡しを盛り込んだ戦略；州間での表流水の受け渡しを盛り込んだ戦略，である．

現在，この研究が完成して12年になるが，いまだに具体的な行動が取られたようには思われない．しかしながら，地方の水管理区や農家は，自らの問題として地域での水マネジメントの改善に努めているように思われる．他の大規模な州にまたがる研究で示されているのと同様に，関連する当事者たちは，共同行動を取る困難さに圧倒されている．

18.6　事例研究：塩水の浸入

この事例研究は，オランダAmsterdamのDune Water Catchment地域における淡水の開発と塩水浸入による被害に関するものである．以下の研究は，本来A. J. Roebertによって寄せられたもので，沿岸地域における地下水問題を取り扱うUNESCOのCase History No.2として刊行されたものである(Custodio, 1987)．

研究によると，Amsterdam Water Supply Board(Amsterdam水供給局)の管轄するDune Water Catchment地域は，Haarlem市南のDutch North Sea Coastに沿って位置している．およそ36 km^{2}のこの区域で揚水が開始されたのは，砂丘地帯を排水する水路が開通した1853年頃である．これにより，上部の自由地下水帯水層の開発が可能になった．後に，地下のより深い所に大量の貯留水が発見された．淡水があるのは，砂丘下のレンズ状に貯水された所に限られていた．1903年からは，一連の井戸群によって地下の深い所からの揚水が始められ，取水量は次第に増えていった．

1970年までに，年合計5 200万m^{3}の河川水が上部帯水層に人工的に涵養された．人工涵養がなければ，自然に地下水補給されるのは，年間1 300万m^{3}の降

水量のみである．この地下水系は，25年以上にわたって過剰揚水されてきた．上部帯水層が現在人工的に涵養されているのは，このためである．

こうした涵養によって地下水の容量は，8 300万 m^3 に達している．下部帯水層からの揚水はいくつかの理由があって実質的には中止されているが，その理由の一つが井戸の塩水による汚染であった．

集水域全体にわたって約60 mの深度まで淡水である．井戸は，25〜35 mの間にスクリーンを持っており，スクリーンとその下にある塩水層との間には少なくとも25 mの淡水層がある．しかしながら，井戸への塩水浸入のほとんどが垂直方向の流れによるものとされている．1956年までの塩水浸入は，下部帯水層からの長期にわたる集中的な取水の後に生じている．

下部帯水層における塩水浸入は，2つの異なる原因で生じている．一つは，淡水/塩水境界面の上昇と拡散層の拡大によるものであり，もう一つは，個々の井戸における汽水の局部的な上昇によるものである．

Amsterdam Water Supply Board は，Rhine川の水質が人工涵養を行うには極度に悪い期間の予備として，下部帯水層を使用している．こうした期間中は，ろ過した河川水を下部帯水層からの水と混ぜ合わせることで，良質の飲料水を獲得することができる．

これらの全般的情報は，Amsterdam Water Supply Board の市職員である Roebert の研究から引いたものである．砂丘水の取水は，明らかに Amsterdam の水供給にとって重要な要素である．将来的にこの事例についてさらなる情報が得られることが望まれる．

18.7 事例研究：米国での地下水戦略

1980年代，U. S. Environmental Protection Agency(U. S. EPA；連邦環境保護庁)は，全米レベルでの地下水戦略を模索し始めていた．これは，Cater政権下で開始され，Reagan政権下でも継続されていった．

当時，U. S. EPAは，その戦略が次の4つの必要性を巡って構築されるものと考えていた．その必要性とは，州レベルにおける機関の設置と強化；貯留タンクや表面貯水槽やごみ埋立地からの漏出など，不適切な形で取り扱われている主要

な汚染源の管理のための出費；U.S. EPA が地下水の保護と浄化に影響を与える決定を下すための指針の作成；U.S. EPA 本部と地方レベルにおける地下水管理組織の強化，である．

この戦略は草稿という形で印刷・配布され，ヒアリングや地域における公開討論会が催された．しかし，最終的には，非常に多くの異なる側面と地域差を持つ問題に一つの広汎な戦略をあてはめるのは，あまりいい方法でないことが判明した．

潜在的な可能性を持った政策案がいつ潰えたのかをいうことは難しい．しかし，現段階で明らかなのは，U.S. EPA が 1980 年代に構想した戦略を追求しないことに決めたことであり，戦略として立てられた全般的な諸要素は，立法や対策のための規則を含めた U.S. EPA の全体的な管理方法の一部になったに過ぎない．地下水に関する最前線の行動は，依然として州に委ねられている．

18.8　質　　問

1. 現在，裁判所は地下水をどのように見る傾向にあるか―管理や規制の対象とされる公共の共有資源としてか，あるいは私的財産としてか？
2. 過去において，地下水立法を通過させることを避け，問題を裁判所に委ねる州が見られた．現在では，この傾向はどうなっているのか？
3. 地下水使用を規制する目的で，州によって採用されている管理手段の名前をあげよ．
4. 地下水涵養に対してどういった賛否があるのか？
5. 塩水浸入は測定が困難であることが時々ある．どうしてか？　塩水浸入を探知し測定するために，どういった監視プログラムをつくりあげればよいか提案できるか？
6. コロラド州は，州として，表流水と地下水の水権利制度を統合している．こうしたアプローチを取る場合に予測される技術上の問題点とは何か？
7. Ogallala 帯水層は，明らかに複数州間の共通の問題である．この問題を取り扱う際に，どのような管理手段を提案するか？　連邦と州間の合意が形成される必要があるか？　この問題の取扱いを州に一任してよいか？　自由

放任主義的なアプローチに従っていてよいものか？

文 献

Bowman, Jean A., Groundwater Management Areas in the United States, *Journal of Water Resources Planning and Management,* Vol. 116, No. 4, July–August 1990, pp. 485–502.

Brickson, Betty, California's Groundwater Resources after Five Years of Drought, *Western Water,* November–December 1991.

Custodio, E. (ed.), Case History No. 2, Fresh Water Extraction and Salt Water Encroachment in the Amsterdam Dune Water Catchment Area, in *Groundwater Problems in Coastal Areas, A Contribution to the International Hydrologic Program,* UNESCO, Paris, 1987.

Heath, Ralph C., Ground-Water Regions of the United States, U.S. Geological Survey Water-Supply Paper 2242, Washington, DC, 1984.

Six-State High Plains Ogallala Aquifer Regional Resources Study: Summary, High Plains Associates, Boston, July 1982.

U.S. Geological Survey, *National Water Summary,* Washington, DC, 1983.

U.S. Water Resources Council, *Essentials of Ground-Water Hydrology Pertinent to Water-Resources Planning,* Bulletin 16, rev., 1980.

Whipple, William, Jr., and Daniel J. Van Abs, Principles of a Groundwater Strategy, *Journal of Water Resources Planning and Management,* Vol. 116, No. 4, July–August 1960.

第 19 章　河川流域の計画と調整

19.1　はじめに

　今日，河川流域(river basin)の問題が前面に出てきている．それは，「生態系区(eco-region)」に基づいて施策決定がなされなければならないという政策が取られており，水資源にとってその生態系区は流域(watershed)と河川流域(river basin)に相当するからである．第 16 章では，これが流域マネジメント(watershed management)という項目で議論された．規模が大きくなれば，流域(watershed)は，河川流域(river basin)となり，そこでは土地利用と水利用とが相互依存関係にあるため水がしばしば中心課題になる．

　つまり，河川流域は，水マネジメントから見ると，水の出入りを計算する自然的な単位であるといえる．しかし，一つのジレンマがある．政治的決定が河川流域と一致しない市，管理区，州，連邦機関などをもとに行われる時，水マネージャーは，河川流域における決定をどのように調整していくのか，という点である．

　行政上の単位が河川流域と一致しないことから生じる基本的な問題は，水資源マネジメントを調整する際の対立や困難さの主要な理由の一つとなっている．こうした事態に対処するために，Colorado 川流域の探検家であった John Wesley Powell は，河川流域に一致させた西部諸州の境界線を提唱したと伝えられている．それによれば，「コロラド」は，Rocky 山脈から California 湾までに至るということになる．

　不幸にも，河川流域は，通常，政治的な統合性に欠けている．Abel Wolman

は，次のように言った．「河川流域的アプローチ(basin approach)は，河川流域とは本質的に非経済的あるいは非社会的な単位であるという理由から批判される．河川流域は，それ自体を見てみると，社会の必要性とは無関係な人為的な領域を表している．工学出身の計画担当者は，流域を連続した水文学的な世界と見ているため，流域を便利だと考えている」(Wolman, 1980)．

Wolmanは，彼が個人的に体験してきた大河川水系―Danube川，Rhine川，五大湖，Colorado川，Rio Grande川，Lower Mekong川，Niger川，Nile川，Indus川，Senegal川，Chad湖，Tennessee川，Ohio川―について一連の問題点を例示している．そのうえで彼は，「河川計画は，あるプロセスの連続として見るべきであって，完了した神聖な一連のプロジェクトとして見るべきではない」と結論付けている．彼は，2つのわかりやすい結論を提示している．すなわち，「自然の法則では，流域を単一の生命体とする動脈として河川とその支流を取り扱っているのに対して，人間の法則では，この同じ水の径路をしばしば別々の統治権の境界線として，つまりつながったリンクとしてでなく，分割や障壁として取り扱っている」と述べ，さらに，「国際的ならびに地域的な水資源開発に関連する既存の機構や行政上の問題点の本質を見直してみると，次の基本的な結論が明らかになる―すなわち，河川流域総合開発の計画立案，建設および運営を行うための最善の組織配置はないということである．こうした結論が導かれるのは，どの河川も2つとして同じものがないという明白な事実と，各河川流域での社会・経済・政治環境によって，開発のための組織づくりに異なった要求が出てくるという事実による」(Wolman, 1980)．

河川流域マネジメント行為の基本的な目標は，流域内の人間と生態系とが織りなすシステムに対して，最も統合された形の成果を出すということにある．その際直面する問題には，水量と水質の両方がある．水量問題の焦点となるのが，取水，水の消費および還元流である．このうち，取水については，水の配分に関する法律によって管理され(第**6，15**章参照)，取水量や取水時間については，調整と制御の両方が必要とされる．水の消費的使用は，使用された水が河川に戻ってこないために重要な要素である．還元流は，物理的システム，化学的システムおよび生態学的システムに影響を与える．これらの問題は，工場の操業，土地利用，環境管理，リクレーションおよび都市開発を巡る対立を伴い，また，新旧の施設に関連する計画，建設および運営の問題をその中に含んでいる．

19.1 はじめに

このように，河川流域は，統合の原則を水資源マネジメントに適用する機会を提供しているが，このことは同時に政治的な挑戦を意味している．KennyとLord(1994)は，こう述べている．「米国内の主要な河川は，国際的であるか州際的であり，州内の河川もあるが，どの流域も州境と正確に重なり合うことはない．その結果，米国における水資源マネジメントは，共和国成立の当初から複数の管轄区域間の対立によって特徴づけられてきた．実際問題，憲法制定会議が召集された主要な要因は，州間通商に影響を与える航海政策を巡る利害関係によるものであった」．

河川流域を巡るもう一つの政治的な挑戦は，意思決定の過程の中で，管轄権を奪われた人々に権限を復元することである．Bradeis大学の人類学者Robert Huntは，American Society of Civil Engineers(ASCE；米国土木学会)の1995年年次大会のWater Resources Planning and Management Division(水資源計画・マネジメント部会)の席上で，「水マネジメントの多様性に関わる主要な問題点は何か？」という問いに答えて，彼は，「水事業が直面している重大な問題は，河川流域マネジメントにおいて少数派や十分に代表権を持たされていない人々に公的な権限を与えることである．というのは，もしこうした人たちが意思決定のテーブルに着けば，河川流域マネジメントが改善され，水資源のよりよい活用によって，経済・社会状況が改善されるからである」，と述べている．

このように，河川流域マネジメントにおける挑戦とは，河川流域での行政的取引きという厄介なコンテキストの中で，地理学的条件と生態学的条件を統合するという高遠な理想を実現することである．将来の水マネージャーは，行政上の障壁があるのは覚悟のうえで，流域におけるこうした挑戦へ向けて協働することが必要である．これまで河川流域計画は，意図が良いものであっても，棚上げにされたままのものが多かった．特別な利害関係が河川流域におけるマネジメント行為や規制措置を巡って衝突するので，問題を解決するには，水マネージャーやそのコンサルタントによって十分に正当化され，焦点が絞られた政治的，法律的ならびに財政的措置を講じる必要がある．

本章の大半は，河川流域における制度上ならびにマネジメント上の手段に焦点を当てているが，水量と水質に関する措置を研究するための技術もまた必要とされる．そのための基礎として，第5章でモデルやデータ管理システムといったシステム解析の技術が記述されている．水需要の配分に関連する問題を取り扱う際

には，取水と水使用と還元流を考慮に入れた河川流域モデルが必要とされる．水需給計算モデルは，影響評価や代替案の検討を行う際の基礎になる．こうした定量化技術は，本章の事例の中で明らかに描き出される．

19.2 河川流域の物理的な環境

河川流域が自然の水の出入りの単位であるという理由は，河川流域が自然地理学上の単位であるからである．河川流域はまた，陸生生物群と水生生物群とが相互に依存していることから，生態学的な単位であるともいえる．生態系は，大規模な流域よりも多数の生態系が共存することができる小規模な流域と，より密接に関連付けられる．

図-19.1には，丘陵の尾根線によって形成されている一つの流域とその関連流域が描かれている．この図は，河川流域の表示の仕方という点で興味深い一面を示している．これと1950年のPresident Commission（大統領諮問委員会）の報告に示された河川流域開発の図-3.1とを比較されたい．図-19.1は，図-3.1とほぼ同じ場所で，少し変化はあるが，基本的には同じ地勢を持っている．もし，諮問委員会が類似の図を今日描くとしたら，おそらく，環境に関する特徴がより多く，構造物による対策は比較的少なく表すことになるであろう．

河川流域形態学の研究によると，河川は急傾斜地で始まり，海へ向かっていくとともに平坦になる．河川が下流に流れていくに従って，支流を集めて集水面積が増加し，河床堆積物の粒径が小さくなる．河川は，河道位数（stream order）によって分類でき，こうした定量的関係が河川の流下方向の変化を示すのに利用される（例えば，Peterson, 1986を参照）．例えば，Mississippi川のような河川は，高山地帯に始まり，Mississippiデルタのような温暖な地域に流下し，そこでは河川生態系が完全に変わってしまう．また，Mississippi川におけるNew Orleansのように，河口域付近に大きな人口集中区域が位置していることが多い．

地球上の大河川は，その美しさと規模の大きさによってよく知られている．こうした大河の横切る地域での途方もない多様性を思い浮かべてみよう．例えば，赤道を越えて4 000 mile（6 400 km）を流れるNile川は，山岳地帯に発して小規

19.2 河川流域の物理的な環境

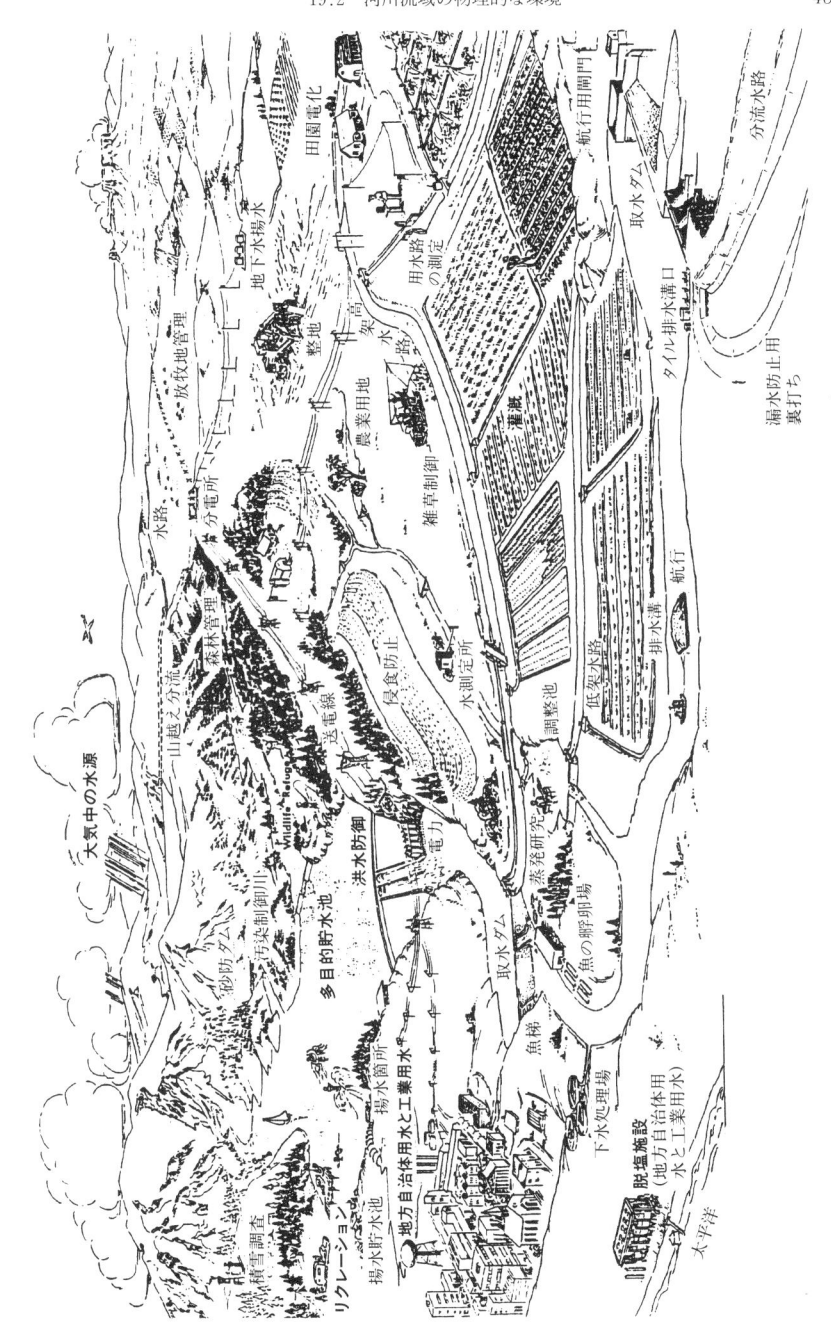

図-19.1 包括的な流域図(出典：U. S. Bureau of Reclamation)

模な農地を潤しながら，細い音を立てながら Nile デルタへと流下する．これとは対照的に，Amazon 川は，Nile 川ほど長くはないが，年間流量は 61 倍もあり，滔々と流れている (National Geographic Society, 1984)．

19.3　河川流域に関する制度の設定

　河川流域に関する種々の制度の設定は，河川流域マネジメントの過程を複雑なものにする．一つの問題が，例えば，州内のいくつかの地域の争点を含むことがある．あるいは，一つの流域が州間の争点を持ち，したがって，州単位で争うこともある．また，一つの河川が，例えば，アフリカ諸国数箇国を内包する Nile 川や，東南アジア諸国数箇国を流域とする Mekong 川のように国際的性格を持つものもある．

　河川流域マネジメントにおける主要な関係者は，その河川が通過する行政単位—すなわち，市，郡，特別管理区，州，連邦政府の省庁—，および水利用者と諸企業，環境団体，農業団体などの利害団体である．これら関係者をその気にさせ協力して事に当たらせるのは難しい．特定の利害団体が，自らの目標を追求する場合，政治行動や訴訟といった集中的で単一の利害に基づいた行動を取ることがある．したがって，中心となる権威(通例は不在)あるいは効果的な調整役がいないと，協力を得ることは不可能である．河川流域マネジメントを考える際に焦点の多くが調整の仕組みを探ることに向けられるのは，このためである．

　河川流域の調整の仕組みとは，流域内の関係機関や利害団体の間を調整するために制度を整えることである．調整の仕組みは，その流域における既存制度の状況や物理的，経済的な条件によって変わってくる．州内の流域の場合，調整が必要な範囲は，水マネージャー間のインフォーマルなネットワークから，よりフォーマルな委員会，関係当局，水管理区(water management district)までと幅がある．河川流域担当部局や水管理区は，州の法令によって組織することも可能である．State Department of Natural Resources(州天然資源局)によって調整されたネブラスカ州水管理区，カリフォルニア州水管理区と並んで，フロリダ州水管理区が有名である．河川流域協会(river baisin association)もまた，地域における自発的な管理体として利用できる．

州間河川の調整の仕組みとしては，いくつかの異なる形態が想定できる．KennyとLord(1994)は，こうした仕組みの歴史的発展について要約し，次にあげる7つのカテゴリーに判別した．

- 州間協定委員会(Interstate compact commission)：州間水協定を監視するために指名された人々の集まり．1948年に連邦議会で承認された協定によって組織されたPecos River Commissionが第19章で論じられる．この委員会は失敗に終わり，最高裁判所判決まで14年間続くことになったテキサス州とニューメキシコ州との間の訴訟を防ぐことができなかった．
- 連邦—州間協定委員会(Federal-interstate compact commissions)：連邦機関の関与を公式に規定している州間協定委員会．本章の後で論じられるDelaware River Commissionが，連邦—州間協定委員会の一例である．この委員会は，流域のNew YorkやPhiladelphiaを含む大口の水使用者間での水の配分を行い，今のところ成功していると考えられている．
- 州間審議会(Interstate council)：州間協定委員会と比べると，それほどフォーマルでない指名団体．
- 流域関係機関合同委員会(Basin interagency committee)：この委員会は，通常，流域をマネジメントしている連邦機関から指名された代表で構成される．
- 関係機関—州間委員会(Interagency-interstate commission)：法律によって権限を与えられた委員会で，州機関と州政府の両方の代表を含む．
- 連邦地方機関(Federal regional agency)：地方での運営を行うために特別に設置された連邦機関．米国の中では，Tennessee Valley Authorityという唯一の例が見られる．
- 単一連邦管理官(Single federal administrator)：指定された義務を負う単一の連邦職員．河川流域で唯一その職にあるのは，Colorado川流域において指定された権限を持つSecretary of the Interior(内務大臣)である．

これら異なるタイプの制度の実績を吟味することは，ここでの議論の範囲を超えているが，参考になる2，3の見解を述べることにする．1965年のWater Resources Planning Act(水資源計画法)によって6つの河川流域委員会(river basin commissions；RBCs)が設立された(図-19.2)．

年間当り300万ドルを投じて15年が経過した後も，委員会は，プロジェクトを効果的に調整しなかったし，多くの困難な水マネジメント問題を解決しなかっ

図-19.2 米国河川流域図(出典：U. S. Geological Survey, 1988)

た．RBCsの実績を評価して，U. S. General Accounting Office(連邦会計検査院) (1981 b)は，「RBCsは，州とその他の当事者間のコミュニケーションを目的としたフォーラムを提供したり，河川流域研究の調整を行ったり，その他の水問題に対する指針と援助を提供するなどの意義深い貢献を行っているが，こうしたプラスの面にもかかわらず，RBCsは，組織が当初意図していたような水資源プロジェクトにおける主要な調整役を果たすようにはならなかった．換言すると，今日的かつ包括的で十分に調整された水に関する共同計画を作成し，水資源の優先順位に関する意味のある長期計画を立てることができなかった」と結論付けている．

General Accounting Office(GAO)の所見によると，連邦政府が州やRBCsへの補助金をも含めて水資源計画に年間およそ200万ドルを支出しているにもかかわらず，連邦と州の代表は，委員会の目標を達成させるために自らの組織集約的な権限を利用していない，としている．水資源計画の多くは，RBCsからの入力なしに行われてきた．連邦および州の機関は，共同計画を確立し，優先順位を定め，あるいは事業を調整する権限を委員会に認めていなかった．GAOは，RBCs

のコンセプトの成功のいかんは,「州および連邦の構成員の協同」にかかっている,と指摘している.

米国での経験は,よく意図され一般化された河川流域委員会の構想が十分に機能しなかったことを示している.どうしてなのか? 基本的な理由は,参加者に協同しようというインセンティブがないことである.委員会のもたらす利益—すなわち,コミュニケーションの改善,市民参加,情報の普及および連邦レベルの意思決定への州の参加—が,政治的プロセスにとっては末梢的な事柄とされてきたのである.

河川流域マネジメントは,いくつかの他の国では機能しているように見える.ドイツ人は,数年間にわたって河川流域水質機関を成功裡に運営している.フランス人は,国の法律の中心的な特徴として,流域規模で水マネジメントの計画を立て財政確保を行い,成功している.イギリス人は,水に関連するすべての業務を河川流域に沿って組織しており,最近では河川流域機関の民営化を実施した.詳細は第8章にある.

19.4 米国における河川流域計画の推移

過去を振り返って見ることは,河川流域計画において何が機能し,何が機能しなかったのかを理解する助けになる.20世紀初頭に水プロジェクトへの関心が高まった時,米国では河川流域が計画上の単位になった.1927年のRivers and Harbors Act(河川・港湾法)は,U.S. Army Corps of Engineers(ACE;陸軍工兵隊)に河川流域の多目的開発の研究を進める権限を与えていた.これらの研究は,「308」レポートとして知られていた.当時,New Deal政策のためのNational Resources Planning Board(国家資源計画評議会)は,河川流域の研究に焦点を当てていたのである.

New Deal政策期間中,米国は,河川流域管理において最も有名な実験に着手した.Tennessee Valley Authority(TVA;Tennessee川開発公社)である.このTVAは,開発の遅れた地域に経済発展と社会発展の風を吹き込む試みとして,連邦法によって1933年に設立された.しかし,TVAのルーツは決して平坦なものではなかった(Lowitt, 1983).TVAのコンセプトが立案された1920年

代に，米国の中で2つの論争が進行している最中であった．一つは，公共対民間の力に関する戦いであった．二つめの争点は，水開発それ自体についての討議であった．こうした論争に当時 Frankline Roosevelt 大統領が夢中になっていた「地域計画」というコンセプトが重なり合ったのである．

河川流域計画が困難になったのは，連邦の水に対する統率力がなくなったからであり，Water Resource Council の諸プログラムが消滅することによって，研究の企画と多くの調整への財政確保を行ってきた Water Resources Planning Act (水資源計画法) の実験が終了した．レベルBの河川流域研究に関する米国での実験に触れて，Water Resource Council のコンサルタントは，河川流域の実験自体は有用であったとしながら，次のように結論付けている．

> レベルBの研究プログラムを含めた水資源計画は，地方の利害関係，連邦議会議員および連邦機関がプロジェクトごとに水資源への投資を決定する際に拠り所とする政治プロセスに沿った形で運営されている．レベルBの研究とは，特に水文学上の地域やそのサブ地域内での連邦プログラム活動の調整に関連させて，地域や流域規模の計画と意思決定に関与することで，こうした政治的プロセスをたえず合理化しようとする試みの一部である (Field, 1981)．

19.5 河川流域管理の役割

米国における河川流域管理の推移は，役割を明瞭に定義付けることがいかに重要であるかを示している．実際問題，役割と責任の分担が米国における連邦主義の進展の中心的な特徴をなしている．これは，換言すると，連邦政府，州政府および地方自治体の間の責任の分担ということである．

かつては，河川流域計画の主要な利益は，連邦政府プログラムによる諸活動の調整によるものであった．しかし，現在，水資源開発における連邦政府の存在は減少し，新たな役割分担が必要とされるようになってきた．焦点となっているその一つが調整の仕組みである．

基本的には，河川流域における役割は，その他の水マネジメントの現場と同様である．つまり，サービスを提供し，規制を行い，計画立案と調整を行い，支援

を提供することである．河川流域でのサービス提供者の役割は，顧客の関心に応えることである．問題が生じるのは，この時顧客とは誰を指すのかということである．環境は顧客なのか？　下流の利害関係もまた顧客と考えるのか？

　現実的に考えると，サービス提供者が業務を行うのは，その直接的な顧客に対してである．彼らは，その他の者の要求も同様に考慮に入れるよう努める場合もある．しかし，供給量が逼迫したり，お金が問題となったり，政治的取引きになる場合などには，自発的協同を志向するこうした考え方は消え去ってしまうので，規制による手段が必要になってくる．こうした規制の役割が必要とされるのは，自然に対する規制のメカニズムが存在しないからである．

　以上見てきたように，河川流域管理における2つの主要な役割は，サービスの提供と規制である．プランナーと調整役の役割は，すべての顧客やすべての社会経済的ならび環境的目的を考慮に入れながら，サービス提供を容易にし，規制を最低限に抑えることである．

　河川に関わる行動を調整する作業をともにすることによって，サービス提供者はお互いに利することになる．規制者は，規制という最終的な手段を課することなく望まれる結果を実現するために，計画立案の調整に参加することができる．蠅を打つのに大きなハンマーを使うことを避けるために，計画立案と調整が探求される．

19.6　河川流域における水の行政管理

　規制的な役割の中には，水使用の制御と行政管理とがあげられる．この機能については，第15章のコロラド州の制度の議論の中で記述してある．その概要を説明すると，コロラド州の裁判所を基本とした水配分制度では，まず，裁判官が水に関する裁決を下すが，州の技監室が，この裁決の日常レベルでの運営方法について決定する．州技監室は，7箇所の河川流域事務所を運営しており，その各事務所には各管区の技監が責任者となり，取水や記録の管理にあたる水資源管理官(water commissioner)の監督を行っている．この制度は，紙上の計画のように必ずしもうまく機能するとは限らないため，地方の水資源管理官が行政側の管理者であるとともに調整役をも務めることになる．このように，規制機能が，草

の根レベルでは調整役の多くをも受け持つことになり，そこでは，水資源管理官が実質上の「水利権監督官(water master)」となっている．

Pecos川の事例(第15章を参照)では，ニューメキシコ州の技監室が，監督と報告と制御を行う「水利権監督官」を雇っている．U. S. Supreme Court(連邦最高裁判所)が指名した州間の水利権監督官もいて，同様の全般的な機能を担っているが，この場合，州境界線での水の引渡しの監視に限定されている．

リバー・マスターもしくは水利権監督官が担う機能，すなわち，制限の実施，調整，現場での紛争の解決といった機能が，特に水の供給が限られた河川流域において規制と調整に決定的な役割を果たしていることが明らかになっている．

19.7 事 例 研 究

河川流域管理のシナリオづくりは，ケース・バイ・ケースで取り組んでいく必要がある．河川規模，位置，制度，生態系，開発，その他の自然や人工の特性によってその違いがつくり出される．河川流域における関係者(players)が判別され，彼らの要求と選択が表明されなければならない．一般的なこの一連の手続きを踏まえながら，河川流域問題に関するいくつかのシナリオを展開することができる．

「Water Resources Planning」(Grigg, 1985)の中で筆者は4つの河川流域の事例について記述している．そのうちの2つは，州内の流域を取り扱ったものである．最初の例は，東部における都市化された流域(Upper Neuse)で，ノースカロライナ州のPiedmont地区における水に対する競合を取り扱っており，調整の仕組みがない場合に問題が発生することを示している．二番目の例は，西部における都市域と農業地帯が併存する流域(South Platte川，コロラド州)で，本書の別の箇所でも記述しているように，自発的で協同的なアプローチが西部という水マネジメントの困難な舞台で水マネジメントを改善する最良の方法であることを示している．この流域には，第10章でその詳細が記述されているTwo Forks Projectが含まれている．この事例は，本章でもさらに取り扱い，州際的側面と絶滅危惧種問題についての説明を加えることにする．

「Water Resources Planning」で記述されている2つの州間河川流域の最初の

例は，バージニア州からサウスカロライナ州を貫流する Yadkin-Pee Dee 川についてのレベル B 研究であった．これは，Water Resources Planning Act による承認と資金のもとで州政府によって行われた数少ないレベル B 研究の一つである．この研究は，数多くの対立をもたらしたが，最終的には当初意図していたように包括的な内容になっている．これまでにこの研究から派生したプロジェクトはないが，研究からの最終的な利益は，データ，基礎的研究および河川状況と河川管理についての歴史的文書としての役割を果たしたことであろう．実際問題，流域における対立は，近年増加してきているように思われる．ノースカロライナ州では，この流域からの州間導水計画に対して騒動が持ち上がっている（第15章参照）．

州間流域の二番目の例は，Potomac 川で，Washington Metropolitan Water Supply Task Force(Washington 首都圏水供給特別委員会)が形成されている．モデリング技術と共同問題の解決に関心を持つスタッフを擁する Interstate Commission on the Potomac River Basin(Potomac 川流域州間委員会)を通してモデルが作成されている．この計画づくりの試みは成功しており，新たに計画される貯水池の数が1つに減少させられた．McGarry(1983)は，この試みが成功した要因として次の5つをあげている．すなわち，地方の指導者が問題解決にあたって連邦政府に依存できないことを理解していた；選出首長が意思決定レベルに関与していた；市民の指導者が効果的に関与していた；伝統的な計画立案コンセプトが地域性の視点に置き換えられた；数人の個人が障害があるにもかかわらず最後まで実行する責任を負った，ことである．

河川流域管理の原理をさらに説明するために，筆者はさらに4つの事例，コロラド州，ワイオミング州およびネブラスカ州を含めた拡大された形での Platte 川水系，Colorado 川流域，ジョージア州とフロリダ州にまたがる Apalachicola-Chattahoochee-Flint 河川水系，および Delaware 川流域，を紹介したい．さらにもう一つの事例は，バージニア州とノースカロライナ州にまたがる Albemarle-Pamlico 水系で，河口域での水質管理について取り扱っている．これは，第22章で紹介される．この事例でも，その他の水マネジメントと同様の多くの問題が見られ，流域間導水を巡る対立が含まれている（第15章，Virginia Beach の水供給の事例）．

19.7.1 Platte川水系

Platte川流域には,コロラド州とワイオミング州とネブラスカ州の3州が関与している.州間の問題に加えて,コロラド州,ネブラスカ州,ワイオミング州それぞれの州内の流域にわたるマネジメントを含む多くの州内問題もある.図-19.3は,South Platte川とNorth Platte川の合流点より上流の3州にまたがる流域を示している.川のさらに下流には,アメリカシロヅルやsandhill craneといった渡鳥の飛来コースの中継地点となっているBig Bend地区がある.さらに流下すると,Platte川はMissouri川と合流する.

流域内で最も顕著な対立が生じているのは,ネブラスカ州である.そこでは,アメリカシロヅルの生存に焦点を当てた環境問題が,数年にわたる研究,裁判活動および最近では種の「復元計画」作成についての政治的声明につながっている.基本的には,生態系の利害関係者は,ネブラスカ州を貫流する流量をもっと多くするよう求めており,川から堆積土砂や幼木を「一気に押し流してしまう(flush)」

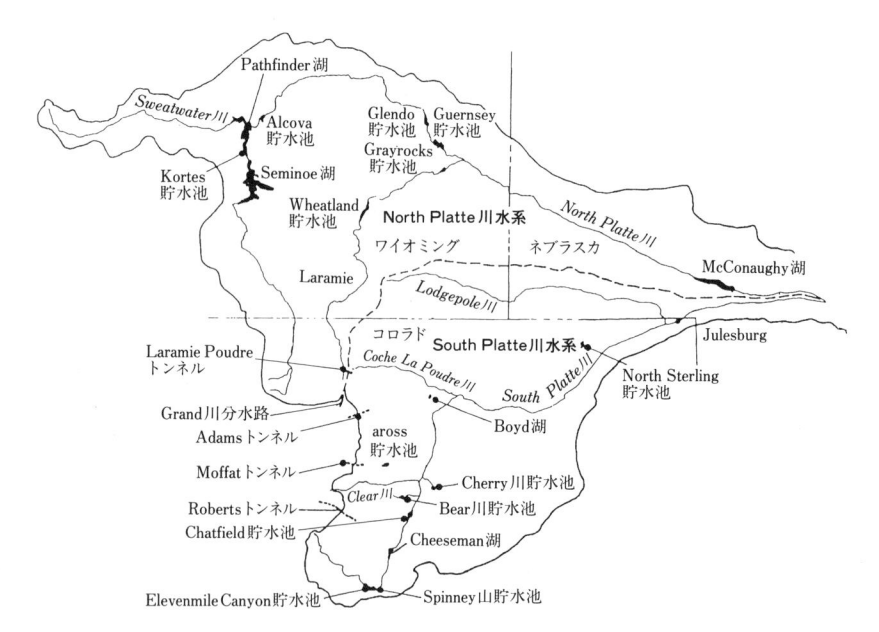

図-19.3 コロラド州とワイオミング州のPlatte川流域におけるプロジェクト
(出典:Federal Energy Regulatory Commission, 1994)

周期的な洪水流も含めて，放流時期の見直しを求めている．複数の生態学上の種が関係しているため，必要とされる放流の量と時期は非常に複雑なものになる．

ネブラスカ州の水プロジェクトが計画段階にあった時，そのほとんどは1930年代のものであるが，水に関する関心事は，電力と灌漑と洪水制御であった．例えば，1931年のCentral Platte区域の歴史には，電力と灌漑と洪水制御を含んだPlatte川開発のための「包括計画」を示す図解が掲げられている(Hamaker, 1964)．1944年のFlood Control Act(洪水制御法)によるMissouri川流域の調整された開発のためのPick-Sloanプランもまた，灌漑と電力と洪水制御のためのプロジェクトを承認しており，その当時の「包括計画」であった．Water Resources Planning Actは，Missouri River Basin Commissionとレベル B の研究に資金提供を行った．ネブラスカ州では，これによって，州の水問題の枠組みについての研究(レベル A 計画)とネブラスカ州の Platte 川流域のレベル B 研究がもたらされた．これらに先行する形で，Missouri River Basin Interagency Committee(MRBIAC；Missouri川流域関係機関合同委員会)による作業が行われており，Missouri川流域の枠組みについての研究を完成させている．この枠組みに関する研究は，1964年から1969年にかけて，流域の10州とすべての連邦関連機関の参加を得て行われた．この時の研究データは，後に，レベル B の研究とNebraska State Water Plan(ネブラスカ州水計画)の中に組み込まれた(Missouri River Basin Commission, 1976, and working papers, 1975)．

Missouri River Basin Commissionによるレベル B の研究は，1976年に完成した．このレベル B の研究は，当時，Missouri River Basin Commissionの手で「調整された包括的共同計画立案プロセス(Comprehensive coordinated joint planning process；CCJP)」を経て更新され時代に合ったものにされることが期待されていたが，期待されていたようにはならなかった．というのは，この委員会は，1980年代初頭に廃止され，委員会の資料は，ネブラスカ州 Omaha にある ACE の事務所に移されたからである．

州の水計画と審査の手続きの一環として，Nebraska Natural Resources Commission(ネブラスカ州天然資源委員会)は，Platte River Forum for the Futureなるプロジェクトに着手した．このフォーラムの目標は，「Platte川に対する全般的な理解を進展させ改善させるための媒体を提供すること」，および「Platte川の水利用に関する決定に責任を負う人々の間でコンセンサスを形成す

るための手段を提供すること」，であった(Nebraska Natural Resources Commission, 1985)．しかし，この方法は，必要とされていたコンセンサスを形成するのに役立たなかったのは明白である．というのも，その報告が，「フォーラムによる方法は，未だどんな対立も解決していない」と結論付けているからである．1980年代と1990年代，ネブラスカ州での焦点は，Federal Energy Regulatory Commission(FERC；連邦エネルギー規制委員会)による水力発電プロジェクトの再認可という，長期にわたる手続きに移行している．そして，この手続きは本書執筆中にも進行中である(1994)．

　こうした計画立案プロセスの失敗や不満が，University of Nebraska Water Centerの刊行物であるWater Current誌上の編集部の漫画の中に描き出されている(図-19.4)．

　コロラド州は，州の歴史の早い段階で，州内South Platte川の水開発を行っている．Denver Water Board(Denver水局)の主要な貯水池は，山越えの分流水を受ける貯水池も含めて，20世紀の初期に完成している．1930年代のNorth Platte川の水を巡る論争がきっかけとなって，New Deal時代にワイオミング州の水源開発が承認されることになった．このことが，コロラド州がColorado川流域の水を追求するようになり，North Platte川の水に依存することをやめるよ

図-19.4　Nebraska Water Management Boardの墓(出典：Water Current, University of Nebraska Water Center, 1991. 9)

うになった一因となっている(第12章のColorado Big Thompsonの事例，およびTyler, 1992を参照されたい)．

　コロラド州内では，South Platte川に関する研究で，自発的で協同的なアプローチが水マネジメントの最良の方法であると結論付けている．しかしながら，1990年代の初頭には，協同作業が見られずに，法廷闘争，当局の決定および反対者による訴訟が，この時代を支配し続けるであろうことが明らかになってきた．反対者の訴訟は，数々の対立を中心に展開しているが，このうちの3例をここで簡単に紹介することにする．

　Two Forksの提案が最も顕著な対立であった(第10章を参照)．以下手短に記述すると，Denver地区は，21世紀の水供給ニーズを満たすことを目的として，新たな基幹貯水池をつくることを提案した．4 000万ドルの環境影響審査プロセスとコロラド州知事の承認の後に，ACEの地区担当技師，U.S. EPAの地方局長，U.S. EPA本庁の新たに任命された長官William Reillyが，許可申請を拒否した．

　二番目の対立は，「留保水利権(reserved rights)」を巡る事例である．U.S. Forest Service(米国森林局)は，Forest Serviceの基本法に基づいて，堆積土砂の流下排除のような自然的目的のための水使用を求めて留保水利権を要求した．州法廷での長期で高価な戦いの後に，1991年に請願は却下された．

　三番目の争点は，Thorntonが秘密裡に，北部コロラドの水路会社の株を取得したことに端を発したものである．この時，市は，北部コロラドの土地と水を買い占めて，近郊地での増大する水需要を満たすために農場からDenverへ分水する非公開の作戦を計画していた．ここでも再び，高価な法廷闘争が開始された．

　上記の3件の対立は，約5年の期間のうちに，法律料と技術料とでおそらく約5 000万ドルから7 500万ドルかかっている．加えて，他にもっと生産的な使い道のあった数えられないほどの職員の時間とエネルギーを無駄にしてしまった．また，多くの険しい感情が生まれ，協同や調整のための雰囲気が著しく損なわれることになった．

　ワイオミング州は，コロラド州よりもさらに田園的な所であるが，水については共通の問題を抱えている．コロラド州と同様，問題点の一つとして，ネブラスカ州における復元計画の実施を考える連邦当局によって掛けられている水に対する圧力を解くことがあげられる．

州間協定の問題やその他の法律上ならびに政治上の問題が原因となって，Platte 川流域の水マネジメントのための共同計画立案は，これまでにほんの限られた成功を見たにすぎず，将来的にはさらに多くの対立が起こることが予想される．現在のところ何らかの「包括的計画」が作成されたとしても，これを実施する流域規模での決定機関は存在しないが，「復元計画」が包括的計画の次の段階のための場となるかもしれない．

19.7.2 Colorado 川水系

米国西部諸州において，水の歴史は Colorado River Compact (Colorado 川協定)の開発と運営によって特徴付けられている．Time 誌は，1992 年に Colorado 川をカバー・ストーリーとして取り扱い，そこでの対立が当時の米国でおそらく最も目につくものであると言及している (Gray, 1991)．Colorado 川流域(図-19.5)は，7 州にわたる 2 000 万人の人々と，200 万 acre (8 000 km^2) の農場に水を供給している．San Diego の水の 70％ が，この川から来ている．アリゾナ州は，Phoenix と Tucson のために取水を行っている．主要な農業地帯である Imperial Valley も，この川に依存している．長引くカリフォルニアの渇水は，1992 年で 6 年目を迎え，複数の市は海水の淡水化を開始した．

Colorado River Compact の開発は，水を巡る政治的取引きについて魅力ある題材を提供しており，多くの書物や論文がこれを取り扱っている．こうした本の一冊では，「制度上の歴史」という章だけで 42 ページも占め，しかも，これで要約に過ぎない (Hundly, 1986)．1922 年の協定は，過大な水供給量の見積りに基づいたものであった．これによると，1 650 万 acre・ft (203 億 5 000 万 m^3) の水を算定していたが，渇水期間中に，この川は 900 万 acre・ft (111 億 m^3) の水しか産み出せなかった．下流 3 州のカリフォルニア州とアリゾナ州とネバダ州は，各自の配分以上の水を獲得してきた．そして，現在，上流 4 州は，こうした過度の使用が制度化される可能性を憂慮している．

制度上の歴史は，Colorado 川開発の歴史のほとんどがそうであるように，John Wesley Powell の探検から始まっている．彼は，1870 年代に流域を探検しその地図を作成した南北戦争の著名な退役軍人である．流域の初期の歴史は，興味深いものであるが，水資源開発手段とは直接関係していない．1902 年に，

19.7 事例研究

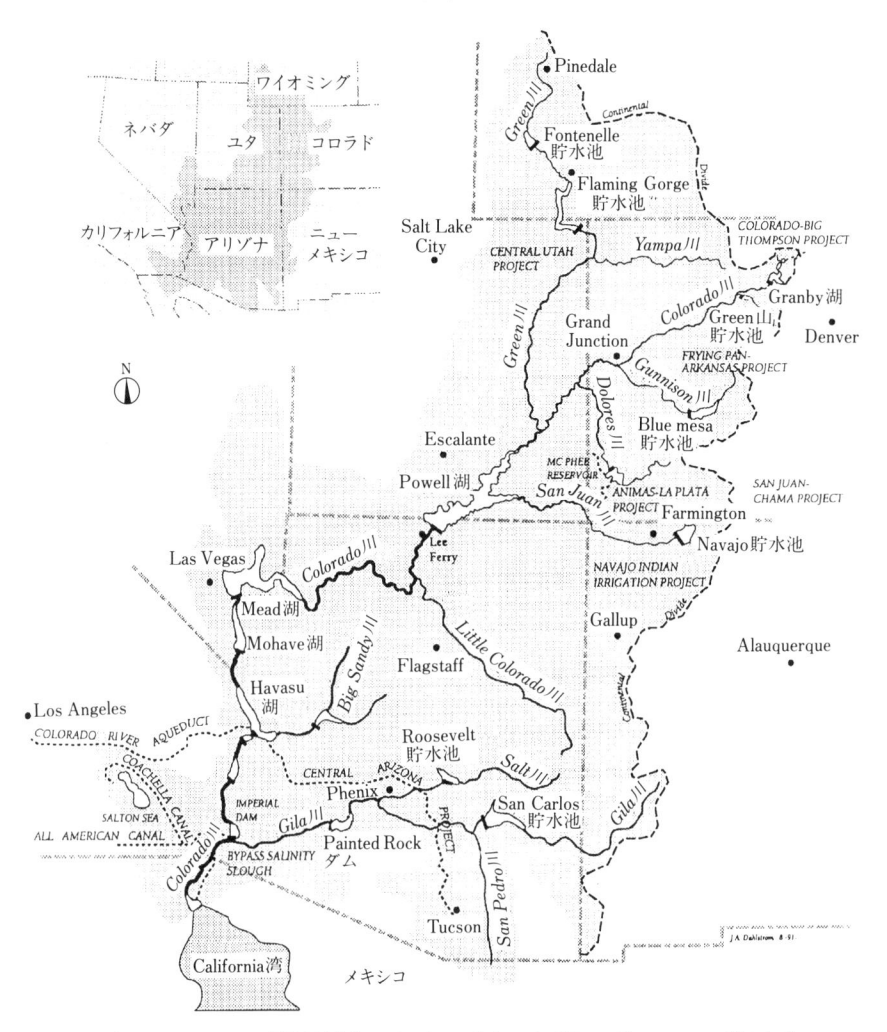

図-19.5 Colorado 川流域（出典：Northern Colorado Water Coservancy District）

Powell の甥の Arthur Powell Davis は，大規模な貯水池による包括的開発の初期の提唱者の一人となった．メキシコ国境付近の 60 万 acre($2\,400\ \text{km}^2$)の肥沃な地域，カリフォルニア州 Imperial Valley の入植者は，この川から取水する運河の建設を要望していた．この要望の結果が，All-American Canal となった．このように呼ばれるようになったのは，当初の分水計画が米国とメキシコとの間

で共同で行われるものとされていたのに，実際の運河はすべて米国内に位置しているからである．これが米国—メキシコ運河となると，これは，増加するメキシコの使用量に対して，米国の農家が制御できなくなることを意味していた．

1924年，Los Angeles の指導者たちは，他の市職員と協同して，Metropolitan Water District of South California (MWD; 南カリフォルニア大都市圏水管理区—巨大な水組合) を設立した．この MWD が，Colorado 川開発の主要な担い手となり，Imperial Valley の農家と手を結んだ．両者の目標が Boulder ダムと All-American Canal になったのである．

ある種の協定が必要となり，コロラド州 Greeley の弁護士 Delph Carpenter の指導のもとで協定が作成されたのは，後の大統領 Herbert Hoover の個人的なリーダーシップをも含めた長くて困難な探求の末のことであった．Colorado River Compact に対する Carpenter の指導への賛辞は，Colorado Water Resources Research Institute (コロラド州水資源研究所) の手によって刊行されている (Colorado Water Resources Research Institute, 1991)．

Colorado 川流域の物語は，現在も書き続けられている．Glen Canyon ダムも含めて数々の大ダムがこれまでに完成している．上流域諸州(ユタ州，コロラド州，ワイオミング州およびニューメキシコ州)と下流域諸州(カリフォルニア州，アリゾナ州およびネバダ州)とはそれぞれ異なってはいるが，共同を要する利害関係を持っている．メキシコとの関係もまた一つの要因となっている．上流域諸州には，個別の協定がある．1980年代の南カリフォルニアの爆発的な発展に近年のカリフォルニアの渇水が加わり，上流域諸州は警戒を強めている．これら上流域諸州は，現在，環境問題のために自分たちに割り当てられた権利を完全に利用できない可能性がある．

Colorado 川流域の歴史は，乾燥地帯で緊張関係にある大河川流域を管理することの，自然条件上，法律上，政治上ならびに環境上の複雑さを明らかに示している．1992年，コロラド州と U. S. Bureau of Reclamation (米国開拓局) は協同して，この河川流域を対象にした特別な意思決定支援システムの開発に着手した．

19.7.3 Colorado 川の意思決定支援システム

1990年代初頭，コロラド州の水管轄当局は，Bureau of Reclamation や他の

19.7 事例研究

州と協同してColorado川を管理するのに，コンピュータを基礎とした意思決定支援システムが有効であると判断した．この結果開発されたColorado川意思決定支援システム(Colorado River Decision Support System; CRDSS)は，システム解析と計画立案の原理を示している(第5章参照)．

Lochhead(1993)は，コロラド川流域で明らかになってきた変化として，次の事例をあげている．1991年と1992年に流域諸州とColorado川周囲の原住民10種族が互いの関心事についての話し合いを行った．そして，その際に中心的なテーマとなったのが，変化を求めるイニシアティブは，最も影響を受ける利害関係者によって発案されるべきであるという認識と，変化は革命的なものである必要はないが，外部から干渉されることなく，現存の法律の枠組み内で実施することが可能であるという認識であった．

こうした脈絡の中で，重要な河川問題に取り組むことができる．複数の問題が互いに関連し合っており，それが意思決定支援システムが必要とされる所似である．政治家や水マネージャーは，こうした問題を解決していく際に，河川運営に対して柔軟な対応が必要とされることを認識し始めている．ともに作業することによって多くのことが実現できるということは好ましいニュースである．

ニーズの分析と実施可能性の研究が1992年に完了し，そこではCRDSSの3つの一般的な目的を確認している．すなわち，代替的運営戦略の評価も含む州間協定の政策分析；開発に利用できる残存水量の決定；およびコロラド州の協定に基づく配分の最大化，である(Dames and Moore, and CADSWES, 1993)．

CRDSSプロジェクトに着手した理由の一つに，州の2つの水管轄当局と州の技監室とColorado Water Conservation Board(コロラド州節水評議会)との間の対立があった．これと他の要因も加わって，州は，Colorado川問題に関連させて組織的な調整の仕組みを開発したのであった．

CRDSSの計画には，多数の水利用者，モデル作成者および水マネージャーが関わっており，そのうちの何人かは，水資源のモデリングやデータベースに広範な経験を持ち合わせている．最も初期のCRDSSのコンセプトは，地方の水マネージャー，州技監室のメンバーおよび研究者によって開発された．これらの人が，空間・リレーショナル・データベース(数値データの製表化)，モデルとユーティリティを持つツール・ボックスおよびグラフィカル・ユーザー・インターフェイス(graphical user interface; GUI)を取り入れることを着想したのである．

実施可能性研究報告によると，「問題を即座に理解し，解決するためのダイナミックで効率的で効果的な情報ベースの提供」，これを可能にする意思決定支援システムの特性として以下のものを列挙している．
- データと情報の正確な取扱い
- 情報の効率的で効果的な視覚化
- 情報が十分に活用できるデータ解析技術
- 計画評価のための公式的な技術
- 政策代替案の素早い評価
- システムの状態のダイナミックなモデリングと情報の更新

筆者から見ると，長い間モデリングとデータベースの開発が水資源マネジメントの中で過大に評価されており，伝統的なアプローチも必要であると考える．CRDSS の場合，最初に問題とされたのは，「大河川モデル」が問題解決に向けての調整に役立つように，しかもすべての当事者に対して同等に実行されることを確認することであった．これを行うためには，諸州におけるデータ収集とマネジメントに向けて調整されたアプローチがさらに必要とされる．

長期にわたるシステムの実行において，CRDSS には，最初データへの，次いでコロラド州内の Colorado 川水系モデルへの，さらに「大河川モデル」への「ボトムアップ型」の信頼が得られている．筆者の見解では，もし CRDSS へのアプローチが「トップダウン型」の方法を取っていたら，失敗していたであろう．トップダウン型は，部分的アプローチだけが利用できる場合にはそれを使用することができるようにモデルとデータが分離されているアプローチではなく，成功のいかんは 100% モデルとデータのパッケージにかかっているアプローチといえる．

19.7.4 Apalachicola-Chattahoochee-Flint 河川水系

Apalachicola-Chattahoochee-Flint (ACF) は，ジョージア州 Atlanta の上流で始まり，Mexico 湾に注ぎ込む 400 mile (640 km) の長さの河川水系である (図-19.6)．流域は，全体で約 1 万 9800 mile^2 (5 万 1300 km^2) の面積を持つ．フロリダ州は，このうちわずかに 2500 mile^2 (6500 km^2) の流域面積を占めるにすぎないが，問題とされることの多い Apalachicola 湾は，この河川水系の河口部分に位置している．アラバマ州は，沿岸州の一つで，約 2800 mile^2 (7300 km²)の流域面積を持つ.この河川水系には,ACE が管理する 5 つの大ダムとおよそ 10 の認可された連邦以外の管轄のダムがある.

ACF の開発は,連邦政府の Chattahoochee 川への工事によって 1828 年頃に開始される.1874 年までに,Chattahoochee 川における舟運改良事業が着手さ

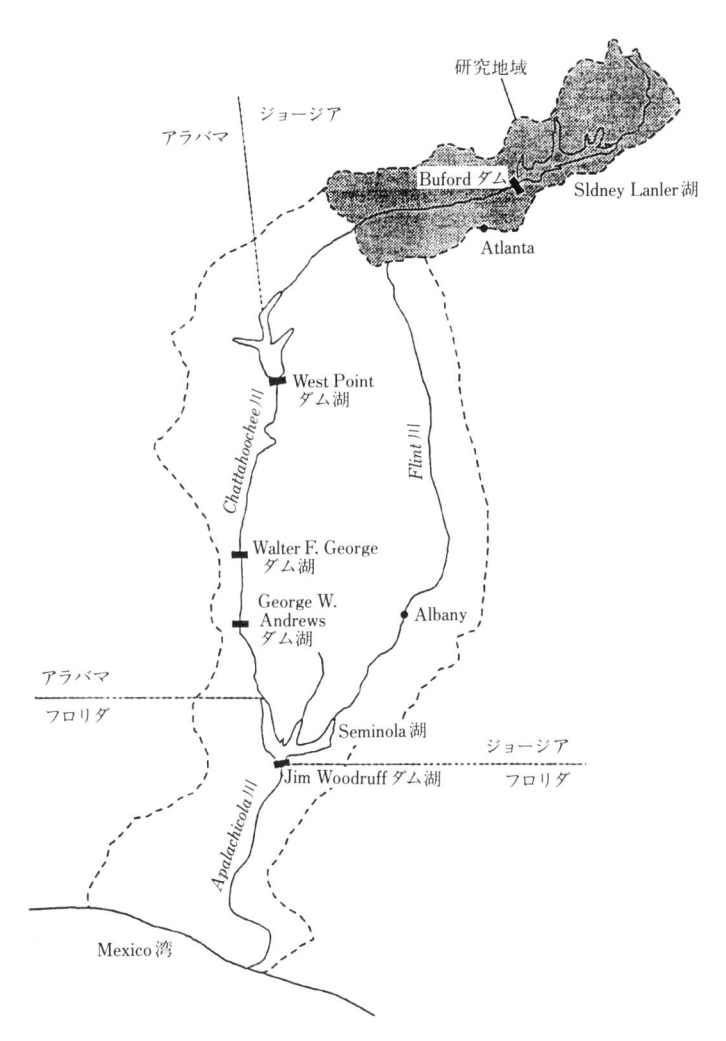

図-19.6 Apalachicola-Chattahoochee-Flint 川流域(出典:U.S. Army Corps of Enginners)

れ，その目的はジョージア州 Columbus まで深さ 4 ft(1.2 m)，幅 100 ft(30 m) の航行用運河を開発することであった．1935 年には，ジョージア州 West Point 付近で緊急洪水制御プロジェクトが認可された．さらに，1945 年から 1946 年までに，Comprehensive Development Plan for the ACF(ACF に対する総合開発計画)が認可され，Gulf Intracoastal Waterway からの 9 ft(2.7 m)の航行用運河，および航行と洪水制御と水力発電と流量調節を目的とするダム建設のプログラムが提供された．ダム建設は，1947 年に Jim Woodruff ダムが着手され，1957 年に完成している．これに続く形で，Buford ダムと Lanier 湖が 1957 年に完成，Walter F. George ダムが 1963 年に完成，George Andrews ダムが 1963 年に完成，そして West Point ダムが 1970 年に完成している．

　航行のニーズに応えるためには，ACF の内陸水路と河川水系に関する連邦プロジェクトが一つのシステムとして運用されるべきである．Lanier 湖の貯水量が水系全体の約 65％に当たるため，この施設の運用が水系全体にとって決定的な要素となっている．水系の運用に対して利害関係を持つ下流域の活動には，Atlanta を含む都市への給水；工業用・農業用利用者；河道内漁業；リクレーション；および航行，があげられる．水質問題は，Apalachicola 湾に対する適正な水質の保持と同様に，この河川水系において大きな関心事である．

　水路を巡る対立は，次第に増加してきている．1986 年の渇水は，特に下流区間での航行と Lanier 湖でのリクレーションに影響を与えたために，状況を悪化させる結果となった．また，環境団体が，Apalachicola 湾への水のマネジメント計画を強く求めるようになってきた．さらに，1990 年には，アラバマ州が ACE を相手に訴訟を起こし，ACE が Lanier 湖の貯水を維持用水から水供給用に再配分することを禁じるよう求めた．この訴訟がきっかけとなって，ACE と関連諸州による広汎な調査研究が認可された．その目的は，「流域の水資源需要を記述し，水資源の能力を決定し，流域内のすべての使用グループに利益をもたらすように水資源を最善に利用する代替案の評価を行うことである」(U. S. Army Corps of Engineers, 1991)．

　ここには，年平均降水量 50 in (1 270 mm)以上の米国の中でも豊富な水資源を持つ流域がある．巨大都市 Atlanta の発展，環境に対する関心，ばらばらの地方自治体―州―連邦の利害関係，地域間の競合，利害団体の主張，政治の関与，これらすべてが河川流域のマネジメント・システムを組織していくうえで，協調

を生み出すよりも，対立状況をつくり出しているといえる．

図-19.7 は，近隣の州が Atlanta の増加する水需要をどう受けとめているかを示している．Coosa 川流域は，Atlanta の北西部で ACF に隣接しアラバマ州を流れている．

図-19.7 Atlanta の水需要に対する見解(出典：Montgomery Advertiser)

19.7.5 Delaware 川

Delaware 川流域には4つの州が含まれる．ニューヨーク州，ペンシルベニア州，デラウェア州およびニュージャージー州である(図-19.8)．連邦―州間協定に至る原因となった対立は，New York 市が 1920 年代に水源域から水供給用に分水しようと計画したことに端を発する．New York 市が Hudson 川流域に位置していることから，これは流域間導水になる．対立は，1931 年と 1954 年の最高裁判所判決にまで至り，この中で裁判所は，低水流量をダムからの放流によって増加させるという New York 市の合意に従って，分水する権限を認めるというものであった(U. S. General Accounting Office, 1981 a)．

この最高裁判所判決が河川流域の広汎な計画のあるべき手順ではないと考え，関連諸州は連邦政府と交渉を開始し，1961 年には Delaware River Basin Compact(DRC；Delaware 川流域協定)が承認され，そして Delaware River Basin Commission(DRBC；Delaware 川流域委員会)が組織された．

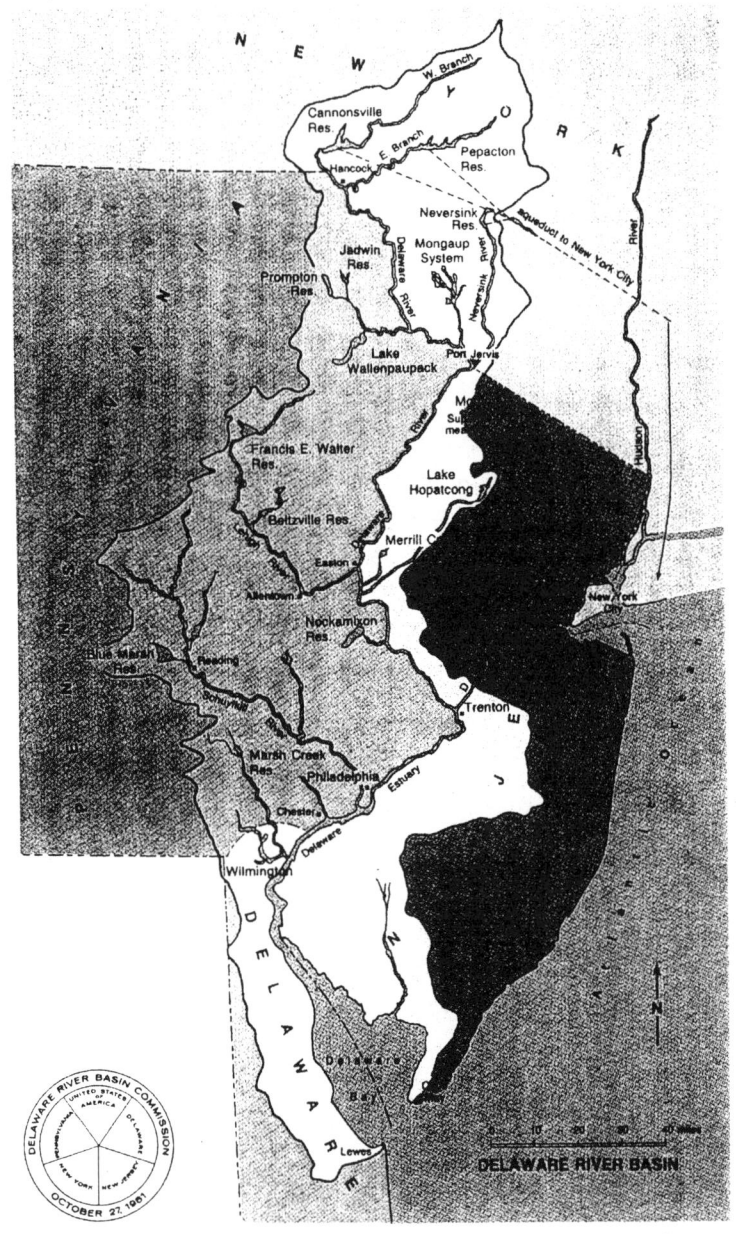

図 19.8　Delaware 川流域（出典：Delaware River Basin Commission）

19.7 事例研究

　これが，最初の連邦―州間の水協定となったが，協定が締結されるまでには，政府間のいくつかの問題点を分析する必要があった．7つの連邦機関がこの協定は憲法に反しており，連邦機関の利害と相容れないと考え，これに反対の意を表明した．しかしながら，関連諸州は，連邦議会にこの協定を修正する権利を与え，さらに大統領が連邦の利害に反していると判断した場合に，その広汎な計画の構成要素に拒否権を発動できることに合意した．この合意により，公法87-328の可決への道が開かれ，この法律に基づいて委員会が創設された．

　図-19.9は，1991年3月27日のDRCの会議の写真である．この会議の席上，ニュージャージー州知事Jim Florioが，Francis E. Walter貯水池の貯水容量の拡大を支持する発言を行った．この写真は，委員会の通常の様子を示している．各委員が席に着き，専務理事が加わり，支援スタッフの姿もまた見ることができる．

　DRCのマネジメントの鍵となる要素は，1962年頃から発展してきた包括的な計画である．DRBCの専務理事であるGerald Hanslerは，これについて次のように記している．「包括的計画(Comprehensive Plan)は，流域に関連するすべての水資源プログラムやプロジェクトを評価する際の判断基準となる．1962年以

図-19.9　ニュージャージー州知事Jim Florioが出席しているDelaware River Basin Commissionの会合(出典：Delaware River Basin Commission Annual Report, 1991)

来，およそ1500のプロジェクトが提案され，審査されてきた．そして，その多くが包括的計画に適合させる形で修正されてきた．連邦と州の水資源管理機関の出す適切なプログラムは，DRBCの包括的計画の中に統合される」(Hansler, 1980)．

　この委員会が直面する問題の種類は，渇水期の水マネジメント，河口部の水質，有毒物質の制御，地下水の過剰揚水および洪水被害である．こうした問題に直面するというのは，明らかに，委員会にかなりの対立が持ち込まれることを意味している．

　DRBCの運営方法の特徴の一つに，川からの分水や川への放水を監督するのにリバー・マスター(river master)を利用していることがあげられる．この場合のリバー・マスターは，U. S. Geological Survey(米国地質調査所)の職員であり，最高裁判所に提出する年報を作成している．これについては，例えばSauer (1987)を参照されたい．

　Delaware川の東部最上流に位置しているニューヨーク州は，委員会のもたらす利益を疑問視しており，州の資金提供を制限することを示唆している．協定の取決めの中で諸州をまとめ，委員会のスタッフに資金提供を行い，委員会にDelaware川の水の計画と調整と管理を効果的に行わせることは，引続き挑戦的な課題となるであろう．

19.8　河川流域計画とマネジメントについての結論

　事例研究で示された河川流域管理は，政治上ならびに制度上の問題によって妨げられている．Abel Wolman(1980)が説明しているように，「自然の法則は河川流域を単一の単位として扱うが，人間の法律はそれを分割された管轄権として取り扱う．したがって，統合された河川流域開発を行うための最適の組織形態はない」．経験を通して，「地理学上ならびに生態学上の統合性が政治的分割によって妨げられる」と要約されよう．

　河川流域管理を効果的に行うという米国の試みは，完全な形では成功していない．河川流域管理における連邦政府の役割が減少している現在，州―連邦―地方自治体による新たなアプローチが求められている．

19.8 河川流域計画とマネジメントについての結論

19.8.1 事例研究からの教訓

本章で検討した研究事例は，様々な教訓を提供してくれる．

- Upper Neuse の事例は，調整機関が不在の時に生じる問題を示しており，水供給を規制する州政府機関が必要であることを明白に示している．
- Yadkin-Pee Dee 川のレベル B 研究は対立を招来し，これまでのところマネジメント行動について何ら成果をあげるに至っていない．この事例から引き出せる教訓は，トップダウン方式の流域研究は効果的でないということであろう．
- Potomac 川の場合，必要とされる新しい貯水池の数を削減するために，特別委員会がシミュレーション・モデルを使用した．これが成功した要因としては，連邦でなく地域のイニシアティブ，選出首長の参加，市民のリーダーシップ，伝統的計画立案というよりも地域性の観点，そして障害に直面した時の個々の関係者の忍耐，があげられる．交渉と結びつける形でモデルを使用したことも，成功の主要因の一つであると考えられる．
- Albemarle-Pamlico 水系では，規制当局と自主的機関との両者を組み合わせた広範で包括的な水質管理計画の必要性が示されている．
- South Platte 川は，西部における水マネジメントの舞台では，自主的で協力的なアプローチが必要であることを示しているが，これは実際に機能することがわかるまでは理論の域を出ない．コロラド州では，3 件の紛争に関連して数百万ドルかかっており，協同や調整のための雰囲気が著しく損なわれている．
- 州間にまたがる Platte 川水系は，決定事項を実施する中央機関がなければ，共同計画立案に限界があることを示している．Missouri River Basin Commission が解体され，「包括的計画」を実施するための意思決定機関が存在しない．
- ネブラスカ州では，1970 年代に行われたレベル B の研究が消滅し，これに続く研究はない．州が先導した Platte River Forum もコンセンサスを得るに至っておらず，1980 年後半までに焦点は，水力発電プロジェクトの再認可という高価で時間のかかるプロセスに移行している．この事例では，財政上や環境上の価値がからんでくると，共同作業に限界があることを示している．

- Delaware川を巡る対立が原因となって，米国で最初の連邦―州間の水協定が締結された．この協定で鍵となる要素は，包括的計画である．協定ではまた，分水や放水を監督するのにリバー・マスターを利用している．協定が将来とも有効かどうかは，引続き挑戦的課題であるが，これまでのところ，制度によるこのアプローチは機能しているように考えられる．
- Apalachicola-Chattahoochee-Flint河川水系は，本書執筆時も紛争解決の過程にある．水路を巡る対立は，1970年代から次第に増加し，1986年の渇水によって多くの問題点が明らかにされた．3州とACEは，新たな制度上のメカニズムによる長期的な解決方法を模索している．Delaware川に見られるような解決方法が鍵になる可能性がある．
- Colorado川の対立は，西部における発展，渇水および水に対する圧力と関連していて，ここが世界で最も複雑な境界にまたがる水系であることを示している．

19.8.2 包括的な大河川流域計画

　大河川流域の問題に対しては，トップダウン方式の流域研究は，効果的であるとはいえない．地方のイニシアティブが必要とされ，自主的で協調的なアプローチが優先されるものと思われる．

　伝統的な地方計画立案よりもむしろ地域性の観点の導入が必要とされる．これによって，政府間の困難な問題が生じ，問題解決のために中央機関の仲裁が求められる場合も想定される．

　河口部のような複雑な水質問題を取り扱う場合，規制当局と自主的機関の双方が共同する水質管理計画が必要とされる．

　大規模な州間の問題では，協定の締結が長引く対立を解決する唯一の方法である．

　河川流域の包括的計画立案が扱いにくく，有効でないとはいえ，包括的計画は，法的な拘束力を持つ協定があり，行動がその計画に対する鍵となる場合には有用である．

　目標が立派であっても，大河川流域の研究から直ちに利益がもたらされるとは考えられない．しかし，Delaware川の協定に連動させて包括的計画を利用する

と，河川流域のマスター・プランづくりを効果的に適用できるかも知れない．しかしながら，Water Resources Planning Act のもとで設立され消滅した委員会の場合のように，委員会に何ら権限がない時，こうした研究を成功させることは不可能である．

　レベル B 研究から得られる最終的利益は，研究データと河川管理に関する歴史的文書としての役割であろう．包括的で調整された計画をお金をかけて作成するよりもむしろ，水に関わるサービス提供者と規制者が地域組織と協同して，歴史的文書と地図類を単一のデータベースに保存することも可能であろう．さらに，計画や研究にあたる組織は，流域開発と流域管理の現状を見直すために定期的な会議を持つことも可能である．

19.8.3　技術的ツールと組み合わせた効果的なリーダーシップ

　Potomac 川での努力で見てきたように，効果的なリーダーシップが特定の問題に焦点を当てた技術的ツールと組み合わさった時，河川流域管理での成功が可能になる．選出首長の参加，これに市民のリーダーシップと障害に辛抱強く対処できる個々の関係者が加わることが成功への鍵となる要件である．複雑な問題を取り扱うには，交渉に組み合わせる形で，効果的なモデルを使用することが求められる．

19.8.4　乾燥地帯における河川流域管理

　水が不足し，州内と州間の双方で水を巡る対立が生じている西部において，包括的で調整された共同計画を立案することは，これからもきわめて困難であろう．どんな計画の立案やマネジメントの努力も，法的な原則と客観的な計測に基づいて行わなければならない．これが難しいことを初めから認識しておくことが不可欠である．政治的リーダーシップは，こうした状況の中で，コストが高くつく傾向や，問題解決に際して不和が生じる傾向を解消する可能性を持っている．Colorado 川のような乾燥地帯における大河川流域の場合，計画は高度な政治的交渉に基づいて法的な拘束力を持つ契約によって確立されなければならない．

19.8.5　湿潤地帯における河川流域管理

　湿潤地帯においてでさえ，人口密度の高い都市化の進行する地域では，州間を流れる河川の効果的なマネジメントを行う唯一の方法は，州間協定であろう．水の豊富な場所であっても，需要の増大する流域にあっては，環境への関心と相まって，協調よりも対立が見られるようになっている．Delaware River Basin Commissionは，数十年にわたる経験を提供してくれる一つのモデルであり，ACFは，問題が顕在化しつつある状況にある．いずれの場合でも，管理上の取決めは州政府の利益にならないので，前向きに進めるには困難が伴う．

19.8.6　河口部の水質管理

　河口部は，河川流域管理の中でも特別な場である．管理計画による解決策は，多数の管轄区を含み，多様な側面を包括し，また種々の専門分野にまたがるものでなければならない．おそらく，米国における河口部の管理計画の最近の経験から，プロジェクトの調整というよりも，問題点の解決法を通して河川流域管理に対する教訓を得ることができる．

19.8.7　河川流域の計画立案作業に対する職員配置

　あらゆる規模の流域において，計画立案スタッフが表面化しつつある問題を先取りして手を打つことができるが，規制機関がない場合，調整作業は成功しない．計画立案スタッフを維持することは，必要不可欠であるが，関係者はこれに対して対価を進んで支払おうとはしない．これは，どんなの状況の中でも水マネジメント上の調整において鍵となる問題である．水事業者から臨時にスタッフを派遣させることは，協調的な態度に欠けるという点でおそらく機能しないと思われる．最良のアプローチは，会議記録の公表のための体制整備を含めて定期的に流域会議を開くことであろう．調査研究組織は，調整の可能性を分析し，提案を公表する．次に，この提案を水事業者と規制者が政治的指導者の推奨のもとで実施していくのである．

19.8.8 利　　　　益

　WRC のコンサルタントは，2 種類の利益，すなわち意思決定過程の合理化と地域計画への寄与，を見出している．意思決定の合理化には次のものがあげられる．すなわち，諸機関の間のコミュニケーションの改善；財源問題への市民の参加；情報伝播の拡大；連邦の意思決定への州の参加，などである．これらは，「良い政府」であるための原則であり，河川流域計画の立案と政治上のプロセスとの間に密接な関連のあることを意味している．もう一方の地域計画に対する利益としては，包括的計画の立案，問題点の分析，計画立案の方法論と解析ツールの開発，データ収集，実施実績の検証，があげられる．

19.8.9 結　　　　び

　調整を効果的に行う機関がなければ，規制機関が必要とされるようになる．さもなければ，行き詰まることになる．このことは Pecos 川の州間協定で証明されている．1948 年のその協定では 2 州間の協同の責務を明記したにもかかわらず，決着がつく投票に至らなかった．訴訟が起こされ，これが解決するまでに 14 年かかり，両州に相当な対立をもたらすことになった．

　現実的に考えた場合，決定を実施する中心的機関がなければ，大規模な共同計画には限界があることを認識しておく必要がある．我々はまた，財政や環境に関わる価値が問題にされる時，共同作業には限界があることも認識しておく必要がある．言い換えると，筆者が先に書いた次の事項が事態を左右する要因となる．すなわち，我々が河川流域管理で直面していることは，河川流域を巡る厄介な政治的取引きのコンテキストの中で，地理学上ならびに生態学上の統合という高遠な理想をどのように成し遂げるかということである．

19.9 質　　　　問

1. 河川流域と一致しない行政管轄上の境界線に従って，市，管理区，州および連邦の諸機関によって政治的決定が下される時，水マネージャーは，河川

流域における決定の調整をどのように改善すればよいか？
2. 河川流域管理に対する主要な関係者は，河川が通過するところの政府単位，水使用者および利害団体である．河川管理の戦略に関して合意に達する際に各関係者が果たす役割について論ぜよ．
3. 「河川流域の調整メカニズム」とは何か？ また，これは何のために用いられるのか？
4. 河川流域管理は，決定を行う中心的機関や「皇帝(czar)」が不在でも実施できるのか？ もしそうであるなら，それはどのようにして可能か？
5. 河川流域に対する意思決定支援システムは，問題解決にどのような貢献を果たしているのか？ また，これを開発し管理する責任は誰が負うべきか？
6. ニューメキシコ州とテキサス州の間のPecos川を巡る紛争で，最高裁判所は，なぜリバー・マスターを指名したのか？ この時のリバー・マスターの主要な任務は何だったのか？
7. ACF流域の件に対して，連邦，州，地方自治体それぞれの政府が水問題の調整に果たす適切な役割についての所見を述べよ．また，流域の調整メカニズムにおいて，データ収集，報告，実施それぞれの役割を誰が果たし得るのかについて提言を述べよ．

文　献

Colorado Water Resources Research Institute, Delph Carpenter, Father of Colorado River Treaties, Text of Governor Ralph L. Carr's 1943 Salute to Delph Carpenter, Ft. Colllins, September, 1991.

Dames and Moore, and CADSWES, Feasibility Study, Colorado River Decision Support System, Denver, January 8, 1993.

Field, Ralph M., and Associates, Regional and River Basin Level B Studies: A Summary Report, U.S. Water Resources Council, Washington, DC, 1981.

Gray, Paul, The Colorado: The West's Lifeline Is Now America's Most Endangered River, *Time,* July 22, 1991, pp. 20–26.

Grigg, Neil S., *Water Resources Planning,* McGraw-Hill, New York, 1985.

Hamaker, Gene E., *Irrigation Pioneers: A History of the Tri-County Project to 1935,* Central Nebraska Public Power and Irrigation District, Holdrege, NB, 1964.

Hansler, Gerald M., The Delaware River Basin, in *Unified River Basin Management,* American Water Resources Association, May 4–7, 1980.

Hundley, Norris, Jr., The West against Itself: The Colorado River—An Institutional History, in *New Courses for the Colorado River, Major Issues for the Next Century* (G. D. Weatherford and F. Lee Brown, eds.), University of New Mexico Press, Albuquerque, 1986.

文　　献

Kenney, Douglas S., and William B. Lord, Coordination Mechanisms for the Control of Interstate Water Resources: A Synthesis and Review of the Literature, Report for the ACF-ACT Comprehensive Study, U.S. Army Corps of Engineers, Mobile District, July 1994.
Lochhead, James, S., Colorado's Role in Emerging Water Policy on the Colorado River, *Colorado Water Rights*, Vol. 12, No. 2, Denver, Summer 1993.
Lowitt, Richard, The TVA, 1933–1945, in *TVA: Fifty Years of Grass-Roots Bureaucracy* (Edwin C. Hargrove and Paul K. Conkin, eds.), University of Illinois Press, Urbana, 1983.
McGarry, Robert M., Potomac River Basin Cooperation: A Success Story, in *Cooperation in Urban Water Management*, National Academy Press, Washington, DC, 1983.
Missouri River Basin Commission, Platte River Basin—Nebraska—Level B, Missouri River Basin, June 1976, and working papers, including Fish and Wildlife, dated July 1975.
National Geographic Society, *Great Rivers of the World*, Washington, DC, 1984.
Nebraska Natural Resources Commission, 1985 Nebraska Natural Resources Commission, State Water Planning and Review Process, Platte River Forum for the Future, January 1985.
Petersen, Margaret S., *River Engineering*, Prentice-Hall, Englewood Cliffs, NJ, 1986.
Sauer, Stanley P., William E. Harkness, and Bruce E. Krejmas, Report of the River Master of the Delaware River for the Period December 1, 1985–November 30, 1986, U.S. Geological Survey Open File Report 87-250, Reston, VA, 1987.
Tyler, Dan, *Last Water Hole in the West*, University of Colorado Press, Boulder, 1992.
U.S. Army Corps of Engineers, Mobile District, Plan of Study, Alabama-Coosa-Tallapoosa and Apalachicola-Chattahoochee-Flint River Basins, draft, April 1991.
U.S. General Accounting Office, *Federal-Interstate Compact Commissions: Useful Mechanisms for Planning and Managing River Basins*, Washington, DC, February 20, 1981a.
U.S. General Accounting Office, *River Basin Commissions Have Been Helpful, But Changes Are Needed*, Washington, DC, May 28, 1981b.
Wolman, Abel, Some Reflections on River Basin Management, in *New Development in River Basin Management*, Proceedings, IAWPR Specialized Conference, Cincinnati, June 29–July 3, 1980.

第 20 章　渇水と水供給管理

20.1　はじめに

　渇水（drought）は，水資源マネージャーが日常直面する最も厄介な問題の一つである．また，渇水は，水文現象の中で最も複雑なもので，気候，土地利用，水使用形態に関係する問題とともに準備体勢といった管理問題を含んでいる．さらに，渇水は，「忍び寄る災害（creeping disasters）」であるため，手遅れになるまで容易に見過ごしてしまう．厳しい渇水は稀にしか起こらないが，一定レベルの渇水は米国では毎年起こっているし，他の国々では渇水災害が定期的に飢餓や苦難をもたらしている．

　渇水は，その大部分が多くの関係者をわずらわす複雑な管理問題である．渇水に備えるためには，水供給が不足する時，安定した供給に備えて配分や節水の事前計画を立てるために人と集団の行動を必要とする．渇水へ対応するためには，不足している水供給を配分し，最も必要としている者に配慮する計画が求められる．

　本章では，渇水を定義づけ，リスクと水の安全性という概念に説明を加え，渇水時の行動に関係する地方自治体，州，連邦政府機関の役割について説明する．この時，役割の定義，調整および実施が決定的な要素となる．関係者を渇水に備えて組織することが第一段階で，第二段階は，関係者間の調整を取って協同で実施させることである．

　「第一線にいる」地方自治体の水マネージャーにとっては，本章が水供給計画の

リスクのレベルを選択し，渇水対応計画を作成する際の助けとなると考えられる．州の水関係職員は，渇水時の水マネジメントにおける自分たちの特別な役割を認識することになるかもしれない．連邦職員は，とりわけ連邦管理の貯水池管理，データ収集と分析そして管理に非常に重要な役割を担っている．

20.2 渇水対策のための水供給の重要性

水供給に支障があると，都市，工業，ならびに灌漑，水力発電，リクレーション，野生生物といった様々な水使用者に深刻な結果をもたらす．水不足を完全に防止することは不可能であるが，効果的な水資源マネジメントを行うことで，問題を最小限にとどめることができる．驚くべきことに，水資源計画を取り扱っている教科書や技術報告書は，渇水に対して何をすればよいのかについての指針をほとんど提供していないし，研究文献も，主に渇水が起こった後での渇水への対応について扱っている．

渇水は，正常を気候のもとでも見られる現象である．渇水が深刻で継続する世界規模の水問題でもあるということは，気候に起因するというよりも効果的な水計画や水マネジメントが欠落していることに起因する．どの地域でも渇水を免れている地域はない．米国では，1950年代，1960年代，1970年代，1980年代と厳しい渇水を経験している．そして，1990年代には，新たな渇水問題が浮上してきている．それぞれの渇水に対応策がとられ，米国は切り抜けてきた．しかし，渇水はしばしば過小に報告されているものの，その影響は深刻なものであった．

世論調査によると，人々は水に対しておおよそ2つの問題点に最も大きな関心を寄せている．それは，水不足と水質汚染である．水供給不足のもたらす結果は，時に劇的となる場合もある．そして，そのリスクは，水系の相互依存性と脆弱性が大きくなれば，それだけ高くなる．環境に対する関心も高まっている．そして，渇水は，生態系に劇的な作用をもたらすことがこれまでに示されてきた．こうした作用が自然というより人為的に引き起こされることも間々ある．渇水による農業への脅威は，食糧供給と農業収入を脅かす．これは，食糧供給がぎりぎりの国では特にそうである．上記のすべての理由を見れば，なぜ渇水が政治的に重要なのかが理解できる．

渇水問題の解決は，協同で渇水に対する準備を行い，その不利な結果を軽減することである．水資源マネジメントにおいて渇水に対して行われる準備とは，開始されても渇水が終わると完了するプロジェクト(すなわち処方箋)ではなく，一つのプロセス(一連の系統的行動)でなければならない．渇水から学んだ教訓を受けて水資源マネジメントを包括的に改善するプロセスが制度化される必要がある．

20.3 渇水の理解

渇水は，準備し対応することが困難なだけでなく，その複雑さゆえに理解することも困難である．複雑さの最初のカテゴリーが科学/マネジメントに関することである．まず，渇水を定義するうえでの問題がある．気象学上の渇水，農業上の渇水，水文学上の渇水そして経済上の渇水，それぞれの間には相違点がある．すなわち，これらはそれぞれ異なる現象であり，渇水という概念を一つの現象として説明する簡単な方法がないのである．渇水は，このように多面的である．

渇水の複雑さは，その開始や期間の予測を困難にしている．そして，突然襲いかかり単一で包括的な行動で対処できる他の災害とは異なり，渇水が「忍び寄る災害」と称される要因となっている．水マネージャーたちは，渇水がいつ始まりいつ終わるのか確定的に知ることができないし，政策担当者もいつ襲いかかるのかを知らない(もっとも，自分たちがいつ渇水の最中にあるのかは知っているが)．渇水の見通し，時期や強度を記述することは困難である．渇水は地理的に異なるので，これを十分に特徴付けるためには複数の地図と統計が必要とされる．渇水は，水文学的に解析するのが困難である．例えば，筆者らの調査によると，低水量の水文学についてはまだ多くが知られていないことが明らかになっている．渇水がもたらす生態学上の影響についても意見の相違が見られる．以上のすべての複雑さが，政策担当者が渇水について理解するのを困難にしている．

経済的条件が渇水に対する政治面を動かしていることが多いが，渇水は，経済的に見ても複雑である．経済の各部門への渇水の影響は，数量化するのが難しく，渇水が実際にもたらす損害が正しく知られることがない．渇水による影響は，異なる水マネジメント目的や目標に関わってくるが，これらの中には，実体

をつかみ難いものがあり，すべてが社会的評価と関わっている．通常，農業以外の分野での渇水による損害は低いように思われるが，非農業分野の損害は，食糧の安定確保や農村経済の安定化プログラムに影響を及ぼしている．その結果，渇水をめぐる政策には，農業政策と農村開発政策とが複合した要素が多分に含まれている．

渇水の法律上の側面は，複雑である．渇水時の対策の一つとして水マネジメントと水の譲渡システムに柔軟性を持たせることは法律上の障害と複雑さに直面することになり，これが困難な政治的解決へ持ち込まざるをえない原因となる．

多くの水資源マネジメントの場合，渇水の複雑さが政治上の対立をもたらしている．渇水は，垂直方向と水平方向の両方の次元を併せ持った政府間の問題であるため，並外れたレベルの調整が必要とされる．渇水はまた，異なる利害団体(経済部門)間の対立を伴う．渇水は，大きな利害関係や地域での対立を巻き込み，対立の起こる可能性を高める．要するに，渇水期の水マネジメントは，政治的な地雷原だといえる．

渇水が政治的に複雑であるなら，渇水が管理担当機関にとって複雑であるのはいうを待たない．通常，渇水に対する準備と渇水管理を行う単一な機関というものは存在しない．指令の一元化という原理は，渇水期の水マネジメントの場合存在しない．各機関はそれぞれの利害関係を持つため，これが調整の妨げとなる．渇水の複雑さが，それに対する理解を妨げ，これによって行き詰まりを迎える．渇水の政治上の複雑さが官僚による解決を困難にしているのである．

20.3.1 渇水の定義と測定

筆者は，渇水期における水供給の準備や水マネジメントを行うことを「渇水期の水マネジメント(drought water management)」という用語で表している．渇水の研究文献には，例えば，「渇水管理(drought management)」，「渇水対応(drought response)」，「渇水緩和(drought mitigation)」といった他の用語が見られるが，「渇水期の水管理」という用語は，これが水資源マネジメント活動にのみ関係しており，渇水被害対応のすべての分野を網羅していないという点で他の用語とは異なる．

水資源マネジメントが，自然および人工の水資源システムを制御するための管

理措置や水制御施設の適用であると定義されるが，これに従うなら，「渇水期の水管理」とは，渇水の危険性に対応する形で取られる計画，設計，実施，規制および運営管理に備えるすべての活動を意味することになる．

「渇水」という簡単な概念は，水マネジメントを巡る議論に多くの混乱をもたらしている．混乱の原因となっているのは，渇水の定義である．まず，渇水には辞書によると2つの定義がある．すなわち，①十分な降雨のない期間，あるいは②水不足の期間，である．①にあげた渇水―十分な降雨のない期間―は，「気象上の渇水(meteorological drought)」と呼ばれている．この気象上の渇水が，②にあげた渇水―不足の期間―をもたらす．これは，例えば「水文学上」，「農業上」，「社会経済上」の渇水といったように様々に呼ばれている渇水である．

広範に使用されている渇水指標を開発したPalmer(1965)は，通常，気象学上の定義と考えられているものを定式化して，次のように述べている．「一般的に年や月単位で表示される時間の間隔で，その期間中の所定の場所における実際の水分量が気象上適切とされる水分供給量と比べるとかなり一貫して不足している状態」．

Changnon(1987)は，渇水がいつ始まりいつ終わるのか明瞭に認識できないことと，それが多くの複雑な要因の結果であることから，定義するのが困難であると述べている．彼は，渇水を説明するのに**図-20.1，20.2**に見られる図表を示し

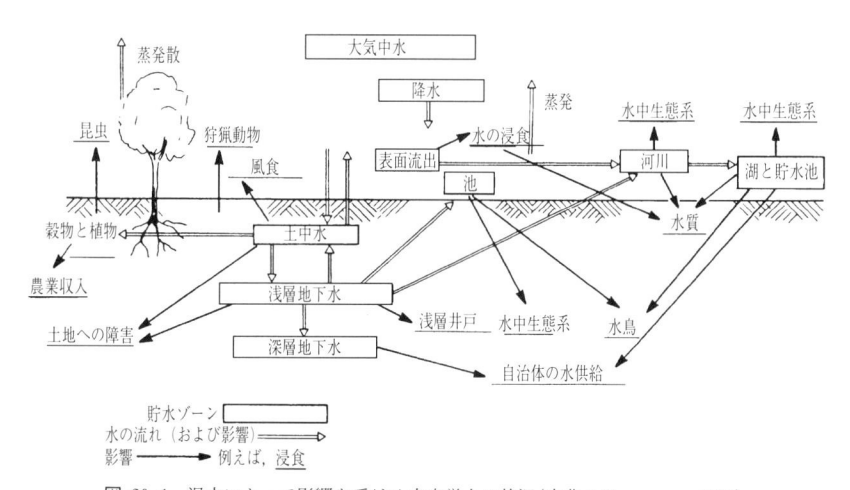

図-20.1 渇水によって影響を受ける水文学上の状況(出典：Changnon, 1987)

ている．図-20.1は，基本的に水収支の図であるが，降雨量不足の結果が後になって水循環に形を現すことを示している．図-20.2は，降雨量不足が順次，流出(runoff)，土壌水分(soil moisture)，河川流(streamflow)，そして地下水に影響を及ぼすことを示している．

Changnon(1987)は，農業上の渇水を「土壌水分が，農作物の成長をうながし維持するための蒸発散必要量を満たすのに不十分である期間」と定義付けている．彼はさらに，水文学上の渇水を「河川流が通常時以下であるか，貯水池貯水量が枯渇しているか，どちらか一方の状態，あるいはその両者の状態である期間」と定義付けている．これに対しては，さらに地下水の不足を付け加える必要がある．

彼は，経済上の渇水は，「自然界のプロセスの結果であるが，渇水に影響させられた人間の活動領域に関係する」と述べている．これは，社会的・経済的活動にとって必要な水の供給が不足しているという意味に解釈できる．気象学上の用語では，渇水は，長期にわたる乾燥期間によって引き起こされるが，経済的な渇水は，水文学的な水の不足が期待される水供給レベルを下回るために，需要を満たすだけの十分な水が持てないことを意味する．この期待される供給レベルというのが，渇水の定義の社会経済的な部分である．

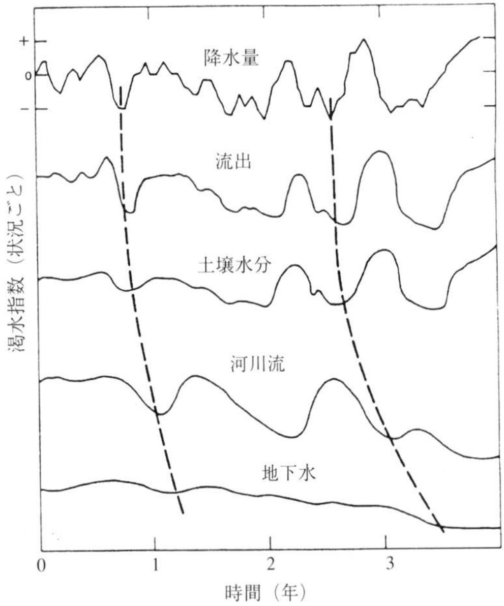

供給と需要という渇水問題の持つ2つの側面が混乱をもたらす原因となっているが，オレゴン州Portlandの特別委員会は，この2つの側面をうまく取り扱っている．そこでは，「渇水」と「渇水期の水不足(drought water shortage)」を2つの別々の概念として定義して使い分けている(City of Portland, 1988)．すなわち，「Portland Water Bureau (Portland水局)の受け持つ業務区域内では，渇水とは，水不足を引き起こすに十分なだけ長

図-20.2 渇水が水循環に及ぼす影響(出典：Changnon, 1987)

引く異常乾燥気候の期間のことである」．これに対して，渇水期の水不足とは，「渇水によって引き起こされた水不足であり，これによって，市民の健康，安全，福利が直接脅かされる事態」をいう．また，「水不足の中には，異常乾燥気候が原因で生じた需要の増加と供給の減少の影響も含まれる．健康についての要因には，貯水池内の貯水量の減少による水質への影響が含まれる」．

もう一つの要因である「渇水の見通し(expectation)」もまた，渇水概念を複雑にしている．この見通しによって，渇水が危険であるかどうか，あるいは災害であるかどうかが決められる．例えば，準備のできている水マネージャーであれば，「我々は結果としていずれ渇水になると予想している．しかし我々は，今のところ渇水がいつ起こるのかはわからないが，これに対して計画は立ててある」というであろう．一方，準備のできていない水マネージャーであれば，「何という災害であろう．我々は，この渇水には全くびっくりしている．そして，我々はもう水を使い果たしつつある」というであろう．

20.3.2 渇水指標

他の複雑な現象の場合に見られるように，科学者は，複数のパラメータを一つにまとめ上げて「指標」にする．もし都合のいい渇水指標を見つけていたら，多様な渇水の複雑さを記述するのに役立っていただろうと思われる．しかし，残念なことに，これまでに開発されてきた指標は，この目標に及んでいない．というのも，これらの指標は，渇水の定義に結び付けられており，したがって同様の曖昧さと複雑さを伴っているからである．

原則的には渇水指標は，必要とされる水資源と利用できる水資源との違いを測る尺度を提供し，渇水に関連した意思決定支援システムの一部を構成することができるものである．地方の水道事業者は，渇水指標を用いて水使用制限を行うきっかけとし，利用できる水供給量について市民に知らせることができる．河川流域に係わる機関であるなら，渇水指標を用いて，流域全体の水使用についての情報を提供し，これの調整を行うことができる．また，州であるなら，指標を用いて州全体で利用できる水資源を測定することができる．上記のいずれのレベルにおいても，指標は，報告，調査，あるいは管理行動に利用することができる．指標を使用する利用者によって，意思決定支援において求められる要件が異なって

くる．

　一般的にいうと，水マネージャーは，気候上および水文学上の傾向と変動を測るために指標を必要としている．国際研究チームの報告によると，渇水事象の「強度」を特徴付けるのに数値指標が必要とされるとしている(UNESCO/WMO, 1985)．この報告によって言及されている最も簡単な指標は，所定の期間における降水量と流出量の両方か，あるいはそのいずれか一方を長期の平均値と比較するというものである．

　W. C. Palmer は，米国で現在最も広範に使用されている一般的な指標「渇水深刻度指標」(Palmer Drought Severity Index ; PDSI)を開発している．これは，UNESCO/WMO の委員団からも，「より複雑な気象を基本にした指標」の一つであるとされている．これは，この委員団による多くの指標が判別されている文献からの引用である．PDSI が引用されることが多いので，簡略にこれについて説明する．

20.3.3　水マネジメントに使用される渇水指標

　水マネージャーにとっては，渇水とは需要を満たす際の問題を意味する．この意味で，渇水とは，供給が期待されていたレベル以下になることで，需要を満たすだけの十分な水が得られなくなることを意味している．この期待されていたレベルとは，期待を調整することができるため，社会経済的であるといえる．

　社会経済とこうした関係にあるため，マネジメントに有用であるとされる渇水指標は，需要の面に組み込まれる必要がある―換言すると，需要を満たすための供給は，どの程度適切かということが問われる．

　特定の状況に対する指標を決定するには，次のようなアプローチを取ることが考えられる．

$$\text{指標} = \frac{\text{水供給可能量}}{\text{水供給量の平均値または期待値}}$$

水供給可能量の中には，表流水，貯留水，地下水および土壌水分が含まれる．Portland 市(1988)が早くから与えた定義から「Portland 水供給指標」が導き出されている．市は，この指標によって市の水供給の適正さを評価するためのガイドラインを得ている．

河川流域レベルだと，事例として1986年の渇水期間中のApalachicola-Chattahoochee-Flint(ACF)水系で用いられた指標があげられる(Davis et al., 1987)．この水系では，Lanier湖の占める位置が大きいので，次の指標を用いることができる．

$I = R + $ 合計(D_j)　　　月数 $j = 0$ から 3 までの D_j の合計
ここで，I：月々の指標数値
R：現在の湖の水位と長期の月平均値との差(in)
D：所定の月の平均降雨量と長期の平均値との差(in)

この指標では，0から-2の数値で正常；-3から-4が正常以下；-5から-6が小程度から中程度の不足；-7から-8が中程度から厳しい不足；-9から-10が極度に厳しい不足，となる．この指標は，Alabama大学が，U.S. Army Corps of Engineers(ACE；陸軍工兵隊)のMobile管理区のために開発したものである．

州レベルでは，これまでに数多くの指標が使用され，同定されてきた．コロラド州では，State Engineer's Office(SEO；州技監室)が，表流水供給指標を公表している．この指標は，SEOとU.S. Soil Conservation Service(米国土壌保全局)とが考案したもので，重みをつけた確率公式を用いて，積雪，河川流，降水量および貯水量の効果を関連付けている．表流水供給指標の数値は，毎月SEOによって公表されている(Colorado Water Resources Research Institute, 1990)．

読者の予想通り，渇水の複雑さゆえに渇水指標はそれほど進展を見せていない．したがって，水マネージャーは，独自に地方の状況を反映させて指標を作成していく必要がある．これを行うための指針を提供する研究が必要である．

20.4　リスクの評価：水供給量の安全性

どのような渇水管理あるいは水供給計画の方法論であっても，水供給不足のリスクを少なくするための手がかりにするために，予測される供給と需要との関係について知る必要がある．この問題を規定するのは―不足のリスクと水供給の安全性―という2つの用語である．不足のリスクとは，文字どおり水不足が起こる危険性であり，安全性とは発生する不足に対する水供給の程度を意味する．

1970年代と1980年代の渇水を経験したことで，米国の水当局者は水不足を防ぐためにリスク評価に基づいた注意深い計画が必要なことを認識した．しかしながら，水文学や水供給の教科書は，特に複数の水源を含む複雑なシステムに対する水供給の安全性についてはそれほど指針を提供していない．水配分，取水制限，暫定供給といった緊急措置を含む渇水発生後の対処方法については，これまで多くが書かれてきたが，適切な準備を行うことで，こうした対処法の必要性を低減することができる．

水供給の適正さを評価するのに必要な情報とは，原水供給システムが機能しなくなる確率，すなわち水不足になる確率である．これは，通常，計画の対象とされている渇水のリターン・ピリオド(return period)，すなわち年間の水不足発生の確率に関連して提示される．

リスクと安全性は，コインの裏表である．つまり問題とされるのは，不足のリスクとは何か，すなわち水供給の安全性とは何か，ということである．リターン・ピリオドは，原水供給の安全性を測る基準である．不足確率 P は，水供給不足のリスクを測る基準である．したがって，安全性はリスクによって測られる．すなわち，水供給のリスクが大きくなれば，それだけ安全性が小さくなるし，その逆もいえる．

リターン・ピリオドや不足確率については既によく知られているが，これらの概念を渇水に適用する場合，例えば1年といった一定期間に対する水供給量やリターン・ピリオドとともに，渇水継続時間も考慮に入れる必要があるだけ事情は複雑になる．

20.4.1 水供給量

水供給量(water supply yield)と安定取水量(safe yield)の概念は，リスクと安全性を計測するのに有用である．安定取水量という概念は，電力生産の概念である安定電力(firm power)と同様の用語である．安定取水量という用語以外にも，依存取水量(dependable yield)，固定取水量(firm yield)，信頼取水量(reliable yield)という用語もまた用いられる．

「安定取水量」は，本来，地下水を対象につくられた用語であるが，公式的な定義が行われずに表流水にまで拡大して用いられるようになった．この概念は，表

流水システムに適用される場合と,地下水システムに適用される場合とでは,全く異なったものになる.地下水を取り扱ったテキストではこの概念を見出すことができるが,標準的な水文学のテキスト,例えば Maidment(1992),McCuen(1989),Bras(1990),では多くが論じられていない.筆者としては,リスク分析の概念が水供給の信頼性と関係づけられるまでさらに前進することによって,この問題が修正されることを期待している.

地下水源の場合,取水量とは,過剰揚水,井戸掘削,汚染やその他の手段によって帯水層を損なうことなく安全に取水できる水の総量をいう.「安定取水量」という用語は,この取水量レベルを表現するのに使われている.American Water Works Association(AWWA；米国水道協会)(1984)は,井戸の安定取水量を次のように定義している.「地下水面の永続的な低下といった好ましくない結果をもたらすことなく,地下水流域から年間に取水できる水の総量」.

表流水の場合は,別の考慮を払う必要がある.例えば,以下の3つの状況を考察してみたい.河川の単一の分水点からの取水,単一の貯水池からの取水,そして複数の河川と貯水池からなる水供給システムからの取水,である.

河川の単一の分水点からの取水の場合,もしすべての流量を分水できるなら考慮されている期間中の最低流量が安定取水量ということになる.同じ場所で維持流量(in-stream flow)の要件がある場合,安定取水量は,維持流量の要件を満たした後に残る部分である.

単一の貯水池からの取水の場合,考慮される期間中の安定取水量は,利用可能な貯水容量を使って取水することができる水量である.AWWA(1984)の渇水マネジメントに関するハンドブックの中では,貯水池に対する安定取水量を「特定の期間中(通常は乾燥期間もしくは渇水期間中)の貯留水から取水される水の総量」と定義している.

複数の河川や貯水池からなる複合的なシステムからの取水の場合,安定取水量は,システムの統合された取水量にあたるが,水企業の計画担当者が直面しているこの実際的な問題については,これまでほとんど書かれてこなかった.システムの安定取水量を決定するためには,システムのシミュレーションが必要とされる.例えば,Frick と Bode と Salas(1990)によって記述された Ft. Collins の渇水の研究では,異なる年における異なる水利権と用水路系について水文学的供給水量がシミュレートされ,水利権の組合せによって取水量全体がどのように変わ

るかが考察されている.

20.4.2 安定取水量の要因としての需要

水不足のリスクは,需要を静的で固定されたものとして考えることもできるし,変化させることができるとして考えることもできる.最近次第にそうなっているように,需要管理が供給を構成する一要素として考えられるなら,水不足のリスク評価はさらに複雑な作業になる.

渇水という用語が,期待される水供給レベル以下の水文学的な水不足によって需要を満たすのに十分な水が確保できないことを意味している場合(渇水期の水不足),渇水という用語の理解の中には一般に,供給と需要の両方の意味が含まれている.この時の「期待される水供給レベル」とは,渇水の定義の社会経済的な側面である.供給能力も需要も,日々不規則に変化している.需要は水利用の時間的傾向を反映して変化するし,供給能力も新たなプロジェクトや様々な水消費によって時々刻々変化する.

需要が通常,平均値もしくは年間平均需要の項目で数量化されているため,需要の変動や分布や弾力性について相当の情報が見えなくなっている.統計をとる時これらの情報を落してしまうと,これがリスク評価の妨げとなり,水供給計画の混乱の原因となる.需要と供給を比較する際には,需要が気候やその他の要因の影響を受けること,あるいは需要は管理可能であることを考慮に入れる必要がある.しかし,実際には,ほとんどの水供給計画では需要をスタティックなものとして,平均的な水準に等しいとしてとらえており,需要の変動を考慮に入れていない.

供給と需要とを比較するという考え方は簡単だが,実際に比較するのは難しい.水供給計画では,供給と需要の予測が行われることになる.この時の予測で,分析対象の期間中すべての貯水施設が決して空にならないなら,水供給は適切であるといえる.水需給の計画期間すなわち計画の範囲(planning horizon)も考慮の対象とされる必要がある.というのも,複数年にわたって十分な水がある場合でも,ある個別の1年が極端に乾燥していたら,水供給は不適切ということになる.

供給と需要の両方の変動を考慮することによって渇水の持つ複合性が明らかに

される．そして，原水供給の適正さを巡る問題は，水文学(水供給量はどれぐらいか)，統計学(水供給が不足するリスクはどれぐらいか)，経済学(需要管理はどのように立てていくのか)，そして政治学(市民は需要管理を受容するのか)の取扱いを含めた複雑な問題であることが理解される．

　計画を立てる際のプロセスの本質は，需要に対する供給の割合を評価することと，どういう形で表現されるにせよ，安全率が適正であるかどうかの判断を行うことにある．したがって，すべての水供給の研究の通常の順序は，将来にわたる25年といった計画期間が選択される；需要を評価する；危機的な期間における供給の予測を行う；需要に対する水供給の余力が満足できるものかどうかを判断する，となる．この時課題となるのは，当然需要と供給の適切な評価である．

20.4.3　Ft. Collins における安定取水量の事例

　「安定取水量」という用語の使い方にもばらつきが見られる．例えば，コロラド州の Ft. Collins は，安定取水量の定義を未公開の計画立案の研究の中で次のように使っている．「安定取水量は，ある一定の需要状態が維持される代表的な水文期間を持つ各年の需要を満たすような年最大平均需要レベルと定義される」．

　この定義の中には，4つの概念が具体的に示されている．年平均需要レベル，代表的な水文期間，一定の需要状態，そして需要の充足度，の4点である．この意味で，Ft. Collins は，安定取水量を供給と需要との対比の上で使用しているといえる．年平均需要レベルは，平均値であるが，これには，変動についての確率的時系列の要素が含まれている．需要の充足度とは，通常では静的なものと把握される概念が動的にとらえられている．そして，これには，確率論的で管理可能な需要レベルと，確率論的ではあるが管理が不可能な需要のタイミングが同時に組み込まれている．一定の需要状態とは，需要が一般的に一定した状態にあることを意味しており，需要の増加傾向はこの中に組み込まれていない．

　安定取水量についてのこの定義は，図-20.3 に具体化されている．これを利用して，Ft. Collins は，市の水供給必要量を決定している．

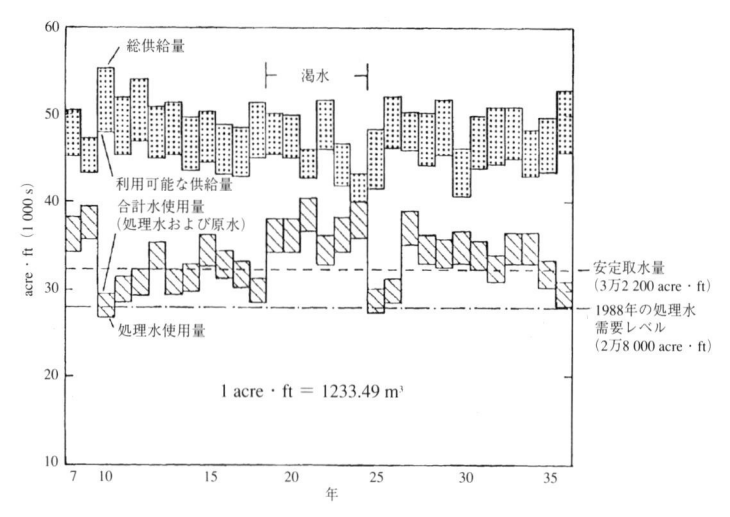

図-20.3 安定取水量の分析(出典：City of Ft. Collins, Colorado)

20.4.4 提案される定義

筆者は，次に掲げる簡単な安定取水量の定義を推奨する．「安定取水量とは，特定された計画期間内(例えば，50年から100年といった)に，水供給システムから統計学上期待される最低取水量(1日，1月，あるいは1週間といった期間にわたる)である」．ただし，この定義については，この水供給量が適切かどうかを評価する際に，需要の変動が考慮されなければならない．

20.4.5 実用的な尺度

実用的な尺度や目の子勘定は，必然的に使われるようになる．American Water Works Association(AWWA；米国水道協会)によると，米国北東部における一般的な慣行では，渇水確率が0.05で設計され，予備として貯水容量の25％が付け加えられる．これによって，約0.01の確率の渇水に対する安全性が提供され，この数値より稀な渇水に対しては，需要管理のアプローチが取られる．北東部における安定取水量の算定に対する指針については，Journal of the New England Water Works Association(Progress Report, 1969)中の解説に掲

載されている．

20.4.6 複数の独立した供給源による安全性の向上

ちょうど，人が自分の収入を分散投資することによって安全性を高めるように，独立した水源へのアクセスを獲得することで水供給を確実にすることができる．このことは，理論的には，複数の独立した供給源の合計の変動がそれぞれ個別の変動よりも少ないという統計上の解析によって示すことができる．

20.5 渇水時の水管理の役割

渇水への備えのために地方自治体，州，連邦政府機関の役割を明確にし確定することが渇水への備えと被害の軽減を考えるうえで決定的に欠落している要素である．この「役割の明確化」とは何なのか？ これは，渇水への備えと渇水対応についての一般的な問題を考慮し，仕事を割り当てることを意味している．また，計画や議案の提出が必要とされる時，それらが責任ある当事者によって実施される確実性を高めることを意味している．これは，重要な役割が手つかずのまま放置されることがないようにすること，そして効果的な調整を実施することによって水マネジメント組織や市民が自分たちの利害関係に対して配慮されているという確信を持つようになることを意味している．

20.5.1 地方自治体の責任

地方自治体の水マネージャーは，雨季はもちろん，乾季にも水供給に責任を負うという点で，「第一線」にいるといえる．California Department of Water Resources(カリフォルニア州水資源局)は，水道企業体を対象にして渇水対処方法に関するガイドブックを作成している(California Department of Water Resources, 1988)．対処方法の段階は以下のとおりである．すなわち，需要に関連させた供給状況の予測；選択可能な渇水軽減策の評価；対策を始めるレベルの設定；渇水期需要削減プログラムの作成；そして渇水計画の採用，である．

AWWA(1984)もまた，ハンドブックを刊行している．本来，New England River Basins Commission(New England 川流域委員会)によって作成されたこのハンドブックには，以下の段階が列挙されている．すなわち，渇水に関連付けた供給状況の確認；供給を増やすための手段を評価；需要抑制手段の評価；一連の緊急措置に対する計画作成；そして節水のためのハードウェアおよびソフトウェアの選択，である．また，別の総合的なガイドブックが，ACE の Institute for Water Resources(水資源研究所)用に作成されている(Dziegielewski et al., 1983)．このハンドブックによると，渇水警報のプロセス，予測される水供給不足分に対する評価方法，水消費量予測モデル，緊急供給にかかるコストの推定方法，需要抑制と供給低減の可能性の推定方法，供給削減による金融上の損失の決定方法，があげられている．

　Moreau と Little は，1986 年の南東部渇水と 1988 年の全米での渇水を取り扱うのに，地方自治体の水企業体を対象にした 2 つの調査を行っている(Moreau and Little, 1989；Moreau and Lawler, 1988)．調査によると，大部分の場合が総合的なアプローチの方法が欠けているとしている．

　筆者の行った調査では，次のことが判明した．一般的には，原水の需要と供給のバランスを取るというコンセプトならびに安定性や安全性に余裕を見るというコンセプトは，専門的には受け入れられていたが，適正な供給量を決定するプロセスには統一性がほとんど見られなかった．安定取水量のコンセプトは，水供給システムの信頼性を表現するのに一貫して用いられておらず，安定取水量の定義も一様ではない．ほとんどの水企業体が平均的な状態を基準にして計画を立てているため，大部分が原水に対する計画を立てる際に需要の変動を考慮に入れていない．リターン・ピリオドや継続期間に関連して渇水を記述する統計学的なアプローチは一般的に使用されていない．水企業体が供給を行うのに地下水か大規模河川に依存している場合，渇水リターン・ピリオドに対する関心がほとんど示されていなかった．そして，米国内の異なる地域において，その地域が湿潤な気候であろうと半乾燥の気候であろうと，計画立案のプロセスにはっきりと認められる差異がほとんどないのである．

20.5.2 渇水時の水管理における州政府の役割

州政府が必然的に担う役割は，4つのカテゴリーに分けられる．すなわち，主に特別委員会によって行われる調整作業；データおよび技術支援の提供；地方自治体や農業への緊急援助の提供；そして水の使用制限を主体とする規制活動，の4つである．「調整作業」の中には，危機的時期に指導力を発揮し，水資源計画と政策の作成によって渇水への準備をし，さらに渇水期間中に効果的な対応を取ることが含まれる．

Wilhite(1990)の結論によると，州政府は，「これまで，渇水の監視や影響評価や対応において典型的に消極的な役割を担ってきた」．彼は，近年諸州が印象的な進歩を遂げたとはいえ，「渇水の影響を受けやすい地域でまだ計画を作成していない州が多数あり，作成された計画を持つ諸州と最近コンタクトを取ってみると，既存の……処置に程度の差はあるが不満を抱いていることが明らかになった」と述べている．

Western States Water Council(西部諸州水評議会)は，州の対応能力に対して評価を下し，能力のマトリックスを作成している(Willardson, 1990)．評価のカテゴリーは，州の権限，州知事の緊急事態における権限，州の水に関する法律，州の渇水対応能力，問題が確認された地域，州特有の問題点，である．

20.5.3 連邦政府の役割

連邦政府は，連邦管理の貯水池の運用，調整作業およびデータ管理に重要な役割を果たしている．ACEは，所管の貯水池の目的と渇水への対処能力について評価を行い，水利用の種類と使用水量が過去50年間増加し続けていると結論づけている(U. S. Army Corps of Engineers, 1990 b)．南東部における主要な連邦水管理機関として，ACEは，1986年の渇水から学んだ教訓を評価している(U. S. Army Corps of Engineers, 1988)．その中で次の3つの重大所見を明らかにしている．すなわち，ACEの不測の渇水に対応する計画に関する指導文書を再評価する必要がある(この文書には，渇水管理委員会の設立から貯水池運用規則の評価に至るまでの管理作業が詳細に記述されている)；ACE当局とその他の連邦機関は，渇水が警戒のレベルから災害のレベルに移る時期についてより明解に説

明する必要がある；ACEの不測の渇水への準備に関するワークショップは，1986年の経験を他の地域へ移す際の助けとなる，というものである．さらに，習得された特別な教訓として，不測の渇水事態に対する対応計画の必要性，渇水管理委員会の重要性，水供給と水使用データの重要性，水管理マニュアルの更新および低水時の操作のための貯水池ルール・カーブの更新の必要性，影響評価のためのシミュレーション・モデルの利用，開かれたコミュニケーションと市民への情報提供の必要性，協力についての覚書の必要性，渇水モニタリングと渇水対応計画の必要性，連邦部局と水管理区との調整の重要性，が指摘されている．

20.6 渇水期における水管理施策の向上

1980年代以降，いくつかの研究によって管理方法の改善が推奨されてきた．ACE(1990a)は，National Study of Water Management during Drought(渇水期の水管理の全国調査研究)に着手し，いくつかの一般的な結論に達した．ACEによると，米国では，1930年代のDust Bowl(大渇水)時代以降，渇水に対する脆弱性を減少させる試みが多く行われたにもかかわらず，目標が変化しており，とりわけもし地球温暖化が生じた場合，将来の渇水に対する影響は1988年の渇水よりさらに厳しくなる可能性が高い，としている．全米レベルの戦略についてのコンセンサスは存在していないが，専門家の結論は，よりよい計画，よりよいデータ，よりよい研究方法，より以上の調整と協働の努力，およびコミュニケーションによって，状況は改善されるとしている．

カリフォルニアを分析して，Association of California Water Agencies(カリフォルニア水供給組合連合会)(1989)は，その他の複数の必要事項を確認した．それらは，よりよい相互連絡，地下水と表流水の組合せ利用の強化，水使用の効率性の向上(デルタにおける)，既存の水供給システムの保護，対応措置へのより以上の資金付け，水譲渡に関する制限の緩和，である．

U.S. General Accounting Office (連邦会計検査院)(1993)は，連邦機関による政府の渇水対応の監視と調整を評価し，データの収集とデータの報告は，「連邦政府の主導で行われる協働的でマルチレベルの成果である」；さらに，利用者は，一般的に連邦政府によって提出されたデータに満足している，と結論付けてい

る．主導的に責任を負う単一の連邦機関は存在しないが，渇水が厳しくなると，これまで調整作業を行うための暫定的な委員会が設立されてきた．しかし，近年，渇水はさらに重大な影響を及ぼしているので，こうした暫定措置はもはや適切とはいえなくなった．

1980年代後半に実施した調査の結果，Evan Vlachosと筆者は，渇水時に必要とされる役割と政策についていくつかの結論に達した(Grigg and Vlachos, 1993)．一般的にいうと，水供給機関はできるだけ自立しなければならないが，この自立性は，水供給システム全体としての安全性とバランスが取れたものでなければならない．これは，個々の水供給と広域の水供給とが，適切な貯水量を保持することを含めて，渇水のリスクに対処するのに適切な処置をすること，を意味する．水供給諸機関は，地域の不測の渇水への事態対応計画の作成と検証に共同して当たらなければならない．ここに，地方政府と州政府，そして連邦機関の果たすべき役割があると考えられる．

より以上の貯水容量の確保と管理能力が必要とされることになろう．これは，貯水プロジェクト，貯水の再配分，水銀行や表流水と地下水の組合せ利用に対する規定および需要管理施策によって提供することが可能である．

渇水時の水管理において州政府が果たす決定的な役割を行政，立法の両部門で認識する必要がある．これからは，各州が独自の対応を求められることになる．その際，すべての関係機関を調整するうえで，州知事の果たすべき重要な役割がある．州政府は，地方の水関連機関やその他の経済分野が渇水に対する備えを行い，渇水の影響を緩和するのを援助する際の自らの役割を認識しておく必要がある．

各州は，渇水管理機関を指名し，対処する際に取られる行動に関して前もって合意しておく必要がある．モデル作成やシミュレーションを行う能力のある機関を調整配置することで，こうした機関の持つ潜在的な可能性を引き出し，その役割を検証することができる．各州は，さらに，渇水時の水管理における州の計画と能力について定期的な評価を行う必要がある．

将来の渇水問題についての市民や職員に対する教育は，引き続き注目していかなければならない．これの実施にあたっては，州の水関連機関からの対応が必要である．

一般的にいうと，渇水時の水管理で我々が必要としているのは，渇水期間中に

開始され渇水後終了されるプロジェクト(すなわち処方箋)ではなく，一連のプロセスである．国は，現在も各機関への適正な役割分担を求めている．このことは，近年の立法や当局の計画立案の試みを見ると理解される．渇水の研究者は渇水の複雑さについて明らかにし，利用できる解説と渇水指標を提示しなければならない．また，州内と，州間の両方で渇水の緩和に役立つよう水の譲渡について柔軟性を高める方法を模索しなければならない．渇水時の水マネージャーは，異なる州や地域において環境面で特有な条件を持つ水管理区によってもたらされる様々な状況に対処するために，役割分担の調整方法を改善していく必要がある．再度いうと，我々が長期にわたるリスク管理を行えば，我々は限られた水源を最適な状態で配分し，広範な水問題に対処できる効果的でタイムリーで調整された対応策を実施することができる．

20.7 管理戦略

洪水の場合と同様に，渇水に対する管理戦略は，構造的な対応と非構造的な対応，ハードウェアと行動に関わるものに要約される．図-20.4 に Grigg と Vlachos(1993)によって確認された対応の範囲が示してある．

20.8 渇水問題の事例

1980年代と1990年代を通じて，いくつかの渇水が米国をはじめとする国々を襲っており，そのうちのいくつかはきわめて厳しいものであった．これら渇水については，一般的に Grigg と Vlachos(1993)によって記述されているが，渇水が広範囲にわたり，その影響と対策にいろいろ変化があるため，すべての面を記述することは不可能である．したがって，ここでは問題の範囲を述べるために2つの事例を用いるにとどめる．

20.8 渇水問題の事例

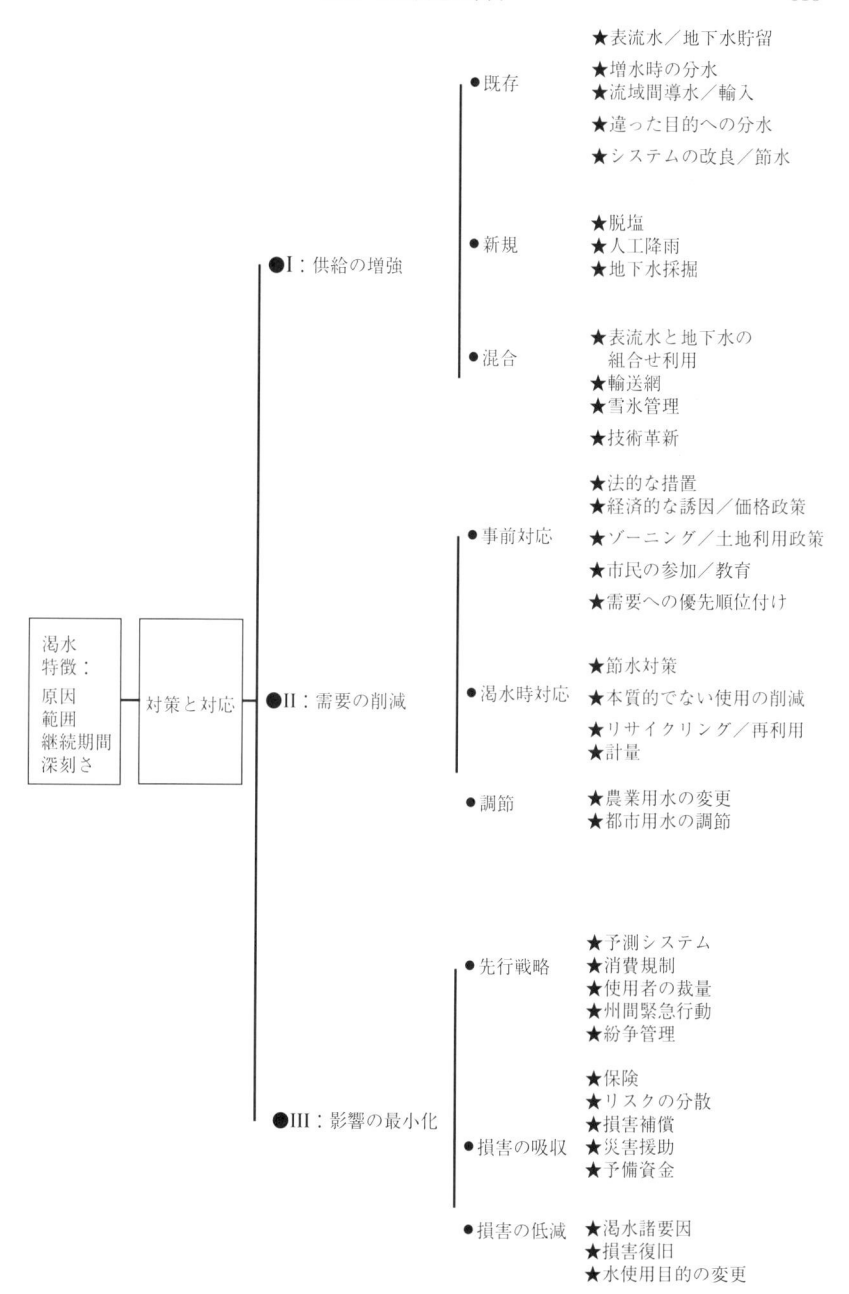

```
渇水                          ┌─● 既存 ─┬─ ★表流水／地下水貯留
特徴：                        │         ├─ ★増水時の分水
原因  ─ 対策と対応 ─● Ⅰ：供給の増強 │         ├─ ★流域間導水／輸入
範囲                          │         ├─ ★違った目的への分水
継続期間                      │         └─ ★システムの改良／節水
深刻さ                        │
                              ├─● 新規 ─┬─ ★脱塩
                              │         ├─ ★人工降雨
                              │         └─ ★地下水採掘
                              │
                              └─● 混合 ─┬─ ★表流水と地下水の
                                        │     組合せ利用
                                        ├─ ★輸送網
                                        ├─ ★雪氷管理
                                        └─ ★技術革新

            ● Ⅱ：需要の削減 ┬─● 事前対応 ─┬─ ★法的な措置
                            │               ├─ ★経済的な誘因／価格政策
                            │               ├─ ★ゾーニング／土地利用政策
                            │               ├─ ★市民の参加／教育
                            │               └─ ★需要への優先順位付け
                            │
                            ├─● 渇水時対応 ─┬─ ★節水対策
                            │               ├─ ★本質的でない使用の削減
                            │               ├─ ★リサイクリング／再利用
                            │               └─ ★計量
                            │
                            └─● 調節 ─┬─ ★農業用水の変更
                                      └─ ★都市用水の調節

            ● Ⅲ：影響の最小化 ┬─● 先行戦略 ─┬─ ★予測システム
                              │               ├─ ★消費規制
                              │               ├─ ★使用者の裁量
                              │               ├─ ★州間緊急行動
                              │               └─ ★紛争管理
                              │
                              ├─● 損害の吸収 ─┬─ ★保険
                              │               ├─ ★リスクの分散
                              │               ├─ ★損害補償
                              │               ├─ ★災害援助
                              │               └─ ★予備資金
                              │
                              └─● 損害の低減 ─┬─ ★渇水諸要因
                                              ├─ ★損害復旧
                                              └─ ★水使用目的の変更
```

図-20.4 渇水に対する管理戦略(出典：Grigg and Vlachos, 1990)

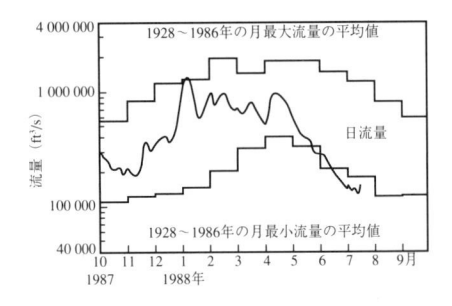

図-20.5 Vicksburg における 1988 年夏期間中の Mississippi 川の流量(出典：U. S. Geological Survey, 1988)

20.8.1 1980 年代の西部における渇水

1988 年の気候上の影響は西部で厳しく，図-20.5 には Mississippi 川への影響を示してある．この図は，Vicksburg における Mississippi 川の年間流量ならびに月別の最大平均流量と最低平均流量が示してある．1988 年の流量は，図に見られるように，5 月末から 7 月にかけて月最小流量の平均を下回っている．

20.8.2 ギリシャの Athens での渇水

渇水が他の国の都市でどんな影響を与えているかを見るために，ギリシャの Athens が引用される(Karavitis, 1992)．大 Athens 首都圏域では水資源が偏って分布している．この点に関して，Athens 首都圏地域の情況は，次のように要約される．すなわち，この地域は半乾燥地域で，水不足の影響を蒙りやすいこと；使用限界にきたインフラの整備が進まないまま急激で高度な人口と活動の集中が見られたこと；複雑なシステムのマネジメントに対する経験が少ないこと，である．この結果，Athens は自然災害に対する対応力をほとんど持たないまま，渇水の圧力にさらされている．

Karavitis の所見によると，Athens を襲った 1990 年から 1992 年までの渇水(このうち，1990 年の渇水は記録されているものでは最悪であった)について，そのデータベースは不完全で，信頼性がなく，当時の水配分計画は応急的なものであった，としている．この時の渇水の厳しさを表示するために，図-20.6 には，Athens の貯水量を示してある．当時の問題の規模を示すと，1990 年 10 月 Athens 首都圏地域の貯水量は，わずかに 56 日分を数えるのみであった．

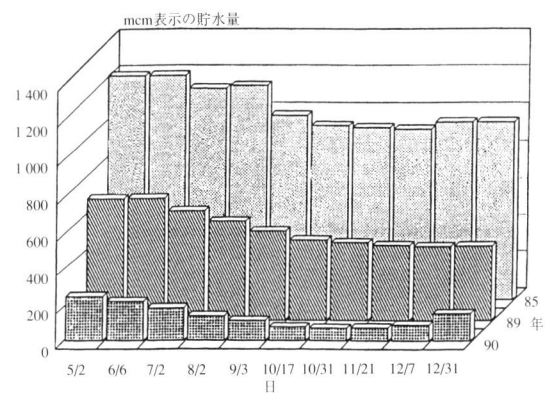

図-20.6 ギリシャ Athens 市にもたらされた渇水の影響(出典：Karavitis, 1992)

Karavitis は，Athens では，渇水影響評価，警報の仕組み，および，不測の事態への対応計画が全般的に満足できる状態ではなかったとし，また，対応も短期行動に力点を置いたもので断片的なものであったとしている．また，対処方法も事象が発生してから長い時間が経過した後に取られており，タイミングという重要な要因にはほとんど考慮が払われていなかった．さらに，渇水以降の対応も，Karavitis によれば，供給や準備態勢という基本的な問題を解決する方向には動いていない(個人的な通信，1994)．

20.9 質　　　問

1. 「渇水は『忍び寄る災害(creeping disaster)』である」という表現によって何を意味しているのか？　また，それでは「突発的災害(sudden disaster)」とは何なのか？
2. 渇水時の水マネジメントが，ある地点で時間内に終了する仕事ではなく，一連のプロセスであるとされているのはどうしてか？
3. 渇水を定義せよ．「気象上の渇水」と「水文学上の渇水」との違いは何なのか？
4. 河川流域での許可制度を使って不足している水供給を調整するのに，あなたは渇水指標をどのように利用するか？
5. 水源の安定取水量という概念を地下水と表流水の両方の場合で説明せよ．

また，複数の異なる水供給源からなるシステムにおける安定取水量を定義せよ．
6. 渇水は，「水文学的現象の中で最も複雑」であるといわれるが，その理由を説明せよ．
7. テキストの中では，いくつかの独立した水源へのアクセスを獲得することによって水供給に対する安全性を高めることができるとし，さらに，いくつかの独立した水供給源を総合した場合の変動は，個別の水供給源の変動よりも少ないという統計上の分析によって，このことを理論的に示すことができるとある．あなたは，このことを統計上の分析で明示することができるか？
8. あなたの所見では，渇水時の水管理において地方自治体，州，連邦政府の担う役割の中で最も重要な役割は何か？

文　献

American Water Works Association, *Before the Well Runs Dry: Volume II, A Handbook on Drought Management,* Denver, 1984.
Association of California Water Agencies, *Coping with Future Water Shortages: Lessons from California's Drought,* Sacramento, 1989.
Bras, Rafael L., *Hydrology: An Introduction to Hydrologic Science,* Addison-Wesley, Reading, MA, 1990.
California Department of Water Resources, Office of Water Conservation, *Urban Drought Guidebook,* March 1988.
Changnon, Stanley A., Jr., *Detecting Drought Conditions in Illinois,* Illinois State Water Survey, Champaign, 1987.
City of Portland, Oregon, Bureau of Water Works, Drought/Water Shortage Plan, April 1988.
Colorado Water Resources Research Institute, *Colorado's Water: Climate, Supply and Drought,* Colorado State University, June 1990.
Davis, C. Patrick, and Albert G. Holler, Jr., Southeastern Drought of 1986—Lessons Learned, *Engineering Hydrology,* 1987.
Dziegielewski, B., Duane D. Baumann, and John J. Boland, Evaluation of Drought Management Measures for Municipal and Industrial Water Supply, Report 83-C-3, Institute for Water Resources, Ft. Belvoir, VA, December 1983.
Frick, David M., Dennis Bode, and Jose D. Salas, Effect of Drought on Urban Water Supplies. I: Drought Analysis and II: Water Supply Analysis, *Journal of Hydraulic Engineering,* Vol. 116, No. 6, June 1990.
Grigg, Neil S., and Evan C. Vlachos, Drought and Water-Supply Management: Roles and Responsibilities, *Journal of Water Resources Planning and Management,* Vol. 119, No. 5, September/October, 1993.
Grigg, Neil S., and Evan C. Vlachos (eds.), Proceedings, November 1988 Workshop on Drought Water Management, Washington DC, February 1990.
Karavitis, Christos A., Drought Management Strategies for Urban Water Supplies: The

文　献

Case of Metropolitan Athens, Ph.D. dissertation, Colorado State University, 1992.
Maidment, David R. (ed.-in-chief), *Handbook of Hydrology*, McGraw-Hill, New York, 1992.
McCuen, Richard H., Hydrologic Analysis and Design, 1989.
Moreau, David H., and Andrew J. Lawler, The Southeast Drought of 1986: Impact and Preparedness, paper presented at the NSF-sponsored Drought Water Management Workshop, Washington DC, November 1988.
Moreau, David H., and Keith W. Little, Managing Public Water Supplies during Droughts: Experiences in the United States in 1986 and 1988, Water Resources Research Institute Report 250, September 1989.
Palmer, W. C., Meteorological Drought, Research Paper No. 45, U.S. Dept. of Commerce, Weather Bureau, Washington, DC, 1965.
Progress Report of Committee on Rainfall and Yield of Drainage Areas, *Journal of the New England Water Works Association*, June 1969.
UNESCO/WMO, M. A. Beran, and J. A. Rodier, rapporteurs, *Hydrological Aspects of Drought*, Paris, 1985.
U.S. Army Corps of Engineers, The National Study of Water Management During Drought, The Drought Preparedness Studies, Ft. Belvoir, VA, November 1990a.
U.S. Army Corps of Engineers, Hydrologic Engineering Center, Lessons Learned from the 1986 Drought, Report for the Institute for Water Resources, IWR Policy Study 88-PS-1, Ft. Belvoir, VA, June 1988.
U.S. Army Corps of Engineers, Hydrologic Engineering Center, A Preliminary Assessment of Corps of Engineers' Reservoirs, Their Purposes and Susceptibility to Drought, Davis, CA, December 1990b.
U.S. General Accounting Office, Federal Efforts to Monitor and Coordinate Responses to Drought, GAO/RCED-93-117, June 1993.
Wilhite, Donald A., Planning for Drought: A Process for State Government, International Drought Information Center, University of Nebraska, 1990.
Willardson, Tony, State Drought Response Capability, presented at State/Federal Water Related Drought Response Workshop, Houston, TX, April 16–17, 1990.

第21章　水マネジメントの地域統合化

21.1　はじめに

　地域の協力は，水マネジメントに強力な手段を提供するが，同時に，これを実施する際には手ごわい障壁が存在する．本章では，地域の協力に際して利用できるアプローチのいくつかを取り扱うことにする．まず，地域的な統合化についての理論と一般的な所見が提示される．次に，事例研究が提示され，地域の水供給開発事業，規模の利益を伴う地域的な投資，そして地域の環境問題が説明される．

　本章は，地域統合化に関する論文の要約(Grigg, 1989)から始められる．筆者は，これをもってこの問題の「理論」ととらえる．確かに理論は有用であるが，地方政府，特別水管理区，地方自治体－州－連邦の関係に対して人間同士の対立や政治的な対立の前線に立つ者であるなら知っているように，現実は，現場の事実関係によって左右される．換言すると，地域での解決を見出すことは政治的な問題であって，技術的な問題ではない．

21.2　地域統合化の理論

21.2.1　地域統合化の定義と種類

　水マネジメントにおける地域統合化(regionalization)とは，地域を基盤とした

統合化もしくは協力，すなわち河川流域，首都圏地域，その他の地理上の地域においてマネジメント行為を統合する計画のことである．この概念を超えて，水事業の地域統合化の定義に関する合意は，これまで困難であったように思われる．American Water Works Association（AWWA；米国水道協会）の委員会は，この複雑な定義付けを行うのに苦労し，最終的に次のようなものとして提起している．すなわち，地域統合化とは，「ある地理的にまとまった区域で共通の水資源と施設を最善の便益も生むように利用することを目的として，2つ以上のコミュニティの水システムを対象に，適切な管理組織あるいは協定を結んだ行政組織，もしくは調整された施設管理システム計画，を創設すること」である（American Water Works Association, 1981）．

これまでにも，水事業の問題を改善するために，地域統合化を提唱する政策研究に事欠くことはなかった．そうした地域統合化の提唱者の指摘によると，地域統合化によって利益がもたらされるのは，経済，サービスおよび水質の3つの面であるとしている．経済の面では，地域統合化は，資本施設や運営コストにおいて規模の経済を提供する．Clark（1979, 1983）が指摘しているように，これは，大規模な中央システムが常に規模の経済をもたらすということを意味しているのでなく，地域統合化によって運用プログラムの点で協力して利益をあげるという別のより巧妙な方法もあることをも意味している．サービスの面では，地域統合化によって，周辺地域や困窮地域の料金納入者に対しても高質で信頼できる水供給を拡大することでサービスの改善が計られる．

水質の面での利益は，管理が集中化されることによってもたらされる．例えば，筆者の住んでいる地域の水道事業者は，周辺地域の水道事業者に高度な水道検査のサービスを提供しており，この業務によって周辺地域水道事業者は安全な飲料水の要件を満たすことができる．水道企業体の合同と水質基準の統合は，すべての地域で水質基準が最高水準にまで上がることを意味する．地域統合化はまた，水源保護プログラムによって原水の水質向上にも利益をもたらすことができる．

地域統合化の「経済的側面」を利益としてとらえ，問題の「政治的側面」を障壁ととらえることができる．実際問題としてこの障壁は無視できないものがある．テネシー州の水関連政策を評価したThackstonら（1983）によると，以下の項目が障壁として指摘されている．コミュニティの収入管理の喪失；立法化の必要性；市民の無関心；地域的協同の欠落；不信感と地元第一主義；地域の非効率性と官

僚制；複雑さの増大；融資の不均等；施設設計上の問題；人事上の難問；公共－民間の整合性の問題；財政上の責任分担の不明確化；財政上の資産の再配分，である．そのうえで，地域統合化を妨げている最大の原因が制度面での問題であり，地域統合化における成功は，「70％が政治，20％が技術，10％が運」に基づいていると結論付けている．

政治的な障壁と制度上の障壁は類似しているが，中には地域統合化の提案を疑いたくなるような技術上の理由に基づいているものもある．Clark の研究(1979)は，水供給に対する設備投資において，地域統合化が規模の経済をいつももたらすとは限らないことを示している．

21.3 地域統合化の事例

AWWAによると，地域統合化の適切な適用には，次のものが含まれる．すなわち，「単一の管理機構の下でより効果的に運営される都市部の水供給システムの連合体，あるいは，調整に関するマスター・プランを持つことのできる，独立して所有されているか運営されている都市部の水供給システムの連合体，あるいは，単一の管理機構の下で規模の経済を獲得できる遠隔地の農村や郊外の水供給システム」が含まれる．

いくつかの事例に検討を加えた後に，筆者は整理して以下の典型的な項目にまとめてみた．
・地域管理機関
・システムの連合
・原水の卸し元として機能する中央システム
・施設への共同出資
・業務地域の調整
・緊急時の相互連携
・管理上あるいは業務上の責任の分担

地域の水供給機関が地域統合化の可能性と問題点を示す良い事例になる．こうした機関は，地域全体の利益のために水供給を調整することができるからである．1974年，地域の水資源開発事業を促進するフロリダ州の法のもとで，地方自治体

間の協定によって，フロリダ州の St. Petersburg, Tampa, Hillborough 郡，Pinellas 郡および Pasco 郡は，新たな原水供給公社を設立した(Hesse, 1980). Adams (1994) は，構成員である自治体が，どのようにしてこの公社と水資源開発の契約を結び，この公社から水を買うかについて記述している．この原水公社は，税金を徴収する権限は持たないが，歳入担保債を発行することができる．Adams の所見によると，この原水公社の有効性を分析して，原水公社は，その設立から 1990 年に至るまで補足的な水資源の開発に成功しており，その構成員である自治体に水の供給を行っているが，ここ数年来生じている水源開発をめぐる対立により，この公社の有効性は減少している，としている．

協同業務を行うことによりインフラの開発の必要性を明らかに減少させることが可能になる．Washington, DC 大都市圏では，水関連組織が将来の必要貯水量を低減させるように協力している．係争中となっていた問題は，20 年前に遡るものであった．この問題は，連邦，州，地方自治体間で特別委員会によるアプローチを取り，地方の指導者が各段階で関与することで解決された(McGarry, 1983).

San Francisco 湾地域で見られるように，原水は調整を進めていくうえで都合の良い道具となる．これまでに複数のシステムの地域統合化と連合が求められてきたが，進展が見られたのは原水供給の業務における協同によるものだけで，既存の水道事業者による配水システムの管理は変わることがなかった(Gilbert, 1983).

民間の水道会社は，水道料金の公平性を達成するために水道利用者にコストを分散することができる．ウェストバージニア州では，American Water Works Service Company Inc. の子会社である West Virginia Water Company の 12 の水管理区で，単一の水道料金の価格設定を行っている．こうしてコストを分散させることで，最も小規模で最も弱い地域を助けることになる．このアプローチは，ウェストバージニアの Public Service Commission (公共サービス委員会) によって支持された(Limbach, 1984). コスト分散の方法は，他の地域においては地域統合化を行ううえでの障壁の一つとされている．

他の国々では，うまく機能している地域統合化の例を目にすることができる．英国では，民営化に先立って行われた地域統合化は国の政策とされている．日本では，地域統合化はほとんど何の問題もなく実施されている．詳細は，第 8 章を参照されたい．

適切な水供給業務が農村部において死活問題となる発展途上国においてもま

た，広域的な公社の設置は魅力的である．Donaldson(1984)の報告したある地域統合化の事業は，1938年に開始され，1961年に至るまで，およそ70億ドルの国際融資と国内の補助金が必要とされた．この主題についての詳細は，第25章の発展途上国の水と衛生に関連する部分を参照されたい．第25章では，さらにベネズエラにおける水供給業務の地域統合化の最近の経験が検討されている．

21.4 事例研究への序説

調整作業を行うためには，河川流域や大都市圏における地域的な水供給のバランスを取ることがしばしば求められる．最初の事例は，コロラド州Denver地域における水供給の地域性の側面が取り扱われる．そして，ここでは，調整作業や協同作業が問題を解決し，高価で人手のかかる規制の必要性を回避することができるとともに，調整作業は，しばしば困難で高くつく作業であることが説明される．また，地域統合化は，規模の経済をもたらすことによって，地域のインフラ・システムを改善するのに役立てることができる．二番目の事例では，水管理区(water district)が，コロラド州北部の農村地域における水供給の必要性に関する地域研究をいかにリードしていったかについて説明される．その際，問題を解決するには単一の地方自治体の能力を超える環境問題が地域規模で注目されることになる．湖水水位の制御や過去の環境問題の改善といった問題が例としてあげられる．三番目の事例では，Kissimmee-Lake Okeechobee-Everglades(KLOE)生態系が取り扱われる．ここでは，単一行政機関の能力を超えた問題を解決する際の地域の水管理区の役割が示される．

21.5 事例研究：Denver大都市圏の水供給

Denver大都市圏における水供給のケースは，古い既存の市中心部の水供給業体とより新しい近郊部との対立を示している．これは，共通したシナリオで，Virginia Beachの事例(第15章)や本章で先に引用したWest Coast Regional Water Supply Authorityのように他の場所でも見られる事柄である．Denverの

ケースはまた，Two Forks の許可をめぐる対立の舞台をつくっている（第10章を参照されたい）．

半乾燥地帯に位置する Denver の発展は，水供給があってはじめて可能になった．水供給システムが稼動し始めたのは，市がまだ採鉱キャンプにすぎなかった 1859 年頃であった (Cox, 1967)．1859 年から 1872 年までは，住民は個人の井戸や河川からの個別の水供給に依存していた．これに続く 1872 年から 1878 年までは，民間の Denver City Water Company が表流水を水源とする水供給を行っていたが，1880 年代に入ると，民間の複数の水道会社が競争を繰り広げ，これらはすべて，現在の Denver Water Board(DWB；Denver 水局) の前身である Denver Union Water Company に 1894 年に統合された．この会社は，1905 年に今でもシステムの一部として機能している Cheesman ダムを建設している．それ以降の 40 年は，Denver の水道システムは，目を見張る発展をみせる．1936 年には，Moffat トンネルが完成し，West Slope(Rochy 山脈西側) の水を Denver に引くという夢を現実のものにした．

Denver Water's Two Forks Project について記述している第10章では，Denver の水供給システムのいくつかの側面が説明されている．図-21.1 では，コロラドの Front Range と主要な水関連施設が示されている．また，図-21.2 では，流れ図で概要が示されている (Smith, 1972)．この図は，少し古いが，図にある主要施設は現在でも稼働しており，この図を現在の状況と考えても，大きく変わることはない．

郊外の水関連機関が急増し始めたのは，DWB が水道料金を値上げした 1948 年である．1950 年代の渇水は，Denver やその郊外の水供給システムの価値を試すものになり，1960 年代初頭には Denver は 25 万 4 000 acre・ft (3 億 1 000 万 m^3) 貯水できる Dillon 貯水池を完成させた．1960 年代，環境保護の直接行動主義が高まりを見せ始めるちょうど前に，いくつかのプロジェクトが着手された．1970 年代までには，DWB の政策に反対する環境保護派が，節水プログラムや維持流量の放流に関する合意そして市民諮問委員会の設置を強く求めていた．

Denver 市が新たな発展政策を模索していることが，1970 年代の環境派の懸念となっていた．こうした懸念が誘因となって，おそらく 1980 年代の米国において最も重大な水供給をめぐる対立である Two Forks の論争が起こることになる (Milliken, 1989)．Two Forks の議論については，第10章を参照されたい．

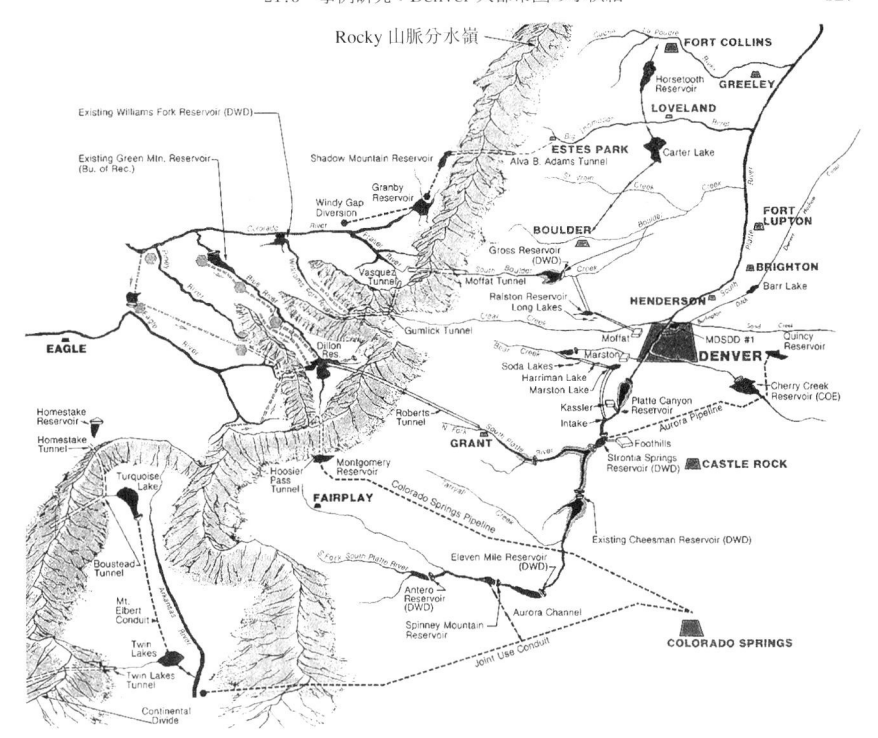

21.5 事例研究：Denver 大都市圏の水供給

図-21.1 Front Range 水供給システム(出典：U.S. Army Corps of Engineers, Omaha District, 1986. 10)

　この Two Forks 論争は，地方の水を巡る小ぜり合いといったものだけではなく，全米規模での意味を持っている．Two Forks の後に，組織上の新たな発案が見られた．Front Range Water Authority(Front Range 水公社)と Metropolitan Water Authority(大都市圏水公社)が組織され，Thornton が「City-Farm Program(市域-農場域プログラム)」を公表し，目的に水供給を含めた都市部行政府(metro)の共同体である「Group of 10」の会合が開かれ，州規模の新たな発案が行われた．民間の開発業者も数多くの新しいプロジェクトの提案を公表した．1994年の主要な活動は，州の天然資源局によって企画された Front Range Water Forum であった．

　Denver Water Department(DWD；Denver 水局)は，許可への拒否権の発動に対して訴訟を起こさないことに決め，DWD のエンジニアはこの出来事からいくつかの教訓を学んだと述懐している．そのうちの一つの教訓は，自分たちは自

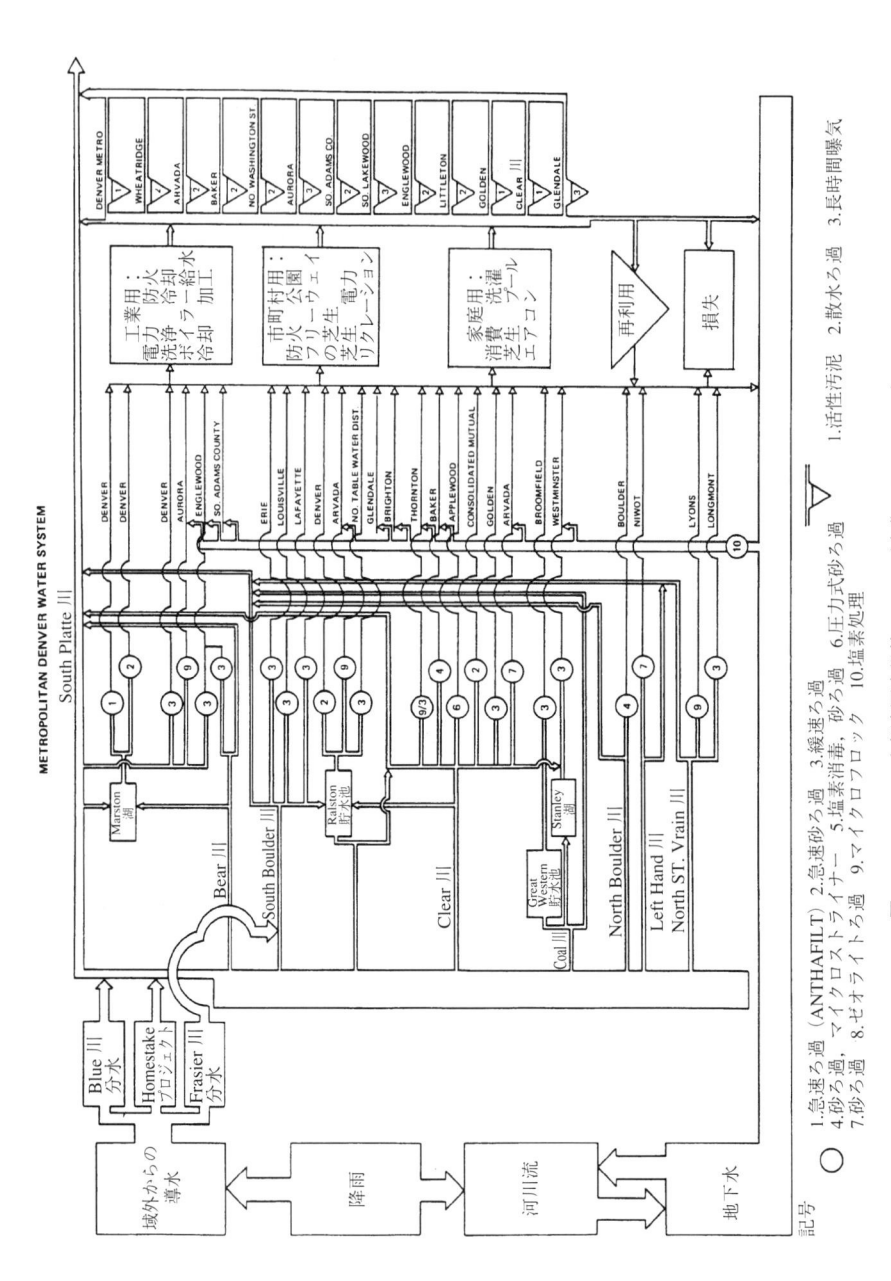

図-21.2 Denver 大都市圏水供給システム（出典：Smith, 1972）

記号　1. 急速ろ過（ANTHAFILT）　2. 急速砂ろ過　3. 緩速ろ過　　　1. 活性汚泥　2. 散水ろ過　3. 長時間曝気
　　　4. 砂ろ過，マイクロストライナー　5. 塩素消毒，砂ろ過　6. 圧力式砂ろ過
　　　7. 砂ろ過　8. ゼオライトろ過　9. マイクロブロック　10. 塩素処理

分たちの問題のみを考えることはできないということであった．隣人のこともまた考慮に入れる必要があった．もう一つの教訓は，水供給計画において，これがもたらす影響を研究しなければならないということである．

下水に関しては，Denverのシステムは次第に発展していった．Denverは，最初の下水道を1881年に建設している．1950年代には，この地域で45の異なる機関が下水を収集・処理しており，21箇所の処理プラントがあり，そのほとんどが小規模で過負荷状態であった．1960年に，州の権限を認める法律が通過して，1961年に，13のコミュニティが参加してMetropolitan Denver Sewage Disposal District No.1(Denver大都市圏下水処理管理区第1区)を設立した．この管理区の計画は，1966年に実際に稼動するまでに進展し，1990年には，管理区はMetro Wastewater Reclamation District(大都市圏下水再生管理区)と改称された．今日，ここで毎日約1億5000万gal(57万m^3)の下水が処理され，地域の約120万人の人々にサービスを提供している．この管理区は，20の市町村を構成員としており，これ以外にも24の顧客―特別な関係を持った顧客グループでそのほとんどは特別な目的を持った管理区である―を持つ．

過去10年間，Denver地区における水に関連する主な問題は，新たな水供給をめぐる対立であった．加えて，この地域は，水関連政策の重要な問題に直面している．下水問題は，一般的にそれほど論争の対象とはならなかったが，市は，制度上の責任とコストの増加に直面している．これらのDenverの経験は個有のものでなく，他の米国の大規模な市域でもこれと同じような問題を抱えている．

21.6 Northern Colorado パイプライン

1989年に，Northern Colorado Water Conservancy District(コロラド北部水保全管理区)は，Denver北部のコロラドのFront Range沿いの地域の水供給の必要性に関する研究を承認した．いくつかの機関からの協力と部分的な出資を得て，この研究は，最も低いコストで水の効率的利用と水質向上のための代替案を明らかにするとともに，Denver都市郊外のコロラド北東部の将来の安定した水供給を維持するための基礎を与えることを目的としていた．図-21.3に研究の対象地域を示している(Northern Colorado Water Conservancy District, 1991)．

この研究では，水供給事業体を次の3つのゾーンに分けている．NCWCD境界線内(40事業体)，境界線と郡境の間にある事業体(11事業体)，Denver北辺に位置する郡境の南側にある事業体(8事業体)，である．

研究のプロセスの中には，都市用水と工業用水の需要見通し，両用水に使用できる水量の評価(水供給の地域統合によって潜在的に得られる水量の評価も含める)，地域の水供給量を増大させるための開発案，地域の水供給を行うための制度的な枠組み案，が含まれている．

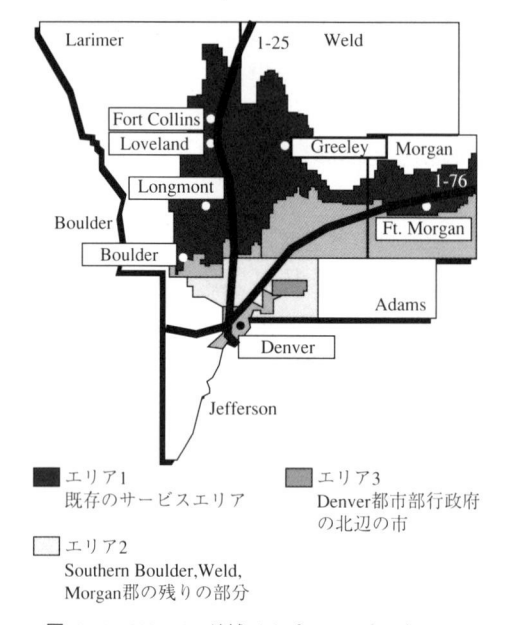

図-21.3 NCWCD地域パイプラインプロジェクト
(出典：Northern Colorado Water Conservancy District, 1991)

結論をいうと，研究地域における都市用と工業用の水供給を地域統合することによって実質的な利益がもたらされるということである．この研究結果を踏まえて，NCWCDは，Southern Water Supply Project(南部水供給プロジェクト)に着手した．このパイプライン・プロジェクトの初期の段階で，このプロジェクトが相当な利益をもたらし，しかも新規の水供給開発を含まないと想定されたにもかかわらず，このプロジェクトはかなりの反対を経験した．

21.7 南フロリダの水環境

南フロリダにおける一般的な環境状況については，フロリダのEverglades湿地帯と南米のPantanal湿地帯とを比較する事例研究の中で簡略に記述しておいた(Wade et al., 1993)．ここでは，地域の環境管理問題に焦点が当てられる．

フロリダ州は，地域水マネジメントのパイオニアであり，州をいくつかの水管

21.7 南フロリダの水環境

理区に区分けしている.これら水管理区によって共同製作されたパンフレットには,次のように述べられている.

州の水管理区は,行政分界というよりも水文的な境界線に沿って組織された地域機関である.1972年のWater Resources Act(水資源法)に準じて組織され,その権限は,Florida Department of Environmental Regulation(フロリダ州環境規制局)によって,また直接フロリダ州議会によって委任されている.規制プログラム,長期計画,表流水の回復,水資源教育などが,フロリダ州自然水系に対する管理区による保護の方法となっている.

図-21.4に管理区境界線の地図が示されている.

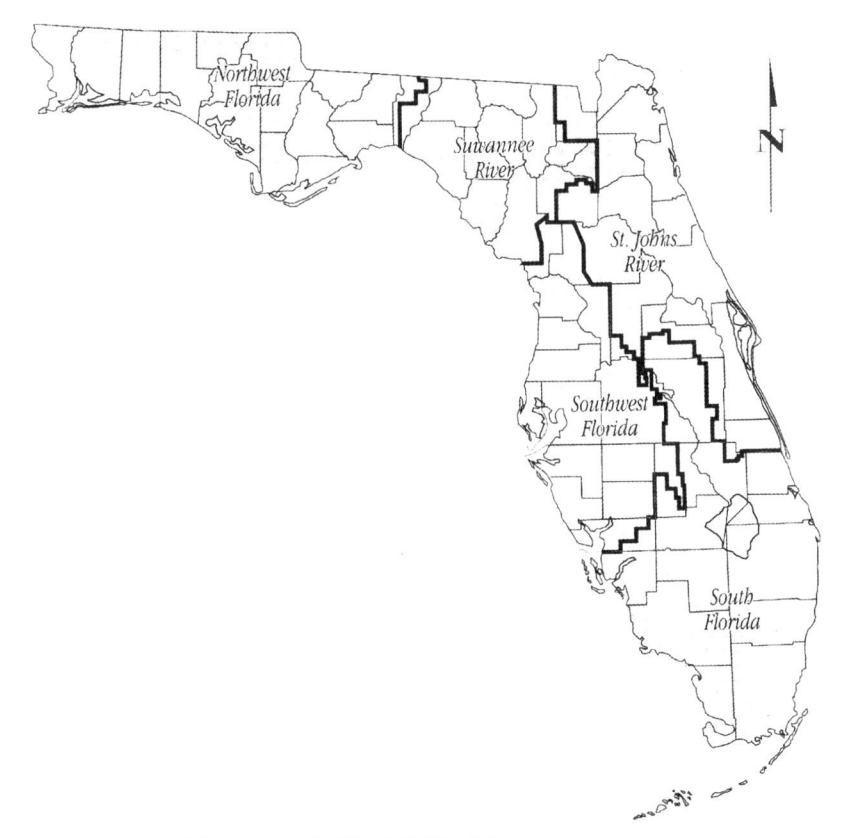

図-21.4 フロリダ州の水管理区(出典:Florida District)

このケースでは，これら管理区のうちの一つ，South Florida Water Management District(SFWMD；南フロリダ水管理区)が，地域における主要な責任を負っている．以下の資料の多くは，この管理区の歴史を要約したSFWMD年報第40号からのものである(South Florida Water Management District, 1989)．

SFWMDの統計から抜粋すると，SFWMDは，500万人以上の人口を抱える16郡のすべてもしくはその一部を網羅している；その面積は1万7930 mile^2(4万6400 km^2)である；約1500 mile(2400 km)の運河および215の主要な水利構造物の運営を行っている；そのほとんどが従価財産税からなる2億ドル近い予算を持っている，ということである．

SFWMDは，2つの主要な流域を抱えている．そのうちの一つOkeechobee流域には，Kissimmee-Okeechobee-Everglades(KOE)生態系があり，もう一つのBig Cypress流域は，Big Cypress National Preserve(Big Cypress国立保護区)とおよそ1万を数える島をその中に含んでいる．図-21.5には，この2つが入り組む生態系が描かれている．

KOEにおける環境問題は，フロリダの爆発的発展が起こる以前の20世紀初頭に始まっている．当時，農業を行うために排水改良することが，「沼地(swamp)」を生産的な土地につくり変える方法と考えられていた．1913年から1927年までに，低地東海岸とOkeechobee湖南岸に沿って，Everglades Drainage District(Everglades排水改良区)によって，440 mile(710 km)の排水路が掘削された．1926年と1928年には，大規模なハリケーンがフロリダ州南部を直撃し，農業地帯で3000人近くの人が死亡している．この時の被害は，10億ドル単位であった．連邦政府は，これに対して湖の周囲に堤防を建設することで対応している．続く1931年から1945年までは，数年の渇水があり，これによって，水供給量の低下やピート火災(泥炭地の火災)や塩水の浸入がもたらされた．続いて1947年は，東部海岸地帯に平年の倍の雨量の100 in(2540 mm)の雨があり，災害を伴う多雨年であった．この年には，2つのハリケーンも来襲しており，洪水による大災害がもたらされている．この時の対応として，ACEによる洪水制御プログラムが認可され，後にSFWMDとなるCentral and Southern Florida Flood Control District(フロリダ中南部洪水制御管理区)が設立されている．

この管理区の最初の10年に行った仕事は，洪水制御に焦点を絞ったもので，地先堤，排水機場，排水路および堤防を含めた多数の施設が建設された．その次

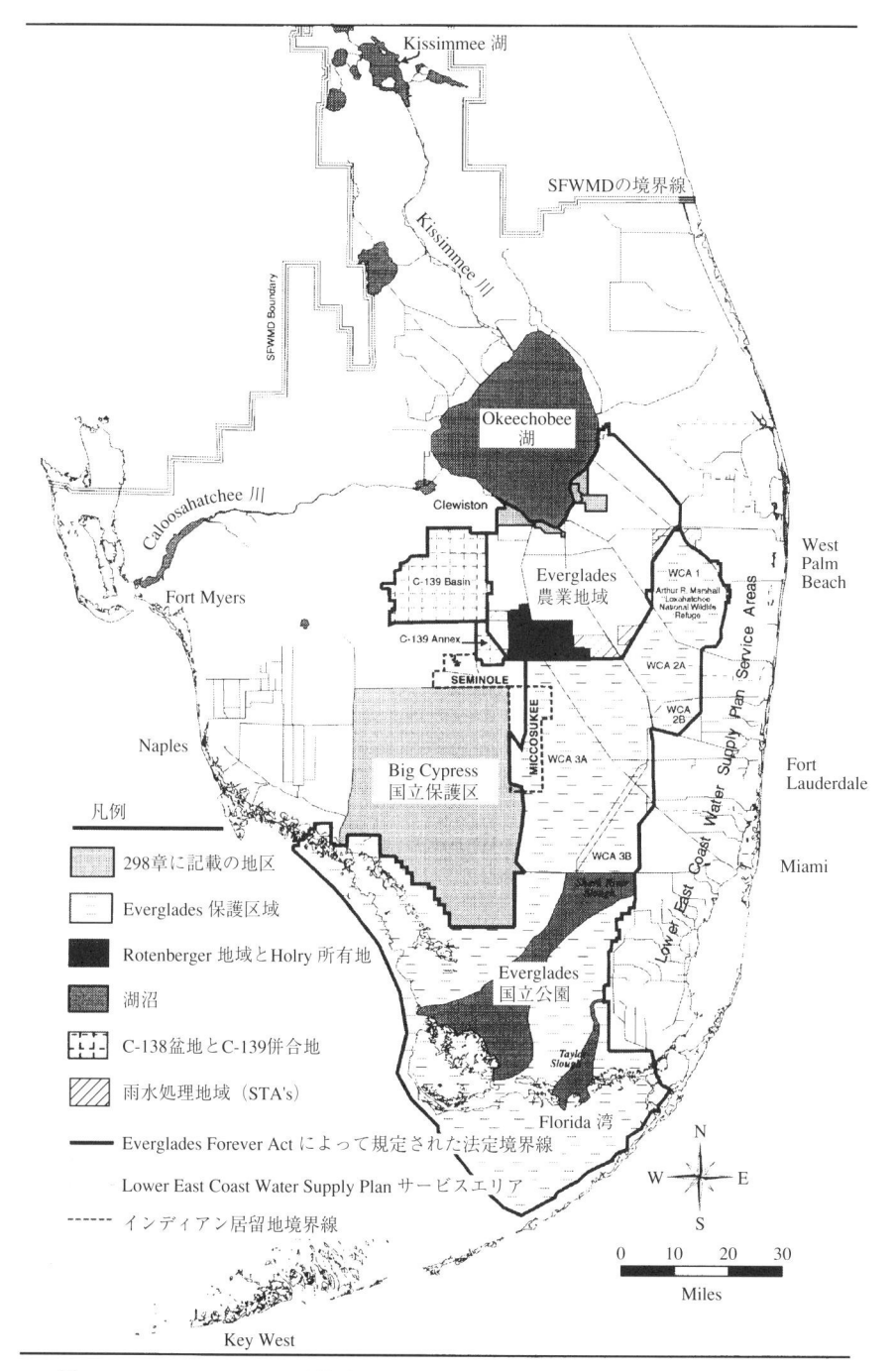

21.7 南フロリダの水環境　　533

図-21.5　Everglades と周辺地域(出典：South Florida Water Management District, 1989)

の10年間，すなわち1959年から1969年までは，前の時期の増強時期に当たり，洪水制御システムの検証を行い，引き続き建設が続行された．1960年の豪雨は，Okeechobee湖の水位が2 ft (0.6 m) も上昇するという記録をもたらした．しかし，このプロジェクトによって，大量の水を流下させ，その目的を果たすことができることが証明された．この時期はまた，南フロリダで増加する都市人口への水供給が優先課題とされるようになってきた．それは，とりわけ，この地域が1961年から1965年にかけて渇水に直面したためでもあった．こうして，管理区の「水供給時代」が開始されることになる．

1960年代に実施された最大のプロジェクトの一つが，Kissimmee川の河道改修であった．10年近い年月にわたって，河川は，陸軍工兵隊によって掘り下げられ，直線化されていった．その結果，かつて103 mile (166 km) あった河川は，56 mile (90 km) に短縮され，約3万5000 acre (140 km^2) の湿地帯の環境が失われ，渡鳥が90%減少するという事態になった．1980年代中頃までには，管理区は，河川環境の回復策のための研究を行い，回復プロジェクトは，1994年に開始された．このプロジェクトは，1992年のドル換算で3億7200万ドルをかけて，完成するまでに約15年かかると予測されている．図-21.6は，プロジェクト前の写真である．図-21.7には，回復プロジェクトの概要が示されている．

管理区が水供給上の責任を負う際に明らかになったことは，洪水制御，水供給，帯水層補給および生態系管理を調和させるには，きめ細かなバランスを取ることが必要だということであった．1988年から1989年は，おそらく50年に一度という記録的な渇水に見舞われた．給水制限は，12箇月のうちの9箇月間にも及んだ．Okeechobee湖は，その水位が通常よりも3 ft (0.9 m) 下がった．管理区は，帯水層を損なう危険を押して，水を湖へ逆揚水しなければならなかった．

1970年代と1980年代の期間中，フロリダは，仕事の機会を求める移民と寒冷な気候を逃れる高齢者とが相まって，米国で人口増加が最も急速な州となった．今度は,成長と環境問題が話題の中心となり,南フロリダにおける初期の水マネジメント・プログラムが厳しい批判に晒されることになった (Florida Water Management, 1983)．問題とされたのは，過度の排水，塩水の浸入，汚染された井戸，過剰揚水，生物種の危機，といった事柄であった．Biscayne帯水層涵養システムさえもが脅かされていた．南東部からMexico湾までおよそ3300 mile

図-21.6 回復プロジェクト前のKissimmee川(出典：South Florida Water Management District, 1989)

(5 300 km)にわたって伸びているこの帯水層は，多孔質で汚染されやすい存在である．このように，帯水層の汚染は州の直面している最も深刻な環境問題の一つであると認識されている．KOE生態系を含むEverglades国立公園周辺は，近年環境問題がいっそう目につくようになっている．

全米で環境問題がよりいっそう意識されるようになってきた1970年頃，SFWMDもまた，環境への集中的な関心の時代を迎える．1971年，U. S. Geological Survey(米国地資調査所)は報告書を公表し，その中で，Okeechobee湖は危険な状態にあり，あまりに富栄養化しており，急速に老化している，と述べている．1972年には，フロリダ州議会は，Water Resources Act, Florida Comprehensive Planning Act(フロリダ州包括的計画法)，およびEnvironmental Land and Water Management Act(土地と水の環境管理法)を成立させ，現在のSFWMDを含む5つの地域水管理区を設立している．この時，管理区の役割もまた，より包括的なものになり，そのスタッフにも生物学者やその他の環境科学者さらにはコンピュータの専門家が加わるようになった．

1970年代に環境に力点を置かれた結果，プロジェクトは，自然のKOE生態系と共存できるよう修正されるようになってきた．しかし，過去の所業からもたら

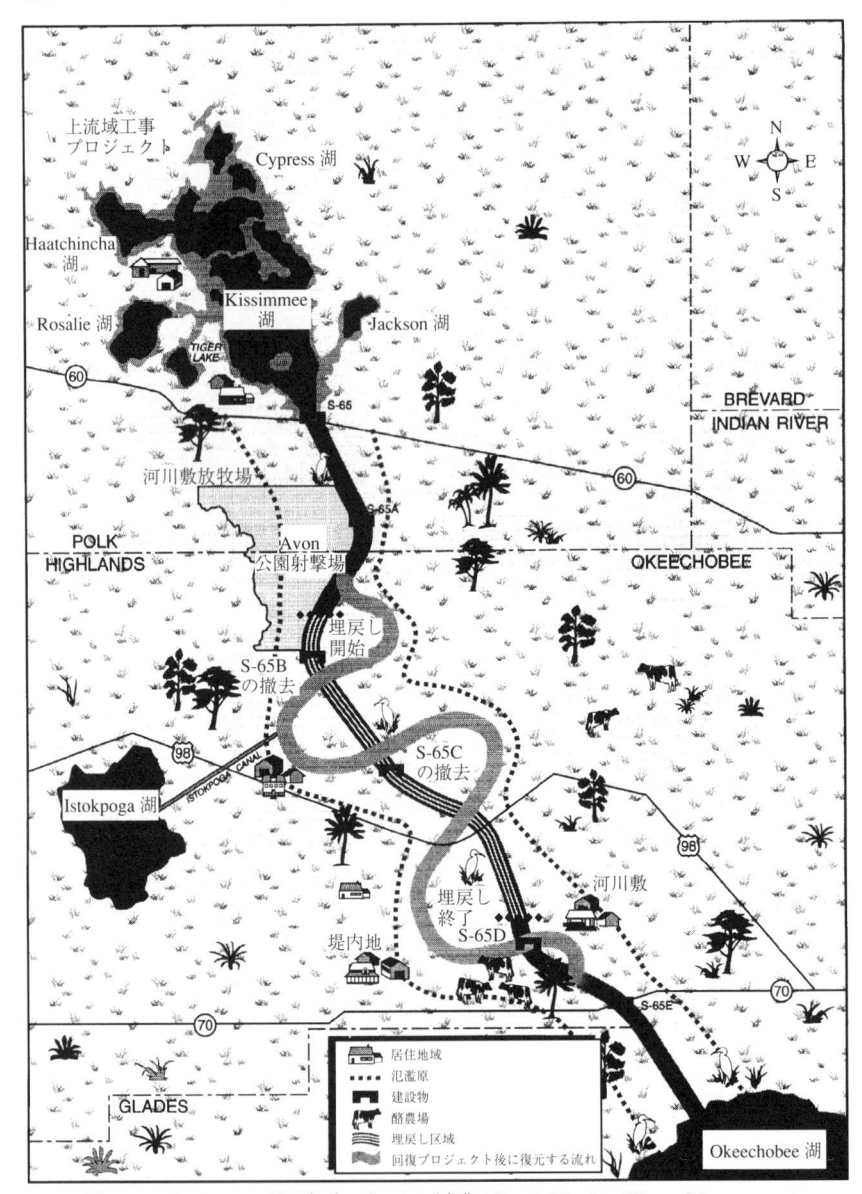

図-21.7 Kissimmee川回復プロジェクト（出典：South Florida Water Management District, 1989）

される生態学的な問題は依然として現れ続けていた．1986年には，藻の花が繁茂し，その最盛時には，120 mile^2(310 km^2)を覆ったことが記録されている．Lake Okeechobee Technical Advisory Committee(LOTAC；Okeechobee湖技術諮問委員会)は，これに対処する手段として，リンの除去，水生植物の管理，最善管理の適用の拡大，農業慣行の改良，分水と帯水層への貯留，そして富栄養化対策を勧めている．フロリダ州は，1987年に，Surface Water Improvement and Management Act(SWIM；表流水改善・管理法)を成立させている．これによって，地域の水問題の改善のための包括的な計画が作成されるようになった．

1993年に，4億6500万ドルの政府－産業計画が公表された．この計画では，財産税によって，コストの大部分が砂糖栽培業者，州政府およびSouth Florida Water Management Districtに配分されることになっている(Gutfeld, 1993)．1994年にフロリダ州は，Everglades湿地の保全・回復プログラムの実施を支える基礎にすることを意図して，Everglades Forever Act(Evergladesを永続させる法律)を成立させている．これは，プログラムを実施するための建設プロジェクト，調査および規制を定めるものである．このプログラムの重要な特徴の一つは，これを実施するには強力な調整が必要とされることである．この地域で環境改善に対する試みに必要とされる調整は，河口域の回復プロジェクトで必要とされるものと類似している(第22章参照)．

回復プロジェクトの一つに，Palm Beach郡に位置するEverglades Nutrient

図-21.8 湿地帯を使った水処理(出典：South Florida Water Management District)

Removal Project(Everglade 湿地帯栄養分除去プロジェクト)がある．図-21.8には，リンを取り除くのに湿地帯を利用した実験プロジェクトが示されている．

SFWMDには，また，住宅所有者が自分の庭に散水を施すのに，処理水と用水路水との混合水を使う革新的な二重配水システムによって節水する事業も含まれている．このコンセプトは，フロリダ南西部のCape Coralで，1万2000人の住宅所有者の参加によって試験が行われている．図-21.9には，地下水揚水を含めた配管システムが示されている．

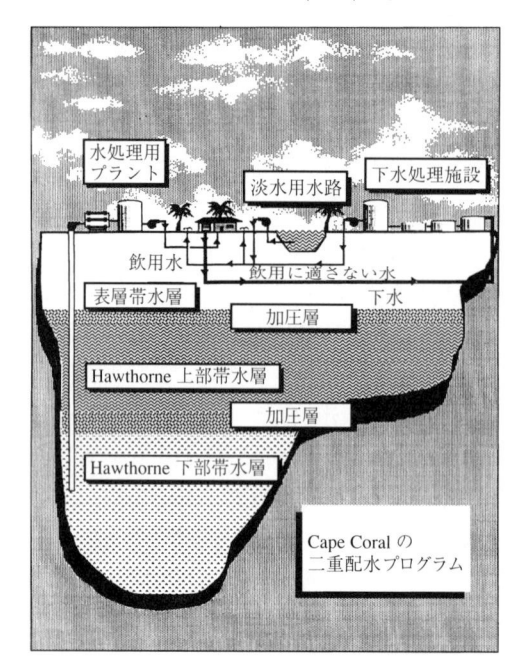

図-21.9 Cape Coralの二重配送の概略図(出典：South Florida Water Management District)

21.8 結　　　論

水マネジメントにおける地域統合化は，自治体間の協同能力を試すことになる．Denver都市部自治体の事例研究は，水供給における地域協力の方法を見つけ出す難しさを示している．Two Forksにおける拒否権は，環境をめぐる価値が経済的価値を大きくしのいだことを示している．この事例では，都市中心部－近郊地の対立が明瞭に表れている．

北部コロラド・パイプラインは，経済的な意義を持たせながら地域のインフラの解決を見出す際の理論を例示している．また，地区の水道事業者の計画を統合する際に，ある種の地域的権限が重要な役割を果たすのは明らかである．

南フロリダの事例には，多くの環境を巡る教訓が含まれていた．しかし，これ

21.8 結論

を地域統合化の観点から見た場合，この事例では，ある地域機関が，単一の目的（洪水制御）から発展して総合的な水管理区となり，生態学上の目標をも含めた多目的戦略を実現させるために相対立する利害関係者に会合の場を提供する様子を示している．

水供給事業は，将来経済的および構造的な変革に直面することになるであろう．水供給事業が，新たな供給を見出し，水質基準を満たし，またコストを抑制していく必要があるなら，地域統合化がその助けとなるであろう．

地域統合化の提唱者はいるものの，連邦政府や州政府から政策面としての注目をまだほとんど受けていない．その概念は，理解や分析をするのに複雑で困難なのである．これは，専門家の間でも議論するところが多く，地方のレベルでは政治上の熱いトピックになっている．この障壁は侮れない．

この手ごわい障壁を前にして，地域統合化を推進していくには何が必要なのであろうか？　地方レベルで進歩的な行動を取って，新たな可能性を探求することが考えられる．利益をもたらす例証としては，水供給の事例として先に引用したWashington DC大都市圏があげられる．郡計画や地域計画を担当している審議会は，水道事業者の機能の協同または統合の最良の方法に関する協同研究を承認することができる．

地域統合化のための2つの重要な課題は，規制と財政を巡るインセンティブである．地域的な水資源や下水のプランニングやシステム開発は，適切な財政上のインセンティブがあると最もよく機能することは明らかである．公益事業委員会や州政府の規制機関は，調整を強く推進することができる．

地域統合化に対して持続的に政策上の対応処置を最も実施しやすい立場にあるのは，州レベルである．長い間地域統合化を提唱してきたDaniel Okunは，州のイニシアティブの必要性について論文の中で指摘している(Okun, 1981)．彼は，州レベルでの行動が必要とされるのは，連邦の介入は好ましく受け取られないし，地方独自の行動もいくつかの人口集中地区を除くとうまくいきそうにないからだ，と述べている．HumphreyとWalker(1985)も同様の結論に到達している．彼らは，地方の自立性を維持しようとする思惑があって地方で解決を避けている制度上の問題を解決するために，州にはまとめ役，仲介者そして規制者としての役割がある，とみなしている．彼らは，州が主な水供給源を制御し，これによって，地域問題の解決に向けた価格設定や水配分が可能になるというシナリオ

が成功を約束するものと考えている．さらに，彼らは，州の行動の成否は，例えば渇水のように行動が明らかに必要とされている時に，個別の地方の要求に応じた計画を調整できるかどうかにかかっていると見ている．

地方や州レベルにおける行動を促進するものとして，地域統合化の有効性を評価し，データベースの改良を行う連邦レベルにおける研究があげられる．連邦が介入しなければ，政策分析や政策調査に真空状態が生じる場合もある．

水事業に役立てるために，管理データベースの改良が必要とされる．こうしたデータベースは，財政状況，施設状況および性能のパラメータに関するデータを提供することになろう．また，これらは，水事業における市場インセンティブの欠落と経済的規制の欠落によって生じるいくつかの管理問題を克服する助けとなるであろう．

21.9 質問

1. 「水マネジメントにおける地域統合化(regionalization)」を定義せよ．この用語に対して，「統合(integration)」や「協同(cooperation)」という用語がどのように関連づけられるのか説明せよ．
2. 水マネジメントにおける地域統合化の実例を2種類あげよ．
3. 地域統合化による主な理論上の利益とは何であると思うか？
4. 地域統合化の成功に対する障壁は何であると思うか？
5. 地域での組織配置のタイプについて，地域的管理の権威すなわち中央システムが，原水の卸売業者として機能するのが，大都市地域における最良の方法であると思うか？
6. 施設に対する共同出資の利点は何か？
7. 地域問題と河川流域管理の問題との類似点は何か？
8. 分析の締めくくりに，地域問題は政治問題であるとしてある．古い諺にも「すべての政治的取引きはローカルである」というのがある．このことは，水事業における典型的な地域業務問題にどう関連づけられるのか？ あなた自身の経験から事例をあげよ．

文　献

Adams, Alison, West Coast Regional Water Supply Authority, Case History, Department of Civil Engineering, Colorado State University, unpublished, November 18, 1994.
American Water Works Association, Regionalization: Why and How, *Journal of the American Water Works Association*, May 1981.
Clark, Robert M., Water Supply Regionalization: A Critical Evaluation, *Journal of the Water Resources Planning and Management Division, ASCE*, September 1979.
Clark, Robert M., *Economics of Regionalization: An Overview*, American Society of Civil Engineers, New York, 1983.
Cox, James L., *Metropolitan Water Supply: the Denver Experience*, Bureau of Governmental Research and Service, University of Colorado, Boulder, 1967.
Donaldson, David, Regional authorities support small water systems in the Americas, *Journal of the American Water Works Association*, June 1984.
Florida Water Management: A Shift Away from Structural Planning, Water Information News Service, May 31, 1983.
Gilbert, Jerome B., Coordination of Major Independent Systems, in *Cooperation in Urban Water Management*, National Academy of Sciences Press, Washington, DC, 1983.
Grigg, Neil S., Regionalization in the Water Supply Industry: Status and Needs, *Journal of the Water Resources Planning and Management Division, ASCE*, May 1989.
Gutfeld, Rose, Agreement Is Reached on Framework of $465 Million Plan to Save Everglades, *The Wall Street Journal*, July 14, 1993.
Hesse, Richard J., A Regional Approach to Public Water Supply, in *Energy and Water Use Forecasting*, An AWWA Management Resource Book, Denver, 1980.
Humphrey, Nancy, and Christopher Walker, *Innovative State Approaches to Community Water Supply Problems*, Urban Institute Press, Washington, DC, 1985.
Limbach, Edward W., Single Tariff Pricing, *Journal of the American Water Works Association*, September 1984.
McGarry, Robert S., Potomac River Basin Cooperation: A Success Story, in *Cooperation in Urban Water Management*, National Academy of Sciences Press, Washington, DC, 1983.
Milliken, J. Gordon, Water Management Issues in the Denver, Colorado, Urban Area, in *Water and Arid Lands of the Western United States*, Mohamed T. El-Ashry and Diana C. Gibbons (eds.), Cambridge University Press, Cambridge, 1989.
Northern Colorado Water Conservancy District, Regional Water Supply Study (draft), May 1991.
Okun, Daniel A., State Initiatives for Regionalization, *Journal of the American Water Works Association*, May 1981.
Smith, Francis L., Jr., The Urban Water System: A Comprehensive Analysis, M.S. thesis, University of Denver, 1972.
South Florida Water Management District, 40th Annual Report, 1988–1989, West Palm Beach, FL, 1989.
Thackston, Edward L., Frank L. Parker, Michael S. Minor, James D. Bowen, and William S. Goodwin, *Water Policy in Tennessee: Issues and Alternatives*, Vanderbilt University, April 1, 1983.
Wade, Jeffry S., John C. Tucker, and Richard G. Hamann, Comparative Analysis of the Florida Everglades and the South American Pantanal, Interamerican Dialogue on Water Management, Miami, October 27–30, 1993.

第22章 河口域と沿岸域における水マネジメント

22.1 はじめに

　世界の人口の大部分は海岸線付近に居住しているが，包括的な水マネジメントにおいて最も困難な仕事の一つに，Chesapeake湾といった河口域や沿岸域，五大湖といった大水域，地中海(Mediterranean Sea)や北海(North Sea)といった小規模の海域での水質問題や環境問題を管理する仕事がある．こうした貴重な水域には，魚類や野生生物の様々な種が生息しており，その美しさは，非常に評価されている．しかし，大規模な人口集中・産業地域が水域の近くに位置している一方で，水域の生態は脆弱で，水域の生物学的生産性が魚類や野生生物の生息にとって決定的な要因となっている．

　沿岸域と河口域での生態学的バランスが保全されなければならない場合，必然的に水マネジメントが主要な役割を担うことになる．しかし，河口域は河川流域と海洋の境界面であるため，河川流域管理の成否が河口部の健全さを決定するといえる．第19章では，河川流域管理の難しさを概説したが，河口域もまた一連の多様な要素によって構成されているため，水マネジメント行動における調整はさらに困難なものとなる．

　本章では，河口域の特性，河口域問題の原因およびマネジメントの問題点について議論していく．幾つかの事例研究が提示され，河口域の保護のために必要とされる行動が示される．全般的なアプローチの方法としては，包括的マネジメント計画の実施があげられる．興味が持たれるのは，同じ原理－すなわち，科学に

基づいた行動計画と調整されたアプローチへの関与—が，河川流域管理(第19章参照)ならびに発展途上国での水や衛生(第25章参照)といった他の複雑な問題にも適用されるということである．

22.2 河口域の性質

河口とは，淡水水路と海との合流によってできる水塊である．本章では，河口域の事例が幾つか示されているが，その中には，Chesapeake湾，Apalachicola湾，Albemarle-Pamlico海峡とChowan川，カリフォルニア州のBay-Delta地帯が含まれる．

世界の主要都市の多くは，河口域や関連する港湾をまたぐ形で位置しており，世界人口の多くが河口域に隣接して居住し，収入や食糧をここに依存している．米国だけでも，約850箇所の河口域が存在している(National Academy of Science, 1983)．河口域は，すべての水システムの中で最も生物生産性が高い場所の一つである．河口域によって年間に提供される利益は，1971年で1 acre当り8万2 000ドル(1 ha当り20万3 000ドル)であると推定されている(Macfarland and Weinstein, 1979)．米国で水揚げされる漁業やスポーツ・フィッシングによる漁獲高の少なくとも2/3は，そのライフ・サイクルのいずれかの期間を河口域環境に依存している．漁業とスポーツ・フィッシングが大きな圧力にさらされている中で，河口域での生物生息環境の価値は増大してきている．

河口域の複雑さは，水流水質変化のモデル化を困難にしている．河口域における流体力学や物質輸送は，潮汐，河川流，密度差，風および短周期波によって決められる．

図-22.1は，河口域の生態系を概念化して表している．この生態系の中には，栄養分のバランス，淡水の流入，草や水中植生，漁業，底生生物，そして食物連鎖を構成する様々な種が含まれる．

U. S. Environmental Protection Agency(U. S. EPA；連邦環境保護庁)は，1987年のWater Quality Act(水質法)のもとで設定されたNational Estuary Program(国家河口域プログラム)を持っている．U. S. EPAでの経験は，後節で述べられる(U. S. Environmental Protection Agency, 1988 a)．National

22.3 河口域問題の原因   545

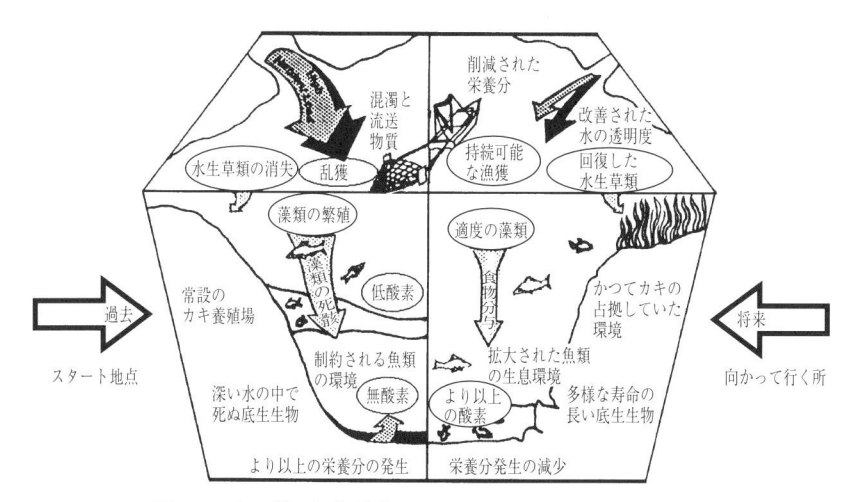

図-22.1 河口域の概念(出典：Chesapeake Bay Program, 1994)

Oceanic and Atmospheric Administration(NOAA；米国海洋大気管理局)もまた，河口域研究の積極的なプログラムを持っており，河口域および沿岸海洋科学の改良を行うためのイニシアティブをとっている(National Oceanic and Atmospheric Administration, 1988)．

河口域は，(本章の事例研究の一つである)カリフォルニア州における Bay-Delta 地帯の場合に見られるように，デルタと関連付けられることがある．デルタは，その最も簡単な形態では，河口や潮汐を受ける入江に土砂が三角形状に堆積したものであるが，さらに複雑な形態では，Bay-Delta システム，ルイジアナ州の大半，Nile Delta，オランダの大半に見られるように，大古からの堆積物によって形成された，大規模で平坦な沿岸地域を構成する土地である．

22.3 河口域問題の原因

相当の調査研究にもかかわらず，世界規模での河口域の特徴や河口が海洋にもたらす負荷については，ほとんど知られていない．UNESCO は，1977 年に海洋に注いでいる河川の目録をまとめている(UNESCO, 1977)．この目録によると，海洋に注ぐ主要な河川 260 のうち，定期的に水質監視を行っていたのは，わずか

に25％にすぎなかった(第14章の水質監視プログラムの議論を参照されたい)．最も多くのデータが収集されていたのが，河口域が最も汚染されている工業先進国であった(Davis, 1985, 1988)．

沿岸地域特有の問題には，ある一定のパターンが認められ，その問題の中には次のようなものが含まれる．
- 栄養分の蓄積，富栄養化(eutrophication)と有害な藻類
- 溶存酸素レベルに対する脅威
- 貝類養殖場の閉鎖
- 湿地帯の喪失と変質
- 水中水生植物の消滅
- 有害物質による生物資源に対する脅威
- 魚の疾病と魚種の変移
- 塩分の浸入
- 地下水問題

Business Week誌(1987)は，1987年10月12日号のカバー・ストーリーに「Troubled Waters(虐待される水)」を当てている．現状を考察した後に，編集者は，次のような所見を述べている．「あらゆる海洋生物の揺籃の地である沿岸水域では，清浄・清潔にしようとする試みがこれまでほとんど看過されてきた．その結果は？　増え続ける海水浴場閉鎖，魚の死亡と汚染された貝類を食べることによる肝炎．そして，問題はさらに悪化する運命にある．というのは，米国人の4人に3人は，1990年までに海から50 mile(80 km)以内に居住すると予測されているからである」．

海洋について論じながら，実際には沿岸水域に焦点を当てているこのレポートは，世界規模での反響を呼んだ．1988年，U. N. Environment Programme (UNEP；国連環境プログラム)のOceans and Coastal Areas Programme Activity Centre(海洋・沿岸域計画活動センター)所長は，こう述べている．「海洋汚染に対しては何の不思議もない．今日の最悪の問題は，世界中の沿岸都市から，結果について全く考えずに海に吐き出されている大量の未処理下水と工業廃水である」(U. N. Environment Programme, 1988)．

連邦議会は，1988年に沿岸水域についての公聴会を催し，次のように述べている．「沿岸資源がこのまま，汚染，開発および自然の力によって損傷を受け続

けるなら，河口や湾や沿岸水域がこうした圧力に対して生き延びていくことができるのかどうか真剣に疑う必要がある．我々が行動を起こさず，現在の傾向が変わることなく続くのであれば，現在見られる深刻で広範な問題の集積が，来世紀初頭には一体化して，国の危機に至るであろう」(U. S. Cogress, 1989)．

　レポートを検討し全国的な公聴会を催した後で，議会の2つの小委員会は，次のように結論付けた．すなわち，沿岸水域は哀れな状態にある；適正な対応には協働的で全米レベルでの試みが必要とされる；Clean Water Act(水質汚濁防止法)といった基本的なプログラムが維持されるべきであるが，沿岸海域の問題は，こうしたプログラムの中で優先的に取り扱われるべきである；汚染制御の試みにおいて，沿岸生態系からのアプローチが強調されるべきである，と指摘されている(U. S. Congress, 1987)．

22.4　マネジメントとしての対応と問題点

　河口域への脅威は，幾つかの国々で行動への拍車をかけた．例えば，米国は，幾多の環境関連法案を成立させている．しかし，これ以上のことが今求められている．パートナーシップに基づいて調整された協同的努力を始めることが難しいために，「適正な対応には全米レベルでの協同的試みが必要とされる」という連邦議会の所見は，挑戦的な主要課題といえる．

　1987年のWater Quality Actのもとで確立されたNational Estuary Programの結果として，U. S. EPAはEstuary Program Primer(河口域の対策の手引き)を作成している(U. S. Environmental Protection Agency, 1988 a)．この手引書は，U. S. EPAの広範囲にわたるChesapeake湾や五大湖での対策から主に習得された教訓の要約である．これによると，U. S. EPAの推奨するマネジメントの方法は，「河口域の環境の質を回復するか維持する一方で，対立する用途とのバランスをとるための，協働的で問題解決型のアプローチ」に基づいていると説明している．同時に，この手引書では，問題の確認，特徴付けおよび段階的なマネジメント・アプローチからなる基本的なプロセスを提唱している．このように，手引書では，直接的な計画立案のプロセスと，政治的に見て現実的なプロセスとを組み合わせている．これについて，U. S. EPAは次のように要約している．

「プログラムは，2つの主題を織り込んだものになっている．すなわち，問題の確認と解決に向けて連続的に進む段階，ならびに協働的な意思決定へ向けて前進する段階である」．

図-22.2は，U.S. EPAの手引書からのもので，全般的なプロセスが表示されている．このプロセスには，州知事の任命；U.S. EPA長官による「管理集会」の召集；河口域の特徴の把握；管理集会による包括的保全管理計画(comprehensive conservation and management plan；CCMP)の作成計画の実施；継続的な監視，が含まれる．これには4つの段階がある．その段階とは，①計画の発案すなわちマネジメントに関する枠組みの構築，②特徴の把握と問題の確認，③CCMPの作成，④これの実施，である．集会の構成員には，次の4団体からなることが目標とされている．すなわち，あらゆる政府レベルから選出され任命された政策決定にあたる職員；連邦と州と地方自治体それぞれからの環境担当マネージャー；地方の科学・学術団体；市民や利用者の利害団体からの代表者；である．このうち後者の利害団体には，ビジネス，工業，コミュニティ，そして環境団体を含めることができる．

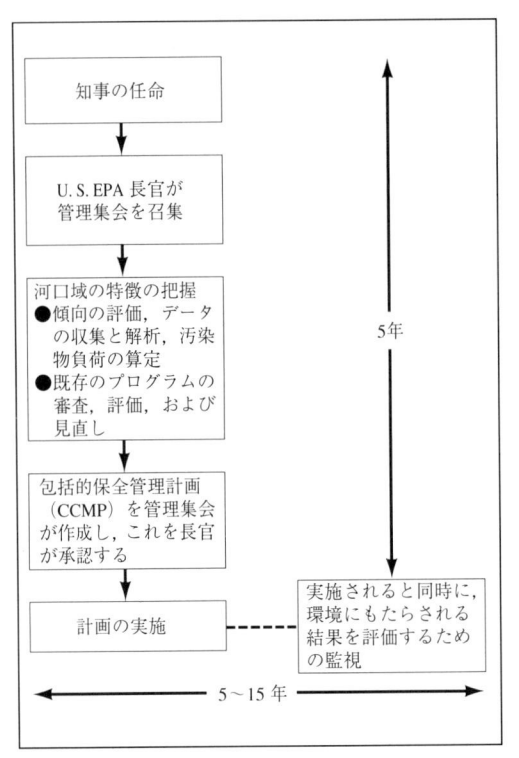

図-22.2 河口域における計画立案プロセス (出典：U.S. Environmental Protection Agency, 1988 a)

22.5 事 例 研 究

22.5.1 概　　要

　U.S. EPA によって研究された主要な回復プログラムは，Chesapeake 湾や五大湖を対象にしたものであるが，これ以外にも幾多の河口域や湖の回復計画が，水マネジメントの原理についての経験を提供している．本節では，筆者の個人的な経験を基に報告できる Albemarle-Pamlico program に力点を置きながら，こうした計画の二，三について手短かに議論していくことにする．まず最初に，他の人の報告から，主要な点と事例史を幾つか抽出していくことにする．

22.5.2　Chesapeake 湾プログラム

　Chesapeake 湾(図-22.3 参照)は，米国の河口域マネジメント・プログラムで，おそらく最も大規模で複合的なものである．回復の試みはきわめて困難な仕事であるが，もしこれが最終的に成功した場合，この事業は，規制と自主性とを組み合わせた試みが，複合的で大規模で複数の管轄権にまたがる水マネジメントが成功しうることを証明することになる．

　1976 年に開始された Chesapeake Bay Program は，米国における最も早くから始められた河口域回復作業になる．Chesapeake 湾の統計には，目を見張るものがある．すなわち，年間に約 2 000 万日を数えるリクレーション活動日(recreation activity day)；全米のカキ漁獲高の 4 分の 1 以上；他の米国の諸地域を合計したよりも多いワタリガニ(blue　crab)の漁獲高；全米のオオノガイ(soft-shell clam)漁獲高の半分以上；Atlantic Flyway を飛来する水鳥の主要な中継地点となっている湿地帯；東海岸沿いに生息する 90%のシマスズキ(striped bass)の産卵場所；200 種以上の魚類の生息場所，などである(U.S. Environmental Protection Agency, 1980)．

　Chesapeake 湾の基本的な問題は，多数の人口と酷使という日常的な犯罪者によって湾の豊かな資源が深刻なほど悪化していることである．このことを示す徴候としては，現在の全体の漁獲量は 19 世紀の漁獲量のほんの「名残(shadow)」に

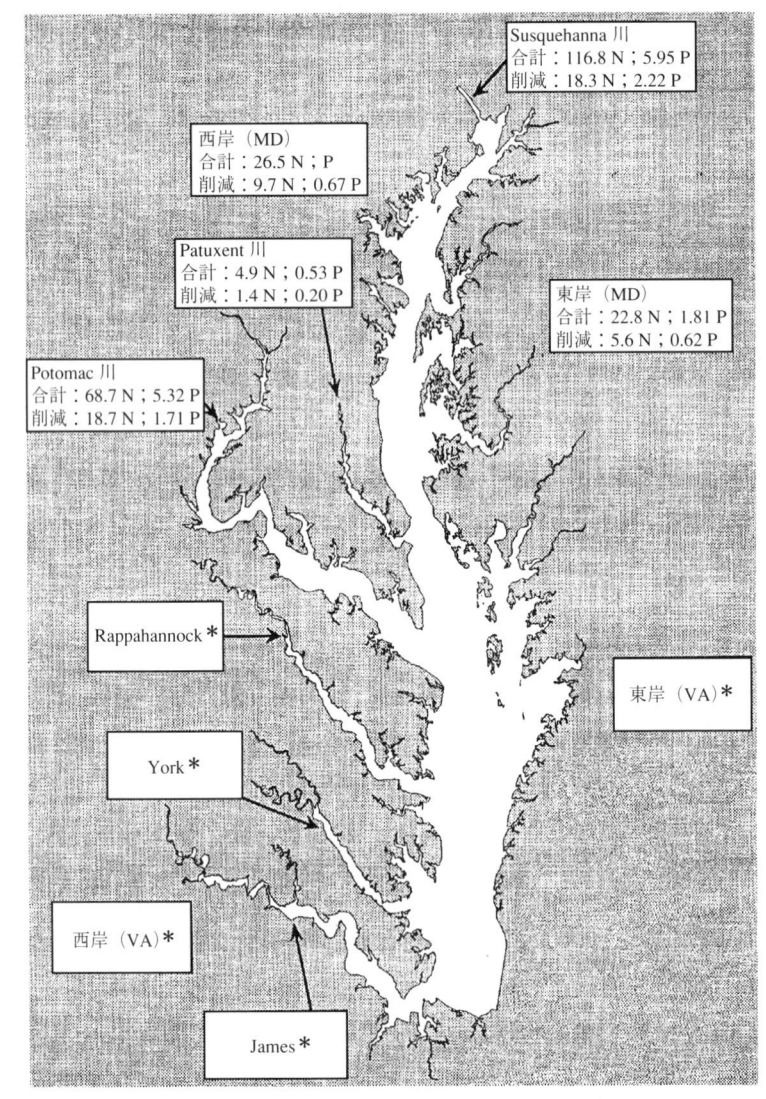

Susquehanna 川
合計：116.8 N；5.95 P
削減：18.3 N；2.22 P

西岸（MD）
合計：26.5 N；P
削減：9.7 N；0.67 P

Patuxent 川
合計：4.9 N；0.53 P
削減：1.4 N；0.20 P

東岸（MD）
合計：22.8 N；1.81 P
削減：5.6 N；0.62 P

Potomac 川
合計：68.7 N；5.32 P
削減：18.7 N；1.71 P

Rappahannock＊

東岸（VA）＊

York＊

西岸（VA）＊

James＊

図-22.3 Chesapeake 湾．支流や区域における栄養分削減目標は数百万 lb（湾＊全体規模のモデリングで明らかになったのは，バージニア州の河川は，北部の河川と比べると湾全体に影響を及ぼしていないということである．栄養分の削減が，局地的な改善につながるので，こうした河川に対する削減目標を設定するために，支流に固有なモデリングの追加が行われることになる．現在と削減目標が設定されると予測される 1997 年の間に，バージニア州は，40％削減の暫定戦略を実施する予定である）(出典：Chesapeake Bay Program, 1993)（1 lb＝0.4536 kg）

すぎないこと；カキの漁獲量が1960年代の約3分の1であること；ニシンダマシ(shad)やカワニシン(river herring)などの稚魚の成長阻害；富栄養化；水中水生植物の喪失；工場や農場や市町村の処理場や都市道路を含めた5000箇所の汚染源からの排水による全般的な影響，などがあげられる(U. S. News and World Report, 1986).

この地域が発展し続け，政治状況も変わるので，審議は将来に持ち越さなければならないが，少なくとも現在まで，Chesapeake Bay Program は成功を収めてきた．U. S. Office of Technology Assessment (連邦技術評価院)(1987)によると，これまで成功を収めたのは，4つの要因によるとしている．その4つの要因とは，予備調査；適切な財政(7年間で3000万ドル以上)；長期にわたる作業；強力な市民の参加，である．

1983年のChesapeake Bay Agreement(Chesapeake湾合意書)は歴史的な文書であり，その調印はたいへんな意気込みと楽観主義をもって行われた．しかし，調印式の参加者の一人である Jacques Costeau は，祝賀する人々に向かってこう警告している．「集団的行動を行うには多大な政治的阻害要因があり，将来，この勢いを持続して異なる管轄権間で共同作業を行う際に本当の困難に直面する」(Chinchill, 1988). 1987年には，もう一つのChesapeake Bay Agreementが調印された．これのは，1983年の合意よりもさらに詳細な内容になっている．幾人かは，Costeauの警告が正しかったと考え始めている．つまり，困難さが立ちはだかっていたのである．ある者は，湾のマネジメントを実現させる唯一の方法は，湾岸規模の政策と基準を設定する権限を持った州間委員会を設立することであると考えている．問題は，個々独立の当事者すべての政策と行動を調整することにある．しかし，Chinchill は，湾の回復に対する調整された生態系的アプローチの概念は強く働いており，先行き楽観できる余地はあると信じている．

22.5.3 五 大 湖

Chesapeake 湾の場合と同様に，五大湖のプログラムも，複雑な「大規模水域」の管理プログラムであり，この回復への努力が成功すれば，それは水マネジメントに対する調整された協同的なアプローチの成果の一つとなるであろう．

五大湖(図-22.4参照)は，U. S. EPA が河口域や大規模湖水のマネジメントに

図-22.4 五大湖

ついての理論を構成する際に用いた一つの主要な水域である．American Society of Civil Engineers(米国土木学会)(1992)の作業委員会は，五大湖の他のシステムに対する相似性を示す目的で，「大規模水域」管理技術と特徴付けている．

Chesapeake 湾の場合と同様に，五大湖に関する統計もまた驚異的である．すなわち，3 700 万人の 2 つの国の流域に住む人々；9 万 5 000 mile^2(25 万 km^2)の湛水面積；世界の淡水の 20%(St. Lawrence 川を含めて)；1 万 mile(1 万 6 000 km)の湖岸線，といった具合である．

問題の規模もまた大きい．すなわち，種の絶滅；魚の乱獲の影響〔チョウザメ(sturgeon)の 95% が死滅している〕；浸食の増加；1 万 1 000 箇所の工業と 550 の自治体からの排水；有毒化学物質の生物濃縮，があげられる(International Joint Commission, 日付不詳)．

五大湖に関する制度的合意は，米国とカナダが International Joint Commission(IJC；国際共同委員会)を設立した Boundary Waters Treaty(国境水条約)の調印の年 1909 年に遡る．1972 年には，五大湖の湖水の化学的・物理的・生物学的な健全さを回復することを目標にして，最初の国際的な Great Lakes Water Quality Agreement(五大湖水質協定)が調印された．1978，1983，1987 年とこの協定は改訂されている．1987 年の改訂では，回復目標を満たさないで

湖全体のシステムに不利益な結果をもたらしている区域に「修正行動計画(remedial action plans；RAPs)」を規定した．IJC は，こうした区域を 42 箇所確定しており，その内訳は，米国に 25 箇所，カナダに 12 箇所，両者の共有する地域が 5 箇所，となっている．これに加えて，開放水域には，「湖水域管理計画(lake-wide management plans；LMPs)」が要求されることになった．また，1987 年の協定には，大気有毒物質，汚染された流送土砂，リンの制御といった特別な問題を取り扱う 16 の補則が付けられた(U.S. General Accounting Office, 1990)．

1978 年，U.S. EPA は，回復作業の立案，調整および監視を行う際の中心組織として，Great Lakes National Program Office(GLNPO；五大湖連邦対策室)を設立した．しかし，調整作業が当初満足のいかないものだったため，1987 年の Water Quality Act では，GLNPO が，問題を確定し解決に役立つ組織活動の調整を行い，進捗状況を議会に報告することを正式に取り決めた．

生態系を回復するためになされた協定と試みは印象的なものであったが，これに結果が伴ってこなかった．RAPs の作成すらも予定どおりに進行していないのである．これについて，General Accounting Office(会計検査院)は，次のように結論付けている．「多くの組織によってかなりの時間と財源を使って，RAPs と LMPs が作成されるわけだが，こうした困難な試みさえ，湖の浄化計画の最初のステップに過ぎない．したがって，計画を実際に実施していくには数十年かかり，U.S. EPA や公共・民間両部門によるさらに効果的な汚染制御プログラムが必要とされる」．

1987 年の Clean Water Act は，U.S. EPA の対策室に「五大湖イニシアティブ」を作成するよう要請し，これが 1993 年に完成している．対策室はまた，水生生物，人間の健康および野生生物を保護するための水質基準の算定手順を提示する目的でつくられた「Great Lakes Water Quality Guidance(五大湖の水質手引き)」を発行している(Whitaker, 1993)．この手引きは，308 頁の文書で，138 の汚染物質に対する規制を定めているものであるが，「この数十年の間で最も包括的な水質基準の再検討」であるといわれている(ENR, 1993)．

22.5.4　カリフォルニア州の Bay-Delta 地域

米国の西海岸で最も重要な河口域は，おそらく San Francisco 湾とこれに関

連する Bay-Delta 地域である．この Bay-Delta 地域は，Sacramento 川と San Joaquin 川のデルタからなる(図-22.5)．本書で論じられているマネジメント問題の多くが，この複雑なシステムでは正に現実の問題となっている．

その他のデルタと同様に，Bay-Delta 地域は独自の地質学上の歴史を持つ．California Department of Water Resources(カリフォルニア州水資源局)の「Sacramento-San Joaquin Delta Atlas」(1993)によると，「数百万年間にわたって，河川の流れと潮汐作用が，Central Valley の低地であるデルタに土砂を堆積させていった」とし，そして，「場所によっては 60 ft (18 m)の深さに達するこの有機土壌が初めて開墾されたのは 1800 年代中頃のことであった」としている．

デルタ開発に対する人間のとらえ方は，我々が他の湿地帯で見てきたものと全く同じである．Water Education Foundation(水教育協会)の「Layperson's Guide to the Delta」によると，次のようである．

> 周知のように，デルタ地域は，その大部分が人間の創造物である．初期の探検家は，tules(大きなイグサ)と呼ばれる葦が茂り蚊の群がる広大な感潮沼沢地を見出した．後に，罠猟師が豊富な野生動物を捕獲するようになった．罠猟師に続いたのが農民で，その中には目的を遂げられなかった金鉱掘りもいた．しかし，彼らはデルタに別の種類の富を発見した．地味の肥えた土壌である．こうした農民たちは，1世紀以上前に中国人労働者を使役しながら，この肥沃な土壌を排水し，「干拓」するための堤防網の建設に着手した．周囲の水を排水するために，次第に高い堤防がつくられ始め，土地はポンプ排水されて乾かされ，かつては制御することのできなかった沼沢地が，生産的な農地へと変貌していったのである．1930 年までには，1 000 mile (1 600 km)以上の堤防によって，50 万 acre (20 万 ha)に近い農地が囲い込まれている．

現在，デルタにおける水使用に対する合意が進行中である．これは，しかし，利害関係が深くからんでいるために，困難な作業となっている．問題点の幾つかをあげると，都市用水と農業用水と環境用水間のバランス；デルタに対する適正な水質基準・塩分基準についての交渉；シマスズキ(striped bass)やサケといった種への水の供給(シマスズキは，1879 年に東海岸から移植されている)；デルタから飲用水を摂取している 1 900 万人のカリフォルニア州民のための水質保

22.5 事例研究

DELTA WATERWAYS

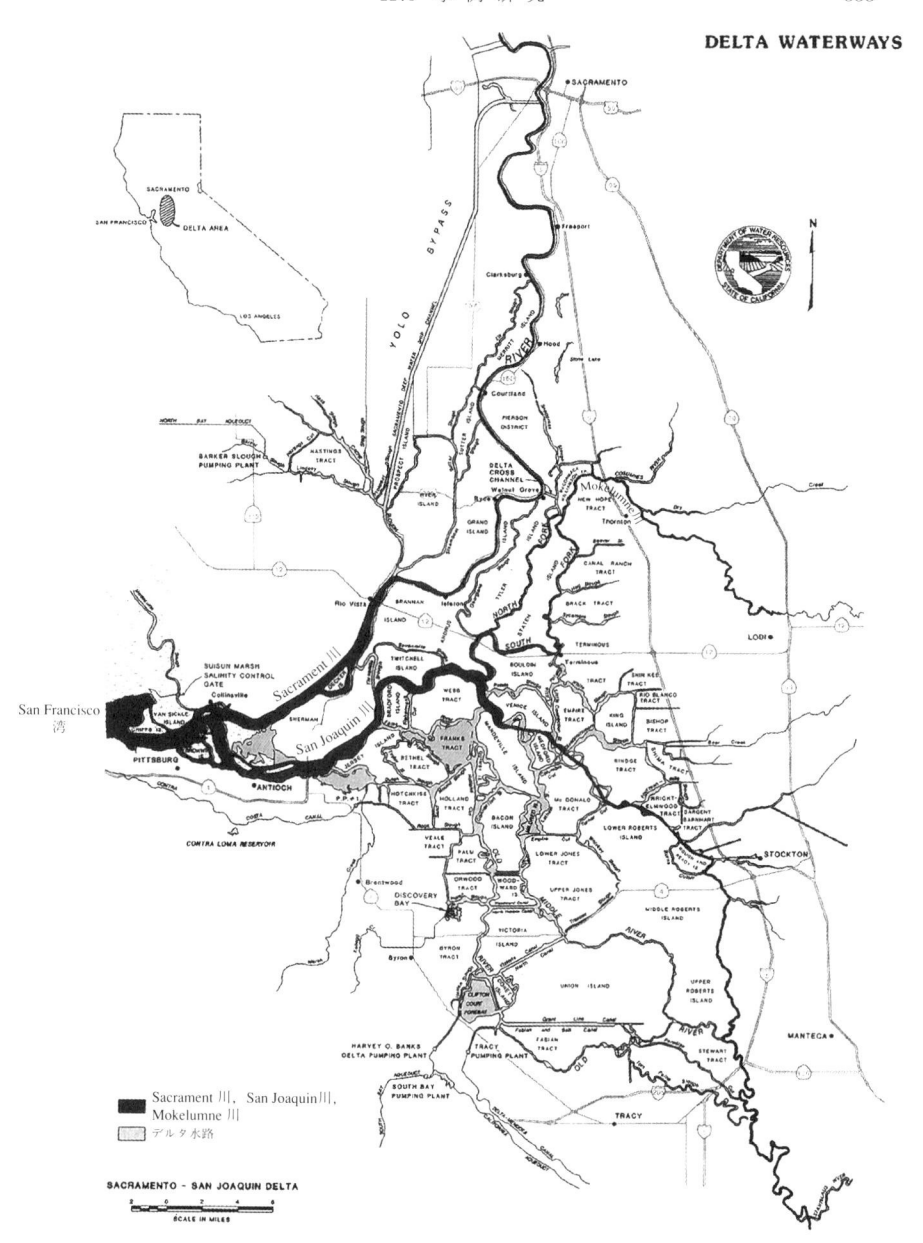

図-22.5 カリフォルニア州の Bay-Delta 地域(出典：California Department of Water Resources, 1993)

全；洪水防護プログラムの維持と地震に対する堤防の保護；ポンプの使用による逆流といったデルタにおける有害な流れの管理，がある (Brickson and Sudman, 1990).

　論争が最も激しい問題の一つは，水利権の利害がからむため，水使用のバランスをとることである．専用水利権の免許や許可を所有している5000人以上の人が，水を失う危険に立たされている．Potter(1993) によると，「Endangered Species Act(ESA；絶滅危惧種法)によって，State Water Project と Central Valley Project における州と連邦の水契約者への配水量が，環境上の目的で水を供給するため，1992年に合計で25万 acre·ft (約3.1億 m³) まで削減された．この数字は，1993年には容易に100万 acre·ft (12.3億 m³) に達するであろう」．

　Potter は，結論として，今日のカリフォルニア州の主要な課題は，「水政策と水マネジメントの調整と統合」を達成するために，州の努力と連邦の努力の連携を保つプロセスを明確にすることである，と書いている．

22.5.5　Albemarle-Pamlico 海峡と Chowan 川

　Albemarle-Pamlico 海峡はノースカロライナ州に位置し，バージニア州のNorfolk と Chesapeake 湾のちょうど南にある．これらは，リクレーションやスポーツ・フィッシングが盛んな所で，漁業の重要な収入源でもある．この地域は，重要な観光産業を擁している．しかし，これまでに入り江やその支流で，とりわけ Chowan 川では水質問題を抱えている．図-22.6 にはこの地域を示し，図-22.7 は Edenton を横切る Chowan 川の写真で，川と潟の一般的な風景を写している．

　1970年代初頭，ノースカロライナ州は Chowan 川を再生させる方法の研究に着手した．Chowan River Restoration Project(CHORE；Chowan 川再生プロジェクト)は，1979年に策定され，それ以来，一連の行動がとられてきている (Grigg, 1979, 1981 a).

　季節による藻類の異常発生は Chowan 川でも当然起こっているが，普通これが不都合な事態になるまで続くということにはならなかった．しかし，1972年には，この季節的な異常発生が5月から10月まで続き，大きな災害をもたらした．これをきっかけに着手された研究には，一次生産，窒素の再循環，水質変化

22.5 事 例 研 究

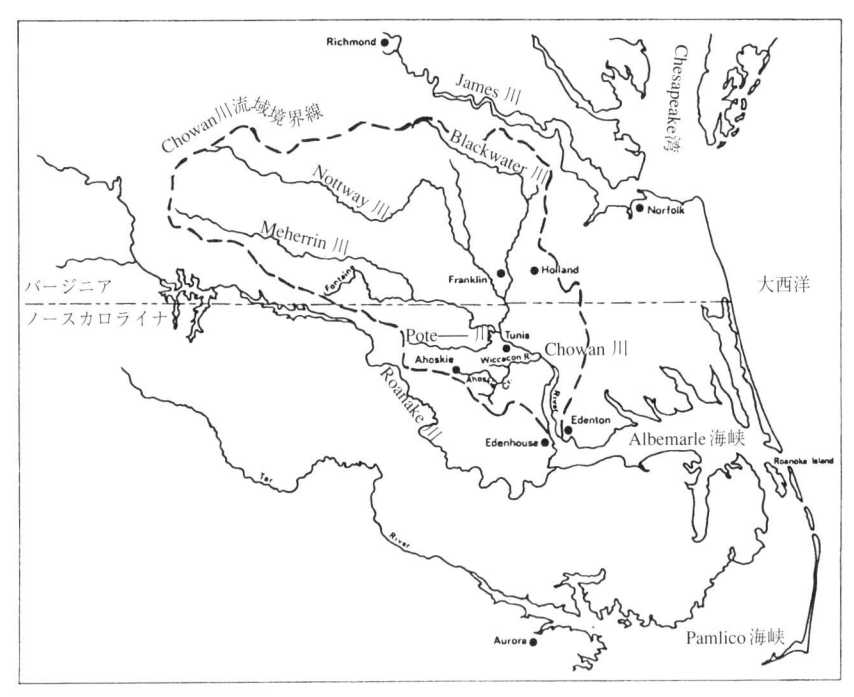

図-22.6 Chowan-Albemarle 海峡地域

図-22.7 Edenton での Chowan 川(出典：North Carolina Department of Natural Resources and Community Department)

に対する植物プランクトンの反応,そして河川水系の水流・水質管理モデリングが含まれていた.1977年には深刻な藻類の異常発生が見られなかった.多くの場合がそうであるように,これによって,問題は一過性のものであったという間違った安心感が醸し出された.しかし,続く1978年には,川は再び圧倒的な藻類の異常発生に見舞われた.

この時の藻類の異常発生とこれによる影響力とが,ほどなく州知事の個人的注意を引きつけ,川の問題は,州の環境プログラムの中で最優先課題とされた.州知事は,1979年7月15日までに河川清浄化計画を作成するよう指令を出した.そして,CHOREは,これに対するState Department of Natural Resources(州天然資源局)の応答であった.

プロジェクトは,長期プロジェクトと短期プロジェクトからなる.このうち長期計画は,流域における恒常的な水質管理計画を目標としている.そして,短期計画は,経済状況と問題解明の程度に応じてできるだけ早い清浄化を目指している.プロジェクトは,次の5つの構成要素からなる.すなわち,工業による栄養分放流の削減;自治体による栄養分放流の削減;農場や森林の表面流出の制御;工業や自治体による乾季の原水取水の抑制;革新的なマネジメント手法の考案,である.

河川問題の早急な解決に対する障害となっているのは,2つの州と地方政府と諸工業の間で必要とされている解決について合意ができていないということであった.合意ができないため,ノースカロライナ州知事James Huntは,U.S. EPAに対して,再生計画を監視するトップレベルの科学チームを任命するように要請した.これに対して,U.S. EPAは科学チームを組織し,チームは1980年の夏に仕事にとりかかっている.チームに課せられた仕事には,次のものが含まれる.すなわち,①既存のデータベースの技術的妥当性を判定するとともに,Chowan川の感潮区間における藻類異常発生の問題を解決する最良のアプローチに関連した研究成果の技術的な妥当性を判定すること;②両州間の既存の制度上の構成を見直し,さらに緊密な協同作業が行えるような修正案を勧告すること;③規制による取締りを行ううえで必要と思われる科学的評価項目の追加について勧告すること,などが含まれる.

チームの報告は,1980年8月に提出された(Chowan Review Committee, 1980).チームは,ノースカロライナ州が河川清浄化のためにこれまでとってき

たアプローチを全般的に是認し、これからもさらなる研究を行うよう勧めている。実際に、U.S. EPA の報告では、河川の再生は行政や環境に関わる職員にとっての主要な課題であり、解決までには長い時間がかかるという職員の感じ方に同意を示している。

ノースカロライナ州では現在、Chowan 川の直面している困難さは Albemarle 地域のより大きな水質問題の一部であることが理解され、Chowan River Restoration Project を地域全体に広げようという試みが行われてきた。そして、その結果が Albemarle–Pamlico Estuarine Study(Albemarle–Pamlico 河口域の研究)(1988)である。この研究は、州と連邦政府および地元の利害団体との共同作業であり、水質と生物資源の現状と傾向ならびに包括的な保全・管理計画に関する包括的な報告を含んでいる。

22.5.6 その他の事例

Chesapeake 湾や五大湖での問題は他のいくつかの場所でも見られ、これまでに管理計画や対策がとられているが、その成否のほどはまちまちである。例えば、Mediterranean Action Plan(MAP；地中海行動計画)は、複合的な多国籍間のプログラムである(U. N. Environment Programme, 1985)。この計画では、一連の条約、汚染監視と研究のネットワークの設立、ならびに経済と環境の優先順位を調整するための社会経済プログラムの作成を求めている。North Sea もまた、管理行動が必要とされる国際的な水域系のもう一つの例である(Rijswaterstaat, 1988)。米国では、いくつかの河口域が対応処置と管理計画を受け入れてきた。例えば、Puget Sound Water Quality Authority(1987)は、包括的な管理計画を公表している。米国におけるもう一つの例は、U.S. EPA によって 1988 年に始められた Mexico 湾のプログラムである。Mexico 湾を対象にしたこの行動計画は、五大湖や Chesapeake 湾での経験に基づいて構築されることになるであろう(U. S. Environmental Protection Agency, 1988 b)。この Mexico 湾の河口域の中には、第 19 章で記述した ACF システムの一部分である Apalachicola 湾がある。

22.6 結論

Chesapeake Bay Agreement 調印式の席で発した Jacques Costeau の警告が真実味を帯びて響いてくる．その警告とは，ほとんどの人が生活している沿岸域では，開発圧力と政治的な阻害要因が水マネジメントに対する障壁を築き上げるというものである．

Albemarle-Pamlico 地域では，次のような問題が明らかになった．
・多くの場所で悪化傾向にあるという問題
・包括的なマネジメント対策が求められているという問題
・州政府によるリーダーシップの必要性
・多くの未解決のままの技術上の疑問
・科学的な解答が必ずしもなくても前進する必要性
・パートナーシップによる解決のための堅固な基盤の必要性

パートナーシップによる解決が，管理計画の基本に据えられなければならない．そして，管理計画を実施するためには，連邦と州と地方の3つのレベルの政府，科学団体，利害団体そして市民を含んだ組織構造が必要とされる．管理集会で関心を持つ当事者間の協働を行うことから始まり，続いて，段階を経て進行するU.S. EPAのプロセスは，いい出発点のように思われるが，忍耐強さも同時に必要とされる．

河口域における管理計画には，諸政府にまたがる公共と民間の協力に基づいた科学的行動と政治行動との複合的な混合が求められる．この管理計画では，河口域の複雑さについての知識は決して完全に解明されることはないにもかかわらず，そうした知識を多様な関係者を含む問題解決戦略に適用することになる．

河川流域の場合と同様に，河口域管理計画を実施するには，多くの年月がかかり，困難な努力と科学的な資源の持続的な関与が必要とされる．

22.7 質問

1. 河口域管理のプロセスを河川流域管理のプロセスと比較せよ．そのそれぞ

れのシナリオにおける出演者(actors)は誰か？　生態系に関わる利害はどのように違うか？
2. 河口域管理を対象として推奨される管理集会は，河川流域管理の調整メカニズムとどのように比較されるか？　州間河川協定からの教訓が，河口域管理にも適用できるか？　適用されるとしたら，なぜか，また適用されないとすると，なぜか？
3. 河口域管理計画は，法的な拘束力を持った契約か？　もしそうであるならなぜか，もしそうでないならなぜか？　また，どのようにして実施されるのか？
4. 河口域における水のモデリングの現状は，どのようなものであるか？　河口域モデルは，意思決定支援システムとして使用できるか？　できるとするとなぜか，またできないとするとなぜか？
5. 河口域における栄養分のモデリングの重要性を上流の河川や水流における同類のモデルと比較せよ．
6. 連邦政府は，五大湖の場合のように，大規模な生態系に関わる環境問題に強力な手を差し出すべきか？　こうしたアプローチに対する賛成意見と反対意見とはどのようなものか？

文　献

Albemarle-Pamlico Estuarine Study, *Albemarle-Pamlico Advocate*, Vol. 1, No. 1, Washington, NC, July 1988.
American Society of Civil Engineers, Task Committee on Water Resource Management of Large Water Bodies, *Management of Large Water Bodies*, New York, November 1992.
Brickson, Betty, and Ruth Schmidt Sudman, A Briefing on California Water Issues, *Western Water*, September/October 1990.
Business Week, Troubled Waters, October 12, 1987.
California Department of Water Resources, *Sacramento–San Joaquin Delta Atlas*, Sacramento, 1993.
Chesapeake Bay Program, *Progress at the Chesapeake Bay Program*, 1992–1993, Annapolis, MD, 1993.
Chesapeake Bay Program, *A Work in Progress*, Annapolis, MD, 1994.
Chinchill, Jolene E., Chesapeake Bay Restoration Program: Is an Integrated Approach Possible?, in *Water Policy Issues Related to the Chesapeake Bay*, William R. Walker (ed.), Virginia Water Resources Center, Blacksburg, VA, 1988.
Chowan River Review Committee (U.S. Environmental Protection Agency), *An Assessment of Algal Bloom and Related Problems of the Chowan and*

第22章 河口域と沿岸域における水マネジメント

Recommendations Toward Its Recovery, August 1980.
Davies, Tudor, Management Principles for Estuaries, U.S. Environmental Protection Agency, unpublished, 1985.
Davies, Tudor, Institutional Structures to Deal with Regional Water Problems: The Chesapeake Bay Example, 22d Water for Texas Conference, Houston, 1988.
ENR, Grand Plan for the Great Lakes, April 12, 1993.
Grigg, Neil S., Action Plan for the Chowan River Restoration Project, North Carolina Department of Natural Resources and Community Development, 1979.
Grigg, Neil S., The Chowan River Restoration Project, 1981 National Conference on Environmental Engineering, ASCE, Atlanta, July 1981a.
International Joint Commission, *The Great Lakes—St. Lawrence, Our Fragile Ecosystem*, undated.
Macfarland, J. W., and R. W. Weinstein, The Natural Estuarine Sanctuary Program, *Coastal Zone Management Journal*, Vol. 6, No. 1, pp. 89–97, 1979.
National Academy of Science, *Fundamental Research on Estuaries: The Importance of an Interdisciplinary Approach*, National Academy Press, Washington, DC, 1983.
National Oceanic and Atmospheric Administration, *NOAA Estuarine and Coastal Ocean Science Framework, Summary*, Washington, DC, January, 1988.
Potter, Robert G., deputy director of California Department of Water Resources, personal communication, October 1, 1993.
Puget Sound Water Quality Authority, 1987 Puget Sound Water Quality Management Plan, Seattle, 1987.
Rijswaterstaat, North Sea Directorate, *Management Analysis North Sea, Holland*, February 1988.
U.N. Environment Programme, The State of the Marine Environment 1988, *UNEP News*, Nairobi, April 1988.
U.N. Environment Programme, Mediterranean Coordinating Unit, *Mediterranean Action Plan*, Nairobi, Kenya, September 1985.
UNESCO, *World Register of Rivers Discharging into the Oceans*, Paris, 1977.
U.S. Congress, Committee on Merchant Marine and Fisheries, *Coastal Waters in Jeopardy: Reversing the Decline and Protecting America's Coastal Resources*, U.S. Government Printing Office, Serial No. 100-E, Washington, DC, 1989.
U.S. Congress, Office of Technology Assessment, *Wastes in Marine Environments*, OTA-O-334, U.S. Government Printing Office, Washington, DC, April 1987.
U.S. Environmental Protection Agency, *Chesapeake Bay, Research Summary*, EPA-800/8-80-019, Washington, DC, May 1980.
U.S. Environmental Protection Agency, *Estuary Program Primer*, Washington, DC, September 1988a.
U.S. Environmental Protection Agency, *The Gulf Initiative*, Washington, DC, 1988b.
U.S. General Accounting Office, *Improved Coordination Needed to Clean up the Great Lakes*, GAO/RCED-90-197, Washington, DC, September 1990.
US News and World Report, The Chesapeake Bay's Murky Future, October 20, 1986.
Water Education Foundation, *Layperson's Guide to the Delta*, Sacramento, CA, 1990.
Whitaker, James B., Launching the Great Lakes Initiative, *Water Environment and Technology*, June 1993.

第 23 章　水関連機関の組織体系

23.1　はじめに

　第8章では水事業の構造について述べたが，これはどのように水問題を確認し組織化しそして解決するかを決める制度上の環境にとって重要である．組織が重要であるのは，これが，任務の表明とマネジメント上の役割を左右するからである．一方，組織は，立法の結果として資金提供を受けたプログラムによって左右される．政府機関は，選挙で指名された首長と認可権を持つ立法府によって命じられたことを実行する．政府の持つこうした「指令構造」の側面が，調整の際の困難さの一因となっている．

　水関連機関の組織についての教訓は，どこにでも適用することができる．例えば，モンタナ州の機関がアルバータ州の機関と類似した問題点に直面しているし，文化が異なるにもかかわらず，フロリダ州はジャワ島と類似した問題点を持っている．問題点は，政府の大きさと関係している．比較的小さい国は，規模において米国の州と類似した問題に直面している一方，中国やインドやロシアといった大きな国は，米国全体の場合に似た国家レベルや広域レベルの問題に直面している．いずれの場合にせよ，水関連機関の組織，とりわけ計画立案と調整を司る組織は，一種の政治問題である．

　筆者は後節で，国家レベルならびに半乾燥地帯の西部，湿潤な南東部そして中部大西洋沿岸地域の3つの州政府における経験について論じていく．本書の他の部分ではその他の種類の機関について論じられている．

23.2 国家レベル：米国

23.2.1 機関の種類

全米レベルでは，行政サービスを提供する機能はそれぞれの「特定の任務を持った機関(mission agencies)」によって行われている一方で，規制する機能を司っているのは，特定の産業あるいは環境問題や社会問題に関連する法律を執行している機関である．Defense Department(国防省)には，U.S. Army's Corps of Engineers(ACE；陸軍工兵隊)が設置されている．この機関は，航行水路，貯水池の建設と運用，都市部への支援，包括的な水計画を含む土木事業の実施管理に当たっている．Bureau of Reclamation(開拓局)は，安定した灌漑用水を提供することによって西部に定住させるという判断から生まれた機関である．U.S. Geological Survey(USGS；米国地質調査所)は，地図の製作と地質調査から始まり，最終的には全米の水の調査機関となっている．U.S. Environmental Protection Agency(U.S. EPA；連邦環境保護庁)には，公衆衛生に関するプログラムに始まって，後に環境分野にまで拡大されたプログラムが次第に集積されている．USGSは当初，計画立案の重要な部分をなす評価機能を担っていたが，データ収集機関に止まり，実際の計画や調整(データの調整は除く)を行うまでには至っていない．

23.2.2 計画立案と調整

第4章で記述したように，計画立案と調整のためのモデルの探究は，New DealからReagan政権までの約50年間にわたって行われてきた．その際の関係者(players)は，大統領，連邦議会とその委員会，連邦機関，州政府，様々な利害団体であった．ところが，1981年までには，Water Resources Planning Act(水資源計画法)の中に表現されていた計画立案と調整の概念(WRPA, Public Law 89-90, 42 U.S.C. 1962)は，ほとんど死文化してしまった．いったい何が起きたのか？

Water Resources Council(水資源審議会)は，約15年間運営されてきた．し

かし，この機関は，ある人からはプロジェクトの進展にとって妨げになるとみなされてきた「原理と基準」を含めて，いくつかの問題点をめぐる紛争に巻き込まれた．そして，1981年までには，Water Resources Planning Act の概念は，ほとんど消滅してしまった．米国は，今や国のレベルの水資源計画と調整に対して公式的な機構を持っていない．国の立法によって政策が決定され，これに基づいて水の計画立案と調整を行うのは，州や地方のレベルであるというコンセンサスができあがっているように見受けられる．

23.3 州の水関連機関

米国全土にわたって，50の州政府は，同様の問題に直面している．すなわち，経済的発展を進め，社会のニーズを満たし，かつ環境を保護するためにどのように水関連機関を組織するかという問題である．州政府では，連邦政府の場合と同様に，行政サービスの提供がそれぞれの「任務を持った機関」によって行われる一方で，規制機能を司るのは，主に連邦の法律とこれに対応した州法を執行する機関である．

州の水開発機関は，資源「保護」とは反対の資源「開発」を目標にして業務を行っている．国がこれまで以上に厳格な環境関連の法律を作成したため，ほとんどの州で1970年頃から環境保護の目標が州政府内で主要な課題となってきた．これに先立つ時期は，州政府と連邦政府の双方とも，開発の議題が主流を占めていた．

州機関の機能が，規制，業務提供，支援，計画立案/調整といった水事業の組織化のラインに沿って分割されているのは明らかである．図-23.1 には，州政府内に見られるこうした機関の機能について示してある．業務機関は，州自らがプロジェクトを立てて運営している州の場合に多く見られるように，水開発公社として示されている．

水質規制機関
・飲料水基準
・流水の水質
・地下水の水質

水量規制機関
・表流水の配分
・地下水の配分
・ダムの安全性

水開発公社
・財政
・工学技術
・建設
・所有権
・運用

計画立案と調整
・アセスメント/データ
・計画立案/調整
・州間問題
・技術支援

図-23.1 州の水機関の組織

23.3.1　ノースカロライナ州の水関連機関

　最初にあげる州の事例は，ノースカロライナ州の水関連機関である．筆者は，計画立案と調整に当たる州の Division of Water Resources(NCDWR；ノースカロライナ州水資源部)に焦点を当てることにする．この機関は，規制機関と水資源開発機関をも含んでいるより大きな局内に設置されている．NCDWR の組織上の歴史は，州の水関連機関における規制，プロジェクト作成，および計画立案の各機能間の相違点を例示している．筆者の見解は，筆者がこの機関で仕事をした 1979〜1982 年のものである．

　1979 年 2 月に，水関連プログラムがその親に当たる North Carolina Department of Natural Resources and Community Development〔ノースカロライナ州天然資源・地域開発局，現在の North Carolina Depatment of Environment, Health and Natural Resources(DEHNR；ノースカロライナ州環境・厚生・天然資源局)〕によって評価されている最中であった．当時の問題点の一つが，その規制に関する業務と計画立案に関する業務とが同じ水部門に関連付けられていたために，この両方の業務の間で対立が生じていたことである．申立てによると，比較的小さな対策措置は，水規制措置に関するお役所的な感覚から，かなりの程度軽視されているということであった．

　水資源部長は，環境計画課，環境事業課(許可と実施)および対策支援課という 3 つの特徴的な課を持つ「機能的な」仕組みをつくり出した．そして，各課は課長と独自の予算を持っている．部長と一部の者にとってみれば，この組織は機能的で計画上の意義を持っていた．しかし，他の者にとってみれば，これはリンゴとオレンジを混ぜているだけであった．この場合のリンゴとは，規制措置のことで，オレンジとはプロジェクトの計画立案と支援の機能のことである．

　長く続かなかったが，この再編成が行われたのは，1920 年代まで遡る組織の展開の長い推移の中でほんの最近の出来事であった(Howells, 1990)．水資源に対する利害の二面性，つまり健全さと開発という二面性は，長い間明白に表れていたのであった．この二面性が，水資源の制御と保護を合理的に行おうとする試みにいまだに影響を及ぼしている．1959 年，法令が成立し，Department of Water Resources(水資源局)が設置され，Board of Water Resources(水資源評議会)が創出された．後に，この局は，Department of Air and Water and Air

Resources（大気・水・大気資源局）となり，これがさらに統合されて，新たな Department of Natural and Economic Resources（天然資源・経済資源局）(1971) となった．これは，さらに，Department of Natural Resources and Community Development（天然資源・地域開発局）(1977) となり，これが後の DEHNR(1989) となる．

1989年のDEHNRの組織化によって，水に関連する部署と機能を Health Department から新設された総合的な局へ移転することが完了した．新設された局には，当初健康に集中していた関心が，健康と環境と開発をバランス良く見ていく方向へと進展していった過程が印されている．

23.3.2 アラバマ州の水資源機関

ノースカロライナ州と同様に，アラバマ州も米国南東部に位置している．約400万人の人口を擁するアラバマ州は，用水型産業に大きく依存している．州の水資源対策についても綿密な調査が行われたが，この調査は，1980年代の渇水を原因としたものであった．州知事は，行政命令によって Alabama Water Resources Study Commission（AWRSC；アラバマ州水資源研究委員会）を設立している(Alabama Water Resources Study Commission, 1990)．この研究委員会の作業とその成果としての立法措置は，計画立案と調整機関の発展過程をはっきりと示している．

研究委員会の職務は，3つのレベルの政府と民間部門の役割を決めること，水の需給バランスとこれに関連する問題を研究すること，アラバマ州の水関連の法律と計画立案/調整プロセスの評価を行うこと，適正な政策を作成すること，である．

研究委員会は作業に着手し，計画の過程で広範な組織や利害団体を巻き込んでいった．これに関与した団体には，10の連邦機関と15の州機関を擁する技術諮問委員会，ならびに連邦政府と州政府と地方政府，特別な利害団体そして民間企業の270以上の代表者からなる13の研究委員会が含まれる．

水資源マネジメントの幾つかの側面に関与した次の州機関のリストを見れば，調整が必要とされていたことが了解される．

・規制機関：Alabama Department of Environmental Management（アラバマ

州環境管理局）；Attorney General's Office（法務長官室）；Alabama Department of Public Health（アラバマ州公衆衛生局）；Alabama Public Service Commission（アラバマ州公共サービス委員会）
- 計画立案，開発あるいは調査研究機関：Alabama Development Office（アラバマ州開発局）；Alabama Department of Economic and Community Affairs（アラバマ州経済・地域局）；Industrial Relations（企業関係部門）；Alabama Water Resources Research Institute（アラバマ州水資源研究所）；Geological Survey of Alabama（アラバマ州地質調査所）
- 資源管理機関：Alabama Department of Agriculture and Industries（アラバマ州農業・工業局）；Alabama Forestry Commission（アラバマ州森林委員会）；Alabama Department of Conservation and Natural Resources（アラバマ州保全・天然資源局）；Alabama Association of Conservation Districts（アラバマ州保全管理区協会）；State Docks（州港湾局）；Alabama Soil and Water Conservation Committee（アラバマ州土壌・水保全委員会）

また，水資源に関与している連邦機関もこの研究に参加している．そうした連邦機関としては，ACE（Mobile 管区），U. S. EPA, Farmer's Home Administration（農業住宅局），Fish and Wildlife Service（魚類・野生生物局），USGS, National Weather Service（国家気象局），Soil Conservation Service（土壌保全局），Federal Energy Regulatory Commission（連邦エネルギー規制委員会）が含まれる．

アラバマ州では，多くの産業が水問題に深く関与している．電力会社，とりわけ Tennessee Valley Authority（Tennessee 川開発公社）や Alabama Power Company（アラバマ電力会社）は，きわめて積極的である．両方とも，本流に一連の貯水池を抱えている．パルプおよび製紙業，化学工業，石炭開発，繊維といった産業がアラバマ州の水マネジメントの中で主要な関係者になっている．また，州の航行システム，とりわけ新設された Tennessee Tombigbee Waterway は，水問題に深く関わっている．

研究委員会の所見によると，アラバマ州は豊富な水資源を擁しているが，多くの湿潤地域と同様に，水の時間的な分布の偏り，汚染，そして水資源マネジメントを怠ったことによる一連の問題点に悩まされている．委員会が確認した主要な問題点は，以下のとおりである．放棄された井戸；市民の意識；減少する地下

水；渇水；環境問題；資金；洪水；塩水の浸入；浄化槽；表流水の枯渇と水の譲渡；水質；将来の成長のための水量保護；水資源マネジメント，などである．

すべてを包括する問題点は，調整と政策の設定である．委員会は，次のように表明している(1990)．「アラバマ州が，州としての中心的活動を持たず，水資源マネジメント全般に重点を置かなかったことに起因して，専門家の意見に大きなギャップが生じるようになった．……州にまたがる水資源のアラバマ州の配分を確保し，州の重要プロジェクトに効果的な投資を行い，そして将来の水供給の適正さと質を保証するために，アラバマ州がこのギャップを埋めることが緊急の課題である」．

（1） 水資源研究委員会の勧告の成果

委員会の研究の結果，Alabama Water Resources Act（アラバマ州水資源法）が，1991年に議会に持ち込まれた．この法案は，一つの水資源部局と水資源委員会の設置を求めたもので，これにより，水資源使用可能量の包括的な評価に着手し，水資源の調整，開発，保全，増強，保護，管理および使用を促進するというものであった．実際に，新設される機関は，前節で列挙されたほとんどの機能を担う予定であった．

この法案はまた，州内で取水と水利用に制限を導入することになる水量規制プログラムを規定することになっていた．このように，法案は，規制の権限と計画立案/調整とを合体させたものとなっていた．

法案は，1991年，1992年とも成立しなかった．成立しなかった理由は，規制プログラムへの反対，取水に対して料金を課す財政プログラムへの反対，地域の利害，そして関係機関の間の縄張り争いにあった．

法案は，最終的に1993年に成立し，Office of Water Resources（水資源局）の設置が，暫定的に承認された．しかし，取水への賦課金によってこの機関の資金とするという措置は削除され，規制プログラムもまだ承認されていない．

23.3.3　コロラド州の水関連機関

コロラド州の水関連機関の組織は，水の不足している地域における対立が，機関の組織化にどういった影響を与えるのかを示している．他の州と同様に，コロ

ラド州は，資源を司どる機関と規制を司どる機関を持っているが，計画立案と調整機能は十分に組織化されていない．しかし，水の不足している州における水量規制は，ノースカロライナ州やアラバマ州といった湿潤な州と比べるとより中心的課題となっている．その結果，Colorado Department of Natural Resources（コロラド州天然資源局）という資源を扱う機関の中で，水に関する計画立案と水量規制とは，それぞれ State Engineer's Office（SEO；州技監室）〔Division of Water Resources（天然資源部）〕と Colorado Water Conservation Board（CWCB；コロラド州水保全評議会）に分けられている．

このうち SEO は，表流水と地下水の管理，およびすべての取水の監督に責任を持つ．この機関はまた，ダムの安全対策を司どっている．CWCB は，基本的に計画立案と調整に責任を持つが，この機関の果たしている機能は，水の不足している環境に固有な問題を例示している．これは，複雑な問題であり，西部の水とこれに起因する対立についての全体的な問題は，別の章で論じられている．

このように，コロラド州には，SEO，CWCB，Department of Health（保健局）という3つの強力な水関連機関が存在する．これ以外の機関もまた，役割を担っているが，この3つの機関が本書で記述されている主な対策措置を実施している〔もっとも，Colorado Water Resources and Power Development Authority（コロラド州天然資源・電力開発公社）というもう一つの機関が，財政上重要な役割を担っている〕．次の(1)と(2)で，SEO と CWCB について詳細に述べる．

（1）　**State Engineer's Office の組織**

SEO は，基本的に，河川流域に配置された7つの部署の技師と Denver の中央スタッフ1人によって運用されている．各水部署は，州の地方法廷制度の一部を構成している水裁判所（water court）を持っている．水裁判所は，水利権の変更に関する決定を下し，SEO が，部署の技師と流域の小区画を監督する彼らの部下の水管理官によってこの決定を執行していく．

（2）　**Colorado Water Conservation Board の組織**

コロラド州は，州として，計画立案と調整に関する一つの政策を作成していくうえで困難さを持っていた．CWCB は，計画立案機関に最も近い存在であるが，

機関の職員は，自分たちが州規模の水の計画立案に携わっていることを否定している．もっとも，ある程度の調整をしていることは認めているが．

CWCBは，州規模の水開発を促進し，開発計画立案に従事する州機関として，1937年に組織された．これが，時間の経過とともに，我々が今日目にしている機関に進展していったのである．今日，この機関は，Federal Water Resources Plannig Act（連邦水資源計画法）のもとで州の水計画の立案を行う権限を与えられた．

CWCBは，実際に，1970年代に州の水計画を作成しようと試みたが，計画は対立のために一度も公表されることはなかった．今日，「水の計画立案」という用語は，こうした対立があったために，水マネージャーの間では神経質に受けとめられる．それにもかかわらず，計画立案と調整は実際に行われている．

CWCBの職員は，例えばEndangered Species Act（絶滅危惧種法）といった連邦の立法上の目標を満たすことに関する調査を実施しており，これは，水利用者団体が，政策課題に対する勧告を行うためのフォーラムで役立てられている．法定上の権限を持つCWCBの活動のほとんどは，他の州の計画立案/調整機関の諸活動に類似している．それらを列挙すると，関連機関と管理区に対する支援の提供；連邦政府との協力；立法の準備；州間の水資源についての計画の研究；州間紛争における州の立場の主張；節水の促進，があげられる．洪水防護のための土地の取得や水利権の取得といった権限は，水マネジメントにおける州の特定の目標として取り扱われている．

23.4 要約と結論

全米と3つの州政府の経験から引き出される幾つかの結論が，水機関の組織化の複雑な問題点を説明する端緒となると考えられる．

① 水関連機関は，その大部分が他の政府機関の場合と同様の政治的な力に従属している．ということは，基本的考え方がしばしば変わり，再編が行われるということであり，「合理的な」アプローチの方法をとることが困難でむしろ「政治的な」アプローチとなっており，手段，目的，そして優先順位をめぐる対立が引き続き起こることを意味している．

② 地方レベルの水業務では，水機関を「企業」として独立させたり，さらには業務を民営化することが可能で，これによって，政治上の撹乱を避けることができる．しかし，州や国のレベルでは，水機関とは対立を解決する場なので，調整と完全な情報公開に向けて政治的な目的の相違点を解消する方法を提供するように組織されなければならない．

③ 政府組織は，特定の立法によって資金の付いたプログラムによって活動する．立法委員会，利害団体および機関の職員は，プログラムを維持することに関して専門技術と利害を持っているために，縄張り争いに発展する．これが調整を困難にしている．

④ 規制機関，資源マネジメント機関および計画/調整機関の間の相違を明瞭にしておく必要がある．これらが混合すると，機関がつくる計画への政治的な支援が得られなくなり，権限の喪失と財源不足のためにその機関は機能を果たすことができなくなる．

⑤ 対立は，組織構造に内在するものである．したがって，その役割を関係者(players)の目標に合わせることが政府機関が有効に機能するために決定的な要因となる．役割が適正な形で定義されなければ，混乱が目立つようになる．

⑥ 常勤の有能な機関職員を保持することと，一時的な政治上の選任者に過度に依存しないことが重要である．これによって，「制度上の記憶(institutional memory)」に連続性が保たれることになる．また，機関内に質のいい記録・資料と図書を持つことも不可欠である．もちろん，政治的選任者と専従職員との間の抑制と均衡(checks and balances)が必要とされる．

⑦ 国や地域の間に政治的な相違点が見られるにもかかわらず，水関連機関の組織から得られた全体的な教訓は，どのレベルにも広範に適用される．

⑧ 包括的な水マネジメントが政府間の責任であるとみなされるようになり，州政府の指導力が次第に求められるようになるにつれて，州の水関連機関は，これまで以上に綿密な検討の上で組織化されるべきである．さらに，州政府は，連邦からの助成金を使うことを目的とするのでなく，自らの必要に応じて自らの水関連機関を組織すべきである．

⑨ 水マネジメント上の決定には財政上と政治上の利害がからむので，規制機関と資源管理機関は，計画/調整機関よりも注目されることとなろう．しかし，計画/調整機関は，水マネジメントに関する決定の調整を確実にするために，

これまで以上の支援と注目を受ける必要がある．

⑩　これまでも，水不足地域において水の計画/調整機関の機能を果たすことは，水の豊富な地域と比べると困難であった．しかし，湿潤な地域においてさえ，環境関連規則の制定，州をまたがる難問や取水制限の必要性によって，困難さが増大してきている．

⑪　合理的に考えると，Water Resources Planning Act の規定は，連邦と州レベルの水計画の立案と調整に対する理想的なモデルを構成しているといえる．しかし，実際には，水資源計画，調整，開発および規制に影響を及ぼしている官僚勢力と政治勢力によって，このモデルは米国では作動しなかった．現在，国はこの失敗を受けて，計画立案と調整のためのよりよいモデルをつくり出す必要がある．

⑫　水マネジメントのプレイヤーの中には，政治的あるいは利己的理由から，調査やデータ収集や調整に抵抗する者がいることは事実である．

23.5　質　　　問

1. 特に州や連邦レベルでの水関連機関の活動の中には，立法措置によって資金が付いたプログラムによって運営されているものがある．こうした機関の一つである U. S. Army Corps of Engineers の調査報告書には，機関内の問題点として「セクショナリズム(stovepipe apartheid)」を確認している．プログラムによる資金付けが，このセクショナリズムとどのように関係付けられるのか？
2. 官僚勢力によって引き起こされる問題の中に，予算獲得競争と政治的もしくは個人的な対立があげられるが，あなたの意見では，どっちの方が水事業における問題の原因となっていると思われるか，またその理由は？　こうした問題は，民営化によって解消されることが可能か？
3. 本書の中では一貫して，水事業における調整の必要性が強調されている．あなたの意見では，Water Resources Council は，国のレベルでどうして必要とされる調整を提供しなかったのか？
4. 資源「開発」機関と資源「保護」機関との間の相違点は何か？　この両者が合

体しているか,分離して存在しているかは問題になるか? 問題になるとしたら,なぜか?
5. 企業原理を,すべての水関係機関に適用することができるのか? できるとするとなぜか,またできないとするとなぜか?
6. しばしば繰り返される人事異動による再編成や政治的な任命,これに対して水関連の計画立案や調査機関における長期専業職員を対置させることの論拠は何か?
7. 1995年,議会の複数の議員が,U.S. Geological Survey への資金提供を取り止めることを提案している.水関連の調査やデータを扱う専門行政機関は,欠かすことのできないものか,あるいは,こうした機能は民間部門が取り扱うことのできるものか?
8. Alabama Water Resources Agency の分析の中で,この機関を,水質規制を行う Department of Environmental Management と統合すべきかどうかという問題があった.2つの機関を統合すべきという論拠と統合すべきでないという論拠をあげよ.

文　献

Alabama Water Resources Study Commission, *Water for a Quality of Life,* Montgomery, October 1990.

Howells, David H., *Quest for Clean Streams in North Carolina: An Historical Account of Stream Pollution Control in North Carolina,* Water Resources Research Institute, Raleigh, November 1990.

第24章　米国西部における水マネジメント

24.1　はじめに

　米国西部の水マネジメントは，これまで，国にとってのいくつかの主要な政策上の問題点の戦場となってきた．そして，この問題は，他の地域にも転用できる教訓を含んでいる．本章では，問題の性格と複雑さについて述べ，問題を国ならびに地域の観点から説明し，改革案を分析し，いくつかの解決策を提案することにする．目標は，現在の状況に対してバランスのとれた見解を提示することであるが，率直にいって，西部で水問題に関わっている人間で，バランスの取れた見解を持った者を知っている人はいない，というのが筆者の感想である．

　水は西部の生命を維持する血液であるといわれている．実際に，広大で多様なこの地域を開発することができたのは，その水を徹底的に開発したからであった．この地域は，南カリフォルニアの都市部の水供給から，北西部の安価な水力発電の生産，ネブラスカ州の絶滅の恐れのあるアメリカシロヅル(whooping crane)の保護に至るまで，あらゆることが地域の水供給に依存している．水は限りがあるうえに，多くの問題が相互につながっているために，西部の水問題は複雑になり，解決するのに特別な試みが必要とされるのである．

　西部の水は非常に重要な機能を担っているために，この問題は，国の政策，特に環境に関連する政策のリストの上位にランクされている．西部の水を巡る対立の多くは，開発圧力と環境価値との間の緊張関係によって説明される．

　簡単にいうと，環境保護の立場から見ると，水を浪費する農業が望むものすべ

てを獲得できるようにするために，水開発者は土地を略奪し，あまりに多くの河川をダムによって堰き止めたということになる．一方，水開発者側は次のようにいうだろう．問題は，水の開発と貯蔵について理解がなく，また，自分たちの食糧や水がどこから来たのか認識していない新移住者によって引き起こされている，と．本当のところは，この両者の立場よりもずっと複雑で，いずれにしても変化は避けられない．確かに，実施を目指している西部の水資源開発は現在皆無であり，環境保護論者がイニシアティブを持っているように見える．しかし，水問題のすべてではないにしてもある部分は，西部の問題にとどまらず，国の問題であり，こうした問題を取り扱うことは，国が率先して対処する重要課題である．

西部の水マネジメントに関連した話題は，本書の他章でも取り上げられている．第10章では，OmahaからLos Angelesに至るまでの水利用者を巻き込んだTwo Forksの事例が取り上げられている．Colorado川には，河川流域管理と意思決定支援システム(第19章)からColorado Big Thompson Project(第12章)に至るまでいくつかの事例対象となる状況が含まれている．Platte川の事例は，州間協定から絶滅危惧種(第19章)までのいくつかの問題点を示している．西部の水マネジメントにおいて州技監の果たす機能が第15章で記述されており，西部の水政策が，コロラド州の水関連機関についての議論の中で記述されている (第23章)．

24.2 西部の水問題

西部の水問題は，経済団体と環境団体の間の利害対立，水法，財産権，地域問題，機関間の縄張りなどの周りで展開している．

一般的に乾燥している西部には，限られた水供給に対して過度の需要があり，河川はこれまでに貯水と取水を目的としてかなりの程度開発されてきた．約80%の多量の水資源が農業に利用されていて，一部では，これは水の浪費であり，不当な補助を受けている，という指摘もある．また，ある者は，この地域の水利用の慣行，すなわち専用水利権主義は時代遅れで効果的でないと主張している．一方の農家は，発展する都市域が自分たちの水を取り上げ，仕事をできなくさせるという圧力を感じている．発展と渇水のために水が必要とされる場合でさ

えも，新たなダムを建造することは容易ではない．この地域には，絶滅危惧種を含めて，対処すべき多様な環境問題が存在している．先住アメリカ人は，水に対する自分たちの権利をこれまで以上に要求している．水の市場取引が拡大して，対立を激化させながら水をある場所から他の場所へ移すことが始まるかもしれない．以上述べたすべての結果が，大量の政府や政策の問題点，そして多くの対立となっているのである．

我々がこの地域が辿ってきたすべてのこと，すなわち1850年から1900年までの開拓期から田舎の農業と鉱業地域への推移期間；1900年から1945年までの都市化と農業の集約化；1945年から現在までの，特にカリフォルニア州での爆発的な発展；そして，現在の環境保護行動主義によって特徴付けられているポスト農業とポスト鉱業時代を考慮に入れるなら，こうした問題は，あらかじめ予想できるはずである．

西部の歴史は，水開発も含めて，現在書き換えられている最中である．以前，歴史は未開地の征服の物語であった．今は，先住アメリカ人の問題，環境への損傷，配慮に欠ける政府の政策といった物語の反対の面が強調されるようになってきた．ある者は，現行の歴史を「修正主義者(revisionist)」と呼んでいる．読者の意見がどういったものであれ，未開地―征服のパラダイムはあまりにも単純化されすぎていることを容認しなければならない．

Marc Reisner著の「Cadillac Desert(キャデラック砂漠)」(1987)は，水開発の物語を題材にしており，一般的に「黒い帽子(black hat)―悪党―」の役割をLos Angelesの水供給システムの父，William MulhollandやU.S. Bureau of Reclamation(米国開拓局)の技術者に割り当てている．後に，ReisnerとBates(1990)は，「Cadillac Desert」の続編「Overtapped Oasis(枯渇したオアシス)」を発表し，改革に対する分析と提案を唱えている．この本は，西部の水問題の環境に関する側面を示しており，その主要な提案については後に要約することにする．

問題の根源は，最大の水使用者である高度に集約化された農業からLos AngelesやPhoenixのような巨大な都市圏に至るまで，すべての水需要を満たすには，単純に十分な水が西部にはない一方で，魚や湿地帯を養うだけの水を河川に十分に残さなければならないという点にある．西部は，一般的に乾燥地で，水供給が限られている．西部のほとんどの地域を流域としている広大なColorado川でさえ，湿潤地域の河川と比べると，小川のような水流しか持っていない．

24.2.1 経済，環境そして専用水利権主義

対立の多くは，環境保護論者と水開発者との間の問題によって説明できる．一般的にいって，専用水利権主義は，自然系や野生生物に対して水を提供してこなかった．つまり，これらは，水の所有を指定する所有権制度のもとでは，有益な用途とみなされないのである．

開発の初期の段階では，水のほとんどは農業で必要とされ，農民は西部の水慣行である専用主義に従って水利権を確保した．この専用主義は，最初の専用者に最初の水利権を与えるというもので，「時間で一番が権利でも一番」というものであった．新移住者の主張によると，古い水利権を持つ農家が牧草地の灌漑のような非効率な農業で水を浪費している，としている．さらに彼らは，政府プロジェクトによって供給されている農業用水は，不当な補助金によって開発されていると主張している．都市は水の売買取引きで農家から水を買っているが，農家はこれによって自分たちの仕事が将来できなくなると心配している．水を売る農家は，水を保有する農家と対立関係になっている．

専用主義は，州によって違いが見られるが，一般的には次の手続きに基づいている．すなわち，水に対する権利主張(水の専用)を書類にして提出する；河川から取水する；水を有益な用途に使用する；そして最後に水利権を州の裁判所に判決させる，という手続きである．有益な水使用というのは，基本的に，農業，鉱業，都市開発および工業のための水供給である．しかし，この原則は，公正であると考えられていない．つまり，これは効率性を目的としているのである．したがって，例えば，2つの水利権に対して十分な水がない場合，不足分を配分するというよりは，この原則によって先任の水利権に対してすべての水を供与することになる．しかし，優先順位に従って水使用の割当てを行うことによって，この原則は，効率的に水の「管理運用(administer)」を行うことができるようになる．専用主義は，その純粋な形態においては，魚や自然系に対して河川の残余水を提供しない．つまり，これは取水量ではないのである．しかし，ほとんどの州がこの問題を解決するために修正を加えている．例えば，コロラド州は，維持流量(in-stream flow)に関する法律を制定しており，この法律によって，民間の所有者や環境保護論者でなく一つの州機関が，維持流量の権利を求めて書類を提出することができる．

今日に至るまで，専用主義に環境保護論者は満足していないが，水開発者やこれに関連する経済開発関係者はおおむねこれに満足している．環境保護論者は，この原則は，西部の環境問題に何ら回答を与えない，と論じている．この場合の環境問題には，維持流量の不足，水質悪化，絶滅危惧種，湿地帯の乾燥化，原生地帯への水，天然の風情を持った河川景観などが含まれている．しかし，現在，この専用主義を巡って激しい論争が沸き起こっている．修正を求める者の論拠は，単に今日のニーズに適していないので廃棄すべきだというものである．擁護論者は，今日の変化しつつあるニーズに合うよう修正するにしても，これはこれまで考案された最良のシステムであり，保持すべきである，としている．

興味深く思われるのは，専用主義が持つ魅力的な特色の一つに，これが，水の所有権を所有者間で売買するという水の市場取引きを規定している点があげられる．環境保護論者は一般的にこの特色を歓迎している．というのは，これによって，都市部が「浪費家の」農家から水を買い取り，水を都市部にもたらすからである．環境保護論者は，次に，新しい貯水池を建設するよりはむしろ節水によって水供給の拡大を図るよう市当局に対して市民による圧力をかけている．こうしたシナリオが，Denverにおける最近のTwo Forks Projectへの拒否権の背景の一つである．水の売買に関する問題点は，これに高い取引き料がかかることである．西部における多くの水関連の弁護士や技術者がジョークの対象とされるのは，こうした理由による．

24.2.2　所　有　権

専用主義に対する修正論者の論拠として，この制度は，「公共信託(public trust)」を守るような新たな制度に代替されて廃棄されるべきだと提唱している．換言すると，州は，公共の利益において水利権を保有すべきであるということになる．もちろん，この時公共の利益とは何かを巡って議論がたたかわされることになる．水利権所有者が公共信託の原則のもとで失う水に対して補償する方法については，これまでに何の言及もされていない．これは，農家が水利権を受ける権利は所帯の裕福さの主要な基盤になっているので，多くの対立の原因となる可能性を持っている．水利権所有者は水を所有しているのでなく水を使用する権利を持っているだけであり，「パブリック(公衆)」もまた同様の権利を持つという論

拠は，自分の財産であるとみなしているものを守ろうとする水利権所有者にとっては無意味なように思われる．

財産権を巡るもう一つの問題点は，農家に対する補助金である．特に，政府プロジェクトによって結果的に農家に安価な水供給をすることになる補助金が問題とされている．こうした状況で農家が補助を受けた農作物の価格を上げた場合，これは「二重取り」に当たるといわれる．この問題は，環境保護論者が共有する格好の対象となっており，国の農業政策全般についてさらに複雑な論議の中に巻き込まれている．

24.2.3　地域と利害団体

西部の水を巡る対立の多くは，州内と州間を含む地域間対立である．州間問題には，Colorado川の水配分，Missouri川の管理，Ogallala帯水層の地下水保全，といった問題が含まれる．

Time誌のColorado川についてのカバー記事は，主要河川を巡る州間対立を強調しており，こうした問題は国内で最も際立った問題であるといえる(Gray, 1991)．Colorado川は，7つの州に住む2 000万人の人々に水を提供し，200万acre(8 000 km^2)の農地を潤している．San Diegoの水の70％は，この川から引かれている．アリゾナ州は，PhoenixとTucsonのために取水している．米国の野菜の主要な産地であるImperial Vallyもこの川に依存している．長期化するカリフォルニア州の渇水は，1991年で5年目を迎え，諸都市では海水の淡水化を開始している．1922年のColorado River Compact(Colorado川協定)は，水の供給可能性の過大評価された水供給に基づいている．すなわち，この協定では，1 650万acre・ft(203億5 000万m^3)の水供給を期待していたが，河川は渇水期にはわずかに900万acre・ft(111億m^3)の水量しか産出しなかった．下流3州のカリフォルニア州，アリゾナ州およびネバダ州は，自分たちの割当て分以上を取得しており，現在，上流4州は，水のこの過度の使用が制度化されるのではないかと懸念している．

水を巡る州内の戦いもまた，対立の原因となっている．Las Vegasに対する水供給が，現在対立の原因となっている．Las Vegasでは，新たなカジノや新しい都市移住者への水供給が必要となり，その水を州内のどこかの農家から引く

という提案がなされている．コロラド州では，水を巡る「East Slope—West Slope」の戦いが数十年来続けられてきた．水は West Slope の側にあり，人々は East Slope の側に住んでいる．近年，American Water Development Inc. (AWDI)という民間会社が，San Luis Vally にある広大なスペイン系移民の農業地域から地下水を Front Range 沿いの都市部使用者に移送することを提案した．民間企業の提案したこの事業は，水の売買取引きの一例であるが，とんでもない対立を巻き起こしてしまった．この請求は，結局コロラド州地方裁判所によって却下されている．

利害団体問題の例としては，先住アメリカ人の水利権があげられる．先住民の部族は，自分たちの水利権であるが，無視されてきたと現在主張している．こうした部族の利害は，環境上の利害関係と対立関係になることもあり，このことが西部の水の複雑さを増す結果となっている．こうした一例としては，コロラド州南西部の Animas-La Plata プロジェクトがあげられる．ここでは，先住民の要求が新たな水開発によって解決されることになっているが，この水開発によって絶滅の恐れのある魚類を脅かすことになると主張されている．

24.2.4 機関の間の縄張り

もう一つの対立の源は，州の機関と連邦機関の間および異なる水管理当局の間で生じる．Denver 付近の Two Fork ダムに対する拒否権の発動を契機に，州や地方が水マネジメントや意思決定を行う際の権限の範囲についての疑問の声が西部で上がった．この場合，プロジェクトの計画と財政はすべて州と地方政府が行い，いくつかの連邦機関から水供給用の貯水池の建設の提案に対する承認を取り付けていたが，このプロジェクトは Washington の U.S. Environmental Protection Agency(U.S. EPA；連邦環境保護庁)の長官によって拒否権が発動されたのである．その他の州―連邦間の問題には，連邦の保留している水利権，州の水利権に重なり合う連邦の水質に関連する法律，Endangered Species Act(絶滅危惧種法)の施行などがあげられる．

水マネジメントを巡る地方での小さな対立は，西部ではよく見られることである．その際，問題とされるのは，開発を制御する権限についてである．例えば Denver 地域では，Denver Water Department(Denver 水局)が 20 以上の郊外の

水関連機関と協同して，Two Fork Project の計画と開発に当たった．そこに至るまでには，数年間にわたる交渉，対立緩和のための州知事の円卓会議そして数多くの個人的な政治作業が必要とされた．このプロジェクトの論点の一つに，大都市圏での協同のためには協同者をまとめることが必要である，というのがあった．この種の地域的対立は水マネジメント全般にとって典型的に見られることであり，筆者の書いた解説「Regionalization in Water Supply Systems: Status and Needs(水供給システムの地域統合化―現状と必要性)」の中にも記述してある(Grigg, 1989；第 21 章を参照)．

24.3 地域を越えた国家的諸問題

西部の水もある程度は，全国レベルの水問題の一部である．西部に見られる全国レベルの問題には，環境と開発の間の対立，都市地域への水供給源を見出すことへの圧力，表流水の水質，地下水の汚染，があげられる．一方，全国との相違は，問題の規模，西部における乾燥の程度，西部における灌漑への依存度，先住アメリカ人のような地域特有の問題，公有地，そして野生物の問題，に見られる．

全国レベルの水問題は，この 10 年間にしばしば見直されてきた問題であり，その論評の多くは「水の危機」は起こるのかといった問いかけでメディアの一面を飾ってきた．水に関連した論評のほとんどは，問題を水の危機としてでなく，政策や財政上の危機としてとらえている．汚染にしても水供給にしても，ほとんどの問題は，良い計画と政策とともに十分な資金があれば解決可能な性格のものである．しかし，西部における水問題は，水に対する財産権が堅固に維持されているために，東部における問題と比べるとやっかいである．

数多くの物語や記事が書かれているにもかかわらず，取り扱われている問題は変わらない．Harvard 大学教授の Peter Rogers が Atlantic Monthly 誌(1983)に寄せた論評では，次にあげる問題が論じられていた．すなわち，飲料水に起因する健康の危険性，地下水の汚染，Colorado 川の水の配分，魚釣りができ，水泳のできる水の提供，Ogallala 帯水層の地下水の枯渇，貧弱な公共事業計画，危険な廃棄物マネジメント，ヨーロッパと比較して米国における過度の消費，貧

弱な価格政策と多すぎる補助金，配管の漏水による損失，高価で無駄なプロジェクト，などである．

　これらの問題は，4つの問題のカテゴリー，汚染，供給，環境およびコストに分けられる．汚染問題の中には，安全な飲料水に関する懸念，河川汚染，面源汚染流出，地下水汚染，湾や河口域や海洋の汚染を含む沿岸域の水問題，があげられる．供給問題には，水不足にならないような自治体での対策，異常渇水に対する安全性，河川流域変更を伴う導水を巡る対立，が含まれる．環境問題としては，維持流量，湿地帯，絶滅危惧種のような広範囲にわたる関心事が網羅される．コストに関しては，上水料金と下水料金の値上げや節水が市民に受け入れられるようなマネジメント・パラダイムの変化が求められている．

　こうした問題は，米国の中の地域によって変わってくる．北東部では，人口密度が高く，古くからの工業地帯で排煙工業が多いことが，水供給問題を引き起こし，インフラの悪化や地下水汚染を招いている．最も際立った問題の一つに，マサチューセッツ州で60億ドルかけて行われたBoston港の清掃がある．この問題は，1988年の大統領選挙の争点にもなった問題である．南東部の水問題では，フロリダ州南部の人口増加，破壊されやすいEvergladesの環境への圧力，地下水供給に焦点が当てられる形で，フロリダ州が注目されるようになってきた．流域での巨大都市の成長によって引き起こされたAtlantaの水供給問題は，地域の水供給と河川流域の開発にひずみを起こしており，西部における州間の水戦争に似た問題に発展する可能性が高い．南東部のいくつかの州では，地下水の過剰揚水や渇水のような水問題が起こり始めている．灌漑は，フロリダ州南部，ジョージア州，両カロライナ州の沿岸地方で急増しており，ミシシッピ州やアーカンソー州のデルタ地帯でも地下水供給が逼迫している．

　こうした東部の問題は，必要とされる解決策が水関連の法律によって異なる西部とは，その焦点と程度において異なっている．東部では，議論は主に金銭と政策を巡って行われる．これが西部では，政策や金銭問題と同様にライフ・スタイルの変化まで求められ，これらは，農業や天然資源管理を修正する方向へと集約されようとしている．

24.4 複雑さと対立

　水問題の複雑さが多くの対立を引き起こしている．水資源マネジメントは，多次元的で，複数の目標を有し，多方面にわたり，かつ地域にまたがる仕事である．したがって，多くの異なる問題の見方が存在する．異なる見解を一つの解決方法に統合することが重要であるが，すべての利害団体を満足させるような仕事というのは不可能である．すべての異なる目標を考慮に入れると，実現可能な解決のための余地は存在しないので，交換条件や妥協が必要とされる．

　水マネジメントには，専門分野，空間，政治的立場（水平的および垂直的），生態学，機能など多くの軸が含まれる．専門分野の軸は，水問題に関与する専門分野間に境界があることによって生じる．生物学者は，技術者や法律家と同じ言語を話さないし，経済学者は政治学者とは違う議題を掲げている．空間の軸は，都市，地域，河川流域，州といった地理的単位や水需給計算上の単位に関連しており，水需給計算上の単位は通常，行政上の単位とは異なっている．政治的な軸は，州一連邦といった垂直的な問題から地域間の問題や利害団体間の問題といった水平的な対立にわたるものである．生態学的な軸は，水供給システムの複雑さと生態学上の問題を取り扱うものである．機能に関する軸は，都市への水供給，魚類と野生生物などといった水マネジメントの目的に関連付けられる．時間の軸は，例えば政策上の問題や運用上の問題といったように問題解決の段階と関係している．

　こうした水の多次元な性質による複雑さ，これに知識の欠如と無知そして不確実性が加わって対立が引き起こされる．解決への対応は，あらゆるレベルにおける調査研究，分析そして教育である．システムの複雑さに対処するには，まず河川流域について理解が深まるような数学的なモデルが必要とされる．例をPlatte川に取ってみよう．Platte川では，河川水の一部はその支流流域から来ており，一部は流域間導水によってColorado川水系から来ている．Platte川での大規模な水問題を検討する際には，Los Angelesの水供給必要量からネブラスカ州Big Bend地域のアメリカシロヅル（whooping crane）保護のシナリオに至るまで，すべての問題点を分析する必要が生じる．生態学的な複雑さには，表流水と地下水間の相互作用，処理水再利用という要素，生態学的な観点，植生や野生生物や漁

業といった河川の自然に関する観点が含まれる．多様な価値観が部門・分野間の問題やその他の原因で生じ，グループ間の相反する価値体系に対処することになる．

水マネジメントにおける複雑さを解明することは，どのような解決方法にあっても欠かすことのできない要素であるが，これだけでは不十分である．水を巡る対立の最終的な解決は，法律，財政および政治によるものでなければならない．

24.5 政策による処方

これまでに多くの全米レベルや西部における水政策の研究が行われていたが，そこでの成果は，同じ事の反復であるように見受けられる．こうした研究の成果はどうして実施されないのか，そして，何が行われうるのだろうか？　本節では，主要な政策上の提案を分類して提示し，こうした提案を西部の水問題に適用する方法について示す．しかし，筆者はこれが全体を表しているとは主張しない．

本節をまとめるのに使用された文書は，最近の Harvard 大学での研究(Foster and Rogers, 1988)，National Water Commission(米国水委員会)の報告(「Whither Federal Water Policy」1989)の中の議論，American Water Resources Association(米国水資源協会)による会議報告(Born, 1989)，Marc Reisner と Sara Bates の著書(1990)，および州政府の政策研究(Wilson, 1978)，である．

国レベルの政策提言で最も頻繁に言及されているのが，未調整のままの連邦の水政策とプログラム，および連邦の水機関と州との関係についてである．これは，水マネジメントにおける政治的な側面と関わっている．共通に提案されている一つの解決策は，連邦政府による調整機関，いうならば独立した議長を持つ大統領の水審議会のような機関の設置である．これは，もちろん，1965 年の Water Resources Planning Act(水資源計画法)の目標とされていたことである．

頻繁に引用されるもう一つの問題は，水に関わる地域が政治上の実体と一致しないという点である．提案されている一つの解決方法には，国の中で重要な水問題を抱えている地域ごとに，地域審議会のようなものを設置するというのがある．ここでもまた，Water Resources Planning Act にある River Basin Commission(河川流域委員会)の性格がそうした要求に応えるものであったことが思い出される．

　その他の問題として，知識，データ，調査研究および教育に関連する問題が取り扱われている．問題の一つに，未調整で利用できない情報やデータがあげられる．これに対する一つの解決策に，全国レベルの水情報プログラム，おそらくは情報と政策分析のためのセンターのようなものを設立するというのがある．これに関して，水に関する十分な知識や調査研究がないという問題があげられる．これに対する解決策は，できれば国の水に関する業務の範囲を拡大して，全国レベルの水資源調査プログラムを更新することである．この解決策に関連して，もう一つの問題が対象となってくる．それは，水に関する問題点があまりにも複雑で市民によって理解されないために，市民の意識を高めるのにあらゆるレベルにおいてよりよい教育を施すという問題である．また別の関連する問題には，政策分析が適正でないというのがあるが，これに対する解決策は，主要な調査と研究に着手すべきことがあげられる．

　経済面で重要視されている問題は，水価格が効果的でないことである．これに対して提案される解決策としては，連邦で生産されるすべての水を対象にして，近代的な料金体系と水の市場取引きを導入することと，都市部の水に対する節水料金の適用など，必要な料金体系の改革に着手すること，があげられる．

　上記の政策は，主に全国レベルの研究で見られることである．これに対して，ReisnerとBates(1990)は，西部における水政策は，水譲渡の方策を確立し，環境問題を解決して水利用の効率性を改善する必要があるとしている．ReisnerとBatesによると，連邦政府と州政府は地域間ならびに部門間の水譲渡の可能性を強化する政策を採用し，補助金を削減し，特別な環境問題に取り組み，水源流域を保護し，維持流量を増やし，公共信託の原則を導入し，水使用の効率性を改善するよう提言を行っている．

　政策提言については，これまでも至る所で数多くの技術，財政，法律，経済，環境上の問題と関連づけて行われてきた．筆者は，こうした政策提言の大部分は大局的な戦略というよりも戦術上の手段であると考えている．こうした例をいくつかあげると，地下水，面的汚染，インフラへの資金付け，第三者的利害の擁護，意思決定の監視ルール，州による計画と管理作業の支援，国の基準の作成，財政上および技術上の支援，水プロジェクトに対する投資の改善，州の主導権の

堅持，対策措置の開発における連邦の役割の明確化，より包括的な水マネジメント，州政策や州間政策と一貫した形の連邦活動，継続的な連邦支援の提供，連邦の水関連対策とプロジェクトの評価基準の改良，コスト分担の改革，節水に対する集中的施策，連邦支援による水調査の拡大，州法の枠内での先住アメリカ人と連邦の保留水利権についての研究，があげられる．

24.6 結 論

　西部における水マネジメントは，経済団体と環境団体，水関連の法律，財産権，地域問題そして当局間の縄張り争いが，それらに関連した多くの錯綜した政治問題によって複雑なものになっている．西部には，団体間や地域間のすべての競合を満たすだけの十分な水がない．問題点の多くは国レベルのものであるが，西部の問題は，東部に比べると規模が大きく，より以上の複雑さと対立が内在している．

　西部での水マネジメントの複雑さを明らかにする必要はあるが，水政策を円満に運営していくにはこれだけでは不十分である．水を巡る対立の最終的解決は，法律，財政そして政治によるものでなければならない．

　これまでに提案されてきた政策上の戦略には，次のようなものがあげられる．すなわち，連邦と州の水政策の調整；水問題に対する地域的解決の規定；必要とされる調査，データ管理，教育ならびに政策分析のそれぞれに対する対策措置の規定；水価格体系の改革；そして，西部の場合は，水利用の効率性を向上させ，過去の環境問題を改善させながら，地域間/部門間の水の譲渡にこれまで以上の柔軟性を持たせること，があげられる．こうした政策戦略によって明らかにされるのは，水マネジメントにおける基本的な統合問題として以下のものが想定されるということである．すなわち，役割において，政治的な統合を図ること；地域において，地理的な統合と公平さを図ること；調査，教育，情報および政策選択を含む水に関する知識の統合；価格体系の中に，効率性の問題と配分の問題を含めること；そして，利害団体間の公平さの問題，が考えられる．

　指摘されている政策上の疑問は，水マネジメントにおける統合を実現させるには，政策上何が必要とされるのかという問いである．この疑問に関して陪審員は

不在のままであり，それが今後も政策上の議題に反映し続けるものと思われる．

環境団体と開発団体との価値観の衝突および水の所有権を巡る問題が，計画担当者のビジョンを持った夢が実現するのを阻んでいるのは確かである．ということは，水を巡る対立は，利害団体間の理性的な交渉の場で解決されることはなく，選挙，法廷闘争，官僚的な規則の制定や意思決定，水利権の購入によって解決されることになる．

Time誌が，1991年7月22日号のカバー・ストーリーの主題に西部の水論争を取り上げた時，「西部にとってColorado川の蘇生を保証することよりも緊急な仕事はない」と結論づけている．このことは，西部のすべての水の議論についていえることであろう．つまり，西部にとって，水政策においてバランスを取り，複雑さを解きほぐすことで対立を解決し，法律，財政および政治上の解決を見出すことほど緊急な政治議題はない．

24.7 質　　問

1. 西部の水を巡る経済利害団体と環境利害団体との対立，水関連の法律，財産権，地域問題，当局間の縄張り争い，これらの基本的な原因について説明せよ．
2. こうした対立は西部に特有のものか，あるいは，東部にも同様に見られると思うか？　西部と東部の状況の相違点は何だと思うか？
3. Time誌は，「西部にとってColorado川の蘇生を保証することよりも緊急な仕事はない」と述べている．あなたは，この言明に同意するか？
4. カリフォルニア州のState Water Project（第12章参照）は，西部の水を巡る対立と問題にどういった寄与を果たしたか？　このプロジェクトがもたらした対立とは，どういったものか？
5. 地域発展のマネジメントについての討議は，西部の水対立にとって根本的な要因といえるか？　もしそうだとしたら，どうしてそうなるのか？
6. あなたは，カリフォルニア州に貯水池を新設することができると思うか？　物理的な面と政治的な面から考えよ．もしそれが不可能だとしたら，州はどうやって需要増加分を収容することが可能か？

文 献

Born, Stephen (ed.), *Redefining National Water Policy: New Roles and Directions,* American Water Resources Association, AWRA Special Publication 89-1, Bethesda, MD, 1989.

Foster, Charles H. W., and Peter P. Rogers, *Federal Water Policy: Toward an Agenda for Action,* Harvard University, Energy and Environmental Policy Center, John F. Kennedy School of Government, August 1988.

Gray, Paul, The Colorado: The West's Lifeline Is Now America's Most Endangered River, *Time,* July 22, 1991, pp. 20–26.

Grigg, Neil S., Regionalization in Water Supply Systems: Status and Needs, *Journal of the Water Resources Planning and Management Division, American Society of Civil Engineers,* May 1989.

Rogers, Peter, "The Future of Water," *Atlantic Monthly,* July 1983, pp. 80–92.

Reisner, Marc, *Cadillac Desert: The American West and Its Disappearing Water,* Penguin Books, New York, 1987.

Reisner, Marc, and Sara Bates, *Overtapped Oasis: Reform or Revolution for Western Water,* Island Press, Washington, DC, 1990.

Whither Federal Water Policy, *California Water,* University of California Water Resources Center, No. 3, Summer 1989.

Wilson, Leonard U., *State Water Policy Issues,* Council of State Governments, Lexington, KY, 1978.

第 25 章　発展途上国における水供給と公衆衛生

25.1　はじめに

　本章の参考文献の一つは，Arnold Pacey(1977)による「Water for the Thousand Millions(10億人のための水)」である．米国人にとっては，「thousand million」とは10億を指すが，本のこのタイトルが意味しているのは，発展途上国で貧困のうちに暮らしている多数の人々に水供給を行うという事業の巨大さである．本章では，こうした人々に役立てる安全な水供給と公衆衛生の問題が取り扱われる．持続可能な開発は，こうした人々の要求を満たさないのでは，空虚な目標であるように思われる．普通の手押しポンプを用いているマリ(Mali)の女性たちを写している図-25.1は，低コストで供給できる安全な水供給システムの一例を示している．

　問題点の多くが政治的で，予算に関連し，社会経済的である一方，問題に対する根本的な解答は水マネジメントの核心に関わるものである．後で本章の結論で見るように，2つの一般的な解決方法が必要とされる．すなわち，制度に関連する解決方法とマネジメントに関連する解決方法である．

　アルゼンチンの Mar del Plata で開催された U. N. Water Conference(国連水会議)では，Intermediate Technology Development Group が，世界中の農村部でちょうど10億人を超える人々が安全な水供給を利用できない状態に置かれていると報告している(Pacey, 1977)．こうした調査結果やあるいは同様に劇的な内容のその他の調査結果に基づいて，国連は，1980年代を「International Drinking Water Supply and Sanitation Decade(国際飲料水供給と公衆衛生改善の10年)」とすると宣言した．この時設定された目標は，1990年までに世界のすべての人々に安全な飲料水と公衆衛生を提供するという内容であった．今のところ，この目標は達成されていないというだけで十分であろう．実際には，戦争やその他の社会問題や経済問題に起因して，1980年代を通じて多くの地域で問題は悪化している．

世界銀行の水供給局の責任者である Curt Canemark は1989年に，水供給の範囲について改善が見られたが，最も大きな成果は，むしろ問題に取り組むために行われたコミュニケーション，問題意識，そして優先課題の設定であったと報告している(Canemark, 1989)．〔Global Consultation on Safe Water and Sanitation for the 1990s(1990年代の安全な水と公衆衛生に関する世界専門家会議)が開催された〕New Delhi で1990年に，「一部の者により多く」でなく「すべての者にある程度」というアプローチを強調した形で，安全な水と公衆衛生への持続的な取組みの必要性を正式な声明として採択している．また，Rio de Janeiro で1992年に開催された U. N. Conference on Environment and Development〔環境と開発に関する国連会議(地球サミット)〕では，飲料水の供給と公衆衛生は淡水部門の7つの主要なプログラム・テーマの一つとして，アジェンダ21(行動計画)に取り上げられている．

図-25.1 マリにおいて手押しポンプを使用している女性達(出典：World Bank)

25.2 問題の構造

問題の根本的な原因は，もちろん，発展途上国の悲惨さの背後にある混乱，機会の欠如，不公正，貧困などによって引き起こされた状況である．発展途上国が問題に対処する能力を向上させるうえで妨げとなっている重要な要因として，高い人口増加率，農村地域における機会の

欠如，農村部から都市部への人口移動，があげられる．こうした要因が結果として，都市部に無秩序な人口増加をもたらし，多くの様々な名称で呼ばれる貧民街が形成される．これらの貧民街の名称としては，都市周辺スラム(periurban)，不法占拠者地域(squatter area)，都市スラム，規定外居住，不法居住，都市域への侵略(urban land invasion)，barrios marginales(ホンジュラス)，tugurios(エルサルバドル)，favelas(ブラジル)，pueblos jovenes(ペルー)，asentamientos populares(エクアドル)，villas miserias(アルゼンチン)，bustees(インド)，kampung(インドネシア)，bidonvilles(モロッコ)などがある(U.S. Agency for International Development, 1990)．

Water and Sanitation for Health(WASH；健康のための水と公衆衛生)プロジェクトによると，都市周辺スラムに特有な課題としては，極度に貧困な居住地の状態，高い人口密度と様々な人種，合法的な土地取得や居住区に関する法的認識の欠如，単身女性が世帯主となる割合の高さ，都市の下層住民に対する偏見，データの欠如，があげられる．したがって，都市周辺のスラム化の問題は，農村や通常の都市の衛生問題と比べると複雑になっており，この複雑さによって，問題を理解し，解決するのに広汎で分野横断的なアプローチが必要とされる．

水と公衆衛生の問題に50年以上にわたって関わってきた環境工学の教授 Dan Okun(1991)は，1991年にNational Research Council(米国調査研究評議会)に提出した論文で，都市問題の原因についての彼の理論を要約している．この論文は，Abel Wolmanの特別講義を対象にして，この分野におけるAbel Wolmanの多大な貢献を考慮に入れながら，この主題がいかに適切なものであったのかに触れている(Abel Wolmanの引用については，第**19**章を参照)．

Okunの報告によると，都市の水と公衆衛生に50年間関わり合ったにもかかわらず，残念ながら事態はこの間悪化してきたとしている．その理由としては，都市部における不適切な水供給があげられるが，それは，限られた水供給源と貧弱な処理や配水施設の双方か，あるいはそのいずれか一方のためであり，これに適切な下水道がないことが事態を一層悪化させている．

現在生じている問題として，水供給が間欠的であるために水圧が掛からなくなった時に，非常に汚染された水が配水システム中に浸透してくるということがある．水は浄水場を出る時には安全でも，水媒介の伝染菌が蛇口までに到達しているのである．

たとえ都会の景観が印象的であっても，発展途上国の都市の上下水道のインフラは不十分なものである．排水路に流されている下水は，井戸や地下水層を汚染する可能性があるし，実際に不衛生な状態をつくり出している．こうした現象は，貧しくて土地を持たない多くの家族が生活する都市の周辺部で顕著に見られる．

コロラド州立大学のRobertus Triweko(1992)は，「A Paradigm of Water Supply Management in Urban Areas of Developing Countries(発展途上国の都市における水供給管理のパラダイム)」という学位論文を書いている．Triwekoは，都市における問題を次の2つの原因に求めている．すなわち，サービス・レベルの低さとサービスの連続性を改善し維持する能力の欠如である．これに対して，管理システムに技術，制度ならびに財政の各サブシステムを組み合わせた「包括的な視点(comprehensive perspective)」をパラダイムとして適用することを推奨している．この結果は，管理の効率性とサービス・レベルによって測られることになる．Triwekoの「包括的な視点」は，この複雑な問題がシステムとして持つ本質を示しているといえる．

25.3 習得された教訓

International Drinking Water Supply and Sanitation Decadeに対応する形で，U.S. Agency for International Development(米国国際開発庁，1990)は，WASHプロジェクトを組織した．このプロジェクトによって習得された教訓が，原理と教訓の形で次のようにまとめられている．

　「原理1：技術上の支援は，長期的に見て人々が自主的に物事に当たることを習得する助けとなる時に，最も成功を収める」．これに対する教訓として次の事項があげられる．すなわち，地元に合った制度の確立が持続可能な技能を伝達するうえでの鍵となる；水供給と公衆衛生に対する技術支援で求められるのは，狭くて専門的なアプローチではなくて，分野横断的なアプローチである；指図でなく普及促進による参加型のアプローチがプログラムやプロジェクトを持続性のあるものにする機会を最大限にする；調整と協働は重要であるが，制度上や契約上の関係よりも専門的なネットワーク作りや個人的な関係に依存する度合が高い

ことが多い；積極的な情報提供が，技術支援の適用範囲ならびにその解りやすさと信用性を広げることになる．

「原理2：水供給と公衆衛生における発展は，これを構成する様々な要素があらゆるレベルで関連付けられる時に，最も効果的に進められる」．これに対する教訓として次の事項があげられる．すなわち，水供給のプロジェクトは，まず最初に衛生教育，次いで公衆衛生と関連づけられない限り，十分な効果を発揮させることはできない；健康上の効用は重要であるが，これが唯一のものではなく，水プロジェクトや公衆衛生プロジェクトが正当化されるのは，こうしたプロジェクトが広範囲な経済上の利益をもたらすからである；施設の利用機会を増すとともに生活様式を改めることが，水供給や公衆衛生の改善による健康上の効用を高めるうえで基本になる；計画の段階で参加型のアプローチを取ることで，実施段階での連携や協力を得る助けとなる．

「原理3：国の開発制度とそれが定めるコミュニティの管理制度の成否を判断する基本的尺度は，持続可能であるかどうか，すなわち，援助の提供が終った後でも効果的かつ長期的に実施する能力を持っているかどうかである」．これに対する教訓として次の事項があげられる．すなわち，新たな制度を策定するプロジェクトを成功させるには，総合的であることと広い参加を得ることに努めなければならない；訓練は，これが参加型で実験的な方法を採用する時に最良の結果をもたらす；その地域にふさわしい技術の設計と応用を十分に考慮に入れることがシステムの持続性を確保するうえで不可欠である；施設が建設される前に運用とメインテナンスのプランを作成すること，ならびに持続可能な技術の選択を保証する適切な支援；長期的な運用とメインテナンスのコストを無視したシステムの財政計画は不適切である．

「原理4：持続可能な開発は，主な参加者それぞれが自らの適切な役割を認識して受け入れ，その責任分担を引き受ける時，達成される可能性が高くなる」．これに対する教訓として次の事項があげられる．すなわち，国の政府の役割は，計画立案，援助，提供者の調整，政策改革，規則，開発の制度上ならびに財政上の側面を含む部門別管理に対して第一義的責任を負うことである；援助提供者の役割は，国家計画との関係

で調整された支援を提供することである；非政府組織(NGO)の役割は，もしこれが国家開発計画との関連で機能するのであれば最も効果的である；コミュニティの役割は，建設された施設を所有して管理し，プロジェクト開発の全段階において意思決定に積極的に関与することである；民間企業にも水供給と公衆衛生にある限定された役割を持たせる；その役割は，民間部門に対する政府の全体的な戦略によって決定される．

　WASHによって「習得された教訓」は，おそらく最も決定的な問題点である制度上の問題から始められている．WASHは，政府だけではない広範な参加の必要性を強調している．新たな制度の開発には，次にあげる活動が含められる．すなわち，財政問題，人事，政策そして計画立案における自立性の確立；効果的な指導者と熟練した管理の提供；人員の雇用と訓練と保持；行政上の手続きと政策の構築；採算性を維持し健全な財政運営をすること；すべての分野において安定した技術上の決定ができること；建設的な精神文化を持った組織の育成；顧客に対する上質な業務の提供；である(Interagency Task Force, 1992)．

　国際的な開発に携わってきた者は，科学技術が適切な状態でない発展途上国に米国の基準を押しつけるのは賢明なやり方でないことを以前から承知している．これに対応して，「適正技術(appropriate technology)」という概念が，異なる状況に対して適切かつ手頃で，持続可能な技術の水準を記述するのに生まれてきた．Albertson(1995)は，「ハード面での適正技術とは，使用する人たちによって決まる必要性を満たしていて，手許にあるかまたは利用できる状態にある材料をできるだけ多く利用するような工学技術，物理的な構造物，および機器類のことをいう」と書いている．こういった技術の好例の一つが，図-25.1に示されているポンプであり，あるいは図-25.2に示されているインドでの水路建設である．

　さらに，Albertson(1995)の説明によると，「ソフト面での適正技術は，社会構造や人間の相互作用のプロセスや誘導のための手法を扱う．これは，ある状況を分析し選択をして，変化をもたらすような選択的な実行行動を取る際に，個人や集団が取る社会的参加や社会的行動の仕組みとプロセスのことである」としている．

図-25.2 レンガによるライニングが施されるインドの Rajasthan 運河
(出典：World Bank)

25.4 事例研究：西半球における水と公衆衛生に対するインフラ

　この事例研究は，1993年10月にMiamiで開かれたInter-America Dialog on Water Management(水マネジメントに関する米州対話集会)のために作成されたものである(Grigg et al., 1993)．この中で筆者らは，米国，ベネズエラ，そしてブラジルに焦点を当てながら，西半球における上下水道に対する投資の現状について検討を加えている．

　ラテンアメリカにおける問題は非常に困難なものであるが，Inter-American Bank(米州銀行)が組織された1959年頃からこれまでに改善がなされてきている．実際に，この銀行が行った最初の融資は，ペルーにおける水供給システムと下水道システムを拡張するためのものであった(Inter-American Development Bank, 1992)．進歩が見られる一方で，人口増加，都市化および工業化が原因となって，問題も山積し続けている．給水人口の割合は増加しているにもかかわらず，サービスを受けていない人の総数が実際に増加している．もう一つの問題

に，安全な飲料水という課題があまりにも重要視され，これまで優先的に取り扱われてきたために，下水道システムが看過され，基本的な公衆衛生が犠牲にされてきたということがある．この地域のすべての下水の推定90%が，いまだに未処理のまま投棄されており，地方の住民，とりわけ多数の貧困層を抱える都市部周辺地域の住民に悪影響を与えている．ラテンアメリカでは，すべての病気の中のかなりの部分が今でも汚染された飲料水や未処理の下水に起因するとされており，多くの国で水に関連する下痢が，幼児の死亡の主要な原因となり続けている．

25.4.1 ベネズエラ

ベネズエラのMeridaの事例研究は，1970年代の英国の事例と類似しており，国営企業の地域企業群への解体を示している．1943年にNational Institute of Sanitation Works(INOS；国立公衆衛生研究所)が設立された時，その主な目的は市民のために水供給と下水収集を行うことであった．しかし，官僚主義が増大するにつれてINOSの運営方式が中央化され，これによって予算上の問題が生じるようになってきた．また，組合活動が研究所運営の一つの要因になってきた．苦情が増加し，水供給が大きな関心事となり始めた．

1989年にベネズエラは，水供給部門の組織再編を含む新たな経済プログラムに着手している．この時に設定された固有の目的としては，地域レベルで自立した会社を創設すること，自立採算を達成し，地域会社の財政運営の均等化を図ること，そして水供給システムの計画と管理に関する制度面を強化すること，があげられた．

こうした目的を実現するために，新たな組織が提案された．この新しい組織は，Empresas Hidrologicasと呼ばれる上水道と下水道の8つの地域会社よりなる体制をとった．これらEmpresas Hidrologicasは，HIDROVENと呼ばれる国の持株会社によって調整されることになっていた．HIDROVENは運営機能は持たず，地域会社は固有の仕事を行うために民間企業と自由に契約を結ぶことができた．

Andes山脈の一端に位置するMerida市では，新たな水供給会社(HIDROANDES)が，ベネズエラの水供給システムを再編することによって設定された目標に到達しようと努めている．1993年にこの会社は，都市圏に約14万2000人の

顧客を擁している．使用料はすべて請求されているが，支払いを行っているのは，居住消費者のわずかに62%，商業用顧客の85%であり，工業用使用者は100%支払っている．システムの運用はHIDROANDESが当たっているが，メインテナンスは，契約を交わした民間企業がEmpresas Hidrologicasの直接の監督のもとで行っている．

　Meridaの例は，ベネズエラのほとんどの地域の水供給事情を反映している．すなわち，古いシステムに伴う問題，漏水，高い割合の未収水，行政上の問題，不十分な訓練，予算の問題などである．Meridaは，十分に設計された処理施設を持つが，十分に訓練された人員に欠けている．HIDROANDESは今後，熟練した技能者を雇用するだけのサラリーを支払うか，人材を自ら育成するために投資をする必要があるだろう．また，当初の構想に加えられた変更が記録されていないために，Meridaでは水供給システムに対する知識に欠けている．HIDROANDESは現在，情報の回復と再編成を行っている最中である．

　ベネズエラにおける目標は，各都市に水供給と下水道用サービスを提供することである．一般的にいって，水供給に関する目標は達成されたが，サービスに関していえばまだ改善の余地がある．下水道に関する目標は，国全体の中では達成されておらず，いくつかの小規模な町では下水道のない所が見られるが，事業は進行している最中である．廃水に関していうと，環境の質に対する関心がまだ必要とされるレベルに達していない．ベネズエラは現在，直接選挙によって選ばれた地域機関や郡とともに大事な決定について統制を行うという新たな経験を蓄積しつつある．水道会社は，技術上必要とされる決定が政治的な理由で拒否されることがあることを学びつつある．最後に，財政も大きな問題となっている．

25.4.2　ブラジル

　ブラジルは，米国とベネズエラの両方に似たところを持つ広大な国であるが，ここでもまた，上下水道のインフラに関連する広範で多様な問題に直面している．ブラジルは米国と同様に州に分割されているが，国がまだ発展途上の段階にあるために，米国と比べると中央からの指令と投資に依存する度合いが高い．World Bank(世界銀行)によると，1991年のブラジルの人口は1億5100万人で，人口増加率は2.2%である．これに対して，米国の人口は2億5200万人

(0.9%の増加率)で，ベネズエラの人口は2 000万人，増加率は2.7%である(World Bank, 1993).

　ブラジルの水供給システムの人口普及率は，1970年に約45%であったのが，現在約88%までになっている．しかし，都市中心部にいるおよそ1 300万人の市民が水供給システムから外れている．そして，農村居住者のうちのおよそ46%が良質の水を入手する機会を持つことができないでいる．下水道処理の問題は，上水道に比べるとさらに厳しく，およそ7 300万人のブラジル人(都市居住者の65%)が下水道の適切なインフラを利用できる機会を持っていない．適切な下水処理が施されているのは全国の下水のわずかに10%で，残りの90%は未処理のまま河川に排出されている．国連(1991)のデータによると，ブラジルでは都市下水の95%を近くの水域に未処理のまま排出しており，状況は発展途上国の場合と変わりがない，としている．

　ブラジルは，上水，下水，固形廃棄物そして排水といった公衆衛生の各分野で様々な問題を抱えている．問題の中には，過度の中央集権化，そして優先事項を決める際に州や地方自治体がほとんど関与しないことが含まれる．アンバランスと不平等が大きな問題となっている．その一方で，州営企業は約3 000の地方自治体に対するサービスに責任を負うことになっているが，最も貧しい市民にまでサービスを拡大することを妨げる問題を抱えている．非効率性が大きな悩みとなっているのである．こうした非効率性としては，管理上の非効率性，漏水などの未収水の損失，不適切な技術，などがあげられる．

　公衆衛生部門での手に負えないほどの多くの問題が，ブラジルの最も基本的な社会問題，すなわち，国民全体の生活の質，低所得者層，乳幼児の健康といった問題に影響を与えており，これらの問題を改善することができなければ，それはブラジルの将来の悲惨さの前兆となるといえるだろう．都市と農村地域は，水媒介の病気，乳幼児の死亡，赤痢そして低所得者層の一般的な問題に対して脆弱であるといえる．

　ブラジルにおける制度上の問題としては，決定に際して過度に中央集権化していること，ならびに，優先事項を決める際に州や地方自治体がほとんど関与しないことがあげられる．水供給システムが最貧民層にサービスを提供する能力がないということは，深刻な指標である．財政システムの運営と改善もこれから継続して取り組んでいく課題である．

巨大な規模と多様性を抱えるブラジルには，米国の場合がそうであるように，取り組まなければならない地域レベルの問題が数多く存在する．ブラジル最大の都市 São Paulo は，これが直面している問題の大きさを明示している．São Paulo は，São Paulo State Basic Sanitation Authority (São Paulo 州基礎公衆衛生局) を通して，大都市圏の公衆衛生の問題を解決するために 30 億ドルから 40 億ドルのプログラムに着手する計画を立てているが，その一方で，国のその他の地域の農村部と都市周辺部では，急増する人口に対する基本的な公衆衛生という大きな問題に直面している．

公衆衛生問題を解決しようとする São Paulo で間もなく実施される試みは，市内の排水路で極度に汚染された水路である Tiete 川の清掃に焦点を当てたものである (São Paulo to Launch Massive River Cleanup, 1992)．この河川流域には，約 2 000 万人の人が暮らしており，ここで直面している環境問題の大きさが理解できる．

Inter-American Development Bank でこれまでで最大の 4 億 5 000 万ドル規模といわれている融資プログラムによって，市の下水道システムが拡張される予定であり，これによって，さらに 150 万人，そのほとんどが貧しい人々であるが，その人たちが下水道を利用できるようになる．2 つの施設が新築される予定で，処理される水の割合は 1995 年までに 19%から 45%に増加することになる．これ以外にも，訓練や制度の強化による効用も見込まれている．また，汚染制御に責任を負う São Paulo 州当局は，この地域の工業汚染の 90%の原因であるとされている 1 250 の工場を監視する能力を持つようになり，施設を維持する能力と財政管理を改善するマネジメント能力を持つようになる．

要約すると，ブラジルは，水と公衆衛生の分野においておびただしい課題に直面している．ブラジルの膨大な人口と急速な人口増加率は，公共部門と民間部門に対して制度上のインフラ整備を必要としており，財政に対して必要とされるインフラのサービスを提供することを求めている．この部門の問題が解決されない限り，都市と農村の双方における公衆の健康と生活の質に与える影響は，非常に大きなものになる．

25.4.3 事例の分析

 西半球は，人口移動が盛んで，交易，科学技術，金融および専門技術の地域間の交流を経験している．大きな国家の内部あるいは国家間の双方において，地域や国家間の不均衡を解消するには，経済的統合が鍵を握っているといえる．これから先，物理的環境と社会的環境を均質化していくうえでどういったプロセスを取るかにかかわらず，安全な飲料水と適切な公衆衛生のサービスを受けるのに大きな不均衡が見られるとすると，これは，西半球全体の対処を要する深刻な問題であるといえる．

 科学技術もまた，科学技術に関する障壁というよりは資金の利用が難しいことによって，地域によって大きく異なっている．世界の水事業を支える基盤の中には，適切な資金がある時にはいつでも最新の科学技術を提供できる国際的なコンサルタント会社，請負業者そして設備業者が用意されている．

 適正技術の問題は，サービスの均一化の議論と密接な関係にある．というのは，水供給や公衆衛生に必要とされる基本的な科学技術は，必ずしも高価なものでなく，それが必要としているのは，訓練と専門技術，それに最低限の地元の製造能力と管理能力であるからである．

 西半球における管理機関には，純粋に公共のものから純粋に民間のものまで幅がある．ベネズエラやブラジルの事例では，公共機関の持つ限界が明らかにされた．そして，米国もまた，同様の限界について承知しており，水や公衆衛生部門の民営化にこれまで注意を払ってきている．西半球において水と公衆衛生のサービスを均質化する際に，制度上の要因が疑いなく最も重要な要因であるといえる．

 財政力が，各国の投資能力を制約することになる．国外と国内に対する債務の構成は大変なものなので，今後の借入れも限られたものになってくるし，地域問題に中央政府が助成できる能力もきわめて限定されたものになっている．計画を改良し，効率を高め，そして問題に対する地元の関心を高めること，それらの対策が巨額な財政投入を行うことなく問題に対処する有効な制度をつくり上げることになるので決定的に重要な課題である．

 サービスレベルで見られる最大の不均衡は，おそらくサービスを受ける人とそうでない人とのギャップである．これについては，ブラジルの事例において明らかであり，いまだに安全な飲料水や公衆衛生を利用できる機会を持たない人の割

合に関する国のデータが提示されている．これは，International Drinking Water and Sanitation Decade(飲料水と公衆衛生の国際十年計画)のデータによって明示されているように世界規模の問題である．

高い人口増加率，移住，そして都市化とともに，西半球の各国は，基本的な教育，統治，訓練，および制度の確立における課題に直面している．こうした問題は，結果として水関連機関における管理の効率性の問題をもたらしている．おそらく，この問題が最も明瞭に見られるのは，次の2つの徴候においてである．そのうちの一つは，米国の小規模な水供給システムに見られる問題であり，これは西半球の農村の水問題にも写し出されている．もう一つは，ラテンアメリカ全体に見られるが，サービスを受ける機会を提供する大規模な州営企業の無能力さである．管理の効率性を改善することは，すべての国にとってもう一つの深刻な制度上の問題となっている．

最終的な分析として，西半球の国々が直面している問題において一般的な相違点はほとんどないといえる．事例研究で示したように，こうした問題としては，行政上および予算上の問題，インフラの問題点，人員に対する不適切な訓練，不適切な配置計画と情報，優秀な技術を備えているが運営の改善が求められる処理施設，多額を要する投資，技術上の決定事項が政治的な理由によって覆されるといった政治問題，不適切な課金制度，一般的な財政問題，があげられる．

25.5 結　　　論

世界銀行の Environmentally Sustainable Development(環境からみて持続可能な開発)担当の副会長である Ismal Serageldin は，最初に取り組む課題は，適切な水を入手できない10億の人と適切な公衆衛生の恩恵に与れない17億の人に世帯用サービスを提供するという「古くからのアジェンダ」である，と述べている．そして，二番目に取り組むべき課題は，発展途上国で水が深刻な程劣化しており，財政的能力も極めて限られているという点を特に考慮に入れながら，環境の面からも持続可能な開発を実現していくという「新たなアジェンダ」である，と指摘している．彼は，解決を目指すには，制度と手段という2つの要素が中心的な役割を果たすと考えている(Serageldin, 1994)．

制度上の要素は，まず，家庭レベルでの措置から始まる．これは，自分の受け取るサービスと支払いレベルを自分で選択できるように，影響を被る人々が彼らに影響を与える決定に関与するようにすることである．これがより高いレベルになると，河川流域の利害関係者に環境上の質と支払う対象とを選択させることを意味する．こうした方法は，民主的な方法を強調したものであり，意思決定はできるだけ低いレベルで行われるべきであるとしたものである．Serageldinによると，この方法をとるには，政府の役割をこれまで以上に明確に規定し，民間部門や非政府組織のさらに広範な参加が必要とされる，としている（調整手段に関する詳細は，第4章および第8章を参照）．

手段に関する要素として，Serageldinは，あらゆるレベルで市場的な手段をさらに広範囲に用いることを考えている．これは，歳入を増やし会計責任と効率性を高めるために，最も下のレベルで利用者の負担の程度を高めることを意味する．サービスのレベルでは，これまで以上に民間部門に依拠することを意味している．そして，さらに高いレベルでは，取水賦課金，汚染に対する課金そして水の市場取引きをこれまで以上に導入することを意味している．

発展途上国の水供給と公衆衛生問題については既に多くの知見がある．WASHの4つの原理は，長年にわたる経験の後に習得されたおよそ20の「教訓」を集約したものである．この4つの原理は，本書で表されている水マネジメントに関する別の原理と十分に対応するものである．

安全な水と公衆衛生サービスの提供は，水のマネージャーにとっては異なる種類の課題であるが，水マネージャーもともに参加すべきである．なぜなら，水事業の正統なプログラムの一部としてこれらは構成されているからである．水資源マネージャーと水質マネージャーと衛生設備マネージャーとの主な違いは，貧富の差によって支払能力に差があるので，顧客にどの程度まで深入りするかの違いである．

25.6 質 問

1. あなたの意見では，水供給と公衆衛生における国際問題の根本的な原因とは何か？

2. 米国では，貧しい者が汚染に関する不相応な負担を担うことを記述するのに「環境上の公正さ(environmental justice)」という用語が生まれてきた．このことは，水供給と公衆衛生の国際問題とどのように関連づけられるか？
3. 発展途上国では，単身の女性が世帯主となっている割合が高い．もし彼女たちに安全な水を利用する機会がない場合，次世代の展望についてこれはどういった意味を持つか？
4. WASHプロジェクトによってつくり出された原理について詳述せよ．そして，こうした原理が米国の水マネジメント原理とどのように関連づけられるか説明せよ．
    a. 技術上の支援は，長期的にみて人々が自主的に物事に当たることを学ぶ助けとなる時，最も成功を収める．
    b. 水供給と公衆衛生における発展は，これを構成する様々な要素があらゆるレベルで関連づけられる時，最も効果的に進められる．
    c. 国の開発制度とそれが定めるコミュニティ・レベルの管理制度の成否を判断する尺度は，持続可能であるかどうか，すなわち援助の提供が終った後でも効果的かつ長期的に実施する能力を持っているかどうかである．
    d. 持続可能な開発は，これに対する主な参加者それぞれが自らの適切な役割を認識して受け入れ，その責任分担を引き受ける時，最も成功の可能性が高くなる．
5. 民主化，換言すると，意思決定を行うレベルをできるだけ低いレベルに移すことは，水供給や公衆衛生の危機を打開する助けとなるか？ 民主化に対する障壁とは何か？

文　献

Albertson, Maurice L., Appropriate Technology for Sustainable Development: Criteria for Civil Engineering Infrastructure, 22nd Annual Conference of Water Resources Planning and Management Division, ASCE, Boston, May 1995.

Canemark, Curt, The Decade and After: Lessons from the 80s for the 90s and Beyond, *World Water 89,* London, November 14, 1989.

Grigg, Neil S., Tomas A. Bandes, Angela Henao, Sara Morales, and Rubem Porto, Water and Wastewater Infrastructure for the Hemisphere, Inter-American Dialog for Water Management, Miami, October 1993.

Interagency Task Force, Protection of the Quality and Supply of Freshwater Resources, Country Report, USA, International Conference on Water and the Environment,

January 1992.
Inter-American Development Bank, *Water and Sanitation,* June 1992.
Okun, Daniel A., Meeting the Need for Water and Sanitation for Urban Populations, The Abel Wolman Distinguished Lecture, National Research Council, Washington, DC, May 1991.
Pacey, Arnold (ed.), *Water for the Thousand Millions,* Pergamon Press, Oxford, 1977.
São Paulo to Launch Massive River Cleanup, *The IDB,* December 1992.
Serageldin, Ismail, Keynote address to ministerial conference on implementing Agenda 21 for drinking water and environmental sanitation, March 1994.
Triweko, Robertus, A Paradigm of Water Supply Management in Urban Areas of Developing Countries, Colorado State University, Fall 1992.
United Nations, Agenda 21, Chapter 18, Protection of the Quality and Supply of Freshwater Resources: Application of Integrated Approaches to the Development, Management and Use of Water Resources, 1992.
United Nations, *Global Consultation on Safe Water and Sanitation for the 1990's,* New Delhi, 1991.
U.S. Agency for International Development, Lessons Learned from the WASH Project, USAID, Water and Sanitation for Health Project, Washington, DC, 1990.
World Bank, *World Bank Atlas, 25th Anniversary Edition,* Washington, DC, 1993.

付録 A 定義と概念

学際的視点(disciplinary viewpoint)　　工学，法学，財政学，経済学，政治学，社会学，生命科学，数学など，異なる学問分野から考察することを含む．

環境的要素(environmental elements)　　水マネジメントに対して自然によってもたらされる便益や諸過程．水を生み出し，貯留し，あるいは運ぶ自然の特性に関係しており，大気，流域，流水路，帯水層と地下水システム，湖沼，河口域，海域および海洋を含む．

機能的視点(functional viewpoint)　　都市への水供給，廃水管理，潅漑など，利水の目的を扱う．

協同する(to conperate)　　他と一緒に働くこと．水マネジメントにおける協同とは，水を管理・運用するために何らかの形で一緒に働くことである．

構造物的手段(structural measures)　　水マネジメントでは，水量と水質のコントロールに使用するために施設を運用すること．

水文生態学的視点(hydroscological viewpoint)　　水文学と生態学，あるいは生物学に関わる視点．

政治的視点(political viewpoint)　　水資源マネジメントは，政府機関によって実施されるので，この視点は重要である．水平的政治問題と垂直的政治問題がある．水平的問題は，同じレベルの異なる政府機関の間，通常，地方政府の間で起こる．垂直的問題は，州―連邦間問題のように政府機関の階層間の関係において起こる．

地域的(regional)　　ある州の個別の地区，郡あるいは市．

地域統合化(regionalization)　　水マネジメントを地域的にまとめる行為，あるいはプロセスで，地域的協同や統合化により水資源を管理・運用すること．

調整する(to coordinate)　　いろいろな状況の中で異なった要素を調和させ整合させること．

地理的視点(geographic viewpoint)　地球規模，河川流域，郡，水体，地方，地域など，スケールや水計算の単位に関わる視点．

統合する(integrate)　ある物事の部分を結び付けること．水資源マネジメントにおける統合化とは，専門分野，地理的位置，政治的立場，生態学的枠組み，および対象の機能的枠組みによって異なる視点の組合せを考慮に入れる計画と行動に組みあげることである．

非構造物的手段(nonstructual measures)　水マネジメントでは，施設建設を含まないマネジメント措置．

包括的水マネジメント(comprehensive water management)　水問題の意思決定に関わるすべての要因を包含するマネジメント．

水資源システム(water resources system)　水マネジメントの目的を達成するために一体的に作動する水制御施設と環境的要素の組合せ．

水資源マネジメント(water resources management)　人間と環境に有益な目的に向けて自然的ならびに人工的水資源システムをコントロールするために，構造物的手段と非構造物的手段を適用すること．

水資源マネジメントの目的(purposes)　次の業務分類として表される．すなわち，水供給，廃水と水質管理，雨水ならびに洪水制御，水力発電，運輸，そして環境，魚類/野生生物およびリクレーションのための水，である．これらの目的は，一般の人，工業，農業および全般的環境という4つの水使用者のカテゴリーを満足させるものである．

〔訳者注〕

appropriation doctrine の訳語　「専用権主義」あるいは「専用水利権主義」を当てた．日本の河川法では，'流水の占用'という規定から「占用水利権」が用いられるが，米国の appropriation water right は，売買や市場取引の対象となる所有権と考えられる点などで日本の占用水利権とは異なっている．

in-stream flow の訳語　「維持流量」あるいは「維持用水」を当てた．原著では，in-stream flow は，'すべての使用用途に対する適正な流量を維持すると

付録A　定義と概念　609

同時に，自然系にも水供給を行うこと'とされ，また，'その必要量は，個々の使用目的に対する必要流量に河川の機能を果たすために必要な流量を加えたもの'とされている(**16.7**.1 参照)．すなわち，日本の河川法における用語の定義では，in-stream flow は「正常流量」に相当する．しかし，「正常流量」は日本の特殊な法律用語であり，in-stream(河道内)において利水目的と環境保全目的の両者を維持するための flow(流量)という意味で，本書では「維持流量」あるいは「維持用水」を使っている．

management の訳語　日本語では一般に，管理，経営，運営，運用などの訳語が当てられる．本書の water management あるいは water resources management は，行政主導のトップ・ダウン型だけでなく，調整，協同あるいは協働を重視する適応型 management であり，管理，経営，運営，運用のすべてのニュアンスを含んでいる．したがって，そうしたニュアンスを出すために，片仮名で「水マネジメント」あるいは「水資源マネジメント」と訳した．これと同じ意味で，water resources manager は「水資源マネージャー」とした．floodplain management や water quality management など，行政主導型と考えられる場合は「管理」と訳した．しかし，その区別が厳密には難しい場合も多々ある．

river basin と watershed の訳語　原著では，river basin と watershed をかなりはっきり使い分けている．定義が明確に示されているわけではないが，Colorado 川のような大河川の流域には river basin が使われ，水源地帯小規模流域には watershed が使われている．両者を訳語として区別するために，river basin には「河川流域」を，watershed には単に「流域」を当てた(第 16 章と第 19 章参照)．

付録 B　水事業の関係者（players）

- 政治レベル
    - 水マネジメント関連諸官庁の部局
    - 州知事
    - 選出首長
    - 市および郡政府
    - 立法委員会
    - 州の水会議
    - 政府の審議会
    - 同業者組合や専門家協会
- 水供給事業体と廃水処理機関
    - 自治体の水供給機関
    - 自治体の廃水処理機関
    - 水管理区や廃水処理管区
- データ収集ならびに評価機関
    - 州の水ならびに地質調査機関
    - 米国海洋大気管理局（National Oceanic and Atmospheric Administration；NOAA），国家気象局（National Weather Services）
    - 米国地質調査所（U.S. Geological Survey；USGS）
    - 連邦魚類・野生生物局（U.S. Fish and Wildlife Services）―全米生物調査―
    - 州の気候専門家
- 包括的水マネジメント機関
    - 水管理区
    - 地域公社
    - 米国陸軍工兵隊（U.S. Army Corps of Engineers）
    - 米国開拓局（U.S. Bureau Reclamation）

- 水力発電，航行および洪水制御関連団体
    連邦エネルギー規制委員会(Federal Energy Regulatory Commission; FERC)
    配電業者
    航行会社
    全米水資源協会(National Water Resources Association)
    連邦政府のエネルギー機関
    米国エネルギー省(U.S. Department of Energy)
    テネシー川開発公社(Tennessee Valley Authority; TVA)
    港湾局
- 工業および都市開発関連団体
    米国商務省(U.S. Department of Commerce)
    経済開発機関
    製造業者団体
    連邦住宅都市開発省(U.S. Department of Housing and Urban Department; HUD)
    Appalachian地域委員会(Appalachian Regional Commission; ARC)のような資金調達プログラム
    不動産業者の協会
    商工会議所
    観光部局
- 農業および資源開発部門
    灌漑水供給事業体
    畜産団体
    鉱山業者
    森林/伐採業者
    農業者
    連邦政府の農業部局
    米国土壌保全局(U.S. Soil Conservation Service)
    大学の試験場や農業相談室
    牧畜業者の組合

州の農業部局
　　農事改善局
　　灌漑業者組合
　　用水路会社
　　土壌保全管理区の協会
　　穀物や飼料関係の協会
　　牛飼育業者協会
　　米国農務省(U. S. Department of Agriculture; USDA)
　　農民住宅局(Farmer's Home Administration; FmHA)
　　連邦政府の土地および水関連機関
　　州の農業部局
　　州の森林局
　　州の鉱業部局や機関
　　州の天然資源部局
　　州の水資源部門
・環境，リクレーションおよび公共福祉団体
　　国立公園局(National Park Service)
　　連邦魚類・野生生物局(U. S. Fish and Wildlife Services)
　　州の魚類・野生生物部局
　　州の公園およびリクレーション部局
　　天然資源あるいは保全部局
　　環境団体
　　自然環境保護主義者
　　野生生物愛好家
　　自然地帯保護論者
　　連邦政府の沿岸域管理関係機関
　　女性有権者同盟(League of Women Voters)
・規制機関
　　州の環境保護機関
　　州の厚生機関
　　連邦環境保護庁(U. S. Environmental Protection Agency)

連邦厚生社会福祉省(U.S. Department of Health and Human Services)
土地利用委員会
州の技監室

- 法廷および法制度

  州の水裁判所
  連邦最高裁判所(U.S. Supreme Court)を含む連邦の法廷制度
  州の裁判所
  州の法務長官
  米国司法省(U.S. Department of Justice)
  法律家
  米国法律家協会(American Bar Association)
  先住アメリカ人権利基金(Native American Rights Fund)

- 大学,研究機関,出版社

  高等教育
  水資源研究所
  行政や政策法の研究センター
  出版社

- 学術団体と同業者団体

  米国水資源協会(American Water Resources Association)
  米国土木学会(American Society of Civil Engineers)
  全米技術士協会(American Society of Professional Engineers)
  コンサルタント技術者協議会(Consulting Engineers Council)
  米国水道協会(American Water Works Association)
  水環境連盟(Water Environmental Federation)
  農村地域の水団体
  水利用者の団体
  米国科学アカデミー(National Academy of Sciences)
  州および州間水質汚濁制御部局長協会(Association of State and Interstate Water Pollution Control Administrators ; ASIWPCA)
  ダム安全性州担当者協会(Association of State Dam Safety Officials ; ASDSO)

州飲料水部局長協会(Association of State Drinking Water Administrators: ASDWA)
　　国際水資源協会(International Water Resources Association; IWRA)
　　米国公共事業協会(American Public Works Association; APWA)
　　全米水資源協会(National Water Resources Association; NWRA)
　　全米水会議(National Water Congress)
　　州の水会議
・**請負業者**
　　施設請負業者
　　大型建設事業請負業者
　　削井業者
・**資材提供業者**
・**コンサルタント**

付録C　水に関する単位の換算表

体　積

1	acre-ft (AF)	=	43 560	ft^3
1	acre-ft	=	325 853	gal
1	acre-ft	=	1 233.49	m^3
1	thousand AF (TAF)	=	1.2335	million m^3 (MCM)
1	million AF (MAF)	=	1 233.5	million m^3 (MCM)
1	ft^3	=	7.4806	gal
1	ft^3	=	28.3170	L
1	gal	=	3.7854	L
1	million m (MG)	=	3.0689	AF
1	thousand gal	=	1.337	CCF
1	m^3	=	35.3145	ft^3
1	m^3	=	1 000	L
1	m^3	=	264.17	gal
1	million m^3	=	810.71	AF
1	billion m^3	=	810 710	AF
1	billion m^3	=	1	milliard
1	billion m^3	=	1	km^3
1	cfs-yr	=	723.97	AF
1	cfs-d	=	1.9835	AF
1	mile^3	=	3.3792	MAF
1	mile^3	=	4.1682	BCM

流　量

1	cfs	=	448.836	gal/min (gpm)
1	cfs	=	28.317	L/s
1	cfs	=	723.970	AF/yr
1	cfs	=	1.9835	AF/d
1	cfs	=	2 446.6	CM/d
1	Mgal/d (mgd)	=	1.5472	cfs
1	m^3/s	=	35.3145	cfs
1	m^3/s	=	22.8248	mgd

面　積

1	acre	=	43 560	ft^2
1	acre	=	0.40469	ha
1	$mile^2$	=	640	acre
1	$mile^2$	=	259.00	ha
1	ha	=	10 000	m^2

長　さ

1	ft	=	0.3048	m
1	m	=	39.3700	in
1	m	=	3.2808	ft
1	in	=	25.400	mm
1	mile	=	1 609.35	m
1	km	=	0.62137	mile

付録 D　事例リスト

第 10 章　水供給と環境
　　　　　Denver Water's Two Forks Project
第 11 章　洪水制御，氾濫原管理および雨水管理
　　　　　コロラド州の洪水氾濫：山地と平野
　　　　　都市雨水排水・洪水制御管理区
　　　　　Black Warrior 川の洪水
　　　　　Mississippi 川の洪水
　　　　　バングラデシュ
第 12 章　水インフラの計画とマネジメント
　　　　　Ft. Collins の水処理マスター・プラン
　　　　　コロラド州 Big Thompson プロジェクト
　　　　　カリフォルニア州水計画(California Water Plan)
第 13 章　貯水池の運用とマネジメント
　　　　　多目的ダム
　　　　　渇水
　　　　　洪水
　　　　　専用水利権主義
　　　　　複雑なシステム―Colorado 川
　　　　　環境との対立
第 14 章　水質管理と面源負荷コントロール
　　　　　州政府
第 15 章　水の管理：配分，制御，譲渡，および協定
　　　　　Pecos 川協定(Pecos River Compact)
　　　　　コロラド州の水マネジメント・システム
　　　　　ノースカロライナ州のシステム

Virginia Beach の水供給

第 16 章　流域と河川水系
マネジメント単位としての流域
水供給用集水域
維持用水のスケジューリング
フロリダ州と南米 Pantanal

第 17 章　水の節約と有効利用
Ft. Collins の水道メーターの事例
農業用水の効率性の事例
米国土木学会における水価格の設定に関する事例

第 18 章　地下水管理
Ogallala 帯水層
Amsterdam における塩水侵入
地下水戦略

第 19 章　河川流域の計画と調整
Platte 川
Apalachicola-Chattahoochee-Flint 河川水系
Colorado 川
Delaware 川

第 20 章　渇水と水供給管理
安定取水量の分析
河川流域における渇水施策と対応
Athens 市における渇水の事例

第 21 章　水マネジメントの地域統合化
Denver 大都市圏
コロラド州北部パイプライン（Northern Colorado Pipeline）
南フロリダ

第 22 章　河口域と沿岸域における水マネジメント
Chesapeake 湾
五大湖（Great Lakes）
カリフォルニア州の Bay-Delta 地域

　　　　　　　Albemarle-Pamlico と Chowan 川
第 23 章　水関連機関の組織体系
　　　　　水資源審議会
　　　　　ノースカロライナ州の水関連機関
　　　　　アラバマ州の水関連機関
　　　　　コロラド州の水関連機関
第 24 章　米国西部における水マネジメント
第 25 章　発展途上国における水供給と公衆衛生

索　引

【あ】
アセスメント，水質の　365
Athens での渇水　516
安定取水可能量　50
安定取水量の定義　508

【い】
意思決定　28
　　──の公平さ　12
　　──への参加　12
意思決定支援　30
意思決定支援システム　27,30,123,126,136,
　　150,478
維持用水　230,422,609
維持流量　609
井戸　90
インフラ，水の　65,323
インフラ，水マネジメントのための　26

【う】
雨水管理　295
雨水管理事業　270
雨水事業体　227
雨水処理システム　87
運営費予算　191
運用，水の　25

【え，お】
英国の水事業　212,239
栄養物循環　36
沿岸域　543
沿岸権主義　161
塩水の浸入　454

【か】
円卓会議　275

汚染　6

会計業務　192
開水路　74
開発銀行　207
学際的視点　21,607
河口域　543
　　──における計画立案プロセス　548
河口部　490
化石水　44
河川　62
河川水系　413,421
河川流域　609
　　──における水の行政管理　469
　　──に関する制度　464
河川流域委員会　465
河川流域管理，乾燥地帯における　489
河川流域管理，湿潤地帯における　490
河川流域制御のためのシステム　388
渇水　6,278,495
　　──，Athens での　516
　　──，農業上の　500
渇水時における貯水池の操作　349
渇水指標　499,501,502
河道位数　462
カリフォルニア州　7
灌漑　70,227
　　──の効率性　438
環境影響評価　167,251,280
環境影響評価報告　404

索　引

環境システム　246
環境的要素　607
環境に関する規制　159
環境に関する行政　159
環境に関する法制　159
環境に関する法律　167
環境に対しての拒否権　286
環境法　29
乾燥地帯における河川流域管理　489
監督官庁　17, 217
管路　75

【き，く】

技監，州の　399
危機評価　169
気候　37
　——の変化と水資源マネジメント　37
気象　37
規制　25
　——，湿地帯の　428
　——，水事業における　177
　——，水と環境に関する　159
　——をベースとするアプローチ　359
寄生虫感染症　58
機能的視点　607
基本法　160
供給量，流域・地下帯水層・システムからの　50
行政，水と環境に関する　159
協同　607
協働　23
協働的リーダーシップ　252
業務関係者の役割　19
魚道　72
拒否権，環境に対しての　286
魚類の問題　347

グラフィカル・ユーザー・インターフェイス　479

【け】

計画立案機関　17
計画立案と意思決定　26, 91
計画立案と調整　25
計画立案における政治的プロセスの手順　100
計画立案に関する合理的考え方　99
計画立案プロセス　95
経済原理をベースとするアプローチ　359
経済効率　197
下水管理事業体　224
ゲート　82
建設予算　191, 200
原虫感染症　58
原理，水資源マネジメントの　27
原理とガイドライン　110
原理と基準　110, 325

【こ】

豪雨　38
公益委員会　179
公共部門，水事業における　29
公共部門の水事業モデル　219
公衆衛生，発展途上国における　591
洪水　6, 53
　——，コロラド州の　307, 310
　——，バングラデシュの　316
　——，Big Thompson 川の　307
　——，Mississippi 川の　296, 314
　——，Rhine 川の　307
　——に関する法律　173
　——の定量化　302
　——のリスク　300
洪水時における貯水池の操作　350
洪水制御　295
洪水頻度　53
降水量　38
公正性　197
構造的アプローチ　296
構造物的手段　16, 607

索　引　　　　　　　　　　　　　625

公平さ，意思決定の　　12
公平性　　197
閘門　　78
合理式　　303
国際河川　　395
国際復興開発銀行　　209
国際水法　　171
五大湖　　551
国家統制型水事業モデル　　218
国境問題　　170
Colorado川意思決定支援システム　　149
コロラド州の大洪水　　307,310
コロラド州の水マネジメント・システム　　399
コロラド州立大学　　43,269,414

【さ】

在郷軍人病　　58
最高裁判所　　397
財政　　29
財政計画　　187
財政マネジメントの要素　　186
サイバネティクス　　128
裁判所　　180
財務管理　　192
財務マネジメント　　27
再利用率　　442
サービス提供機関　　17
サービス提供者　　221
参加，意思決定への　　12

【し】

ジアルジア　　58
市場をベースとするアプローチ　　359
システム解析　　27,123
　　——，水資源の　　124
システム開発費　　205
システムからの供給量　　50
システム工学　　126
システム思考　　131,252

システムズ・アプローチ，水資源マネジメントへの　　126
シストソミアシス　　58
自然の水資源システム　　16
持続可能な開発　　9,61,250,258,434,592,595
自治体水道システム　　222
湿潤地帯における河川流域管理　　490
湿地　　62
湿地帯　　426,538
　　——の規制　　428
湿地保護　　168
市民参加　　97
社会・技術システム　　126
州間協定　　171,385
州間協定委員会　　465
州際河川　　395
修正行動計画　　553
州の技監　　399
州の水質管理　　372
州の水関連機関　　565
州の水行政機関　　237
取水施設　　74
取水点の移動　　392
需要管理　　441
小規模システム　　246
上水道施設　　221
蒸発量　　38
情報サービス　　246
食物連鎖　　60
助成金　　207
所有権　　579
処理プラント　　86,368
人工的水資源システム　　16

【す】

水源としての流域　　394
水質　　55
　　——に関する法律　　165
　　——のアセスメント　　365

索　引

――の監視　59
――のモデリング　59
――のモニタリング　365, 370, 373
水質管理　357
　――, 州の　372
水質基準　364
　――の取締り　373
水質対策　246
水質データベース　370
水生生態学　61
水生生態系　413
水道メーター　439
水文学　33
　――, 地下水の　44
水文循環　35
水文生態学　26
水文生態学的視点　21, 607
水利権監督官　470
水利権特別調停官　397
水利権の呼び戻し　400
水量に関する法律　160
水力発電事業　230
水力発電所　78
　――の再認可　176
水力発電プロジェクトの再認可　176
スーパー・ファンド法　168

【せ】

整合　607
政策　26, 29
政治的視点　20, 607
清浄な水　12
生態系の概念　59
生態系の保全　12
生態的群集　60
制度の改革　13
生物多様性　246
世界銀行　207, 209, 317, 324
節水　275, 289

――のための価格　444
設備投資　25
節約　434
　――, 農業用水の　442
先住アメリカ人　577, 581
全体的水マネジメント　250
全体論的水マネジメント　250
全米の水収支　47
専用権主義　148
専用水利権主義　576, 578
　――に基づく貯水池の運用　352

【そ】

総合的なマスター・プラン　187
送水システム　73
組織, 水マネジメントの　25, 27

【た】

大気　37
大気中の水　36
帯水層　44
代替的紛争調停策　399
対立, 水事業における　28
対立, 水マネジメントの　246
ダム　70
炭素循環　58

【ち】

地域間導水　446
地域的　608
地域統合化　21, 521, 608
　――の経済的側面　522
　――の制度面での問題　523
地下水　449
　――に関する法律　175, 451
　――の管理　387
　――の水文学　44
地下帯水層からの供給量　50
地球規模の水収支　47

窒素循環　58
地表水　41,387
地方裁判所　277
地方政府　237
超過確率　53
調整　29,117,245
　——された包括的共同計画立案　473
　——された枠組み　255
　——のメカニズム　178
調整機関　17
直接規制　4,30
貯水池　70,342
　——における水質問題　347
　——の運用　148,342,344
　——の運用，専用水利権主義に基づく　352
　——の操作，渇水時における　349
　——の操作，洪水時における　350
　——をめぐる論争　346
貯水池規模の決定　348
貯留式　46
貯留方程式　345
貯留量　48
地理的視点　20,608
地理的調整，水マネジメントの　246

【つ，て】
通信システム　146

適正技術　596
データ・システム　140
データベース管理　140
鉄砲水　295
デルタ　545
点源　59
天候　37
Denver の水供給システム　279

【と】
等雨量線　300

統合　608
統合型資源計画立案　251
統合型水資源マネジメント　20,29
統合型水マネジメント　250
投資　91
投資銀行　204
導水，流域間の　170
導水効率　438
都市と農村間の水の譲渡　392
都市の廃水システム　85
都市の水供給システム　84
都市水システム　84
土砂輸送　54

【に，の】
認可　373

農業上の渇水　500
農業用水　437
農業用水の節約　442
農村と都市間の水の譲渡　392
能力開発　30
ノースカロライナ州　373,566
　——のシステム　400

【は】
ハイエトグラフ　39
排水　227
　——に関する法律　173
廃水システム　85
ハイドログラフ　296,303
パーシャル・フリューム　43,83
発展途上国における公衆衛生　591
発展途上国における水供給　591
パートナーシップ　106
バルブ　82
バングラデシュ洪水　316
氾濫原管理　295
非構造的アプローチ　296

索　引

非構造物的手段　16, 608

【ひ】
Big Thompson 川洪水　307
非点源　59
費用共同負担　177
費用効果　113

【ふ】
フィージビリティ分析　188
復元計画　472
負債財源融資　202
Ft. Collins 市における上水道と下水道　199
Ft. Collins 水処理施設マスター・プラン　327
ブラジル　599
フラッシュ・フラッド　295, 307
フランスの水事業　212, 240
ブルー・グリーン　422

【へ】
米国西部における水マネジメント　575
米国土木学会　15, 96
ベネズエラ　598
便益-費用分析　113

【ほ】
包括的共同計画立案，調整された　473
包括的計画　485
包括的計画立案　95
包括的水マネジメント　250, 608
包括的枠組み　95, 245
　　　——，水資源マネジメントの　30
法制，水と環境に関する　159
北米自由貿易協定　208
補助金　207, 444, 580
Portland 水供給指標　502
ポンプ場　81

【ま】
マスター・プラン，総合的な　187
マネジメント計画　251
マネジメント行為　92
マネジメント・システム　28

【み】
Mississippi 川大洪水　296, 314
水　6
　——，大気中の　36
　——に関わる計算　33
　——に関する規制　159
　——に関する行政　159
　——に関する法制　159
　——のインフラ　65, 323
　——の運用　25
　——の化学　56
　——の管理　385
　——の行政管理，河川流域における　469
　——の市場取引き　579
　——の譲渡，都市と農村間の　392
　——の生物学　58
　——の配分に関する法律　162
　——の複合効果　439
　——の物理化学的特性　57
　——のマーケッティング　389
　——の割当て　160
水価格の決定　246
水価格の設定　196
水関連機関，州の　565
水危機　6
水供給，発展途上国における　591
水供給事業　270
水供給システム　147
　　　——，Denver の　279
　　　——，都市の　84
水供給の安全性　246
水行政　29
水行政機関，州の　237

索　引

水銀行　398
水計算　46
水裁判　399
水事業　16
　——，ヨーロッパ(英国・フランス)の　212
　——における規制　177
　——における公共部門　29
　——における対立　28
　——における民間部門　29
　——の構造　28, 217, 563
水事業体　217
水事業モデル，公共部門・民間部門の　219
水資源システム　67, 608
　——，自然の　16
　——，人工的な　16
水資源の経済学　112
水資源のシステム解析　124
水資源マネジメント　7, 16, 608, 609
　——と気候の変化　37
　——の原理　27
　——の包括的枠組み　30
　——の目的　18, 608
　——へのシステムズ・アプローチ　126
水資源マネージャー　5, 13
水収支　46
　——，地球規模の　47
　——，全米の　47
水需給の計算　386
水循環　34
　——の概念　36
水法　159
　——，ローマの　163
水マネジメント　609
　——，米国西部における　575
　——の計画立案と意思決定　26
　——の計画立案と調整　25
　——の組織　25, 27
　——の対立　246
　——のためのインフラ　26

　——の地理的調整　246
水マネジメント・システム，コロラド州の　399
水利用の効率化　12
民営化　209
民間部門，水事業における　29
民間部門の水事業モデル　219

【む，め，も】
無収水量　436

面源　416
面源負荷コントロール　357

モデル　123, 141
モニタリング，水質の　365, 370, 373

【や，ゆ，よ】
野生生物の問題　347

融雪洪水　311
優先専用権主義　163
ユネスコ　127, 454, 545

揚水式発電所　80
予算，建設および運営費の　191
余水吐　82
ヨーロッパの水事業　212

【ら，り】
Rhine川洪水　307

リクレーション　232
リスク　50
リスク・アセスメント　146
リバー・マスター　395, 486
　——の義務　398
流域　30, 62, 413, 609
　——，水源としての　394

――からの供給量　50
流域間導水　170, 390, 393
流域変更　332
流域マネジメント　66, 415, 418
留保水利権　475
流量　48
利用者負担の原則　207
量水装置　83
リン循環　58

【る，れ，ろ】

ルール・カーブ　345
レジオネラ　58
連邦規制機関　282
連邦政府　238
6Cモデル　22
ローマの水法　163

英 語 索 引

【A】

Abel Wolman　118,459,486,593
ACE　230,280,289,297,346,350,564,568
Ackoff, Russel　132
African Development Bank　208
Agenda 21　367
Alabama Power Company　71,568
Alabama Water Resources Study Commission　567
Albemarle-Pamlico Sound　258,556
Albertson, Maurice L.　596
All-American Canal　477
American Public Works Association　225
American Society of Civil Engineers　15,96,227,444
American Water Development Inc.　581
American Water Works Association　194,198,436,505,508,522
American Water Works Company of New Jersey　277
American Water Works Research Foundation　113,420
American Water Works Service Company Inc.　524
Annual Operating Plan　353
Apalachicola Bay　480,559
Apalachicola-Chattahoochee-Flint River　349,480,488,503
appropriation doctrine　608
Arab Bank for Economic Development　208
ASCE　15,96
Asian Development Bank　208
Association of Metropolitan Sewerage　225
Association of State and Interstate Water Pollution Control Administrators　225,379
Association of State Dam Safety Officials　227
1979 Athens Resolution on the Pollution of Rivers and Lakes and International Law　172
AWWA　194,198,436,505,508,522

【B】

Bank Ouest-Africaine de Development　208
Bay-Delta　258,338,553
Big Thompson River flooding　307
Birmingham　40
Black Warrior River　314
Bodensee Regional Water Supply Cooperative　76
Boston Harbor　583
Bradley Dam　72
Bradley Lake　41
Bule Line　278

【C】

California Aquedust　74
California Association of Water District　229
California Water Plan　323,334
Cape Coral　538
Carpenter, Delpf　478
Carter administration　95
Center for Exposure Assessment Modeling　371

Center for the American West   274
Central Valley Project   556
Charles W. Howe   196
Cheesman Dam   277
Chesapeake Bay Program   371,549
Chowan River Restoration Project   556
Clean Water Act   358,361
Clean Water Act, Section 404 of   168,275,284,405
Coastal America   104
Coastal Zone Management Act   167
Colorado Big Thompson Project   82,323,332,393
Colorado River   51,332,476,478,488,580
Colorado River Compact   476
Colorado River Decision Support System   149
Colorado Water Congress   229
Colorado Water Conservation Board   570
Colorado Water Resources Research Institute   414
Compact Commission   397
Comprehensive Environmental Response, Compensation, and Liability Act   168
comprehensive water management   608
Construction Grants Program   362
cooperate   607
coordinate   607
Coosa River   483

【D】

Dam Okun   255,593
Decision Support Systems   27
Delaware River   483,488
Delaware River Basin Compact   483
Delph Carpenter   478
Denver Board of Water Commissioners   277
Denver City Irrigation and Water Company   276

Denver City Water Company   277
Denver Regional Council of Government   312
Denver Union Water Company   277
Denver Water Department   274,527
Department of Natural Resources and Community Development   567
Dillon Reservoir   278
disciplinary viewpoint   607
Division of Water Resources   400
1991 draft Law of the Non-Navigational Use of International Water Courses   172
Drucker, Peter   5
DSS   27

【E】

Eckhardt, John   148
Electric Consumers Protection Act   176
Endangered Species Act   168,251
Englewood   278
Environmental Caucus   288
environmental elements   607
Environmental Management Commission   373,375
European Development Fund   208
Everglades   430,530,533

【F】

Farmer's Home Administration   568
Federal Emergency Management Agency   231,299
Federal Energy Regulatory Commission   176,474
Federal Insecticide, Fungicide, and Rodenticide Act   168
Federal Regulatory Energy Commission   409
Federal Water Pollution Control Act   361
Findings of No Significant Impact   407

Fish and Wildlife Coordination Act   167
Flood Action Plan   317
Flood Control Act   298
Foothills Treatment Plant   278
Forrester, Jay   132
Frederiksen, Harald D.   247
Front Range Water Authority   283
Ft. Collins   507
Ft. Collins Water Treatment Facilities Master Plan   324, 327
functional viewpoint   607

【G】

General Accounting Office   466
geographic viewpoint   608
Gilbert White   31, 298
Costeau, Jacques   116
Government Finance Officer's Association   204
Governor' Metropolitan Roundtable   288
Great Lakes National Program Office   553
Great Lakes Water Quality Guidance   553
Groundwater Appropriators of the South Platte   401
Guri Dam   71

【H】

Hall, Warren   130
HEC   43
HEC-2   43
1966 Helsinki Rules on the Use of Waters of International Rivers   172
Herbert Hoover   478
Holt Reservoir   351
Hoover, Herbert   478
Howe, Charles W.   196
Howells, David H.   372, 566
Hubert Morel-Seytoux   142
hydroecological viewpoint   607

Hydrologic Engineering Center   43, 140

【I】

Imperial Irrigation District   390
Imperial Valley   476
Institute de Droit International   172
in-stream flow   608
integrate   608
Interagency Floodplain Management Review Committee   296, 318
Inter-American Bank   597
Inter-American Development Bank   208, 601
Intergovernment Task Force on Monitoring Water Quality   366
International Bank for Reconstruction and Development   209
International Bridge, Tunnel and Turnpike Association   204
International City Manager's Association   204
International Drinking Water Supply and Sanitation Decade   591, 603
International Hydrologic Programme   127
International Joint Commission   552
International Law Association   172
International Law Commission   172
International Water Resource Association   170

【J】

Jacques Costeau   116
Jamaica Bay   258
James Michener   276
Jay Forrester   132
Jensen, Marion   438
John Eckhardt   148
John F. Kennedy   7
John Labadie   142
John Muir   8

John Wesley Powell 476
Johnson, Lynn 274
Jordan Dam 73
Jordan Valley 125

【K】
Kennedy, John F. 7
Kennedy School 269
Kissimmee-Lake Okeechobee-Everglades ecosystem 525,532

【L】
Labadie, John 142
Lake Alma 284
Lake Gaston 405
Lake Lanier 346,350,482
Lake Okeechobee 532
Lamm, Richard 288
Law of the River 353
Long's Peak Working Group 11,418
Lynn Johnson 274

【M】
management 609
Manning equation 43
Marc Reisner 577
Marion Jensen 438
Mediterranean Action Plan 559
Metropolitan Denver Sewage Disposal District 529
Metropolitan Water District of Southern California 335,390,478
Metropolitan Water Providers 286
Mexico Bay 559
Miami Conservancy District 231
Michener, James 276
Miller, William H. 223
Mississipp. River flooding 296,314
Missouri River Basin 473

Missouri River Basin Commission 473
Missouri River Basin Interagency Committee 473
MODSIM 142
1982 Montreal Rules on Water Pollution in an International River Basin 172
Muir, John 8

【N】
National Academy of Science 365
National Association of State Treasurers 204
National Association of Urban Flood Management Agencies 227
National Association of Water Companies 211
National Environmental Policy Act 167, 251
National Estuary Program 251
National Industrial Recovery Act 94
National Oceanic and Atmospheric Administration 545
National Park Service 232
National Pollutant Discharge Elimination System 313,363
National Research Council 389,413
National Resources Planning Board 367
National Study of Water Management During Drought 512
National Water Policy Committee of the American Society of Civil Engineers 444
National Water Quality Assessment Program 367
Natural Hazards Research and Applications Research Center 297
Nebraska Natural Resources Commission 473
Neuse 470,487
New Deal 333,467,564

nonstructural measures   608
North American Free Trade Agreement   208
North Calolina Department of Environment, Health and Natural Resources   566
North Carolina Department of Natural Resources and Community Development   566
North Platte River   474
North Sea   559
Northern Colorado Water Conservancy District   332,333,529

【O】
Office of Technology Assessment   143
Office of Water Resources   569
Ogallala Aquifer   453
Okun, Dam 255,593
Overseas Economic Cooperation Fund, Japan   208

【P】
Palmer, W.C.   499
Pantanal   430,530
Pecos River   470
Pecos River Compact   395
Peter Drucker   5
Pick-Sloan plan   473
Platte River   68,169,258,424,472,487
political viewpoint   607
Potomac River   471,487
Powell, John Wesley   476
Pueblo   300
Puget Sound   559

【R】
regional   608
regionalization   608
Reilly William   290

Reisner, Marc   577
Resource Conservation and Recovery Act   168
Rhine River flooding   307
Rice, Leonard   387
Richard Lamm   288
River and Harbors Act   360
river basin   609
Robertus Triweko   594
Romer, Roy   281,283
Roy Romer   281,283
Russel Ackoff   132

【S】
Safe Drinking Water Act   165,361
1961 Salzburg Resolution on the Use of International Non-Maritime Waters   172
SAMSON   142
Schilling, Kyle E.   299
Section 404 of Clean Water Act   168,275,284,405
Select Committee on Water Resources   94
Senge, Peter M.   131
Shreveport   49
South Florida Water Management District   430,532
South Platte River   442,470,487
State Engineer   179
State Engineer's Office   503,570
State Water Project   556
structural measures   607
Sumner Lake   38

【T】
Tennessee Valley Authority   81,107,254,297,467
Thornton   391,527
Touche Ross & Company   204
Triweko, Robertus   594

英 語 索 引

Tucker, L. Scott　311
TVA　81,107,254,297,467
Two Forks　116,223,258,475
Two Forks Project　274,526

【U】

U. N. Conference on Environment and Development　592
U. N. Environment Programme　546
U. N. Water Conference　591
UNESCO　127,454,545
Urban Drainage and Flood Control District　231,311,422
Urban Storm Drainage Advisory Committee　312
Urban Water Resources Research Council　227
U. S. Agency for International Development　316
U. S. Army Corps of Engineers　230,280,289,297,346,350,564,568
U. S. Bureau of Reclamation　228,297,348,389,396,423,478,564,577
U. S. Environment Protection Agency　222,224,251,281,284,286,291,361,419,455,544,553,564
U. S. EPA　222,224,251,281,284,286,291,361,419,455,544,553,564
U. S. Fish and Wildlife Service　167
U. S. Fish and Wildlife's National Ecology Center　424
U. S. General Accounting Office　512
U. S. Geological Survey　234,367,389,453,486,564
U. S. National Water Commission　93,109
U. S. Public Health Service　361
U. S. Soil Conservation Service　297
U. S. Water Resources Council　367
USGS　234,367,389,453,486,564

【V】

Virginia Beach　258,404
Vlachos, Evan E.　170

【W】

Wagner, Edward O.　114
Wagner, Edward O.　258
Ware River　284
Warren Hall　130
Washington Public Power Supply System　205
Wastewater Treatment Construction Grants Program　362
Water and Sanitation for Health project　593
Water Environment Federation　225,377
Water Evaluation and Planning System　145
Water Quality Act　361
Water Quality 2000　10,376
Water Resources Council　95,468,564
Water Resources Development Act of 1986　177
water resources management　608
Water Resources Planning Act　94,367,564
Water Resources Planning and Management Division　96,114
Water Resources Policy Commission　67
water resources system　608
Water Science and Technology Board　365
watershed　609
West Coast Regional Water Supply Authority　525
West Slope　277,332
Western Governors' Association　282
Western States Water Council　511
Whipple, William Jr.　452
White, Gilbert　31,298
White, Michael D.　387
Wild and Scenic Rivers Act　167

William Reilly 290
Wolman, Abel 116, 459, 486, 593
World Commission on Environment and Development 9
Worldwatch Institute 229

【Y】
Yadkin-Pee Dee River 471, 487

【Z】
Zweckverband Bodensee Wasserversorgung 76

監訳者
浅野 孝(あさの たかし)

1959 年 3 月	北海道大学農学部農芸化学科卒業
1965 年 8 月	米国カリフォルニア大学バークレイ校大学院衛生工学専攻修士課程修了
1970 年 8 月	米国ミシガン大学大学院環境工学・水資源工学専攻博士課程修了
1971 年 9 月	米国モンタナ州立大学工学部助教授
1975 年 9 月	米国ワシントン州立大学工学部副教授
1978 年 9 月	米国カリフォルニア州水資源管理局水高度利用専門官
1981 年 9 月	米国カリフォルニア大学デーヴィス校工学部教授
1996 年 4〜7 月	東京大学客員教授　　1997 年 4〜7 月　北海道大学客員教授

工学博士，米国技術士(カリフォルニア州，ミシガン州，ワシントン州)

著書：「水質環境工学」(共監訳)，技報堂出版，1993.
　　　「沿岸都市域の水質管理」(監訳)，技報堂出版，1997.
　　　「水循環と流域環境」―排水再利用と水環境(共著)，岩波講座地球環境学，岩波書店，1998.
　　　「水環境と生態系の復元」(共監訳)，技報堂出版，1999.
　　　「安全な水道水の供給」(共監訳)，技報堂出版，1999.
　　　「水環境の工学と再利用」(共監修)，北海道大学図書刊行会，1999
　　　「Wastewater Reclamation and Reuse」(編著), Technomic Publishing Co., Inc., Lancaster, Pennsylvania, U. S. A., 1998.
　　　「Water for Urban Areas: Challenges and Perspectives」(6章 Wastewater Management and Reuse in Mega-Cities), United Nations Press, Tokyo, Japan, 2000.

訳　者
虫明 功臣(むしあけ かつみ)

1965 年 3 月	東京大学工学部土木工学科卒業
1967 年 7 月	同大学大学院工学系研究科博士課程中退
同月	同大学工学部教育職教務員
1969 年 1 月	同大学工学部助手
1974 年 11 月	同大学生産技術研究所講師
1977 年 6 月	同大学生産技術研究所助教授
1985 年 6 月	同大学生産技術研究所教授

工学博士.

専門分野：水文・水資源工学.

土木学会水理委員会水文部会長，日本学術会議水資源学研究連絡委員会委員，国際水資源学会副会長，国土審議会専門委員，水文・水資源学会副会長，水資源開発審議会委員，食料・農業・農村政策審議会専門委員，河川審議会専門委員等を歴任．

著書：「河川水文学」―流出現象の地域性をどう見るか，高橋裕編，共立出版，1978.4.
　　　「水環境の保全と再生」(共編著)，山海堂，1987.10.
　　　「水文・水資源ハンドブック」―都市水環境(共著)，水文・水資源学会編，朝倉書店，1997.10.
　　　「社会資本の未来」―治水・水資源開発施設の整備から流域水循環系の健全化へ，社会資本整備研究会，森地茂・屋井鉄雄編著，日本経済新聞社，1999.9.
　　　「環境共生の都市づくり」―都市の水循環系の再生，平本一雄編著，ぎょうせい，2000.2.

池淵 周一（いけぶち しゅういち）

1966 年	3 月	京都大学工学部土木工学科卒業
1968 年	3 月	同大学大学院工学研究科修士課程土木工学専攻修了
1971 年	3 月	同大学大学院工学研究科博士課程土木工学専攻単位取得退学
	4 月	同大学工学部講師
	10 月	同大学工学部助教授
1979 年	2 月	同大学防災研究所教授
1995 年	5 月	同大学防災研究所附属水資源研究センター長
1999 年	5 月	同大学防災研究所所長

工学博士．
専門分野：水文学，水資源工学．
土木学会水理委員会委員，水文・水資源学会副会長，国会等移転審議会専門委員，科学技術会議専門委員等を歴任．
著書：新体系土木工学 2「確率・統計解析」(共著)，土木学会編，技報堂出版，1981.11．
　　「土木工学ハンドブック」―水資源システム(共著)，土木学会編，技報堂出版，1989.11．
　　「湖沼工学」―湖沼の水文(共著)，岩佐義朗編著，山海堂，1990.3．
　　「応用生態工学序説」(共著)，廣瀬利雄監修，信山社，1997.7．
　　「水文・水資源ハンドブック」―利水システム(共著)，水文・水資源学会編，朝倉書店，1997.10．

山岸 俊之（やまぎし としゆき）

1963 年	3 月	山梨大学工学部土木工学科卒業
1965 年	3 月	東京大学大学院修士課程修了
1965 年	4 月	建設省入省
1988 年	6 月	近畿地方建設局河川部長
1990 年	4 月	岐阜県土木部長
1993 年	7 月	国土庁・長官官房水資源部長
1994 年	11 月	水資源開発公団理事
	現在	井上工業株式会社代表取締役副社長

技術士(建設部門)，工学修士，土木学会フェロー会員．
著書：「ダム水源地対策便覧」(共著)，(財)国土開発技術研究センター，1976．
　　「河川管理施設等構造令」(共著)，山海堂，1978．
　　「日本の河川」(共著)，建設省，1978．
　　「多目的ダムの建設」(共著)，(財)全国建設研究センター，1987．

水資源マネジメントと水環境
―原理・規制・事例研究―

2000年8月24日　1版1刷発行　　　　　ISBN 4-7655-1607-5　C3051

監訳者　浅　野　　　　孝
訳　者　虫　明　功　臣
　　　　池　淵　周　一
　　　　山　岸　俊　之
発行者　長　　　祥　　隆
発行所　技報堂出版株式会社

日本書籍出版協会会員
自然科学書協会会員
工学書協会会員
土木・建築書協会会員

〒102-0075　東京都千代田区三番町8-7
　　　　　　　　　　（第25興和ビル）
電話　営業　(03) (5215) 3165
　　　編集　(03) (5215) 3161
FAX　　　　 (03) (5215) 3233
振替口座　　00140-4-10

Printed in Japan

落丁・乱丁はお取替え致します　装幀　海保　透　印刷　三美印刷　製本　鈴木製本
© T. Asano, K.Mushiake, S.Ikebuchi and T.Yamagishi, 2000

R　〈日本複写権センター委託出版物・特別扱い〉

本書の無断複写は、著作権法上での例外を除き、禁じられています。
本書は、日本複写権センターへの特別委託出版物です。本書を複写される場合は、そのつど
日本複写権センター（03-3401-2382）を通して当社の許諾を得て下さい。

● 小社刊行図書のご案内 ●

水環境の基礎科学	E.A.Laws著／神田穰太ほか訳	A5・722頁
水質衛生学	金子光美編著	A5・596頁
持続可能な水環境政策	菅原正孝ほか著	A5・184頁
水辺の環境調査	ダム水源地環境整備センター編	A5・500頁
河川水質試験方法（案）1997年版	建設省河川局監修	B5・1102頁
沿岸都市域の水質管理 —統合型水資源管理の新しい戦略	浅野孝監訳	A5・476頁
水環境と生態系の復元 —河川・湖沼・湿地の保全技術と戦略	浅野孝ほか監訳	A5・620頁
水道の水源水質の保全 —安全でおいしい水を求める日本・欧米の制度と実践	小林康彦編著	A5・198頁
水質事故対策技術	建設省建設技術協議会技術管理部会水質連絡会編	B5・154頁
非イオン界面活性剤と水環境	日本水環境学会委員会編著	A5・230頁
生活排水処理システム	金子光美ほか編著	A5・340頁
急速濾過・生物濾過・膜濾過	藤田賢二編著	A5・310頁
琵琶湖 —その環境と水質形成	宗宮功編著	A5・270頁
［日本の水環境2］東北編	日本水環境学会編	A5・252頁
［日本の水環境4］東海・北陸編	日本水環境学会編	A5・260頁
［日本の水環境5］近畿編	日本水環境学会編	A5・290頁
［日本の水環境6］中国・四国編	日本水環境学会編	A5・216頁

技報堂出版　TEL 編集 03(5215)3161 営業 03(5215)3165　FAX 03(5215)3233